한국산업인력공단 시행

INDUSTRIAL ENGINEER AIRCRAFT MAINTENANCE

항공산업기사

필기

항공기술교육아카데미 저

항공산업기사 검정안내

1. 개요

항공기 운항의 안전성을 확보하기 위하여 항공기 정비기술에 관한 실무 숙련기능 및 항공기술 전반에 관한 기초지식과 그 적응능력을 가진 사람을 육성하여 항공기 정비 및 제작에 관한 현장업무를 수행할 인력을 양성하고자 한다.

2. 수행직무

항공기의 수리 또는 개조작업에 있어서 해당기술도서 또는 도면개발의 보조업무 및 작업 방법 및 자재의 재질이나 규격이 일치하는지를 검사하고 최종적으로 작업이 완료된 수리품이나 생산품의 항공기 성능향상에 대한 검사업무를 수행한다

3. 취득 방법

① 시험과목
- 필기 : 항공역학, 항공기 기체, 항공기 엔진, 항공기 계통
- 실기 : 항공정비 실무

② 검정방법
- 필기 : 객관식 4지 택일형 **과목당 20문항**(과목당 30분)
- 실기 : 복합형[필답형(1시간) + 작업형(4시간정도)]

③ 합격기준
- 필기 : 100점을 만점으로 하여 **과목당 40점 이상, 전과목 평균 60점** 이상
    ※ 전과목 평균 60점 이상이어도 과목당 40점 미만이 있을 경우 불합격
- 실기 : 100점을 만점으로 하여 60점 이상

프롤로그

    항공산업기사는 항공기 운항의 안전성을 확보하기 위하여 항공기 정비기술에 관한 실무 숙련기능 및 항공기술 전반에 관한 기초지식과 그 적응능력을 가진 사람을 육성하여 항공기 정비 및 제작에 관한 현장업무를 수행할 인력을 양성하고자 제정된 자격제도입니다.

    본 수험서는 한국산업인력공단이 주관 및 시행하고 있는 항공산업기사 자격시험에 보다 쉽고 빠르게 대비할 수 있도록 구성하였습니다. 필자들은 교단과 현장에서의 경험을 토대로 항공산업기사 자격을 취득하고자 하는 수험생 독자들과 현재 이 분야에 종사하는 분들에게 장비의 기능을 이해하고, 충분히 활용할 수 있도록 하기 위해 다음과 같은 내용으로 책을 집필하였습니다.

01. 개정된 출제기준과 기출문제 분석을 통해 핵심적인 내용을 수록하였습니다.
02. 본문 이해가 쉽도록 풍부한 삽화와 일러스트를 추가하였습니다.
03. 과목별 출제예상문제와 해설을 통해 실제시험에 대한 적응력을 향상시킬 수 있도록 하였습니다.
04. CBT 변경 이전 한국산업인력공단이 주관하여 시행한 5년간의 기출문제를 상세한 해설과 함께 수록함으로써 문제은행 방식의 필기시험에 효과적으로 대비할 수 있도록 하였습니다.

    모쪼록 항공산업기사 자격증을 취득하고자 하는 수험생 여러분에게 합격의 영광이 있기를 기원합니다. 끝으로 이 수험서가 나오기까지 도와주신 모든 분께 감사드리며, 본의 아니게 잘못된 내용은 앞으로 철저히 수정 보완하여 나갈 것을 약속드립니다.

저자 일동

출제기준

항공역학

세부항목	세세항목
1. 대기	1. 대기의 구성 2. 표준대기 3. 공기의 성질
2. 날개이론	1. 날개 단면 형상 2. 날개평면 형상 3. 날개의 공력 특성
3. 비행성능	1. 수평비행성능 2. 상승·하강 비행성능 3. 선회 비행성능 4. 이·착륙 비행성능 5. 항속성능 6. 특수 비행성능
4. 안전성과 조종성	1. 세로 정안정성 2. 가로 정안정성 3. 방향 정안정성 4. 동안정성 5. 조종성
5. 프로펠러 추진원리	1. 프로펠러의 추진원리 2. 프로펠러의 성능
6. 헬리콥터 비행원리	1. 헬리콥터의 비행원리 2. 헬리콥터의 성능

항공기 엔진

세부항목	세세항목
1. 항공기 엔진 분류와 성능	1. 엔진의 분류 2. 열역학 기본법칙 3. 왕복엔진의 작동원리 및 성능 4. 가스터빈엔진의 작동원리 및 성능
2. 왕복엔진 구조 및 계통	1. 기본구조 및 점검 2. 시동 및 점화계통 3. 연료계통 4. 윤활계통 5. 흡·배기계통
3. 항공기 가스터빈엔진 구조	1. 기본구조 2. 시동 및 점화계통 3. 연료계통 4. 윤활계통 5. 방빙 및 냉각계통
4. 항공기 가스터빈엔진 부품손상 및 상태검사	1. 육안검사 2. 내시경검사 3. 비파괴검사
5. 프로펠러 구조 및 계통	1. 프로펠러 구조 및 명칭 2. 프로펠러 계통 및 작동 3. 프로펠러 검사

항공기 기체

세부항목	세세항목
1. 항공기 구조	1. 응력 및 변형률 2. 재료(철금속, 비철금속, 복합재료) 3. 부식방지 4. 연료계통
2. 항공기 기계 요소 체결, 고정	1. 항공기 하드웨어 2. 체결 및 고정작업 3. 일반 공구 및 특수공구
3. 판금 작업	1. 전개도 작성 2. 마름질 절단 3. 판재 성형
4. 리벳 작업	1. 리벳 종류와 규격 2. 리벳 작업 및 검사 3. 공구
5. 튜브 성형 작업	1. 튜브 종류와 규격 2. 튜브 성형 작업 및 검사 3. 플레어링 작업
6. 호스 연결	1. 호스 종류 및 규격 2. 호스 장착 및 검사

7. 항공기 기체 구조	1. 기체 구조 일반 2. 동체 및 날개 3. 엔진마운트 및 나셀 4. 도어 및 윈도우 5. 항공기 무게측정 6. 항공기 리깅작업
8. 착륙장치계통	1. 착륙장치 2. 조향장치 3. 휠·타이어 4. 브레이크 5. 위치, 지시장치

항공기 계통(장비)

세부항목	세세항목
1. 전기회로	1. 직류와 교류 2. 회로보호장치 및 제어장치 3. 직류 및 교류 측정장비
2. 직류 및 교류 전력	1. 축전지 2. 직류·교류 발전기 3. 직류·교류 전동기
3. 변압, 변류 및 정류기	1. 변압·변류 및 정류기
4. 공·유압	1. 공압계통 2. 유압계통
5. 여압 및 공기조화	1. 여압·공기조화계통 2. 산소계통
6. 기본배선 작업	1. 전선 연결 2. 부품 납땜
7. 측정장비 사용	1. 측정과 오차 2. 측정장비
8. 매뉴얼 활용	1. 항공기정비매뉴얼(AMM) 개념 2. 결함분리매뉴얼(FIM) 개념 3. 배선매뉴얼(WDM) 개념
9. 조명장치	1. 기내조명장치 2. 외부조명장치 3. 비상조명장치
10. 화재 탐지 및 방지	1. 화재의 등급 및 특성 2. 화재·과열 탐지 계통의 종류 및 특성 3. 연기 감지기 종류 및 특성 4. 소화장치
11. 통신장치	1. 단파(HF)통신장치 2. 초단파(VHF)통신장치 3. 인터폰장치 4. 위성통신(SATCOM)장치 5. 비상조난신호장치(ELT)
12. 항법장치	1. 무선항법장치 2. 관성항법장치 3. 위성항법장치 4. 보조항법장치 5. 계기착륙장치
13. 자동비행장치	1. 자동조종장치 2. 자동추력제어장치
14. 계기 점검	1. 항공계기일반 2. 피토 정압계통계기 3. 압력 및 온도계기 4. 동조계기 5. 회전계기 6. 액량 및 유량계기 7. 자기 및 자이로 계기
15. 비행기록장치 점검	1. 조종실음성기록장치(CVR) 2. 비행자료기록장치(DFDR) 3. 신속조회기록장치(QAR)
16. 음성경고장치 점검	1. 음성경고장치 종류 및 기능 2. 음성경고장치 구성
17. 집합계기 점검	1. 집합계기 종류 및 기능 2. 집합계기 구성
18. 제빙·방빙·제우 계통	1. 제빙계통 2. 방빙계통 3. 제우계통

19. 안전관리 일반	1. 정비 매뉴얼 안전 절차
	2. 화재 및 예방
	3. 산업안전보건법
	  (항공기 지상안전 분야)
	4. 항공안전관리시스템(SMS:
	  safety management system)
	  기본 개요

차례

Chapter 01 항공역학(Aerodynamics)

Section 1 공기역학

- 01. 대기 12
  - 1. 대기의 구성 12
  - 2. 표준 대기 13
  - 3. 공기의 성질 14
- 02. 날개이론 20
  - 1. 날개형상 20
  - 2. 날개단면 이론 21
  - 3. 날개이론 24
  - 4. 공력보조장치 30

공기역학 적중예상문제 / 32

Section 2 비행역학

- 01. 비행성능 51
  - 1. 비행성능 일반 51
  - 2. 수평 비행성능 52
  - 3. 상승, 하강 비행성능 53
  - 4. 선회 비행성능 55
  - 5. 이착륙 비행성능 56
  - 6. 특수 및 기동 성능 57
  - 7. 항속 성능 58
- 02. 비행기의 안정성과 조종 59
  - 1. 안정과 조종 개요 59
  - 2. 세로안정 및 조종 61
  - 3. 가로안정과 조종 62
  - 4. 방향안정과 조종 63
  - 5. 고속기의 비행 불안정 61
  - 6. 조종면 이론 65

비행역학 적중예상문제 / 67

Section 3 프로펠러 및 헬리콥터

- 01. 프로펠러 추진원리 90
  - 1. 프로펠러의 추진원리 90
  - 2. 프로펠러의 성능 92
- 02. 헬리콥터 추진원리 93
  - 1. 헬리콥터의 비행원리 93

            2. 헬리콥터의 성능 95

        프로펠러 및 헬리콥터 적중예상문제 / 99

Chapter 02 항공기 엔진(Aircraft Engine)

Section 1 항공기 엔진의 개요
    01. 항공기 엔진의 개요 및 분류 110
        1. 엔진의 개요 110
        2. 엔진의 분류 110
    02. 열역학 및 항공엔진 사이클 113
        1. 열역학 기본 법칙 113
        2. 항공엔진 사이클 해석 116

    항공기 엔진의 개요 적중예상문제 / 118

Section 2 항공기 왕복엔진
    01. 왕복엔진의 작동 원리 및 구조 127
        1. 작동원리 127
        2. 왕복 엔진의 구조 129
        3. 왕복엔진의 성능 134
    02. 왕복엔진의 계통 136
        1. 흡·배기 계통 136
        2. 연료 계통(fuel system) 137
        3. 윤활 계통 142
        4. 시동 및 점화계통 143
    03. 왕복엔진의 작동과 검사 146
        1. 왕복엔진의 작동과 검사 146

    항공기 왕복엔진 적중예상문제 / 149

Section 3 항공기 가스터빈엔진
    01. 가스터빈 엔진의 작동원리 및 구조 175
        1. 작동원리 175
        2. 가스터빈 엔진의 구조 175
        3. 가스터빈 엔진의 성능 182
    02. 가스터빈 엔진의 계통 183
        1. 흡·배기 계통 183
        2. 연료 계통(fuel system) 184
        3. 윤활 계통(lubricating system) 185
        4. 시동 및 점화계통(starting & ignition system) 186
        5. 추력 증가 장치 187
    03. 가스터빈 엔진의 작동과 검사 188
        1. 가스터빈 엔진의 작동과 검사 188
        2. 배기가스와 소음감소 189

    항공기 가스터빈엔진 적중예상문제 / 191

Section 4 프로펠러
- 01. 프로펠러의 구조 및 명칭 209
- 02. 프로펠러의 계통 및 작동 210

프로펠러 적중예상문제 / 214

Chapter 03 항공기 기체(Aircraft Fuselage)

Section 1 항공기 기체구조 및 기체 계통
- 01. 기체구조 222
  - 1. 구조 일반 222
  - 2. 동체(Fuselage) 225
  - 3. 날개(Wing) 226
  - 4. 엔진마운트와 나셀 229
- 02. 기체 계통 230
  - 1. 조종계통(Flight System) 230
  - 2. 착륙장치계통(Landing Gear System) 233
  - 3. 브레이크와 타이어 236
  - 4. 연료계통 239

항공기 기체구조 및 기체 계통 적중예상문제 / 242

Section 2 항공기 재료 및 요소
- 01. 항공기 재료 254
  - 1. 철 및 비철금속 재료 254
  - 2. 비금속 재료 260
  - 3. 복합 재료 261
- 02. 항공기 요소(Fastener 등) 262
  - 1. 항공기 요소의 식별 262
  - 2. 항공기 요소의 취급 262

항공기 재료 및 요소 적중예상문제 / 270

Section 3 기체구조 수리 및 구조역학
- 01. 기체구조의 수리 279
  - 1. 기본작업 279
  - 2. 판금작업 281
  - 3. 리벳작업 282
  - 4. 용접작업 283
  - 5. 부식처리 및 방지법 285
- 02. 구조역학의 기초 287
  - 1. 응력과 변형율 287
  - 2. 보의 응력과 변형 289
  - 3. 구조의 하중과 V-n 선도 291
  - 4. 강도, 무게와 평형 293

기체구조 수리 및 구조역학 적중예상문제 / 295

Chapter 04 항공기 계통(Aircraft System)

Section 1 항공전기 계통
- 01. 전기회로 316
  - 1. 직류와 교류 316
  - 2. 회로보호장치 및 제어장치 318
  - 3. 직류 및 교류 측정장비 318
- 02. 직류 및 교류 전력 319
  - 1. 축전지 319
  - 2. 직류 및 교류 발전기 322
  - 3. 직류 및 교류 전동기 325
- 03. 변압, 변류 및 정류기 326
  - 1. 변압기의 원리 및 구조 326
  - 2. 변압비 (=권수비) 327

항공전기 계통 적중예상문제 / 328

Section 2 항공계기 계통
- 01. 항공계기의 특성 340
  - 1. 항공계기의 특징 340
  - 2. 항공기 계기의 배열 및 계기판 340
- 02. 항공기 계기 342
  - 1. 피토정압계통의 계기 342
  - 2. 자이로 계기 344
  - 3. 자기계기 345
  - 4. 회전계기 347
  - 5. 압력계기 347
  - 6. 온도계기 348
  - 7. 액량 및 유량 계기 349
  - 8. 원격지시계기 350

항공계기 계통 적중예상문제 / 351

Section 3 항공기 공 · 유압 및 환경조절 계통
- 01. 항공기 공 · 유압 360
  - 1. 공기 및 유압계통 360
  - 2. 공압계통 361
  - 3. 유압계통 362
  - 4. 항공기용 배관계통 366
- 02. 환경조절 계통 367
  - 1. 객실여압 및 환경조절 366
  - 2. 산소계통 369

항공기 공 · 유압 및 환경조절 계통 적중예상문제 / 372

Section 4 항공기 방빙 및 비상 계통
- 01. 제빙, 제우 및 방빙계통 381
  - 1. 제빙, 제우 및 방빙계통 381
  - 2. 화재탐지 및 소화계통 381

02. 비상계통 383
　　항공기 방빙 및 비상 계통 적중예상문제 / 384

Section 5 항공기 통신 및 항법 계통
　　01. 통신계통 388
　　　　1. 전파 387
　　　　2. 통신장치 389
　　02. 항법계통 392
　　　　1. 항법장치 392
　　　　2. 자동조종장치 396
　　　　3. 기록장치 및 경고장치 397
　　　　4. 착륙 유도 장치 및 관제장치 398
　　항공기 통신 및 항법 계통 적중예상문제 / 400

Chapter 05 최근기출문제

2016년 제1회 시행 408
2016년 제2회 시행 420
2016년 제4회 시행 432
2017년 제1회 시행 445
2017년 제2회 시행 457
2017년 제4회 시행 468
2018년 제1회 시행 479
2018년 제2회 시행 492
2018년 제4회 시행 505
2019년 제1회 시행 517
2019년 제2회 시행 529
2019년 제4회 시행 540
2020년 제1·2회 통합 시행 552
2020년 제3회 시행 564

Chapter 01

Industrial Engineer Aircraft Maintenance
- Aerodynamics

항공역학

Section 1 | 공기역학
Section 2 | 비행역학
Section 3 | 프로펠러 및 헬리콥터

| Section 1 |

공기역학

01 대기

1. 대기의 구성

가. 구성요소와 비율

질소-78%, 산소-21%, 기타-1% (아르곤-0.95%, 이산화탄소-0.03% 등)

나. 대기권의 구성

(1) 대류권(기상권)

① 기상 현상(눈, 비 등)이 있다.

② 고도가 증가할수록 온도, 압력, 밀도 감소 : -6.5℃/km

③ 대류권 계면 : 대류권과 성층권의 경계면으로 약 11km 정도(-56.5℃)이며, 대기가 안정하여 제트기의 순항고도로 적합하다.

④ 제트 기류(Jet stream) : 대류권계면 부근에 존재하는 폭이 좁은 강풍대로서 일반적으로 길이는 수천 km, 폭은 수백 m, 두께는 수 km인 고층의 서풍이다. 그 풍속은 25~50m/sec 정도이다.

(2) 성층권(11~50km 정도)

오존(O_3)층이 존재하며, 오존층의 열 흡수로 기온이 약간 상승한다.

(3) 중간권(50~80km 정도)

대기권에서 기온이 가장 낮다.

(4) 열권(약 80~300km 정도)

① 전리층(D, E, F층)이 존재한다.

㉠ D층 : 장파 반사 (50~90km)

㉡ E층 : 중파(저주파) 반사 (90~160km)

㉢ F층 : 단파(고주파) 반사 (160~600km)

② 위도가 높은 지방의 하늘에 극광(오로라) 현상이 발생한다.

(5) 극외권(300km 이상)

2. 표준 대기

가. 국제 표준 대기 (I.S.A : International Standard Atmosphere)

ICAO(국제민간항공기구)에서 정하며, 건조 공기로서 이상 기체의 상태 방정식이 고도, 장소, 시간에 관계없이 만족하는 대기를 말한다.

- 이상 기체의 상태 방정식 : $P \cdot v = R \cdot T \ (P = \rho \cdot R \cdot T)$

나. 해발 고도(sea level)에서의 대기값

(1) 압력(pressure)

$760 \text{mmHg(torr)} = 29.92 \text{ inHg} = 14.7 \text{ psi} = 1013.25 \text{ hPa(mbar)} = 2116 \text{ lb/ft}^2$

(2) 밀도(density) : $1.225 \text{ kgm/m}^3 = 0.12492 \text{ kgf} \cdot \text{s}^2/\text{m}^4 = 0.002377 \text{ lb} \cdot \text{s}^2/\text{ft}^4$

※ kgm = 질량, kgf = 무게

(3) 온도(temperature) : $15℃ = 288.16°K = 59°F = 519°R$

(4) 중력가속도(gravity) : $9.8 \text{ m/s}^2 = 32.2 \text{ ft/sec}^2$

(5) 음속(sound velocity) : $340 \text{ m/s} = 1116 \text{ ft/sec}$

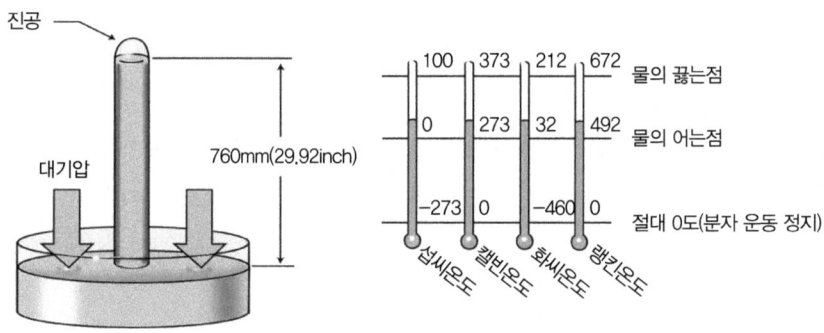

[그림 1-1] 표준 대기압(해면 고도)및 온도의 종류

다. 고도의 종류

(1) 기하학적인 고도(geometric altitude)

지구 중력 가속도가 고도에 관계없이 일정하다고 가정하여 정한 고도

(2) 지구 포텐셜 고도(geopotential altitude)

$$H = \frac{1}{g_0} \int_0^h g \, dh$$

(H : 지구 포텐셜 고도, g_0 : 9.8 m/sec², g : 고도에 따라 변하는 중력 가속도, h : 기하학적 고도)

※ 고도 약 20km까지는 기하학적 고도와 지구 포텐셜 고도는 거의 같다.

3. 공기의 성질

가. 공기의 흐름 분류

(1) 유체 밀도의 변화에 따른 분류

① 압축성 유체(M0.3 이상의 흐름) : 유체의 밀도 변화를 고려해야 하는 유체

② 비압축성 유체(M0.3 이하의 흐름) : 밀도 변화 무시

(2) 시간 경과에 따른 흐름 상태(밀도, 압력, 속도) 변화에 의한 분류

① 정상 흐름 : 시간이 경과해도 공기의 밀도, 압력, 속도 등이 일정한 값을 유지

② 비정상 흐름 : 시간 경과에 따라 밀도, 압력, 속도 등이 계속 변한다.

(3) 점성(viscosity)에 의한 분류

① 이상 유체(완전 유체) : 점성을 고려하지 않은 유체의 흐름

② 실제 유체 : 점성을 고려

나. 연속의 법칙(질량[유량]보존의 법칙)

어느 지점에서나 일정한 시간동안 질량 유량은 일정하다. (ρAV=일정)

① 압축성 흐름 $\rho_1 A_1 V_1 = \rho_2 A_2 V_2$ = 일정

② 비압축성 흐름(밀도 변화 무시, $\rho_1 = \rho_2$) $A_1 V_1 = A_2 V_2$ = 일정

다. 베르누이(Bernoulli) 정리(방정식)

(1) 정압(P, static pressure) : 운동 상태에 관계없이 항상 모든 방향으로 작용하는 유체의 압력

(2) 동압(q, dynamic pressure) : 유체가 가진 속도에 의해 생기는 압력, $q = \frac{1}{2}\rho V^2$

(3) 베르누이의 정리(방정식)

$$P + q = P + \frac{1}{2}\rho V^2 = P_t = \text{일정} \quad (P_t : \text{전압})$$

※ a. 베르누이 정리의 가정 : 비압축성 유체, 정상흐름, 비점성(이상유체)유체
b. 유체의 흐름에서 같은 유선 상에 있는 1, 2 두 점 사이의 에너지 관계

$$P_1 + \frac{1}{2}\rho V_1^2 = P_2 + \frac{1}{2}\rho V_2^2 = P_t = \text{일정}$$

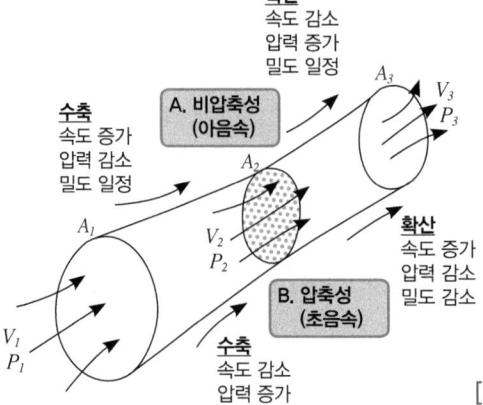

[그림 1-2] 연속 방정식과 베르누이 정리의 적용

라. 베르누이 정리의 활용 – 피토우관(pitot Tube)

(1) 피토우관 : 베르누이 정리를 이용하여 유체의 속도를 측정하는 장치

(2) U관(U형 마노미터) : 두 점 사이의 압력차를 측정하는 장치

$$P_A - P_B = (P + \frac{1}{2}\rho V^2) - P = \frac{1}{2}\rho V^2 = \gamma h$$

$$\therefore V = \sqrt{\frac{2\gamma h}{\rho}}, \ (\gamma는\ 유체\ 비중량,\ h는\ 유체의\ 높이차)$$

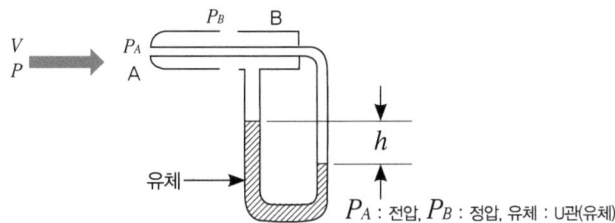

[그림 1-3] 피토우관과 U형 마노미터를 이용한 속도 측정

※ 실제 항공기에서는 U형 마노미터 대신 다이어프램(diaphragm, 개방공함)과 전기적인 신호 처리에 의해 항공기 속도 측정함

마. 압력계수(Cp) : 항공기 주위의 압력 분포를 표시

$$Cp = \frac{P - P_0\ (정압의\ 차이)}{\frac{1}{2}\rho V_0^2\ (동압)} = 1 - (\frac{V}{V_0})^2$$

(P_0, V_0는 각각 물체의 영향을 받지 않는 흐름의 압력과 속도)

※ 비압축성 유체는 정체점(stagnation point)에서의 속도 $V = 0$이므로 $Cp = 1$이고, 물체에서 멀리 떨어진 상류의 속도 $V = V_0$ 이므로 $Cp = 0$이 된다.

바. 공기의 점성 효과

(1) 점성 흐름 : 평판에 작용한 힘(F)은 평판까지의 높이(h)에만 반비례한다.

$$F = \mu S \frac{V}{h}$$ (F : 평판에 작용한 힘, μ : 점성계수 S : 평판의 넓이, V : 속도, h : 평판과 벽면 사이의 높이)

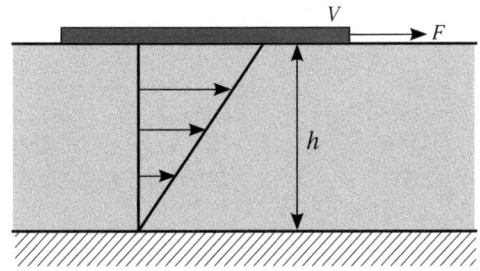

[그림 1-4] 점성 유체에 떠있는 평판에 작용하는 힘

(2) 레이놀즈 수(층류와 난류를 구분하는 척도)
  ① 비행체에 작용하는 공기력
     ㉠ 동압으로 인한 관성력 ㉡ 정압의 힘 ㉢ 점성에 의한 마찰력
  ② 레이놀즈 수(Reynold's number) : 층류와 난류를 구분하는데 사용되는 기준으로 무차원(단위가 없음)의 수

$$Re = \frac{관성력}{점성력} = \frac{\rho VL}{\mu} = \frac{VL}{\nu}$$

  (L은 자유 흐름일 경우는 길이이며, 관 내부의 흐름일 경우는 지름이다.)

> **Note**
> ① 동점성계수(ν) : 점성계수를 밀도로 나눈 값(단위 : cm^2/sec(=1 stokes), m^2/sec, ft^2/sec 등)
> $$\nu = \frac{\mu}{\rho}$$
> ② 치수 효과(Scale Effect) : 레이놀즈 수가 날개 코드 길이를 나타내는 기준으로 사용

  ③ 공기 흐름의 종류
     ㉠ 난류(turbulent flow) ㉡ 층류(laminar flow)
  ④ 공기 흐름의 성질
     ㉠ 층류는 난류에 비해 마찰력이 적다.
     ㉡ 층류는 인접하는 2개 층 사이에 혼합이 없고, 난류에서는 혼합이 있다.
     ㉢ 천이 및 천이점 : 층류에서 난류로 변하는 현상을 천이(transition)라 하고, 천이 시작점을 천이점(transition point)이라 한다.
     ㉣ 임계 레이놀즈수(critical Reynold's number)
        • 천이가 일어나는 레이놀즈수(천이 시작점에서의 레이놀즈수)
        • 층류와 난류를 구분

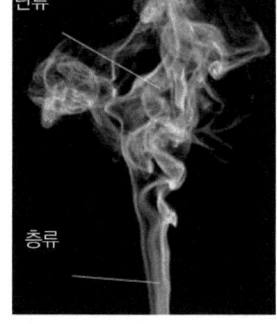

[그림 1-5] 층류와 난류(예)

  ⑤ 층류와 난류 경계층

> **Note | 경계층(boundary layer)**
> 점성력이 작용하는 층(또는 점성의 영향이 중요시 되는 물체 주위의 가장 얇은 층)으로서 층류 경계층보다 난류 경계층이 두껍다.

     ㉠ 층류에서 난류로 변하는 요인 : 유속, 유체의 점성, 관의 지름
     ㉡ 점성 저층(층류 저층) : 난류 경계층의 바닥 벽면 가까운 곳에 층류 흐름과 유사하게 형성된 부분

ⓒ 경계층의 두께 : 레이놀즈수에 반비례
- 층류 경계층의 두께(δ) : $\delta_x = \dfrac{5.2x}{\sqrt{Re_x}}$
- 난류 경계층의 두께(δ) : $\delta_x = \dfrac{0.37x}{Re_x^{0.2}}$

⑥ 흐름의 떨어짐(박리 현상, flow separation)
ⓐ 역압력 구배가 형성되었을 때 발생
- 역압력 구배 : 날개골 뒤쪽으로 갈수록 흐름 속도가 감소하고 압력이 증가하여, 압력차에 의한 흐름의 역작용이 발생하는 것
ⓑ 박리 현상에 의한 영향
- 양력은 크게 감소하고 항력(압력 항력)은 크게 증가
- 층류에서 쉽게 발생하며, 난류는 점성 마찰이 적고 압력에 잘 견디고, 큰 운동량을 갖기 때문에 잘 발생하지 않는다. 즉 박리 현상에 의한 압력 항력은 층류에서 크다.
- 방지법 : 난류 경계층이 발생하도록 함 – 와류 발생 장치(vortex generator) 설치, 날개 윗면을 거칠게 해준다.

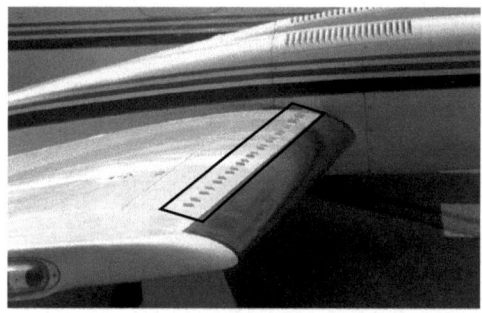

[그림 1-6] 와류 발생 장치 (Vortex generator)

사. 항력계수(drag coefficient) : 무차원수

(1) 항력 계수 $C_D = \dfrac{D}{\frac{1}{2}\rho V^2 S}$ (D : 항력)

(2) **압력항력**($C_{D\,압력}$) : 유체의 흐름에 놓여 있는 물체의 전후 표면에 압력차가 발생하여 물체의 이동 방향과 반대 방향으로 물체에 미치는 힘(흐름의 떨어짐으로 인해 증가)

(3) **마찰항력**($C_{D\,마찰}$) : 유체의 점성에 의해서 발생. 점성 계수와 속도 기울기에 따라 결정

(4) **형상항력**(C_{Dp}) : 물체의 형상에 따라 결정되며 압력항력과 마찰항력의 합

$C_{Dp} = C_{D\,압력} + C_{D\,마찰}$

아. 공기의 압축성 효과

(1) 압축성 흐름

① 음속과 마하수

㉠ 0℃인 공기 중에서 음속 331.2㎧, 공기 온도가 t℃일 때 음속(a)

$$a = 331.2\sqrt{\frac{273+t}{273}}$$

> **Note** | 음속의 다른 공식
> $a = \sqrt{\frac{dp}{d\rho}} = \sqrt{\frac{\gamma \rho}{\rho}} = \sqrt{\gamma RT}$ (P : 압력, ρ : 밀도, γ : 비열비, R=기체상수)

㉡ 마하수(Mach number) : 음속과 비행기 속도의 비 즉, 공기의 압축성 효과를 나타내는 가장 중요한 요소

$$M_a = \frac{V}{C}$$ (V : 비행기속도, C : 음속)

- 온도의 영향 : 온도가 증가할수록 음속은 빨라지고(비례하고) 마하수는 감소한다.(반비례한다).
- 고도의 영향 : 고도가 증가할수록 비행 속도가 일정할 때 음속(C)은 감소하고 마하수는 증가한다.(고도가 증가할수록 온도가 감소하므로)

② 마하파(Mach wave) 또는 마하선(Mach line) : 고요구역과 작용구역의 경계, 초음속 흐름에서 미소한 교란이 전파되는 면 또는 선

> **Note** | 마하파를 형성하는 마하각과 마하수와의 관계
> $\sin\theta = \frac{1}{M}$ (M : 마하수, θ : 마하각)

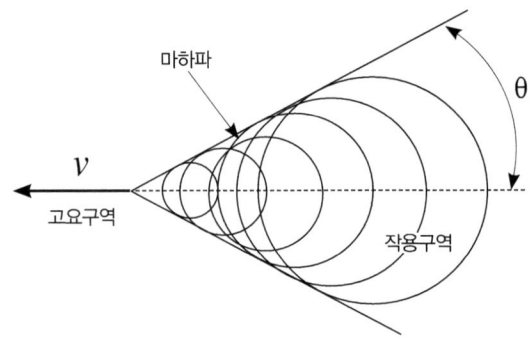

[그림 1-7] 마하파와 마하각(θ)

③ 초음속 흐름의 특징(압축성 효과를 고려) : 공기의 압축성 효과에 의해서 공기흐름의 통로가 좁아지면 속도는 감소하고 압력, 밀도는 증가(아음속과 반대의 특성)

(2) 충격파(shock wave)

공기 흐름의 급격한 변화로 인하여 속도가 감소하고 압력, 밀도, 온도가 불연속적으로 급격히 증가하는 현상으로 이 불연속면을 충격파라 한다.(통로가 좁아지는 곳에서 발생)

① 충격파의 종류
  ㉠ 경사 충격파(Oblique shock wave)
  ㉡ 수직 충격파(Normal shock wave)
② 충격파의 강도 : 충격파 전후의 압력차로 나타냄
③ 충격 실속(Shock Stall) : 충격파 뒤에는 급격한 압력발생이 작용하여 경계층 내에 있는 유체 입자가 표면에서 떨어져 나가 양력이 감소하고 항력(충격파에 의해 생기는 조파항력)이 증가하는 현상
④ 충격파에 의한 항력 : 조파항력(wave drag)
  ㉠ 초음속 흐름에서 날개 표면에 발생한 충격파로 인하여 발생하는 항력
  ㉡ 받음각, 캠버선의 모양, 길이에 대한 두께비에 따라 결정
  ㉢ 조파항력을 최소화하기 위해 앞전은 뾰족하게, 두께는 가능한 범위 내에서 얇게 한 다이아몬드형 날개골 사용

(3) 팽창파(expansion wave)

팽창선을 이루면서 압력과 밀도가 감소되고 속도는 증가되는 파로서 에너지 손실이 없고, 항상 표면에 경사진다. 통로가 넓어지는 곳에서 발생(초음속 흐름에서만 발생)

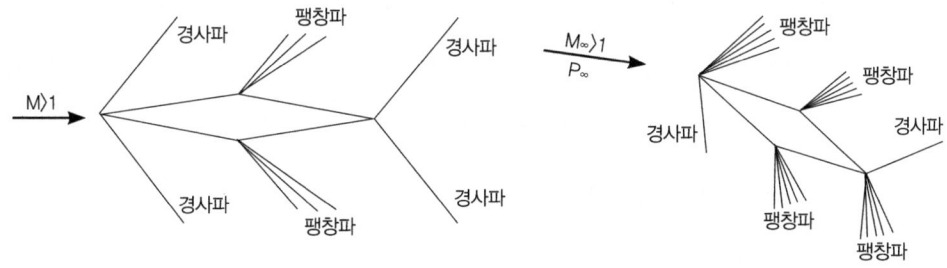

[그림 1-8] 다이아몬드형 날개골의 초음속 시 발생 파장
(같은 위치에서도 공기 흐름 방향에 따라 다른 파장 발생)

02 날개이론

1. 날개형상

가. 날개골(airfoil)의 명칭

(1) 앞전(leading edge) : 날개골 앞부분의 끝, 원호 또는 쐐기모양
(2) 뒷전(trailing edge) : 날개골 뒷부분의 끝, 곡선모양 또는 직선모양
(3) 시위 또는 시위선(chord line) : 앞전과 뒷전을 연결한 직선
(4) 두께(thickness) : 시위선에서 수직으로 그었을 때 윗면과 아랫면 사이의 수직거리
(5) 평균 캠버선(mean camber Line) : 두께의 2등분점을 연결한 선 (날개의 휘어진 정도를 나타냄)
(6) 캠버(camber) : 시위선에서 평균 캠버선까지의 거리로 시위선과의 비로 표시

※ 시위선과 평균 캠버선이 일치하는 날개골 즉 캠버가 0인 날개골 - 대칭형 날개골

(7) 앞전 반지름(반경) : 앞전에서 평균 캠버선상에 중심을 잡고 앞전 곡선에 내접하여 그린 원의 반지름 (앞전 모양을 나타냄)

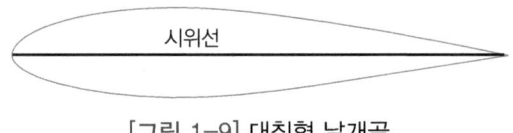

[그림 1-9] 대칭형 날개골

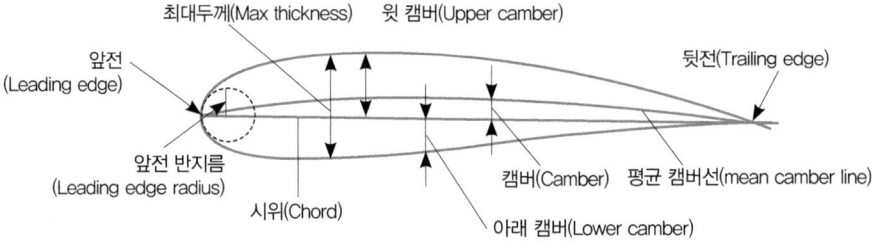

[그림 1-10] 날개골(Airfoil)의 각 부분 명칭

(8) 받음각 : (영각 : AOA→Angle of Attack)
① 공기 흐름의 방향(상대풍, relative wind)과 날개골 시위선이 만드는 사이각
② 항공기 진행 방향과 시위선이 이루는 각

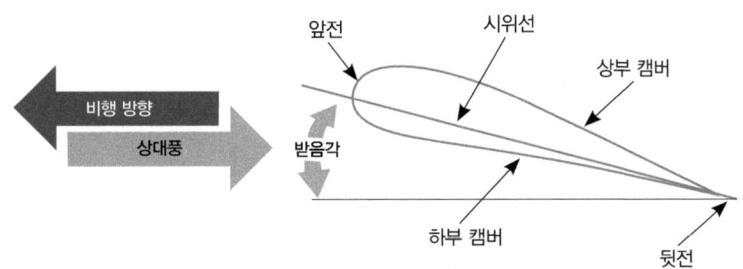

[그림 1-11] 받음각(Angle of attack)의 정의

2. 날개단면 이론

가. 날개골의 공력 특성

(1) 평판에 작용하는 공기력 : $Fx = \rho VS \times V = \rho V^2 S$

물체에 작용하는 공기력은 밀도와 속도의 제곱 그리고 물체의 면적에 비례한다.

(2) 양력(Lift)과 항력(Drag)

$$L = C_L \frac{1}{2}\rho V^2 S, \quad D = C_D \frac{1}{2}\rho V^2 S$$

(비례상수 - C_L : 양력계수, C_D : 항력계수 → 무차원 수)

(3) 받음각과 C_L, C_D의 관계

① 영양력(0양력) 받음각 : 양력이 0일 때의 받음각 ($C_L = 0$), 무양력 받음각

② 최대 양력 계수(C_{Lmax}) : C_L이 최대일 때의 양력계수

③ 실속각 : C_{Lmax}일 때의 받음각

④ 실속(Stall) : 받음각이 실속각을 넘으면 양력계수는 급격히 감소하고 항력은 급격히 증가할 때의 현상(날개 윗면에서 공기의 떨어짐 현상이 발생하여 항공기는 수직으로 떨어진다.)

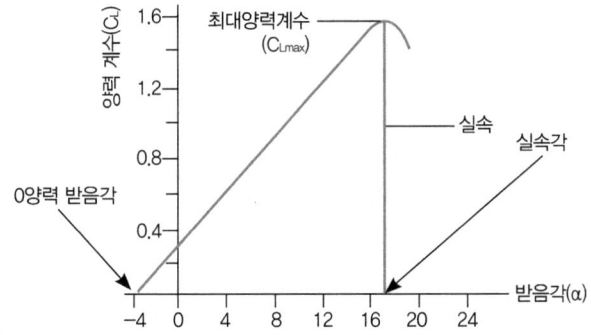

[그림 1-12] 받음각(α)과 양력계수(C_L)와의 관계

(4) 날개골의 모양에 따른 특성

날개의 특성을 좌우하는 요소 : 두께, 캠버, 앞전 반지름, 시위선의 길이

나. 압력 중심과 공기력 중심

(1) 압력중심(CP : center of pressure, 풍압중심)

① 날개골에 작용하는 압력의 합력점

② 받음각이 클 때 : 압력 중심은 앞(앞전)으로 이동(약 시위의 ¼ 지점)

받음각이 작을 때 : 압력 중심은 뒤(뒷전)로 이동(시위길이의 ½ 정도까지)

③ 항공기가 급강하 시 압력중심은 크게 뒤쪽으로 이동한다.

(2) 공기력 중심(AC : aerodynamic center)

① 속도가 일정한 경우 날개골의 받음각이 변화해도 모멘트 값이 변하지 않는 점

② 공기력 모멘트 $M = R \times L$(힘 × 거리)

$$M = R \times L = C_m \frac{1}{2} \rho V^2 S \cdot C$$

(R : 양력과 항력의 합력, L : 앞전에서 압력중심까지의 거리, C_m : 공기력모멘트계수, C : 시위선의 길이)

다. 날개골(Airfoil)의 종류

(1) 날개골의 호칭

① 날개골의 특징은 두께, 두께분포, 캠버와 레이놀즈수로 결정한다.

② NACA(National Advisory Committee for Aeronautics : 현재의 NASA)

㉠ 4자 계열(최대 두께가 시위의 30% 정도에 위치)

예 NACA 2 4 15

- 2 : 최대 캠버의 크기-시위선의 2%
- 4 : 최대 캠버의 위치-시위선의 앞전에서 시위의 40% 지점에 위치
- 15 : 최대 두께의 크기-최대 두께가 시위선의 15%

※ 4자 계열은 주로 00XX, 24XX, 44XX로 표시. 00XX는 대칭형 날개골

㉡ 5자 계열(4자 계열을 개선)

예 NACA 2 3 0 15

- 2 : 최대 캠버의 크기-시위선의 2%
- 3 : 최대 캠버의 위치-시위선의 앞전에서 시위의 15% 지점에 위치
- 0 : 평균 캠버선 뒤쪽 반의 형태-직선 (1 : 곡선)
- 15 : 최대 두께의 크기-최대 두께가 시위선의 15%

ⓒ 6자 계열(층류 날개골, Laminar flow Airfoil) - 고속기(천음속기)의 날개골

   예 NACA 6 5 1 - 2 15
   - 6 : 6자 계열 날개골
   - 5 : α(받음각) = 0 일 때 최소 압력의 위치-시위의 50% 지점
   - 1 : 항력 버킷의 폭-설계 양력 계수를 중심으로 ±0.1
   - 2 : 설계 양력 계수-설계 양력 계수가 0.2
   - 15 : 최대 두께의 크기-최대 두께가 시위선의 15%

   > **Note**
   > ① 항력 버킷(drag bucket) : 어떤 양력계수 부근에서 항력계수가 갑자기 작아지는 부분
   > ② 6자 계열은 최대두께 위치를 중앙부근에 위치시켜 설계양력계수 부근에서 항력계수가 작아지도록 하여 받음각이 작을 때 앞부분의 흐름이 층류를 유지하도록 한 것

ⓓ 초음속 날개골(양력계수가 크지 못하다.)

   예 1 S - (50) · (03) - (50) · (03)

(2) 천음속기의 날개골

① 층류 날개골 : 날개 상단의 캠버를 감소시켜 층류를 유지함으로서 속도 증가시 항력을 감소(마찰 항력 감소)

② 피키 날개골(Peaky airfoil) : 충격파 발생으로 인한 항력 증가를 억제하기 위해 시위의 앞부분에 압력분포를 뾰족하게 만든 날개골

③ 초임계 날개골(supercritical airfoil) : 1968년 NASA의 Richard T. Whitcomb이 개발한 것으로 앞전 반지름이 비교적 크고, 날개골의 윗면은 평평하며, 뒷전 부근에 캠버가 조금 있는 날개골로 초음속 영역을 넓혀 충격파 완화 및 항력증가 억제로 임계 마하수를 음속에 가깝게 한 날개골

> **Note** | 초임계 날개골의 특징
> - 같은 두께비에서 순항 마하수가 15% 증가한다.
> - 동일 순항 마하수에서 항력의 증가 없이 두께비가 증가하여 날개구조의 두께를 줄일 수 있다.
> - 저속에서 양력이 증가하고, 후퇴각도 감소시킬 수 있다.

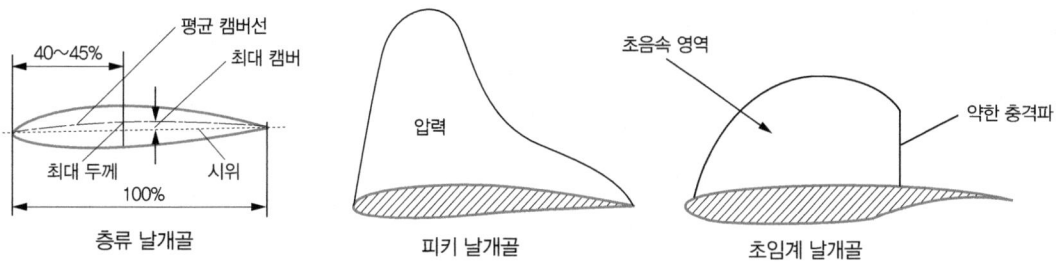

[그림 1-13] 천음속기의 날개골

3. 날개이론

가. 날개의 용어

(1) 날개 면적(S) : 날개 윗면의 투영 면적으로 동체나 엔진 나셀에 의해 가려진 부분의 면적도 날개 면적에 포함한다.

(2) 날개 길이(b, span) : 날개 끝에서 날개 끝까지의 길이

(3) 시위(c) : 앞전과 뒷전을 연결한 직선거리

> **Note** | **공력 평균 시위**(MAC : mean aerodynamic chord)
> 큰 날개의 항공 역학적 특성을 대표하는 시위를 말하며, 기하학적 평균 시위라고 한다.

(4) 날개의 가로세로비(AR, aspect ratio, 종횡비) : 가로세로비가 클수록 날개 끝 와류와 유도 속도가 작아, 적은 받음각에서도 큰 양력을 발생

$$AR = \frac{b}{c} = \frac{b^2}{S} = \frac{S}{c^2}$$

(5) 테이퍼비(λ) : 날개뿌리 시위(C_r)와 날개 끝 시위(C_t)의 비

$$\lambda = \frac{C_t}{C_r}$$ (C_t : 날개끝 시위, C_r : 날개뿌리 시위)

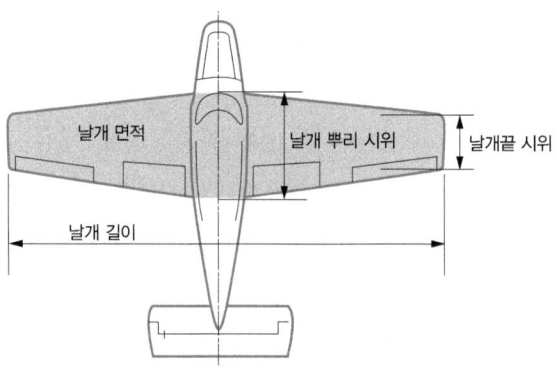

[그림 1-14] 날개 각 부분의 명칭

(6) 뒤젖힘각(후퇴각, sweepback angle) : 앞전에서 시위의 25% 되는 점을 연결한 직선과 항공기 가로축(Y)이 이루는 각

(7) 쳐든각(상반각, dihedral angle)과 쳐진각(하반각)
  ① 쳐든각 : 수평선을 기준으로 위로 올라간 각
  ② 쳐진각 : 수평선을 기준으로 아래로 내려간 각

(8) 붙임각(취부각, incidence angle) : 기체의 세로축(X)과 시위선이 이루는 각

(9) 기하학적 비틀림(wash out) : 날개 끝의 붙임각을 날개뿌리보다 작게 한 것으로 날개끝 실속(wing tip stall)을 방지한다.

나. 날개의 모양

(1) 직사각형 날개 : 날개 평면 형상이 직사각형 모양
  ① 장점 : 제작이 쉬워 소형 항공기에 사용한다. 날개 끝 실속이 없다.
  ② 단점 : 구조면에서 무리가 있다.

(2) 테이퍼 날개 : 날개 끝과 뿌리의 시위가 다른 날개로서 붙임 강도가 높다.

(3) 타원형 날개 : 날개 전체 형상이 타원형 [유도항력=1(최소), 고른 양력발생]
  ① 장점 : 길이방향의 양력계수 분포가 일률적, 유도 항력이 최소
  ② 단점 : 제작이 어려움, 옆놀이 시 날개 끝 실속 발생

(4) 앞젖힘 날개(forward swept wing, 전진익)
  ① 날개 뿌리에서 끝까지 앞으로 젖혀진 형태
  ② 날개 끝 실속이 없다.

(5) 뒤젖힘 날개(swept wing, 후퇴익)
  ① 날개 뿌리에서 끝까지 뒤로 젖혀진 상태
  ② 충격파의 발생 지연(임계 마하수 증가)
  ③ 고속시 저항감소

(6) 삼각날개(delta wing) : 뿌리 부분의 시위 길이를 길게 하여 날개의 면적을 증가시킨 것
  ① 장점
    ㉠ 두께비가 작다.(날개 시위 길이가 길어서)
    ㉡ 임계 마하수가 높다.(충격파 발생 지연)
    ㉢ 구조면에서 뒤젖힘 날개보다 강하다.
  ② 단점
    ㉠ 최대 양력 계수가 적어 날개면적을 크게 해야 한다.
    ㉡ 저속 시(이·착륙 시) 큰 받음각이 필요해 조종사의 시계가 나쁘다.

(7) 가변 날개 : 비행 중에 뒤젖힘 각을 바꿀 수 있는 날개로 구조가 복잡하다.

다. 고속형 날개

(1) 뒤젖힘 날개
  ① 장점
    ㉠ 충격파 발생 지연으로 임계 마하수(Mcr)가 높고 가로 안정성이 좋다.
    ㉡ 높은 받음각에서 실속 발생
    ㉢ 고속 시 저항 감소로 제트 여객기에 많이 사용

② 단점
　　㉠ 날개 끝 실속(wing tip stall) 발생
　　㉡ 양력계수가 적어 착륙속도를 크게 해야 한다.
　　㉢ 날개 구조면에서 강도가 약하다.(고속 시 공력탄성 때문에)

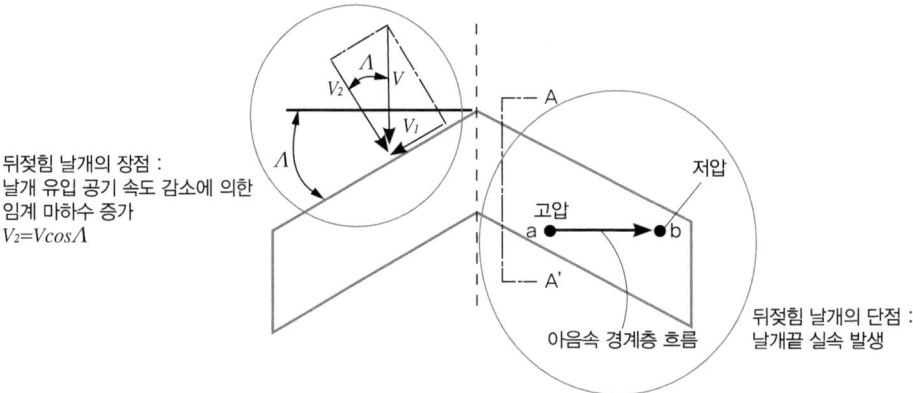

[그림 1-15] 뒤젖힘 날개의 특징

> **Note | 임계 마하수(critical Mach number : Mcr)**
> 날개 윗면에서 최대 속도가 음속(M=1)이 될 때 날개 앞쪽에서의 흐름(비행 속도)의 마하수를 말한다. 임계 마하수는 클수록 좋으며, 가장 좋은 방법은 뒤젖힘 날개를 사용하는 것이다.

> **Note | 항력 발산 마하수(Mdiv : drag divergence Mach number)**
> 마하수가 1 이상이 되더라도 충격파가 없는 흐름을 얻을 수 있으므로 임계 마하수에 도달한다고 해도 항력이 증가하는 것이 아니고 항력이 갑자기 증가하기 시작하는 마하수가 따로 존재한다. 이 마하수를 항력 발산 마하수라 한다.
> ※ 항력발산 마하수를 높이는 방법
> ・얇은 날개를 사용하여 표면에서의 속도증가 억제
> ・날개에 뒤젖힘 각을 준다.
> ・가로세로비가 작은 날개 사용
> ・경계층 제어

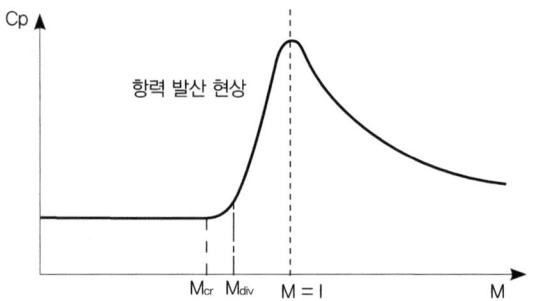

[그림 1-16] 임계 마하수(Mcr)와 항력 발산 마하수(Mdiv)

(2) 삼각날개와 오지(ogee)날개

① 날개 주위의 시위가 길어서 날개의 두께를 크게 할 수 있기 때문에 공력탄성에 견딜 수 있는 충분한 강성을 가질 수 있다.
② 저속시 큰 받음각으로 인해 실속을 야기시킨다. → 항력계수 급증
③ 최대 양력계수가 적어서 이·착륙 속도가 커야 한다.
④ 종횡비가 작고 양력 기울기도 작으므로 받음각이 어느 단계에 오면 실속한다.

라. 날개의 공기력

(1) 순환 흐름에 의한 날개의 양력

① 쿠타 – 쥬코프스키(Kutta–Joukowsky)의 양력 이론 (날개 주위의 순환 이론)

직선 흐름에 물체 주위의 순환 흐름(속박 와류)에 의해 와류가 발생하면 그 물체는 양력을 받게 되며 이를 쿠타–쥬코프스키의 양력이라 함

$L = \rho \cdot V \cdot \Gamma$ (ρ : 밀도, V : 속도, Γ : 순환흐름의 세기($2\pi r v$))

※ Magnus effect(마그너스 효과) : 원통의 회전에 의해 생긴 순환이 선형 흐름과 조합될 경우 양력이 발생한다.

② 출발와류(starting vortex) : 날개 뒷전에서 발생하는 와류
③ 속박와류(bound vortex) : 날개 주위에 출발와류와 크기가 같고 방향이 반대로 발생하는 와류

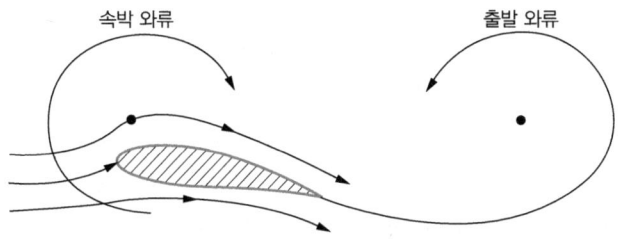

[그림 1-17] 순환 흐름의 종류

④ 유도속도 : 날개 끝 와류들로 인해 주위의 공기가 날개 밑으로 움직이게 되며 이때의 유속을 유도 속도라 한다. (수평비행 시 속박 와류와 날개 끝 와류에 의해 발생)

(2) 날개의 항력 (유도항력 + 유해항력)

① 유도항력(C_{Di} : induced drag)

$$유도항력(D_i) = \frac{C_L}{\pi e AR} \times L = \frac{C_L}{\pi e AR} \times C_L \frac{1}{2}\rho V^2 S$$

$$C_{Di} = \frac{C_L^2}{\pi e AR} = \frac{C_L}{\pi e AR} \times C_L = \alpha_i \times C_L, \quad 유도각\ \alpha_i = \frac{C_L}{\pi AR}(rad)$$

(1rad = 57.296°)

> **Note**
> ① e : 스팬 효율계수 (타원날개 : e = 1, 그 밖의 날개 : e < 1)
> ② Wing let : 저속용 날개에 사용되는 유도 항력 감소 장치의 하나로 이 장치는 유도 항력을 감소시켜 양항비를 25% 정도 증가시키는 효과가 있고, 날개 바깥쪽으로 내리 흐름을 유도하기 때문에 날개 외향의 실속을 막아주게 된다.
> ③ 기준(0의 값)에 따른 압력의 종류
>   • 절대 압력(absolute pressure) : 진공상태를 0으로 하여 압력을 측정한 값
>   • 계기 압력(gauge pressure) : 표준 대기압을 0으로 하여 압력을 측정한 값
>   ※ 정압(+) : 표준 대기압보다 큰 압력, 부압(-) : 표준 대기압보다 작은 압력
>   • 절대 압력 = 표준 대기압 ± 계기압력

[그림 1-18] 날개끝 와류와 윙렛(Winglet)

② 형상항력(C_{DP} : profile drag)

형상항력 = 마찰항력 + 압력항력 (C_{DP} = C_D마찰 + C_D압력)

③ 조파항력(wave drag)

④ 유해항력(parasite drag) : 항공기에서 양력에 관계하지 않고 비행을 방해하는 모든 항력을 통틀어 유해항력이라 한다. (즉, 유도 항력을 제외한 모든 항력)

(3) 날개의 실속성

비행기가 고도를 유지할 수 없는 상태. 즉, 실속각(최대 받음각)을 벗어났을 때 양력은 크게 감소하고 항력이 크게 증가하며 항공기가 수직 강하하는 상태

① 갑작스런 실속 : 종횡비가 큰 날개골, 고속기, 레이놀즈수가 작은 날개골
② 완만한 실속 : 종횡비가 작은 날개골, 저속기, 레이놀즈수가 큰 날개골

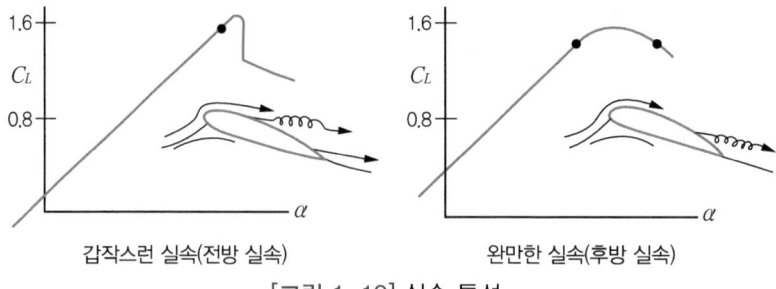

갑작스런 실속(전방 실속)　　　　완만한 실속(후방 실속)

[그림 1-19] 실속 특성

③ 날개 모양에 따른 실속 발생
　㉠ 직사각형 날개 : 받음각을 크게 할수록 실속 영역은 날개 뿌리에서 끝으로 발전
　㉡ 테이퍼형 날개 : 직사각형 날개와는 반대로 실속이 날개 끝에서부터 발생
　㉢ 타원형 날개 : 날개길이 전체에 걸쳐 실속이 균일하게 발생, 실속으로부터의 회복이 늦다.
　㉣ 뒤젖힘 날개 : 실속이 날개 끝으로부터 발생

④ 날개 끝 실속(익단 실속) 방지법
　㉠ 날개의 테이퍼비를 너무 작게 하지 않는다.
　㉡ 앞 내림(wash out)을 준다. (기하학적인 비틀림)
　㉢ 경계층을 제어한다.
　㉣ 슬랫을 설치한다.
　㉤ 날개끝 부분의 두께비, 앞전 반지름, Camber 등이 큰 날개골을 사용한다.
　　(날개 뿌리보다 날개 끝의 실속각을 크게 한 것 → 공력적 비틀림)
　㉥ 날개 앞전을 Dog teeth 형태로 만든다.
　㉦ 날개 윗면에 Stall fence를 설치한다.

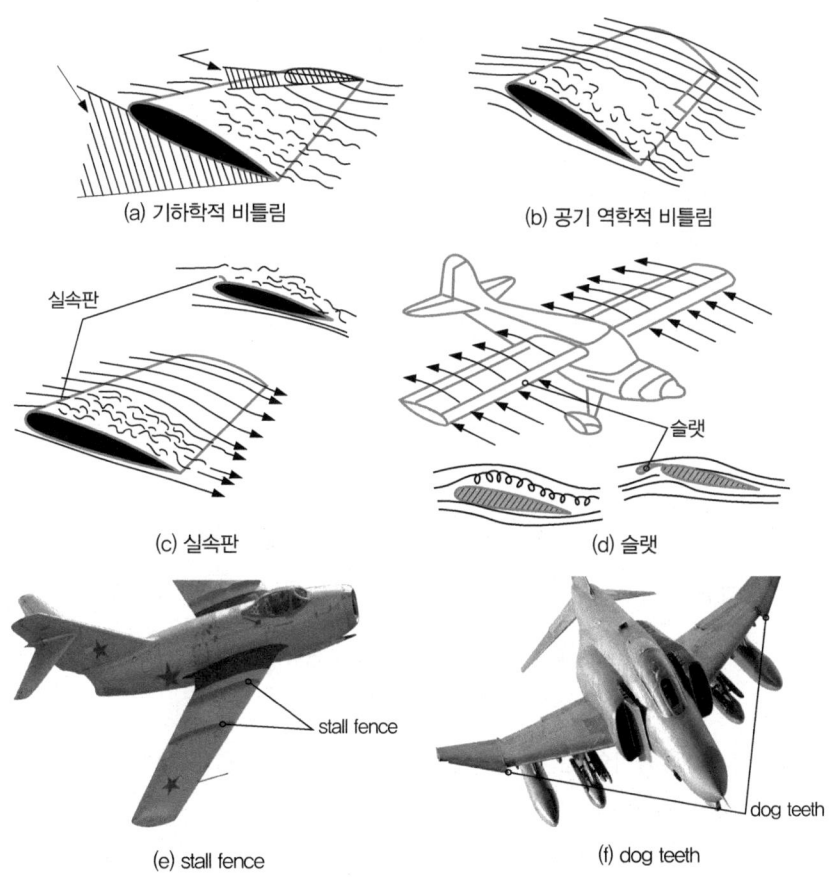

[그림 1-20] 날개끝 실속(Wingtip stall) 방지법

4. 공력보조장치

가. 고양력 장치(HLD : high lift device)

플랩(flap), 슬롯(slot) 등을 사용하여 최대 양력계수인 C_{Lmax}를 크게 하는 장치

$$W = L = C_L \frac{1}{2} \rho V^2 S, \ L_{max} = C_{Lmax} \frac{1}{2} \rho V^2 S$$

> **Note | 실속속도(최소 속도)**
> L = W일 때 C_L의 값은 C_{Lmax}이다. C_{Lmax}일 때의 항공기 속도를 실속속도(V_S), 최소속도(V_{min})라 한다.
> $$V_S(V_{min}) = \sqrt{\frac{2W}{\rho S C_{Lmax}}}$$

(1) 플랩(flap)

① 뒷전 플랩(trailing edge flap)
  ㉠ 단순 플랩(plain flap)
  ㉡ 분할 플랩(split flap)
  ㉢ 잽 플랩(zap flap)
  ㉣ 슬롯 플랩(slott flap), 이중 슬롯 플랩, 삼중 슬롯 플랩
  ㉤ 이중간격 플랩(double slotted flap)
  ㉥ 파울러 플랩(fowler flap) : 최대 양력계수가 가장 크게 증가, 날개 면적 증가, 틈의 효과, 캠버 증가의 효과

② 앞전 플랩(leading edge flap)
  ㉠ 슬롯과 슬랫(slot & slat)
  ㉡ 크루거 플랩(kruger flap) : 앞전 반지름을 크게 하는 장치
  ㉢ 드루프 앞전(drooped leading edge)

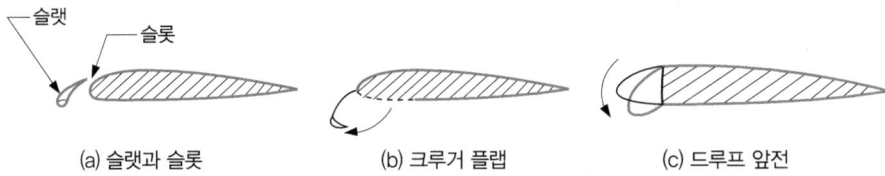

(a) 슬랫과 슬롯   (b) 크루거 플랩   (c) 드루프 앞전

[그림 1-21] 앞전 플랩의 종류

(2) 경계층 제어장치 : 받음각이 클 때 흐름의 떨어짐을 직접 방지하는 장치
  ① 불어날림 방식(blowing type)
  ② 빨아들임 방식(suction type)

나. 고항력 장치(HDD : high drag device)

(1) 에어 브레이크(air brake)

(2) 스포일러

   ① 공중 스포일러(flight spoiler)

      ㉠ 비행 중 좌·우 날개에 대칭적으로 사용할 때(에어브레이크의 역할)

      ㉡ 보조날개(aileron)와 연동하여 비대칭적으로 사용 시

        → 보조 날개의 역할을 보조하는 기능 : 역 빗놀이(adverse yaw) 방지

   ② 지상 스포일러(ground spoiler)

      ㉠ 착륙 접지 후 항력 증가 및 타이어의 지면 마찰 증가로 착륙거리 단축

      ㉡ 전체 스포일러가(지상 및 공중) 모두 작동

(3) 역추력 장치(thrust reverser)

   제트 항공기에서 배기가스의 흐름을 역류시켜 추력의 방향을 반대로 바꾸는 장치

(4) 드래그 슈트(drag chute)

(a) 에어 브레이크

(b) 스포일러

(c) 역추력 장치

(d) 드래그 슈트

[그림 1-22] 고항력 장치

공기역학 적중예상문제

1-1 대기의 구성 및 표준대기

01 다음 중에서 대기권의 구조는?

㉮ 대류권 – 전리층 – 외기권 – 성층권
㉯ 대류권 – 성층권 – 전리층 – 외기권
㉰ 성층권 – 대류권 – 전리층 – 외기권
㉱ 전리층 – 성층권 – 대류권 – 외기권

풀이 대기권은 대류권–성층권–중간권–열권(전리층)–극외권(외기권)으로 구성된다.

02 다음 대기권의 구조 중 열권에 대한 바른 설명이 아닌 것은 무엇인가?

㉮ 중간권 위에 있다.
㉯ 극광, 유성이 길게 밝은 빛의 꼬리를 남긴다.
㉰ 전리층이 있다.
㉱ 각 분자, 원자는 지상에서 발사된 탄환과 같이 궤적운동을 한다.

풀이 대기권의 구조
- 대류권 : 기상 현상이 있고 1km 상승시마다 온도가 6.5℃씩 낮아진다.
  (대류권계면 : 대기가 안정하여 제트기의 순항 고도로 적합)
- 성층권 : 고도변화에 따라 기온의 변화가 없고 오존(O_3)층이 존재한다.
- 중간권 : 대기권 중에서 온도가 가장 낮다.
- 열권 : 전리층(D, E, F층)이 있고 극광(오로라) 현상이 나타난다.
- 극외권 : 원자와 분자수는 무척 희박하여 탄환궤적운동을 하며 경우에 따라 우주 밖으로 이탈하기도 한다.

03 대기압에 대한 설명 중 잘못된 것은?

㉮ 위도 45°에서 온도 15℃일 때 1기압이라 한다.
㉯ 대기압은 공기의 무게이다.
㉰ 지상에서 수은주 높이 760mmHg가 1기압이다.
㉱ 14.7psi, 29.92 inHg가 1기압이다.

풀이 1기압은 표준 중력 하에서 온도가 0℃ 에서의 대기 압력이다.

정답 [1-1] 01 ㉯ 02 ㉱ 03 ㉮

04 대기가 안정하여 구름이 없고, 기온이 낮으며, 공기가 희박하여 제트기의 순항고도로 적합한 곳은?

㉮ 대류권계면   ㉯ 성층권계면   ㉰ 중간권계면   ㉱ 열권계면

05 대류권에서 고도가 증가함에 따라서 대기는 어떻게 변화하는가?

㉮ 온도 증가, 압력과 밀도 감소   ㉯ 압력 증가, 온도와 밀도 감소
㉰ 압력, 밀도, 온도 감소   ㉱ 압력, 밀도, 온도 증가

풀이 압력, 밀도는 대기에서 고도와 반비례하지만 온도는 대류권에서만 반비례하고 그 이상에서는 다르게 변화한다.

06 해면 고도(sea level)에서의 표준대기상태에 대한 값으로 옳은 것은?

㉮ 중력가속도는 $32.2 m/sec^2$으로 한다.   ㉯ 온도는 15℃이다.
㉰ 밀도는 $0.3 kg/m^3$이다.   ㉱ 압력은 760cmHg이다.

풀이 압력(pressure) : 760mmHg(torr) = 29.92inHg = 14.7psi = 1013.25 hPa(mbar) = 2116 lb/ft^2
• 밀도(density) : 1.225 kgm/m^3 = 0.12492 kgf · s^2/m^4 = 0.002377 lb · s^2/ft^4
• 온도(temperature) : 15℃ = 288.16°K = 59°F = 519°R
• 중력가속도(gravity) : 9.8 m/s^2 = 32.2 ft/sec^2
• 음속 : 340 m/s = 1116 ft/sec

07 국제표준대기(ISA) 기준과 관계가 먼 것은?

㉮ 상태방정식 만족
㉯ 고도 상승에 관계없이 온도 -56.5℃ 유지
㉰ 항공기의 설계운용에 기준이 되는 대기상태
㉱ 해발고도 밀도는 0.12492 kgf · s^2/m^4

풀이 고도 11km(-56.5℃)까지는 1km마다 -6.5℃ 감소하고, 그 이상은 일정하다.

08 지구의 중력가속도가 일정한 것으로 가정하여 정한 고도는?

㉮ 압력 고도   ㉯ 기하학적 고도   ㉰ 밀도 고도   ㉱ 지구 포텐셜 고도

풀이 중력 가속도(g)의 변화 여부에 의한 고도의 분류
• 기하학적 고도(geometric altitude)
• 지구 포텐셜 고도(geopotential altitude)

정답 04 ㉮ 05 ㉰ 06 ㉯ 07 ㉯ 08 ㉱

1-2 [공기의 성질-아음속]

01 점성의 영향을 무시하고 유체의 흐름을 해석한 경우는?

㉮ 압축성 유체 ㉯ 정상 흐름 ㉰ 이상 유체 ㉱ 실제 유체

> 풀이
> - 유체의 밀도 변화 고려에 따라 : 비압축성 유체(밀도 변화 ×), 압축성 유체(밀도 변화 ○)
> - 흐름 시간 경과에 따른 밀도, 속도, 압력 변화에 따라 : 정상흐름(밀도, 속도, 압력 변화 ×), 비정상흐름(밀도, 속도, 압력 변화 ○)
> - 유체의 점성 고려에 따라 : 이상유체(점성 ×), 실제유체(점성 ○)

02 연속 방정식 $\rho_1 A_1 V_1 = \rho_2 A_2 V_2$의 설명으로 틀린 것은?

㉮ A · V의 값은 일정(constant)하다. ㉯ A와 V는 반비례 관계이다.
㉰ $\rho_1 = \rho_2$일 때 비압축성이다. ㉱ 에너지 보존 법칙으로 설명할 수 있다.

> 풀이 연속 방정식은 질량 보존의 법칙으로 설명할 수 있으며, 에너지 보존 법칙은 항공기 엔진에 관계되는 열역학 제1법칙이다.

03 입구지름이 10cm이고 출구지름이 20m인 원형관에 액체가 흐르고 있다. 출구에서의 속도가 10m/s일 때 입구 속도는 얼마인가?

㉮ 2.5m/s ㉯ 10m/s ㉰ 20m/s ㉱ 40m/s

> 풀이 연속방정식 : A · V=일정 $A_1V_1 = A_2V_2$, $V_1 = \frac{A_2}{A_1} \times V_2 = \frac{20^2}{10^2} \times 10$

04 다음 중 베르누이 정리에서 압력과 속도와의 관계는?

㉮ 정압이 커지면 속도도 커진다. ㉯ 정압이 커지면 속도는 일정하다.
㉰ 정압이 커지면 속도는 감소한다. ㉱ 정압이 감소하면 동압도 감소한다.

> 풀이 베르누이 방정식 : 정압과 동압의 합은 항상 일정하다.($P_t = P + \frac{1}{2}\rho V^2$=일정)
> 그러므로 속도와 압력은 서로 반비례한다.

05 다음 중 베르누이 정리($P_t = P + \frac{1}{2}\rho V^2$)를 적용할 수 없는 상태는?

㉮ 정상흐름 ㉯ 비점성 유체 ㉰ 압축성 유체 ㉱ 동일 유선상에 존재

> 풀이 베르누이 정리의 가정 : 정상흐름, 비점성(이상유체)유체, 비압축성 유체

정답 [1-2] 01 ㉰ 02 ㉱ 03 ㉱ 04 ㉰ 05 ㉰

06 밀도가 0.1kg · s²/m⁴이고, 유체 흐름 속도가 100m/s일 때 동압은 얼마인가?

㉮ 100kg/m^2 ㉯ 500kg/m^2 ㉰ $1,000 \text{kg/m}^2$ ㉱ $1,500 \text{kg/m}^2$

풀이 $q = \frac{1}{2}\rho V^2 = \frac{1}{2} \times 0.1 \times 100^2$

07 점성에 의한 마찰력을 기술한 것 중에서 틀린 것은?

㉮ 마찰력은 속도 구배에 비례한다. ㉯ 마찰력은 면적의 제곱에 비례한다.
㉰ 마찰력은 절대 점성계수에 비례한다. ㉱ 마찰력은 유체의 속도에 관계된다.

풀이 $F = \mu S \frac{V}{h}$, 점성에 의한 마찰력은 점성계수, 면적, 속도, 속도 구배($\frac{V}{h}$)에 비례한다.

08 항공기의 날개골(airfoil)에서 정체점(머물음점, stagnation point)이란 어떠한 점을 의미하는가?

㉮ 속도가 0이 되는 점을 말한다. ㉯ 압력이 0이 되는 점을 말한다.
㉰ 속도, 압력이 동시에 0이 되는 점을 말한다. ㉱ 마하수가 1이 되는 점을 말한다.

풀이 에어포일에서 공기의 흐름이 상하로 나뉘거나, 합쳐지는 앞전과 뒷전에서 공기 흐름속도가 0이 되는 지점을 말한다.

09 레이놀즈수에 대한 설명 중 틀린 것은?

㉮ $Re = \frac{\rho VL}{\mu} = \frac{VL}{\nu}$ ㉯ 단위는 cm^2/s
㉰ 관성력과 점성력의 비 ㉱ 천이 레이놀즈수를 임계레이놀즈수라 한다.

풀이 레이놀즈수는 무차원수(단위가 없음)이다.

10 동점성계수를 올바르게 나타낸 것은?

㉮ 점성계수/밀도 ㉯ 밀도/점성계수 ㉰ 관성력/점성력 ㉱ 점성력/중력

풀이 레이놀즈 수를 표현할 때 쓰이는 함수로 단위로는 cm²/sec, m²/sec, ft²/sec 등이 있으며, 1cm²/sec를 1stokes라고도 한다.

11 유동하는 아음속 유체의 속도를 구하기 위해서는 다음 어느 것을 측정해야 하는가?

㉮ 정압과 전온도 ㉯ 전압과 전온도 ㉰ 정압과 전압 ㉱ 정압과 온도

풀이 베르누이 정리를 이용하여 동압($\frac{1}{2}\rho V^2$) = 전압(P_t) - 정압(P)에 의해 속도를 구한다.

정답 06 ㉯ 07 ㉯ 08 ㉮ 09 ㉯ 10 ㉮ 11 ㉰

12 360km/h의 속도로 비행하는 항공기의 시위 길이가 2.5m이고 동점성 계수가 0.14cm²/s일 때 레이놀즈수는 얼마인가?

㉮ 1.79×10^9
㉯ 1.55×10^9
㉰ 1.79×10^7
㉱ 1.55×10^7

풀이 $Re = \dfrac{VC}{\nu} = \dfrac{(360/3.6) \times 100 \cdot 2.5 \times 100}{0.14}$

(단위를 같게 한 후 계산, 속도는 m/sec, 길이는 cm로 통일, 1km/h는 $\dfrac{1}{3.6}$ m/sec이며, 1m는 100cm이다.)

13 날개 주위에 경계층이 생기는 원인을 바르게 설명한 것은?

㉮ 공기에 점성이 있기 때문
㉯ 공기 흐름이 비정상류이기 때문
㉰ 공기 흐름이 불연속적이기 때문
㉱ 날개 표면이 매끄럽지 못하기 때문

풀이 경계층(boundary layer) : 점성의 영향이 뚜렷한 벽 가까운 구역의 가상적인 층

14 평판의 흐름이 층류가 형성되었을 때 경계층의 두께와 레이놀즈 수와의 관계는?

㉮ 레이놀즈수의 제곱에 비례한다.
㉯ 레이놀즈수의 제곱근에 비례한다.
㉰ 레이놀즈수의 제곱에 반비례한다.
㉱ 레이놀즈수의 제곱근에 반비례한다.

풀이
- 층류 경계층의 두께 $\delta = \dfrac{5.2x}{\sqrt{R_N}}$ (x는 임의의 위치)
- 난류 경계층의 두께 $\delta = \dfrac{0.37x}{R_N^{0.2}}$

15 다음 중 임계 레이놀즈수를 옳게 설명한 것은?

㉮ 난류에서 층류로 변할 때의 레이놀즈수
㉯ 층류에서 난류로 변할 때의 속도
㉰ 층류에서 난류로 변할 때의 레이놀즈수
㉱ 난류에서 층류로 변할 때의 속도

풀이 경계층은 흐름 중에 놓인 물체의 앞전에서는 층류경계층, 그리고 뒤이어 난류경계층이 형성된다. 층류에서 난류로의 변화 과정을 천이(transition)라고 하며, 천이시의 레이놀즈수를 임계 레이놀즈수(critical Reynolds number)라고 한다.

정답 12 ㉰ 13 ㉮ 14 ㉱ 15 ㉰

16 다음은 층류와 난류를 설명한 것이다. 잘못된 것은?

㉮ 층류는 난류에 비해서 마찰력이 작다.
㉯ 층류는 난류에 비해서 마찰력이 크다.
㉰ 층류에서는 인접하는 2개의 층 사이에 혼합이 없고 난류에서는 혼합이 있다.
㉱ 층류에서 난류로 변화하는 현상을 천이라고 한다.

풀이 층류는 표면과의 마찰 항력이 작으나 난류 흐름에 비해 박리(흐름의 떨어짐) 현상이 쉽게 발생한다.

17 경계층에서 박리가 일어나는 경우는?

㉮ 역압력 구배가 형성될 때
㉯ 경계층이 정지할 경우
㉰ 음속에 도달했을 경우
㉱ 수로의 단면이 감소하였을 때

풀이 박리(seperation)는 날개표면 위의 압력형성이 흐름 방향을 반대하는 쪽으로 형성된 것(역압력 구배)으로, 흐름의 떨어짐이 생기면 흐름의 운동에너지가 감소하며, 항력이 증가하고, 양력이 감소한다.

18 다음 중에서 와류발생장치(vortex generator)의 목적은?

㉮ 층류의 유지   ㉯ 난류의 생성   ㉰ 불규칙흐름의 제거   ㉱ 항력 감소

풀이 vortex generator : 날개 상부 앞전 쪽에 설치되어 있는 작은 금속 strip으로 난류 흐름을 형성시켜 박리를 지연시킨다.

19 대기의 성질 중 음속에 가장 큰 영향을 주는 물리적 요소는 무엇인가?

㉮ 압력   ㉯ 밀도   ㉰ 온도   ㉱ 습도

풀이 이상 기체의 경우 음속은 온도에만 좌우된다.
음속 $C = \sqrt{\gamma RT}$ (γ : 비열비, R : 기체상수, T : 온도)

20 고도 2300m에서 비행기가 825km/h로 비행할 때 마하수는?

(단, 음속 $C = C_0\sqrt{\dfrac{273+t}{273}}, C_0 = 330 m/s$)

㉮ 0.7   ㉯ 1.6   ㉰ 2.5   ㉱ 3.0

풀이
- 고도 2,300m에서의 온도 $t = 15 - (6.5 \times 2.3) = 0.05$
- 고도 2,300m에서의 음속 $C = 330\sqrt{\dfrac{273+0.05}{273}} = 330$
- 고도 2,300m에서의 마하수 $M = \dfrac{825/3.6}{330}$

정답 16 ㉯ 17 ㉮ 18 ㉯ 19 ㉰ 20 ㉮

Chapter 1 항공역학

21 온도가 섭씨 0도인 고도 약 2300m에서 비행기가 825m/s로 비행할 때의 마하수는 약 얼마인가? (단, 음속 $C = C_0\sqrt{\dfrac{273+t}{273}}$, $C_0 = 331.2 m/s$)

㉮ 2.0　　㉯ 2.5　　㉰ 3.0　　㉱ 3.5

풀이 $M = \dfrac{V}{C} = \dfrac{825}{331.2}$. (음속은 15℃에서 340m/s, 0℃에서 331.2m/s이다.)

22 다음 중에서 음파의 속도(음속)를 나타내는 공식이 아닌 것은?

㉮ $\sqrt{\dfrac{\kappa P}{\rho}}$　　㉯ $\sqrt{\dfrac{\delta P}{\delta \rho}}$　　㉰ $\sqrt{\dfrac{\rho}{\kappa P}}$　　㉱ $\sqrt{\kappa g RT}$

풀이 음파 속도의 관계식 : $V_a = \sqrt{\kappa g RT} = \sqrt{\dfrac{\kappa P}{\rho}}$, $\dfrac{\kappa P}{\rho} = \dfrac{dP}{\rho}$
(κ : 비열비, g : 중력가속도, R : 기체상수, T : 온도, P : 압력, ρ : 밀도)

23 다음 중 마하수 0.75 이하의 흐름을 무엇이라 하는가?

㉮ 천음속　　㉯ 아음속　　㉰ 초음속　　㉱ 극초음속

풀이
- M<0.3 　　　비압축성흐름 : 아음속
- 0.3<M<0.75　압축성흐름 : 아음속(subsonic)
- 0.75<M<1.2　압축성흐름 : 천음속(transonic)
- 1.2<M<5.0　압축성흐름 : 초음속(supersonic)
- 5.0<M　　　압축성흐름 : 극초음속(hypersonic)

1-3 [공기의 성질-초음속]

01 아음속 흐름과 초음속 흐름을 비교할 때 가장 두드러진 차이는?

㉮ 점성 작용　　㉯ 압축성 효과　　㉰ 마찰 효과　　㉱ 가속 작용

풀이 초음속 흐름에서는 공기의 압축성 효과에 의해 공기의 성질이 완전히 변한다. 압축성 효과를 나타내는 데 가장 중요하게 사용되는 무차원수는 마하수(Mach number)이다.

02 충격파의 영향이라고 볼 수 없는 것은?

㉮ 조파항력　　㉯ 경계층 박리　　㉰ 마찰항력　　㉱ 충격실속

풀이 마찰항력은 공기의 점성에 의해 발생하는 항력이다.

정답 21 ㉯　22 ㉰　23 ㉯　[1-3] 01 ㉯　02 ㉰

03 정지 충격파 전후의 유동 특성이 아닌 것은?

㉮ 충격파를 통과하게 되면 흐름은 압축을 받게 된다.
㉯ 충격파 전의 압력과 밀도는 충격파 후보다 항상 크다.
㉰ 충격파를 통과할 때 속도에너지의 일부가 열로 변환된다.
㉱ 충격파는 실제적으로 압력의 불연속면이라 볼 수 있다.

풀이 충격파 후의 흐름은 속도만 감소하고 압력, 온도, 밀도 등은 증가한다.

04 초음속 흐름 속에 쐐기형 에어포일이 그림과 같이 놓여 있다. 에어포일 주위에 충격파, 팽창파가 생기고 초음속흐름이 지나고 있다. 다음의 설명에서 틀린 것은?

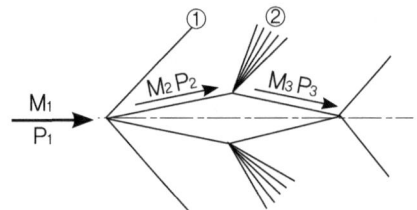

㉮ ① 충격파 $M_1 > M_2$, $P_1 < P_2$
㉯ ② 팽창파 $M_2 > M_3$, $P_1 < P_2$
㉰ ① 충격파 $M_1 > M_2$, $P_2 > P_3$
㉱ ② 팽창파 $M_2 < M_3$, $P_1 < P_2$

풀이
- 충격파(shock wave) : 통로가 좁아지는 곳에 형성, 속도 감소, 압력 증가
- 팽창파(expansion wave) : 통로가 넓어지는 곳에 형성, 속도 증가, 압력 감소

05 다음은 날개의 충격파 특성을 설명한 것이다. 틀린 것은?

㉮ 음속 이상일 때 발생한다.
㉯ 충격파를 지나온 공기입자의 압력은 감소한다.
㉰ 충격파를 지나온 공기입자의 밀도는 증가한다.
㉱ 충격파 후방의 공기흐름 속도는 급격히 감소한다.

풀이 충격파의 강도는 충격파의 앞쪽과 뒤쪽의 압력차를 의미하며, 충격파를 지나온 공기입자의 속도는 감소하고 압력은 증가한다.

06 초음속 흐름에서 발생하는 마하파(M)와 마하각(θ)와의 관계식으로 옳은 것은?

㉮ $\sin\theta = \dfrac{1}{M}$ ㉯ $\cos\theta = \dfrac{1}{M}$ ㉰ $\tan\theta = \dfrac{1}{M}$ ㉱ $\sin\theta = M$

정답 03 ㉯ 04 ㉯ 05 ㉯ 06 ㉮

1-4 날개 형상

01 다음 중 날개골(airfoil)에서 캠버(camber)를 나타내는 것은?

㉮ 날개의 윗면과 아랫면 사이의 거리
㉯ upper camber와 lower camber 사이의 거리
㉰ 시위선에서 평균캠버선까지의 거리
㉱ 앞전에서 최대 캠버선까지의 거리

풀이 • 시위 또는 시위선(chord or chord line) : 앞전과 뒷전을 연결한 직선
• 평균캠버선(mean camber line) : 두께의 이등분점을 연결한 선

02 다음 중에서 날개골(airfoil)에 대한 바른 설명은?

㉮ 윗면과 아랫면을 연결한 선을 시위선이라 한다.
㉯ 평균캠버선은 날개골의 휘어진 모양이다.
㉰ 앞전의 모양은 뾰족한 직선모양이다.
㉱ 뒷전의 모양을 둥근 원호나 뾰족한 쐐기형으로 한다.

풀이 날개골(airfoil)의 앞전은 둥근 원호나 쐐기형으로 되어있고 뒷전은 뾰족한 모양을 이루어 날개골이 유선형이 되도록 하며, 윗면과 아랫면을 연결한 선은 두께이다.

03 그림의 에어포일 설명 중 잘못된 것은?

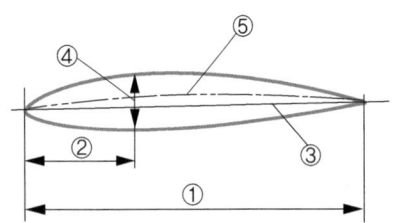

㉮ ① 시위길이
㉯ ② 최대캠버위치
㉰ ③ 시위선
㉱ ④ 캠버

풀이 ④ – 두께, ⑤ – 평균캠버선

04 캠버가 증가하면 양력계수와 항력계수 사이에는 어떤 관계가 성립되는가?

㉮ 양력계수 증가, 항력계수 감소
㉯ 양력계수 감소, 항력계수 증가
㉰ 양력계수 감소, 항력계수 감소
㉱ 양력계수 증가, 항력계수 증가

풀이 이착륙시 플랩을 내려 캠버를 증가시키면(에어포일의 모양이 많이 휘어짐) 양력, 항력 모두 증가한다.

정답 [1-4] 01 ㉰ 02 ㉯ 03 ㉱ 04 ㉱

05 다음 중에서 받음각(angle of attack)이란 무엇인가?

㉮ 기체축과 상대풍이 이루는 각
㉯ 가로축과 시위선이 이루는 각
㉰ 시위선과 상대풍이 이루는 각
㉱ 상대풍과 항공기 진행방향과의 각

[풀이] • 받음각(영각) : 항공기 진행 방향(상대풍-relative wind)과 시위선이 이루는 각
• 붙임각(취부각-angle of incidence) : 항공기 세로축과 시위선이 이루는 각

1-5 날개단면 이론

01 비행기 날개에 작용하는 공기력은 무엇에 비례하는가?
(단, ρ : 공기밀도, μ : 공기의 절대 점성계수, S : 날개 면적, V : 비행 속도)

㉮ μSV^2
㉯ $\mu V^2/S$
㉰ $\rho V^2 S$
㉱ $\rho V^2/S$

02 항공기 무게가 3,000kg, 양력 계수가 0.5, 공기 밀도가 0.2kgf-sec²/m⁴, 비행 속도가 100km/h, 날개 면적이 40m²일 때 양력은 얼마인가?

㉮ 771kg
㉯ 1,543kg
㉰ 3,086kg
㉱ 3,000kg

[풀이] $L = C_L \frac{1}{2}\rho V^2 S = 0.5 \times \frac{1}{2} \times 0.2 \times (\frac{100}{3.6})^2 \times 40$

03 200mph의 속도로 비행하는 항공기의 항력이 100lbs일 때 이 항공기가 300mph의 속도로 비행하면 항력은?

㉮ 230lbs
㉯ 240lbs
㉰ 225lbs
㉱ 245lbs

[풀이] $D = C_d \frac{1}{2}\rho V^2 S$ 이므로 $100 = C_d \frac{1}{2}\rho S \times 200^2$ 에서 $C_d \frac{1}{2}\rho S = \frac{100}{200^2}$

$D = C_d \frac{1}{2}\rho S \times 300^2 = \frac{100}{200^2} \times 300^2$

※ mph(mile per hour), lbs(pound) : 1 mile = 1.6km, 1lb = 0.45kg

04 받음각이 일정할 때, 양력은 고도가 증가하면 어떻게 되는가?

㉮ 감소한다.
㉯ 증가한다.
㉰ 증가하다 감소한다.
㉱ 변화가 없다.

[풀이] 자세의 변화가 없다면 고도가 증가할수록 밀도가 감소하므로 양력은 감소된다.

[정답] 05 ㉰ [1-5] 01 ㉰ 02 ㉯ 03 ㉰ 04 ㉮

Chapter 1 항공역학

05 최대 양력계수(C_{Lmax})를 넘은 받음각에서 갑자기 양력이 감소하는 원인으로 가장 적절한 것은?

㉮ 유도항력의 갑작스런 증가 ㉯ 마찰의 증가
㉰ 공기의 박리 ㉱ 층류에서 난류로 천이

풀이 실속(stall)이란 실속각 이상에서 박리 현상(separation)에 의해 양력이 감소, (압력)항력이 증가되는 현상을 말한다.

06 비행기 항력을 결정하는 것 중 가장 큰 비중을 차지하는 요소는?

㉮ 밀도 ㉯ 면적 ㉰ 속도 ㉱ 압력

풀이 $D = C_d \frac{1}{2}\rho V^2 S$

07 다음 중 좋은 날개골의 요소는 무엇인가?

㉮ 날개는 두꺼울수록 좋다. ㉯ 앞전반지름이 큰 날개가 좋다.
㉰ C_L 특히 C_{Lmax}이 큰 날개골 ㉱ C_D 특히 C_{Dmax}이 큰 날개골

풀이 최대양력계수(C_{Lmax})가 크고 최소항력계수(C_{Dmax})가 작을수록 좋은 날개골이다.

08 다음 중에서 최대양력계수(C_{Lmax})를 증가시키기 위해 날개골 설계 시에 2가지 요소를 변형시킨다면 다음 중 맞는 것은?

㉮ 두께, 날개 면적 ㉯ 코드 길이와 최대 두께
㉰ 두께와 캠버 ㉱ 스팬(span)과 뒷전

풀이 날개골(airfoil)의 모양에 따른 특성 변화는 두께, 앞전반지름, 캠버, 시위 등이다.

09 다음 얇은 날개골에 대한 설명 중 틀린 것은?

㉮ 받음각이 작아지면 항력이 감소한다.
㉯ 받음각을 크게 할 수 있다.
㉰ 받음각이 커지면 흐름이 떨어져 항력이 급증한다.
㉱ 날개강도가 작아진다.

풀이 얇은 날개골은 받음각이 작으면 항력이 적으나 받음각이 커지면 박리가 발생하여 양력이 감소하고 항력이 급증한다.

정답 05 ㉰ 06 ㉰ 07 ㉰ 08 ㉰ 09 ㉯

10 압력중심(Center of Pressure)에 관한 설명으로 가장 거리가 먼 것은?

㉮ 압력중심 이동이 크면 비행기의 안정성에 좋지 않다.
㉯ 압력중심의 위치는 앞전으로부터 압력중심까지의 거리와 시위 길이와의 비(%)로 나타낸다.
㉰ 보통의 날개에서 받음각이 커지면 압력중심은 뒤로 이동한다.
㉱ 날개에 압력이 작용하는 합력점이다.

풀이 풍압중심=압력중심(C.P) : 날개 상·하면에 분포하는 압력의 대표 지점이다. 받음각의 변화에 따라 이 위치는 변하는데 받음각 증가시 CP는 전방으로 이동하며, 감소시 CP는 후방으로 이동한다.

11 다음 공기력 중심(Aerodynamic Center)에 대한 설명 중 맞는 것은?

㉮ 받음각과 상관없다.
㉯ 변화하지 않는다.
㉰ 받음각이 크면 앞으로 이동한다.
㉱ 받음각이 작으면 뒤로 이동한다.

풀이 공기력 중심(A.C) : 시위선상의 어떤 한 점에서는 공기력 모멘트 값이 받음각 변화에 무관하게 항상 일정한 값을 보이는 지점이 있다. 일반적으로 공기력 중심은 시위 25%C 정도에 존재한다.

12 공기력 중심(AC)과 풍압 중심(압력 중심 : CP)에 대한 설명 중 가장 올바른 것은?

㉮ 공기력 중심과 풍압 중심은 항상 일치된다.
㉯ 받음각의 변화에도 불구하고 피칭 모멘트가 일정한 점을 공기력 중심이라 한다.
㉰ 받음각의 변화에도 불구하고 피칭 모멘트가 일정한 점을 풍압 중심이라 한다.
㉱ 양력과 항력의 합성력이 날개시위 선상의 어떤 점에 작용할 때 그 점에서의 피칭 모멘트가 0이라면 그 점은 날개의 공기력 중심이다.

13 NACA 23015의 날개골에서 최대 캠버의 위치는?

㉮ 15%   ㉯ 20%   ㉰ 23%   ㉱ 30%

풀이
- 2 : 최대캠버의 크기가 시위의 2%
- 3 : 최대캠버의 위치가 앞전에서 시위의 15%
- 0 : 평균캠버선이 뒤쪽 반이 직선 (1 인 경우 : 곡선)
- 15 : 최대의 두께가 시위의 15%

14 다음 중에서 대칭인 날개골은 무엇인가?

㉮ NACA 0022   ㉯ NACA 22022   ㉰ NACA 2412   ㉱ CLARK Y

풀이 CLARK Y : 저속비행기에 많이 사용되는 성능이 좋은 날개골로서 밑면이 직선으로 되어있다.

정답 10 ㉰ 11 ㉮ 12 ㉯ 13 ㉮ 14 ㉮

15 4자 계열 날개골의 특징이 아닌 것은?

㉮ 두께가 15~18% 정도까지는 두꺼울수록 앞전 반지름도 커지므로 실속각과 최대 양력 계수가 커진다.
㉯ 항력은 두께가 두껍고 캠버가 작을수록 작은 받음각에서 작다.
㉰ 두께가 15~18% 이상에서는 큰 받음각일 때 최대 양력 계수값이 떨어진다.
㉱ 캠버의 실용 범위는 4% 정도이다.

풀이 작은 받음각에서는 두께가 얇고 앞전 반지름이 작을 때 그리고 캠버가 작을수록 항력도 작다.

16 항력버킷(drag bucket)에 대한 설명으로 올바른 것은?

㉮ 양항 극곡선에서 특정한 양력계수 범위에서 항력계수가 작아지는 구간을 말한다.
㉯ 양항 극곡선에서 특정한 항력계수 범위에서 항력계수가 작아지는 구간을 말한다.
㉰ 양항 극곡선에서 특정한 항력계수 범위에서 양력계수가 작아지는 구간을 말한다.
㉱ 양항 극곡선에서 특정한 양력계수 범위에서 양력계수가 작아지는 구간을 말한다.

풀이 NACA 6자 계열 에어포일의 특징으로 항력 계수의 그래프 형태가 양동이(bucket)처럼 생겨서 나온 말이다.

17 항공기 무게중심이 기준선에서 200in 위치에 있고 MAC의 앞전이 기준선에서 180in인 곳에 위치해 있다. MAC 길이가 80in인 경우 무게중심은 몇 %MAC에 있는가?

㉮ 20   ㉯ 25   ㉰ 30   ㉱ 35

풀이 무게중심은 에어포일 앞전에서 시위선의 20in에(200−180) 위치하므로,

무게중심은 $\dfrac{\text{앞전에서 무게중심까지의 거리}}{\text{시위선의 길이}} = \dfrac{20}{80} \times 100\%$에 위치

※ MAC(Mean Aedynamic Chord) : 공력 평균 시위

18 층류 날개골의 특징 중 맞는 것은?

㉮ 앞전 반경이 크다.
㉯ 최저 부(−)압점을 후퇴시켜 천이점을 늦춘다.
㉰ C_{Lmax}이 크다.
㉱ 최대 두께가 가능한 앞쪽에 위치시킨다.

풀이 천음속기에 사용하는 층류 날개골은 NACA 6자 계열 에어포일을 의미하며, 얇고 캠버가 적으며 최대 날개 두께의 위치가 날개 코드 중앙부에 위치하여 날개 표면의 흐름을 층류경계층으로 만들어 마찰 저항을 감소시키며 충격파의 발생을 지연시킨다.

정답 15 ㉯ 16 ㉮ 17 ㉯ 18 ㉯

19 층류형 날개골에서 층류에서 난류로 바뀌는 것을 방지하는 목적은 무엇을 감소시키기 위한 것인가?

㉮ 간섭항력　　㉯ 마찰항력　　㉰ 유도항력　　㉱ 조파항력

[풀이] 층류 흐름은 난류에 비해 저속에서 박리 현상에 의해 압력 항력이 크지만 고속에서는 점성에 의한 마찰 항력은 적다.

1-6 날개이론

01 직사각형 날개의 가로세로비를 나타낸 식으로 틀린 것은? (단, b : 날개의 길이, c : 날개의 시위, S : 날개의 면적)

㉮ $\dfrac{b}{c}$　　㉯ $\dfrac{b^2}{S}$　　㉰ $\dfrac{S}{c^2}$　　㉱ $\dfrac{c^2}{S}$

02 다음 중에서 기체의 세로축과 날개의 시위선이 이루는 각을 무엇이라고 하는가?

㉮ 처진각　　㉯ 뒤젖힘각　　㉰ 쳐든각　　㉱ 붙임각

[풀이] 붙임각(incidence angle) = 취부각

03 뒤젖힘각(sweepback angle)을 올바르게 설명한 것은?

㉮ 25%C 되는 점들을 날개뿌리에서 날개끝까지 연결한 직선과 기체의 가로축이 이루는 각
㉯ 날개가 수평을 기준으로 위로 올라간 각도
㉰ 기체의 세로축과 시위선이 이루는 각
㉱ 비행 방향과 시위선이 이루는 각

04 뒤젖힘(sweep back) 날개를 가진 항공기의 날개 앞전에서의 수직방향 흐름속도 V_2는? (단, V : 비행 속도, λ : 뒤젖힘각)

㉮ $V_2 = V \times \tan\lambda$　　㉯ $V_2 = V \times \cos\lambda$
㉰ $V_2 = V \times \sin\lambda$　　㉱ $V_2 = \dfrac{V}{\cos\lambda}$

[풀이] V_2(날개시위방향속도)는 V(비행속도)보다 cosλ 값만큼 작기 때문에 뒤젖힘 날개는 임계마하수를 증가시킬 수 있다.

정답 19 ㉯ [1-6] 01 ㉱ 02 ㉱ 03 ㉮ 04 ㉯

05 다음 중에서 후퇴 날개(swept wing)의 단점은 무엇인가?

㉮ 높은 임계마하수를 가질 수 있다.
㉯ 항력발산 마하수를 크게 할 수 있다.
㉰ 경계층이 날개 끝쪽으로 향하여 스팬 방향으로 진행하므로 팁(tip)에서 실속을 일으킨다.
㉱ 비행기의 가로 안정성이 좋다.

풀이 후퇴(sweepback) 날개는 임계 마하수를 크게(충격파의 발생 지연) 하는 장점이 있는 반면, 날개끝의 실속 특성이 좋지 못한 단점을 가지고 있다.

06 항력 발산 마하수를 높게 하기 위하여 날개를 설계할 때 다음 중 맞는 것은?

㉮ 가로세로비가 큰 날개를 사용한다.   ㉯ 날개에 뒤젖힘각을 준다.
㉰ 두꺼운 날개를 사용한다.   ㉱ 쳐든각을 크게 한다.

풀이 항력 발산(drag divergence) 마하수를 높이기 위한 설계 방법
- 얇은 날개를 사용하여 날개 표면에서의 속도 증가를 줄인다.
- 날개에 뒤젖힘각을 준다.
- 가로세로비가 작은 날개를 사용한다.
- 경계층을 제어한다.

07 날개의 순환이론에 대한 설명으로 가장 올바른 내용은?

㉮ 날개의 앞쪽에는 출발와류로 인한 빗올림 흐름이 있다.
㉯ 속박와류로 인하여 날개에 양력이 발생한다.
㉰ 날개를 지나는 흐름은 윗면에서는 정압(+)이고, 아랫면에서는 부압(−)이다.
㉱ 날개끝 와류의 중심축은 흐름방향에 직각이다.

풀이 날개 뒤쪽에 출발와류(starting vortex)가 형성되고 나면 날개 주위에도 이것과 크기가 같고 방향이 반대인 속박 와류(bound vortex)가 만들어지고 이 순환흐름에 의해 쿠타-쥬코브스키의 양력이 발생된다. (매그너스 효과)

08 가로 세로비(Aspect Ratio)에 대한 설명 중 옳은 것은?

㉮ 가로세로비가 커지면 유도항력이 커진다.
㉯ 가로세로비가 커지면 유도항력이 작아진다.
㉰ 가로세로비가 크면 양항비가 작아진다.
㉱ 가로세로비가 크면 횡안정이 나빠진다.

풀이 가로세로비(AR)가 커지면 유도항력($D_i = \frac{1}{2}\rho V^2 S C_{di}$, $C_{di} = \frac{C_L^2}{\pi e AR}$)은 작아지고 양항비($C_L/C_d$)가 커진다.

정답 05 ㉰ 06 ㉯ 07 ㉯ 08 ㉯

09 다음 중에서 유도항력(induced drag)을 구하는 식은?

㉮ $\sqrt{\dfrac{C_L}{2\pi eAR}}\rho V^2 S$ ㉯ $\dfrac{C_L}{2\pi eAR}\rho V^2 S$

㉰ $\dfrac{C_L^2}{2\pi eAR}\rho V^2 S$ ㉱ $\dfrac{C_L^3}{2\pi eAR}\rho V^2 S$

풀이 $D_i = C_{Di}\dfrac{1}{2}\rho V^2 S = \dfrac{C_L^2}{\pi eAR}\dfrac{1}{2}\rho V^2 S$

10 날개의 양력분포가 타원인 항공기의 C_L=1.2이고 가로세로비가 6일 때 유도항력계수는 얼마인가?

㉮ 0.012 ㉯ 0.076 ㉰ 1.076 ㉱ 1.012

풀이 $C_{di} = \dfrac{C_L^2}{\pi eAR} = \dfrac{1.2^2}{\pi \times 1 \times 6}$

11 스팬의 길이가 39ft, 시위의 길이가 6ft인 직사각형 날개에서 양력계수가 0.8일 때, 유도각은 몇 도인가?

㉮ 1.5 ㉯ 2.2 ㉰ 3.0 ㉱ 3.9

풀이 $AR = \dfrac{b}{c} = \dfrac{39}{6} = 6.5$, $\alpha(\text{유도각}) = \dfrac{C_L}{\pi AR} = \dfrac{0.8}{\pi \times 6.5} = 0.039\,radian$

그러므로 각도로 환산하면 0.039×57.3 (1radian = 57.3°)

12 날개 폭(span)이 길어질 때의 설명 중 옳은 것은?

㉮ 유도항력이 작아진다. ㉯ 유도항력이 커진다.
㉰ 내리흐름이 증가한다. ㉱ 유도항력계수와는 상관이 없다.

풀이 스팬(b)의 길이가 커지면 가로세로비가 증가하게 된다. 한편, 유도항력은 $D_i = \dfrac{1}{2}\rho V^2 SC_{di}$, $C_{di} = \dfrac{C_L^2}{\pi eAR}$ 이므로 가로세로비가 커지면 유도항력은 작아진다.

13 다음 중 유해항력(parasite drag)에 속하지 않는 것은?

㉮ 간섭항력 ㉯ 유도항력 ㉰ 형상항력 ㉱ 조파항력

풀이 유도항력(induced drag)은 양력발생에 관련한 항력이다. 항력 중 유도항력을 제외한 모든 항력은 유해항력이다.

정답 09 ㉰ 10 ㉯ 11 ㉯ 12 ㉮ 13 ㉯

14 최근 항공기의 비행성능을 좋게 하기 위하여 날개 끝부분에 Winglet을 장착하는데 이의 주목적은 무엇인가?

㉮ 양력 증가 ㉯ 유도항력 감소
㉰ 마찰항력 감소 ㉱ 실속 방지

풀이 날개끝에서는 날개 상하면에 생기는 압력차이로 날개 아랫면에서 윗면으로 향해 공기흐름(up wash)이 생겨 유도 받음각을 감소시켜 양력이 감소되나, winglet을 설치하여 유도 항력을 감소시켜 실질적으로 가로세로비를 크게 한 것과 같은 효과를 준다.

15 형상항력(profile drag)은 다음 중 어떠한 항력은 의미하는가?

㉮ 압력항력과 표면 마찰항력이다. ㉯ 압력항력과 유도항력이다.
㉰ 표면 마찰항력과 유도항력이다. ㉱ 유해항력과 유도항력이다.

풀이 형상항력-물체의 모양에 따라 크기가 달라짐
• 압력항력 : 흐름이 물체 표면에서 떨어져 하류 쪽으로 와류를 발생시키기 때문에 생기는 항력
• 마찰항력 : 물체 표면과 유체사이에서 발생하는 점성 마찰에 의한 항력

16 다음 중 아음속흐름에서 날개의 총 항력으로 옳은 것은?

㉮ 유도항력 - 형상항력 ㉯ 유도항력 + 형상항력
㉰ 마찰항력 - 조파항력 ㉱ 마찰항력 + 조파항력

17 그림과 같이 상대적으로 갑작스런 실속이 일어나는 특성을 갖는 날개골은?

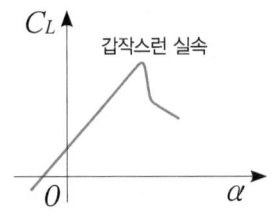

㉮ 두께가 두꺼운 날개골
㉯ 앞전반지름이 큰 날개골
㉰ 캠버가 큰 날개골
㉱ 레이놀즈수가 작은 날개골

풀이 갑작스런 실속 : 두께가 얇고, 앞전 반지름이 작고 캠버가 작으며, 작은 레이놀즈수를 가진 날개골과 가로세로비가 큰 날개

정답 14 ㉯ 15 ㉮ 16 ㉯ 17 ㉱

18 Taper wing에서 wing tip stall이 발생하기 쉽다. 이 때의 방지책은 무엇인가?

㉮ Slat을 tip 부근에 사용한다.
㉯ 테이퍼를 크게 한다.
㉰ 상반각을 준다.
㉱ Wing tip 쪽의 받음각이 Wing root 쪽의 받음각보다 크게 한다.

풀이 날개끝 실속 방지법
- 테이퍼를 크지 않게 한다.
- 기하학적 비틀림(날개뿌리에서 끝으로 감에 따라 받음각이 작아지도록 날개에 앞내림을 줌)을 준다. – wash out
- 날개끝 부분에 실속 특성이 좋은 날개골(두께비, 앞전 반지름, 캠버가 큰 날개골)을 사용한다. – 공력적 비틀림
- 날개 뿌리에 실속판인 스트립(strip)을 붙인다.
- 날개끝 부분에 슬롯(slot)을 설치한다.

1-7 공력보조장치

01 고양력 장치의 원리를 가장 올바르게 설명한 것은?

㉮ 최대양력 계수 C_{Lmax}의 값을 증가시켜 실속속도를 감소시키는 것이다.
㉯ 레이놀즈수를 증가시켜서 항력을 감소시키는 것이다.
㉰ 날개 면적을 줄여서 날개의 항력을 감소시키는 것이다.
㉱ 최대 양력 계수 C_{Lmax}의 값을 증가시켜 이륙속도를 증가시키는 것이다.

풀이 실속속도 $V_s(V_{min}) = \sqrt{\dfrac{2W}{\rho S C_{Lmax}}}$

02 다음 중 날개 실속을 방지하기 위한 방법이 아닌 것은?

㉮ slot을 설치한다.　　　　㉯ fense를 설치한다.
㉰ 경계층을 제어한다.　　　㉱ 받음각을 크게 한다.

풀이 받음각을 크게 하면 양력이 증가되지만, 실속각을 넘어서면 실속에 의해 양력이 감소된다.

03 다음 중에서 고양력 장치는 무엇인가?

㉮ Slot　　㉯ Nacelle　　㉰ Aileron　　㉱ Vortex Generator

풀이
- 앞전 플랩 : 크루거 플랩, 드루프 앞전, 슬롯
- 뒷전 플랩 : 단순플랩, 스플릿플랩, 파울러플랩, 이중 슬롯 플랩
※ Vortex generator : 날개에 설치되어 있는 작은 금속 strip로서 난류 흐름을 형성시켜 박리를 지연(압력 항력 감소)

정답 18 ㉮ [1-7] 01 ㉮ 02 ㉱ 03 ㉮

04 비행기의 저속성능을 높이기 위해 스플릿 플랩을 사용하였다. 이 때의 상태로 바른 것은?

㉮ 양력과 항력 감소
㉯ 양력 감소, 항력 증가
㉰ 양력과 항력 증가
㉱ 양력 증가, 항력 감소

풀이 스플릿 플랩은 평균 캠버선의 곡률을 증가시켜줌으로서 C_{Lmax}를 크게 해서 양력을 증가시키지만 플랩은 항력도 증가시킨다.

05 다음 중에서 파울러 플랩(fowler flap)의 양력 발생원리는?

① 날개면적증가	② 캠버의 변화
③ 받음각 증가	④ 경계층 제어

㉮ ①, ③ ㉯ ①, ② ㉰ ①, ②, ③ ㉱ ②, ③, ④

풀이 파울러 플랩은 다른 플랩들보다 최대 양력계수 값이 가장 크게 증가한다.

06 다음 중 날개 윗면을 돌출시켜 간섭항력을 일으키고 양력을 감소시키는 장치는 어느 것인가?

㉮ Flap ㉯ Slot ㉰ Spoiler ㉱ 경계층 제어장치

풀이 스포일러(Spoiler)
- 공중 스포일러 : 좌우 대칭으로 펼치면 브레이크 역할, 보조날개와 연동으로 비대칭으로 펼치면 보조 날개의 역할을 보조
- 지상 스포일러 : 착륙 접지 후 펼쳐서 양력을 감소시켜 바퀴 브레이크의 효과를 높이고 항력을 증가시킴

정답 04 ㉰ 05 ㉯ 06 ㉰

| Section 2 |

비행역학

01 비행성능

1. 비행성능 일반

가. 비행기에 작용하는 공기력

(1) 큰 날개와 꼬리 날개에 작용하는 공기력 : 양력과 항력

(2) 비행 중에 작용하는 항력의 종류

① 형상 항력 : 압력항력 + 마찰항력(점성항력)

② 유도 항력 : 내리흐름(down wash)에 의한 유도속도에 의해 발생하는 항력으로 종횡비가 클수록 유도항력은 작아진다.

③ 조파 항력 : 초음속 흐름에서 충격파에 의해 발생

④ 유해 항력 : 양력에 관계하지 않고 비행을 방해 하는 모든 항력(유도 항력 제외)

⑤ 냉각 항력

⑥ 간섭 항력(interference drag) : 항공기 각 부분을 통과하는 공기 흐름이 서로 간섭을 일으켜 발생하는 항력으로 특히 동체와 날개의 결합에 기인하는 것과 날개의 장착 위치에 의한 간섭이 크다.(대형기에서는 날개와 동체의 연결 부위에 필렛(fillet)을 장착하여 간섭 항력을 줄인다.)

⑦ 램(ram) 항력

나. 필요 마력(Pr)

항력에 의해서 소비되는 마력. 즉, 비행기가 항력을 이겨서 전진하는데 필요한 마력이며 항력이 작을수록 필요마력이 적게 든다.(항력×속도)

* 1 PS(불마력) = 75kg · m/s, 1 HP(영마력) = 550 lb · ft/sec

$$P_r = \frac{DV}{75} \rightarrow D = C_d \frac{1}{2}\rho V^2 S 이므로 \quad P_r = \frac{1}{150}C_d \rho V^3 S$$

(필요 마력(P_r)은 항공기 속도(V)의 세제곱에 비례한다.)

다. 이용 마력(Pa)

(1) 프로펠러 항공기

이용마력 : $P_a = BHP \times \eta_p$

($\because \eta_p$(프로펠러 효율) $= \dfrac{출력}{입력} = \dfrac{이용마력}{제동마력} \rightarrow$ 이용마력(P_a)=제동마력(BHP)$\times \eta_p$)

• 이용마력이 마력과 속도에 대한 그래프에서 곡선으로 나타난다.

(2) 제트 항공기

$P_a = \dfrac{TV}{75}(PS) = \dfrac{TV}{550}(HP)$ (T : 비행기의 이용추력, V : 비행기의 속도)

• 이용마력이 마력과 속도의 그래프에서 직선으로 나타난다.

라. 여유마력(Pe : 잉여마력) – 상승마력

이용마력과 필요마력의 차 (여유마력 = 이용마력 – 필요마력)

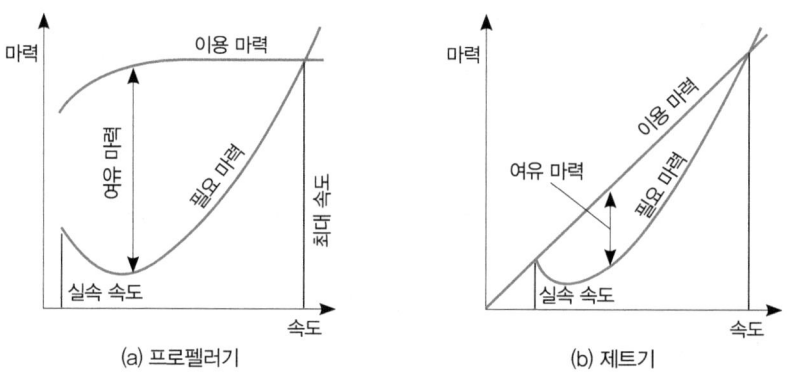

[그림 1-23] 비행기의 마력 곡선

2. 수평 비행성능

가. 등속 비행 : $T = D$(비행방향에 대하여) $\rightarrow T = D = C_D \dfrac{1}{2}\rho V^2 S$

나. 수평 비행 : $W = L$(수직방향에 대하여) $\rightarrow W = L = C_L \dfrac{1}{2}\rho V^2 S$

$\therefore T = W \cdot \dfrac{C_D}{C_L} = W \cdot \dfrac{1}{양항비}$, (양항비 $= \dfrac{C_L}{C_D}$)

$T = D, L > W \rightarrow$ 전진 상승 비행 $L < W \rightarrow$ 전진 하강 비행

$L = W, T > D \rightarrow$ 가속 전진 비행 $T < D \rightarrow$ 감속 전진 비행

3. 상승, 하강 비행성능

가. 상승비행

(1) 힘의 관계식

$T = W\sin\theta + D$, $L = W\cos\theta$

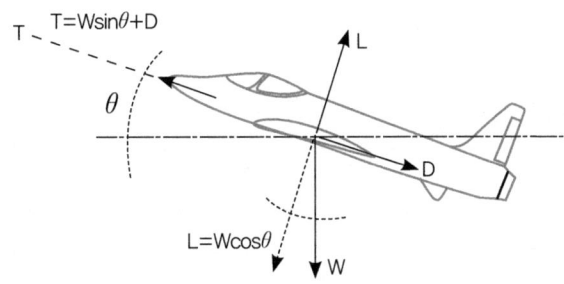

[그림 1-24] 상승 비행시의 힘의 평형식

(2) 상승률(R·C : rate of climb) : 비행속도의 수직성분

$R \cdot C = V\sin\theta$ (상승각과 속도를 알 때)

$P_a = \dfrac{TV}{75} = \dfrac{W \cdot V\sin\theta}{75} + \dfrac{DV}{75}$, $P_a = \dfrac{W(RC)}{75} + P_r$

$RC = \dfrac{75(P_a - P_r)}{W} = \dfrac{(T-D)V}{W}$ (추력, 항력, 속도를 알 때)

(3) 상승한계(ceiling) 및 상승시간

① 절대상승한계(상승률 : 0m/s) : 이용마력과 필요마력이 같아져 상승률이 '0'이 될 때의 고도
② 실용상승한계(상승률 : 0.5m/s, 100fpm) : 상승률이 0.5m/s 되는 고도 (절대상승 한계의 80~90%)
③ 운용상승한계(상승률 : 2.5m/s, 500fpm) : 비행기가 실제로 운용할 수 있는 고도

다. 하강 비행

(1) 활공 비행(gliding)

① 활공비행 : 공중에서 엔진이 없거나, 엔진의 고장으로 정지된 상태에서의 비행

$L - W\cos\theta = 0$, $W\sin\theta - D = 0$

$\dfrac{\sin\theta}{\cos\theta} = \dfrac{D}{L}$ 또는 $\tan\theta = \dfrac{C_D}{C_L} = \dfrac{1}{양항비} = \dfrac{고도}{수평활공거리}$

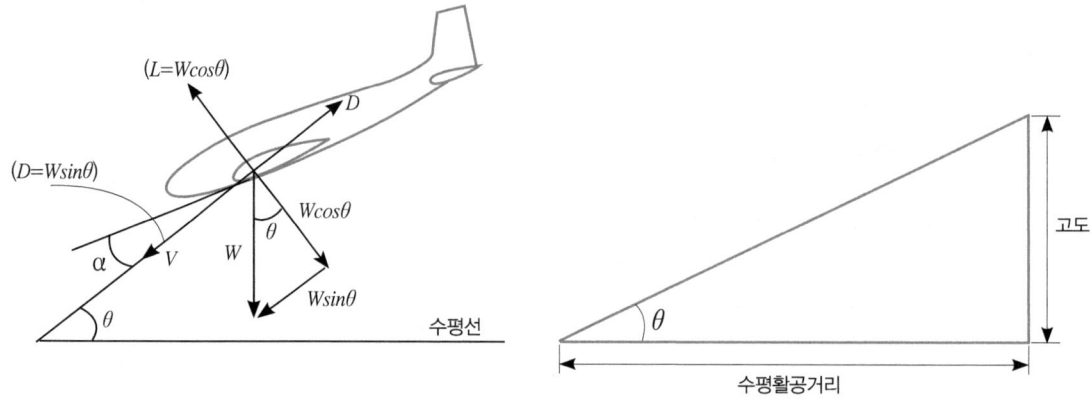

[그림 1-25] 활공 비행시 힘의 평형식 및 고도와 수평활공거리와의 관계

② 활공각 θ는 양항비에 반비례한다
　㉠ 장거리 활공을 하려면 활공각 θ는 작아야 한다. (양항비를 크게 하려는 조건)
　　※ 장거리 활공을 위한 최소 활공각(θ_{min})은 원점에서 양항 극곡선에 접선을 그었을 때의 각도로 정해진다.
　㉡ 활공각 θ가 작으려면 양항비는 커야 한다.
　㉢ 양항비를 크게 하려면 항력(C_D)은 작아야 한다.
　㉣ 항력을 작게 하려면 기체를 유선형으로 하여 형상항력을 적게 하고 종횡비를 크게 하여 유도항력을 적게 한다.

(2) 급강하(diving)
① 급강하 시 활공각 θ는 90°, 양력은 0이다 (L=0).
② 종극속도(terminal velocity) : 비행기가 수직 강하를 할 때 점차 속도가 증가되다가 어떤 속도 이상이 되면 더 이상 증가 없이 일정 속도를 유지한다. 이것을 종극속도라 한다.

$$W = D = C_D \frac{1}{2}\rho V^2 S, \text{ 급강하 속도 } V_T = \sqrt{\frac{2W}{\rho s C_D}}$$

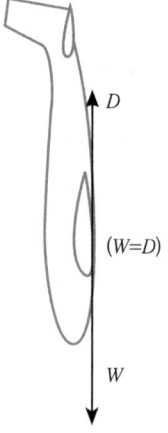

[그림 1-26] 급강하 비행시 힘의 평형식

4. 선회 비행성능

가. 선회 비행(turning)

(1) 정상 선회(coordinate turn) : 수평면 내에서 일정한 선회 반지름으로 원 운동하는 비행

$$L\sin\theta = C.F(원심력) = \frac{WV^2}{gR},\ L\cos\theta = W$$

※ $\tan\theta = \dfrac{V^2}{gR},\ R = \dfrac{V^2}{g\cdot\tan\theta}$

> **Note**
> ① 항공기 선회 반경을 작게 하는 조건 : 선회 속도를 작게 하고 경사각을 크게 한다.
> ② 선회시의 미끄러짐 종류
>   • 구심력 < 원심력 : skid(외활)
>   • 구심력 > 원심력 : slip(내활)

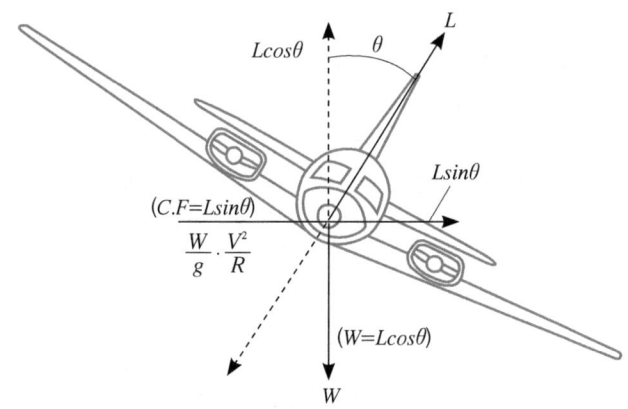

[그림 1-27] 선회 비행시 힘의 평형식

(2) 선회 속도

① 수평비행 시, $W = L = C_L \dfrac{1}{2}\rho V^2 S$, 선회비행 시 $W = L\cos\theta = C_L \dfrac{1}{2}\rho V_t^2 S\cos\theta$

수평 비행시와 선회 비행시에 W는 같으므로 $V^2 = V_t^2 \cos\theta$

∴ 선회속도 $V_t = \dfrac{V}{\sqrt{\cos\theta}}$

② 선회 비행의 실속속도 $V_{ts} = \dfrac{V_s}{\sqrt{\cos\theta}}$

즉, 선회 시의 실속 속도는 수평 비행시 보다 커야 한다.

(3) 선회 중의 하중배수(load factor)

① 수평비행시의 하중배수 $n = \dfrac{L}{W} = 1$

② 선회각 θ로 선회시의 하중배수 $n = \dfrac{L}{W} = \dfrac{L}{L\cos\theta} = \dfrac{1}{\cos\theta}$

5. 이착륙 비행성능

가. 이륙(take-off)

(1) **이륙속도** : 안전을 고려하여 실속 속도의 1.2배(1.2Vs)

(2) **이륙거리** : 지상 활주거리 + 상승거리(수평거리)

$$S = \dfrac{W}{2g}\dfrac{V^2}{(T-F-D)}$$

① 상승거리 : 비행기가 안전한 비행 상태의 고도까지 거리

② 장애물 고도

　㉠ 프로펠러 비행기 : 15m(50ft)

　㉡ 제트 비행기 : 10.7m(35ft)

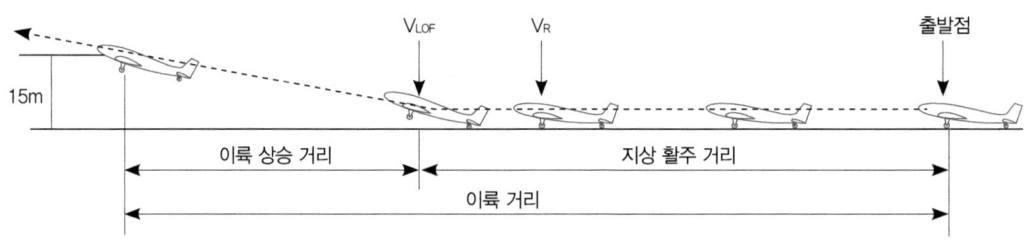

V_1 : 이륙 결정 속도(take-off decision speed)
V_R : 이륙 전환 속도(take-off rotation speed)
V_2 : 이륙 안전 속도(take-off safety speed)
V_{LOF} : 부양 속도(lift off speed)

[그림 1-28] 이륙 거리의 정의

(3) 이륙 활주거리를 짧게 하기 위한 조건

① 비행기의 무게를 가볍게 한다.

② 추력을 크게 한다.(가속도 증가)

③ 항력이 적은 자세로 이륙한다.

④ 맞바람(정풍)을 맞으면서 이륙한다.(바람의 속도만큼 비행기 속도증가)

⑤ 고양력 장치를 사용한다.

나. 착륙(landing)

(1) 착륙속도 : 활주로 위 15m 높이(장애물 고도)에서 진입속도 1.3Vs로 강하

(2) 착륙거리 : 착륙 진입거리 + 지상 활주거리(착륙활주거리)

$$S = \frac{W}{2g} \frac{V^2}{D + \mu W}$$

① 착륙 진입거리 : 장애물 고도에서 바퀴가 지면에 접지 할 때까지의 거리

② 진입(approach) : 비행장에 착륙하기 위해 직선 강하하는 상태

(3) 착륙거리를 짧게 하기 위한 조건

① 비행기의 착륙무게를 가볍게 한다.(진입 중에)

② 작은 실속속도로 착륙한다.

③ 활주 중 마찰력을 크게 하기 위해 스포일러 등 고항력 장치를 사용하여 양력을 줄이고, 항력을 증가시켜 비행기의 무게를 크게 해 착륙거리를 짧게 한다.

6. 특수 및 기동 성능

가. 실속 성능

(1) 실속이 일어나면 buffet 현상 발생, 승강키 효율 감소 → 기수내림 현상 발생

buffet : 박리에 의한 후류가 날개나 꼬리 날개를 진동시켜 발생하는 현상으로 실속이 일어나는 징조임을 나타낸다.

(2) 실속의 종류

① 부분 실속(partial stall) : 실속에 들어가기 전 실속 경보 장치가 울린 후 실속 회복

② 정상 실속(normal stall)

③ 완전 실속(complete stall)

나. 스핀 비행(spin)

(1) 스핀 : 자동회전(auto rotation)과 수직강하(diving)가 조합된 비행

(2) 정상스핀(normal spin)

① 수직스핀

② 수평스핀 : 낙하 속도는 수직 스핀보다 작지만 회전 각속도가 더 크다.

다. 비행하중

(1) 하중배수(load factor) : 가속도로 인해 발생하는 하중계수

$$n = 1 + \frac{관성력}{비행기\ 무게} = 1 + \frac{가속도(\alpha)}{g}$$

> **Note | 돌풍시의 하중 배수**
>
> $n = 1 + \Delta n = 1 + \dfrac{\rho K U V a}{\dfrac{2W}{S}}$
>
> (ρ : 밀도, K : 반응 계수, U : 돌풍 속도, V : 항공기 속도, a : $\dfrac{\Delta C_L}{\Delta \alpha}$, $\dfrac{W}{S}$: 날개 하중)

(2) 안전계수(safety factor)
  ① 제한 하중(limit load) : 비행 중에 생길 수 있는 최대하중
  ② 종극 하중(극한 하중, ultimate load) : 비행기에 발생하는 예기치 못한 과도한 하중을 말하며 비행기는 최소한 3초간의 하중을 견딜 수 있어야 한다. (종극하중 = 제한하중 × 안전계수)
  ③ V-n 선도 : 항공기의 속도(V)와 하중 배수(n)와의 관계를 직교좌표로 그린 그래프로 비행기의 안전한 운용범위를 나타낸다. → 구조 강도상의 보장
    ㉠ V_A : 설계 운용 속도, $n = (\dfrac{V_A}{V_S})^2$ 이므로, $V_A = \sqrt{n} \times V_S$
    ㉡ V_C : 설계 순항 속도
    ㉢ V_D : 설계 급강하 속도

7. 항속 성능

가. 순항(cruising) : 상승과 하강 구간을 제외한 비행 구간

(1) 경제속도(최량 경제속도)
  필요 마력이 최소인 상태로 비행할 때의 속도(연료 소비가 최소인 상태로 비행)
(2) 순항속도 : 경제속도는 실용상 너무 느려 경제속도보다 조금 빠른 속도로 비행
  ① 장거리 순항방식 : 연료를 소비하는데 따라 비행기의 무게가 작아지므로 엔진 출력을 줄여서 비행기 속도를 일정하게 유지하여 비행하는 방식
  ② 고속 순항방식 : 엔진의 출력을 일정하게 하면 연료소비에 따른 비행기의 무게가 감소하여 순항속도가 증가하는 방식

나. 항속 거리(range) : 비행기가 출발할 때 탑재한 연료를 다 사용할 때까지의 거리

$R = V \cdot t, \ t = \dfrac{B}{C \cdot P}$

(R : 항속거리, V : 순항 속도, t : 항속 시간, B : 연료탑재량, C : 비연료 소비율, P : 엔진 출력)

$R(\text{프로펠러기}) = \dfrac{540\eta}{C} \times \dfrac{C_L}{C_D} \times \dfrac{W_1 - W_2}{W_1 + W_2}, \ t = \dfrac{W_1 - W_2}{BHP \times C}$

> **Note** | 항속 거리의 단위
> ① km
> ② NM (nautical mile :해리), 1NM = 1.85 km
> ③ 항공기 속도 : km/h, knot (1 knot = 1 NM/h)

다. 항속 거리와 항속 시간을 최대로 하는 조건

구분	propeller 기	Jet 기
항속 거리(range)를 최대로 하는 조건	$\left(\dfrac{C_L}{C_D}\right)_{max}$	$\left(\dfrac{C_L^{\frac{1}{2}}}{C_D}\right)_{max} = \left(\dfrac{\sqrt{C_L}}{C_D}\right)_{max}$
항속 시간(endurance)을 최대로 하는 조건	$\left(\dfrac{C_L^{\frac{3}{2}}}{C_D}\right)_{max}$	$\left(\dfrac{C_L}{C_D}\right)_{max}$

02 비행기의 안정성과 조종

1. 안정과 조종 개요

안정과 조종은 서로 상반되는 성질을 나타내기 때문에 비행기 설계시에는 안정성과 조종성 사이에 적절한 조화를 유지하는 것이 필요하다.

가. 정적 안정

(1) 안정성(stability)

비행기가 수평비행 중에 돌풍 등의 교란을 받을 경우, 비행기 자체의 힘에 의해 원래의 자세로 돌아가려는 성질

(2) 정적 안정(static stability)

평형 상태로부터 다시 평형 상태로 되돌아가려는 초기의 경향(성질)을 말함

① 평형상태(trim) : 물체에 작용하는 모든 힘의 합과 키놀이, 옆놀이, 빗놀이 모멘트의 합이 각각 "0"일 때(가속도가 없고, 정상비행 상태)

② 정적 불안정(음(-)의 정적안정)

③ 정적 중립

나. 동적 안정(dynamic stability)

시간이 경과함에 따른 운동의 변화를 나타낸 것으로 평형상태에서 이탈 후 시간이 경과함에 따라 운동의 진폭(진동)이 감소하여 원래의 평형상태로 되돌아가는 경우를 말한다.

※ 동적 안정이면 정적 안정이다.

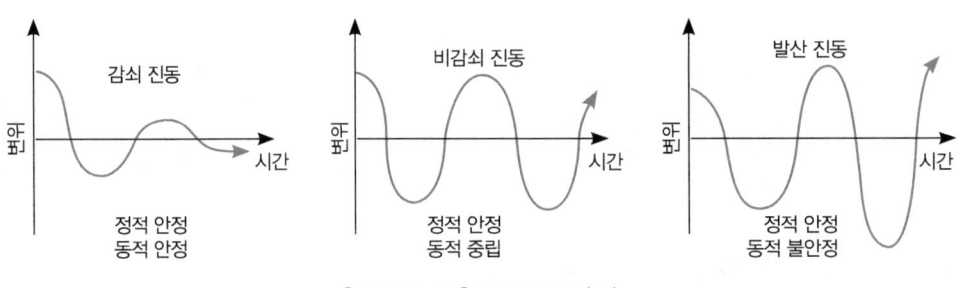

[그림 1-29] 안정 형태 (예)

다. 비행기의 기준축과 운동

(1) X축 : 세로축 운동, 옆놀이 모멘트(rolling), 가로안정 → 도움날개 → 조종간 좌우 조작
(2) Y축 : 가로축 운동, 키놀이 모멘트(pitching), 세로안정 → 승강키 → 조종간 전후 조작
(3) Z축 : 수직축 운동, 빗놀이 모멘트(yawing), 방향안정 → 방향키 → pedal의 전후 조작

라. 조종계통-주 조종면 (1차 조종면, primary control surface)

(1) 도움날개(aileron)

① 세로축 운동을 하며 가로 조종에 사용 → 롤링 모멘트(rolling moment)

② 좌우 도움날개의 올림과 내림의 각도가 다르게 (올림 각은 크고, 내림 각은 작게) 작용함

→ 차동 조종(differential control), (도움 날개의 유도항력 크기가 다르기 때문에 발생하는 역 빗놀이 방지)

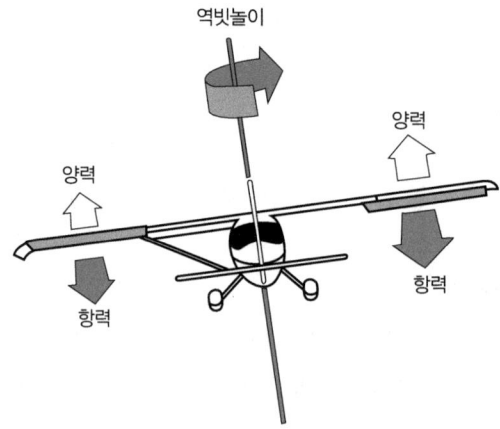

[그림 1-30] 역 빗놀이 (adverse yaw)

(2) 승강키(elevator)

가로축 운동으로(Y축) 세로 조종에 사용 → 피칭 모멘트(pitching moment)

(3) 방향키(rudder)

수직축 운동으로 (Z축) 방향 조종에 사용 → 빗놀이 운동(yawing moment)

2. 세로 안정 및 조종

가. 정적 세로 안정

(1) 정적 세로 안정

① 비행기 받음각과 가로축(Y축)을 기준으로 하여 상하 운동 즉, 키놀이 모멘트(pitching moment)에 의한 안정이다.

② 양력계수(C_L)와 키놀이 모멘트 계수(C_m) 그래프에서 음(-)의 기울기로 나타난다.

③ 키놀이 모멘트

$$M = C_m \frac{1}{2}\rho V^2 S \times c = C_m qSc$$
$$= C_m q(b \times c) \cdot c = C_m \cdot q \cdot b \cdot c^2$$

(M : 무게 중심에 관한 키놀이 모멘트, 기수를 드는 방향이 (+)방향이다.
q : 동압, S : 날개 면적, C_m : 키놀이 모멘트 계수, c : 평균공력시위(MAC))

(2) 비행기의 세로안정을 좋게 하는 방법

① 무게 중심(c.g)이 날개의 공기역학적 중심(a.c)보다 앞에 위치 할 것

② 날개가 무게 중심보다 높은 위치에 있을 것(high wing)

③ 꼬리 날개의 면적을 크게 하던지 시위를 크게 할 것

④ 꼬리 날개의 효율($\frac{q_t}{q}$)을 크게 할 것

> **Note** | 날개와 꼬리날개에 의한 무게 중심 주위의 모멘트
> - Mc · g (무게 중심 주위의 모멘트)= Mc · g wing + Mc · g tail
> - Mc · g wing : 날개 만에 의한 키놀이 모멘트
> - Mc · g tail : 수평꼬리 날개에 의한 키놀이 모멘트

나. 동적 세로 안정

외부의 영향(교란)을 받은 비행기의 시간에 따른 진폭 변위에 관한 것

(1) 장주기 운동

① 주기가 매우 긴 진동 운동으로 20~100초 사이의 값이다.

② 키놀이 자세, 고도와 비행 속도는 변하나 수직 방향의 가속도와 받음각은 변하지 않는다.

(2) 단주기 운동

① 키놀이 진동이며 짧은 주기 운동으로 0.5~5초 사이이다.

② 키놀이 자세, 고도와 비행 속도는 변하지 않고 수직 방향의 가속도와 받음각은 급격히 변한다.

③ 동적 세로 안정의 운동 중에서 가장 중요하다.

④ 단주기 운동이 발생하면 조종간을 자유로 하여 필요한 감쇠를 한다.

(3) 승강키 자유운동
① 승강키를 자유로 했을 때 발생하는 아주 짧은 주기의 진동으로 0.3~1.5초 사이이다.
② hinge선에 대한 승강키 flapping 운동이며 큰 감쇠를 갖는다.

3. 가로안정과 조종

가. 정적 가로 안정

(1) 정의
수평 비행 상태로부터 가로 방향으로의 공기력은 옆미끄럼을 유발시켜 수평비행상태로 복귀시키는 옆놀이 모멘트(rolling moment)를 발생시킨다. 옆놀이 모멘트 계수가 음(−)의 값을 가질 때 가로 안정이 있다.(옆미끄럼각(β)과 옆놀이 모멘트 계수(C_m) 그래프에서 음(−)의 기울기로 나타난다.)

(2) 가로 안정에 기여
① 날개의 상반각 효과(dihedral effect)
② 날개의 뒤젖힘각 효과(sweepback effect)

(3) 옆놀이 모멘트
$$R = C_r \frac{1}{2}\rho V^2 S \times b = C_r qSb$$
$$= C_r q(b \times c) \cdot b = C_r qb^2 c$$

(R : 옆놀이 모멘트, 오른쪽이 (+)방향이다. q : 동압, S : 날개 면적, C_r : 옆놀이 모멘트 계수, b : 날개 길이)

나. 동적 가로 안정

(1) 방향 불안정(directional divergence) → 허용불가
초기의 작은 옆미끄럼에 대한 반응이 옆미끄럼을 증가시키려는 경향이 있을 때 발생한다.

(2) 나선 불안정(spiral divergence) : 정적 방향 안정이 정적 가로 안정보다 클 때 나타난다.

(3) 가로 방향 불안정(dutch roll)
① 가로 진동과 방향 진동이 결합된 것이다.
② 쳐든각 효과가 정적 방향 안정보다 클 때 발생한다.
③ 동적으로는 안정하지만 진동하는 성질 때문에 발생한다.

※ dutch roll 방지 장치 − yaw damper

4. 방향안정과 조종

가. 방향 안정

(1) 정의 : 정적 방향 안정은 비행기를 평형 상태로 되돌리려는 경향의 빗놀이 모멘트를 발생시킨다.
  ① 빗놀이 모멘트
  $$N = C_n \frac{1}{2}\rho V^2 S \times b = C_n q S b$$
  $$= C_n q(b \times c) \cdot b = C_n q b^2 c$$

  (N : 빗놀이 모멘트, 오른쪽 회전이 (+)방향이다. q : 동압, S : 날개 면적, C_n : 빗놀이 모멘트 계수, b : 날개 길이)
  ② 옆미끄럼각(β)과 빗놀이 모멘트 계수(C_n) 그래프에서 양(+)의 기울기로 나타난다.

(2) 도살핀(dorsal Fin) : 수직꼬리날개가 실속하는 큰 옆미끄럼 각에서 방향 안정 증가
  ① 큰 옆미끄럼 각에서 동체의 안정성 증가
  ② 수직 꼬리 날개의 유효 종횡비를 감소시켜 실속각 증가

나. 방향 조종

(1) 방향 조종 : 방향키에 의해 수행된다.
(2) 방향키 부유각(rudder float angle) : 방향키를 자유로 했을 때 공기력에 의하여 방향키가 자유로이 변위되는 각으로 큰 옆미끄럼각에서 급격히 증가한다.

5. 고속기의 비행 불안정

가. 세로 불안정

(1) 턱 언더(tuck under) : 기수가 내려가는 경향과 조종력의 역작용 현상을 턱 언더라 한다.
  ① 발생원인 : 비행 속도가 임계 마하수(Mcr)를 넘으면 풍압중심의 위치가 뒤로 이동하여 기수를 내려가게 하는 모멘트가 증가하고 꼬리날개의 받음각도 증가하여 기수는 내려가게 된다.
  ② 마하 트리머(mach trimmer), 피치 트림 보상기(pitch trim compensator)를 설치하여 자동적으로 턱 언더 현상을 수정

(2) 피치 업(pitch-up)
  ① 하강비행 시 조종간을 당겼을 때 예상한 정도 이상으로 기수가 올라가는 현상
  ② 피치 업의 발생원인
    ㉠ 뒤젖힘 날개의 날개 끝 실속
    ㉡ 뒤젖힘 날개의 비틀림
    ㉢ 풍압중심이 앞으로 이동
    ㉣ 승강키 효율의 감소

(3) 딥 실속(deep stall)

① 수평 꼬리날개가 높은 위치에 있을 때, T형 꼬리날개를 가질 때 발생

② 수평 꼬리 날개의 deep stall 방지법

　㉠ 실속 트리거 장치를 설치한다.

　㉡ 동체 위쪽에 엔진을 설치하는 경우 날개 윗면에 stall fence를 붙이거나 날개 밑면에 vortilon을 붙인다.

③ 동체 부근 날개 앞전에 stall strip 또는 spin strip을 부착하여 먼저 동체 부근의 날개 쪽에서 흐름의 떨어짐을 발생시켜 날개 끝 부분의 실속이 늦어지게 함으로써 aileron이 충분한 기능을 발휘하게 한다.

나. 가로 불안정

(1) 날개 드롭(wing drop)

① 비행기가 천음속 영역에 도달하면 한쪽 날개가 실속을 일으켜서 갑자기 양력을 상실하여 급격한 옆놀이를 일으키는 현상이다.

② 도움날개의 효율이 떨어져 회복이 어렵다.

③ 두꺼운 날개를 가진 비행기가 천음속으로 비행 시 발생한다.

(2) 옆놀이 커플링(roll coupling)

① 커플링(상호효과) : 한 축에 교란을 줄때 다른 축 주위에도 교란이 생기는 현상이다.

② 공력 커플링(aerodynamic coupling)

　㉠ 옆놀이 운동 시 : 옆놀이와 빗놀이 모멘트 발생

　㉡ 방향키, 옆미끄럼 조작시 : 빗놀이와 옆놀이 운동 발생

③ 관성 커플링(inertia coupling)

기체축이 기류축에 경사지게 되면 기류축에 대한 옆놀이 운동과 원심력에 의해 키놀이 모멘트 발생

> **Note**
> ① 옆놀이 커플링을 줄이는 방법
>   - 방향 안정성을 증가시킨다.
>   - 쳐든각 효과를 감소시킨다.
>   - 정상 비행에서 기류 축과의 경사를 최대로 감소
>   - 불필요한 공력 커플링 감소
>   - 옆놀이 운동 시의 옆놀이율이나 받음각, 하중 배수 등을 제한
> ② 최근 초음속기에서는 수직꼬리 날개의 면적 증대나, 벤트럴 핀(ventral fin)을 붙여서 고속 비행 시 aileron이나 rudder의 변위각을 자동으로 제한

[그림 1-31] 벤트럴 핀(Ventral fin)

6. 조종면 이론

가. 힌지 모멘트(hinge moment)와 조종력

(1) 조종면을 조작하기 위한 조종력은 힌지 모멘트에 비례한다.

$Fe = K \cdot He$ (Fe : 조종력, K : 기계적 이득 상수, He : 힌지 모멘트)

(2) 힌지 모멘트는 힌지 모멘트 계수(C_h), 동압(q), 조종면의 크기에 비례한다.

$$H = C_h \frac{1}{2} \rho V^2 S \times c = C_h q(b \times c)c = C_h q \cdot b \cdot c^2$$

(H : 힌지 모멘트, C_h : 힌지 모멘트 계수, b : 조종면의 폭, c : 조종면의 평균 시위)

(3) 고속, 대형 항공기는 조종력이 커야 하므로 공력 평형장치 및 탭(tab)을 이용하여 조종력을 경감시킨다.

나. 공력 평형 장치

(1) 앞전 밸런스(leading edge balance or overhang balance)

(2) 혼 밸런스(horn balance)

　① 비보호 혼(un-shield horn)

　② 보호 혼(shield horn)

(3) 내부 밸런스(internal balance)

(4) 프리즈 밸런스(frise balance)

　① 도움날개에 많이 사용

　② 연동되는 도움날개에서 발생하는 hinge moment가 서로 상쇄되도록 한 것

　③ adverse yaw를 방지하는 방법으로 사용

다. 탭(tab)

(1) 목적 : 조종면의 뒷전 부분의 압력 분포를 변화시키는 역할을 함으로써 힌지 모멘트(hinge moment)에 큰 변화 발생

(2) 종류

① 트림 탭(trim tab) : 조종사가 비행 중에 발생할 수 있는 불평형 상태를 tab에 의해 교정함으로서 불필요한 조종력을 "0"으로, 즉 안정성을 해치지 않고 비행자세의 오차수정

② 밸런스 탭(balance tab) : 조종면이 움직이는 방향과 반대 방향으로 움직이도록 기계적으로 연결시킨 것으로 탭에 작용한 공력에 의해 조종력 경감.(lagging tab)

> **Note | leading tab(anti-balance tab)**
> 주로 스테빌레이터에 사용되며 조종면과 같은 방향으로 움직여 높은 받음각에서 캠버를 증가시켜 수평꼬리날개의 효율을 증가

③ 서보 탭(servo tab) : 조종 탭(control tab)이라고도 하며, 조종석의 조종 장치와 직접 연결되어 tab만을 작동시켜 조종면이 움직이도록 설계

④ 스프링 탭(spring tab) : horn과 조종면 사이에 스프링을 설치하여, 스프링의 장력에 의해 항공기 속도에 따라 탭이 효율적으로 작동

비행역학 적중예상문제

2-1 비행성능 일반

01 최대출력 800마력으로 비행하는 항공기의 프로펠러 효율이 80%일 때 이 항공기의 이용마력은 얼마인가?

㉮ 640PS ㉯ 700PS ㉰ 800PS ㉱ 880PS

풀이 이용마력, $P_a = \dfrac{TV}{75} = BHP \times \eta_P = 800 \times 0.8$

02 고도 5000m 상공에서 날개면적이 100m²인 비행기가 150m/s로 등속비행하고 있다. 이 비행기의 필요마력은?(단 ρ = 0.070kgfs²/m⁴, C_d = 0.02 이다.)

㉮ 1890PS ㉯ 2500PS ㉰ 3150PS ㉱ 3250PS

풀이
- $D = C_d \dfrac{1}{2}\rho V^2 S = 0.02 \times \dfrac{1}{2} \times 0.070 \times 150^2 \times 100 = 1575$
- $P_r = \dfrac{DV}{75} = \dfrac{1575 \times 150}{75}$

03 비행기가 수평비행 중 상승하려면 어떤 상태로 비행하여야 하는가?

㉮ $P_a = P_r$ ㉯ $P_a > P_r$ ㉰ $P_a < P_r$ ㉱ $P_a \leq P_r$

풀이 상승하려면 상승률(R.C)이 0 이상이어야 한다.
$R.C = \dfrac{75(P_a - P_r)}{W} > 0$, 즉 P_a(이용마력) > P_r(필요마력)
※ 여유(잉여)마력(Pe) : 이용마력과 필요마력과의 차, Pe > 0일 때 상승 또는 가속 상태

04 비행속도를 V_a(ft/s), 진추력을 F_n(lb)이라고 할 때, 추력 마력 THP를 구하는 식으로 옳은 것은?

㉮ $THP = \dfrac{F_n \times V_a}{75}$ ㉯ $THP = \dfrac{F_n \times V_a}{550}$ ㉰ $THP = \dfrac{F_n \times 75}{V_a}$ ㉱ $THP = \dfrac{F_n \times 550}{V_a}$

풀이 마력 = 추력×속도
1 PS(마력) = 75 kg · m/sec, 1 HP(마력) = 550 ft · lb/sec

정답 [2-1] 01 ㉮ 02 ㉰ 03 ㉯ 04 ㉯

Chapter 1 항공역학

05 항공기의 필요마력과 속도와의 관계로 가장 올바른 것은?

㉮ 필요마력은 속도에 비례한다.
㉯ 필요마력은 속도의 제곱에 비례한다.
㉰ 필요마력은 속도의 세제곱에 비례한다.
㉱ 필요마력은 속도에 반비례한다.

풀이 $P_r = \dfrac{DV}{75} = \dfrac{1}{150} C_d \rho V^3 S$

2-2 수평비행성능

01 중량이 5000kg, 날개 면적이 60m²인 비행기가 해면상을 속도 100km/h로 비행하고 있을 때 양력 계수는 얼마인가?

㉮ 1.2   ㉯ 1.73   ㉰ 3.14   ㉱ 3.62

풀이 수평 비행 조건 $W = L = C_L \dfrac{1}{2} \rho V^2 S$를 양력 계수 C_L에 대해 정리하면

$C_L = \dfrac{2W}{\rho V^2 S} = \dfrac{2 \times 5000}{0.1249 \times (100/3.6)^2 \times 60}$

※ 밀도가 주어지지 않는 경우 표준대기의 밀도 값을 사용한다.

02 등속도 수평비행이라 함은 어떠한 비행 형태인가?

㉮ 일정한 가속도로 수평 비행하는 것을 말한다.
㉯ 일정한 속도로 수평비행 함을 말한다.
㉰ 필요마력이 일정하게 되는 수평비행을 말한다.
㉱ 속도가 시간에 따라 일정하게 증가하면서 수평비행 함을 말한다.

03 등속수평비행을 하기 위한 조건은?

㉮ 양력<중력, 항력>추력
㉯ 양력<중력, 항력=추력
㉰ 양력=중력, 항력>추력
㉱ 양력=중력, 항력=추력

풀이 수평비행 조건 : 양력(L) = 중력(W), 등속비행 조건 : 항력(D) = 추력(T)

04 비행중인 항공기의 항력이 추력보다 클 때의 비행 상태로 옳은 것은?

㉮ 상승한다.
㉯ 등속도 비행한다.
㉰ 감속 전진 운동한다.
㉱ 가속 전진 운동한다.

풀이 $F = ma = \dfrac{W}{g} a = T - D$, $a = \dfrac{g(T-D)}{W} < 0$, (D가 T보다 클 때)

정답 05 ㉰ [2-2] 01 ㉯ 02 ㉯ 03 ㉱ 04 ㉰

05 항공기의 무게가 6,000kg, 양항비가 6, 날개면적 30m²의 제트기가 해발고도를 960km/h로 수평비행하고 있을 때의 추력은?

㉮ 7,800kg ㉯ 7,500kg ㉰ 6,000kg ㉱ 1,000kg

풀이 수평 등속 비행 조건에서 $T = W \times \dfrac{C_D}{C_L} = W \times \dfrac{1}{양항비} = 6000 \times \dfrac{1}{6}$

06 중량이 2,000kg인 항공기가 20m/s의 속도로 비행할 때 양항비는 8이다. 이 때의 출력은 얼마인가? (kg·m/s)

㉮ 4,000 ㉯ 4,500 ㉰ 5,000 ㉱ 6,000

풀이 추력 $T = W\dfrac{C_D}{C_L} = \dfrac{W}{양항비} = \dfrac{2000}{8} = 250$, 출력 $P = T \times V = 250 \times 20$

07 이륙중량이 1500kg, 엔진출력 250HP인 비행기가 해면 고도를 80%의 출력으로 180km/h로 순항 비행할 때 양항비(C_L/C_D)는?

㉮ 5.25 ㉯ 5.0 ㉰ 6.0 ㉱ 6.25

풀이 $P(출력) = T \times V$, $T(추력) = W \times \dfrac{C_D}{C_L} = \dfrac{W}{양항비}$

∴ 양항비 $= \dfrac{W}{T} = \dfrac{W}{\dfrac{P}{V}} = \dfrac{W \cdot V}{P} = \dfrac{1500 \times \dfrac{180}{3.6}}{250 \times 75 \times 0.8}$

08 항공기의 무게가 5,000kg이고 받음각이 4°인 상태로 등속수평 비행을 하고 있을 때, 이 항공기의 항력은 얼마인가? (단, 받음각 4°에서의 양항비는 20)

㉮ 250kg ㉯ 500kg ㉰ 750kg ㉱ 1,000kg

풀이 등속 수평 비행시 추력(T)은 항력(D)과 같으므로 추력을 구하면 된다.
$T = D = W \times \dfrac{1}{양항비} = 5000 \times \dfrac{1}{20}$

09 항공기의 중량이 일정한 경우에 항공기의 추력과 양항비(lift-drag ratio)와는 어떠한 관계가 있는가?

㉮ 추력은 양항비에 비례한다. ㉯ 추력은 양항비에 반비례한다.
㉰ 추력은 양항비의 제곱에 비례한다. ㉱ 추력은 양항비의 제곱에 반비례한다.

정답 05 ㉱ 06 ㉰ 07 ㉯ 08 ㉮ 09 ㉯

2-3 상승, 하강 성능

01 다음 중에서 실용상승 한계(service ceiling)란?

㉮ 상승률이 0 m/s가 되는 고도
㉯ 상승률이 0.5 m/s가 되는 고도
㉰ 상승률이 2.5 m/s가 되는 고도
㉱ 상승률이 5 m/s가 되는 고도

풀이
- 절대상승한계(absolute ceiling) : 상승률이 0 m/s가 되는 고도
- 실용상승한계 : 상승률이 0.5 m/s (100fpm–feet per minute)가 되는 고도
- 운용상승한계(operating ceiling) : 상승률이 2.5 m/s (500fpm)가 되는 고도

02 고도가 증가할수록 상승률은 감소하게 된다. 절대상승한계에서의 이용마력과 필요마력 사이의 관계는?

㉮ 이용마력이 필요마력보다 크다.
㉯ 이용마력과 필요마력이 같다.
㉰ 이용마력이 필요마력보다 작다.
㉱ 이용마력과 필요마력은 상승률과 무관하다.

풀이 절대상승한계는 상승률이 0이므로 상승률 $(R.C) = \dfrac{75(P_a - P_r)}{W} = 0$, $\therefore P_a - P_r = 0$, $P_a = P_r$

03 항공기 무게가 5000kg이고, 해발고도에서 잉여마력이 50HP일 때, 이 비행기의 상승률은 몇 m/min인가?

㉮ 35   ㉯ 45   ㉰ 51   ㉱ 62

풀이 $R.C = \dfrac{75(P_a - P_r)}{W} = \dfrac{75 P_e}{W} = \dfrac{75 \times 50}{5,000} = 0.75 m/\sec = (0.75 \times 60) m/\min$

04 다음 이용마력 및 필요마력 곡선에서 최대 상승률을 얻을 수 있는 지점은?

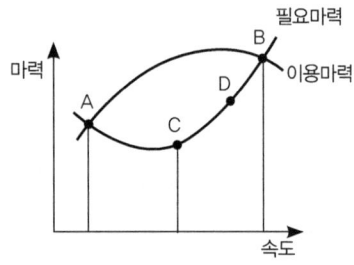

㉮ A   ㉯ B
㉰ C   ㉱ D

풀이 최대 상승률을 얻으려면 여유 마력(잉여 마력)이 최대가 되는 지점이다.

05 어떤 비행기가 230km/h로 비행하고 있다. 이 비행기의 상승률이 8m/s라고 하면 이 비행기의 상승각은 얼마인가?

㉮ 4.8°   ㉯ 5.2°   ㉰ 7.2°   ㉱ 9.4°

[풀이] $R.C = V\sin\theta, \therefore \sin\theta = \dfrac{R.C}{V} = \dfrac{8}{(230/3.6)} = 0.125, \theta = \sin^{-1}0.125$

06 5,000kg인 항공기가 대기속도 50m/s로 상승비행을 하고 있다. 700마력인 2개의 엔진을 장착하고 있는 항공기의 항력이 1,000kg이다. 이때 프로펠러 효율이 80%라 할 때 상승률은?

㉮ 5.0m/s   ㉯ 6.0m/s   ㉰ 6.8m/s   ㉱ 7.2m/s

[풀이] $R.C = \dfrac{75(P_a - P_r)}{W} = \dfrac{(T-D) \times V}{W} = \dfrac{TV - DV}{W}$
$= \dfrac{75\eta_p BHP - DV}{W} = \dfrac{75 \times 0.8 \times 2 \times 700 - 1000 \times 50}{5000}$

07 활공기가 고도 2000m 상공에서 양항비가 30인 상태로 활공한다면 도달할 수 있는 수평활공거리는 얼마인가?

㉮ 20,000   ㉯ 40,000   ㉰ 60,000   ㉱ 80,000

[풀이] $\tan\theta = \dfrac{고도}{수평활공거리} = \dfrac{1}{양항비}$ 에서 $\tan\theta = \dfrac{2000}{수평활공거리} = \dfrac{1}{30}$

08 무게 1,000kg의 항공기가 30°의 활공각으로 활공하고 있을 경우 항공기에 작용하는 양력은?

㉮ 500kg   ㉯ $500\sqrt{3}$ kg   ㉰ 1000kg   ㉱ $1000\sqrt{3}$ kg

[풀이] 활공 비행시 힘의 평형식 $L = W\cos\theta, D = W\sin\theta \therefore L = 1000\cos30$

09 항공기가 활공비행시 활공각을 θ라고 할 때 활공각을 나타내는 식은?

㉮ sinθ = D/L   ㉯ cosθ = L/D   ㉰ tanθ = D/L   ㉱ tanθ = L/D

[풀이] $\tan\theta = \dfrac{D}{L} = \dfrac{C_D}{C_L} = \dfrac{1}{양항비}$

[정답] 05 ㉰ 06 ㉯ 07 ㉰ 08 ㉯ 09 ㉰

Chapter 1 항공역학

10 그림과 같은 양력 항력곡선에 대한 가장 올바른 설명은?

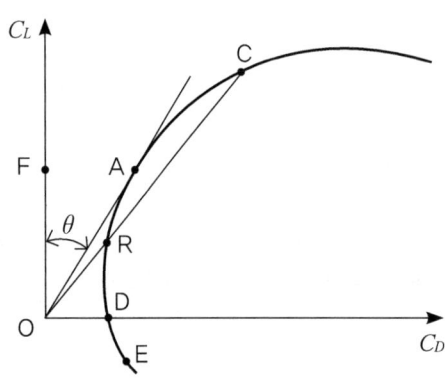

㉮ 장거리활공비행은 A점에서 활공하는 것이 좋다.
㉯ 장거리활공비행은 C점에서 활공하는 것이 좋다.
㉰ 수평활공비행은 D점에서 하는 것이다.
㉱ 수직활공비행은 F점에서 하는 것이다.

풀이
- A점 : 원점으로부터 양력 항력 곡선(양항 극곡선)에 접선을 그어 만나는 접점으로 양항비가 최대가 되며, 이 때의 활공각(θ)으로 활공하면 최대활공거리를 얻을 수 있다.
- D점 : 양력계수가 0이 되며, 활공각이 90°가 되어 급강하의 활공 상태

11 무게가 2,000kg인 비행기가 5,000m 상공(ρ=0.075)에서 급강하할 때 C_D=0.03이고, W/S=274kg/m²일 때 이 때의 급강하속도는?

㉮ 108m/s ㉯ 117m/s ㉰ 493.5m/s ㉱ 937.4m/s

풀이 급강하 비행 조건 $W = D = C_D \frac{1}{2}\rho V^2 S$, $\therefore V_t = \sqrt{\frac{2W}{\rho S C_D}} = \sqrt{\frac{2}{\rho C_D} \times \left(\frac{W}{S}\right)} = \sqrt{\frac{2}{0.075 \times 0.03} \times 274}$

12 항공기가 엔진이 정지한 상태에서 수직강하하고 있을 때 도달할 수 있는 최대속도를 종극속도라 한다. 종극속도는 어떠한 상태의 속도를 말하는가?

㉮ 항공기 총중량과 항공기에 발생되는 양력과 같은 경우
㉯ 항공기 총중량과 항공기에 발생되는 양력이 없는 경우 항력이 같아지는 속도
㉰ 항공기 양력의 수평분력과 항력의 수직 분력이 같은 경우
㉱ 항공기 양력과 항력이 같은 경우

풀이 비행기가 수직강하을 시작할 때 점차 속도가 증가되다 어떤 속도 이상이 되면 더 이상 증가없이 일정 속도를 유지한다. 이 속도를 종극속도(terminal velocity)라 한다.

정답 10 ㉮ 11 ㉰ 12 ㉯

2-4 선회비행 성능

01 중량이 2000kg인 비행기가 선회 비행시, 선회각이 40°이고 속도가 150km/h일 때 선회 반지름 R은 몇 m인가?

㉮ 271 ㉯ 245
㉰ 211 ㉱ 200

풀이 $R = \dfrac{V^2}{g \tan\theta} = \dfrac{\left(\dfrac{150}{3.6}\right)^2}{9.8 \times \tan 40°}$

02 항공기의 무게가 2,000kg이고 100km/h의 속도로 정상 선회(coordinate turn)를 하였을 때 양력(kg)은 얼마인가? (단, 선회각 30°, 양력계수 0.866)

㉮ 2309 ㉯ 4309 ㉰ 4390 ㉱ 5309

풀이 선회비행시험의 관계식 $W = L\cos\theta$, $\therefore L = \dfrac{W}{\cos\theta} = \dfrac{2000}{\cos 30°}$

03 비행기가 상승하면서 선회비행을 하는 경우는?

㉮ 양력의 수직분력이 중량보다 커야 한다.
㉯ 양력의 수직분력이 중량보다 작아야 한다.
㉰ 양력의 수직분력과 중량이 같아야 한다.
㉱ 양력과 수직분력에 관계없다.

풀이 정상선회 $W = L\cos\theta$(양력의 수직 성분), 상승선회 $W < L\cos\theta$

04 선회(Turn) 비행시 외측으로 Slip하는 이유는?

㉮ 경사각이 작고 구심력이 원심력 보다 클 때
㉯ 경사각이 크고 구심력이 원심력 보다 클 때
㉰ 경사각이 작고 원심력이 구심력 보다 클 때
㉱ 경사각이 크고 원심력이 구심력 보다 클 때

정답 [2-4] 01 ㉰ 02 ㉮ 03 ㉮ 04 ㉰

05 무게가 3,200kg인 비행기가 경사각 30°인 정상선회 비행을 할 때 이 비행기의 원심력은?

㉮ 18.47kg　　㉯ 184.7kg　　㉰ 1847kg　　㉱ 18470kg

풀이 $\tan\theta = \dfrac{원심력}{W}$, 원심력 $= W\tan\theta = 3200 \times \tan 30$

06 선회 비행시 선회반지름을 작게 하는 방법으로 올바른 것은?

㉮ 비행속도를 증가시킨다.　　㉯ 저고도로 선회 비행한다.
㉰ 선회각을 줄여준다.　　㉱ 날개면적을 줄여준다.

풀이 선회반지름을 작게 하는 방법
- 선회속도를 작게, 경사각을 크게
- 공기 밀도 증가, 양력 계수 증가, 날개 면적 증가 (양력 증가→실속 속도 감소)

07 실속 속도가 150m/s인 항공기가 해면상 가까이에서 60°의 경사각으로 선회 비행시 실속속도는?

㉮ 150m/s　　㉯ 173m/s　　㉰ 212m/s　　㉱ 250m/s

풀이 수평 비행 시 $W = L_1$, 선회 비행 시 $W = L_2 \times \cos\theta$, 항공기 무게는 같으므로
$L_1 = L_2 \cos\theta$, $\therefore V_1^2 = V_2^2 \cos\theta$, $V_2 = \dfrac{V_1}{\sqrt{\cos\theta}} = \dfrac{150}{\sqrt{\cos 60}}$

2-5　이착륙 비행성능

01 항공기 중량이 1,500kg이고, 공기 밀도는 0.125kg-sec^2/m^4 날개면적이 40m^2, C_{Lmax}이 1.5일 때 이 항공기의 착륙속도는 얼마인가? (단, 착륙속도는 실속속도의 1.2배이다.)

㉮ 12 m/s　　㉯ 16 m/s　　㉰ 20 m/s　　㉱ 24 m/s

풀이 $V_s = \sqrt{\dfrac{2W}{\rho S C_{Lmax}}} = \sqrt{\dfrac{2 \times 1500}{0.125 \times 40 \times 1.5}}$, 착륙속도 $= 1.2 \times V_s$

02 착륙시 Propeller 항공기의 장애물 고도(obstacle altitude)는?

㉮ 10.7m　　㉯ 15m　　㉰ 25m　　㉱ 30m

풀이 proller 항공기 장애물 고도 : 15m (50ft), jet 항공기 장애물 고도 : 10.7m (35ft)

정답 05 ㉰　06 ㉯　07 ㉰　[2-5] 01 ㉱　02 ㉯

03 다음 중 착륙시 활주거리를 짧게 하기 위한 조건 중 옳지 않은 것은?

㉮ W/S가 작을수록 짧다.
㉯ 착륙속도 V_L의 제곱에 비례하므로 V_L이 작은 쪽이 짧다.
㉰ 공기밀도가 작은 쪽이 길다.
㉱ 착륙속도 V_L에 반비례하므로 V_L이 작은 쪽이 짧다.

풀이 착륙활주거리 = $\dfrac{WV_L^2}{2g} \dfrac{1}{D+\mu W}$, 착륙속도 $V_L = 1.3V_s = 1.3\sqrt{\left(\dfrac{2W}{\rho SC_{Lmax}}\right)}$

04 프로펠러 비행기의 이륙거리는 무엇인가?

㉮ 15m 고도에 도달하기까지의 지상 수평거리
㉯ 바퀴가 땅에서 떠올라 가는 지점까지의 지상 수평거리
㉰ 양력이 최대가 되는 거리
㉱ 항력이 최대가 되는 거리

풀이 이륙거리 = 지상활주거리 + 장애물고도까지 이륙하는데 소요되는 상승 거리

05 이륙활주거리를 짧게 하기 위해서는 다음 어느 조건이 만족되어야 하는가?

㉮ 익면하중이 크고 양력계수도 클 것
㉯ 익면하중이 크고 지면마찰계수가 작을 것
㉰ 익면하중이 작고 지면마찰계수가 클 것
㉱ 익면하중이 작고 양력계수도 클 것

풀이 이륙활주거리($S = \dfrac{WV^2}{2g(T-F-D)}$)를 짧게 하기 위한 조건은 익면하중($\dfrac{W}{S}$)이 작고 양력계수가 크며(이륙시 고양력 장치 사용), 마찰력(F), 항력(D)은 작아야 한다.

06 항공기의 이륙 무게가 50,000kg이고, 날개면적이 250m², 최대양력계수 C_{Lmax} = 1.5, 이륙속도는 실속속도의 1.4배이다. 추력에서 항력과 마찰력을 뺀 평균가속력이 4500kg이다. 이 때 이륙활주거리를 구하면?

㉮ 1100m   ㉯ 1170m   ㉰ 1210m   ㉱ 2370m

풀이 $V_S = \sqrt{\dfrac{2W}{\rho SC_{Lmax}}} = \sqrt{\dfrac{2 \times 50000}{0.12 \times 250 \times 1.5}} = 46.2$

$S = \dfrac{W}{2g} \times \dfrac{V^2}{(T-F-D)} = \dfrac{50000}{2 \times 9.8} \times \dfrac{(1.4 \times 46.2)^2}{4500}$

정답 03 ㉱ 04 ㉮ 05 ㉱ 06 ㉱

07 착륙거리를 짧게 하기 위한 설명으로 가장 올바른 것은?

㉮ 항력을 작게 한다.   ㉯ 착륙속도를 크게 한다.
㉰ 마찰이 큰 활주로에 착륙한다.   ㉱ 활주시 비행기 양력을 크게 한다.

풀이 $S(착륙거리) = \dfrac{W}{2g} \dfrac{V^2}{(D + \mu W)}$ 를 짧게 하는 조건
- 이륙할 때와 같이 비행기의 착륙 무게가 가벼워야 지상 활주거리가 짧게 된다.
- 착륙 속도가 작아야 한다
- 착륙 활주 중에 항력을 크게 해야 한다.
- 착륙 활주 시 양력은 아주 작아 식에서 무시된다.

2-6 특수비행 성능 및 하중 배수

01 플랩을 사용하여 날개의 최대양력계수를 2배로 증가시켰다면 실속속도는 약 몇 배가 되는가?

㉮ 0.5   ㉯ 0.7   ㉰ 1.4   ㉱ 2.0

풀이 $V_S = \sqrt{\dfrac{2W}{\rho S C_{L\max}}}$, $\sqrt{\dfrac{2W}{\rho S (2 C_{L\max})}} = \dfrac{1}{\sqrt{2}} V_S$

02 항공기 무게 2,000kg, 공기밀도 $\dfrac{1}{8}$ kg·s²/m⁴, 날개면적 30m², 항공기 실속속도 120km/h일 때 최대양력계수는?

㉮ 0.89   ㉯ 0.84   ㉰ 0.96   ㉱ 1.34

풀이 $L = W = \dfrac{1}{2} \rho V_S^2 S C_{L\max}$ 에서 $C_{L\max} = \dfrac{2 \times 2000}{\dfrac{1}{8} \times \left(\dfrac{120}{3.6}\right)^2 \times 30}$

03 항공기의 무게가 2,500kg, 밀도가 0.125kg-s²/m⁴이고, 날개의 면적이 20m², 최대 양력계수가 1.8일 때 실속속도 V_S는 얼마인가?

㉮ 44m/s   ㉯ 120km/h   ㉰ 150km/h   ㉱ 33.3km/h

풀이 $V_S = \sqrt{\dfrac{2W}{\rho S C_{L\max}}} = \sqrt{\dfrac{2 \times 2500}{0.125 \times 20 \times 1.8}} = 33.3 m/s$, km/h로 단위 변화

정답 07 ㉰ [2-6] 01 ㉯ 02 ㉯ 03 ㉯

04 해발고도(ρ_0 = 0.125kg–s²/m⁴)에서 실속속도 V_S=100km/h인 비행기의 고도 2,200m(ρ= 0.1kg–s²/m⁴) 상공에서의 실속속도 V_S를 구하면 몇 km/h인가?

㉮ 100km/h ㉯ 112km/h ㉰ 134km/h ㉱ 220km/h

풀이 $W = C_L \frac{1}{2}\rho V^2 S = C_L \frac{1}{2}\rho_0 (V_0)^2 S$, $\rho V^2 = \rho_0 (V_0)^2$, $V = V_0 \sqrt{\frac{\rho_0}{\rho}} = 100\sqrt{\frac{0.125}{0.1}}$

05 받음각이 클 때 기체 전체가 실속되고 그 결과 롤링과 요잉을 수반함으로서 나선을 그리면서 고도가 감소되는 비행 상태는?

㉮ 크랩 방식(Crab Method)에 의한 비행 상태
㉯ 더치 롤(Dutch Roll)비행 상태
㉰ 윙다운 방식(Wing Down Method)에 의한 비행 상태
㉱ 스핀(spin) 비행 상태

풀이 더치 롤은 가로 방향 불안정을 의미하며, 크랩 방식과 윙다운 방식은 측풍 착륙 방법이다.

06 비행기가 스핀비행을 할 경우 이를 회복시키려면 (정상수평 비행 상태) 비행기를 우선 어떻게 하는가?

㉮ 강하시킨다. ㉯ 상승시킨다. ㉰ 선회시킨다. ㉱ 실속시킨다.

풀이 스핀이란 자동회전(autorotation)과 수직 강하가 조합된 비행형태로서, 스핀에 들어가려면 조종간을 당겨 실속시킨 후 방향키 페달을 한 쪽만 밟아 주면 된다. 스핀에서 탈출하려면 조종간을 밀어 받음각을 감소시켜 급강하로 들어간 다음 스핀을 회복해야 한다.

07 비행기의 스핀(SPIN) 비행과 가장 관련이 깊은 현상은?

㉮ 자전 현상(AUTOROTATION) ㉯ 날개드롭 현상(WING DROP)
㉰ 가로방향 불안정 현상(DUTCH ROLL) ㉱ 디프실속 현상(DEEP STALL)

풀이 스핀이란 자동회전과 수직강하가 조합된 비행으로 수직스핀과 수평스핀이 있다.

08 총중량 5,000kg, 선회속도가 360km/h인 비행기가 60°로 정상 선회할 때 하중 배수는?

㉮ 1 ㉯ 1.5 ㉰ 2 ㉱ 2.5

풀이 선회비행 시의 하중배수 $n = \frac{L}{W} = \frac{L}{L\cos\theta} = \frac{1}{\cos\theta} = \frac{1}{\cos 60}$

정답 04 ㉯ 05 ㉱ 06 ㉮ 07 ㉮ 08 ㉰

09 등속 수평 비행중의 비행기에 걸리는 하중배수는?

㉮ 0 ㉯ 1 ㉰ 0.5 ㉱ 1.7

풀이 $n = \dfrac{W+F}{W} = 1 + \dfrac{F}{W} = 1 + \dfrac{a}{g}$, 수평 등속 조건에서 $a = 0$

10 다음 중에서 설계하중이란 무엇인가?

㉮ 제한하중 × 안전계수 ㉯ 제한하중 ÷ 안전계수
㉰ 제한하중 + 안전계수 ㉱ 제한하중 − 안전계수

풀이
- 설계하중 = 극한하중 = 최대인장하중 = 종극하중 = 제한하중 × 안전계수
- 기체의 모든 부분은 극한하중에 최소한 3초 동안은 파괴되지 않도록 설계해야 한다.

11 다음 그림은 수송기의 V-n 선도에 관한 것이다. A와 D의 연결선은 무엇을 설명하는가?

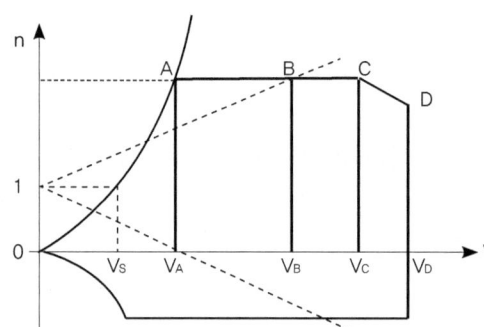

㉮ 양력계수
㉯ 돌풍하중배수
㉰ 설계상 주어진 하중배수
㉱ 설계순항속도

풀이 V_A : 설계 기동 속도 V_B : 설계 운용 돌풍 속도
V_C : 설계 순항 속도 V_D : 설계 급강하 속도

2-7 항속성능

01 프로펠러 항공기가 최대항속시간으로 비행할 수 있기 위한 조건은?

㉮ $\dfrac{C_L}{C_D}$이 최대 ㉯ $\dfrac{(C_L)^{\frac{3}{2}}}{C_D}$이 최대 ㉰ $\dfrac{(C_L)^{\frac{1}{2}}}{C_D}$이 최대 ㉱ $\dfrac{C_L}{(C_D)^{\frac{1}{2}}}$이 최대

풀이

구분	propeller 기	Jet 기
항속 거리(range)를 최대로 하는 조건	$\left(\dfrac{C_L}{C_D}\right)_{max}$	$\left(\dfrac{C_L^{\frac{1}{2}}}{C_D}\right)_{max} = \left(\dfrac{\sqrt{C_L}}{C_D}\right)_{max}$
항속 시간(endurance)을 최대로 하는 조건	$\left(\dfrac{C_L^{\frac{3}{2}}}{C_D}\right)_{max}$	$\left(\dfrac{C_L}{C_D}\right)_{max}$

정답 09 ㉯ 10 ㉮ 11 ㉰ [2-7] 01 ㉯

02 비행시 프로펠러기에 대한 최대항속거리의 받음각은?

㉮ C_L/C_D가 최대인 받음각
㉯ C_D/C_L가 최대인 받음각
㉰ $C_L/C_D^{\frac{1}{2}}$가 최대인 받음각
㉱ $C_L^{\frac{1}{2}}/C_D$가 최대인 받음각

03 제트기의 항속거리를 최대로 하기 위한 조건 중 맞는 것은?

㉮ 비연료 소비율을 크게 한다.
㉯ $\left(\dfrac{C_L^{\frac{1}{2}}}{C_D}\right)_{max}$ 인 상태로 비행한다.
㉰ 출력을 최대로 비행한다.
㉱ 하중계수를 최대로 비행한다.

04 프로펠러 비행기의 항속거리를 나타내는 식은?(R : 항속거리, B : 연료탑재량, V : 순항속도, P : 순항 중의 엔진의 출력, t : 항속시간, C : 마력당 1시간에 소비하는 연료량)

㉮ $R = \dfrac{V}{t}$
㉯ $R = \dfrac{C \times P}{V \times B}$
㉰ $R = V \times \dfrac{B}{C \times P}$
㉱ $R = P \times \dfrac{B}{C \times V}$

[풀이] 항속거리(R) = 순항속도(V)×항속시간(t), 항속시간(t) = $\dfrac{\text{연료 탑재량}}{\text{초당 연료 소비량}}$

05 필요마력이 최소가 되는 비행속도는 어느 것인가?

㉮ 이륙속도
㉯ 최대항속거리속도
㉰ 최대속도
㉱ 최대항속시간속도

[풀이] 필요마력이 최소라는 것은 연료가 가장 적게 소비되는 경우로, 주어진 연료를 가지고 가장 오랫동안 비행할 수 있는 것이다.

2-8 안정 개요

01 비행기의 평형(trim)상태를 뜻하는 것이 아닌 것은?

㉮ 작용하는 모든 힘의 합이 무게중심에서 "0"인 상태
㉯ 속도변화가 없는 상태
㉰ 비행기의 엔진이 추력을 일정하게 내는 상태
㉱ 비행기의 회전 모멘트 성분들이 없는 상태

정답 02 ㉮ 03 ㉯ 04 ㉰ 05 ㉱ [2-8] 01 ㉰

02 정상수평비행에서 평형(trim) 상태일 때의 피칭모멘트계수 C_{Mcg}의 값은 얼마인가?

㉮ $C_{Mcg} = -1$ ㉯ $C_{Mcg} = 0$ ㉰ $C_{Mcg} = 1$ ㉱ $C_{Mcg} = 2$

[풀이] $C_{Mcg} > 0$: 기수를 올리는 모멘트, $C_{Mcg} = 0$: 중립, $C_{Mcg} < 0$: 기수를 내리는 모멘트

03 항공기에서 트림 상태란 무엇을 의미하는가?

㉮ 무게중심에 관한 피칭 모멘트가 "1"인 상태
㉯ 무게중심에 관한 피칭 모멘트가 "0"인 상태
㉰ 무게중심에 관한 피칭 모멘트가 감소 상태
㉱ 무게중심에 관한 피칭 모멘트가 증가 상태

[풀이] 트림(trim) : 항공기의 무게중심에 대한 모멘트가 "0"인 상태 또는 조종력이 "0"인 상태를 뜻한다.

04 비행기의 받음각이 외부 교란을 받아 진동을 시작하여 점차적으로 진동이 감소하여 처음의 상태로 돌아가는 것을 가장 올바르게 표현한 것은?

㉮ 정적안정 ㉯ 동적안정 ㉰ 동적불안정 ㉱ 정적불안정

05 비행기가 평형 상태에서 이탈된 후, 그 변화의 진폭이 시간의 경과에 따라 증가하는 경우에 이를 가장 올바르게 설명한 것은?

㉮ 정적으로 불안정하다.
㉯ 동적으로 불안정하다.
㉰ 정적으로는 불안정하지만, 동적으로는 안정하다.
㉱ 정적으로도 안정하고, 동적으로도 안정하다.

06 다음 중 평형상태로부터 벗어난 뒤에 다시 평형 상태로 되돌아가려는 초기경향은?

㉮ 정적 불안정   ㉯ 양의 정적안정
㉰ 정적 중립   ㉱ 음의 정적안정

[풀이] 양(+)의 안정 : 안정, 음(-)의 안정 : 불안정
• 정적안정 : 원래의 평형상태로 되돌아가려는 비행기의 초기 경향
• 동적안정 : 시간이 지남에 따라 운동의 진폭이 감소되어 안정 상태로 돌아가는 것

[정답] 02 ㉯ 03 ㉯ 04 ㉯ 05 ㉯ 06 ㉯

07 정적안정과 동적안정에 대한 설명 중 맞는 것은?

㉮ 동적안정이 (+)이면 정적안정은 반드시 (+)이다.
㉯ 동적안정이 (−)이면 정적안정은 반드시 (−)이다.
㉰ 정적안정이 (+)이면 동적안정은 반드시 (+)이다.
㉱ 정적안정이 (−)이면 동적안정은 반드시 (+)이다.

풀이 일반적으로 정적 안정이 있다고 해서 동적 안정이 있다고는 할 수 없지만, 동적 안정이 있는 경우에는 정적 안정이 있다고 할 수 있다.

08 항공기의 안정성과 조종성은 어떠한 관계가 있는가?

㉮ 안정성이 좋아지면 조종성도 좋아진다.
㉯ 안정성이 좋아지면 조종성이 저하된다.
㉰ 안정성과 조종성은 관계가 없다.
㉱ 안정성이 나빠지면 조종성도 나빠진다.

풀이 안정과 조종은 서로 반대되는 성질을 나타내기 때문에, 조종성과 안정성을 동시에 만족시킬 수는 없다.

09 다음 중 잘못 연결된 것은 어느 것인가?

㉮ yawing − elevator ㉯ pitching − elevator
㉰ yawing − rudder ㉱ rolling − aileron

풀이 항공기의 3축 주위의 운동과 조종 방법

구분	운동	조종면	조종간
가로축(Y축)	키놀이(pitching)	승강키(elevator)	조종간을 전후로 이동
세로축(X축)	옆놀이(rolling)	도움날개(aileron)	조종간을 좌우로 이동
수직축(Z축)	빗놀이(yawing)	방향키(rudder)	좌우 페달을 밀어준다.

10 비행기 기체축에서 X축(세로축)에 관한 모멘트는?

㉮ 옆놀이 모멘트 ㉯ 키놀이 모멘트
㉰ 빗놀이 모멘트 ㉱ 옆놀이 모멘트 및 키놀이 모멘트

11 항공기가 이륙시 엘리베이터(elevator)의 조작은?

㉮ 중립 위치에서 아래로 내린다. ㉯ 중립 위치에서 위로 올린다.
㉰ 중립 위치에서 고정시킨다. ㉱ 중립 위치에서 아래로 내린후 다시 위로 올린다.

정답 07 ㉮ 08 ㉯ 09 ㉮ 10 ㉮ 11 ㉯

12 비행기 조종실의 조종간을 뒤로 당기고 왼쪽으로 돌리면 우측의 도움날개와 수평꼬리날개 승강키의 운동 설명으로 가장 올바른 것은?

㉮ 우측 도움날개는 아래로, 승강키는 위로
㉯ 우측 도움날개는 위로, 승강키는 아래로
㉰ 우측 도움날개는 아래로, 승강키는 아래로
㉱ 우측 도움날개는 위로, 승강키는 위로

풀이
- 조종간 뒤로 당김(승강키 위로) : 항공기 상승
- 조종간 왼쪽으로(우측 도움날개 아래로, 좌측 도움날개 위로) : 항공기 왼쪽으로 기울어짐
- 우측 페달 밟으면(방향키가 우측으로) : 항공기 우측으로 선회

13 에일러론(aileron)이 작동하는 경우 내리는 조종면보다 올리는 조종면을 크게 하는 이유에 대한 설명 중 맞는 것은?

㉮ 빗놀이 운동을 방지하기 위하여
㉯ 착륙성능을 좋게 하기 위하여
㉰ 상승각을 크게 하기 위하여
㉱ 에일러론의 열림을 방지하기 위하여

풀이 비행기에서 올림과 내림의 작동 범위가 서로 다른 차동 도움 날개(differential aileron)를 사용하는 것은 도움 날개 사용 시 유도 항력 크기가 다르기 때문에 발생하는 역빗놀이(adverse yaw) 현상을 작게 하기 위한 것이다.

2-9 세로안정과 조종

01 다음은 비행기의 세로 안정성에 영향을 미치는 것들이다. 이 중 아닌 것은?

㉮ 수평 안정판 장착 위치
㉯ 수직 안정판 면적
㉰ 수평 안정판 면적
㉱ 항공기 중심 위치

풀이 키놀이(pitching) 모멘트에 관련한 요소이며, 수직 안정판은 방향 안정과 관련된다.

02 비행기의 받음각이 커질 때 무게 중심에 대한 키놀이 모멘트가 증가하면 비행기는 어떻게 되나?

㉮ 안정   ㉯ 불안정   ㉰ 중립   ㉱ 아무런 관련이 없다.

풀이 정적 세로 안정은 양력 계수와 키놀이 모멘트 계수 곡선이 음(−)의 기울기를 가지며, 양력 계수값이 증가하면 키놀이 모멘트 계수는 감소한다. 받음각이 커질 때 키놀이 모멘트가 증가(기수 올림 모멘트가 발생)하면 정적 세로 불안정 상태이다.

03 항공기의 세로 안정성에 대한 설명으로 틀린 것은?

㉮ 무게중심 위치가 공기역학적 중심보다 전방에 위치할수록 안정성이 좋다.
㉯ 날개가 무게중심 위치보다 높은 위치에 있을 때 안정성이 좋다.
㉰ 꼬리날개의 면적이 크면 안정성이 좋다.
㉱ 꼬리날개 효율이 작으면 안정성이 좋다.

풀이 세로 안정을 좋게 하기 위한 방법
- 무게 중심이 날개의 공기 역학적 중심보다 앞에 위치할수록
- 무게 중심과 공기 역학적 중심보다 아래에 위치할수록
  즉, 날개가 무게 중심보다 높은 위치에 있을 때 안정성이 좋다. – 고익기
- 꼬리 날개 면적을 크게 하든지, 꼬리 날개까지의 거리를 길게 한다.
- q_t/q를 꼬리 날개 효율이라 하며, 이 값이 클수록 안정성이 좋아진다.

04 세로 안정성과 가장 관련이 깊은 것은?

㉮ 날개　　　　　　　　　㉯ 수평 꼬리날개
㉰ 수직 꼬리날개　　　　　㉱ 도움날개

풀이 세로안정 : 수평꼬리날개, 가로안정 : 주날개, 방향안정 : 수직꼬리날개

05 동적세로안정으로서 비행속도에 무관하게 생기는 진동으로서 주기가 0.5~5초인 진동은 무엇인가?

㉮ 장주기 운동　　　　　　㉯ 단주기 운동
㉰ 승강키 자유운동　　　　㉱ 도움날개 자유운동

풀이 장주기 운동 : 20~100초, 단주기 운동 : 0.5~5초, 승강키 자유운동 : 0.3~1.5초

06 비행기에 단주기 운동이 발생되었을 때 가장 좋은 방법은?

㉮ 조종간을 자유롭게 놓는다.　　　㉯ 조종간을 고정시킨다.
㉰ 조종간을 당긴다.(상승비행)　　　㉱ 조종간을 놓는다.(하강비행)

풀이 단주기 운동은 키놀이 진동이며, 전형적인 진동주기는 0.5초에서 5초사이이다. 강제로 진동을 감쇠시키려는 조종은 진동을 더 크게 하여 불안정을 발생시킬 가능성이 있으며, 인위적인 조종이 아닌 조종간을 자유로 하여 필요한 감쇠를 하도록 하는 것이 좋다.

정답 03 ㉱　04 ㉯　05 ㉯　06 ㉮

2-10 가로안정과 조종

01 항공기 날개에 상반각을 주게 되면 다음과 같은 특성을 갖게 한다. 가장 올바른 내용은?

㉮ 유도저항을 적게하고 방향 안정성을 좋게한다.
㉯ 옆미끄럼을 방지하고 가로 안정성을 좋게 한다.
㉰ 익단 실속을 방지하고 세로 안정성을 좋게 한다.
㉱ 선회성능을 향상시키나 가로 안정성을 해친다.

풀이 상반각(쳐든각-dihedral effect)은 가로 안정에 있어 가장 중요한 요소로서 옆미끄럼에 대한 안정된 옆놀이 모멘트를 발생시킨다.

02 다음 중 가로안정에 영향을 미치지 않는 것은 무엇인가?

㉮ 수평꼬리날개 ㉯ 수직꼬리날개 ㉰ 주익의 상반각 ㉱ 주익의 후퇴각

풀이 수평 안정판은 세로 안정과 관계된다.

03 다음 중 어느 때 가로방향 불안정(Dutch roll)이 발생하는가?

㉮ 항공기가 실속에 들어갈 때 발생
㉯ 정적방향안정보다 쳐든각효과가 클 때
㉰ 엘리베이터를 급격히 조작하였을 때
㉱ 추력이 급격히 떨어질 때

풀이
• 가로 방향 불안정 : Dutch roll이라고도 하며 가로 진동과 방향 진동이 결합된 것으로서 동적으로는 안정하지만 진동하는 성질 때문에 문제가 된다.(Dutch roll 방지 장치 - yaw damper)
• 나선 불안정 : 정적 방향 안정성이 정적 가로 안정성보다 훨씬 클 때 나타난다.

04 날개의 뒤젖힘각 효과(sweepback effect)에 대한 설명으로 가장 올바른 것은?

㉮ 방향안정(directional stability)에는 영향이 있지만 가로안정(lareral stability)에는 영향이 없다.
㉯ 가로안정(lareral stability)에는 영향이 있지만 방향안정(directional stability)에는 영향이 없다.
㉰ 방향안정(directional stability)과 가로안정(lareral stability) 모두에 영향이 있다.
㉱ 방향안정(directional stability)과 가로안정(lareral stability) 모두에 영향이 없다.

풀이 뒤젖힘 날개는 가로 안정에는 크게 영향을 미치지만 방향 안정에는 큰 영향을 미치지 않는다.

정답 [2-10] 01 ㉯ 02 ㉮ 03 ㉯ 04 ㉯

05 항공기 동체 기준선 또는 세로축과 관계있는 안정 형태는?

㉮ 가로안정　　㉯ 세로안정　　㉰ 수평안정　　㉱ 방향안정

풀이 세로축 : 가로안정, 가로축 : 세로안정, 수직축 : 방향안정

06 동적 가로 안정이 불안정할 때 나타나는 현상과 가장 거리가 먼 것은?

㉮ 방향 불안정　　㉯ 세로방향 불안정　　㉰ 나선 불안정　　㉱ 가로방향 불안정

2-11 방향안정과 조종

01 다음 중 비행기의 방향안정에 일차적으로 영향을 주는 요소는?

㉮ 수평꼬리날개　　㉯ 수직꼬리날개　　㉰ 플랩　　㉱ 슬랫

풀이 수직꼬리날개는 방향안정에 일차적인 영향을 주며 가로안정에도 중요한 영향을 준다.

02 항공기 기수를 우측으로 선회할 경우 관련 모멘트가 맞는 것은?

㉮ 음(-)의 롤링 모멘트　　㉯ 제로 롤링 모멘트
㉰ 양(+)의 피칭 모멘트　　㉱ 양(+)의 요잉 모멘트

풀이
- 기수가 상하로 움직임 : 키놀이(pitching) 모멘트-기수가 상승시 (+)모멘트
- 기수가 좌우로 움직임 : 빗놀이(yawing) 모멘트-기수가 우측으로 향할 때 (+) 모멘트
- 기체축을 중심으로 회전 : 옆놀이(rolling) 모멘트-기체가 우측으로 회전시 (+) 모멘트

03 수직꼬리날개가 실속하는 큰 미끄럼각에서도 방향안정성을 유지하기 위한 효과적인 장치는?

㉮ 윙렛　　㉯ 도살핀　　㉰ 서보 탭　　㉱ 파울러 플랩

풀이
- 윙렛(winglet) : 날개 끝에 유도항력을 줄이는 장치
- 서보탭(servo tab) : 조종력 경감장치로서 조종장치와 직접 연결
- 파울러 플랩(fowler flap) : 뒷전 플랩 중 가장 효율이 좋음

04 비행기의 정적 방향 안정성에 불안정한 영향을 끼치는 요소는?

㉮ 수직 꼬리 날개　　㉯ 동체　　㉰ 뒤젖힘 날개　　㉱ 도살핀

풀이 방향 안정에 불안정한 영향을 끼치는 요소에는 동체와 엔진 등이 있다.

정답 05 ㉮　06 ㉯　[2-11] 01 ㉯　02 ㉱　03 ㉯　04 ㉯

05 방향키 부유각(rudder floatimg angle)이란?

㉮ 조종간을 밀었을 때 공기력에 의해 방향키가 변위되는 각
㉯ 조종간을 당겼을 때 공기력에 의해 방향키가 변위되는 각
㉰ 조종간을 고정시 공기력에 의해 방향키가 변위되는 각
㉱ 조종간을 자유롭게 하였을 때 공기력에 의해 자유로이 변위되는 각

06 정적 가로 안정은 옆미끄럼각과 빗놀이 모멘트 계수 그래프에서 어떤 형태를 가질 때 인가?

㉮ 양(+)의 기울기   ㉯ 음(-)의 기울기   ㉰ 수평선   ㉱ 수직선

07 다음 중 빗놀이 모멘트(yawing moment : M)를 잘못 표현한 것은 어느 것인가?

㉮ $M = C_m \dfrac{1}{2}\rho V^2 Sb$ ㉯ $M = C_m qSb$

㉰ $M = C_m qb^2 c$ ㉱ $M = C_m \dfrac{1}{2}\rho V^2 bc^2$

풀이 빗놀이 모멘트 $N = C_n \dfrac{1}{2}\rho V^2 Sb = C_n qSb = C_n q(b \times c)b = C_n qb^2 c$

2-12 고속기의 불안정

01 다음 중 고속 비행시 턱 언더(tuck under) 현상을 수정하기 위해 장치된 계통은 무엇인가?

㉮ 고속 트리머(high speed trimmer)   ㉯ 밸런스 트리머(balance trimmer)
㉰ 조정 트리머(control trimmer)   ㉱ 마하 트리머(mach trimmer)

풀이 tuck under 현상을 수정하는 장치에는 auto pilot 장치의 하나인 mach trimmer와 PTC(pitch trim compensator)가 있다.

02 비행기가 하강비행을 하는 동안 조종간을 당겨 기수를 올리려 할 때, 받음각과 각속도가 특정 값을 넘게 되면 예상한 정도 이상으로 기수가 올라가게 되는 현상은?

㉮ 스핀(spin)   ㉯ 더치롤(Duch roll)
㉰ 버페팅(buffeting)   ㉱ 피치 업(pitch up)

풀이 • 세로불안정 : 턱 언더, 피치 업, 딥 실속
• 가로불안정 : 날개 드롭, 옆놀이 커플링

정답 05 ㉱ 06 ㉮ 07 ㉱ [2-12] 01 ㉱ 02 ㉱

03 피치 업(pitch up)의 원인이 아닌 것은?

㉮ 뒤젖힘 날개의 날개끝 실속 ㉯ 뒤젖힘 날개의 비틀림
㉰ 날개의 압력 중심이 앞으로 이동 ㉱ 쳐든각 효과의 감소

04 날개 밑에 장착되는 보틸론(vortilon)의 가장 큰 역할은?

㉮ 가로안정 유지   ㉯ 딥 실속 방지   ㉰ 유도항력 감소   ㉱ 옆 미끄럼 방지

풀이 deep stall 방지법에는 실속 트리거, stall fence, vortilon, stall strip 등이 있다.

05 날개 드롭(wing drop)에 대한 설명으로 가장 관계가 먼 내용은?

㉮ 받음각이 작을 때 강하게 나타나서 한쪽 날개에만 충격실속이 생긴다.
㉯ 도움날개의 효율이 떨어져서 회복하기 어렵다.
㉰ 두꺼운 날개를 사용한 비행기가 천음속으로 비행시 발생한다.
㉱ 아음속에서 충격파가 과도할 경우 날개가 동체에서 떨어져 나갈 수 있다.

풀이 wing drop 현상은 얇은 날개를 가지는 초음속 비행기가 천음속으로 비행할 때는 발생하지 않는다. 또한 아음속에서는 충격파가 발생하지 않는다.

06 옆놀이 커플링(roll coupling)을 줄이는 방법으로 가장 거리가 먼 것은?

㉮ 쳐든각 효과를 감소시킨다.
㉯ 방향 안정성을 증가 시킨다.
㉰ 정상 비행상태에서 불필요한 공력 커플링을 감소시킨다.
㉱ 정상 비행상태에서 하중배수를 제한한다.

07 초음속기 동체 하부에 설치하는 벤트럴 핀(ventral fin)의 목적은 무엇인가?

㉮ 턱 언더 현상 방지   ㉯ 피치 업 현상 방지
㉰ 날개 드롭 현상 방지   ㉱ 옆놀이 커플링 방지

정답 03 ㉱ 04 ㉯ 05 ㉱ 06 ㉱ 07 ㉱

2-13 조종면의 이론

01 다음 중 힌지 모멘트에 영향을 주는 요소가 아닌 것은?

㉮ 밀도　　㉯ 양력계수　　㉰ 비행속도　　㉱ 조종면의 폭

풀이 힌지 모멘트 $He = C_h \frac{1}{2}\rho V^2 Sc$

02 비행기의 속도가 2배가 되면 필요한 조종력은 몇 배인가?

㉮ 1/2배　　㉯ 변함없다.　　㉰ 2배　　㉱ 4배

풀이 $F_e = KH_e = KC_h \frac{1}{2}\rho V^2 bc^2$, $(2V)^2 = 4V^2$ (조종력은 비행 속도의 제곱에 비례한다.)

03 비행기의 조종면 이론에서 힌지 모멘트에 대한 설명 내용으로 가장 관계가 먼 것은?

㉮ 힌지모멘트 계수에 비례한다.　　㉯ 동압에 비례한다.
㉰ 조종면의 크기에 비례한다.　　㉱ 조종면의 폭에 반비례한다.

풀이 $H = C_h \frac{1}{2}\rho V^2 Sc = C_h q(bc)c = C_h qbc^2$

04 조종면에서 앞전 밸런스(leading edge balance)를 설치하는 가장 큰 목적은?

㉮ 양력 증가　　㉯ 조종력 경감　　㉰ 항력 감소　　㉱ 항공기 속도 증가

05 밸런스 탭(Balance Tab)에 대한 설명으로 옳은 것은?

㉮ 조종면과 반대로 움직여 조종력을 경감시켜 준다.
㉯ 조종면과 같은 방향으로 움직여 조종력을 경감시켜 준다.
㉰ 조종면과 반대로 움직여 조종력을 제로(Zero)로 만들어 준다.
㉱ 조종면과 같은 방향으로 움직여 조종력을 제로(Zero)로 만들어 준다.

06 연동되는 도움날개에서 발생하는 힌지모멘트가 서로 상쇄되도록 조종력을 경감하는 장치는?

㉮ Horn balance　　㉯ Leading edge balance
㉰ Frise balance　　㉱ Internal balance

정답 [2-13] 01 ㉯ 02 ㉱ 03 ㉱ 04 ㉯ 05 ㉮ 06 ㉰

풀이
- 앞전 밸런스(Leading edge balance) : 조종면의 앞전을 길게 하여 조종력 경감
- 혼 밸런스(Horn balance) : 밸런스 역할을 하는 조종면을 플랩의 일부분에 집중시킴
- 내부 밸런스(Internal balance) : 플랩의 앞전이 밀폐, 압력차를 이용

07 밸런스 역할을 하는 조종면을 그림과 같이 플랩의 일부분에 집중시키는 조종력 경감장치의 명칭은?

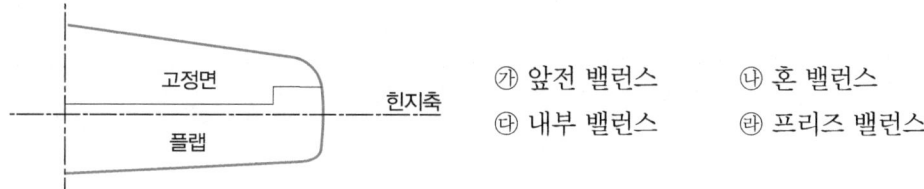

㉮ 앞전 밸런스　　㉯ 혼 밸런스
㉰ 내부 밸런스　　㉱ 프리즈 밸런스

08 비행기가 어떤 속도로 정상비행할 때 조종력을 사용하지 않고 조종력을 "0"으로 유지하기 위한 것은?

㉮ servo tab　　㉯ balance tab　　㉰ spring tab　　㉱ trim tab

풀이
- 서보 탭(servo tab) : 조종석의 조종장치와 직접 연결되어 탭만 작동시켜 조종면을 움직이도록 설계
- 평형 탭(balance tab) : 조종면이 움직이는 방향과 반대 방향으로 움직일 수 있도록 기계적으로 연결되어 조종력 경감
- 스프링 탭(spring tab) : 혼과 조종면 사이에 스프링을 설치하여 스프링의 장력으로써 항공기 속도에 따라 조종력 조절

09 비행기의 조종간에 걸리는 힘을 적게 하기 위해 여러가지 장치를 사용하여 힌지 모멘트를 조절한다. 힌지 모멘트를 조절하기 위한 장치가 아닌 것은?

㉮ 혼 밸런스(Horn Balance)　　㉯ 오버행 밸런스(Overhang Balance)
㉰ 서보 탭(servo tabs)　　㉱ 스포일러(Spoilers)

10 도움날개(aileron) 및 승강키(elevator)의 힌지 모멘트와 이들 조종면을 원하는 위치에 유지하기 위한 조종력과의 관계로서 가장 올바른 것은?

㉮ 힌지 모멘트가 커져도 필요한 조종력에는 변화가 없다.
㉯ 힌지 모멘트가 크면 조종력은 작아도 된다.
㉰ 힌지 모멘트가 크면 조종력도 커야 한다.
㉱ 아음속 항공기에서는 힌지모멘가 커질수록 필요한 조종력은 작아진다.

풀이 $Fe = K \cdot He$ (Fe : 조종력, K : 기계적 이득 상수, He : 힌지 모멘트)
조종력과 힌지 모멘트는 비례한다.

정답 07 ㉯　08 ㉱　09 ㉱　10 ㉰

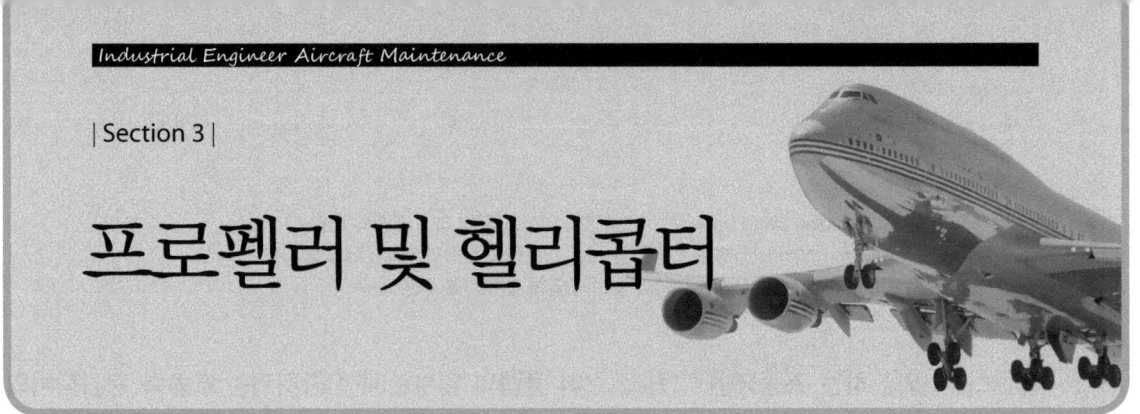

| Section 3 |
프로펠러 및 헬리콥터

01 프로펠러 추진원리

1. 프로펠러의 추진원리

가. 용어

(1) station : hub 중심에서 blade tip까지를 6″ 간격으로 표시하는 가상적인 선으로 손상부분의 표시나 깃 각을 측정하기 위해 정한 위치이다.

(2) 깃 각(blade angle, β) : 비행기 날개의 붙임각과 같은 것으로 프로펠러 회전면과 시위선이 이루는 각

(3) 유입각(φ, 전진각) : 비행 속도와 깃의 회전 선속도를 합하여 하나의 합성속도(공기 유입 방향)를 만든 다음 이것과 회전면이 이루는 각

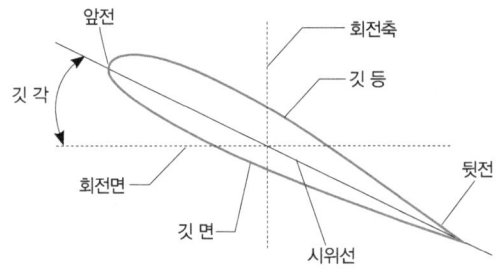

[그림 1-32] 프로펠러 깃의 단면 명칭

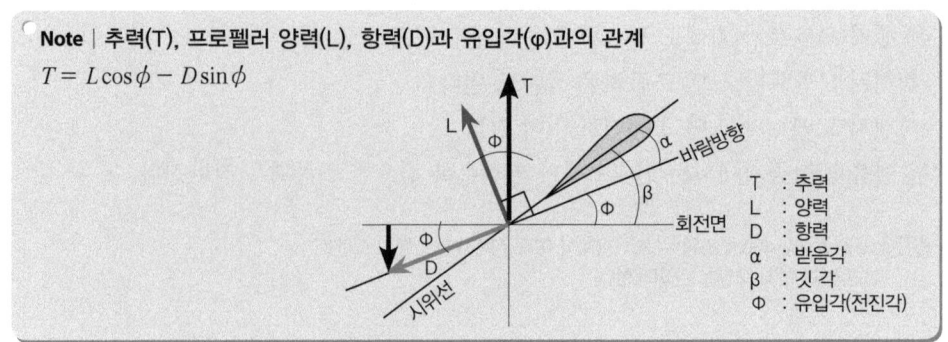

Note | 추력(T), 프로펠러 양력(L), 항력(D)과 유입각(φ)과의 관계
$T = L\cos\phi - D\sin\phi$

T : 추력
L : 양력
D : 항력
α : 받음각
β : 깃 각
Φ : 유입각(전진각)

(4) 받음각 : 깃 각에서 유입각을 뺀 각 (깃의 시위선과 유입 공기 방향과의 각)
(5) 피치(pitch) : 프로펠러 1회전에 얻을 수 있는 전진거리
   ① 기하학적 피치(GP, geometric pitch) : 공기를 강체로 가정하고 이론적으로 얻을 수 있는 피치.
   $$GP = 2\pi r \cdot \tan \beta$$
   ② 유효 피치(EP, effective pitch) : 프로펠러 1 회전에 실제로(공기 중에서) 얻은 전진거리.
   $$EP = \frac{V}{n} = 2\pi r \cdot \tan \phi$$

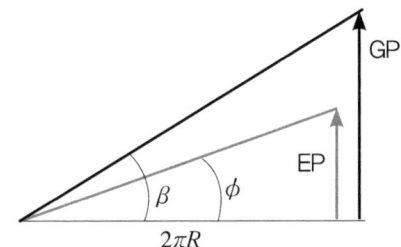

[그림 1-33] 기하학적 피치(GP)와 유효 피치(EP)의 정의

   ③ 슬립 $Slip = \dfrac{GP - EP}{GP} \times 100\%$

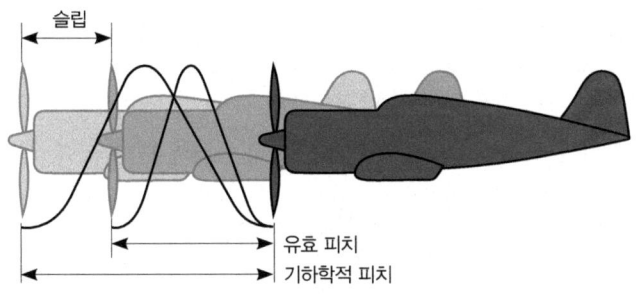

[그림 1-34] 슬립(Slip)의 정의

나. 비행 중 프로펠러에 작용하는 힘과 응력(stress)
   (1) 추력과 휨 응력
   (2) 원심력과 인장 응력
   (3) 비틀림력과 비틀림 응력
      ① 원심 비틀림 모멘트 : 깃을 저피치 되는 방향으로 회전
      ② 공력 비틀림 모멘트 : 깃을 고피치 되는 방향으로 회전

2. 프로펠러의 성능

가. 프로펠러의 추력

(1) 추력 : $T = ma = \rho A V^2 = \rho\left(\dfrac{\pi D^2}{4}\right)(\pi D n)^2 = C_t \rho n^2 D^4$

   (n : 프로펠러 회전수, D : 프로펠러 직경, C_t : 추력 계수)

(2) 토크 : $Q = Tr = C_t \rho n^2 D^4 \dfrac{D}{2} = C_q \rho n^2 D^5$

(3) 동력 : $P = Q\omega = C_q \rho n^2 D^5 \times 2\pi n = C_p \rho n^3 D^5$

나. 프로펠러의 효율

$$\eta_P = \dfrac{TV}{P} = \dfrac{C_t \rho n^2 D^4 V}{C_P \rho n^3 D^5} = \dfrac{C_t}{C_P} \times \dfrac{V}{nD} = \dfrac{C_t}{C_P} \times J$$

(1) 진행률(Advance ratio) : $J = \dfrac{V}{nD} = \dfrac{V}{n} \times \dfrac{1}{D} =$ 유효피치 $\times \dfrac{1}{\text{직경}}$

(2) 깃 끝 속도 : $V_t = \sqrt{V^2 + (2\pi rn)^2}$, (V : 비행 속도, $2\pi rn$: 회전 선속도)

다. 운동량 이론에 의한 추력과 프로펠러 효율

(1) $T = \rho A V_1 \times \Delta V = \rho A (V + \upsilon) \times (V_2 - V) = \rho A (V + \upsilon) \times 2\upsilon = 2\rho A (V + \upsilon)\upsilon$

   (V : 비행 속도, υ : 유도 속도, A : 면적, ρ : 밀도, V_1 : 프로펠러를 통과하는 공기 속도로서 $V_1 = V + \upsilon$
   V_2 : 프로펠러를 통과한 공기 속도로서 $V_2 = V + 2\upsilon$)

(2) 운동량 이론에 의한 프로펠러의 이론 효율은 입력 동력에 대한 출력 동력의 비로써 나타낸다.

$$\eta = \dfrac{P_{출력}}{P_{입력}} = \dfrac{\rho A V(V_2 - V)}{\dfrac{1}{2}\rho A(V_2^2 - V^2)} = \dfrac{2V}{V_2 + V} = \dfrac{2V}{2(V + \upsilon)} = \dfrac{V}{V + \upsilon}, \left(\because V + \upsilon = \dfrac{V_2 + V}{2}\right)$$

   (υ : 유도속도로서 프로펠러 단면에서 프로펠러에 의해 순수하게 가속된 공기 속도,
   V : 비행 속도, V_2 : 프로펠러를 지난 공기 흐름 속도)

02 헬리콥터 비행원리

1. 헬리콥터의 비행원리

가. 주회전 날개(main rotor)

(1) 구성 : 여러 개의 깃(blade)과 허브(hub)로 구성
(2) flapping 운동 : 수평축에 대한 회전날개 깃(rotor blade)이 주기적으로 상하로 움직이는 운동.
   (flapping hinge, 수평 힌지)
   ① flapping hinge 장착에 따른 장점
      ㉠ 기준 축을 기울이지 않고 회전면을 기울일 수 있다.
      ㉡ blade의 뿌리 부분에 발생되는 굽힘력 상쇄
      ㉢ 자유로운 flapping으로 돌풍에 의한 영향제거
      ㉣ 양력의 불평형 해소
   ② 단점 : 기하학적인 불평형(회전날개가 주기적으로 회전하면서 생기는 항력과 관성력에 기인) 발생
(3) lead-lag 운동 : 회전축을 중심으로 회전면 안에서 blade가 전후로 움직이는 운동(lead-lag hinge 또는 drag hinge, 수직 힌지)
   ① 코리올리 효과(coriolis effect)에 의해 발생
   ② lead-lag damper(drag damper) : 과도한 lead-lag 운동 방지 목적

> **Note** | 코리올리 효과(coriolis effect, 각운동량 보존의 법칙)
> 질량 중심이 회전축에 가까이 이동하면 회전 속도가 빨라지고 질량 중심이 회전축으로부터 멀어지면 회전 속도가 느려진다.

   ③ 회전 원판(rotor disk) : 회전날개의 회전면 → 깃끝 경로면
   ④ 코닝각(coning angle) : 회전면과 원추 모서리가 이루는 각
      → 원추각[원심력(centrifugal force)과 양력의 합력에 의해 발생]

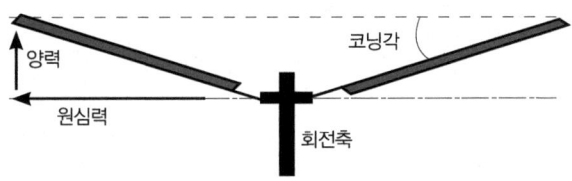

[그림 1-35] 코닝각

   ⑤ 받음각(angle of attack) : 회전면과 헬리콥터의 진행 방향이 이루는 각

(4) feathering 운동 : pitch각(깃각)을 변화시키는 운동(feathering hinge)

전진 → 작은 pitch각, 후퇴 → 큰 pitch각

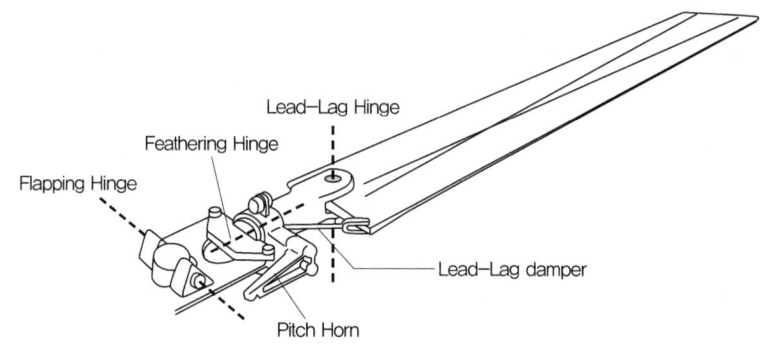

[그림 1-36] 회전 날개의 힌지 종류

나. 꼬리 회전 날개(tail rotor 또는 anti-torque rotor)
주회전 날개에서 발생한 토크를 상쇄시키며, 방향 조종에 사용

다. 헬리콥터의 회전 날개 설계시 고려해야 할 사항
(1) 회전날개의 지름 : 성능에 필요한 최소한의 회전날개로 설계
(2) 깃 끝 속도(blade tip speed) : 제한범위 최고 225m/s 정도
(3) 깃의 면적 : 비행 성능에 따라 절충된 최적의 받음각을 갖는 면적으로 설계
(4) 깃의 수 : 비행 성능을 고려한 깃의 수 (무게와 비용, 정지 비행성능 고려)
(5) 깃의 비틀림각 : 성능에 따른 절충된 비틀림각 유지
(6) 깃 끝 모양 : 압축효과와 소음, 비틀림을 고려한 모양으로 설계
(7) 깃 테이퍼 : 일정한 받음각을 갖도록 바깥쪽 절반에 Taper를 준다.
(8) 깃뿌리의 길이 : 짧은 깃뿌리는 전진 깃의 항력 감소, 긴 깃뿌리는 후퇴 시 깃의 항력 감소
(9) 회전 방향 : 어느 쪽이든 상관없음
(10) 회전 날개 허브 : 가벼운 무게와 작은 항력, 적은 비용과 긴 수명, 적은 부품수와 정비 용이성, 적절한 조종력 등
(11) 깃 단면 : 전진 및 후퇴 시에 요구되는 깃의 절충 형태

2. 헬리콥터의 성능

가. 정지비행(hovering) : 일정 고도를 유지하며 공중에 정지 상태로 떠 있는 상태

(1) 헬리콥터 무게와 같은 크기의 회전날개의 추력

(2) 반작용 → 추력과 크기는 같고 방향이 반대인 힘 → hovering의 조건

(3) **추력**(운동량 이론) : 단위 시간당 운동량의 변화와 같다. 즉, 단위 시간당 회전면을 통과하는 공기의 질량은 공기 밀도(ρ), 회전면의 면적(πr^2, 유도 속도(v_1)에 비례함

$T = (\rho A V_1)\Delta V$ △V : 전체 속도의 변화량

회전면 상부에 멀리 떨어진 유속 V_0는 0이므로 $V_2 - V_0 = V_2$, 정지 비행시 $V_2 = 2V_1$

$T = (\rho A V_1)\Delta V = (\rho A V_1)V_2 = 2\rho A V_1^2$, ∴ $V_1 = \sqrt{\dfrac{T}{2\rho A}}$

(4) **회전면 하중**(disk load) $D \cdot L = \dfrac{\text{헬리콥터 무게}}{\text{회전면의 면적}} = \dfrac{W}{\pi r^2}$

(일반적으로 헬기의 원판 하중(회전면 하중)은 보통 12~60kg/m² 정도)

(5) **마력하중**(horse power loading) : 헬리콥터 전체의 무게를 마력으로 나눈 값

마력하중 $= \dfrac{W}{HP}$

(6) **편류**(drift) : 정지 비행시 단일 회전 날개 헬리콥터는 꼬리 회전 날개에서 발생하는 추력으로 인하여 그 추력 방향으로 헬리콥터 전체가 움직이는 현상이 발생하는데 이러한 현상을 편류 또는 이동성향이라 한다.

(7) **시계추 운동**(pendular action) : 단일 회전 날개 헬리콥터는 시계추의 구조와 같이 질량이 큰 동체가 하나의 점에 매달려 있는 것과 같다. 그래서 한번 흔들리면 시계추와 같이 전후 또는 좌우로 자연스럽게 진동 운동을 하게 된다. 이러한 현상은 항공기의 움직임이 커지면 더욱 커지게 된다.

나. 전진 비행

(1) 방위각 90°에서 회전속도와 전진속도가 같은 방향으로 합쳐져서 양력이 최대

(2) 방위각 270°에서 회전속도와 전진속도가 서로 반대방향이 되어 양력이 최소

> **Note** | **전이 양력**(translational lift)
> 전진 비행시에 회전날개에 유입되는 공기 유량이 증가되고, 이 증가된 유량이 회전날개의 회전면을 통과하는 공기 질량을 증가시키고 순차적으로 양력을 증가시킨다. 이 현상은 비행 속도가 15~20mph에서 두드러진다.

다. 자동 회전(auto rotation)

동력 발생 장치의 고장 시 로터를 분리해서 원래 방향대로 계속 양력을 만들면서 활공하는 것으로 자동회전을 시키는 부분은 대략 blade의 25~75% 부분에 해당되고, 이 때 blade 폭과 같은 크기의

낙하산을 매단 것 같은 효과를 갖는다.

> **Note**
> ① freewheel clutch(overrunning clutch) : auto rotation시 회전 날개만 회전할 수 있도록 엔진과 회전 날개를 분리시키는 장치
> ② centrifugal clutch(원심 클러치) : 왕복 엔진 시동시 엔진에 부하가 걸리지 않도록 하는 것으로 엔진의 회전수가 낮을 때에는 엔진의 회전력이 동력전달장치에 전달되지 않도록 한다.

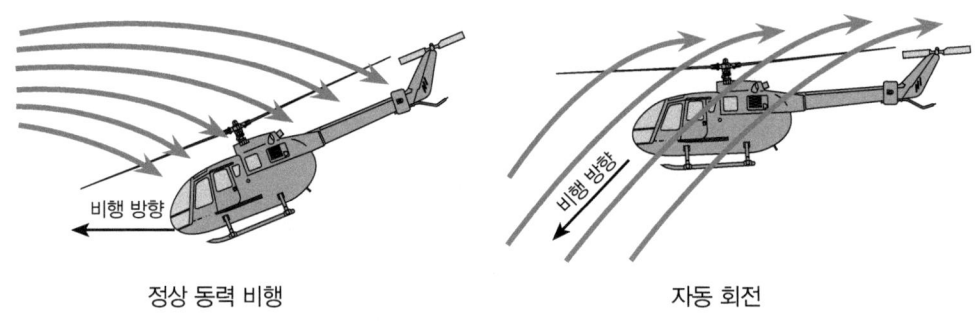

[그림 1-37] 정상 비행과 자동 회전 비교

라. 지면효과 (ground effect)

헬리콥터가 지면에 가깝게 접근하게 되면 정지비행 때의 후류가 지면에 영향을 줌으로써 회전날개 회전면 아래의 공기압력이 대기압보다 증가되어 양력증가의 효과를 주는 것

> **Note**
> 회전날개 회전면의 고도가 회전날개 반지름 정도에 있을 때 추력증가는 5~10% 정도가 되며 그와 같은 지면 효과로 인하여 같은 엔진의 출력으로 많은 무게를 지탱할 수 있다.

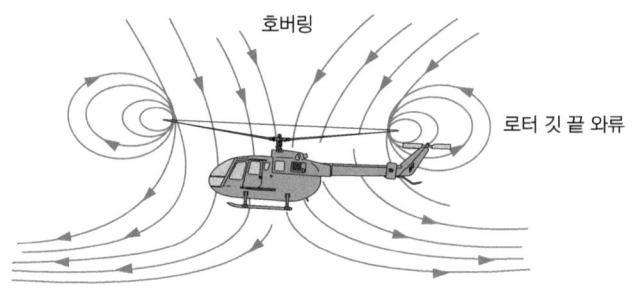

[그림 1-38] 지면 효과

마. 헬리콥터의 수평최대속도 제한
(1) 후퇴하는 깃의 날개 끝 실속
(2) 후퇴하는 깃뿌리의 역풍범위
(3) 전진하는 깃 끝의 마하수 영향

바. 헬리콥터의 안정과 조종
(1) 헬리콥터의 균형과 조종
 ① 세로균형 : 주기적 피치 제어레버와 동시 피치 제어레버 사용
  ㉠ 주기적 피치 제어(cyclic pitch control)
  ㉡ 동시 피치 제어(collective pitch control)

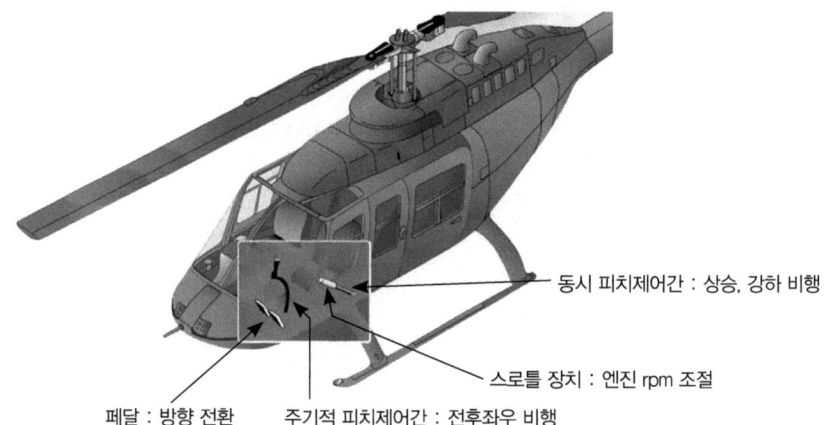

[그림 1-39] 헬리콥터의 조종간과 역할

 ② 가로 및 방향균형 : 주기적 피치 제어 레버와 pedal을 사용하여 가로 방향에 대한 변수 조절
  ㉠ 단일 회전 날개 헬기 : pedal 작동 시 tail rotor의 pitch를 조절하여 방향조종
  ㉡ 직렬식 회전 날개 헬기 : pedal 작동 시 rotor blade의 pitch만 변화시켜 방향조종

(2) 헬리콥터의 조종
 ① 수직방향 조종 : collective pitch control lever → 상승 및 하강 → throttle과 연동으로 작동
 ② 수평방향 조종 : cyclic pitch control lever → 전진 및 후진, 측진 등 조종간의 위치에 따라 회전면을 기울여 원하는 방향으로 조종
 ③ 방향조종 : pedal을 작동시켜 tail rotor의 pitch를 조종함으로써 원하는 방향으로 조종

> **Note** | swash plate(경사판)
> 비행기의 조종면(control surface) 역할을 하는 장치로 주 회전 날개 아래에 한 쌍(회전 경사판, 고정 경사판)으로 되어 있으며, 조종간을 움직이면 경사판이 움직여 원하는 방향으로 조종할 수 있다.

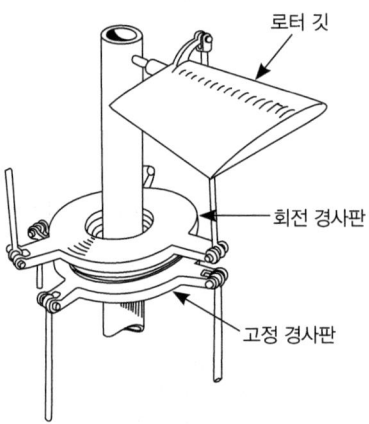

[그림 1-40] 경사판(swash plate)

프로펠러 및 헬리콥터 적중예상문제

3-1 프로펠러의 추진원리

01 프로펠러의 허브 중심으로부터 길이방향 6인치 간격으로 깃 끝까지 나누어 표시한 것은?

㉮ 스테이션(station)　㉯ 커프스(cuffs)　㉰ 피치(pitch)　㉱ 슬립(slip)

02 프로펠러의 깃 각에 대해서 가장 올바르게 설명한 것은?

㉮ 깃의 전 길이에 걸쳐 일정하다.
㉯ 깃 뿌리에서 깃 끝으로 갈수록 작아진다.
㉰ 깃 뿌리에서 깃 끝으로 갈수록 커진다.
㉱ 일반적으로 프로펠러 중심에서 50% 되는 위치의 각도를 말한다.

풀이 프로펠러는 깃 끝으로 갈수록 속도가 빨라지므로 깃 전체의 피치(pitch)를 일정하게 하기 위하여 속도가 빠른 깃 끝 부분으로 갈수록 각도를 작게 한다.

03 프로펠러 깃 단면에서 추력(T)에 해당하는 값은? (L : 깃요소 양력, d : 깃요소 항력, α : 받음각, β : 깃각, φ : 유입각)

㉮ Lcosα　　㉯ Lcosα − dsinα　　㉰ Lcosβ − dsinβ　　㉱ Lcosφ − dsinφ

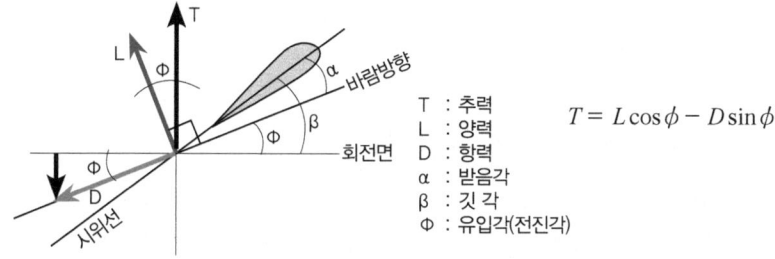

T : 추력
L : 양력
D : 항력
α : 받음각
β : 깃 각
Φ : 유입각(전진각)

$$T = L\cos\phi - D\sin\phi$$

04 고정피치 프로펠러 비행기가 속도 증가할 때의 변화로 올바른 것은?

㉮ 깃각이 증가한다.　　　　㉯ 깃각이 감소한다.
㉰ 깃의 받음각이 증가한다.　㉱ 깃의 받음각이 감소한다.

풀이 깃각(β) = 받음각(α) + 전진각(유입각, 피치각, φ)
전진속도가 증가하려면 전진각이 커져야 하므로 깃각이 일정한 상태(고정 피치)에서는 받음각이 작아진다.

정답 [3-1] 01 ㉮ 02 ㉯ 03 ㉱ 04 ㉱

Chapter 1 항공역학

05 프로펠러 깃 각이 스테이션 40in에서 20°라면 기하학적 피치는?

㉮ 68.98in ㉯ 77.63in ㉰ 91.44in ㉱ 174.27in

풀이 $GP = 2\pi r \times \tan\theta = 2\pi \times 40 \times \tan 20$

06 프로펠러 깃각이 β, 직경이 D일 때 기하학적 피치는?

㉮ $\dfrac{\pi D}{2}\tan\beta$ ㉯ $\pi D \tan\beta$ ㉰ $\dfrac{\pi D}{2}\sin\beta$ ㉱ $\pi D \sin\beta$

풀이
- 기하학적 피치(GP) : 프로펠러 깃을 한바퀴 회전시켰을 때 앞으로 전진하는 이론적인 거리(공기를 강체로 가정)
  $GP = 2\pi r \times \tan\beta = \pi D \times \tan\beta$, (β는 깃각)
- 유효 피치(EP) : 공기 중에서 프러펠러가 1회전할 때에 실제로 전진하는 거리
  $EP = 2\pi r \times \tan\theta = V \times \dfrac{60}{n}$, (θ는 유입각)

07 프로펠러 항공기의 비행속도가 V, 회전수가 Nrpm일 때, 이 항공기 프로펠러의 유효 피치는?

㉮ $\dfrac{VN}{60}$ ㉯ $\dfrac{60N}{V}$ ㉰ $\dfrac{60V}{N}$ ㉱ $\dfrac{N}{60V}$

08 프로펠러의 슬립(slip)이란?

㉮ 유효피치에서 기하학적피치를 뺀 값을 평균기하학적 피치의 백분율로 표시
㉯ 기하학적피치에서 유효피치를 뺀 값을 평균 기하학적 피치의 백분율로 표시
㉰ 유효피치에서 기하학적피치를 나눈 값을 백분율로 표시
㉱ 유효피치와 기하학적피치를 합한 값을 백분율로 표시

풀이 $Slip = \dfrac{GP - EP}{GP} \times 100\%$

09 프로펠러 깃각을 감소시키는 경향을 갖는 요소는?

㉮ 원심력에 의한 비틀림 모멘트
㉯ 회전력에 의한 굽힘 모멘트
㉰ 공기력에 의한 비틀림 모멘트
㉱ 추력에 의한 굽힘 모멘트

풀이
- 원심 비틀림 모멘트 : 깃을 저피치 되는 방향으로 회전(깃 각을 작게)
- 공력 비틀림 모멘트 : 깃을 고피치 되는 방향으로 회전(깃 각을 크게)

정답 05 ㉰ 06 ㉯ 07 ㉰ 08 ㉯ 09 ㉮

10 프로펠러가 고속으로 회전할 때 발생하는 응력(stress) 중 추력(thrust)에 의해서 발생되는 것은?

㉮ 인장응력　　㉯ 전단응력　　㉰ 비틀림응력　　㉱ 굽힘응력

풀이 원심력 : 인장응력, 추력 : 굽힘응력, 비틀림력 : 비틀림응력

3-2 프로펠러의 성능

01 프로펠러 추력계수 C_T을 나타내는 것은? (단, T : 추력, n : 초당 회전수, D : 직경, ρ : 밀도, V : 비행속도)

㉮ T/n^2D^4　　㉯ T/n^2D^5　　㉰ $T/\rho n^2D^4$　　㉱ $T/\rho n^2D^5$

풀이
- 추력 : $T = ma = \rho AV^2 = \rho\left(\dfrac{\pi D^2}{4}\right)(\pi Dn)^2 = C_t \rho n^2 D^4$
- 토크 : $Q = T \cdot r = C_t \rho n^2 D^4 \times \dfrac{D}{2} = C_q \rho n^2 D^5$
- 동력 : $P = Q \cdot w = C_q \rho n^2 D^5 \times 2\pi n = C_P \rho n^3 D^5$

02 프로펠러의 추력에 대한 설명 내용으로 가장 올바른 것은?

㉮ 프로펠러의 추력은 공기밀도에 비례하고 회전면의 넓이에 반비례한다.
㉯ 프로펠러의 추력은 회전면의 넓이에 비례하고 깃의 선속도의 자승에 반비례한다.
㉰ 프로펠러의 추력은 공기밀도에 반비례하고 회전면의 넓이에 비례한다.
㉱ 프로펠러의 추력은 회전면의 넓이에 비례하고 깃의 선속도의 자승에 비례한다.

03 프로펠러에 전달되는 동력 P에 대한 회전속도 n과 프로펠러 지름 D의 관계를 올바르게 설명한 것은?

㉮ n의 제곱에 비례하고, D의 제곱에 비례한다.
㉯ n의 제곱에 비례하고, D의 세제곱에 비례한다.
㉰ n의 세제곱에 비례하고, D의 네제곱에 비례한다.
㉱ n의 세제곱에 비례하고, D의 오제곱에 비례한다.

정답 10 ㉱ [3-2] 01 ㉰ 02 ㉱ 03 ㉱

04 프로펠러 효율에 대한 설명 중 가장 거리가 먼 것은?

㉮ 추력에 비례한다.
㉯ 비행속도에 비례한다.
㉰ 진행률(J)에 반비례한다.
㉱ 축동력에 반비례한다.

풀이 $\eta_P = \dfrac{TV}{P} = \dfrac{C_t \rho n^2 D^4 V}{C_P \rho n^3 D^5} = \dfrac{C_t}{C_P} \times \dfrac{V}{nD} = \dfrac{C_t}{C_P} \times J$

05 프로펠러의 진행률(advance ratio)이란?

㉮ 프로펠러의 유효피치와 프로펠러 지름과의 비
㉯ 추력과 토크와의 비
㉰ 프로펠러의 기하피치와 유효피치와의 비
㉱ 프로펠러의 기하피치와 프로펠러 지름과의 비

풀이
- 진행률(J)= $\dfrac{V}{nD} = \dfrac{V}{n} \times \dfrac{1}{D}$ (V : 속도, n : rpm, D : 프로펠러 지름)
- 유효피치= $\dfrac{V \times 60}{n}$, 따라서 진행률은 유효피치와 프로펠러 지름과의 비

06 프로펠러 진행률(advance ratio)의 정의 J = V/nD 에서 진행률 J의 단위는?

㉮ rps(revolutions per second)
㉯ m/s
㉰ m
㉱ 무차원

07 프로펠러 깃 단면에 유입되는 합성속도의 크기는?

㉮ $V_t = \sqrt{v^2 (\pi rn)^2}$
㉯ $V_t = \sqrt{v^2 + (\pi rn)^2}$
㉰ $V_t = \sqrt{v^2 - (2\pi nr^2)}$
㉱ $V_t = \sqrt{v^2 + (2\pi rn)^2}$

풀이 합성속도(깃 끝 속도) = $\sqrt{(비행속도)^2 + (깃끝 선속도)^2}$

08 프로펠러가 1020rpm으로 회전하고 있을 때 이 프로펠러의 각속도는 몇 deg/s인가?

㉮ 17
㉯ 106
㉰ 750
㉱ 6120

풀이 $\varpi = 2\pi n = 2 \times \pi \times \dfrac{1020}{60} = 106(rad/\sec)$, ∴ $106 \times \dfrac{180}{\pi}(\deg/\sec)$

($1 rad = \dfrac{180}{\pi}$ deg이므로 단위 환산 필요)

정답 04 ㉰ 05 ㉮ 06 ㉱ 07 ㉱ 08 ㉱

09 속도가 10m/s이고 비행속도와 유도속도의 합이 120m/s이다. 밀도가 0.125kg·s²/m⁴, 면적이 2m²일 때 프로펠러의 추력은?

㉮ 300 ㉯ 600 ㉰ 1000 ㉱ 1200

풀이 $T = 2\rho A(V+v)v = 2 \times 0.125 \times 2 \times 120 \times 20$

10 프로펠러의 이상적인 효율을 비행속도(V)와 프로펠러를 통과할 때 순수 유도속도(v)로 옳게 표현한 것은?

㉮ $\dfrac{V}{V+v}$ ㉯ $\dfrac{v}{V+v}$ ㉰ $\dfrac{2V}{V+v}$ ㉱ $\dfrac{2v}{V-v}$

3-3 헬리콥터의 비행원리

01 헬리콥터의 종류 중 꼬리회전날개(Tail Rotor)가 필요한 헬리콥터는?

㉮ 단일 회전날개 헬리콥터
㉯ 동축 역회전식 회전날개 헬리콥터
㉰ 병렬식 회전날개 헬리콥터
㉱ 직렬식 회전날개 헬리콥터

02 헬리콥터에서 직교하는 세 개의 X, Y, Z축에 대한 모든 힘과 모멘트 합이 각각 0이 되는 상태를 무엇이라 하는가?

㉮ 전진상태   ㉯ 균형상태   ㉰ 자전상태   ㉱ 정지상태

03 헬리콥터 회전날개(rotor blade)에 적용되는 기본 힌지(hinge)는?

㉮ 플래핑(flapping)힌지, 페더링(feathering)힌지, 전단(shear)힌지
㉯ 플래핑 힌지, 페더링 힌지, 항력(lead-lag)힌지
㉰ 페더링 힌지, 항력 힌지, 전단 힌지
㉱ 플래핑 힌지, 항력 힌지, 경사(slope)힌지

풀이
- 플래핑(flapping) 힌지 : 회전날개 깃이 위아래로 자유롭게 움직일 수 있도록 한 힌지(양력 불평형 해소)
- 항력(drag or lead-lag) 힌지 : 회전날개 깃이 회전면 내에서 앞뒤 방향으로 움직일 수 있도록 한 힌지(기하학적 불평형 해소)
- 페더링(feathering) 힌지 : 회전날개 깃의 피치가 변화되도록 하는 힌지

정답 09 ㉱ 10 ㉮ [3-3] 01 ㉮ 02 ㉯ 03 ㉯

04 헬리콥터의 양력분포 불균형을 해결하는 방법으로 가장 올바른 것은?

㉮ 전진하는 깃과 후퇴하는 깃의 받음각을 같게 한다.
㉯ 전진하는 깃과 뒤로 후퇴하는 깃의 피치각을 동시에 증가시킨다.
㉰ 전진하는 깃의 피치각은 감소시키고 뒤로 후퇴하는 깃의 피치각은 증가시킨다.
㉱ 전진하는 깃의 피치각은 증가시키고 뒤로 후퇴하는 깃의 피치각은 감소시킨다.

풀이 전진하는 깃은 회전속도와 비행속도의 합에 의해 속도가 더 빨라지므로 각도를 작게 하고, 후퇴하는 깃은 회전속도에서 비행속도 만큼 빼야 하므로 속도가 느려져 각도를 크게 하여 모든 부분에서 양력을 일정하게 발생하도록 한다.

05 전진하는 헬리콥터의 주 회전 날개에 있어서 전진 및 후진 깃의 양력차를 보정하기 위한 방법으로 가장 올바른 것은?

㉮ 페더링 힌지에 의해 조정
㉯ 플래핑 힌지에 의해 조정
㉰ 주회전날개의 전단 힌지에 의한 조정
㉱ 항력 힌지에 의한 조정

06 헬리콥터 회전 깃(rotor blade)을 비틀어 주는 효과로 알맞는 것은?

㉮ 정지비행시 회전면을 통과하는 유도속도를 균일하게 해준다.
㉯ 회전깃의 강도를 강하게 해준다.
㉰ 회전깃의 와류영향을 줄여준다.
㉱ 회전깃의 회전속도를 증가시켜준다.

풀이 회전 날개 깃에 일정한 양력을 발생시키기 위해서, 깃 뿌리 부분의 비틀림각은 크게 그리고 깃 끝 부분의 비틀림각은 작게 한다. (깃 끝에서의 회전 속도가 더 빠르므로)

07 헬리콥터 회전날개의 무게 중심과 회전축간의 거리가 회전날개의 플래핑 운동에 의해 길어지거나 짧아짐으로서 회전날개의 회전속도가 증가하거나 감소하는 현상은?

㉮ 자이로스코프 효과
㉯ 코리올리 효과
㉰ 추력편향 효과
㉱ 회전축 편심 효과

풀이 코리올리 효과에 의한 기하학적 불평형을 없애기 위해 항력 힌지를 장착한다.

08 헬리콥터에서 기하학적 불균형을 제거할 수 있도록 하기 위해 부착된 것은?

㉮ 피치 암   ㉯ 페더링 힌지   ㉰ 플래핑 힌지   ㉱ 리드-래그 힌지

정답 04 ㉰ 05 ㉯ 06 ㉮ 07 ㉯ 08 ㉱

09 헬리콥터에서 회전날개의 깃은 회전하면 회전면을 밑면으로 하는 원추의 모양을 만들게 된다. 이 때 이 회전면과 원추 모서리가 이루는 각을 무엇이라고 하는가?

㉮ 받음각 ㉯ 피치각 ㉰ 코닝각 ㉱ 플래핑각

풀이 회전 날개 회전시 발생하는 원심력과 양력의 합력에 의해 생기는 각도

10 헬리콥터 회전날개의 회전면과 회전날개(원추 모서리) 사이의 각을 코닝각(Coning Angle)이라 부르는데 이러한 코닝각을 결정하는 요소는?

㉮ 항력과 원심력의 합력 ㉯ 양력과 추력의 합력
㉰ 양력과 원심력의 합력 ㉱ 양력과 항력의 합력

3-4 헬리콥터의 성능

01 헬리콥터에서 공중정지비행(hovering)시 관계식은?

㉮ 헬리콥터 무게 > 양력 ㉯ 헬리콥터 무게 = 양력
㉰ 헬리콥터 무게 < 양력 ㉱ 헬리콥터 무게 = 양력+원심력

풀이 정지비행이란 헬리콥터가 수직 및 수평방향으로 움직이지 않고 공중에 떠 있는 상태로 헬리콥터 무게(W) = 양력(L)

02 다음 중 헬리콥터 회전날개의 추력을 계산하는데 사용되는 이론은?

㉮ 엔진의 연료 소비율에 따른 연소 이론
㉯ 로우터 브레이드의 코닝각의 속도변화 이론
㉰ 로우터 브레이드의 회전관성을 이용한 관성 이론
㉱ 회전면 앞에서의 공기유동량과 회전면 뒤에서의 공기 유동량의 차이를 운동량에 적용한 이론

풀이 헬리콥터 회전날개의 추력 계산하는 방법 : 운동량 이론, 깃요소 이론, 와류 이론

03 헬리콥터 전체가 꼬리 회전 날개의 추력 방향(anti torque)으로 편향(이동)되려는 현상을 무엇이라고 하는가?

㉮ 지면효과(Ground effect) ㉯ 시계추작동(Pendular action)
㉰ 코리올리 효과(Coriolis effect) ㉱ 편류(Drift or Translating tendency)

정답 09 ㉰ 10 ㉰ [3-4] 01 ㉯ 02 ㉱ 03 ㉱

04 헬리콥터에서 유도속도란 무엇인가?

㉮ 정지비행시 회전깃 회전면 하류의 풍압
㉯ 회전면 하류의 풍압
㉰ 회전면 하류의 속도
㉱ 회전면 상류의 공기흐름

풀이 유도속도란 회전면에서의 내리흐름 속도로 $V_i = \sqrt{\dfrac{T}{2\rho A}}$

05 총중량 800kgf, 엔진출력 160HP, 회전날개 반경 2.8m 회전날개깃 수가 2개일 때 원판하중은 몇 kgf/m²인가?

㉮ 28.5　　㉯ 30.5　　㉰ 32.5　　㉱ 35.5

풀이 원판하중(회전면하중) : 고정익 항공기에서의 날개하중(W/S)과 같은 의미

$$DL = \frac{W}{\pi R^2} = \frac{800}{\pi \times 2.8^2}, \quad \text{※ 마력하중} = \frac{W}{HP}$$

06 헬리콥터가 전진비행할 때 속도와 유도마력의 관계를 옳게 설명한 것은?

㉮ 전진속도가 증가하면 유도마력도 증가한다.
㉯ 전진속도가 증가하면 유도마력은 감소한다.
㉰ 전진속도가 증가해도 유도마력은 변화가 없다.
㉱ 전진속도가 증가하면 유도마력은 느리게 증가한다.

풀이 유도마력은 로우터 브레이드를 통과하는 공기를 가속하는데 필요로 하는 출력이며, 전진 비행시에는 전진에 의해서 메인 로우터를 통과하는 공기량이 증가하므로 유도마력은 작아진다. 0~75Km/h까지 급격히 감소하고 75Km/h 이상의 속도에서는 천천히 감소한다.

07 헬리콥터는 자동회전을 행하기 위하여 프리휠(freewheel) 장치를 필요로 한다. 이 장치의 가장 중요한 역할은?

㉮ 회전날개는 엔진에 의해서 구동되나 회전날개가 엔진을 구동시킬 수 없도록 하는 장치
㉯ 회전날개는 엔진에 의해 구동되며, 엔진 정지시 회전날개가 엔진을 구동시킬 수 있도록 하는 장치
㉰ 회전날개는 엔진에 의해서 구동되나, 자전강하시 회전날개가 엔진을 구동시킬 수 있는 장치
㉱ 엔진 정지시 회전날개의 회전력으로 비상 장비를 작동시킬 수 있게 만든 장치

풀이 freewheel clutch(overrunning clutch) : auto rotation시 회전 날개만 회전할 수 있도록 엔진과 회전 날개를 분리시키는 장치

정답 04 ㉰　05 ㉰　06 ㉯　07 ㉮

08 전이 양력(translation lift)이란 무엇인가?

㉮ 회전 날개의 공기력이 양력으로 변화하는 것을 말한다.
㉯ 수평으로 전진 비행할 때 회전 날개에 발생하는 양력이 커지는데 이 양력을 말한다.
㉰ 전방 회전 날개의 회전으로 후방 회전 날개에 발생하는 양력을 말한다.
㉱ 꼬리 회전 날개(tail rotor)에서 발생시키는 양력을 말한다.

09 비행기가 무동력으로 하강하는 것에 대응하는 헬리콥터가 갖고 있는 가장 큰 특징은?

㉮ 수직 비행
㉯ 자전하강(Autorotation)
㉰ 플래핑
㉱ 리드-래그

풀이 자동회전(Autorotation) : 동력발생장치의 고장 시 로터를 분리해서 원래 방향대로 계속 활공하는 것으로 자동회전시키는 부분은 대략 blade의 25~75% 부분에 해당되고, 이 때 blade 폭과 같은 크기의 낙하산을 매단 것 같은 효과를 갖는다.

10 헬리콥터가 지면효과(ground effect)를 현저하게 느끼는 것은 언제인가?

㉮ 지면에서 브레이드 회전면까지의 높이가 회전날개의 직경이하일 때
㉯ 지면에서 기체 랜딩기어까지의 높이가 회전날개의 직경이하일 때
㉰ 지면에서 브레이드 회전면까지의 높이가 회전날개 직경의 ¼ 이하일 때
㉱ 지면에서 브레이드 회전면까지의 높이가 회전날개 직경의 ½ 이하일 때

풀이 지면 효과(ground effect) : 헬리콥터가 지면에 가깝게 접근하게 되면 정지비행 때의 후류가 지면에 영향을 줌으로써 회전날개 회전면 아래의 공기압력이 대기압보다 증가되어 양력증가의 효과를 주는 것

11 헬리콥터가 빠르게 비행할 수 없는 이유를 설명한 내용 중 틀린 것은?

㉮ 후퇴하는 깃(retreating blade)에서의 실속
㉯ 후퇴하는 깃(retreating blade)에서의 역풍지역(reverse flow region)
㉰ 전진하는 깃 끝의 항력감소
㉱ 전진하는 깃 끝의 속도증가

12 헬리콥터에서 세로축에 대한 움직임(Rolling : 횡요)은 무엇에 의해 움직이게 되는가?

㉮ 트림 피치 컨트롤 레버(trim pitch control lever)
㉯ 콜렉티브 피치 컨트롤 레버(collective pitch control lever)
㉰ 테일 로우터 피치 컨트롤(tail rotor pitch control)
㉱ 사이클릭 피치 컨트롤(cyclic pitch control lever)

정답 08 ㉯ 09 ㉯ 10 ㉱ 11 ㉰ 12 ㉱

13 헬리콥터 회전날개의 조종 장치 중 주기피치조종과 동시피치조종을 해야 할 필요성이 있다. 이를 위해서 사용되는 장치는?

㉮ 안정 바(Stabilizer Bar) ㉯ 트랜스미션(Transmission)
㉰ 평형 탭(Balance Tab) ㉱ 회전경사판(Swash Plate)

> **풀이**
> • 전후좌우 비행 : 주기적 피치 제어간(cyclic pitch control lever) – 회전경사판(swash plate)을 이용
> • 상승하강 비행 : 동시 피치 제어간(collective pitch control lever) – 회전경사판(swash plate)을 이용
> • 방향 조종 : 페달 – 테일 로터의 피치 조절

14 헬리콥터에서 동시 피치조종(collective pitch control)을 가장 올바르게 설명한 것은?

㉮ 전진하는 주회전날개 깃의 피치를 증가시킨다.
㉯ 후진하는 주회전날개 깃의 피치를 증가시킨다.
㉰ 주회전날개 깃 모두의 피치를 동시에 증가, 감소시킨다.
㉱ 주회전날개 깃의 피치를 주기적으로 증가, 감소시킨다.

15 공중정지비행시 헬리콥터의 방향을 변경시키기 위한 방법은?

㉮ 회전날개(rotor blades)의 회전수를 변경시킨다.
㉯ 회전날개(rotor blades)의 피치각을 변경시킨다.
㉰ 테일로터의 추력을 가감시킨다.
㉱ 회전날개의 코닝각을 변경시킨다.

> **풀이** 방향 조종 : 페달 – 테일로터의 추력 가감에 의해
> ※ 코닝각(원추각) : 회전면과 회전궤적에 의한 원추의 모서리가 이루는 각

16 헬리콥터를 전진시키는 힘으로 가장 올바른 것은?

㉮ 회전판을 경사시켜 발생하는 추력의 수평성분
㉯ 테일로터의 회전력
㉰ 로터 블레이드에서 나오는 유도속도 성분
㉱ 터보샤프트 엔진의 배기가스 추력

> **풀이** 전진시키는 힘 : 추력의 수평성분, 양력 : 추력의 수직성분

정답 13 ㉱ 14 ㉰ 15 ㉰ 16 ㉮

Chapter 02

Industrial Engineer Aircraft Maintenance
- Aircraft Engine

항공기 엔진

Section 1 | 항공기 엔진의 개요
Section 2 | 항공기 왕복엔진
Section 3 | 항공기 가스터빈엔진
Section 4 | 프로펠러

| Section 1 |
항공기 엔진의 개요

01 항공기 엔진의 개요 및 분류

1. 엔진의 개요

가. 왕복 엔진

1876년 독일의 오토(Otto, August)와 란겐(Langen, Eugen)이 최초로 4행정 사이클 엔진 개발

나. 가스터빈 엔진

1939년 독일의 오하인(Ohain, Hans von)이 하인켈(Heinkel) 사에서 He-178 항공기의 원심식 터보제트 엔진으로 특허를 획득하여 최초로 제트 엔진(추진원리 : 뉴튼의 제3법칙) 비행에 성공

(1) 장점
  ① 소형 경량으로 큰 출력을 낼 수 있다.
  ② 진동이 작다.
  ③ 시동이 쉽고 난기 운전이 불필요하다.
  ④ 연료비가 싸고 오일 소비량이 적다.
  ⑤ 고속 비행이 가능하다.
  ⑥ 신뢰성이 높고 정비성이 좋다.

(2) 단점
  ① 연료의 소모량이 많고 소음이 심하다.
  ② FOD(Foreign Object Damage-외부 물질에 의한 손상)에 취약하다.

2. 엔진의 분류

가. 왕복 엔진(reciprocating engine)의 분류

(1) 실린더 배열방법에 의한 분류

직렬형(In-line type), V형(V type), 대향형(Opposed type), 성형(Radial type)

[그림 2-1] 대향형(6기통)과 성형(2열 14기통) 엔진

> **Note | 엔진 명칭의 예**
> ① O - 470 : O (Opposed type : 대향형), 470 (엔진 총 배기량-470 in³)
> ② R - 985 : R (Radial type : 성형), 985 (엔진 총 배기량-985 in³)

(2) 냉각 방법에 의한 분류

① 액냉식(liquid cooling)

② 공랭식(air cooling) : 주로 많이 사용

㉠ 냉각 핀(cooling fin) : 실린더의 벽을 얇은 금속 판 모양으로 하여 냉각 면적 증가

㉡ 배플(baffle) : 엔진으로 유입되는 공기가 실린더 주위로 흐르도록 유도

㉢ 카울 플랩(cowl flap) : 카울링의 일부를 문으로 만들어 공기 흐름량 조절(이륙시, 엔진 지상 작동시 완전히 열어준다.)

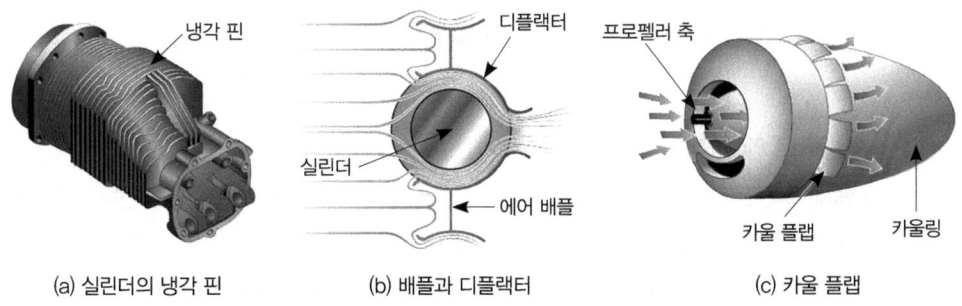

(a) 실린더의 냉각 핀   (b) 배플과 디플랙터   (c) 카울 플랩

[그림 2-2] 공랭식 냉각 엔진의 구성요소

나. 가스터빈엔진(gas turbine engine)의 분류

(1) 터보제트 엔진(turbo-Jet) : 흡입덕트, 압축기, 연소실, 터빈, 배기덕트로 구성

(2) 터보 팬 엔진(turbo Fan) : 배기 가스(1차 공기)와 팬 공기(2차 공기)에 의해 추력 발생

> **Note | 바이패스비(BPR : By Pass Ratio)**
> $$BPR = \frac{2차\ 공기의\ 중량\ 유량}{1차\ 공기의\ 중량\ 유량} = \frac{W_S}{W_P}$$

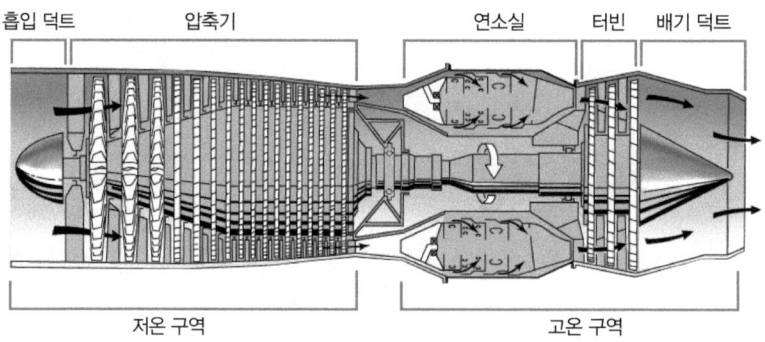

[그림 2-3] 터보 제트 엔진의 구조

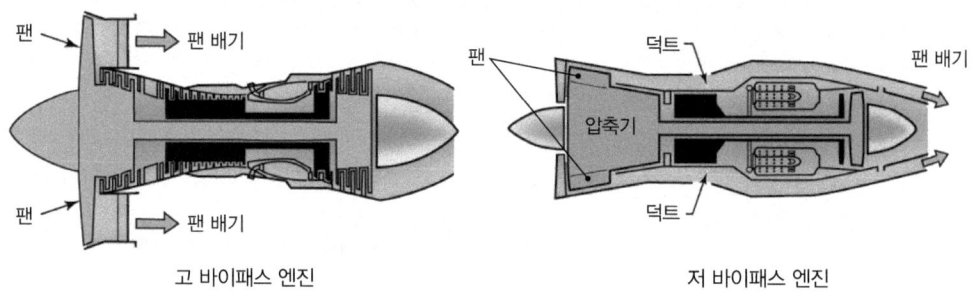

[그림 2-4] 터보 팬 엔진의 구조

(3) 터보 프롭 엔진(turbo Prop) : 프로펠러에 의한 추력(70~80%), 배기 가스에 의한 추력(20~30%)
(4) 터보 샤프트 엔진(turbo shaft) : 헬리콥터 엔진에 사용

다. 기타 제트 엔진의 분류

(1) 램제트 엔진(ram jet engine) : 흡입구, 연소실, 분사노즐로 구성되어 있다. 가장 간단한 구조이며 정지 상태에서 사용할 수 없다.(최소 M 0.2 이상의 흡입 공기 속도 필요)
(2) 펄스제트 엔진(pulse Jet engine) : 흡입구, 밸브망(flapper valve or shutter valve), 연소실, 배기노즐로 구성 (독일의 V-1 로켓 엔진에 사용)
(3) 로켓 엔진(rocket engine) : 연료와 산화제를 탑재하여 공기가 없는 우주 공간에서도 사용 가능 (액체 연료와 고체 연료 사용)

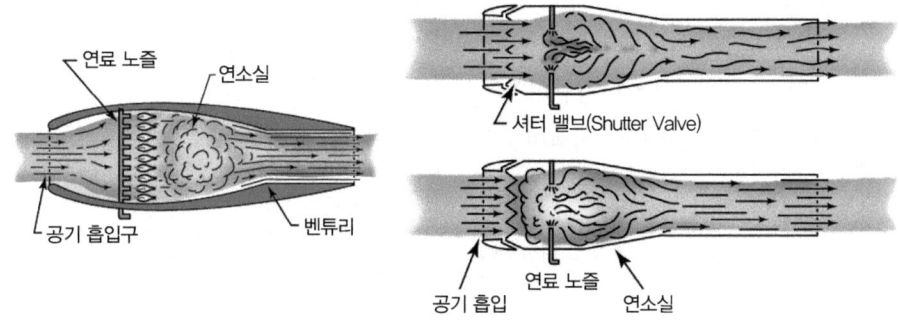

[그림 2-5] 램 제트 엔진과 펄스 제트 엔진의 원리

02 열역학 및 항공기관 사이클

1. 열역학 기본 법칙

가. 기본 용어

(1) 힘(Force) : $F = m \cdot a$, $1N = 1kg \times 1m/s = 10^5 dyn$

(2) 일(Work) : $W = F \cdot S$, $1J = 1Nm = 10^7 erg$

(3) 일률(동력, Power) : $P = \dfrac{W}{t} = \dfrac{F \cdot S}{t} = F \cdot V$, $1W = 1J/\sec$

> **Note | 1HP와 1PS**
> 1 HP(영국식 마력) = 746W = 550 lb · ft/sec
> 1 PS(프랑스식 마력-미터 단위계에서 사용) = 736W = 75 kg · m/sec

(4) 온도와 절대 온도

  ① 온도(Temperature)

    ㉠ 섭씨(℃, Celcius, centigrade) : 물의 어는 점 0℃, 물의 끓는 점 100℃

    ㉡ 화씨(°F, Fahrenheit, 영국계) : 물의 어는 점 32°F, 물의 끓는 점 212°F

$$t_C = \frac{5}{9}(t_F - 32), \quad t_F = \frac{9}{5}t_C + 32$$

  ② 절대온도(Absolute Temperature)

    ㉠ 섭씨의 절대온도는 캘빈(Kelvin), K = ℃ + 273

    ㉡ 화씨의 절대온도는 랭킨(Rankine), R = °F + 459

(5) 비열(specific heat)

① 정의 : 단위 질량의 물질을 단위 온도까지 올리는데 필요한 열량

② 종류 : 정적비열(C_V), 정압비열(C_P)

③ 비열비 : 정압비열과 정적비열의 비로 $k = \dfrac{C_P}{C_V}$(공기의 비열비 1.4)

> **Note | 1cal와 1BTU**
> ① 1 cal : 1기압 하에서 물 1g을 14.5℃에서 15.5℃ 까지 1℃ 올리는 데 필요한 열량
> ② 1 BTU : 1기압 하에서 물 1lb를 60.5°F에서 61.5°F 까지 1°F 올리는 데 필요한 열량

(6) 비체적과 밀도

① 비체적(specific volume) : m^3/kg – 단위 질량당의 체적을 말하며 기호로 v를 사용

② 밀도(density) : kg/m^3 – 단위 체적의 물질이 차지하는 질량을 말하며 기호로 ρ를 사용

(7) 압력(Pressure)

단위 면적에 수직으로 작용하는 힘의 세기, 즉 단위 면적당의 무게를 말한다.

$1\,Pa = 1\,N/m^2$

나. 열역학 제 1법칙

(1) 에너지 보존의 법칙

에너지에는 여러 가지가 있지만 상호간에 변환이 가능하고 그 물체가 가지고 있는 에너지의 총합은 외부와 에너지를 교환하지 않는 한 일정하다.

(2) 열과 일의 관계

$W = JQ,\ Q = \dfrac{1}{J}W$

W : 일(kg · m)
Q : 온도상승에 필요한 열(kcal)
J : 열의 일당량(427 kg · m/kcal) ⇒ 1kcal의 열량이 427kg · m의 일로 변환
1/J = 1/427kcal/kg · m (일의 열당량)

(3) 엔탈피(enthalpy)

내부 에너지와 유동 에너지의 합으로 정의되는 열역학적 성질로 기호 H를 사용하는 종량적 성질 (H = U+PV)

> **Note | 엔트로피(entropy)**
> 더 이상 사용할 수 없는 에너지, 즉 무효 에너지(무질서도).
> 전체 에너지 = 엔탈피 + 엔트로피

다. 유체의 열역학적 특성

(1) 이상기체의 상태 방정식

$Pv = RT$ (P : 압력, v : 비체적, R : 기체상수, T : 절대온도)

(2) 과정과 사이클

① 과정(process) : 계가 어떤 열평형 상태에서 다른 열평형 상태로 변화하는 경로

② 사이클(cycle) : 어떤 계가 임의의 과정을 밟아서 맨 처음 상태로 되돌아오는 것

③ 가역과정(reversible process) : 계가 한 과정을 진행한 다음, 반대로 그 과정을 따라 처음 상태로 되돌아 올 수 있는 과정

라. 작동 유체의 상태 변화

(1) 등온과정(isothermal process) : $Pv = C$(일정), 또는 $P_1v_1 = P_2v_2$

(2) 정적과정(constant volume process) : $\dfrac{P}{T} = \dfrac{R}{v} = C$, 또는 $\dfrac{P_1}{T_1} = \dfrac{P_2}{T_2}$ 가 된다.

(3) 정압과정(constant pressure process) : $\dfrac{v}{T} = \dfrac{R}{P} = C$, 또는 $\dfrac{v_1}{T_1} = \dfrac{v_2}{T_2}$ 가 된다.

(4) 단열과정(adiabatic process) : $Pv^k = C$

$P_1v_1^k = P_2v_2^k$, 또는 $\dfrac{P_1}{P_2} = \left(\dfrac{v_1}{v_2}\right)^k$ 가 되고 $Pv = RT$를 이용하면

$\dfrac{T_2}{T_1} = \left(\dfrac{v_1}{v_2}\right)^{k-1} = \left(\dfrac{P_2}{P_1}\right)^{\frac{k-1}{k}}$ 가 된다.

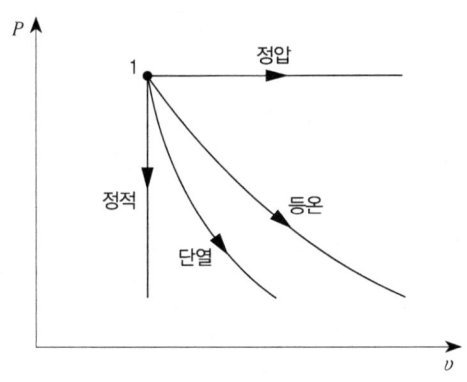

[그림 2-6] 여러 과정의 비교

마. 열역학 제 2법칙 : 열의 방향성

(1) 클라지우스(Clausius)의 정의(열의 이동 방향)

열은 저온부로부터 고온부로 자연적으로는 전달되지 않는다. 즉, 일을 소비하지 않고 열을 저온부에서 고온부로 이동시키는 것은 불가능하다.

(2) 캘빈-플랭크(Kelvin-Plank)의 정의(열의 변환 방향)

단지 하나만의 열원과 열 교환함으로서 사이클에 의해 열을 일로 변화시킬 수 있는 열기관을 제작할 수 없다.

2. 항공기관 사이클 해석

가. 열기관의 이상적 사이클

(1) 카르노 사이클(Carnot's cycle) : 열기관 중에서 열효율이 가장 좋은 이상적인 엔진으로 2개의 등온과정과 2개의 단열과정으로 이루어진다.

(2) 카르노 사이클의 열효율

$$\eta_{th} = \frac{W}{Q_1} = \frac{Q_1 - Q_2}{Q_1} = 1 - \frac{Q_2}{Q_1} = 1 - \frac{T_2}{T_1}$$

(이상적 열기관에서는 $\frac{Q_2}{Q_1} = \frac{T_2}{T_1}$이 성립, W : 엔진이 한 일, Q_1 : 공급 열량, Q_2 : 방출 열량)

나. 왕복 엔진의 기본 사이클

(1) 오토 사이클(Otto cycle)

1876년 독일의 오토가 고안한 4행정기관의 사이클로서 점화 플러그(Spark plug)로 점화되는 내연기관의 이상적인 사이클이며 '정적 사이클'이라 한다.

※오토 사이클의 과정 : 단열 압축→정적 수열(가열)→단열 팽창→정적 방열

(2) 이론 열효율

$$\eta_{tho} = 1 - \left(\frac{V_2}{V_1}\right)^{k-1} = 1 - \left(\frac{1}{\varepsilon}\right)^{k-1}, \quad \text{여기서 } \varepsilon\text{는 실린더의 압축비이며 } \frac{V_1}{V_2}\text{이다.}$$

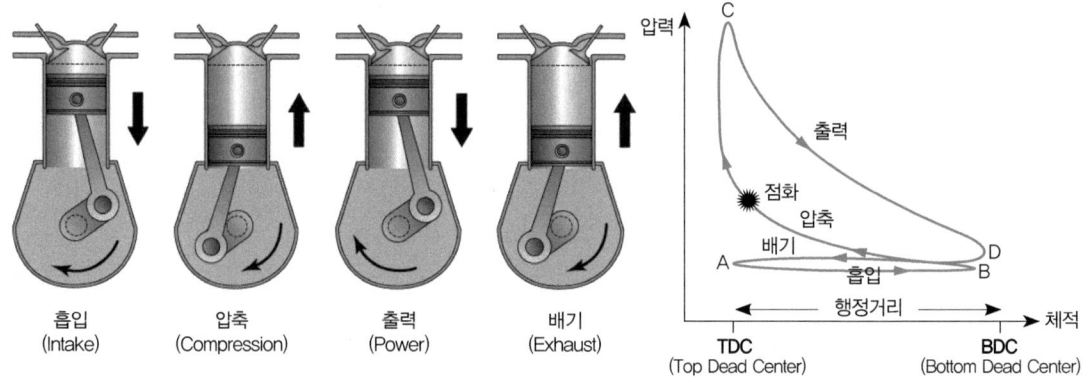

[그림 2-7] 왕복엔진의 4행정과 오토사이클의 P-V 선도

다. 가스 터빈 엔진의 기본 사이클

(1) 브레이튼(Brayton) 사이클

1872년 브레이튼에 의해 고안된 가스터빈 엔진의 이상적인 사이클로서 연소 과정이 정압 상태에서 이루어지므로 정압 사이클이라 한다.

※브레이튼 사이클의 과정 : 단열 압축, 정압 수열(가열), 단열 팽창, 정압 방열

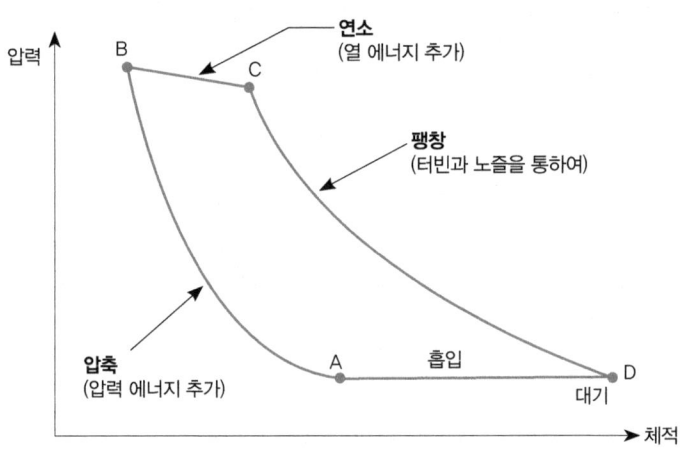

[그림 2-8] 브레이튼 사이클의 P-V 선도

(2) 열효율

$$\eta_B = 1 - \frac{T_1}{T_2} = 1 - \left(\frac{1}{\gamma_P}\right)^{\frac{k-1}{k}}, \text{여기서 } \gamma_P \text{는 압축기의 압력비 } \frac{P_2}{P_1} \text{이다.}$$

압력비가 클수록 열효율은 증가하나 터빈 입구 온도(TIT)가 상승한다.

라. 디젤 사이클(Diesel cycle) : 디젤 엔진의 기본 사이클

단열 압축, 정압 수열, 단열 팽창, 정적 방열

마. 사바테 사이클(Sabathe cycle, 합성 사이클) : 고속 디젤 엔진의 기본 사이클

단열 압축, 정압 및 정적 수열, 단열 팽창, 정적 방열

> **Note | 열효율 비교(동일한 압축비에서)**
> 정적 사이클(오토 사이클) > 합성 사이클(사바테 사이클) > 정압 사이클(디젤 사이클)

항공기 엔진의 개요 적중예상문제

1-1 엔진의 개요 및 분류

01 중량당 마력비가 가장 큰 엔진의 실린더 배열 형식은?

㉮ 직렬형　　㉯ V형　　㉰ 대향형　　㉱ 성형

> [풀이] 성형 엔진(radial engine)은 왕복 엔진 중에서 가장 낮은 마력당 중량비를 가지지만 전면면적이 넓어 항력이 커지고, 열 수가 증가하면 냉각에도 문제가 발생한다.

02 공냉식 엔진에서 냉각효과는 다음 중 어떤 것에 의하여 좌우되는가?

㉮ 실린더의 크기에 의하여
㉯ 연료의 옥탄가에 의하여
㉰ 실린더 외부에 있는 핀의 총면적에 의하여
㉱ 항공기의 평균속도에 의하여

> [풀이] 공랭식 엔진 구성 요소 : 냉각핀, 배플, 카울플랩

03 왕복 엔진 실린더의 과냉각이 엔진에 미치는 영향을 옳게 설명한 것은?

㉮ 연료 소비율이 감소한다.
㉯ 연소가 활발히 진행된다.
㉰ 완전연소 되며 배기가스와 불순물이 생성되지 않는다.
㉱ 연소를 나쁘게 하여 열효율이 떨어진다.

> [풀이]
> • 기관의 냉각이 불충분할 때 : 노크현상이나 조기점화의 원인이 되고, 재질이 손상되어 엔진의 수명이 짧아진다.
> • 기관 과냉각시 : 연소가 불완전하게 되어 열효율이 떨어진다.

04 왕복 엔진에서 카울 플랩(cowl flap)은 항공기 이륙시 얼마나 열어 주어야 하는가?

㉮ 완전히 열어준다.　　㉯ 1/2만 열어준다.　　㉰ 1/3 열어준다.　　㉱ 닫아 둔다.

> [풀이] 카울 플랩은 엔진으로의 공기 유입량을 조절해 주는 장치로서 최대 출력시(이륙시, 상승시)와 지상 작동시 완전히 열어준다.

정답 [1-1] 01 ㉱　02 ㉰　03 ㉱　04 ㉮

05 연소 가스를 빠른 속도로 분사시킴으로서 소형, 경량으로 큰 추력을 낼 수 있고 비행속도가 빠를수록 추진 효율이 좋고, 아음속에서 초음속에 걸쳐 우수한 성능을 가지는 엔진의 형식은?

㉮ 터보 제트   ㉯ 터보샤프트   ㉰ 램제트   ㉱ 터보프롭

06 가스 터빈 엔진 중 배기 소음이 가장 큰 엔진은?

㉮ 터보 제트   ㉯ 터보 팬   ㉰ 터보프롭   ㉱ 터보샤프트

풀이 배기 소음의 가장 큰 원인은 배기 가스 소음으로, 배기 가스 속도가 가장 빠른 터보 제트 엔진에서 소음이 가장 크다.

07 다음 중 아음속에서 추진효율이 우수하고 소음이 적어 민간항공기에 사용하는 엔진은?

㉮ 램제트   ㉯ 펄스제트   ㉰ 터보팬   ㉱ 터보제트

08 터보 팬 엔진에서 바이패스비(BPR) 란 무엇인가?

㉮ $\dfrac{2차\ 유입\ 공기량}{1차\ 유입\ 공기량}$ ㉯ $\dfrac{1차\ 유입\ 공기량}{2차\ 유입\ 공기량}$ ㉰ $\dfrac{1차\ 유입\ 공기량}{전체\ 유입\ 공기량}$ ㉱ $\dfrac{2차\ 유입\ 공기량}{전체\ 유입\ 공기량}$

풀이 $BPR = \dfrac{2차\ 유입\ 공기량}{1차\ 유입\ 공기량} = \dfrac{W_s}{W_P}$

09 터보팬(Turbo fan) 제트엔진에서 1차 공기량이 50kg/sec, 2차 공기량이 60kg/sec, 1차 공기 배기속도가 170m/sec, 2차 공기 배기속도가 100m/sec이었다. 이 엔진의 바이패스비는 얼마인가?

㉮ 0.59   ㉯ 0.83   ㉰ 1.2   ㉱ 1.7

풀이 $BPR = \dfrac{W_s}{W_P} = \dfrac{60}{50}$

10 가스터빈 엔진 중에서 출력이 감속장치를 통해 프로펠러를 구동하고 배기가스에서 약간의 추력을 얻는 엔진은 무엇인가?

㉮ turbojet   ㉯ turbofan   ㉰ turboprop   ㉱ turboshaft

풀이 터보 프롭 엔진은 추력의 75~80% 정도를 프로펠러에서 얻고 나머지는 배기 노즐을 통한 배기가스에 의해 얻는다.

정답 05 ㉮ 06 ㉮ 07 ㉰ 08 ㉮ 09 ㉰ 10 ㉰

11 터보제트 엔진의 고속 성능의 우수성, 터보 프롭 엔진의 우수성을 결합하려 제작한 엔진은?

㉮ 터보팬 엔진　　　　　　　　　㉯ 터보샤프트 엔진
㉰ 램제트 엔진　　　　　　　　　㉱ 로켓 엔진

12 가스터빈의 출력을 축 출력으로 빼낸 다음 감속장치로 개입시켜 프로펠러를 구동하여 비행기의 출력을 얻게 하는 동시에 배기가스에 의한 추력도 일부 얻는 가스터빈 엔진의 형식은?

㉮ 터보제트 엔진　　㉯ 터보팬 엔진　　㉰ 터보프롭 엔진　　㉱ 터보샤프트 엔진

13 다음 중 터빈식 회전 엔진이 아닌 것은?

㉮ 터보제트　　㉯ 터보프롭　　㉰ 터보 팬　　㉱ 램제트

14 다음 중 램 제트 엔진의 구성요소가 아닌 것은?

㉮ 흡입구　　㉯ 밸브망　　㉰ 연소실　　㉱ 배기 노즐

풀이
- 램제트 : 흡입구, 연소실, 분사노즐로 구성되며, 제트 엔진 중에서 가장 간단한 구조, 정지 상태에서는 작동이 불가능하다.
- 펄스제트 : 흡입구, 밸브망, 연소실, 분사노즐로 구성, 밸브의 개폐작용에 의해 간헐적으로 연소가 이루어지므로 밸브의 수명이 짧고 폭발성이 강해 소음이 크다.

1-2 열역학 기본 법칙

01 다음 중 1마력(PS)은 몇 kg · m/s인가?

㉮ 860　　㉯ 632.5　　㉰ 550　　㉱ 75

풀이 1PS = 75 kg · m/s = 736 J/s [W], 1HP = 550 lb · ft/sec = 746 J/s [W]

02 섭씨 15℃는 화씨 절대온도로는 몇 도인가?

㉮ 59K　　㉯ 59R　　㉰ 518.4K　　㉱ 518.4R

풀이 $T_F = \dfrac{9}{5}T_C + 32 = \dfrac{9}{5} \times 15 + 32$, °R = °F + 459.4

정답 11 ㉮ 12 ㉰ 13 ㉱ 14 ㉯ [1-2] 01 ㉱ 02 ㉱

03 단위에 관한 설명 중 맞는 것은?

㉮ 1N은 1kg의 질량에 1m/s² 의 가속도를 발생시키는데 필요한 힘의 크기를 말한다.
㉯ 비체적이란 단위질량의 물질이 차지하는 압력을 말한다.
㉰ 밀도는 단위 비체적의 물질이 차지하는 질량을 말하며 P_t로 표시한다.
㉱ 비체적과 밀도는 정비례한다.

> **풀이**
> • 1N(힘) = 1kg · m/s², 1J(일) = 1N · m, 1W(일률) = 1J/sec
> • 비체적(υ) : 단위 질량당 체적, 밀도(ρ) : 단위 체적당 질량, $\rho = \dfrac{1}{\upsilon}$

04 공기의 정압비열(Cp)이 0.24이다. 이때 정적 비열(Cv)의 값은 몇인가? (단 비열비는 1.4)

㉮ 0.17　　㉯ 0.34　　㉰ 0.53　　㉱ 5.83

> **풀이** $k = \dfrac{C_P}{C_V}$ 이므로 $C_V = \dfrac{C_P}{k} = \dfrac{0.24}{1.4}$

05 다음 열역학 제 1법칙에 대한 설명 중 맞는 것은?

㉮ 밀폐계가 사이클을 이룰 때의 열 전달량은 이루어진 열보다 항상 많다.
㉯ 밀폐계가 사이클을 이룰 때의 열 전달량은 이루어진 열과 정비례 관계를 가진다.
㉰ 밀폐계가 사이클을 이룰 때의 열 전달량은 이루어진 열과 반비례 관계를 가진다.
㉱ 밀폐계가 사이클을 이룰 때의 열 전달량은 이루어진 열보다 항상 적다.

> **풀이**
> • 열역학 제1법칙 : 에너지 보존 법칙으로 에너지에는 여러 가지가 있지만 상호간에 변환이 가능하고 그 물체가 가지고 있는 에너지의 총합은 외부와 에너지를 교환하지 않는 한 일정하다.
> • 열역학 제2법칙 : 열과 일사이의 비가역성에 관한 법칙으로 역학적 일은 열로 모두 전환시키는 것은 가능하지만 주어진 열을 일로 모두 전환시키는 것은 불가능하다는 것이다. (열의 방향성)

06 열역학 1법칙에 의거한 열과 일의 관계가 다음과 같다. 기호에 대한 설명이 잘못된 것은?
(단, L = J · Q, Q = $\dfrac{1}{J}$L = A · L)

㉮ L (일) kg · m　　　　　　　㉯ J (열의 일당량) 427kg · m/kcal
㉰ A (일의 열당량) $\dfrac{1}{427}$ kg · m/kcal　　㉱ Q (열량) kcal

> **풀이** A : 일의 열당량 = $\dfrac{1}{427}$ kcal/kg · m

정답 03 ㉮　04 ㉮　05 ㉯　06 ㉰

07 다음 구성품 중 밀폐계의 원리로 작동하는 것과 관계가 있는 것은 무엇인가?

㉮ 피스톤과 실린더 사이에 갇혀진 내부 평형 상태에 있는 기체
㉯ 압축기 주위의 기체
㉰ 터빈 주위의 기체
㉱ 크랭크축 주위의 기체

풀이
- 밀폐계 : 경계를 통해 에너지의 출입은 가능하나 작동물질의 출입이 불가능한 계로서 왕복 엔진에 적용
- 개방계 : 경계를 통해 에너지와 작동물질이 출입이 모두 가능한 계로서 가스터빈 엔진에 적용

08 열효율이 25%이고 50PS인 내연기관의 발열량은 몇 kcal/h인가? (단, 1PS=75kg·m/s이고, 일의 열당량 A는 $\frac{1}{427}$ kcal/kg·m이다)

㉮ 8.75 ㉯ 35 ㉰ 31500 ㉱ 126500

풀이
- $W = JQ$, (W : 일, J : 열의 일당량 = 427kg·m/kcal, Q : 열량)
- $Q = \frac{1}{J}W = AW$ (A : 일의 열당량 = $\frac{1}{427}$ kcal/kg·m)
- $Q = \frac{1}{427} \times 50 \times 75 \times \frac{1}{0.25} \times 3600 (kcal/h)$

09 내부 에너지와 외부로의 열량을 합한 상태량을 무엇이라고 하는가?

㉮ 비열 ㉯ 열량 ㉰ 체적 ㉱ 엔탈피

풀이
- 엔트로피(entropy) : 더 이상 사용할 수 없는 에너지, 즉 무효 에너지(무질서도)
- 엔탈피(enthalpy) : 내부 에너지와 유동 에너지의 합

10 이상 기체의 상태 방정식은 Pv = RT이다. 이것에 관한 설명 내용 중 틀린 것은?

㉮ P : 절대압력(kg/m^3)
㉯ v : 비체적(m^3/kg)
㉰ R : 기체상수(kg·m/kg·K)
㉱ T : 절대온도(R)

풀이 압력의 단위 : kg/m^2, kg/cm^2, psi 등

11 이상 기체에서 압력이 2배, 체적이 3배로 증가했을 경우 온도는 어떻게 되는가?

㉮ 변함이 없다 ㉯ 1.5배 증가 ㉰ 6배 증가 ㉱ 8배 증가

풀이 $\frac{P_1 v_1}{T_1} = \frac{P_2 v_2}{T_2} = \frac{2P_1 3v_1}{xT_1} = \frac{6}{x} \frac{P_1 v_1}{T_1}$

정답 07 ㉮ 08 ㉱ 09 ㉱ 10 ㉮ 11 ㉰

12 이상기체에 대한 설명 중 가장 관계가 먼 내용은?

㉮ 온도가 일정할 때 압력은 체적에 반비례한다.
㉯ 압력이 일정할 때 체적은 절대온도에 비례한다.
㉰ 체적이 일정할 때 압력은 절대온도에 반비례한다.
㉱ 압력과 체적의 곱은 절대온도에 비례한다.

풀이
- 등온 변화 : Pv = 일정 (P와 v는 반비례)
- 등적(정적)변화 : P/T = 일정 (P와 T는 비례)
- 등압(정압)변화 : v/T = 일정 (v와 T는 비례)
- 단열변화 : Pv^K = 일정

13 다음의 P-V선도를 설명한 것으로 옳은 것은?

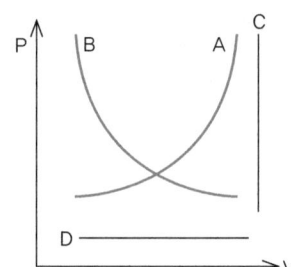

㉮ A – 단열 과정
㉯ B – 등온 과정
㉰ C – 정압 과정
㉱ D – 정적 과정

풀이 B : 단열 또는 등온 과정, C : 정적 과정, D : 정압 과정

14 체적이 50ℓ, 압력이 760mmHg, 온도가 273°K일 때 체적이 일정하고 온도가 290°K로 증가하였다면 압력은 몇 mmHg인가?

㉮ 736   ㉯ 807   ㉰ 823   ㉱ 902

풀이 이상기체의 상태방정식에 의한 상태변화에서 체적이 일정하므로 정적변화 과정이다.

$Pv = RT$, $\dfrac{P_1}{T_1} = \dfrac{P_2}{T_2}$ = 일정 $\dfrac{760}{273} = \dfrac{P_2}{290}$

15 "단지 하나만의 열원과 열교환을 함으로써 사이클에 의해 일로 변화시킬 수 있는 열기관을 제작할 수는 없다" 누구의 서술인가?

㉮ 카르노   ㉯ 캘빈-프랭크   ㉰ 클로지우스   ㉱ 보일-샤를

풀이 열역학 제2법칙
- 클로지우스 : 열은 저온부로부터 고온부로 자연적으로는 전달되지 않는다.
- 캘빈-플랭크 : 단지 하나만의 열원과 열교환을 함으로서 사이클에 의해 열을 일로 변화시킬 수 있는 열기관을 제작할 수는 없다.

정답 12 ㉱ 13 ㉯ 14 ㉯ 15 ㉯

16 체적 10L 속의 완전기체가 압력 760mmHg 상태에 있다. 만약 체적이 20L로 단열팽창하였다면 압력은 얼마로 변화하겠는가?(단, 이 경우 비열비 k=1.4로 한다.)

㉮ 217mmHg ㉯ 288mmHg ㉰ 302mmHg ㉱ 364mmHg

풀이 단열변화 $P_1 v_1^k = P_2 v_2^k$ ∴ $P_2 = \dfrac{P_1 v_1^k}{v_2^k} = \dfrac{760 \times 10^{1.4}}{20^{1.4}}$

17 자동차가 내려오다 브레이크를 잡았을 때 열이 발생하였다. 이 때 바로 냉각했을 경우, 자동차가 위로 올라갔다. 이는 어느 법칙을 위배한 것인가? (단, 열손실량은 없다)

㉮ 열역학 제 1법칙 ㉯ 열역학 제 2법칙
㉰ 열역학 제 0법칙 ㉱ 에너지 보존 법칙

18 열역학 제2법칙을 설명한 내용으로 틀린 것은?

㉮ 에너지 전환에 대한 조건을 주는 법칙이다.
㉯ 열과 기계적 일 사이의 에너지 전환을 말한다.
㉰ 열은 그 자체만으로는 저온 물체로부터 고온 물체로 이동할 수 없다.
㉱ 자연계에 아무변화를 남기지 않고 어느 열원의 열을 계속하여 일로 바꿀 수는 없다

1-3 항공기관 사이클 해석

01 다음 중 열기관의 열효율을 바르게 나타낸 것은?

㉮ 열효율=방출열량/공급열량 ㉯ 열효율=공급열량/방출열량
㉰ 열효율=방출열량/일 ㉱ 열효율=일/공급열량

풀이 $\eta_{th} = \dfrac{\text{유효한 일}}{\text{공급된 열량}} = \dfrac{W}{Q_1} = \dfrac{Q_1 - Q_2}{Q_1} = 1 - \dfrac{Q_2}{Q_1}$

02 다음 열기관 중에서 열효율이 가장 좋은 엔진은?

㉮ 카르노 엔진 ㉯ 브레이튼 엔진 ㉰ 오토 엔진 ㉱ 디젤 엔진

풀이 • 카르노 사이클 : 두 개의 단열과정과 두 개의 등온과정으로 구성
• 열효율 $\eta_{th} = \dfrac{W}{Q_1} = \dfrac{Q_1 - Q_2}{Q_1} = 1 - \dfrac{Q_2}{Q_1} = 1 - \dfrac{T_2}{T_1}$

정답 16 ㉯ 17 ㉯ 18 ㉯ [1-3] 01 ㉱ 02 ㉮

03 다음은 오토사이클의 P-V 선도이다. 3-4 과정은?

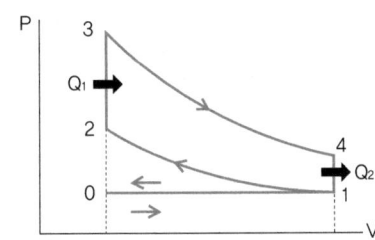

㉮ 단열압축 ㉯ 정적수열
㉰ 단열팽창 ㉱ 정적방열

풀이 1-2 : 단열압축, 2-3 : 정적수열(가열)
3-4 : 단열팽창, 4-1 : 정적방열

04 오토사이클의 열효율에 대한 설명으로 틀린 것은?

㉮ 압축비가 증가하면 열효율은 증가한다.
㉯ 압축비가 1이라면 열효율은 무한대가 된다.
㉰ 동작유체의 비열비가 1이라면 열효율은 0이 된다.
㉱ 동작유체의 비열비가 증가하면 열효율도 증가한다.

풀이 $\eta_{tho} = 1 - \left(\dfrac{1}{\varepsilon}\right)^{k-1}$, 압축비나 비열비가 1이면 열효율은 0이 된다.

05 다음 중에서 왕복엔진의 열효율을 구하는 공식은? (단, ε : 압축비, γ_p : 압력비, k : 비열비이다.)

㉮ $1 - \left(\dfrac{1}{\varepsilon}\right)^{k-1}$ ㉯ $1 - \dfrac{1}{\varepsilon^{k-1}}$ ㉰ $1 + \left(\dfrac{1}{\varepsilon}\right)^{k-1}$ ㉱ $1 - \left(\dfrac{1}{\gamma_p}\right)^{\frac{k-1}{k}}$

06 오토사이클의 열효율은 다음 중 어느 것에 의해 가장 크게 영향을 받는가?

㉮ 흡기온도   ㉯ 압축비   ㉰ 혼합비   ㉱ 옥탄가

07 그림과 같은 브레이튼 사이클의 P-V 선도에 대한 설명 중 틀린 것은?

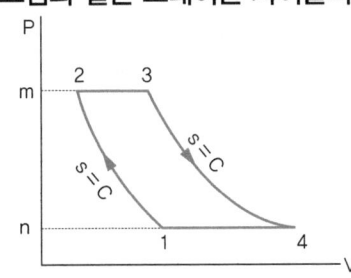

㉮ 넓이 1-2-3-4-1은 사이클의 참 일
㉯ 넓이 3-4-n-m-3은 터빈의 팽창 일
㉰ 넓이 1-2-m-n-1은 압축 일
㉱ 1개씩의 정압과정과 단열과정이 있다.

풀이 Brayton cycle : 가스터빈 엔진을 설명하는 이상적인 사이클로 두 개의 단열과정(단열압축(1-2), 단열 팽창(3-4))과 두 개의 정압과정(정압수열(2-3), 정압방열(4-1))으로 이루어져 있다.

정답 03 ㉰ 04 ㉯ 05 ㉮ 06 ㉯ 07 ㉱

08 압축비가 일정할 때 열효율이 좋은 순서대로 배열된 것은?

㉮ 정적과정 > 정압과정 > 합성과정 ㉯ 정적과정 > 합성과정 > 정압과정
㉰ 정압과정 > 합성과정 > 정적과정 ㉱ 정압과정 > 정적과정 > 합성과정

[풀이] 정적과정(오토사이클) > 합성과정(사바테사이클) > 정압과정(디젤사이클)

09 그림은 가스 사이클의 P-V 선도이다. 어떤 가스 사이클을 나타낸 것인가?

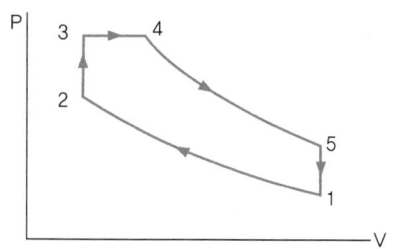

㉮ 오토 사이클 ㉯ 카르노 사이클
㉰ 디젤 사이클 ㉱ 사바테 사이클

[풀이] 합성 사이클(사바테 사이클) : 단열 압축, 정적정압 가열, 단열 팽창, 정적 방열

정답 08 ㉯ 09 ㉱

| Section 2 |

항공기 왕복엔진

01 왕복엔진의 작동 원리 및 구조

1. 작동원리

가. 마력과 효율

(1) 마 력

① 지시마력(도시 마력, indicated Horse Power, iHP) : 실린더 내에서 발생한 마력

$$iHP = \frac{P_{mi}LANK}{75 \times 2 \times 60} = \frac{P_{mi}LANK}{2 \times 4500}(PS)$$

P_{mi} : 지시평균유효압력(kgf/cm²)

L : 행정거리(m)

A : 실린더 단면의 넓이, $A = \frac{\pi D^2}{4}$, (D는 실린더 안지름)

N : 엔진의 분당 회전수(rpm)

K : 실린더 수

Note
① 단위가 P(lb/in²), L(ft), A(in²), N(rpm/2)일 때의 마력
$$iHP = \frac{PLANK}{550 \times 60} = \frac{PLANK}{33000}(HP)$$
② Torque(T), rpm(n)이 주어질 때의 마력
$$마력 = \frac{2\pi nT}{75 \times 60} = \frac{nT}{716}(PS)$$

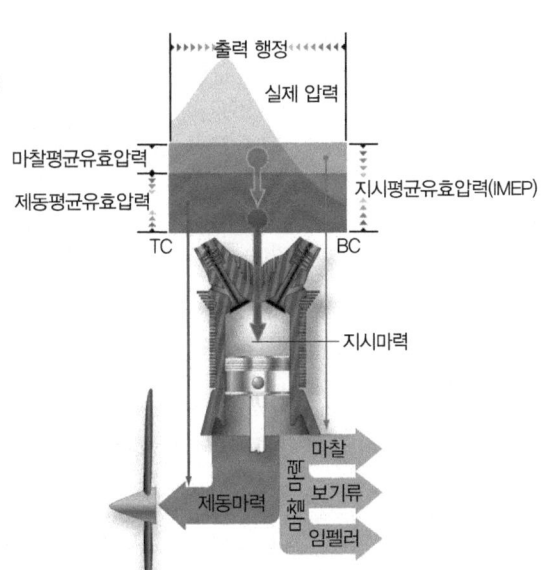

[그림 2-9] 왕복엔진에서 발생하는 마력

② 마찰마력(friction Horse Power, fHP) : 전달되면서 손실되는 마력

③ 제동마력(brake Horse Power, bHP, 축마력) : 실제 프로펠러에 전달되는 마력

$$bHP = \frac{P_{mb}LANK}{75 \times 2 \times 60}(PS), \quad bHP = iHP - fHP$$

제동마력은 크랭크축에 부착하는 prony brake나 dynamometer로 측정할 수 있으며 지시마력의 85~90%의 값을 가진다.

(2) 기계 효율(mechanical efficiency)

제동마력과 지시마력의 비로서 현재 약 85~95% 정도이다.

$$\eta_m = \frac{bHP}{iHP}$$

(3) 제동 열효율(brake thermal efficiency)

제동마력과 단위시간당 엔진이 소비한 연료에너지(저발열량)와의 비

$$\eta_b = \frac{제동 마력}{시간당 연료 소비량} = \frac{75 \times bHP}{J \times F_b \times H_L}$$

J : 열의 일당량(427kg · m/kcal), F_b : 연료소비율(kg/s), H_L : 저발열량(kcal/kg)

(4) 비연료소비율(specific fuel consumption)

1시간당 1마력을 발생시키는데 소비된 연료의 질량

$$f_b = \frac{F_b}{bHP} \times 3600 \times 1000 \text{(g/PS-h)}$$

나. 4행정 엔진의 원리

(1) 용어의 정의

① 상사점 전, 후(BTC-Before top center, ATC-After top center)

② 하사점 전, 후(BBC-Before bottom center, ABC-After bottom center)

③ 실린더 보어(cylinder bore) : 실린더 안지름

④ 행정(stroke) : 상사점과 하사점 사이의 거리

⑤ 주기(cycle) : 실린더 내의 피스톤에 의해 4행정 5현상의 열역학 제법칙을 1회 완료하는 것으로 크랭크축의 완전한 2회전, 즉 720° 회전하는 것이다.

(2) 밸브 리드(lead) : 밸브가 상(하)사점 전(BTC, BBC)에서 열리고(Open) 닫히는(Close) 것

(3) 밸브 래그(lag) : 밸브가 상(하)사점 후(ATC, ABC)에서 열리고 닫히는 것

(4) 점화 진각(spark advanced angle) : 점화가 상사점 전(BTC)에서 일어나는 각도

(5) 밸브 오버랩(valve overlap)

① 정의 : 배기행정 말기에서 흡입행정 초기까지 두 밸브가 동시에 열려있는 상태

② 장점 : 체적효율 증가, 실린더 및 배기밸브의 냉각, 배기가스의 완전배출

③ 단점 : 연료소모의 증가, 역화(back fire)의 유발 가능성

```
IO 15° BTC              EO 60° BBC
IC 60° ABC              EC 10° ATC
         점화(ignition) : 30° BTC
```

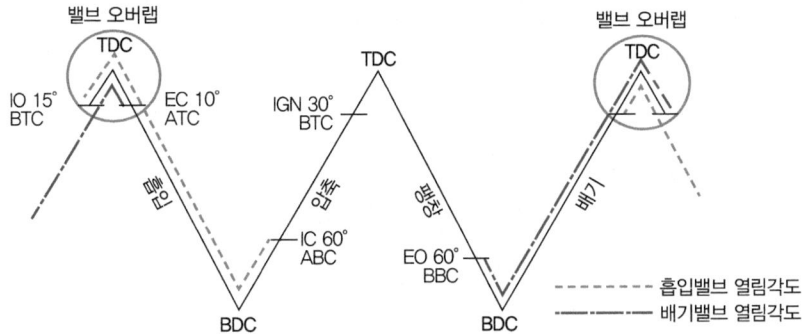

① 흡입 밸브(intake valve) 열려있는 기간 : 15+180+60=255°
② 배기 밸브(exhaust valve) 열려 있는 기간 : 60+180+10=250°
③ 밸브 오버랩(valve overlap) : 15+10=25°
④ 파워 오버랩(power overlap) : 한 실린더가 팽창(폭발) 행정 중에 있을 때, 다음 점화되는 실린더가 폭발하여 팽창(폭발)행정이 겹치는 동안의 크랭크 축 회전 각도를 말한다.

[그림 2-10] 밸브 작동 시기와 밸브 오버랩(Valve overlap)의 예

2. 왕복 엔진의 구조

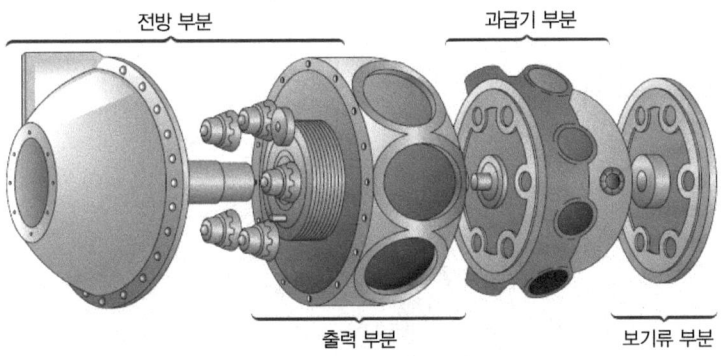

[그림 2-11] 성형 엔진의 구조

가. 전방 부분(front or nose section)

(1) 프로펠러 축(propeller shaft)
(2) 감속 기어(reduction Gear)
  ① 목적 : 크랭크축의 회전속도를 크게 하여 출력을 증가시키되 프로펠러의 깃 끝 속도를 음속 이하로 감소시키기 위해 사용
  ② 종류
    ㉠ 평기어식(spur-reduction gear) : 일부의 저출력기관에 사용

ⓛ 유성기어식(planetary reduction gear system) : 대부분의 성형기관에 사용

감속비 $R = \dfrac{N_a}{N_a + N_c}$, ($N_a$: 구동기어 잇 수, N_c : 고정기어 잇 수)

※ 감속비 계산시 유성기어의 잇 수는 포함하지 않는다.

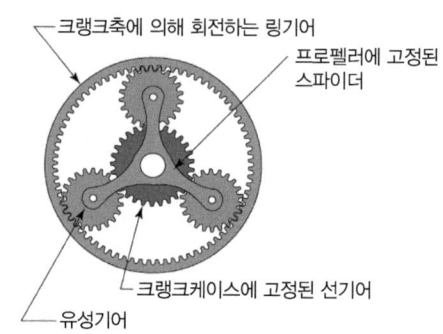

[그림 2-12] 유성 기어식 감속 기어의 구성 요소

(3) 추력베어링(thrust bearing) : 볼 베어링이 많이 사용
(4) 캠 판(cam plate, cam ring) : 성형 엔진에만 있음 (대향형 엔진은 캠축)

나. 동력부분(Power section)

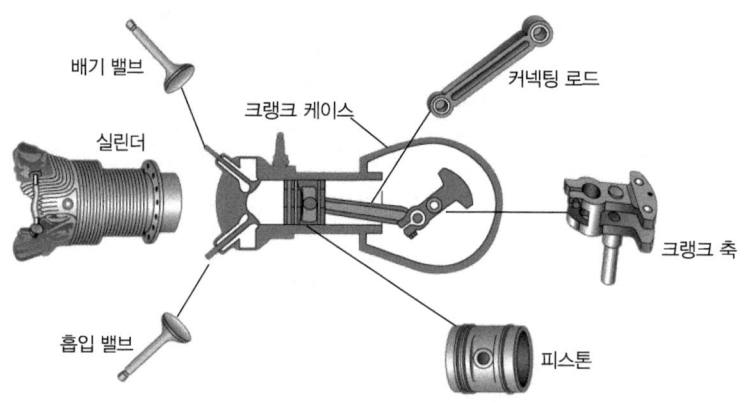

[그림 2-13] 왕복 엔진 동력부분의 구성요소

(1) 실린더(cylinder)
   ① 실린더 헤드(cylinder head)
      ㉠ 냉각 핀(cooling fin), 로커 암(rocker arm), 밸브 가이드, 밸브 시트(valve seat)

ⓒ 연소실 : 원통형, 반구형(많이 사용), 원뿔형
② 실린더 동체(cylinder barrel)
  ㉠ 표면 경화(안쪽 면) : 질화처리(nitriding-암모니아 가스 이용), 크롬도금(Cr plating)
  ㉡ 종통형(choke bore) : 실린더의 열팽창을 고려하여 상사점 부근의 직경을 작게 한 것
③ 실린더 헤드와 실린더 배럴의 접합 방법
  ㉠ 나사 접합(threaded joint) : 가장 많이 사용
  ㉡ 수축 접합(shrink fit)
  ㉢ 스터드와 너트 접합(stud & nut joint)

[그림 2-14] 종통형 실린더와 나사 접합된 상태   [그림 2-15] 나사 접합 (Threaded joint)

> **Note** | 왕복 엔진에서 열팽창을 고려한 개념
> ① choke bored cylinder : 종통형 실린더
> ② piston clearance : 피스톤 간격
> ③ cam ground piston : 캠 그라운드 피스톤
> ④ end(side) clearance(piston ring) : 피스톤 링의 끝(옆) 간격

(2) 피스톤(piston)
  ① 헤드(head)의 모양 : 평면형, 오목형, 컵형, 돔형, 반원뿔형

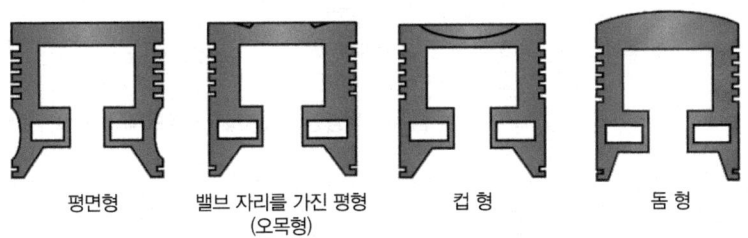

평면형   밸브 자리를 가진 평형   컵 형   돔 형
          (오목형)

[그림 2-16] 피스톤 헤드의 종류

> **Note | 피스톤 간격과 land**
> ① 피스톤 간격(piston clearance) : 열팽창에 의해 피스톤이 실린더에 달라붙는 것을 방지하기 위하여 피스톤의 바깥지름을 실린더의 안지름보다 조금 작게 만들어 실린더와 피스톤 사이에 간격을 둔다.
> ② land(groove land) : 피스톤에서 링 홈(groove)과 홈 사이

② 피스톤 링(piston ring)
  ㉠ 목적 : 기밀 유지, 오일 제어(윤활유 조절), 열 전도
  ㉡ 재질 : 마멸에 잘 견디고 고온에서도 탄성을 유지할 수 있으며 열전도율이 좋은 고급 회 주철 사용
  ㉢ 종류
    • 압축 링(compression ring)
    • 오일 링 : 오일 조절링(oil control ring), 오일 제거링(oil wiper ring)
  ㉣ 링의 단면 모양 : 직사각형, 경사형, 쐐기형
  ㉤ 링의 끝 간격 모양 : 맞대기형(많이 사용), 계단형, 경사형

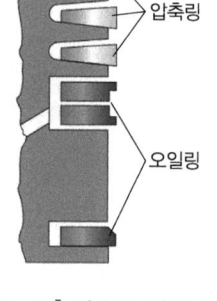

[그림 2-17] 피스톤 링의 종류

③ 피스톤 핀(piston pin) : 전부동식(full floating type)이 많이 사용

(3) 밸브 및 밸브 기구(valve & valve mechanism)
  ① 밸브(valve) : head의 모양에 따라
    ㉠ 평면형(flat type) : 저출력기관의 흡, 배기 밸브
    ㉡ 튤립형(tulip type) : 고출력기관의 흡기 밸브
    ㉢ 버섯형(mushroom type) : 고출력기관의 배기 밸브

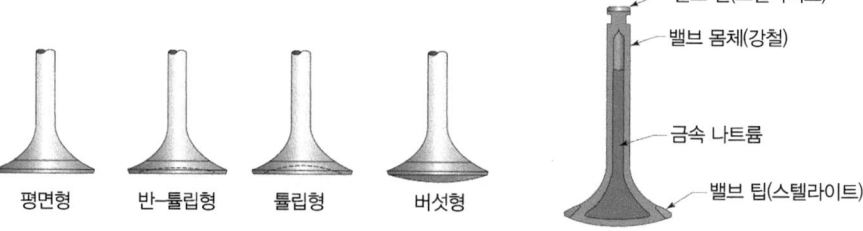

[그림 2-18] 밸브 헤드의 종류 및 성형 엔진 배기 밸브의 단면

> **Note | 냉각제**
> 배기밸브(exhaust valve) 스템 속에 sodium(금속나트륨 : 약 93℃(200°F)에서 녹아 대류 작용)을 넣어 냉각시킨다.

② 밸브 스프링(valve spring) : 2개씩 사용(안전과 원활한 작동을 위해)

③ 밸브 작동 기구(valve operating mechanism)
　㉠ 대향형 엔진의 밸브 기구 : 크랭크축 ½회전 → 캠 축 회전(크랭크축의 회전) → 유압 태핏 (유압식 밸브 리프터) → 푸시로드 → 로커 암 → 밸브 (밸브 닫힘 : 밸브스프링)
　㉡ 성형 엔진의 밸브 기구 : 크랭크축 회전 → 캠 플레이트(판) 회전 → 태핏 → 푸시로드 → 로커 암 → 밸브(밸브 닫힘 : 밸브스프링)

> **Note | 캠판(cam plate, cam ring)**
> 크랭크축에 대한 캠판의 속도는 $\dfrac{1}{\text{로브수} \times 2}$, $n(\text{캠로브 수}) = \dfrac{N \pm 1}{2}$, $r(\text{회전비}) = \dfrac{1}{N \pm 1}$ (N : 실린더 수)
> (+ : 크랭크축과 캠판의 회전방향이 같을 때, − : 반대일 때)

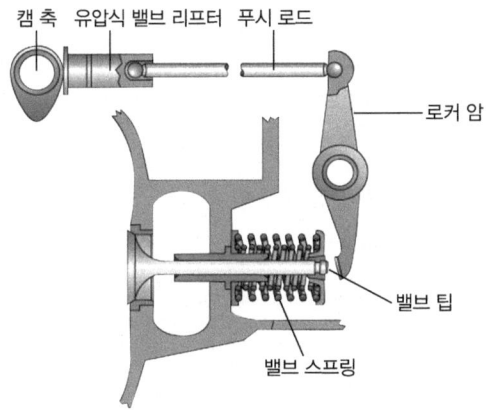

[그림 2-19] 대향형 엔진의 밸브 기구

(4) 커넥팅 로드(connecting rod)
① 평형(plain type) : 대향형 엔진에 사용
② 주 및 부 커넥팅 로드(master & articulated rod type) : 성형 엔진에 사용
　※ master rod의 운동 궤적 : 원, articulated rod의 운동 궤적 : 타원

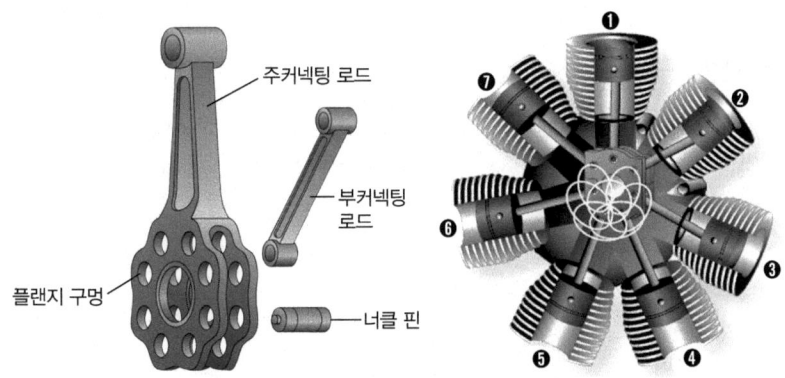

[그림 2-20] 성형기관의 커넥팅 로드와 운동 궤적

(5) 크랭크 축(crank shaft)
① 주 저널(main journal)
② 크랭크 암(crank arm, crank cheek)
③ 크랭크 핀(crank pin : crank throw) : 무게 경감과 오일통로 및 슬러지 챔버(sludge chamber)의 역할을 위해 중공(hollow)이다.
④ 평형추(counter weight)와 댐퍼(damper)
  ㉠ 평형추 : 크랭크축의 정적 평형 유지
  ㉡ 다이나믹 댐퍼 : 크랭크축의 변형과 비틀림 진동 방지

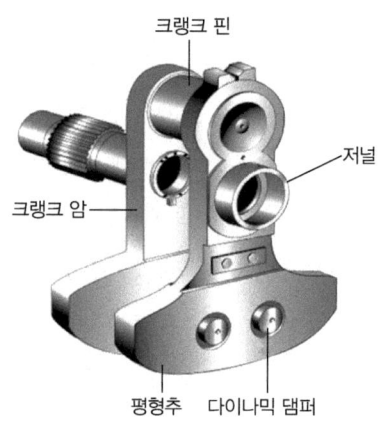

[그림 2-21] 크랭크 축의 구성 요소

(6) 크랭크 케이스(crankcase) : 엔진의 몸체를 이루고 있는 부분
(7) 베어링(bearing)
① 평 베어링(plain bearing) : 방사상 하중만 담당
② 로울러 베어링(Roller bearing)
  ㉠ 직선 로울러 베어링(straight roller bearing) : 방사상 하중에만 사용
  ㉡ 테이퍼 로울러 베어링(taper roller bearing) : 방사상 하중과 추력 하중에 사용
③ 볼 베어링(ball bearing) : 추력하중과 방사상 하중에 강하므로 추력 베어링으로 사용

다. 뒷부분 (rear section, accessory section)

오일 펌프(oil pump), 마그네토(magneto), 기화기(carburetor), 시동기(starter), 제너레이터(generator), 타코미터 제너레이터(tachometer generator), 연료 펌프(fuel pump) 등

3. 왕복엔진의 성능

가. 항공기용 왕복엔진의 구비조건

- 마력당 중량비가 작을 것(소형 경량화) : 0.61~1.22 kg/kW(0.45~0.9 kg/PS)
- 신뢰성이 클 것
- 내구성이 좋을 것(수명시간이 길 것)
- 열효율이 높을 것(낮은 연료 소비율)
- 진동이 적을 것
- 정비가 용이할 것
- 적응성이 높을 것(작동의 유연성)

나. 엔진의 성능 요소

(1) 압축비(compression ratio)

피스톤이 상사점에 있을 때 연소실 체적과 피스톤이 하사점에 있을 때 실린더 전체 체적(연소실 체적+행정 체적)의 비로 ε이라 하며 다음 공식으로 구할 수 있다.

$$\varepsilon = \frac{V_c(연소실\ 체적) + V_d(행정\ 체적)}{V_c(연소실\ 체적)} = 1 + \frac{V_d(행정\ 체적)}{V_c(연소실\ 체적)}$$

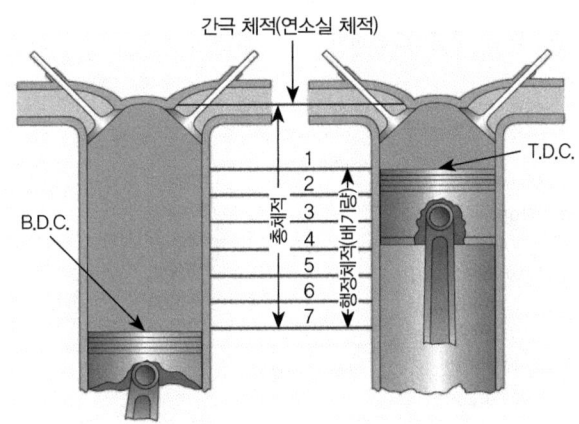

[그림 2-22] 실린더 체적의 정의

(2) 총배기량(total displacement, 총 행정체적)

전체 실린더가 연소하여 배출하는 배기가스의 양을 말한다.

$\frac{\pi D^2}{4} \times l \times N$ (실린더 단면적×행정거리×실린더 수)

(3) 왕복 엔진의 동력

① 이륙마력 : 엔진이 낼 수 있는 최대 마력으로 1~5분 정도 시간 제한을 둔다.

② 정격(METO, Maximum Except Take-Off)마력 : 연속적으로 낼 수 있는 최대 마력

> **Note** | 임계고도(critical altitude)
> 정격마력을 유지할 수 있는 최고고도로 무과급 엔진에서는 해면 고도가 된다.

③ 순항마력(경제 마력) : 연료 소비율이 가장 적은 상태에서 얻어지는 동력

(4) 체적효율

$\eta_v = \dfrac{실제\ 흡입된\ 가스의\ 체적}{행정\ 체적}$

02 왕복엔진의 계통

1. 흡·배기 계통

가. 공기 흡입과 과급기 부분

(1) 공기 흡입 부분(air induction system)

공기 여과기(air filter), 대체 공기 밸브(alternate air valve, 기화기 결빙 방지), 히터 머프(heater muff), 기화기(carburetor), 흡입 매니폴드(intake manifold) 등

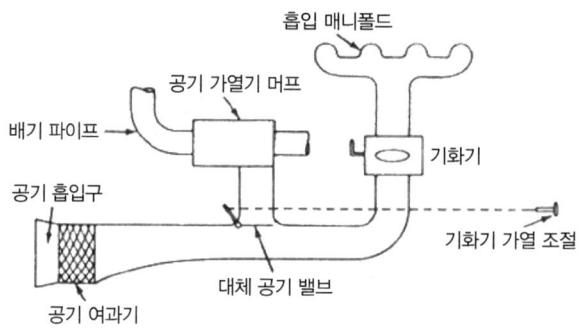

[그림 2-23] 공기 및 혼합가스 공급 부분

(2) 과급기 (supercharger)

① 이륙시 짧은 시간 동안에 최대출력을 증가시키고 기압이 낮은 고고도 비행시 출력 감소를 방지한다.

② 종류

  ㉠ 형식에 따라 : 원심력식, 루우츠식, 베인식

  ㉡ 회전 동력원에 따라 : 기계식과 배기 터빈식

③ 원심력식 과급기(왕복 엔진에 많이 사용) : 임펠러, 디퓨저, 매니폴드로 구성

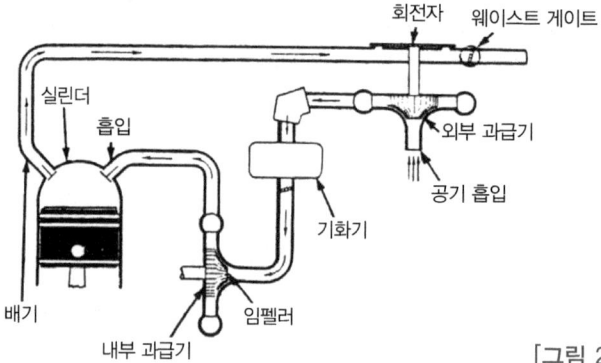

[그림 2-24] 과급기의 장착 위치별 종류

(3) 터보 컴파운드 엔진 (turbo compound engine)

터보 수퍼차저(turbo supercharger)의 원리를 이용하여 배기가스로 power recovery turbine을 구동하고 이 회전력을 내부의 감속기어 장치에서 감속하여 크랭크축에 추가 동력을 공급한다.

나. 배기 계통

(1) 배기 다기관(exhaust manifold) : 배기 가스 배출

(2) 열교환기(heat exchanger) : 흡입 공기 가열

(3) 머플러(muffler) : 배기 소음 감소

(4) 오그멘터(augmentor) : 배기 증대 장치(원활한 엔진 작동 효과)

2. 연료 계통(fuel system)

가. 연소

(1) 항공용 연료 : 탄소(C)와 수소(H)가 화합된 탄화수소(C_mH_n)

(2) 발열량

① 고 발열량 : 연소 생성물중 물(H_2O)이 액체로 존재할 경우의 발열량

② 저 발열량 : 연소 생성물중 물이 기체로 존재할 경우의 발열량

(3) 연소 형태 : 예혼합 화염(왕복 엔진), 확산 화염(가스터빈 엔진), 자연 발화

나. 연료 : 항공용 가솔린(AV GAS, aviation gasoline)

(1) 항공용 가솔린의 구비조건

① 발열량이 클 것 ② 기화성이 좋을 것

③ 증기 폐색을 잘 일으키지 않을 것 ④ 안티노크성이 클 것

⑤ 안전성, 내한성이 클 것 ⑥ 부식성이 작을 것

(2) 기화성

① ASTM(American Society for Testing Materials) 증류시험장치 : 연료의 기화성 측정

② 증기 폐색(증기 폐쇄, vapor lock) : 기화성이 너무 높은 연료가 관 속을 흐를 때 열을 받아 기포가 생기고, 기포가 많아지면 연료의 흐름을 차단하는 현상

> **Note | 증기 폐색의 원인**
> ① 연료 증기압이 연료 압력보다 클 때
> ② 연료관에 열이 가해질 때
> ③ 연료관이 굴곡이 심하거나 오리피스(orifice)가 있을 때

③ 레이드 증기압력계(reid vapor pressure bomb) : 연료 증기압 측정 장치

(3) 연료의 안티노크성(antiknock, 제폭성)

① CFR(Cooperative Fuel Research) 엔진 : 연료의 안티노크성을 측정(가변압축비를 가진 단일 기통 4행정 액냉식 엔진)

② 옥탄가(Octan Number, O.N) : 이소옥탄과 노말헵탄으로 만든 표준연료 중 이소옥탄의 함유된 %(체적 비율) – 최대 O.N 100

③ 성능가(Performance Number, P.N) : 이소옥탄만으로 이루어진 연료에 4에틸납(안티노크제)을 섞어 증가된 출력 증가량(%) – 최대 100 이상

④ 안티노크제 : 4에틸납(산화납 형성 방지 목적으로 TCP(인산트리크레실)를 첨가)

⑤ 데토네이션(detonation) : 연소실 내에서 정상적으로 점화되어 연소가 일어날 때 압축비가 너무 크면 미 연소된 부분의 혼합기가 부분적으로 단열 압축되어 고온 고압이 되고 자연 발화하는 충격파의 일종으로 이 때 발생하는 소리를 노크(knock)라 한다. 이 현상이 생기면 실린더 내부 압력과 온도가 급상승하고 출력이 감소하며 엔진 파손의 원인이 된다.

> **Note** | 데토네이션 방지
> 물분사 장치(ADI, Anti Detonant Injection) : 물+알콜(물의 빙결 방지)혼합액

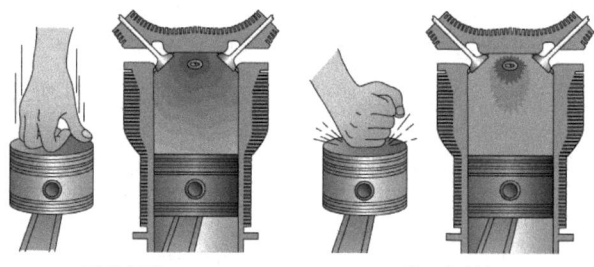

정상 폭발   데토네이션

[그림 2-25] 정상 폭발과 데토네이션 비교

다. 연료 계통(fuel system)

(1) 종류 : 중력식 연료 공급계통, 압력식 연료 공급계통

(2) 주요 구성

① 연료 탱크(fuel tank)

② 부스터 펌프(booster pump)

㉠ 형식 : 전기로 작동되는 원심력식

㉡ 작동시기 : 시동시, 이륙(상승)시, 비상시, 연료이송(배출)시

③ 선택 및 차단 밸브(selector & shut off valve)

④ 여과기(filter)

㉠ 종류 : 카트리지형(cartridge, 1회 사용), 스크린(screen)형

ⓒ 위치 : 탱크의 입출구, 계통의 최저부(주필터), 기화기 입구 등
⑤ 주 연료 펌프(engine driven fuel pump) : 베인식(vane type)이 많이 사용
  ㉠ 릴리프 밸브 : 펌프 출구 압력이 규정값 이상이면 흐름을 펌프 입구로 되돌려 줌
  ㉡ 바이패스 밸브 : 펌프 고장시 우회하여 연료를 공급함
  ㉢ 체크 밸브 : 흐름의 역류를 방지
⑥ 프라이머(primer) : 시동시의 저온 상태에서는 연료의 기화가 되지 못해 과희박(overlean) 상태로 시동이 어려우므로 실린더 벽에 직접 연료를 분사하여 농후한 혼합가스를 만들어 줌으로서 시동을 용이하게 한다.

라. 기화기 (carburetor)

(1) 혼합비와 엔진출력

① 혼합비(mixture ratio) : 연료와 공기의 혼합 중량비(무게비)
  이론혼합비 : 1:15(0.067:1), 가연범위 : 1:8~18, 적정출력 혼합비 : 1:12~14
② 후화(after fire) : 과농후(overrich) 혼합비에서 발생
③ 역화(back fire) : 과희박(overlean) 혼합비에서 발생

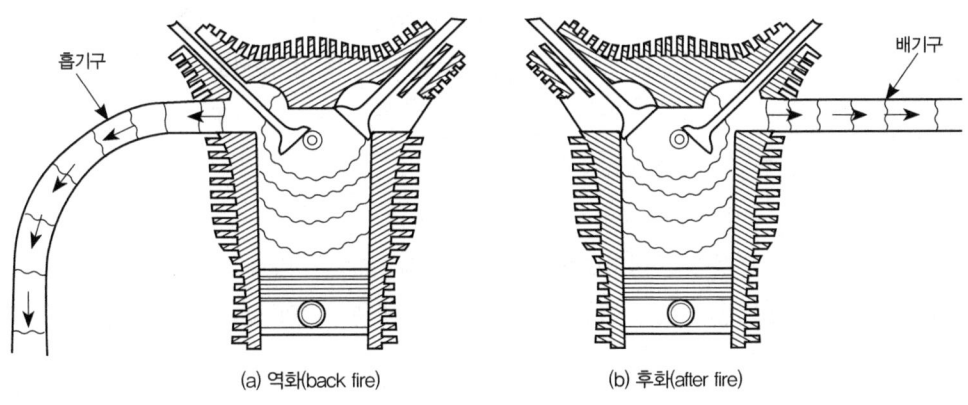

[그림 2-26] 역화와 후화

(2) 기화기 이론

① 이론과 기능 : 연속 방정식(단면적과 속도 반비례)과 베르누이 정리(속도와 압력 반비례)에 의해 흡입 공기가 벤츄리 관의 목부분을 통과할 때 속도가 가장 빠르고 압력이 가장 낮게 형성된다.
② 공기 블리드(air bleed) : 연료의 분무화를 용이하게 하기 위해 연료 분사 전에 공기를 섞어주는 장치

(3) 부자식 기화기 (float type carburetor)
  ① 특징
    ㉠ 구조가 간단하고 소형에 알맞다.
    ㉡ 비행자세의 영향이 크고 기화열에 의한 온도 강하로 결빙이 쉽다.
    ㉢ 대형 및 곡예용으로는 부적합하다.

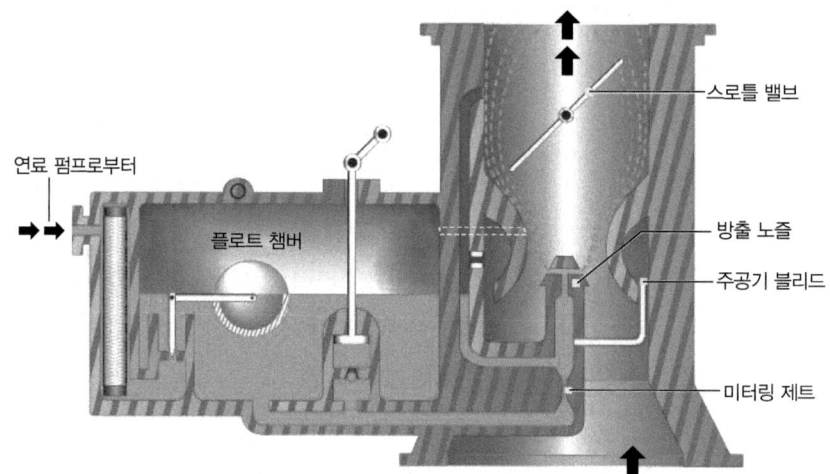

[그림 2-27] 플로트식 기화기의 단면

  ② 각 구성품과 작동
    ㉠ 주 메터링 장치(main metering system)
      • 구성 : 주 미터링 제트(main metering jet), 주 방출 노즐(main discharge nozzle)
      • 기능 : 연료공기 혼합비를 맞춤, 방출노즐의 압력을 낮춤, 스로틀 전개시 공기 양을 조절
    ㉡ 완속 장치(idle system) : 스로틀 밸브를 최대로 닫았을 때만 연료를 공급하는 장치
    ㉢ 이코노마이저 장치(economizing system) : 정상 출력 이상의 고출력에서 추가 연료 공급하는 장치로 needle valve type, piston type, manifold pressure operated type이 있다.
    ㉣ 가속 장치(acceleration system) : 엔진 급가속시에 추가적인 연료를 공급하는 장치
    ㉤ 혼합비 조정장치(mixture control system)
      • 기능 : 고고도에서 과농후 혼합비 방지, 순항시 lean으로 연료절감
      • 종류 : back suction type, needle valve type, air port type
      • 자동 혼합비 조정장치(AMC : Automatic Mixture Control unit)

(4) 압력분사식 기화기 (pressure injection type carburetor)
  ① 특징
    ㉠ 결빙이 없다.
    ㉡ 비행자세에 관계없이 효율증가
    ㉢ 정확한 비율로 공급
    ㉣ 압력 분사하므로 작동이 유연하고 경제적이다.
    ㉤ 출력맞춤이 간단하고 균일하다.
    ㉥ 증기폐색의 염려가 없다.

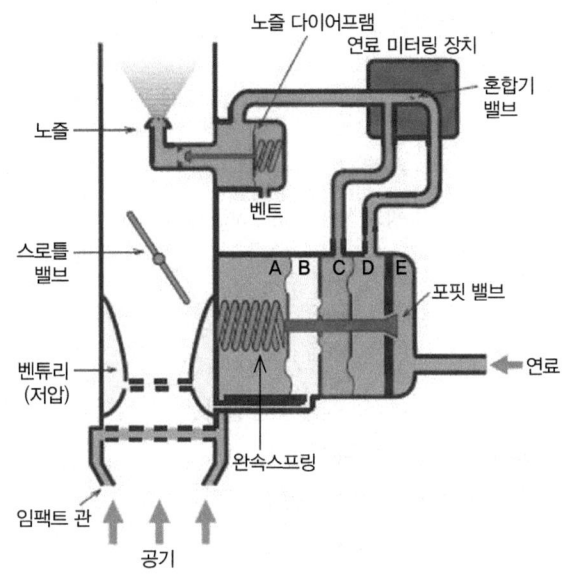

[그림 2-28] 압력 분사식 기화기 단면도

  ② 작동원리
    ㉠ A chamber : 임팩트 공기 압력 (impact air pressure)
    ㉡ B chamber : 벤츄리 목 부분 압력(부압-venturi suction pressure)
    ㉢ C chamber : 계량된 연료 압력 (metered fuel pressure)
    ㉣ D chamber : 미계량된 연료 압력 (unmetered fuel pressure)
    ㉤ A-B = 공기 계량 힘(air metering force) : $\triangle Pa$
    ㉥ D-C = 연료 계량 힘(fuel metering force) : $\triangle Pf$
    ㉦ $\triangle Pa$와 $\triangle Pf$의 힘의 차이에 의해 포핏 밸브 개폐되어 연료량 조절
    ※ A chamber 내의 완속 스프링 : 부자식 기화기의 완속 장치와 같은 역할

(5) 직접 연료 분사 장치 (direct fuel injection system)
  ① 장점
    ㉠ 비행자세에 영향을 받지 않는다.   ㉡ 결빙의 염려가 없다.
    ㉢ 연료분배가 균일하다.   ㉣ 역화(back fire)의 우려가 없다.
    ㉤ 시동성 및 가속성이 좋다.   ㉥ 엔진 효율이 증가한다.
  ② 구성품
    ㉠ fuel air control unit   ㉡ fuel injection pump
    ㉢ discharge nozzle

3. 윤활 계통

가. 윤활유(oil, lubricant)

(1) 윤활유의 종류

① 식물성(vegetable lubricant)

② 동물성(animal lubricant)

③ 광물성(mineral lubricant)

④ 합성유(synthetic lubricant) : 가장 많이 사용

㉠ MIL-L-7808 (type I) : 1960년대 사용

㉡ MIL-L-23699 (type II) : 1970년대부터 현재까지 사용

(2) 윤활유의 작용 : 윤활작용, 냉각작용, 기밀작용, 청결작용, 방청작용(부식방지 작용)

(3) 윤활유 공급방식 : 비산식(splash), 압송식(pressure), 복합식

(4) 윤활유의 구비조건

① 점도지수가 높을 것 : 온도 변화에 따른 점도의 변화가 적을 것

② 점도가 적당할 것   ③ 유성이 좋을 것

④ 유동점이 낮을 것   ⑤ 산화, 탄화, 부식성이 적을 것

나. 윤활 계통(lubricating system)

(1) 윤활 계통의 종류

① 습식 섬프 계통(wet sump system)

② 건식 섬프 계통(dry sump system) : 탱크와 섬프가 별도로 있으며, scavenge pump(배유 펌프, 귀유 펌프)가 있다.

(2) 윤활 계통의 구성품

① 오일 탱크(oil tank)

㉠ hot tank : oil cooler가 공급 라인에 위치

㉡ cold tank : oil cooler가 귀유(배유) 라인에 위치

② 호퍼 탱크(hopper tank)

㉠ 위치 : 오일 탱크 내

㉡ 역할 : 시동시 유온 상승 촉진, 배면 비행시 오일공급, 거품방지

> **Note** | 오일 희석(oil dilution)
> 추운 기후에서 엔진 시동시 오일 점도를 낮추기(저점도) 위해 엔진을 정지시키기 직전에 오일 계통에 연료를 분사하는 방식으로 사용

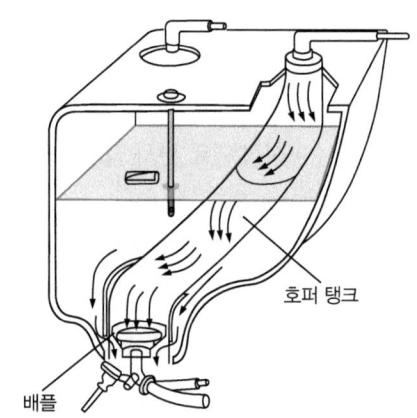

[그림 1-29] 윤활유 탱크 내의 호퍼 탱크

③ 압력 펌프(oil pressure pump) : gear type을 많이 사용
④ 오일 냉각기(oil cooler) : 공냉식
  ※ 오일 온도 조절 밸브(바이패스 밸브) : 냉각기 입구에 위치하여 귀유되는 오일의 온도가 규정 온도보다 낮으면 냉각기를 거치지 않고 바로 공급

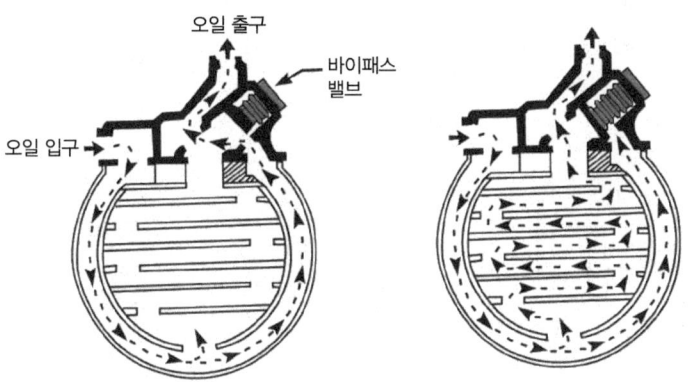

[그림 2-30] 오일 냉각기의 오일 온도 조절 밸브(바이패스 밸브)

4. 시동 및 점화계통

가. 시동계통(starting system)

(1) 수동식(hand cranking)

(2) 전기식

  ① 관성식 시동기(inertia type starter)
  ② 직접구동 시동기(direct cranking starter) : 현재 대부분의 항공기 왕복 엔진에서 사용
    ㉠ 소형기 : 12V 또는 24V, 50~100A, 대형기 : 24V, 300~500A
    ㉡ 직권식 전동기 사용

나. 점화계통(ignition system)

(1) 종류 : 축전지식(자동차에 사용), 마그네토식(항공용 왕복엔진에 사용)

(2) 점화방식

  ① 단일 점화 방식 : 자동차에 적용
  ② 이중 점화 방식 : 항공기에 적용, 독립된 2개의 계통으로 구성되며 1기통에 2개의 점화 플러그가 있음

(3) 계통의 종류

  ① 고압 점화 계통(high tension ignition system)
  ② 저압 점화 계통(low tension ignition system) : 변압기 코일이 점화 플러그마다 필요

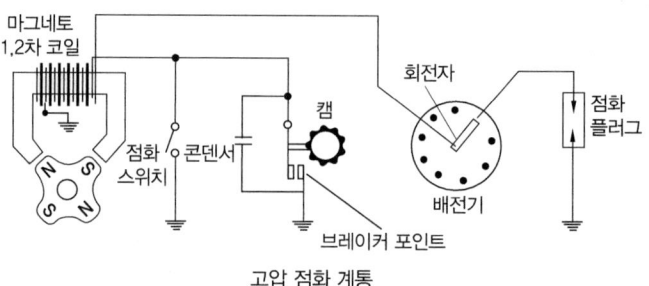

고압 점화 계통

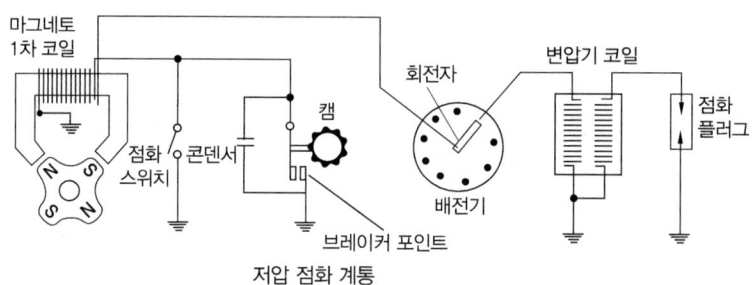

저압 점화 계통

[그림 2-31] 고압 점화 계통과 저압 점화 계통의 비교

(4) 마그네토 작동원리와 구성

① 회전 영구 자석(rotating magnet)

※유효 회전 속도(coming-in speed) : 회전 영구자석이 회전하여 전기를 발생시킬 수 있는 가장 느린 속도로 보통 100~200rpm 이다. 시동시는 시동기 회전속도가 느려 이 속도에 도달되기 어려우므로 점화 보조 장치가 필요하다.

② 폴 슈(pole shoe)

③ 코일 어셈블리(coil assembly) : 1차 코일(primary coil), 2차 코일(secondary coil)

④ 브레이커 포인트(breaker point) : 콘덴서(condenser)와 함께 1차 회로에 병렬, 브레이커 포인트의 재질은 백금과 이리디움의 합금

⑤ 콘덴서(condenser) : 브레이커 포인트와 1차 회로에 병렬로 연결되어 브레이커 포인트에 생기는 과도한 전기 불꽃(arcing)을 방지하고 철심의 잔류 자기를 빨리 소멸시키는 역할을 한다.

⑥ 배전기(distributor) : 각 실린더에 점화 순서대로 고전압 공급

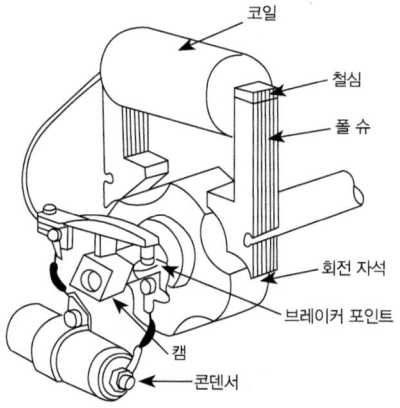

[그림 2-32] 마그네토 내부 구성요소

> **Note | E-gap과 보상 캠**
> ① E-gap : 회전 자석이 중립점을 출발하여 브레이커 포인트가 떨어질려는 순간까지 회전하는 각도를 크랭크축의 회전 각도로 환산한 각도
> ② 보상 캠(compensated cam) : 성형기관의 커넥팅로드는 주 및 부 커넥팅 로드의 운동 궤적 차이로 인해 실린더마다 점화 시기의 차이가 발생할 수 있다. 이를 보상하기 위해 각 엔진에 맞는 고유한 cam lobe를 가진 보상 캠을 사용한다.

> **Note | 크랭크축과 마그네토 내부의 회전체 간 속도비**
>
> | 구분 | 마그네토 자석 회전수 | 브레이커 포인트 캠 회전수 | 배전기 회전자 회전수 |
> |---|---|---|---|
> | 크랭크축 1회전 | $\dfrac{\text{마그네토 회전속도}}{\text{크랭크축 회전속도}} = \dfrac{\text{실린더 수}}{2\times\text{극수}}$ | $\dfrac{\text{실린더 수}}{2\times\text{캠로브 수}}$ | $\dfrac{1}{2}$ |

(5) 점화 플러그(spark plug)

① 구성 : 전극(중심전극, 접지전극), 세라믹 절연체, 금속 쉘

② 분류

　㉠ 접지전극 수에 의한 분류 : 1극, 2극, 3극, 4극

　㉡ 열에 의한 분류 : hot형, cold형

　㉢ 직경에 의한 분류 : 14mm, 18mm

③ 하네스(harness) : 마그네토와 점화 플러그를 연결하는 전선

④ 점화 스위치(ignition(magneto) switch) 위치 : BOTH, R, L, OFF, START

⑤ P-lead : switch와 magneto의 1차회로(breaker point)를 병렬연결하여 switch의 기능을 magneto에 전달하는 1차선

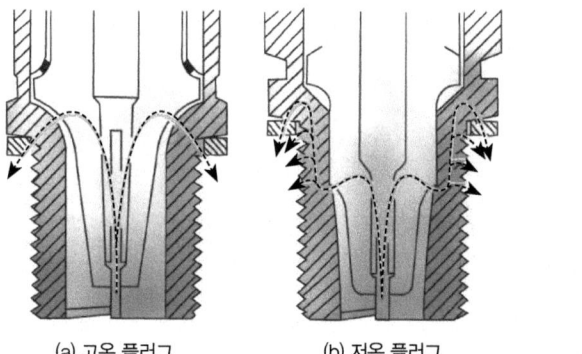

(a) 고온 플러그　　(b) 저온 플러그

[그림 2-33] 점화 플러그의 종류(방열 면적에 따라)　　[그림 2-34] Key type 점화 스위치

(6) 점화 순서(firing order)

기관	점화 순서
4기통 대향형	1-3-2-4 또는 1-4-2-3
6기통 대향형	1-4-5-2-3-6 또는 1-6-3-2-5-4
9기통 성형 (1열)	1-3-5-7-9-2-4-6-8
14기통 성형 (2열) (+9, -5)	1-10-5-14-9-4-13-8-3-12-7-2-11-6
18기통 성형 (2열) (+11, -7)	1-12-5-16-9-2-13-6-17-10-3-14-7-18-11-4-15-8

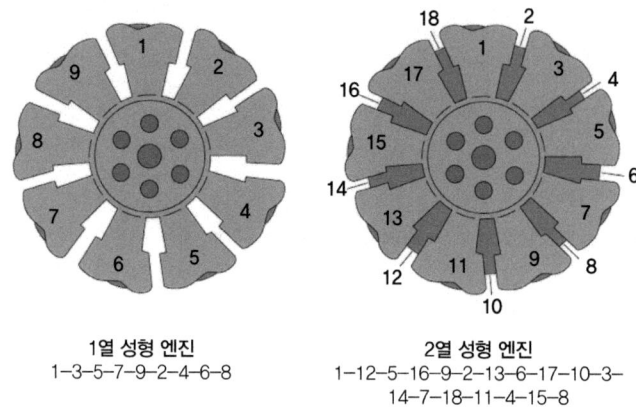

1열 성형 엔진
1-3-5-7-9-2-4-6-8

2열 성형 엔진
1-12-5-16-9-2-13-6-17-10-3-
14-7-18-11-4-15-8

[그림 2-35] 성형 엔진의 점화 순서

(7) 점화 보조 장치 : 시동시 마그네토가 유효 회전 속도에 도달되지 못할 때 사용
  ① 임펄스 커플링(impulse coupling) : 순간적인 고속 회전으로 유효 회전 속도 이상으로 만들어 줌(대향형 엔진에 많이 사용)
  ② 부스터 코일(booster coil) : 축전지에서 전기를 받아 마그네토의 역할을 대신 함
  ③ 인덕션 바이브레이터(induction vibrator) : 축전지에서 전기를 받아 마그네토의 1차 코일에 맥류를 공급(시동기와 연동)

03 왕복엔진의 작동과 검사

1. 왕복엔진의 작동과 검사

가. 유압 폐쇄(hydraulic lock)

성형기관의 하부에 장착된 실린더에는 작동 후 정지되어 있는 동안 묽어진 오일이나 습기 응축물 기타의 액체가 중력에 의해 스며 내려와 연소실내에 갇혀 있다가 다음 시동을 시도할 때 액체의

비압축성으로 피스톤이 멈추고 억지로 시동을 시도하면 엔진에 큰 손상을 일으키는 현상이다. 그러므로 성형기관 제작시 하부 실린더는 스커트를 길게 제작하며, 장시간 보관 후 다시 사용하기 전에는 하부 실린더의 점화 플러그를 뽑고 프로펠러를 몇 번 회전시켜 점화 플러그 구멍을 통해 액체를 배출시켜야 한다.

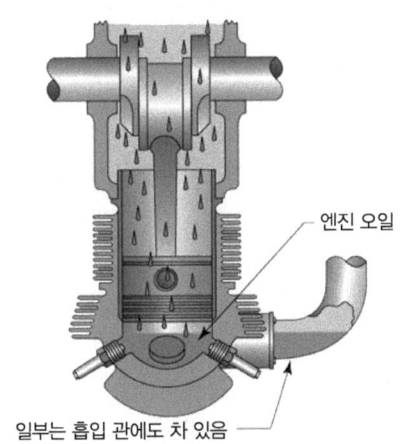

[그림 2-36] 유압 폐쇄(hydraulic lock) 현상과 그 결과

나. 실린더 장·탈착시 피스톤의 위치 : 압축 상사점
밸브가 닫힌 상태가 되어야 푸시로드가 로커 암을 누르지 않아 로커 암을 장탈할 수 있음

다. 실린더 압축 시험(차압 시험)
(1) 실린더의 압축력을 유지하기 위해 실린더가 제대로 기밀을 유지하고 있는 지 검사
(2) 압축 시험시 피스톤의 위치 : 압축 상사점(밸브가 모두 닫혀 있어야 함)

라. 피스톤 링 간극 측정
(1) 옆간극(side clearance) : 피스톤 링과 피스톤의 링 홈 사이의 간극
(2) 끝간극(end clearance) : 피스톤 링을 실린더에 장착했을 때 링 끝과 끝 사이의 간극
(3) 측정 공구 : 두께 게이지(thickness gauge)
(4) 옆간극이 규정값보다 크면 : 링 교환, 작으면 : 래핑 컴파운드로 갈아 규정값에 맞춘다.
(5) 끝간극이 규정값보다 크면 : 링 교환, 작으면 : 줄로 갈아 규정값에 맞춘다.

마. 밸브 간극 조절
(1) 밸브 간극(valve clearance) : 푸시로드에 힘이 가해지지 않을 때 밸브 끝과 로커 암 사이의 간격. (밸브 기구의 원활한 작동을 위해 필요)
(2) 열간 간격(작동 간격-기관 작동 중의 간극) : 0.07 inch

(3) 냉간 간격(검사 간격-기관 정지 시의 간극) : 0.01 inch
(4) 간격이 너무 좁으면 빨리 열리고 늦게 닫히고, 간격이 너무 넓으면 늦게 열리고 빨리 닫힌다.
(5) 성형기관에서는 밸브 간극 조절
(6) 대향형 엔진에서는 유압식 밸브 리프터(hydraulic valve lifter)로 되어 있어 오일압력에 의해 작동 중 밸브간격을 항상 0으로 유지하므로 정비가 간단(Overhaul시에만 간격검사-간격이 맞지 않으면 푸시로드 교환)하고 작동이 유연해진다.

바. 윤활유 분광 시험 (SOAP : Spectrometic Oil Analysis Program)

사람의 혈액검사와 비슷한 것으로서 엔진정지 후 30분 이내에 윤활유 탱크에서 윤활유를 채취하여 윤활유에 섞여있는 금속입자들을 검사하는 것으로 금속입자의 종류에 따라 엔진의 이상 부위를 찾아낼 수 있다.

사. 마그네토 점화시기 조절

(1) 내부 점화시기 조절 : 마그네토 자체의 타이밍을 맞추는 것
(2) 외부 점화시기 조절 : 마그네토와 엔진 사이의 타이밍을 맞추는 것(1번 실린더 기준)
(3) 타임 라이트(timerite) : 실린더 내에서 피스톤의 위치 측정하는 데 사용
(4) 타이밍 라이트(timing light) : 외부 점화 시기 조절에 사용

아. 마그네토 낙차 시험

(1) 마그네토가 정상적으로 작동하는지 엔진의 회전수를 점검하는 것으로 두 개의 마그네토를 작동하다가 한 개만 작동하도록 하여 회전수의 감소폭을 측정하여 규정값 이내인지 확인
(2) 점화 스위치 작동 순서 : Both-Right(Left)-Both-Left(Right)-Both

항공기 왕복엔진 적중예상문제

2-1 작동원리

01 항공기용 왕복엔진에서 피스톤의 넓이가 165cm², 행정길이가 155mm, 실린더 수가 4개, 제동평균유효압력이 8kg/cm², 회전수가 2400rpm일 때 제동마력은?

㉮ 203ps ㉯ 218ps ㉰ 235ps ㉱ 257ps

풀이 $bHP = \dfrac{PLANK}{75 \times 2 \times 60} = \dfrac{8kg/cm^2 \times 0.155m \times 165cm^2 \times 2400rpm \times 4}{75kg \cdot m/\sec \times 2 \times 60\sec}(ps)$
(단위를 통일하는 것이 아니라 분모와 분자의 단위를 같이 상쇄할 수 있도록 해야 함)

02 제동마력을 구하는 식으로 옳은 것은? [단, bHP : 제동마력, P : 제동평균유효압력(psi), L : 행정거리(ft), A : 피스톤 면적(in²), N : 엔진 회전수(4행정 엔진일 때 rpm/2), K : 실린더 수]

㉮ $bHP = \dfrac{PLANK}{375}$ ㉯ $bHP = \dfrac{PLANK}{475}$

㉰ $bHP = \dfrac{PLANK}{550}$ ㉱ $bHP = \dfrac{PLANK}{33000}$

풀이 33000 = 550[lb · ft/sec]×60[sec]

03 지시마력에서 마찰마력을 뺀 값을 무엇이라 하는가?

㉮ 제동마력 ㉯ 일 마력 ㉰ 유효마력 ㉱ 손실마력

풀이
- 지시마력(iHP, 도시마력) : 실린더 안에 있는 연소 가스가 피스톤에 작용하여 얻어진 동력
- 제동마력(bHP, 축마력) : 실제 엔진의 크랭크축에서 나오는 동력
- 마찰마력(fHP) : 피스톤으로부터 크랭크 기구를 통하여 크랭크축에 전달되면서 손실된 마력
- fHP = iHP − bHP, η_m(기계효율) = bHP/iHP (기계효율은 85~95% 정도이다.)

04 피스톤의 지름이 16cm인 피스톤에 65kgf/cm²의 가스압력이 작용하면 피스톤에 미치는 힘은 얼마인가?

㉮ 10.06(t) ㉯ 11.06(t) ㉰ 12.06(t) ㉱ 13.06(t)

풀이 $P = F/A$, $F = P \cdot A = 65 \cdot \pi \cdot 8^2$ (1ton = 1000 kgf)

정답 [2-1] 01 ㉯ 02 ㉱ 03 ㉮ 03 ㉱

05
한 개의 실린더 배기량이 170in³인 7기통 왕복 엔진이 2000rpm으로 회전하고 있다. 지시마력이 1800HP이고 기계효율 $\eta_m = 0.8$이면 제동평균 유효압력은 얼마인가?

㉮ 186 psi   ㉯ 257 psi   ㉰ 326 psi   ㉱ 479 psi

풀이 $\eta_m = \dfrac{bHP}{iHP}$, $bHP = \eta_m \times iHP = 0.8 \times 1800 = 1440$

$bHP = \dfrac{P_{mb} LANK}{550 \times 60}$, $P_{mb} = \dfrac{bHP \times 550 \times 60}{LANK} = \dfrac{1440 \times 550 \times 12 \times 60}{170 \times \dfrac{2000}{2} \times 7} (psi, lb/in^2)$

(1 HP = 550 ft · lb/sec = 550 · 12 in · lb/sec, 1 ft = 12 inch)

06
다음 평균 유효 압력에 관한 설명 중 맞는 것은?

㉮ 1 Cycle당 유효 일을 행정거리로 나눈 것
㉯ 1 Cycle당 유효 일을 체적효율로 나눈 것
㉰ 1 Cycle당 유효 일을 행정체적으로 나눈 것
㉱ 행정체적을 1 Cycle당 유효일로 나눈 것

풀이 $P(압력) = \dfrac{F(힘)}{A(단위면적)} = \dfrac{\dfrac{W(일)}{S(행정거리)}}{A} = \dfrac{W}{A \cdot S} = \dfrac{W}{V(체적)}$

07
피스톤(Piston)의 상사점과 하사점 사이의 거리는?

㉮ 보어(Bore)   ㉯ 행정거리(Stroke)   ㉰ 주기(Cycle)   ㉱ 오버랩(Overlap)

풀이
- 보어(cylinder bore) : 실린더 안지름
- 주기(cycle) : 실린더 내의 piston에 의해 4행정(흡입, 압축, 팽창, 배기)을 1회 완료하는 것
- 밸브 오버랩(valve overlap) : 배기행정 말기에서 흡입행정 초기까지 두 밸브가 동시에 열려있는 상태

08
배기밸브가 닫혀있고, 흡입밸브가 막 닫히려 할 때 피스톤의 행정은?

㉮ 흡입 행정   ㉯ 압축행정   ㉰ 팽창 행정   ㉱ 배기 행정

09
4행정 왕복엔진에서 점화가 1분에 200번 점화되었다. 크랭크축의 회전속도는?

㉮ 200rpm   ㉯ 400rpm   ㉰ 800rpm   ㉱ 1600rpm

풀이 1 cycle 동안 점화는 1회, 크랭크축은 2회전한다.

10 왕복 엔진의 실린더 내의 최대 폭발 압력은 일반적으로 어느 점에서 일어나는가?

㉮ 상사점
㉯ 상사점 후 약 10° (크랭크각)
㉰ 상사점 전 약 25° (크랭크각)
㉱ 상사점 후 약 25° (크랭크각)

11 흡입 밸브가 상사점 전에 열리는 것을 무엇이라고 하는가?

㉮ valve lap   ㉯ valve lead   ㉰ valve lag   ㉱ valve clearance

풀이
- valve lead : 흡(배)기 밸브가 상(하)사점 전에서 열리거나 닫히는 것
- valve lag : 흡(배)기 밸브가 상(하)사점 후에서 열리거나 닫히는 것

12 다음 왕복엔진의 경우 밸브 오버랩(valve overlap)은 얼마인가?

I.O BTC 25°, E.O BBC 50°, I.C ABC 60°, E.C ATC 20°

㉮ 25°   ㉯ 45°   ㉰ 50°   ㉱ 75°

풀이 밸브 오버랩 = 흡입밸브 상사점 전 열림 각도 + 배기밸브 상사점 후 닫힘 각도

13 왕복엔진에서 밸브 오버랩의 가장 큰 장점은?

㉮ 배기밸브 냉각을 돕고, 더 많은 출력을 낼 수 있게 한다.
㉯ 후화를 방지한다.
㉰ 배기가스를 속히 배출한다.
㉱ 혼합기를 더 많이 실린더 안으로 들어오게 한다.

풀이 밸브 오버랩의 장점 : 체적효율 증가, 실린더 및 배기밸브의 냉각, 배기가스의 완전배출

14 다음 9기통 성형 엔진의 밸브 타이밍 파워 오버랩(power overlap)은?

I.O BTC 30°, E.O BBC 60°, I.C ABC 60°, E.C ATC 15°

㉮ 30°   ㉯ 40°   ㉰ 50°   ㉱ 60°

풀이
- 밸브 타이밍 파워 오버랩 : 한 실린더가 팽창(폭발) 행정 중에 있을 때, 다음 점화되는 실린더가 폭발하여 팽창(폭발) 행정이 겹치는 동안의 크랭크축 회전 각도
- 9기통 성형 엔진에서 각 실린더는 80° 차이를 두고 점화(폭발)가 이루어지고(720÷9 = 80), 배기밸브가 하사점 60° 전에 열리므로, 팽창(폭발)행정 기간은 120°(180−60 = 120)이다. 120° 중에서 각 실린더는 80°마다 폭발이 이루어지므로 40°가 겹치게 된다.

정답 10 ㉯ 11 ㉯ 12 ㉯ 13 ㉮ 14 ㉯

2-2 왕복엔진의 구조

01 유성기어식 감속기어(reduction gear)의 감속비를 구하는 식으로 옳은 것은? (단, Na : 구동 기어 잇수, Nb : 유성 기어 잇수, Nc : 고정 기어 잇수)

㉮ $R = \dfrac{Na}{Na + Nc}$ ㉯ $R = \dfrac{Nb}{Na + Nc}$

㉰ $R = \dfrac{Nc}{Na + Nc}$ ㉱ $R = \dfrac{Na + Nb}{Na + Nc}$

풀이 감속비 계산시 유성기어의 잇수는 포함하지 않는다.

02 실린더의 연소실 모양 중에서 가장 많이 사용되는 형태는 무엇인가?

㉮ 원통형 ㉯ 반구형 ㉰ 원뿔형 ㉱ 돔형

03 종통형(chock bore) 실린더의 설명으로 옳은 것은?

㉮ 정상 작동시 실린더 내경을 직선으로 해주기 위해서
㉯ 연소실의 마모 방지
㉰ 피스톤 링의 고착 방지
㉱ 윤활유의 탄소찌꺼기 제거

풀이 초크보어 실린더 : 실린더의 열팽창을 고려하여 상사점 부근의 직경을 하사점보다 작게 만든 실린더

04 실린더의 내벽을 경화시키는 방법은?

㉮ nitriding ㉯ shot peening ㉰ Ni plating ㉱ Zn plating

풀이 실린더 안지름 경화방법 : 질화처리(Nitriding), 크롬 도금(chrome plating), 강철의 실린더 라이너(cylinder liner)

05 피스톤 링은 연소실을 밀폐시키는 역할 이외에 어떤 역할을 하는가?

㉮ 피스톤 핀(pin)을 윤활시킨다.
㉯ 크랭크 케이스(case) 압력을 축소시킨다.
㉰ 실린더가 헤드(head)로 너무 가까이 접근하는 것을 방지한다.
㉱ 열 분산을 돕는다.

풀이 피스톤 링의 작용 : 기밀작용, 열전도 작용, 윤활유 조절작용

정답 [2-2] 01 ㉮ 02 ㉯ 03 ㉮ 04 ㉮ 05 ㉱

06 피스톤의 구비조건이 아닌 것은?

㉮ 관성의 영향을 크게 받을 것
㉯ 온도차에 의한 변형이 적을 것
㉰ 열전도가 양호할 것
㉱ 중량이 가벼울 것

07 홈이 4개인 피스톤이 있다. 이 홈에 들어가는 피스톤 링은?

㉮ 압축링 3개, 오일링 1개
㉯ 압축링 4개
㉰ 오일링 2개, 압축링 2개
㉱ 오일링 3개, 압축링 1개

풀이
- 피스톤링 3개 : 압축링-2, 오일링-1
- 피스톤링 4개 : 압축링-2, 오일조절링-1, 오일와이퍼링-1
- 피스톤링 5개 : 압축링-3, 오일조절링-1, 오일와이퍼링-1

08 피스톤에 링 장착 방법으로 옳은 것은?

㉮ 링과 홈 사이의 간격이 없게 한다.
㉯ 모든 링 조인트는 일직선이 되게 한다.
㉰ 모든 링 조인트는 간격을 없이 한다.
㉱ 모든 링 조인트는 서로 일정 간격으로 배열한다.

풀이 실린더 내의 가스 누설을 방지하기 위해 서로 다른 각도로 배열한다. 예를 들어 3개를 장착할 경우 120° (360°÷3) 간격으로 배열한다.

09 성형 엔진에서 실린더의 배기밸브는 흡기밸브보다 과열되므로 밸브의 내부에 어떤 물질을 넣어서 냉각하는가?

㉮ 암모니아액   ㉯ 금속나트륨   ㉰ 수은   ㉱ 실리카겔

10 밸브 가이드가 마모된 것으로 판단할 수 있는 현상은?

㉮ 높은 오일 소모량
㉯ 낮은 실린더 압력
㉰ 낮은 오일 압력
㉱ 높은 오일 압력

풀이 밸브 가이드는 밸브의 직선운동을 안내하는 것으로 마모가 되면 밸브와 가이드 사이로 오일이 실린더 안쪽으로 흘러 들어갈 수 있다.

정답 06 ㉮ 07 ㉰ 08 ㉱ 09 ㉯ 10 ㉮

11 항공기용 왕복엔진의 밸브에 2개 이상의 밸브스프링을 사용하는 이유는?

㉮ 밸브가 인장되는 것을 방지
㉯ 밸브 스프링에 균등한 압력을 주기 위해
㉰ 밸브 스프링의 파동을 줄이기 위해
㉱ 밸브 스프링이 파손되는 것을 방지

풀이 밸브 스프링을 2개 사용하는 이유 : 밸브의 서지 진동 방지와 안전 고려

12 왕복엔진의 로커암과 밸브 끝의 간극이 작다면?

㉮ 밸브가 늦게 열리고 늦게 닫힌다.
㉯ 밸브가 열려 있는 기간이 짧다.
㉰ 밸브가 일찍 열리고 일찍 닫힌다.
㉱ 밸브가 일찍 열리고 늦게 닫힌다.

13 성형 엔진에서 캠 로브가 4개인 캠 링(cam ring)은 크랭크 축이 1회전할 때 얼마를 회전하는가?

㉮ 1/2   ㉯ 1/4   ㉰ 1/8   ㉱ 1/16

풀이 크랭크축에 대한 캠 판(cam plate, cam ring)의 속도 = $\dfrac{1}{\text{로브 수} \times 2}$

14 2열 18기통 성형 엔진에서 주 커넥팅 로드는 몇 개인가?

㉮ 1개   ㉯ 2개   ㉰ 9개   ㉱ 18개

풀이 주 커넥팅 로드는 1열에 1개씩 있다.

15 크랭크축의 주요 3부분에 속하지 않는 것은?

㉮ Main Journal   ㉯ Crank Pin   ㉰ Connecting Rod   ㉱ Crank Arm

16 크랭크 핀이 중공(hollow)으로 된 이유와 관계가 먼 것은?

㉮ 무게 경감을 위해서
㉯ 슬러지 챔버(Sludge Chamber)로 사용하기 위해
㉰ 윤활유의 통로 역할을 위해
㉱ 커넥팅로드와 연결을 위해

풀이
- 중공(hollow) : 가운데를 비게 한 것
- 슬러지 챔버(sludge chamber) : 불순물 저장 장소

정답 11 ㉰ 12 ㉱ 13 ㉰ 14 ㉯ 15 ㉰ 16 ㉱

17 왕복 엔진의 크랭크 축의 재질은?

㉮ 니켈강 ㉯ 니켈-그롬강
㉰ 크롬-니켈-몰리브덴강 ㉱ 크롬-바나듐강

풀이 크랭크축은 높은 연소 압력에 의한 굽힘과 고속회전으로 인한 원심력과 관성모멘트 및 진동 등이 작용하므로 니켈-크롬-몰리브덴 강과 같은 강한 합금강으로 만들어진다.

18 성형 엔진의 크랭크축에서 정적평형을 위한 장치는 무엇인가?

㉮ 카운터 웨이트(counter weight) ㉯ 다이나믹 댐퍼(dynamic damper)
㉰ 다이나믹 센서(dynamic senser) ㉱ 플라이 휠(fly wheel)

풀이
- 평형추(counter weight) : 크랭크축 회전시 무게의 균형을 맞추어 준다. (정적 평형)
- 다이나믹 댐퍼(dynamic damper) : 크랭크축의 변형이나 비틀림 및 진동을 줄여준다.

19 크랭크 축에 있는 다이나믹 댐퍼(dynamic damper)의 주 목적은?

㉮ 크랭크축의 자이로 작용(gyroscopic action)을 방지하기 위하여
㉯ 항공기가 교란되었을 때 원위치로 복원시키기 위하여
㉰ 크랭크축의 비틀림 진동을 감소하기 위하여
㉱ 커넥팅로드(connection rod)의 왕복운동을 방지하기 위하여

20 왕복엔진의 크랭크축에 일반적으로 사용하는 베어링은?

㉮ 플레인 베어링 ㉯ 로울러 베어링
㉰ 보올 베어링 ㉱ 니들 베어링

풀이
- 플레인 베어링 : 일반적으로 커넥팅 로드, 크랭크축, 캠축에 사용
- 롤러 베어링 : 고출력 항공기의 크랭크축을 지지하는 주 베어링
- 볼베어링 : 대형 성형 엔진이나 가스 터빈 엔진의 추력 베어링

정답 17 ㉰ 18 ㉮ 19 ㉰ 20 ㉮

2-3 왕복엔진의 성능

01 다음 중 왕복 엔진의 압축비를 구하는 식은 무엇인가?
(ε : 압축비, V_C : 연소실 체적, V_S : 행정 체적)

㉮ $\varepsilon = \dfrac{V_S}{V_C}$ ㉯ $\varepsilon = \dfrac{V_C}{V_S}$ ㉰ $\varepsilon = 1 + \dfrac{V_S}{V_C}$ ㉱ $\varepsilon = 1 + \dfrac{V_C}{V_S}$

풀이 압축비 = $\dfrac{\text{피스톤이 하사점에 있을 때의 실린더 체적}}{\text{피스톤이 상사점에 있을 때의 실린더 체적}}$ = $\dfrac{\text{연소실 체적 + 행정 체적}}{\text{연소실 체적}}$

02 실린더의 압축비는 피스톤이 행정의 하사점에 있는 때와 상사점에 있을 때의 실린더 공간체적의 비이다. 압축비가 너무 클 때 일어나는 현상이 아닌 것은?

㉮ 하이드로릭 락   ㉯ 디토네이션
㉰ 조기 점화   ㉱ 고열 현상과 출력 감소

풀이
• 하이드로릭 락(hydraulic lock) : 성형기관의 하부 실린더 내에 축적된 액체로 인하여 엔진이 시동될 때 그 작동을 멈추게 하고, 회전하려는 크랭크축의 힘에 의해 커넥팅 로드의 파손을 초래하는 현상
• 디토네이션 : 정상 점화 후에 발생하는 이상 폭발 현상
• 조기 점화 : 정상 점화 전에 발생하는 이상 폭발 현상

03 왕복엔진의 배기량이 1500CC이고 압축비가 8.5일 때 연소실 체적으로 바른 것은?

㉮ 176CC   ㉯ 200CC   ㉰ 250CC   ㉱ 300CC

풀이 압축비 = 1 + $\dfrac{\text{행정 체적(배기량)}}{\text{연소실 체적}}$ 이므로, $8.5 = 1 + \dfrac{1500}{x}$

04 왕복엔진 실린더의 지름이 16cm, 행정길이가 0.16m, 실린더 수가 4개일 때 총행정체적은?

㉮ 10.95 ℓ   ㉯ 11.28 ℓ   ㉰ 12.87 ℓ   ㉱ 15.98 ℓ

풀이 총배기량(총 행정체적) = 실린더 단면적×행정거리×실린더 수 = $\dfrac{\pi D^2}{4} \times l \times N$
= $\dfrac{\pi \cdot 16^2}{4} \times 16 \times 4 (cm^3)$, $1\ell = 1000 cm^3$

05 왕복엔진에서 흡기압력이 증가할 때 일어나는 현상으로 가장 올바른 것은?

㉮ 충진 체적이 증가한다.   ㉯ 충진 체적이 감소한다.
㉰ 충진 밀도가 증가한다.   ㉱ 연료, 공기 혼합기의 무게가 감소한다.

정답 [2-3] 01 ㉰ 02 ㉮ 03 ㉯ 04 ㉰ 05 ㉰

06 다음 중 엔진 체적효율을 감소시키는 원인이 아닌 것은?

㉮ 밸브의 부적당한 타이밍
㉯ 고온공기의 사용
㉰ 흡입 다기관의 누설
㉱ 작은 다기관의 직경

풀이 η_v(체적효율) = $\dfrac{\text{실제 흡입된 가스의 체적}}{\text{행정 체적}}$

체적 효율을 감소시키는 원인으로는 부적절한 밸브 타이밍, 매우 높은 rpm, 높은 기화기 공기 온도, 고온의 연소실, 흡입 매니폴드(다기관) 내의 방향전환 등이 있다.

07 M.E.T.O 마력을 가장 올바르게 설명한 것은?

㉮ 순항마력이다.
㉯ 시간제한 없이 장시간 연속작동을 보증할 수 있는 연속 최대마력이다.
㉰ 엔진이 낼 수 있는 최대의 마력이다.
㉱ 열효율이 가장 좋은 상태에서 얻어지는 동력이다.

풀이 정격마력(METO, Maximum Except Take-Off) : 연속적으로 낼 수 있는 최대 마력

2-4 흡·배기 계통

01 흡입계통에서 기화기 공기 히터의 열원은?

㉮ electron heating
㉯ cabin heater
㉰ 열전대(thermo couple)
㉱ 배기가스

풀이 기화기 공기 히터(air heater muff)
- 기화기의 결빙 방지를 위해 흡입 공기를 가열
- 제어 밸브 : 알터네이트 에어 밸브(alternate air valve)
- 배기관에 있는 히터 머프(heater muff)가 배기 가스의 열을 이용하여 공기 가열

02 일종의 압축기로 흡입 가스를 압축시켜 많은 양의 공기 또는 혼합 가스를 실린더로 보내어 큰 출력을 내는 장치는?

㉮ 기화기
㉯ 공기덕트
㉰ 매니폴드
㉱ 과급기

풀이
- 과급기(supercharger)의 목적 : 고고도에서 출력감소 방지, 이륙시 출력 증가
- 과급기의 형태상 종류 : 원심식(많이 사용), 루츠식, 베인식

정답 06 ㉱ 07 ㉯ [2-4] 01 ㉱ 02 ㉱

03 왕복엔진에서 기화기 빙결(Carburetor Icing)이 일어나면 어떠한 현상이 나타나는가?

㉮ C.H.T(Cylinder Head Temperature)에 이상이 생긴다.
㉯ 흡입압력(Manifold Pressure)이 증가한다.
㉰ 엔진회전수(Engine R.P.M)가 증가한다.
㉱ 흡입압력(Manifold Pressure)이 감소한다.

풀이 기화기가 결빙되면 흡입 공기의 양이 감소하여 혼합가스의 압력이 감소된다.

04 터보차저(turbocharger)의 동력원은?

㉮ 크랭크축 ㉯ 배터리 ㉰ 발전기 ㉱ 배기가스

풀이 과급기의 동력원에 의한 종류
- 기계식 : 크랭크축의 회전력을 이용하여 임펠러 구동
- 배기 터빈식(turbocharger) : 배기 가스 이용

05 과급기를 설치한 엔진의 흡기계통 내 압력이 가장 낮은 곳은?

㉮ 기화기 입구 ㉯ 과급기 입구 ㉰ 스로틀밸브 앞 ㉱ 흡입다기관

풀이 과급기의 설치 위치에 따른 분류
- 내부 과급기(internal type supercharger) : 과급기가 기화기와 실린더 흡입구 사이에 위치하여 기화기에서 나오는 혼합기를 압축
- 외부 과급기(external type supercharger) : 기화기 전에 위치하여 흡입 공기 압축

06 항공기 왕복엔진에서 고도증가에 따르는 배기배압(exhaust back pressure)의 감소의 결과는?

㉮ 소기효과를 향상시켜 제동마력을 향상시킨다.
㉯ 소기효과를 저하시켜 제동마력을 감소시킨다.
㉰ 마력과는 관계가 없다.
㉱ 흡기다기관의 압력을 저하시킨다.

풀이 배기배압이 낮으면 압력차가 그 만큼 커지므로 배기가 잘 이루어진다.

2-5 연료계통

01 연료의 저위 발열량이란 무엇인가?

㉮ 연소가스 중 탄소만의 발열량을 말한다.
㉯ 연소가스 중 물(H_2O)이 증기인 상태일 때 측정한 발열량이다.
㉰ 연소가스 중 물(H_2O)이 액체인 상태일 때 측정한 발열량이다.
㉱ 연소 효율이 가장 나쁠 때의 발열량이다.

풀이
- 고위 발열량 : 연소 생성물 중 물이 액체 상태로 존재하는 경우의 발열량
- 저위 발열량 : 기체 상태로 존재하는 경우의 발열량. 고위 발열량과 저위 발열량의 차이는 생성된 물을 기화시키는 데 필요한 열량과 같다.

02 연료 계통의 증기 폐색(vapor lock) 현상이란?

㉮ 액체 연료가 기화기에 이르기 전에 기화되어 기화기에 이르는 통로를 차단하는 현상
㉯ 기화기에서 분사된 혼합가스가 거품을 형성하여 실린더의 연료 유입을 차단하는 현상
㉰ 혼합가스가 아주 희박해짐으로서 실린더로의 연료 유입이 차단되는 현상
㉱ 기화기의 이상으로 액체연료와 공기가 혼합되지 않는 현상

풀이 증기 폐색(베이퍼 록, vapor lock)
연료가 파이프 속을 흐를 때 기화성이 너무 좋으면 약간의 열만 받아도 증발되어 연료 속에 거품이 생기기 쉽고, 이 거품이 연료 파이프에 차서 연료의 흐름을 방해하는 현상

03 항공기 왕복엔진 연료의 안티 노크(Anti-knock)제로 가장 많이 쓰이는 물질은?

㉮ 메틸알코올(CH_3OH)
㉯ 4에틸납($Pb(C_2H_5)_4$)
㉰ 톨루엔($C_6H_5CH_3$)
㉱ 벤젠(C_6H_6)

04 100/130으로 표기되는 연료의 퍼포먼스 수의 의미는?

㉮ 100/130은 옥탄가에 대한 퍼포먼스 비율이다.
㉯ 100은 희박 퍼포먼스수를 나타내며, 130은 농후 혼합 퍼포먼스 수를 나타낸다.
㉰ 100은 농후 퍼포먼스수를 나타내며, 130은 희박 혼합 퍼포먼스 수를 나타낸다.
㉱ 100은 옥탄가 표시, 130은 퍼포먼스 수를 의미한다.

정답 [2-5] 01 ㉯ 02 ㉮ 03 ㉯ 04 ㉯

05 다음 중 퍼포먼스수(Performance number) 115를 바르게 설명한 것은?

㉮ 옥탄가 115에 해당하는 안티노크성을 갖는 연료
㉯ 옥탄가 100의 연료에 질량비로서 4에틸납을 15% 더 첨가한 연료
㉰ 옥탄가 100의 연료에 체적비로서 4에틸납을 15% 더 첨가한 연료
㉱ 옥탄가 100의 연료를 사용할 때보다 4에틸납을 첨가하여 엔진의 출력을 15% 증가시켜 노크 현상을 일으키지 않는 연료

풀이 안티노크제 : 4 에틸납을 주로 사용
- 옥탄가 : 표준연료(이소옥탄(C_8H_{18})과 정헵탄(C_7H_{16})의 혼합연료)에서 이소옥탄이 차지하는 체적 비율

$$= \frac{이소옥탄의\ 체적비율}{표준연료(이소옥탄+정헵탄)}$$

- 퍼포먼스 수 : 옥탄가 100 이상의 안티노크성을 가진 연료의 안티노크성 측정 (이소옥탄으로 운전할 때보다 노크없이 발생한 출력증가분으로 표시)
- 표준연료 : 이소옥탄에 4에틸납 혼합

06 연료의 옥탄가와 왕복엔진 압축비는 어떤 관계에 있는가?

㉮ 낮은 옥탄가의 연료는 압축비가 더 높아진다.
㉯ 높은 옥탄가의 연료는 압축비가 더 높아진다.
㉰ 높은 옥탄가의 연료는 필요한 압축비가 더 낮아진다.
㉱ 둘은 아무런 관계가 없다.

풀이 옥탄가가 높을수록 안티노크성이 크므로 압축비를 크게 할 수 있다.

07 왕복엔진의 노크와 가장 관계가 먼 것은?

㉮ 점화시기 ㉯ 연료-공기 혼합비 ㉰ 회전속도 ㉱ 연료의 기화성

풀이 연료의 기화성은 증기 폐색(vapor lock) 현상과 관계된다.

08 디토네이션(Detonation)의 발생 원인으로 맞는 것은?

㉮ 너무 늦은 점화 시기
㉯ 너무 높은 옥탄가의 연료 사용
㉰ 너무 낮은 옥탄가의 연료 사용
㉱ 오버홀시 부정확한 밸브 연마

풀이 디토네이션의 발생 원인 : 높은 흡입 공기 온도, 너무 낮은 옥탄가의 연료 사용, 너무 큰 엔진 하중, 너무 희박한 혼합비 사용, 너무 높은 압축비 등이다.

09 왕복엔진에서 실린더 안티노크성(anti-knock characteristic)을 가진 연료를 사용하는 가장 큰 이유는 무엇을 방지하기 위한 것인가?

㉠ 역화(Back fire)
㉡ 후화(After fire)
㉢ 킥백(Kick Back)
㉣ 디토네이션(Detonation)

풀이
- 후화 : 과농후(over rich) 혼합비상태로 연소시 배기행정 후에도 연소가 진행되어 배기관을 통해 불꽃이 배출되는 현상
- 역화 : 과희박(over lean) 혼합비상태로 연소시 흡입행정에서 실린더 안에 남아 있는 화염불꽃에 의해 흡입 매니폴드로 인화되는 현상
- 킥백 : 피스톤이 점화 위치에 도달하기 전에 점화가 이루어져 크랭크축이 역회전하는 현상으로 시동시 발생할 수 있다.
- 디토네이션 : 정상 점화에 의한 불꽃 전파가 도달하기 전에 미연소 가스가 자연 발화에 의해 폭발하는 현상

10 이상 폭발과 조기 점화의 주된 차이점은?

㉠ 이상 폭발은 정상 점화 전에서 일어나고, 조기 점화는 정상 점화 후에 일어난다.
㉡ 조기 점화는 정상 점화 전에서 일어나고, 이상 폭발은 정상 점화 후에 일어난다.
㉢ 양쪽 모두 과도한 온도 상승이 되는 것 외에 차이점이 없다.
㉣ 양쪽 모두 실린더 내에서 일어난다는 점에서 차이가 없다.

풀이 조기 점화(preignition) : 점화플러그에 의한 정상점화 이전에 연소실 내의 국부적인 과열 등에 의해 혼합가스가 점화하여 연소하는 현상

11 다음 물분사(water injection) 장치에 대한 설명으로 잘못된 것은?

㉠ 물을 분사시키면 흡입공기의 온도가 낮아지고 공기밀도가 증가한다.
㉡ 이륙시 10~30% 정도의 추력을 증가한다.
㉢ 물분사에 의한 추력 증가량은 대기 온도가 높을 때 효과가 크다.
㉣ 물과 알콜을 혼합하는 이유는 연소가스 압력을 증가시키기 위한 것이다.

풀이 물분사는 일명 ADI(Anti Detonant Injection)라고도 하며, 물에 알콜을 혼합하는 이유는 물이 어는 것을 방지하고, 또 물에 의해 낮아진 연소가스의 온도를 알콜이 연소됨으로써 증가시킬 수 있기 때문이다.

12 연료 계통에 사용하는 부스터 펌프는 어떤 형태를 많이 사용하는가?

㉠ 기어식
㉡ 베인식
㉢ 원심식
㉣ 피스톤식

풀이 부스터 펌프는 전기로 작동되는 원심식을 많이 사용하며, 시동시, 이륙시, 비상시, 탱크간의 연료 이송시에 사용된다.

정답 09 ㉣ 10 ㉡ 11 ㉣ 12 ㉢

13 연료계통의 주 스트레이너는 주로 어느 곳에 위치하는가?

㉮ 연료계통에서 화염원과 먼 곳에 위치한다.
㉯ 연료펌프의 릴리프 밸브 다음에 위치한다.
㉰ 연료계통의 가장 낮은 곳에 위치한다.
㉱ 연료 tank 다음에 위치한다.

풀이 스트레이너(strainer) = 여과기(filter)

14 왕복엔진의 주연료펌프에서 펌프 출구 압력이 규정값 이상이 될 때 연료를 다시 펌프 입구로 되돌려 주는 밸브는?

㉮ 바이패스 밸브　　㉯ 체크 밸브　　㉰ 릴리프 밸브　　㉱ 선택 및 차단밸브

풀이
- 바이패스 밸브 : 펌프 고장시 우회하여 연료를 공급함
- 체크 밸브 : 흐름의 역류를 방지
- 선택 및 차단 밸브 : 사용할 연료 탱크의 선택과 엔진 정시시 연료 공급을 차단

15 왕복엔진을 시동할 때 실린더 안에 직접 연료를 분사시켜 농후한 혼합가스를 만들어 줌으로써 시동을 쉽게 하는 장치는?

㉮ 프라이머　　㉯ 기화기　　㉰ 과급기　　㉱ 주연료펌프

16 연료 공기 혼합비에 대한 설명 중 가장 올바른 것은?

㉮ 최적의 출력을 내는 혼합비는 경제적인 혼합비보다 농후하다.
㉯ 정상 혼합비보다 희박한 혼합이 더 빨리 연소된다.
㉰ 정상 혼합비보다 농후한 혼합이 더 빨리 연소된다.
㉱ 설계된 최적혼합비가 가장 경제적이다.

풀이
- 최대출력혼합비-12.5 : 1, 이론혼합비-15 : 1, 최량경제혼합비-16 : 1
- 연소속도 : 정상 혼합비 > 농후 혼합비 > 희박 혼합비

17 저속으로 작동중인 왕복 엔진에서 흡입계통으로 역화되고 있다면 다음 중 그 원인은?

㉮ 너무 낮은 저속운전　　㉯ 너무 과도한 혼합기
㉰ 인리치먼트 밸브의 막힘　　㉱ 너무 희박한 혼합기

정답 13 ㉰　14 ㉰　15 ㉮　16 ㉮　17 ㉱

18 기화기에서 연료의 분무화를 용이하게 하기 위해 연료가 분사되기 전에 공기를 섞어주는 장치는?

㉮ 연료 미터링 　㉯ 공기 블리드 　㉰ 연료 블리드 　㉱ 공기 미터링

19 부자식 기화기(float-type carburetor)에 있는 이코노마이저 밸브(economizer valve)의 주 목적은 무엇인가?

㉮ 최대 출력에서 농후한 혼합비가 되게 한다.
㉯ 유로 계통에 분출되는 연료의 양을 경제적으로 한다.
㉰ 순항시 최적의 출력을 얻기 위하여 가장 희박한 혼합비를 유지한다.
㉱ 엔진의 갑작스런 가속을 위하여 추가적인 연료를 공급한다.

풀이 부자식 기화기의 부속 장치
- 완속 장치(idle system) : 완속시에만(스로틀 밸브가 완전히 닫혔을 때) 연료 공급
- 이코노마이저(economizer) : 순항 출력 이상의 고출력에서 추가 연료 공급
- 가속 장치(accelerating system) : 급가속시에만 추가 연료 공급
- 혼합비 조정 장치(mixture control) : 고고도에서 농후 혼합비 방지

20 부자식 기화기(float-type carburetor)에서 부자(float)의 높이(level)를 조절하는데 사용되는 일반적인 방법으로 가장 올바른 것은?

㉮ 부자의 축을 길거나 짧게 조절
㉯ 부자의 무게를 증감시켜서 조절
㉰ 니들 밸브시트(needle valve seat)에 심(shim)을 추가하거나 제거시켜 조절
㉱ 부자(float)의 피봇 암(pivot arm)의 길이를 변경

풀이 니들 밸브는 부자식 기화기에서 부자실(float chamber)로 연료를 유입되게 하는 밸브로서 부자(float)와 연결되어 부자실 유면을 조절할 수 있다.

21 부자식 기화기(float type carburetor)의 부자실(float chamber)내 연료의 수위(水位)가 높아졌을 때 기화기에서 공급하는 혼합비는 어떻게 변하는가?

㉮ 희박해진다.　　　　　　　　　㉯ 농후해진다.
㉰ 변함없다.　　　　　　　　　　㉱ 출력이 증가하면 희박해진다.

풀이 부자실 내의 연료압력이 증가하여 압력차가 더 커지므로 연료분사가 많아진다.

정답 18 ㉯ 19 ㉮ 20 ㉰ 21 ㉯

22 다음 중 왕복 엔진의 기화기에 있는 혼합기 조절장치에 대한 설명으로 틀린 것은?

㉮ 후방 흡입형, 니들형, 공기구(air port)형 등이 있다.
㉯ 해당 출력에 적합한 혼합비가 되도록 연료량을 조정한다.
㉰ 혼합비 조정 밸브를 닫으면 연료의 분출량이 줄어들어 혼합비가 희박해진다.
㉱ 고도 증가에 따른 공기밀도의 감소로 인하여 혼합비가 희박한 상태로 되는 것을 방지한다.

23 압력 분사식 기화기에서 스로틀을 내리면 A 챔버와 B 챔버의 압력차는 어떻게 변화하는가?

㉮ 스로틀을 내리면 변화하지 않는다. ㉯ 감소한다.
㉰ 처음에는 감소하다가 증가한다. ㉱ 처음에는 증가하다가 감소한다.

> 풀이 A, B chamber의 압력차인 공기 계량힘(air metering force)은 연료를 공급시키며 C, D chamber의 압력차인 연료 계량힘(fuel metreing force)은 연료 공급을 차단하는 역할을 한다. 스로틀을 내려 출력을 감소시키고자 하면 공기 계량힘을 줄여 연료 공급을 줄여야 한다.

24 압력식 기화기(Pressure Carburetor)에서 인리치먼트 밸브(Enrichment Valve)는 다음 중 어느 압력에 의하여 열리는가?

㉮ 공기압 ㉯ 연료압
㉰ 수압 ㉱ 벤튜리 진공압(Ventry suction)

> 풀이 • power enrichment valve : 순항 출력 이상의 고출력일 때 여분의 연료를 공급하는 밸브로 부자식 기화기의 이코노마이저와 같은 역할을 한다.
> • derichment valve : 물분사 장치 사용시 연료에 의한 과농후 혼합비를 방지하기 위하여 혼합비를 희박하게 해서 엔진을 정상적으로 작동하게 하는 밸브로 물의 압력에 의해 작동된다.

25 압력 분사식 기화기에서 완속시에만 연료를 공급시킬 수 있는 장치로 완속 스프링이 있다. 이 스프링은 어디에 위치하는가?

㉮ A chamber ㉯ B chamber ㉰ C chamber ㉱ D chamber

26 다음 중 직접연료분사장치의 구성요소가 아닌 것은?

㉮ 주공기 블리드 ㉯ 연료분사펌프 ㉰ 주조정 장치 ㉱ 분사 노즐

> 풀이 직접연료분사장치는 기화기가 없이 연료를 실린더 내에 직접 분사하여 혼합가스가 만들어 연소시키는 장치이다.

정답 22 ㉱ 23 ㉯ 24 ㉯ 25 ㉮ 26 ㉮

27 왕복엔진 중 직접연료분사엔진에서 연료가 분사되는 곳이 아닌 것은?

㉮ 흡입 밸브 ㉯ 흡입 다기관 ㉰ 실린더 내 ㉱ 벤투리 목부분

2-6 왕복엔진의 윤활계통

01 왕복 엔진오일의 기능이 아닌 것은?

㉮ 재생작용 ㉯ 기밀작용 ㉰ 윤활작용 ㉱ 냉각작용

풀이 윤활유의 기능 : 윤활, 기밀, 냉각, 청결, 방청(방녹)작용

02 항공기 엔진용 윤활유의 점도지수(Viscosity Index)가 높다는 것은 무엇을 뜻하는가?

㉮ 온도변화에 따라 윤활유의 점도 변화가 적다.
㉯ 온도변화에 따라 윤활유의 점도 변화가 크다.
㉰ 압력변화에 따라 윤활유의 점도 변화가 적다.
㉱ 압력변화에 따라 윤활유의 점도 변화가 크다.

03 다음 중에서 고출력 왕복엔진의 오일 계통에 쓰이는 형식은 무엇인가?

㉮ Gravity Fed dry sump ㉯ Pressure Fed dry sump
㉰ Gravity Fed wet sump ㉱ Pressure Fed wet sump

풀이
- 건식윤활계통(dry sump) : 공급라인과 배유(귀유)라인이 별도로 존재하며 섬프와 배유펌프가 있다.
- 습식윤활계통(wet sump) : 공급라인만 있으며 중력에 의해 탱크로 귀유된다.

04 윤활유 시스템에서 고온 탱크형(Hot Tank System)이란?

㉮ 고온의 귀유 오일이 냉각되어서 직접 탱크로 들어가는 방식
㉯ 고온의 귀유 오일이 냉각되지 않고 직접 탱크로 들어가는 방식
㉰ 오일 냉각기가 Scavenge System에 있어 오일이 연료 가열기에 의한 가열방식
㉱ 오일 냉각기가 Scavenge System에 있어 오일탱크의 오일이 가열기에 의한 가열방식

풀이
- hot tank : oil cooler가 공급 라인에 위치(냉각되지 않고 탱크에 저장)
- cold tank : oil cooler가 귀유(배유) 라인에 위치(냉각되어 탱크로 저장)

정답 27 ㉱ [2-6] 01 ㉮ 02 ㉮ 03 ㉯ 04 ㉯

Chapter 2 항공기 엔진

05 왕복엔진 오일 계통에 사용하는 배유 펌프는 주로 무슨 형태인가?

㉮ 기어　　㉯ 베인　　㉰ 제로터　　㉱ 피스톤

풀이 용도별 주로 많이 사용하는 펌프 형태
- 왕복엔진 연료계통의 부스터 펌프 : 원심식
- 왕복엔진의 주연료 펌프 : 베인식
- 왕복엔진의 윤활 펌프 : 기어식
- 가스터빈엔진의 주연료 펌프 : 기어식
- 가스터빈엔진의 윤활 펌프 : 기어식, 제로터식
- 항공기 유압계통의 펌프 : 피스톤식

06 항공기 엔진 소기펌프가 압력펌프보다 용량이 큰 이유는?

㉮ 압력펌프보다 압력이 낮으므로
㉯ 공기가 혼합되어 체적이 증가하므로
㉰ 윤활유가 고온이 되어 팽창하므로
㉱ 소기펌프가 파괴되기 쉬우므로

07 엔진 오일 탱크 내 호퍼(hopper)의 주목적은?

㉮ 오일을 냉각시켜 준다.
㉯ 오일 압력을 상승시켜 준다.
㉰ 오일 내의 연료를 제거시켜 준다.
㉱ 시동 시 오일의 온도 상승을 돕는다.

풀이 호퍼는 시동시 유온 상승 촉진, 배면 비행시 오일 공급 및 거품을 방지한다.

08 추운 날 엔진 시동을 돕기 위해 사용하는 오일 희석 장치는 엔진 오일을 다음 어느 것으로 희석하는가?

㉮ 등유　　㉯ 가솔린(연료)　　㉰ 알콜　　㉱ 냉각수

풀이 오일 희석 장치(oil dilution system) : 추운 기후에 시동시 윤활유를 저점도로 만들기 위해, 엔진 정지전 연료(가솔린)를 윤활계통에 보내 희석

09 왕복엔진의 오일 냉각 흐름조절 밸브(oil cooling flow control vavle)가 열릴 만한 조건은?

㉮ 엔진으로부터 나오는 오일의 온도가 너무 높을 때
㉯ 엔진오일 펌프 배출체적이 소기펌프 출구체적보다 클 때
㉰ 엔진으로부터 나오는 오일의 온도가 너무 낮을 때
㉱ 소기펌프의 배출체적이 엔진오일 펌프 입구체적보다 클 때

풀이 오일 온도 조절 밸브(바이패스 밸브) : 냉각기 입구에 위치하여 귀유되는 오일의 온도가 규정 온도보다 낮으면 냉각기를 거치지 않고 바로 공급

정답 05 ㉮　06 ㉯　07 ㉱　08 ㉯　09 ㉰

10 윤활유 필터가 막혔을 때 발생하는 현상은?

㉮ 어떤 현상도 없이 바이패스 밸브를 통하여 윤활유가 공급된다.
㉯ 윤활유가 누수된다.
㉰ 필터가 막힘으로 인하여 고장이 발생
㉱ 흐름이 역류하여 체크밸브를 통해 엔진 계통에 윤활유가 스며든다.

[풀이] 여과기의 바이패스밸브는 여과기가 막혔거나 추운 상태에서 시동할 때에 여과기를 거치지 않고 윤활유가 직접 엔진의 안쪽으로 공급되도록 한다.

2-7 왕복엔진의 시동 및 점화계통

01 대형 왕복엔진에서 많이 사용되는 시동기는 무엇인가?

㉮ 수동식　　㉯ 관성식　　㉰ 공기압식　　㉱ 직접 구동식

[풀이] 시동기는 전기식이며 직권식 전동기를 사용한다.

02 항공기 왕복엔진의 마그네토(magneto)에서 발생하는 전류는?

㉮ 교류　　㉯ 직류　　㉰ 스텝파류　　㉱ 구형파류

[풀이] 마그네토 : 왕복 엔진의 점화플러그에 전기 불꽃을 발생시키기 위한, 회전 영구 자석을 가진 교류 발전기

03 왕복 엔진의 고압 마그네토에 대한 설명 중 가장 관계가 먼 것은?

㉮ 전기누설의 가능성이 많은 고공용 항공기에 적합한 점화계통이다.
㉯ 고압 마그네토의 자기회로는 회전영구자석, 폴슈 및 철심으로 구성되었다.
㉰ 콘덴서는 브레이커 포인트와 병렬로 연결되어 있다.
㉱ 1차 회로는 브레이커 포인트가 붙어 있을 때에만 폐회로를 형성한다. 고압 점화 계통은 고고도에서 공기 밀도가 낮아 여러 가지 문제를 야기한다.

04 저압 점화 계통을 사용할 때 단점은 무엇인가?

㉮ 플래쉬 오버　　㉯ 고전압 코로나　　㉰ 캐패시턴스　　㉱ 무게의 증대

[풀이] 저압 점화계통은 플래쉬 오버(flash over)의 손상이 적고, 케이블 용량(capacitance)의 문제가 적으며, 공기 중의 습기에 의한 누전도 적다. 또한 코로나(corona : 고전압이 걸리는 절연체에서 발생하는 전기 응력 상태)의 손상도 감소하는 장점이 있지만 각 실린더마다 변압기를 설치하여야 하므로 무게가 증가하는 단점도 있다.

[정답] 10 ㉮ [2-7] 01 ㉱ 02 ㉮ 03 ㉮ 04 ㉱

05
저압 마그네토를 사용하는 2열 18기통 성형 엔진에서 변압기코일(승압장치)은 몇 개가 설치되는가?

㉮ 2개　　㉯ 9개　　㉰ 18개　　㉱ 36개

풀이 저압 마그네토에서 변압기 코일은 점화 플러그 마다 설치되므로 18기통일 경우 점화플러그의 수는 2배이다.

06
9기통 성형기관에서 회전 영구자석이 6극형이라면, 회전 영구 자석의 회전속도는 크랭크축 회전속도의 몇 배인가?

㉮ 3배　　㉯ 1.5배　　㉰ 2/3배　　㉱ 3/4배

풀이 $\dfrac{\text{마그네토 회전속도}}{\text{크랭크축 회전속도}} = \dfrac{\text{실린더 수}}{2 \times \text{극수}}$, 마그네토 회전속도 $= \dfrac{\text{실린더 수}}{2 \times \text{극수}} \times$ 크랭크축 회전속도

07
마그네토(Magneto)의 브레이커 포인트는 일반적으로 어떤 재료로 되어 있는가?

㉮ 은(silver)　　㉯ 구리(copper)
㉰ 백금(Platinum)-이리듐(Iridium) 합금　　㉱ 코발트(Cobalt)

08
E-gap 각이란 마그네토 폴(pole)의 중립 위치로부터 어떤 지점까지의 각도인가?

㉮ 브레이커 포인트가 닫히는 점　　㉯ 브레이커 포인트가 열리는 점
㉰ 2차 전류 낮은 점　　㉱ 1차 전류 낮은 점

풀이 E-gap angle이란 마그네토의 회전 영구 자석이 회전하면서 중립 위치를 지나 중립 위치와 브레이커 포인트가 열리는 사이에 크랭크축의 회전 각도이다.

09
마그네토 브레이커 포인트 캠(magneto breaker point cam)축의 회전속도(r)를 나타낸 식은? (단, n : 캠로브 수, N : 실린더 수이다.)

㉮ $r = \dfrac{N}{n}$　　㉯ $r = \dfrac{N}{n+1}$

㉰ $r = \dfrac{N}{2n}$　　㉱ $r = \dfrac{N+1}{2n}$

풀이 (크랭크축 1회전에 대한) 캠의 회전속도 $= \dfrac{\text{실린더 수}}{2 \times \text{캠로브 수}}$

정답 05 ㉱　06 ㉱　07 ㉰　08 ㉯　09 ㉰

10 마그네토의 배전기(Distributor) 회전자의 속도를 결정하는 식은?

㉮ $\dfrac{\text{크랭크축 속도}}{2}$
㉯ $\dfrac{\text{실린더 수}}{2 \times \text{캠로브 수}}$
㉰ $\dfrac{\text{실린더 수}}{\text{캠로브 수}}$
㉱ 실린더 수 × 캠로브 수

풀이 배전기는 1사이클 당 1회전하며 크랭크축은 1사이클 당 2회전한다.

11 마그네토 브레이커 포인트의 스프링이 약하면 어느 것이 가장 먼저 발생하는가?

㉮ 전운전범위에서 회전이 불규칙하다. ㉯ 고속시에 실화한다.
㉰ 시동시 및 저속시에 때때로 실화한다. ㉱ 엔진이 시동되지 않는다.

풀이 브레이커 포인트의 스프링은 접점의 접촉을 유지하여 개폐시기를 확실히 하는 것이다. 스프링이 약하면 브레이커 캠의 형상을 따라 바르게 접점이 개폐되지 않게 되어 2차 전류의 발생이 잘 안되므로 실화의 원인이 되며, 특히 고속 회전시에 이 현상이 두드러진다.

12 다음 중 보상 캠(compensated cam)이 사용되는 엔진 형식은?

㉮ V-형(V-type) ㉯ 직렬형(Inline type)
㉰ 성형(Radial type) ㉱ 대향형(Opposit type)

풀이 보상 캠(보정 캠, compensated cam) : 마그네토 브레이커 포인트의 개폐작용에 사용하는 캠으로서, 성형 엔진에서 주 커넥팅로드와 부커넥팅로드의 운동궤적의 차이로 인한 각 실린더 점화시기의 차이를 보상하기 위하여 가지는 각 엔진별 고유한 캠

13 브레이커 포인트에 생기는 과도한 전기 불꽃을 방지하고 철심의 잔류 자기를 빨리 없애주는 역할을 하는 장치는?

㉮ 폴 슈(Pole shoe) ㉯ 콘덴서(Condensor)
㉰ 배전기(Distributor) ㉱ 점화 플러그(Spark plug)

14 왕복엔진의 마그네토 브레이커 포인트(breaker point)가 과도하게 소실되었다. 다음 중 어떤 것을 교환해 주어야 하는가?

㉮ 1차 코일 ㉯ 2차 코일
㉰ 배전기 점검 ㉱ 콘덴서

풀이 콘덴서의 용량이 너무 작으면 브레이커 포인트가 타고, 용량이 너무 크면 2차 전압이 낮아지게 된다. 즉 브레이커 포인트(브레이커 포인트의 재질 : 백금-이리듐 합금)가 손상되었다는 것은 콘덴서의 용량이 작은 것이다.

정답 10 ㉮ 11 ㉯ 12 ㉰ 13 ㉯ 14 ㉱

Chapter 2 항공기 엔진

15 저온 플러그(Cold spark plug)를 높은 압축비의 왕복 엔진에 사용하면 어떤 현상이 생기는가?

㉮ 조기점화 ㉯ 정상
㉰ 점화플러그가 더러워짐 ㉱ 이상폭발

풀이
- 높은 압축비 엔진에 고온 점화플러그 사용시 : 조기점화(pre-ignition)
- 낮은 압축비 엔진에 저온 점화플러그 사용시 : 점화플러그가 더러워짐(fouling)

16 왕복엔진 마그네토의 점화스위치 연결 방법으로 올바른 것은?

㉮ 2차 코일에 직렬로 연결된다. ㉯ 2차 코일에 병렬로 연결된다.
㉰ 접점과 병렬로 연결된다. ㉱ 1차 콘덴서와 직렬로 연결된다.

풀이 조종석에 위치한 점화 스위치와 마그네토 1차회로(breaker point)는 P-lead 선으로 병렬 연결된다.

17 수평 대향형 엔진의 점화 순서에서 특히 고려해야 할 점은?

㉮ 점화 순서의 균형을 맞추어 엔진의 진동을 최하가 되도록 한다.
㉯ 순항 비행시 최대의 회전 토큐가 발생하도록 한다.
㉰ 기계적 효율이 최대가 되도록 한다.
㉱ 설계가 간단하도록 한다.

18 9개 실린더를 갖고 있는 성형 엔진의 마그네토 배전기 6번 전극에 꽂혀 있는 점화 케이블은 몇 번 실린더에 연결시켜야 하는가?

㉮ 2 ㉯ 4 ㉰ 6 ㉱ 8

풀이
- 9기통 성형엔진의 배전기 번호와 실린더 점화 순서와의 관계
  1(1) → 2(3) → 3(5) → 4(7) → 5(9) → 6(2) → 7(4) → 8(6) → 9(8)
- 성형 2열 14실린더(+9, -5) : 1-10-5-14-9-4-13-8-3-12-7-2-11-6
- 성형 2열 18실린더(+11,-7) : 1-12-5-16-9-2-13-6-17-10-3-14-7-18-11-4-15-8

19 부스터 코일식 점화 장치 전류(booster coil type ignition system current)는 다음 어느 것에 의해 코일에 공급되는가?

㉮ 제너레이터(generator) ㉯ 마그네토 1차선
㉰ 마그네토 2차선 ㉱ 배터리(battery)

풀이 성형 엔진의 점화 보조 장비로 사용하는 부스터 코일과 인덕션 바이브레이터는 축전지에서 전원을 받아 작동된다.

정답 15 ㉯ 16 ㉰ 17 ㉮ 18 ㉮ 19 ㉱

20 왕복 엔진에 사용되는 부스터 코일에 대한 설명으로 맞는 것은?

㉮ 축전지의 직류를 맥류로 만들어 마그네토에서 고전압으로 승압시킨다.
㉯ 점화시 에만 마그네토의 회전속도를 순간적으로 가속시킨다.
㉰ 마그네토가 유효회전속도에 도달할 때까지 스파크 플러그에 점화불꽃을 일으키는 역할을 한다.
㉱ 시동스위치와 별도로 조작되는 점화보조장비이다.

> 풀이 ㉮ 인덕션 바이브레이터, ㉯ 임펄스 커플링, ㉰ 부스터 코일
> 인덕션 바이브레이터와 부스터 코일은 시동스위치와 연동되어 조작되며, 전원으로는 축전지(배터리)가 이용된다.

21 다음 중에서 임펄스 커플링(Impulse coupling)의 역할은?

㉮ 시동시 고전압을 공급한다.
㉯ 점화시기를 앞당겨서 킥백(kick back)을 방지한다.
㉰ 배전기로 고전압을 전달한다.
㉱ 배터리에서 온 전기를 1차 코일로 직접 공급한다.

> 풀이 임펄스 커플링
> 점화 보조 장치로 주로 대향형 엔진에 사용하며, 엔진 시동시 유효회전속도(comming in speed)에 도달하기 전 불꽃점화가 필요할 때에만 마그네토의 회전영구자석의 회전속도를 순간적으로 가속시켜 고전압을 발생

2-8 왕복엔진의 작동과 검사

01 하이드로릭 락(hydraulic lock) 현상은 어디에서 많이 발생하는가?

㉮ 성형 엔진의 상부 실린더　　　　㉯ 성형 엔진의 하부 실린더
㉰ 대향향 엔진의 우측 실린더　　　㉱ 대향형 엔진의 좌측 실린더

> 풀이 유압 폐쇄((hydraulic lock) 현상 : 성형기관의 하부에 장착된 실린더에는 작동 후 정지되어 있는 동안 묽어진 오일이나 습기 응축물 기타의 액체가 중력에 의해 스며 내려와 연소실 내에 갇혀 있다가 다음 시동을 시도할 때 액체의 비압축성으로 피스톤이 멈추고 억지로 시동을 시도하면 엔진에 큰 손상을 일으키는 현상이다.

02 엔진 실린더를 장탈할 때 피스톤의 위치는 어디에 위치해야 하는가?

㉮ 아무 곳이나 손쉬운 위치　　　　㉯ 압축 상사점
㉰ 배기 상사점　　　　　　　　　　㉱ 흡입 하사점

> 풀이 피스톤의 위치가 압축 상사점에 있어야 두 개의 밸브가 완전히 닫혀 있는 상태가 되며, 실린더 장탈착 시, 실린더 압축시험 시에 피스톤의 위치는 압축상사점에 있어야 한다.

정답 20 ㉰　21 ㉮　[2-8] 01 ㉯　02 ㉯

03 차압 시험기(differential pressure tester)를 이용하여 실린더의 압축점검(compression check)을 수행할 때 피스톤이 하사점에 있을 때 하면 안되는 가장 큰 이유는?

㉮ 너무 위험하기 때문에
㉯ 최소한 한 개의 밸브가 열려있기 때문에
㉰ 게이지(gage)가 손상되므로
㉱ 실린더 체적이 최대가 되어 부정확하므로

04 피스톤 링 간극 조절할 때 끝 간극(end clearance)이 규정값보다 크면 어떻게 해야 하는가?

㉮ 줄로 갈아 낸다.　　　　　　㉯ 래핑 작업을 한다.
㉰ 링을 교환한다.　　　　　　 ㉱ 피스톤을 교환한다.

> **풀이**　• 옆간극이 규정값보다 크면 링 교환, 작으면 래핑 컴파운드로 갈아 규정값에 맞춘다.
> 　　　　• 끝간극이 규정값보다 크면 링 교환, 작으면 줄로 갈아 규정값에 맞춘다.

05 유압 타펫(hydraulic tappet)을 사용하는 엔진의 작동 밸브간극은 얼마인가?

㉮ 0.15~0.18 inch　　　　　　 ㉯ 0 inch
㉰ 0.25~0.32 inch　　　　　　 ㉱ 0.30~0.410 inch

> **풀이**　유압식 밸브 리프터라고도 하며 내부에 엔진 오일이 공급되어 그 압력에 의해 밸브 간극을 없애 주는 것으로 대향형 왕복 엔진의 밸브 기구에 사용된다.

06 유압 리프터(hydraulic valve lifter)를 사용하는 수평 대향형 엔진에서 밸브 간극을 조절하려면 어떻게 해야 하는가?

㉮ 로커 아암(rocker arm)을 조절　　㉯ 로커 아암(rocker arm)을 교환
㉰ 푸시로드(push rod)를 교환　　　 ㉱ 밸스 스템(stem) 심(sim)으로 조정

> **풀이**　유압식 밸브 리프터를 사용하면 밸브 간극 조절 나사가 없기 때문에 푸시로드의 길이로서 조절한다.

07 볼베어링에서 금속 칩이 발견될 경우 손상부위의 위치를 알 수 있는 부속품은?

㉮ 오일 필터　　　　　　　　　㉯ 칩 디텍터(Chip detector)
㉰ 오일 압력 조절기　　　　　　㉱ 딥 스틱(Dip stick)

> **풀이**　칩 탐지기 : 윤활유에 잔류하는 칩(조각)을 탐지하는 전기경고장치이다. 칩 탐지기는 일반적으로 배유 플러그에 설치되며 플러그의 두 전극봉 사이로 칩이 움직이게 되면 회로가 연결되어 경고 신호가 발생한다.

정답　03 ㉯　04 ㉰　05 ㉯　06 ㉰　07 ㉯

08 왕복 엔진의 밸브 간극에 대한 설명 중 틀린 것은?

㉮ 냉간 간극은 엔진 정지시에 측정하며 검사간극이다.
㉯ Valve의 간극이 작으면 완전 배기가 안된다.
㉰ 열간 간극은 1.52~1.78mm이고 냉간간극은 0.25mm이다.
㉱ 열간 간극이 큰 것은 열팽창 중 Push Rod보다 실린더 헤드의 열 팽창이 더 크기 때문이다.

풀이
- 열간 간극 : 엔진이 작동할 때의 간극 (0.07inch)
- 냉간 간극(검사 간극) : 엔진이 정지해 식어있을 때의 간극 (0.01inch)
- 밸브 간극이 작은 경우 : 밸브는 일찍 열리고 늦게 닫히게 되므로 밸브작동기간이 길어져 배기의 시간이 길어진다.

09 윤활유 분광시험(SOAP) 시에 윤활유는 언제 탱크에서 채취하는가?

㉮ 엔진 정지 전 30분 이내
㉯ 엔진 정지 전 30분 이후
㉰ 엔진 정지 후 30분 이내
㉱ 엔진 정지 후 30분 이후

풀이 SOAP(Spectrometic Oil Analysis Program) : 사람의 혈액검사와 비슷한 것으로서 엔진정지 후 30분 이내에 윤활유 탱크에서 윤활유를 채취하여 윤활유에 섞여있는 금속입자들을 검사하는 것으로 금속입자의 종류에 따라 엔진의 이상 부위를 찾아낼 수 있다.

10 다음은 타이밍 라이트(timing light) 사용 방법에 대한 설명이다. 옳은 것은?

㉮ 검은색 도선은 엔진에 접지한다.
㉯ 붉은색 도선은 엔진에 접지한다.
㉰ 검은색 도선은 브레이커 포인트에 연결한다.
㉱ 검은색 도선은 콘덴서에 연결한다.

풀이 타이밍 라이트 : 마그네토의 내부점화시기조정(브레이커 포인트의 E gap을 맞추는 것)할 때 사용하는 것으로 붉은색 도선은 브레이커 포인트에 연결하고 검은 색 도선은 엔진에 접지시킨다.

11 다음 중에서 마그네토의 내부 타이밍을 나타내는 표시는 무엇과 일치하여야 하는가?

㉮ No1. 실린더의 점화시기가 접점이 닫히기 시작하는 점
㉯ 마그네토 E-gap위치
㉰ No1. 실린더가 압축행정 상사점에 위치
㉱ 배전기 기어와 회전축이 정확하게 맞는 점

풀이
- 내부 점화시기 조절 : 마그네토의 E갭 위치와 브레이커 포인트가 열리는 순간을 맞추는 것
- 외부 점화시기 조절 : 엔진이 점화 진각에 위치할 때에 크랭크축의 위치와 마그네토 점화 시기를 일치시키는 것

정답 08 ㉯ 09 ㉰ 10 ㉮ 11 ㉯

12 타이밍 라이트를 사용하여 점화시기 조절시 마그네토 스위치의 위치는?

㉮ Both ㉯ Off ㉰ Left ㉱ Right

13 지상에서 왕복엔진 시운전 중 점화스위치를 Both에서 Left나 Right로 전환시키면 rpm은 어떻게 변화하는가?

㉮ 크게 떨어진다. ㉯ rpm이 약간 증가한다.
㉰ rpm이 변화없다. ㉱ rpm이 약간 감소한다.

> **풀이** 마그네토 낙차시험(magneto drop check)
> - 마그네토가 정상적으로 작동하는 지를 검사
> - 점화스위치 전환 : Both – Right(Left) – Both – Left(Right) – Both
> - 점화스위치를 Both에서 Right나 Left 위치로 전환시 rpm이 규정값 이내로 감소해야 한다.

정답 12 ㉮ 13 ㉱

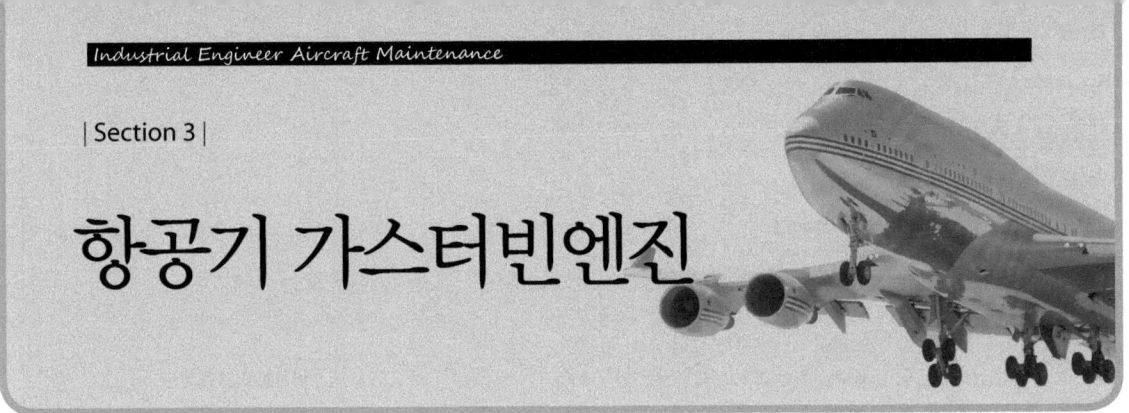

| Section 3 |
항공기 가스터빈엔진

01 가스터빈 엔진의 작동원리 및 구조

1. 작동원리

가. 가스터빈 엔진의 분류
(1) 압축기 형태에 따른 분류 : 원심식, 축류식, 축류-원심식 압축기 엔진
(2) 출력 형태에 따른 분류
　① 제트 엔진 : 터보 제트와 터보팬
　② 회전 동력 엔진 : 터보 프롭과 터보 샤프트

나. 가스터빈 엔진의 특성
① 연소가 연속적이므로 중량당 출력이 크다.
② 왕복운동부분이 없어 진동이 적고 고회전이다.
③ 추운 기후에서도 시동이 쉽고 윤활유 소모가 적다.
④ 비교적 저급연료를 사용한다.
⑤ 비행속도가 클수록 효율이 높고 초음속비행이 가능하다.
⑥ 연료소모량이 많고, 소음이 심하다.

2. 가스터빈 엔진의 구조

가. 가스 발생기(gas generator)
압축기(compressor), 연소실(combustion chamber), 터빈(turbine)

나. 공기흡입덕트(air inlet duct)
흡입 공기를 압축기에서 압축할 수 있는 속도로 감소시킨다.
(1) 압력 효율비(duct pressure efficiency ratio)
　덕트 입구의 전압과 압축기 입구의 전압의 비율이며 마찰 손실이 적고 램 압력 상승에서 손실이 작을 때 98%의 값을 가진다.
(2) 램압력 회복점(ram recovery point)

램 압력 상승이 마찰손실과 같아지는 항공기의 속도, 즉 CIP(압축기 입구 압력)가 대기압과 같아지는 항공기 속도를 말하며 최적의 아음속 덕트는 낮은 램 회복점을 갖는 것이다.

(3) 종류

① 확산형(divergent duct) : 아음속 시 사용
② 수축-확산형(convergent-divergent duct) : 초음속 시 사용
③ 가변형(variable type duct) : 초음속 항공기에서 사용

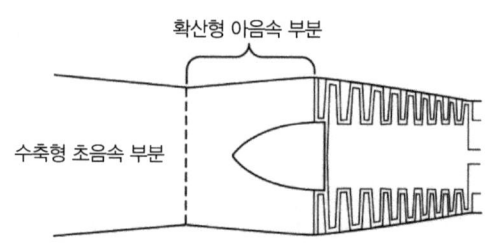

[그림 2-37] 수축-확산형 흡입 덕트(초음속 시)

다. 압축기(compressor)

(1) 원심력식 압축기(centrifugal force type compressor)

① 구성 : 임펠러, 디퓨져(확산통로-속도를 감소시키고 압력 증가), 매니폴드
② 종류 : 외쪽흡입, 겹흡입, 다단식
③ 장·단점

장점	단점
• 단당 압력비가 높다. • 제작이 쉽고 값이 싸다. • 구조가 튼튼하고 경량이다. • 물분사 효과가 크고 가속이 빠르다. • 정비가 쉽고 신뢰성이 높다.	• 입출구의 압력비가 낮다. • 대량공기의 처리가 불가능하여 대형으로 부적합하다. • 효율이 낮고 전면저항이 크다.

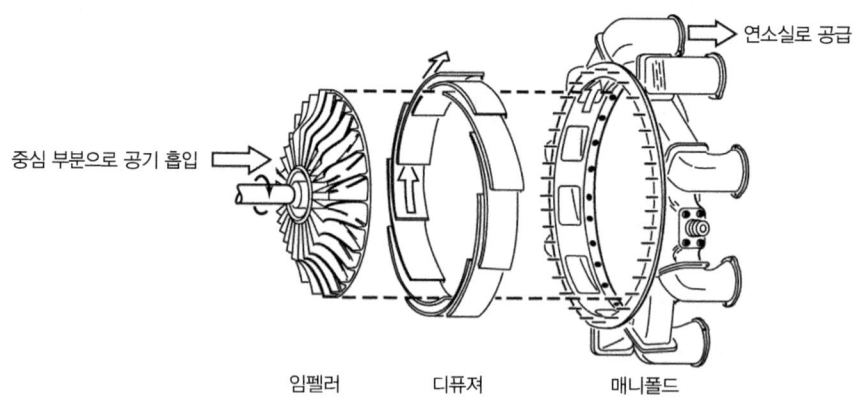

[그림 2-38] 원심식 압축기의 구성요소

(2) 축류식 압축기(axial flow type compressor) : 가장 많이 사용

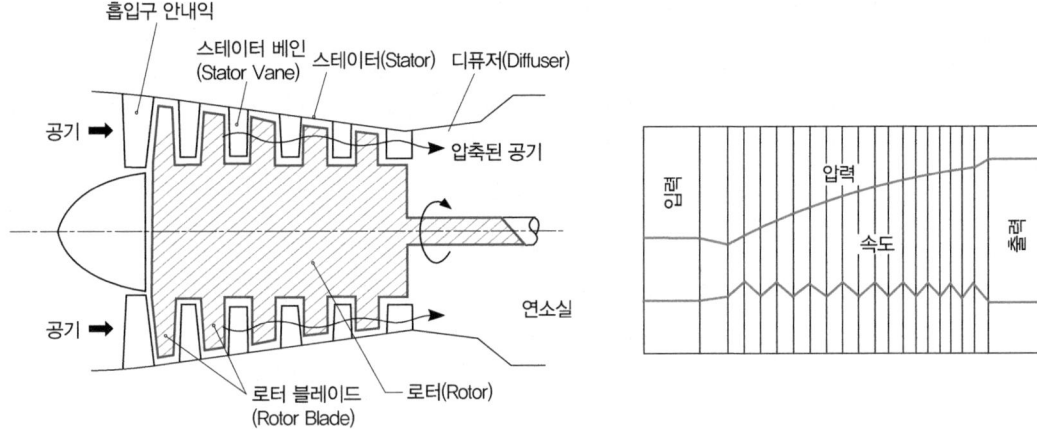

[그림 2-39] 축류식 압축기의 구조 및 압력 증가 형태

① 구성 : 로터(rotor, 회전자)와 스테이터(stator, 고정자)
② 1단(1stage) : 1열의 로터 깃과 1열의 스테이터 깃
③ 압축기의 압력비

  ㉠ $\gamma = \dfrac{\text{압축기 출구의 압력}}{\text{압축기 입구의 압력}}$

  ㉡ $\gamma = \gamma_s^{\ n}$ (n : 압축기의 단 수, r_s : 단당 압력비)

④ 반동도 : 1단에서 일어날 수 있는 압력상승 중 로터 깃에 의한 압력상승의 백분율

  반동도 $= \dfrac{\text{로터깃에 의한 압력상승}}{\text{단의 압력상승}} \times 100 = \dfrac{P_2 - P_1}{P_3 - P_1} \times 100(\%)$

  (P_1 : 회전자 깃 입구 압력, P_2 : 고정자 깃 입구(회전자 깃 출구) 압력, P_3 : 고정자 깃의 출구 압력)

> **Note | 압축기의 단열효율**
> 마찰없이 이루어지는 압축, 즉 이상적 압축에 필요한 일 또는 에너지와 실제 압축에 필요한 일과의 비
>
> $\eta_c = \dfrac{\text{이상적인 압축일}}{\text{실제 압축일}}$

⑤ 장 · 단점

장점	단점
• 대량으로 공기 처리가 가능하다. • 압력비 증가를 위해 다단으로 제작 가능하다. • 입 · 출구의 압력비가 높다. • 효율이 높고 고성능기관에 사용할 수 있다.	• FOD(Foreign Object Damage : 외부물질에 의한 손상)에 약하다. • 제작비용이 비싸다. • 무게가 무겁다.

⑥ 압축기 실속(compressor stall)
　㉠ 실속 원인 : 과도한 받음각 증가가 원인
　　• 흡입 공기 속도가 감소하는 경우
　　　– 엔진 가속시 연료의 흐름이 너무 많아 압축기 출구 압력(CDP)이 높아진 경우
　　　– 압축기 입구 압력(CIP)이 낮은 경우
　　　– 압축기 입구 온도(CIT)가 높은 경우
　　　– 지상 엔진 작동시 회전 속도가 설계점 이하로 낮아지는 경우
　　　　(압축기 뒤쪽 공기의 비체적이 커지고 공기누적(choking)현상이 생김)
　　• 압축기 로터의 회전속도가 너무 빠를 경우
　㉡ 실속 결과 : 엔진의 진동을 초래하고 배기가스온도(EGT)가 급상승하며, 출력이 감소한다.
　㉢ 실속 방지법
　　• 다축식 구조(multi spool)
　　• 가변 스테이터 깃(VSV : variable stator vane) : 압축기 전방 단에 설치
　　• 가변 입구 안내 깃(VIGV : variable inlet guide vane)
　　• 블리드 밸브 : 엔진 시동시, 저출력시, 역추력시, 급감속시 열림(압축기 출구 쪽 설치)

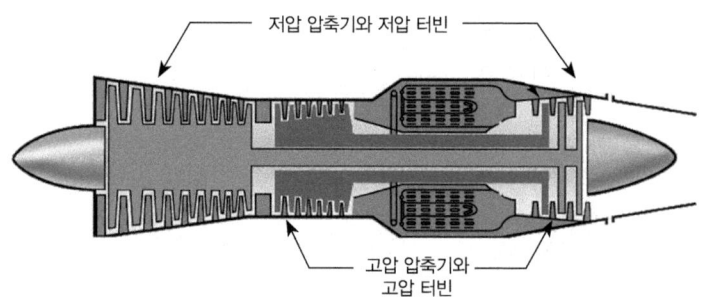

[그림 2-40] 다축식 구조(2축식)

라. 연소실(burner, combustor, combustion chamber)
(1) 종류와 구성
　① 캔형(can type)
　　㉠ 장점 : 구조 튼튼, 설계 및 정비 간단
　　㉡ 단점 : 고공 저기압에서 연소 불안정으로 연소 정지(flame out), 시동시 과열시동(hot start), 온도분포 불균일
　② 애뉼러형(annular type) : 가장 많이 사용
　　㉠ 장점 : 구조 간단, 짧은 전장, 연소안정, 온도분포 균일, 제작비 저렴
　　㉡ 단점 : 구조가 약하고 정비 불편

③ 캔-애뉼러형(can-annular type)

　㉠ 구조 견고, 온도분포 균일, 짧은 전장

　㉡ 연소 및 냉각면적이 큼, 정비 간단

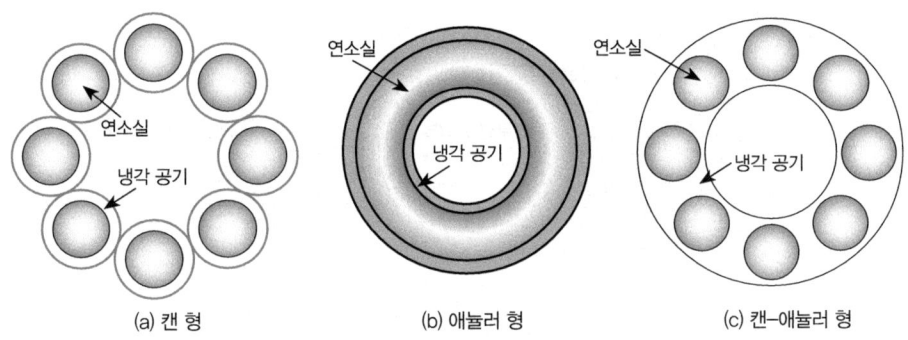

(a) 캔 형　　　(b) 애뉼러 형　　　(c) 캔-애뉼러 형

[그림 2-41] 연소실 종류별 단면

(2) 연소실의 작동원리

　① 1차 연소영역(연소영역)

　② 2차 연소영역(혼합 및 냉각영역) : 2차 공기는 압축기 흡입 공기 중 70~80% 차지

(3) 연소실의 성능을 좌우하는 요소 : 연소효율, 압력손실, 출구온도분포, 고공재시동특성

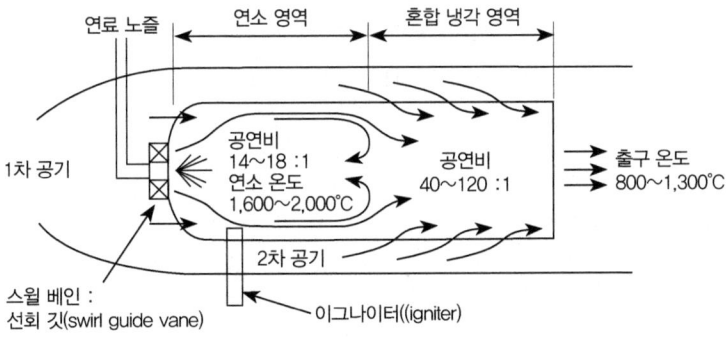

[그림 2-42] 연소실의 내부 구조 및 영역별 역할

마. 터빈

(1) 원심형 터빈(radial flow type turbine)

　① 장점 : 제작용이, 소형에서 효율이 양호, 1단에서 4.0정도의 팽창비

　② 단점 : 다단으로 할 경우 효율이 감소하고 구조가 복잡해지므로 대형으로는 부적합

(2) **축류형 터빈**(axial flow type turbine) : 많이 사용

① 구조 : 고정자(stator, nozzle), 회전자(rotor blade, bucket)

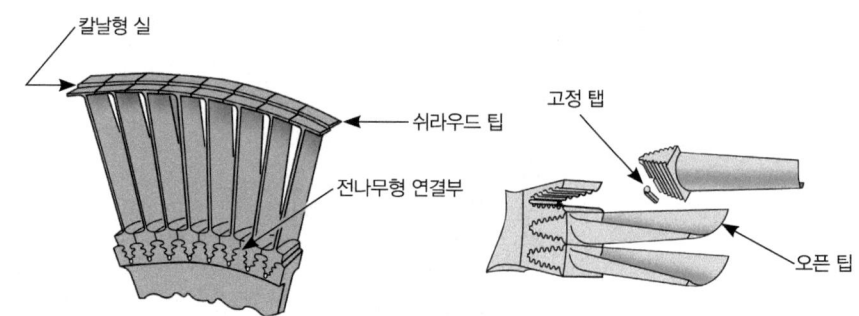

[그림 2-43] 축류형 터빈의 로터 깃 종류

② 반동도 : 1 단의 압력 팽창 중 로터 깃에 의한 팽창의 백분율

$$반동도 = \frac{로터깃에 의한 압력팽창}{단의 압력팽창} \times 100 = \frac{P_2 - P_3}{P_1 - P_3} \times 100(\%)$$

(P_1 : 고정자 깃 입구 압력, P_2 : 고정자 깃 출구(회전자 깃 입구) 압력, P_3 : 회전자 깃의 출구 압력)

③ 종류

　㉠ 반동 터빈(reaction turbine) : 반동도 50

　㉡ 충동 터빈(impulse turbine) : 반동도 0

　㉢ 실제 터빈 깃(충동-반동 터빈) : 깃 뿌리는 충동 터빈, 깃 끝으로 갈수록 반동터빈

④ 터빈 깃의 냉각방법 : 압축기의 블리드 공기(bleed air) 이용

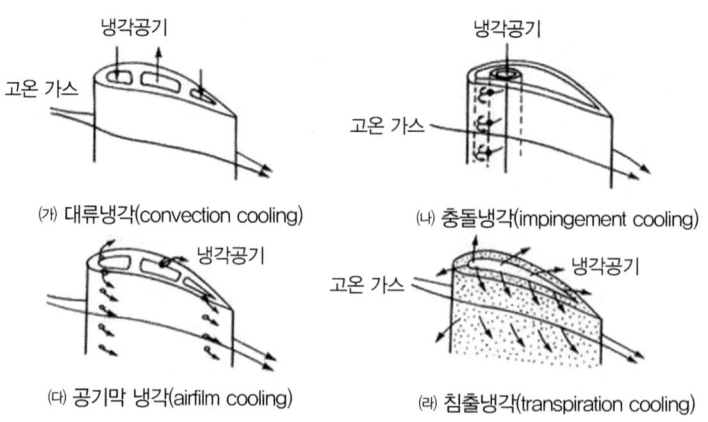

(가) 대류냉각(convection cooling)　(나) 충돌냉각(impingement cooling)

(다) 공기막 냉각(airfilm cooling)　(라) 침출냉각(transpiration cooling)

[그림 2-44] 터빈 깃의 냉각 방법

> **Note** | ACCS(Active clearance control system)
> 터빈 케이스를 팬 공기(Fan air)로 강제 냉각하고 수축시켜 터빈 블레이드의 팁 간격을 최적으로 유지하도록 하는 장치로 TCCS(Turbine case cooling system)라고도 한다.

바. 배기 계통(exhaust section)

(1) 배기 덕트(exhaust duct, tail pipe) : 터빈을 통과한 배기가스를 정류하는 동시에 압력에너지를 속도에너지로 바꾸어 추력을 증가시킨다.(속도를 증가)

  ① 수축형(convergent duct) : 아음속 시 사용
  ② 수축-확산형(convergent-divergent duct) : 초음속 시 사용
  ③ 가변형(variable type duct) : 초음속 항공기에서 사용(흡입 덕트와 연동)

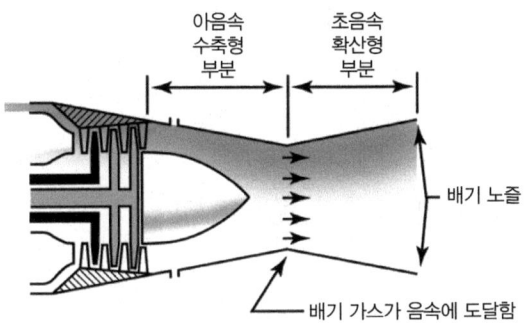

[그림 2-45] 수축 확산형 배기 덕트(초음속 시)

사. 보조 장비

(1) 지상동력장비(GPU, Ground Power Unit)

  ① GTC(Gas Turbine Compressor) : 압축 공기 생산
  ② GTG(Gas Turbine Compressor & Generator) : 압축 공기와 전기 생산

(2) 보조동력장비(APU, Auxiliary Power Uint)

  ① 항공기 내에 설치되어 압축공기와 전기생산

[그림 2-46] 보조 동력 장비(APU)의 위치 및 형태

3. 가스터빈 엔진의 성능

가. 가스 터빈 엔진의 출력

(1) 진추력(F_n, net thrust)

① turbo jet : $F_n = \dfrac{W_a}{g}(V_j - V_a)$, ($W_a$: 흡입 공기량, V_j : 배기가스 속도, V_a : 비행 속도)

② turbo fan : $F_n = \dfrac{W_p}{g}(V_p - V_a) + \dfrac{W_s}{g}(V_s - V_a)$

(W_p : 1차 공기, W_s : 2차 공기, V_p : 연소된 배기 가스 속도, V_s : 팬을 지난 공기 속도)

(2) 총추력(F_g, gross Thrust)

① turbo jet : $F_g = \dfrac{W_a}{g}V_j$

② turbo fan : $F_g = \dfrac{W_p}{g}V_p + \dfrac{W_s}{g}V_s$

(3) 비추력(F_s, specific thrust)

① turbo jet : $F_s = \dfrac{F_n}{W_a} = \dfrac{V_j - V_a}{g}$

② turbo fan : $F_s = \dfrac{W_p(V_p - V_a) + W_s(V_s - V_a)}{g(W_p + W_s)}$

(4) 추력중량비(F_w, thrust weight ratio) : $F_w = \dfrac{F_n}{W}(kg/kg)$

(5) 추력마력(thrust horse power)

진추력(F_n)을 발생하는 엔진이 속도(V_a)로 비행할 때 엔진의 동력을 마력으로 환산한 것

$THP = \dfrac{F_n \times V_a}{75}(PS)$

(6) 추력 비연료소비율(TSFC)

1N(kg · m/s²)의 추력을 발생하기 위해 1시간 동안 엔진이 소비하는 연료의 중량

$TSFC = \dfrac{W_f \times 3600}{F_n}$ (kg/N · h)

나. 추력에 영향을 끼치는 요소

속도, 밀도(온도), 고도

다. 가스터빈엔진의 효율

(1) 추진 효율(propulsive efficiency)

공기가 엔진을 통과하면서 얻은 운동에너지에 의한 동력과 추진동력(진추력×비행속도)의 비, 즉 공기에 공급된 전체에너지와 추력 발생에 사용된 에너지의 비

$$\eta_p = \frac{2V_a}{V_j + V_a}$$ (V_a : 비행 속도, V_j : 배기 가스 속도)

(2) 열효율(thermal efficiency)

공급된 열에너지와 그 중 기계적 에너지로 바꿔진 양의 비

$$\eta_{th} = \frac{W_a(V_j^2 - V_a^2)}{2gW_f JH},$$ (J : 열의 일당량, H : 연료의 저발열량)

(3) 전효율(overall efficiency)

공급된 열량(연료에너지)에 의한 동력과 추력동력으로 변한 양의 비로 열효율과 추진효율의 곱으로 나타난다.

η_o(전효율) = η_p(추진효율) × η_{th}(열효율)

02 가스터빈 엔진의 계통

1. 흡 · 배기 계통

가. 역추력 장치(thrust reverser)

(1) 항공역학적 차단방식(cascade type)
(2) 기계적 차단방식(calm shell type)

※ 역추력 장치의 작동 : thrust lever assembly의 reverse thrust lever

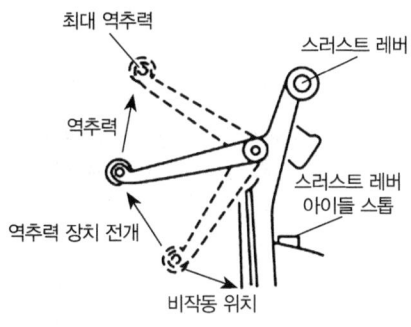

[그림 2-47] 역추력 장치와 역추력 장치 레버의 작동

2. 연료 계통(fuel system)

가. 연료(fuel)

(1) 가스터빈엔진 연료의 구비조건

① 증기압이 낮을 것
② 어는점이 낮을 것
③ 인화점이 높을 것
④ 대량생산이 가능하고 가격이 저렴할 것
⑤ 발열량이 크고 부식성이 없을 것
⑥ 점성이 낮고 깨끗하며 균질일 것

(2) 연료 선택시 고려사항

① 연료의 이용도
② 엔진 성능(연소실 효율, 고도한계, 엔진 회전수, 탄소 찌꺼기, 고공 재시동 특성)
③ 계통 내의 증기, 액체손실, 증기폐색, 청결성 등

(3) 연료의 종류

① 민간용 : 제트A-1, 제트A, 제트B
② 군용 : JP-3, JP-4, JP-5, JP-6, JP-7, JP-8

나. 연료 계통(fuel system)

(1) 연료 계통의 구성

① 주 연료 펌프 : 원심형, 기어형(많이 사용), 피스톤형
② 연료조정장치(FCU)

　㉠ 종류 : 유압기계식과 전자식
　㉡ 구성 요소 : 수감부분(computing section)과 유량조절부분(metering section)으로 구성
　㉢ 수감 요소 : RPM(revolution per minute), CDP(compressor discharge pressure), CIT(compressor inlet temperature), PLA(power lever angle)

> **Note** | FADEC(Full authority digital electronic control)
> 다수의 입력 신호(기관 상태량 외에 비행 상태량을 포함)를 전산 처리하고 출력은 엔진 연료 유량 만이 아니라 압축기 가변 스테이터 각도, 실속 방지용 압축기 블리드 밸브, ACCS 등의 엔진 특성을 종합적으로 일괄 조절하는 장치

③ 여압 및 드레인 밸브(P&D valve, Pressurizing & Drain valve)

　㉠ 위치 : 연료조정장치와 연료매니폴드사이
　㉡ 목적 : • 연료의 흐름을 1, 2차로 분리
　　　　　　• 일정한 압력이 될 때까지 여압
　　　　　　• 엔진 정지시 매니폴드나 연료노즐에 남아있는 연료를 배출

구분	여압 밸브	드레인 밸브
시동시 (1차 연료만 흐름)	close	close
정상 작동시 (1, 2차 연료 모두 흐름)	open	close
정지시 (연료 차단)	close	open

④ 연료 매니폴드(fuel manifold) : 연료 노즐로 연료를 분배해 주는 통로

⑤ 연료 노즐(fuel nozzle)

　㉠ 증발식(vaporizing tube type)

　㉡ 분무식(atomizer type) : 고압에 의해 분사

> **Note**
> ① 단식노즐(simplex nozzle) : 구조는 간단하나 대형에는 불가능
> ② 복식노즐(duplex nozzle)
> 　-1차 연료 : 노즐중심의 작은 오리피스로부터 150° 각도로 넓게 분사, 시동시 착화 용이
> 　-2차 연료 : 큰 오리피스로부터 50° 각도로 좁고 멀리 분사, 균등한 연소가능

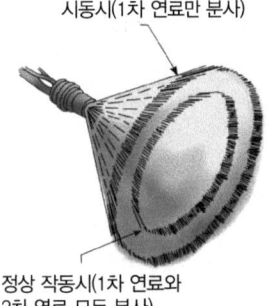

[그림 2-48] 복식 연료 노즐의 상황별 분사 위치

⑥ 연료 여과기 : cartridge type(종이), screen type, screen-disc type

3. 윤활 계통(lubricating system)

가. 윤활

(1) 윤활 부분

　① 압축기와 터빈을 지지하는 주 베어링들

　② 악세서리를 구동하는 구동기어들과 그 축의 베어링들

(2) 윤활 방법 : 고압 분무식(pressure spray)

(3) 윤활 목적 : 윤활 작용, 냉각 작용

나. 윤활유

(1) 구비 조건

　① 점성과 유동점이 낮을 것(-56~250℃)

　② 점도 지수가 높을 것(온도 변화에 따른 점도의 변화가 적을 것)

　③ 공기와 윤활유의 분리성이 좋을 것

　④ 인화점, 산화 안정성, 열적 안정성이 높고 기화성이 낮을 것

(2) 종류

    ① 광물성유

    ② 합성유(synthetic lub′)

        • Type Ⅰ(MIL-L-7808) : 1960년대 까지 사용

        • Type Ⅱ(MIL-L-23699) : 1970년대 부터 현재까지 사용

        • advanced type Ⅱ(MIL-L-27502) : type Ⅱ 오일의 내열성을 더 향상시킴

다. 윤활 계통

(1) 탱크

    ① 섬프 벤트 체크 밸브 : 섬프내의 공기압력이 너무 높을 때 탱크로 방출

    ② 압력 조절 밸브 : 탱크안의 압력이 너무 클 때 대기 중으로 방출

(2) 펌프의 종류 : gear type, gerotor type, vane type

> **Note** | 귀유 펌프(배유 펌프, Scavenge pump)
> 섬프에 모인 오일을 탱크로 되돌려 주는 펌프로 압력 펌프보다 용량이 크다. (공기와 혼합되어 체적이 증가)

(3) 여과기 : cartridge, screen, screen-disk

(4) fuel oil cooler : 오일은 냉각, 연료는 가열시키며, 윤활유 온도조절 밸브에 의해 오일의 온도가 낮으면 bypass시키고 높으면 냉각기를 통하게 한다.

(5) 브리더 및 여압계통 : 고도 및 대기압이 변하더라도 오일공급을 원활히 하고, 배유펌프가 기능을 충분히 발휘하도록 하며, 섬프 내부압력을 대기압보다 약간 낮은 일정한 부압으로 유지한다.

4. 시동 및 점화계통(starting & ignition system)

가. 시동 계통

(1) 전기식 시동계통(electric starting system)

    ① 전동기식 시동기

    ② 시동기 발전기식 시동계통(starter-generator type) : 시동기가 시동 후에는 발전기로 사용

(2) 공기식 시동계통(pneumatic starting system)

    ① 공기 터빈식 시동기(air turbine type) : 가장 많이 사용

        압축 공기 공급원- GPU, APU, 작동 중인 다른 엔진의 블리드 공기

    ② 가스터빈 시동기(gas turbine type) : 자체 시동이 가능한 시동기

    ③ 공기 충돌식 시동기(air impingement type) : 가장 간단한 시동기

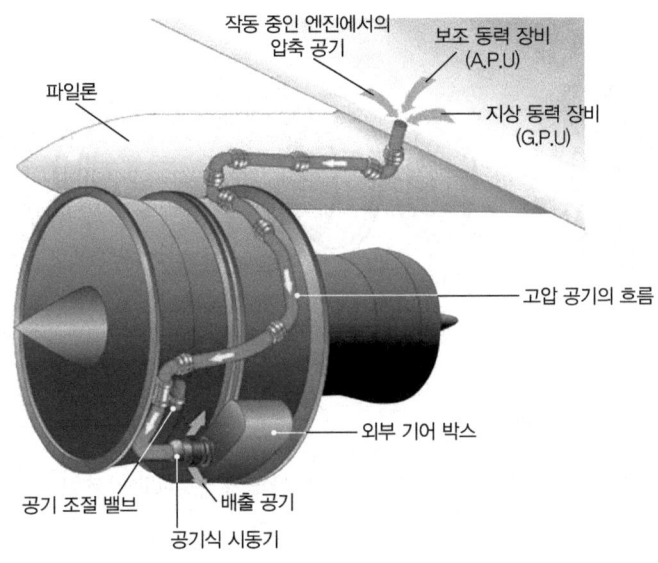

[그림 2-49] 공기식 시동기에 공급되는 압축 공기 종류

나. 점화 계통(ignition system)
   (1) 종류
   ① 유도형 점화계통 : 직류 유도형(28V DC), 교류 유도형(115V 400Hz)
   ② 용량형 점화계통 : 직류 고전압 용량형, 교류 고전압 용량형
   (2) 이그나이터(ignitor) : annular gap type, constrained gap type
   (3) 왕복 엔진과의 차이점
   ① 시동할 때만 점화가 필요하다.   ② 탑재용 분석 장비가 필요 없다.
   ③ Ignitor의 교환이 빈번하지 않다.   ③ Ignitor가 두개 정도만 필요하다.
   ④ 교류전력을 이용할 수 있다.   ⑤ 타이밍 장치가 필요 없다.

5. 추력 증가 장치

가. 후기 연소기(AB, after burner)
   (1) 배기 덕트에서 재연소
   (2) 총추력의 50%까지 추력증가가 가능하나 연료는 3배 정도 소모되므로 군용에만 사용

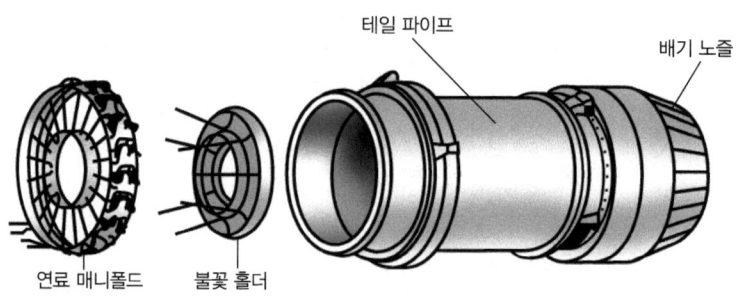

[그림 2-50] 후기 연소기의 구성요소

나. 물 분사 장치(water injection system)
(1) 물이나 물과 알콜의 혼합액을 이륙시에만 압축기 입구나 디퓨저 출구에 분사하여 흡입공기의 온도를 감소시키고 공기밀도가 증가하여 추력이 증가한다.
(2) 추력증가량은 10~30%이다.
(3) 대기온도가 높을수록 물분사 효과가 크다.
(4) 알콜을 사용하는 이유는 물의 결빙을 막고 연소온도를 높이기 위함이다.

03 가스터빈 엔진의 작동과 검사

1. 가스터빈 엔진의 작동과 검사

가. 비정상 시동
(1) 과열시동(hot start) : 시동시 배기가스온도(EGT : Exhaust Gas Temperature)가 규정치 이상 올라가는 현상
(2) 결핍시동(hung start) : 시동시 스러스트 레버를 idle까지 전진시켰으나 RPM이 올라가지 못하는 현상
(3) 시동불능(no start, abort start) : 규정된 시간 내에 시동이 완료되지 않는 상태이며 RPM이나 EGT 계기가 상승하지 않는 것으로 알 수 있다.

> **Note** | 가스터빈 엔진의 시동 순서
> 시동 스위치 ON – 점화 스위치 ON – 연료 공급 – 불꽃 발생 – 자립회전 속도 – 점화 스위치 OFF – 시동기 OFF – 압축기의 완속 rpm

나. 엔진의 조절

(1) 정격추력을 위한 엔진의 특정 상태 : CIT&CIP, RPM, EPR, TDP, A8 등

① CIT : Compressor Inlet Temperature(압축기 입구 온도)

② CIP : Compressor Inlet Pressure(압축기 입구 압력)

③ RPM : Revolution Per Minute(분당 회전수)

④ EPR : Engine Pressure Ratio(기관 압력비)

⑤ TDP : Turbine Discharge Pressure(터빈 출구 압력)

⑥ A_8 : 배기 노즐 넓이

(2) 추력 측정방법(간접적으로 비교) : 초기 - RPM, 현재 - EPR(Engine Pressure Ratio)

※ $EPR = \dfrac{TDP}{CIP} = \dfrac{P_{t7}}{P_{t2}}$, (EPR은 추력에 정비례함)

(3) 정격추력

제작회사에서 이륙, 상승, 순항, 완속 등에 필요한 압력비를 미리 정해 둔 것이며 스레스트 레버를 해당 압력비에 맞추면 해당 추력이 발생하고, 대기의 압력이나 온도, 엔진의 상태에 따라 변한다.

(4) 엔진 트리밍(engine trimming)

제작회사에서 정한 정격에 맞도록 엔진을 조절하는 것으로, 제작회사의 지시에 따라 수행하여야 하며 비행기는 정풍이 되도록 하거나 무풍일 때가 좋다.

(시기는 주기 검사시, 엔진 교환시, 연료조정장치(FCU) 교환 시, 배기 노즐 교환시)

(5) 리깅(rigging)

조종석에 있는 lever의 위치와 engine에 있는 control의 위치가 일치할 수 있도록, 즉 lever를 조작한 만큼 엔진이 작동할 수 있도록 케이블이나 작동 arm을 조절하는 것이다.

2. 배기가스와 소음감소

가. 소음 감소 장치(noise suppressor)

(1) 개요

① 소음의 원인은 배기소음(저주파)이다.

② 배기가스가 대기와 부딪혀 혼합되므로 발생

③ 소음의 크기는 가스속도의 6~8제곱에 비례하고 노즐지름의 제곱에 비례한다.

④ 터보제트에서 특히 심하다.

(2) 종류 : 꽃무늬형 또는 다공형(multi tube) jet nozzle, 엔진 내부에 소음 흡수재 사용

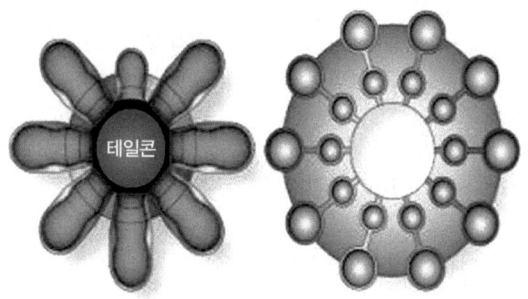

[그림 2-51] 배기 소음 감소 장치의 종류

(3) 소음 감소의 원리
　① 저주파음을 고주파음으로 바꾼다.
　② 분출가스에 대한 대기의 상대속도를 줄인다.
　③ 대기와 혼합되는 면적을 넓힌다.

항공기 가스터빈엔진 적중예상문제

3-1 가스터빈 엔진의 구조

01 터보 제트 엔진에서 중요한 부분 3가지는?

㉮ 흡입구, 압축기, 노즐
㉯ 흡입구, 압축기, 연소실
㉰ 압축기, 연소실, 배기관
㉱ 압축기, 연소실, 터빈

02 가스터빈 엔진의 흡입 덕트에서 램 압력 회복점이란?

㉮ 마찰 압력 손실이 최대가 되는 점
㉯ 램 압력 상승이 최소가 되는 점
㉰ 마찰 압력 손실과 램압력 상승이 같아지는 점
㉱ 마찰 압력 손실이 최소가 되는 점

[풀이] 압축기 입구에서의 정압 상승이 덕트 안에서 마찰로 인한 압력 강하와 같아지는 속도, 즉 압축기 입구 정압이 대기압과 같아지는 항공기 속도를 말하며, 압력 회복점이 낮을수록 좋은 흡입 덕트이다.

03 아음속 여객기에 장착된 터보팬 엔진의 공기 흡입구 형식으로 적합한 것은?

㉮ 확산형 (Divergent)
㉯ 수축형 (Convergent)
㉰ 수축-확산형 (Convergent-divergent)
㉱ 확산-축소형 (Divergent-convergent)

[풀이] 아음속 항공기 : 확산형, 초음속 항공기 : 가변 (초음속시-수축 확산형)

04 날개 아래 장착되는 엔진의 공기 흡입구를 무엇이라 하는가?

㉮ S자 덕트　　㉯ 노스 카울　　㉰ 벨마우스　　㉱ 인렛 스크린

[풀이]
- S자 덕트 : 엔진이 후방 동체 속에 장착되어 있을 때의 흡입 덕트
- 벨마우스(Bellmouth) : 가스터빈 엔진 입구에 공기를 안내하는데 사용하는 수축형의 흡입덕트로서 헬기의 엔진이나 지상에서 가스터빈엔진 시운 전시 흡입 덕트로 사용
- 인렛 스크린(inlet screen) : 엔진 공기흡입구 전방에 설치되어 FOD(외부물질에 의한 손상) 등 방지

[정답] [3-1] 01 ㉱　02 ㉰　03 ㉮　04 ㉯

05 수축 및 확산 덕트에 대한 기술 중 틀린 것은?

㉮ 아음속시 수축 덕트에서 압력은 감소하고 속도는 증가한다.
㉯ 초음속시 수축 덕트에서 압력은 감소하고 속도는 증가한다.
㉰ 초음속시 확산 덕트에서 압력은 감소하고 속도는 증가한다.
㉱ 아음속시 확산 덕트에서 압력은 증가하고 속도는 감소한다.

06 원심형 압축기에서 고속의 운동에너지가 저속의 압력에너지로 바뀌는 곳은 어느 부분인가?

㉮ 임펠러　　㉯ 디퓨져　　㉰ 매니폴드　　㉱ 배기 노즐

풀이
- 임펠러 : 흡입 공기를 받아 원주방향으로 빠르게 가속시켜 디퓨져로 공급한다.
- 디퓨져 : 흡입 공기의 속도를 감소시키고 압력을 증가시켜 매니폴드로 보내준다.
- 매니폴드 : 디퓨져에서 압축된 공기를 뒤쪽 연소실로 보내준다.

07 축류식 압축기에 대한 설명으로 옳은 것은?

㉮ 전면 면적에 비해 많은 양의 공기를 처리할 수 있다.
㉯ 손상에 강하다.
㉰ 다단으로 제작하기 곤란하다.
㉱ 구조가 간단하다.

풀이
- 장점 : 전면 면적에 비해 많은 양의 공기를 흡입, 압축할 수 있고, 여러 단으로 제작할 수 있으며, 입구와 출구와의 압력비 및 압축기 효율이 높다.
- 단점 : 제작하기 힘들고, 값이 비싸며, 비교적 무게가 많이 나간다. 또한 높은 시동 파워가 필요하다.

08 축류식 압축기에서 스테이터 베인(stator vanes)의 가장 중요한 목적은?

㉮ 배기가스의 압력을 증가시킨다.　　㉯ 배기가스의 속도를 증가시킨다.
㉰ 공기흐름의 속도를 감소시킨다.　　㉱ 공기흐름의 압력을 감소시킨다.

09 축류식 압축기에서 디퓨져(Diffuser)는 어디에 위치하는가?

㉮ 두개의 압축기 사이　　㉯ 압축기와 연소실 사이
㉰ 연소실과 터빈 사이　　㉱ 터빈 입구

풀이 디퓨져는 속도를 감소시키고 압력을 증가시키는(속도에너지를 압력에너지로 바꾸어주는) 확산 통로로서 공기 흐름의 압력이 가장 높은 곳이다.

정답 05 ㉯　06 ㉯　07 ㉮　08 ㉰　09 ㉯

10 축류형 압축기에서 1단(stage)이란?

㉮ 저압 압축기
㉯ 고압 압축기
㉰ 1열 로우터와 1열 스테이터
㉱ 저압 압축기와 고압 압축기를 합한 것

11 stage 당 압력비가 1.34인 9stage 축류형 압축기의 출구 압력은 얼마인가? (단, 압축기 입구 압력은 14.7 psi이다.)

㉮ 177 psi　　㉯ 205 psi　　㉰ 255 psi　　㉱ 276 psi

풀이 압축비의 압력비(γ) = $\dfrac{\text{압축기 출구의 압력}}{\text{압축기 입구의 압력}}$ = γ_s^n = 1.34^9

∴ 압축기 출력의 압력 = $1.34^9 \times 14.7$

12 축류식 압축기의 반동도를 나타낸 것 중 알맞은 것은?

㉮ $\dfrac{\text{로우터깃의 압력 상승}}{\text{1단의 압력 상승}} \times 100\%$

㉯ $\dfrac{\text{압축기의 압력 상승}}{\text{터빈의 압력 상승}} \times 100\%$

㉰ $\dfrac{\text{고압 압축기 압력}}{\text{저압 압축기의 압력}} \times 100\%$

㉱ $\dfrac{\text{스테이터의 압력 상승}}{\text{1단의 압력 상승}} \times 100\%$

풀이 압축기의 반동도 = $\dfrac{\text{로우터깃의 압력 상승}}{\text{1단의 압력 상승}} \times 100\%$

13 가스터빈 엔진에서 흡입 속도가 감소하여 압축기 로터 블레이드 받음각이 증가함으로서 압축기 압력비가 급격히 떨어지고 엔진 출력이 감소하여 작동이 불가능해진다. 이러한 현상을 무엇이라 하는가?

㉮ 동력　　㉯ 압축기 실속　　㉰ 날개 실속　　㉱ 헝 스타트

풀이 결핍시동(hung start) : 비정상 시동(과열시동, 결핍시동, 시동불능)의 일종으로 시동이 시작된 다음 엔진의 회전수가 완속 회전수까지 증가하지 않고 이보다 낮은 회전수에 머물러 있는 현상

14 다음 중 연소 가스 출구 온도가 균일한 연소실은?

㉮ 캔형　　㉯ 애뉼러형　　㉰ 캔 애뉼러형　　㉱ 라이너형

풀이 • 캔형(can type) : 정비가 용이, 과열시동 유발 가능성, 출구온도 불균일
　　• 애뉼러형(annular type) : 구조가 간단, 연소 안정, 출구 온도 균일, 정비 불편
　　• 캔 애뉼러형 : 캔형과 애뉼러형의 중간 성질

정답　10 ㉰　11 ㉯　12 ㉮　13 ㉯　14 ㉯

15 다음 중에서 축류식 압축기의 실속은 언제 발생하는가?

㉮ 공기의 흡입속도가 압축기의 회전속도보다 빠를 때
㉯ 공기의 흡입속도가 압축기의 회전속도보다 느릴 때
㉰ 압축기의 회전 속도가 비행속도보다 느릴 때
㉱ 램 압력이 압축기의 압력보다 높을 때

풀이 압축기에서 공기흡입속도가 작을수록, 로터의 회전속도가 클수록 로터 받음각이 커진다. 과도한 받음각 증가가 실속을 유발한다.
- 흡입공기 속도가 감소하는 경우
  - 엔진 가속시 연료의 흐름이 너무 많아 압축기 출구 압력(CDP)이 높아진 경우
  - 압축기 입구 압력(CIP)이 낮은 경우
  - 압축기 입구 온도(CIT)가 높은 경우
  - 지상 엔진 작동시 회전속도가 설계점 이하로 낮아지는 경우(압축기 뒤쪽 공기의 비체적이 커지고 공기누적(choking)현상이 생김)
- 압축기 로터의 회전속도가 너무 빠를 경우

16 다음 중 축류형 압축기의 실속 방지 장치가 아닌 것은?

㉮ 다축식 구조　　　　　　　　㉯ 가변 스테이터 베인
㉰ 블리드 밸브　　　　　　　　㉱ 공기흡입덕트

풀이 압축기 실속 방지법
- 다축식 구조(multi spool) : 2축식 이상
- 가변 스테이터 베인(가변정익, VSV) : 압축기 전방 쪽의 베인을 가변으로 하여 로터로 유입되는 공기의 받음각을 일정하게 한다.
- 블리드 밸브 : 압축기 출구 쪽에서 엔진을 저속 회전시킬 때에 자동적으로 밸브가열려 누적된 공기를 배출시킨다.

17 가스터빈 엔진의 연소실에 대한 설명 내용으로 가장 올바른 것은?

㉮ 압축기 출구에서 공기와 연료가 혼합되어 연소실로 분사된다.
㉯ 연소실로 유입된 공기의 75% 정도는 연소에 이용되고 나머지 25% 정도의 공기는 냉각에 이용된다.
㉰ 1차 연소영역을 연소영역이라 하고 2차 연소영역을 혼합 냉각 영역이라고 한다.
㉱ 최근 JT9D, CF6, RB-211엔진 등은 물론 엔진 크기에 관계없이 캔형의 연소실이 사용된다.

풀이 ㉮ 연소실에서 공기와 연료 혼합
㉯ 연소에 이용되는 공기(1차 공기)는 25%, 나머지는 냉각(2차 공기)에 이용
㉱ 최근의 터보팬 엔진은 모두 애뉼러형 연소실 사용

정답 15 ㉯　16 ㉱　17 ㉰

18 가스터빈 연소실의 공기흡입구부에 있는 선회 베인(Swirl vane)에 대하여 가장 올바르게 설명한 것은?

㉮ 캔형 연소실에는 없다.
㉯ 연소 영역을 길게 한다.
㉰ 1차 공기에 선회를 준다.
㉱ 연료노즐 부근의 공기속도를 빠르게 한다.

풀이 선회 깃(swirl guide vane) : 연소실로 들어오는 1차 공기에 강한 선회(와류)를 주어 공기흐름에 적당한 난류를 일으켜서 유입 속도의 감소와 화염전파속도를 증가시킨다.

19 가스터빈 엔진에서 연소 효율이란 무엇인가?

㉮ 연소실에 공급된 열량과 공기의 실제 증가된 에너지의 비율
㉯ 연소실에 공급된 열량과 방출된 에너지와의 비율
㉰ 연소실로 공급된 에너지와 방출된 에너지와의 비율
㉱ 연소실로 들어오는 1차 공기와 2차 공기와의 비율

풀이 연소효율은 연소실로 들어오는 공기의 압력 및 온도가 낮을수록(고고도), 그리고 공기의 속도가 빠를수록 낮아진다. 일반적으로 연소 효율은 95% 이상이어야 한다.

$$\text{연소효율}(\eta_b) = \frac{\text{입구와 출구의 총에너지(엔탈피) 차이}}{\text{공급된 연료량} \times \text{연료의 저발열량}}$$

20 가스터빈 엔진의 연소실 성능에 대한 설명 중 맞는 것은?

㉮ 연소실 효율은 고도가 높을수록 좋아진다.
㉯ 연소실 출구 온도 분포는 안쪽 지름 쪽이 바깥지름 쪽보다 높은 것이 좋다.
㉰ 입구와 출구의 전압력차가 클수록 좋다.
㉱ 고공재시동 가능범위가 넓을수록 좋다.

풀이 ㉮ 연소효율은 연소실로 들어오는 공기의 압력 및 온도가 낮을수록, 속도가 빠를수록 낮아진다.
㉯ 출구 온도 분포는 바깥지름 쪽이 안쪽보다 약간 높은 것이 좋은데, 그 이유는 터빈 회전자 깃에 작용하는 응력은 끝부분보다 뿌리부분에서 더 크기 때문이다.
㉰ 입구와 출구의 전압력차를 압력 손실이라 하며, 압력 손실은 작은 것이 좋다.

21 터보 제트 엔진에서 터빈에 대한 설명으로 옳지 않은 것은?

㉮ 고속 가스에서 운동 에너지를 축에 전달한다.
㉯ 첫 단 터빈 깃의 냉각은 오일을 사용한다.
㉰ 충동 터빈을 지나온 흐름은 압력, 속도는 변하지 않고 흐름 방향만 바꾼다.
㉱ 반동 터빈은 속도와 압력이 변화한다.

정답 18 ㉰ 19 ㉮ 20 ㉱ 21 ㉯

22. 제트엔진 터빈 깃의 냉각 방법 중에서 다공성 재료로 만든 후 블레이드의 내부를 중공으로 하여 냉각하는 것을 무엇이라고 하는가?

㉮ 침출 냉각　　㉯ 공기막 냉각　　㉰ 충돌 냉각　　㉱ 대류 냉각

풀이
- 공기막 냉각 : 터빈 깃의 안쪽에 공기통로를 만들고, 터빈 깃 표면에 작은 구멍을 뚫어 이 구멍을 통해 찬 공기가 나오게 한다.
- 대류냉각 : 터빈 깃의 내부에 공기통로를 만들어 이곳으로 차가운 공기가 지나가도록 한다.
- 충돌냉각 : 터빈 깃의 내부에 작은 공기통로를 만들어 이 통로에서 터빈 깃의 앞 전 안쪽 표면에 냉각 공기를 충돌시켜 깃을 냉각시킨다.
- 침출냉각 : 가장 냉각 성능이 우수하지만, 강도에 따른 문제가 아직 해결되지 않아 실용화되지 못하고 있다.

23. 브레이드 내부에 작은 공기 통로를 설치하여 브레이드 앞전을 향하여 공기를 충돌시켜 냉각하는 방법은?

㉮ Transpiration Cooling　　㉯ Convection Cooling
㉰ Impingement Cooling　　㉱ Film Cooling

풀이
- Transpiration Cooling : 침출 냉각, Convection Cooling : 대류 냉각
- Impingement Cooling : 충돌 냉각, Film Cooling : 공기막 냉각

24. 축류형 터빈의 반동도를 올바르게 표현한 것은? (단, P_1 = 고정자 깃 입구의 압력, P_2 = 회전자 깃 입구의 압력, P_3 = 회전자 깃 출구의 압력)

㉮ $\Phi = \dfrac{P_1 - P_2}{P_1 - P_3}$　　㉯ $\Phi = \dfrac{P_2 - P_3}{P_1 - P_3}$　　㉰ $\Phi = \dfrac{P_2 - P_1}{P_3 - P_1}$　　㉱ $\Phi = \dfrac{P_3 - P_2}{P_3 - P_2}$

풀이 터빈의 반동도 = $\dfrac{\text{로우터깃의 압력 팽창}}{\text{1단의 압력 팽창}}$

25. 제트엔진의 터빈 반동도가 0%일 때의 설명으로 가장 올바른 것은?

㉮ 단당압력 상승이 모두 터빈에서 일어난다.
㉯ 단당압력 상승이 모두 정익(터빈 노즐)에서 일어난다.
㉰ 단당압력 강하가 모두 터빈에서 일어난다.
㉱ 단당압력 강하가 모두 정익에서 일어난다.

풀이 반동도가 0이면 로터 깃에서는 압력 팽창(압력 강하)가 전혀 일어나지 않는 것으로 반동도가 0인 터빈을 충동 터빈이라 한다. 실제 터빈 깃은 뿌리부분은 충동터빈(반동도 0)으로, 깃 끝부분은 반동터빈(반동도 50)으로 되어 있다.

정답 22 ㉮　23 ㉰　24 ㉯　25 ㉱

26 다음 중 터빈 블레이드 끝과 터빈 케이스 안쪽의 에어 시일과의 간격을 줄여주기 위해서 터빈케이스 외부 냉각을 시켜준다. 여기에 사용되는 냉각공기는?

㉮ 압축기 배출 공기　　㉯ 연소실 냉각 공기
㉰ 팬 압축 공기　　㉱ 외부 공기

풀이 ACCS(Active Clearance Control System) = TCCS(Turbine Case Cooling System) : 터빈 케이스를 팬 공기로 강제 냉각하고 수축시켜서 터빈 블레이드의 팁 간격을 최적으로 유지하고 연료비의 개선을 꾀한 것

27 터빈 깃(vane)이 압축기 깃보다 더 많은 결함(damage)이 나타난다. 이는 터빈 깃이 압축기 깃보다 더 많은 무엇을 받기 때문인가?

㉮ 열응력　　㉯ 연소실내의 응력
㉰ 추력 간극(clearance)　　㉱ 진동과 다른 응력

28 제트엔진에서 배기노즐(exhaust nozzle)의 가장 중요한 기능은?

㉮ 배기가스의 속도와 압력을 증가시킨다.
㉯ 배기가스의 속도를 증가시키고 압력을 감소시킨다.
㉰ 배기가스의 속도와 압력을 감소시킨다.
㉱ 배기가스의 속도를 감소시키고 압력을 증가시킨다.

29 배기 파이프 또는 배기노즐을 다른 말로 무엇이라 하는가?

㉮ 배기 덕트　　㉯ Nozzle Pipe　　㉰ Turbine Nozzle　　㉱ Gas nozzle

풀이
• 터빈 노즐 : 터빈 스테이터 깃
• 배기 덕트 : 배기가스의 압력에너지를 속도에너지로 바꾸어 추력을 얻는다.

30 보조동력장치(APU)가 자동적으로 셧 다운(shot down) 될 수 있는 조건이 아닌 것은?

㉮ N_1, N_2의 over speed시　　㉯ Low oil pressure
㉰ EGT over temperature　　㉱ rpm normal

풀이
• 보조 동력 장비 (APU) : 지상에서 엔진을 작동시킬 필요가 없고 지상동력장비(GPU) 없이도 기내에서 필요한 동력이 확보된다. 또 비행 중 비상시 필요한 동력원이 확보된다.
• APU가 자동 정지되는 현상 : rpm overspeed, battery 전압저하, APU화재, 공기동력원 배관파괴 등

정답 26 ㉰　27 ㉮　28 ㉯　29 ㉮　30 ㉱

31 APU 정상 운전 속도는?

㉮ 10% rpm　㉯ 50% rpm　㉰ 95% rpm　㉱ 100% rpm

풀이
- 10% rpm : 오일 압력을 확인, 이그니션(점화장치)이 작동, 연료가 유입
- 50% rpm : 스타터(시동기) 모터의 분리
- 95% rpm : 전력의 공급이 가능, 공기압의 공급이 가능, 이그니션을 off
- 100% rpm : 정상 운전

32 2축식(dual spool) APU에서 저압 터빈/저압 압축기(N_1)의 회전 속도는 무엇에 의해 조절되는가?

㉮ 시동기　㉯ 고압 터빈 / 고압 압축기 N_2
㉰ 연소가스　㉱ 가변노즐 다이어프램

풀이 Dual spool type(2축식) APU의 터빈에 있어서 고압과 저압 터빈 사이에 가변노즐 가이드베인(다이어프램)이 있고, 이 작동에 의해 저압 터빈/저압 압축기(N_1)의 회전 속도를 조절한다.

3-2 가스터빈 엔진의 성능

01 항공기가 속도 720km/h로 비행시, 항공기에 장착된 터보 제트 엔진이 300kg/s로 공기를 흡입하여 400m/s로 배기시킨다. 진추력(F_n)은 얼마인가? (단, g = 10m/s²)

㉮ 3,000kg　㉯ 6,000kg　㉰ 8,000kg　㉱ 18,000kg

풀이 $F_n = \dfrac{W_a}{g}(V_j - V_a) = \dfrac{300}{10}(400 - \dfrac{720}{3.6})$

02 터보 팬 엔진의 총추력(F_g) 구하는 식으로 올바른 것은? (단, W_p : 1차 공기, W_s : 2차 공기, V_p : 연소된 배기 가스 속도, V_s : 팬을 지난 공기 속도)

㉮ $F_g = \dfrac{W_p}{g}(V_p - V_a) + \dfrac{W_s}{g}(V_s - V_a)$　㉯ $F_g = \dfrac{W_a}{g}V_j$

㉰ $F_g = \dfrac{W_p}{g}V_p + \dfrac{W_s}{g}V_s$　㉱ $F_g = \dfrac{W_a}{g}(V_j - V_a)$

풀이 ㉮ 터보 팬 엔진의 진추력, ㉯ 터보 제트 엔진의 총추력, ㉰ 터보 팬 엔진의 총추력, ㉱ 터보 제트 엔진의 진추력

정답 31 ㉱　32 ㉱　[3-2] 01 ㉯　02 ㉰

03 속도 540km/h로 비행하는 항공기에 장착된 터보 제트 엔진이 196kg/s인 중량유량의 공기를 흡입하여 250m/s의 속도로 배기시킨다. 총 추력은 얼마인가?

㉮ 4000kg ㉯ 5000kg ㉰ 6000kg ㉱ 7000kg

풀이 $F_g = \dfrac{W_a}{g} V_j = \dfrac{196 kg/s}{9.8 m/s^2} \times 250 m/s$

04 가스터빈 엔진에서 추력 비연료 소비율(TSFC)이란?

㉮ 단위 추력당 연료소비량
㉯ 단위 시간당 연료소비량
㉰ 단위 거리당 연료소비량
㉱ 단위 추력당 단위 시간당 연료소비량

풀이 TSFC(Thrust Specific Fuel Consumption) = $\dfrac{W_f \times 3600}{F_n} (kg/kg-h)$

05 비행고도가 증가할 때 추력은 어떻게 변화하는가?

㉮ 점차 증가하다가 감소
㉯ 점차 감소하다가 증가
㉰ 감소
㉱ 증가

풀이 추력에 영향을 끼치는 요소
• 공기 밀도 : 추력과 비례
• 비행 속도 : 추력과 비례 (비행속도가 증가하면 추력은 약간 감소하다가 증가)
• 공기 습도 : 추력과 반비례
• 비행 고도 : 추력과 반비례

06 다음 중 가스터빈 엔진 효율의 종류가 아닌 것은?

㉮ 추진효율 ㉯ 열효율 ㉰ 전체효율 ㉱ 압축효율

풀이 추진효율 = $\dfrac{추력동력}{운동에너지}$, 열효율 = $\dfrac{기계적 에너지}{열에너지}$
전(체)효율 = 추진효율×열효율

07 가스 터빈 엔진의 열효율 향상 방법으로 가장 거리가 먼 내용은?

㉮ 고온에서 견디는 터빈 재질 개발
㉯ 엔진의 내부 손실 방지
㉰ 터빈 냉각 방법의 개선
㉱ 배기 가스의 온도 증가

정답 03 ㉯ 04 ㉱ 05 ㉰ 06 ㉱ 07 ㉱

08 터보 제트 엔진의 추진효율에 대한 설명 중 가장 올바른 것은?

㉮ 추진효율은 배기구 속도가 클수록 커진다.
㉯ 추진효율은 엔진의 내부를 통과한 1차 공기에 의하여 발생되는 추력과 2차 공기에 의하여 발생되는 추력의 합이다.
㉰ 추진효율은 엔진에 공급된 열에너지와 기계적 에너지로 바꿔진 양의 비이다.
㉱ 추진효율은 공기가 엔진을 통과하면서 얻은 운동에너지에 의한 동력과 추진 동력의 비이다.

풀이
- 추진효율(η_p) : 공기가 엔진을 통과하면서 얻은 운동에너지와 비행기가 얻은 에너지인 추력과 비행속도의 곱으로 표시되는 추력 동력의 비
- 열효율(η_{th}) : 엔진에 공급된 열에너지(연료에너지)와 그 중 기계적 에너지로 바꿔진 양의 비
- 전효율(η_o) : 공급된 열에너지에 의한 동력과 추력동력으로 변한 양의 비, 전효율(η_o) = 추진효율(η_p) × 열효율(η_{th})

09 진추력 2000kg, 비행속도 200m/s, 배기가스속도 300m/s인 터보제트 엔진에서 저위발열량이 4600kcal/kg인 연료를 1초 동안에 1.3kg씩 소모한다고 할 때 추진효율을 구하면 약 얼마인가?

㉮ 0.8　　㉯ 0.9　　㉰ 1.0　　㉱ 1.5

풀이 $\eta_p = \dfrac{2V_a}{V_j + V_a} = \dfrac{2 \times 200}{300 + 200}$

3-3 흡, 배기 계통

01 터보팬 엔진의 역추력 장치 중에서 바이패스 되는 공기를 막아주는 장치는 무엇인가?

㉮ 공기모터(pneumatic motor)　　㉯ 블록 도어(blocker door)
㉰ 캐스케이드 베인(cascade vane)　　㉱ 트랜스레이팅 슬리브(translating sleeve)

풀이 역추력장치(thrust reverser) : 착륙시 배기가스를 항공기의 앞쪽으로 분사시킴으로써 항공기 제동에 사용
- 최대 정상 추력의 40~50% 정도
- 블록도어(blocker door) : 차단판
- 캐스케이드 베인(cascade vane) : 역추력을 위해 바이패스되는 공기가 흡입구로 재흡입되어 실속되지 않도록 공기의 배출 방향을 만들어 주는 방향 전환 깃

02 역추력 장치 레버(reverse thrust lever)는 조종석의 어디에 위치하는가?

㉮ control stick　　㉯ pedal
㉰ front panel　　㉱ thrust lever

정답 08 ㉱ 09 ㉮ [3-3] 01 ㉯ 02 ㉱

03 최근 터보팬 엔진에서 사용하는 Thrust reverser에 사용되는 형식은?

㉮ Fan reverser와 Thrust reverser와 같이 쓰인다.
㉯ Fan reverser만 쓰인다.
㉰ Turbine reverser만 작동한다.
㉱ Reverser를 작동유로 작동한다.

풀이 그 이유는 터빈 리버서의 발생 역추력은 전체 역추력의 20~30% 정도에 지나지 않고 동시에 터빈 역추력 장치가 고온 고압에 누출되기 때문에 고장의 발생률이 높다. 따라서, 터빈 리버서를 폐지함으로써 고장이 줄고 정비가 절감되고 또한 중량 감소 만큼 연료비의 절감이 가능하게 되는 등 많은 장점이 있다.

3-4 연료 계통

01 가스터빈 엔진에 사용하는 연료 중 등유와 낮은 증기압의 가솔린과 합성연료이며 주로 군용으로 사용되는 것은?

㉮ Jet A   ㉯ Jet A-1   ㉰ JP-4   ㉱ Jet B

풀이 • 군용 : JP-4, JP-5, JP-6, JP-7, JP-8   • 민간용 : Jet A, Jet A-1, Jet B

02 다음 중에서 가스터빈 엔진 연료의 필요조건이 아닌 것은?

㉮ 발열량이 클 것   ㉯ 어는 점이 낮을 것
㉰ 부식성이 없을 것   ㉱ 증기압이 높을 것

풀이 항공기는 상승률이 크고 고고도에서는 대기압이 낮아지므로 베이퍼 록(vapour lock)의 위험성이 항상 존재하므로 연료의 증기압은 낮아야 한다.

03 터빈엔진에 연료에 수분이 포함되어 있을 때의 문제점으로 적절하지 않는 것은?

㉮ 연료 필터의 빙결   ㉯ 연료 탱크의 부식
㉰ 미생물 성장 촉진   ㉱ 엔진 과열의 원인

04 항공기가 어떤 작동조건에서도 최적의 엔진작동 특성을 유지하도록 만들어 주는 엔진의 연료 부품은?

㉮ 연료 조절기(Fuel Control Unit)   ㉯ 연료 펌프(Fuel Pump)
㉰ 연료 오일 냉각기(Fuel Oil Cooler)   ㉱ 연료 노즐(Fuel Nozzle)

정답 03 ㉯ [3-4] 01 ㉰ 02 ㉱ 03 ㉱ 04 ㉮

05 가스터빈 엔진의 주연료 펌프에서 펌프 출구 압력을 조절하는 것은?

㉮ 릴리프 밸브　　㉯ 체크 밸브　　㉰ 바이패스 밸브　　㉱ 드레인 밸브

풀이 • 릴리프 밸브 : 계통내의 압력이 과도할 때 흐름을 펌프 입구로 되돌려 압력을 일정하게 유지
　　　• 바이패스 밸브 : 여과기가 막히거나 펌프가 고장날 때 그 장치를 거치지 않고 직접 흐름을 만들어 줌
　　　• 체크 밸브 : 흐름의 역류를 방지

06 다음 중에서 연료조정장치(FCU)의 수감 요소가 아닌 것은?

㉮ 연소실 압력　　㉯ 압축기 입구 온도　　㉰ 압축기 출구 온도　　㉱ rpm

풀이 연료조정장치(FCU : fuel control unit)의 수감요소
　　　• 기관 회전수(RPM)
　　　• 압축기 출구 압력 (CDP) 또는 연소실 압력(P_b)
　　　• 압축기 입구 온도 (CIT)
　　　• 동력 레버(스러스트 레버)의 위치(PLA : power lever angle)

07 다음 중 가스터빈 엔진 연료조정장치의 3대 기본요소가 아닌 것은?

㉮ 센싱부　　㉯ 컴퓨팅부　　㉰ 미터링부　　㉱ 드레인부

풀이 연료조정장치(FCU)의 구성 요소 : ① 센싱부, 컴퓨팅부 : 엔진의 작동상태를 수감(CDP, CIT, RPM, PLA)해서 이 신호들을 종합 계산하여 유량조절부분으로 보낸다. ② 미터링부 : 유량조절 부분

08 가스터빈 엔진의 연료 흐름 순서로 맞는 것은?

㉮ 주연료펌프 → 연료 필터 → 연료조정장치 → 매니폴드 → 여압 및 드레인 밸브 → 연료 노즐
㉯ 주연료펌프 → 연료 필터 → 여압 및 드레인 밸브 → 연료조정장치 → 매니폴드 → 연료 노즐
㉰ 연료 필터 → 주연료펌프 → 연료조정장치 → 여압 및 드레인 밸브 → 매니폴드 → 연료 노즐
㉱ 주연료펌프 → 연료 필터 → 연료조정장치 → 여압 및 드레인 밸브 → 매니폴드 → 연료 노즐

09 가스터빈 연료계통에서 Pressure and Dump valve의 역할은?

㉮ 연료탱크의 연료에 압력을 가해 연료조정장치로 보내준다.
㉯ 연료에 압력을 가하고, 엔진 정지시 연료를 배출시킨다.
㉰ 연료노즐에서 1차 연료와 2차 연료를 보내준다.
㉱ 엔진의 상태에 따라 연료를 보내준다.

풀이 여압 및 드레인 밸브는 FCU와 연료 매니폴드 사이에 위치

정답 05 ㉮ 06 ㉰ 07 ㉱ 08 ㉱ 09 ㉯

10 최근 고성능 대형 제트 엔진에 사용되는 연료조정장치(FCU)는?

㉮ 기계식   ㉯ 유압 기계식   ㉰ 아날로그 전자식   ㉱ 디지털 전자식

풀이 FCU의 종류 : ① 유압 기계식 ② 전자식 : 일부 소형 엔진과 APU에 사용 ③ 디지털 전자식 또는 FADEC : 최근 고성능 대형 엔진에 사용

11 FADEC(Full Authority Digital Electronic Control)이라는 엔진 제어 기능 중 잘못된 것은?

㉮ 엔진 연료 유량   ㉯ 압축기 가변 스테이터 각도
㉰ 실속 방지용 압축기 블리드 밸브   ㉱ 오일 압력

풀이 FADEC : 기존의 유압식 FCU(연료조정장치)나 전자식 FCU보다 더 발달된 개념으로서 다수의 입력 신호(기관 상태량 외에 비행 상태량을 포함)를 전산 처리하고 출력은 엔진 연료 유량 만이 아니라 압축기 가변 스테이터 각도, 실속 방지용 압축기 블리드 밸브, ACCS 등의 엔진 특성을 종합적으로 일괄 조절하는 장치

12 전기로 작동하여 연료를 primming할 때 연료의 압력은 어디서 얻어지는가?

㉮ 엔진구동펌프   ㉯ 연료승압펌프   ㉰ 연료 인젝터   ㉱ 중력공급

풀이 연료승압펌프(부스터펌프) : 연료 탱크의 가장 낮은 곳에 위치하여 전기식으로 작동되며, 엔진 시동시, 이륙시, 고고도에서, 주연료 펌프 고장 시, 탱크 간의 연료를 이송시에 사용한다.

13 인티그럴(integral) 연료탱크의 장점은?

㉮ 연료 누설 방지가 용이하다.   ㉯ 화재 위험이 적다.
㉰ 무게가 감소된다.   ㉱ 연료공급을 용이하게 한다.

풀이 인티그럴 연료탱크 : 대형기에서 날개 안에 날개 모양과 같게 연료탱크를 만든 것
• 장점 : 무게감소, 내부 공간 활용 최대   • 단점 : 화재위험, 누설위험

14 복식 연료 노즐에 설명 내용으로 가장 올바른 것은?

㉮ 리버스 인젝션을 한다.
㉯ 연료에 회전 에너지를 주면서 분사하는 것이다.
㉰ 공기 흐름량과 압력에 따라 분사각을 변화시킨다.
㉱ 낮은 흐름량일 때와 높은 흐름량일 때의 2단계의 분사를 한다.

풀이 • 1차 연료 : 노즐 중심의 작은 구멍에서 분사되며, 시동 할때 점화를 쉽게 하기 위하여 넓은 각도로 이그나이터에 가깝게 분사 (기관 작동 중 항상 분사)
• 2차 연료 : 가장 자리의 큰 구멍에서 분사되며, 비교적 좁은 각도로 멀리 분사된다. 완속 회전 속도 이상에서 작동된다.

정답 10 ㉱ 11 ㉱ 12 ㉯ 13 ㉰ 14 ㉱

3-5 윤활 계통

01 다음 중 가스터빈 오일의 구비조건으로 틀린 것은?

㉮ 점성이 높을 것
㉯ 유동점이 낮을 것
㉰ 인화점이 높을 것
㉱ 거품 저항성이 클 것

풀이 고고도를 비행해야 하므로 점성은 어느 정도 낮아야 하며, 점도지수가 높아야(온도 변화에 따른 점도의 변화가 적어야) 한다.

02 가스 터빈 엔진에서 오일을 냉각시키기 위한 방법은?

㉮ 오일을 냉각시키기 위해 작동유를 이용
㉯ 오일을 냉각시키기 위해 연료를 이용
㉰ 오일을 냉각시키기 위해 알콜을 이용
㉱ 오일을 냉각시키기 위해 물을 이용

풀이
- 왕복 엔진 : 공랭식(air cooling)
- 가스 터빈 엔진 : 연료-윤활유 냉각기(fuel-oil cooler), 윤활유는 냉각, 연료는 가열

03 가스터빈 엔진의 기어형 윤활유 펌프에 관한 내용이다. 가장 바른 것은?

㉮ 배유펌프가 압력펌프보다 용량이 더 크다.
㉯ 압력펌프가 배유펌프보다 용량이 더 크다.
㉰ 압력펌프와 배유펌프와 용량이 같다.
㉱ 압력펌프와 배유펌프의 용량은 서로 무관하다.

풀이 탱크로 윤활유를 되돌릴 때는 엔진 내부에서 공기와 혼합되어 체적이 증가하기 때문에 배유펌프(Scavenge pump)가 압력펌프(Pressure pump)보다 용량이 더 커야 한다.

04 연료-윤활유 냉각기에 있는 오일냉각 흐름조절밸브(oil cooling flow control valve)가 열리는 조건은?

㉮ 엔진으로부터 나오는 오일의 온도가 너무 높을 때
㉯ 엔진 오일펌프 배출체적이 소기펌프 출구체적보다 클 때
㉰ 엔진으로부터 나오는 오일의 온도가 너무 낮을 때
㉱ 소기펌프 배출체적이 엔진 오일펌프 입구체적보다 클 때

풀이 윤활유 온도 조절 밸브라고도 하며 온도가 규정값보다 높으면 닫혀서 윤활유가 냉각기를 거치게 하고, 낮을 때는 열려서 바이패스시켜 준다.

정답 [3-5] 01 ㉮ 02 ㉯ 03 ㉮ 04 ㉰

05 윤활 계통에서 윤활유를 베어링(윤활 장소)까지 보내주는 것은?

㉮ 가압 펌프(Pressure pump) ㉯ 스케빈지 펌프(Scavenge pump)
㉰ 브리더(Breather) 계통 ㉱ 드레인(Drain) 밸브

풀이
- 가압(압력)펌프 : 윤활유를 베어링까지 공급
- 스케빈지(배유, 귀유)펌프 : 섬프에서 탱크로 윤활유를 되돌려 보냄
- 브리더 계통 : 섬프 내부의 압력을 압력이 변하더라도 항상 대기압과 일정한 차압이 되도록 함

06 터보제트 엔진의 통상적인 오일 계통의 형(type)은?

㉮ wet sump, spray and splash ㉯ wet sump, dip and pressure
㉰ dry sump, pressure and spray ㉱ dry sump, dip and splash

07 브리더 및 여압계통에 대한 설명이다. 틀린 것은?

㉮ 탱크내부의 압력이 대기압보다 높기 때문에 탱크로부터 섬프로의 흐름이 가능하다.
㉯ 압축공기는 실을 통하여 섬프로 들어오기 때문에 윤활유의 누설을 방지한다.
㉰ 압력펌프이 용량보다 배유펌프의 용량이 더 크다.
㉱ 섬프내부의 압력은 대기압이 변하더라도 항상 대기압과 일정한 차압이 되도록 한다.

풀이 섬프를 가압하는 압축공기는 압축기에서 빼낸 블리드 공기 사용
섬프 안의 압력이 탱크의 압력보다 높으면 섬프 벤트 체크 밸브가 열려서 섬프 안의 공기를 탱크로 배출시키며, 체크 밸브로 인해 역류는 불가능하다.

3-6 시동 및 점화계통

01 다음 시동기 중에서 그 구조가 가장 간단한 것은?

㉮ 공기 충돌식 ㉯ 가스 터빈식 ㉰ 시동-발전기식 ㉱ 전동기식

풀이
- 공기 충돌식 : 압축 공기를 엔진 터빈에 직접 공급하는 방식
- 가스 터빈식 : 외부의 동력 없이 자체적으로 엔진 시동
- 공기 터빈식 : 출력이 큰 대형기관에 적합하며 별도의 보조 가스터빈엔진에 의해 형성된 엔진 압축공기를 이용하여 시동하며, 가장 많이 사용
- 전동기식 : 직권식 직류전동기를 이용하여 30초 이내에 시동(외부전원 : 발전기, 축전지 사용)
- 시동-발전기식 : 항공기 무게를 감소시킬 목적으로 시동 시에는 시동기 역할, 자립회전속도 도달 후에는 발전기 역할

정답 05 ㉮ 06 ㉱ 07 ㉰ [3-6] 01 ㉮

02 가스터빈 엔진의 공압 시동기(pneumatic starter)에 대해 잘못된 설명은?

㉮ APU 또는 지상 시설에서의 고압 공기를 사용한다.
㉯ 기어박스를 매개로 엔진의 압축기를 구동시킨다.
㉰ 시동완료 후 발전기로서 작동한다.
㉱ 사용시간에 제한이 있다.

03 대형 터보팬(Turbo fan)엔진을 장착한 항공기에서 점화계통(Ignition system)이 자화되었을 때, 익사이터(Exciter)의 일차 코일에 공급되는 전원은?

㉮ AC 115V, 60Hz
㉯ AC 115V, 400Hz
㉰ DC 28V, 400Hz
㉱ AC 220V, 60Hz

풀이 익사이터(Exciter) : 이그나이터(igniter, 점화 플러그)에서 고온 고에너지의 강력한 전기 불꽃을 튀게 하기 위해 항공기의 저전원 전압을 고전압으로 변환하는 장치

04 대부분의 가스터빈 엔진에 사용하는 점화 장치는?

㉮ low tension
㉯ high tension
㉰ capacitor discharge
㉱ battery

풀이
• 왕복 엔진 마그네토 점화계통 : 저압(low tension)마그네토, 고압(high tension)마그네토
• 가스 터빈 엔진 점화계통 : 유도형(induction coil type), 용량형(capacitor discharge type)

05 가스터빈 엔진의 용량형 점화계통에서 높은 에너지의 점화 불꽃을 일으키는데 사용하는 것은?

㉮ 유도 코일
㉯ 콘덴서
㉰ 바이브레이터
㉱ 점화 계전기

풀이
• 용량형 점화계통(capacitor type) : 콘덴서에 많은 전하를 저장했다가 짧은 시간에 방전시켜 높은 에너지의 점화불꽃을 일으키는 것
• 유도형 점화계통(induction type) : 유도코일에 의해 높은 전압을 유도시켜 점화 불꽃 생성

06 가스터빈 엔진의 점화장치 작동에 대한 설명 내용으로 가장 올바른 것은?

㉮ 처음 시동시 1회만 작동한다.
㉯ 엔진이 작동되는 중엔 계속 작동된다.
㉰ 정상적인 점화가 되면 정지한다.
㉱ 30분 주기로 점화가 반복된다.

풀이 시동시에만 점화가 필요하며 점화시기 조절장치가 필요 없고 왕복엔진에 비해 그 구조와 작동이 간편하다.

정답 02 ㉰ 03 ㉯ 04 ㉰ 05 ㉯ 06 ㉰

3-7 추력 증가 장치

01 가스터빈 엔진 후기연소기(after burner)의 역할을 가장 올바르게 설명한 것은?

㉮ 엔진 열효율이 증가된다.
㉯ 추력을 크게 할 수 있다.
㉰ 착륙 때 사용한다.
㉱ 여객기 엔진에 주로 장착된다.

02 후기 연소기(after burner)의 4가지 기본 구성품으로 가장 올바른 것은?

㉮ main flame, fuel spray bar, flame holder, variable area nozzle
㉯ afterburner duct, fuel spray bar, flame holder, variable area nozzle
㉰ afterburner duct, main flame, flame holder, variable area nozzle
㉱ afterburner duct, fuel spray bar, main flame, variable area nozzle

[풀이] flame holder : 배기 덕트 내에서 후기 연소기가 작동할 때 배기 가스의 속도를 감소시키고 불꽃을 모아주어 후기 연소기가 원활하게 작동하게 해 준다.

03 물분사(water injection) 장치에 대한 설명으로 가장 관계가 먼 것은?

㉮ 물을 분사시키면 흡입공기의 온도가 낮아지고 공기의 밀도가 증가한다.
㉯ 물분사를 하면 이륙할 때 10~30%의 추력증가를 얻을 수 있다.
㉰ 물분사에 의한 추력증가량은 대기의 온도가 높을 때 효과가 크다.
㉱ 물과 알콜을 혼합시키는 이유는 연소가스의 압력을 증가시키기 위한 것이다.

[풀이] 알콜을 사용하는 이유는 물이 어는 것을 방지하고, 알콜의 연소를 통해 낮아진 연소실 온도를 높이기 위한 것이다.

3-8 가스터빈엔진의 작동과 검사

01 터빈엔진 시동시 과열시동(hot start)은 엔진의 어떤 현상을 말하는가?

㉮ 시동 중 EGT가 최대한계를 넘은 현상이다.
㉯ 시동 중 RPM이 최대한계를 넘은 현상이다.
㉰ 엔진을 비행 중 시동하는 비상조치 중의 하나이다.
㉱ 엔진이 냉각되지 않은 채로 시동을 거는 현상을 말한다.

정답 [3-7] 01 ㉯ 02 ㉯ 03 ㉱ [3-8] 01 ㉮

Chapter 2 항공기 엔진

02 시동이 시작된 다음 엔진의 회전수가 완속 회전수까지 증가하지 않고 이보다 낮은 회전수에 머물러 있는 현상은?

㉮ 과열 시동   ㉯ 결핍 시동   ㉰ 시동 불능   ㉱ 과다 시동

풀이
- 과열시동(hot start) : 시동시 배기가스의 온도가 규정치 이상으로 증가하는 현상
- 결핍시동(hung start, false start) : 시동이 시작된 다음 엔진의 회전수가 완속 회전수까지 증가하지 않고 이보다 낮은 회전수에 머물러 있는 현상
- 시동불능(no start, abort start) : 엔진이 규정된 시간 안에 시동되지 않는 현상

03 가스터빈 시동 순서를 올바르게 나열한 것은?

㉮ 연료 공급 – 시동 스위치 ON – 점화 스위치 ON
㉯ 시동 스위치 ON – 점화 스위치 ON – 연료 공급
㉰ 점화 스위치 ON – 연료 공급 – 시동 스위치 ON
㉱ 시동 스위치 ON – 연료 공급 – 점화 스위치 ON

풀이 시동을 한 후 연료 공급보다 점화를 먼저 하는 이유는 과열 시동(hot start)을 방지하기 위한 것이다.

04 터빈 엔진 압력비가 커지면 열효율은 증가하는 장점이 있는 반면 단점도 있어 압력비 증가를 제한한다. 이 단점은 다음 중 어느 것인가?

㉮ 압축기 입구 온도 증가   ㉯ 압축기 출구 온도 증가
㉰ 터빈 입구 온도 증가   ㉱ 연소실 입구 온도 증가

풀이 가스터빈 엔진 작동시 가장 중요한 임계요소는 터빈 입구 온도(TIT, Turbine Inlet Temperature)이다.

05 가스터빈 엔진 작동 중 다음 엔진 변수 중 어느 것이 가장 중요한 변수인가?

㉮ 압축기 rpm   ㉯ 터빈 입구 온도
㉰ 연소실 압력   ㉱ 압축기 입구 공기온도

풀이 가스터빈 엔진 시동시에는 EGT(Exhaust Gas Temperature)가 중요한 변수이다.

06 일반적인 Turbo Jet 엔진의 제어방식 중 옳은 것은?

㉮ 엔진 RPM 제어방식과 Torque 제어 방식
㉯ 엔진 RPM 제어방식과 엔진 EPR 제어 방식

정답 02 ㉯ 03 ㉯ 04 ㉰ 05 ㉯ 06 ㉯

㉰ 엔진 EPR 제어방식과 Torque 제어 방식
㉱ 엔진 EPR 제어방식과 Throttle 제어 방식

풀이 초기의 가스터빈엔진은 추력을 나타내는 작동변수로 엔진의 회전수만을 사용하였으나, 현재 생산되는 대부분의 엔진은 추력을 측정하는 변수로 엔진 압력비(EPR)를 사용한다.

07 드라이 모터링 점검(dry motoring check)을 할 때 스위치 조작이 잘못된 것은?

㉮ 드로틀 저속 ㉯ 점화스위치 ON
㉰ 연료부스터펌프 ON ㉱ 연료차단레버 OFF

풀이
- 건식 모터링(dry motoring) : 연료를 FCU 이후로는 흐르지 못하게 차단한 상태에서 단순히 시동기에 의해 엔진을 회전시키면서 점검하는 방법이다. 점화스위치 off, 연료차단레버 off, 연료부스터펌프 on, 스로틀 저속
- 습식 모터링(wet motoring) : 건식 모터링 점검에 추가로 연료를 공급하면서 연료 흐름까지 점검해 주는 것

08 가스터빈엔진이 정해진 회전수에서 정격출력을 낼 수 있도록 연료조절장치와 각종 기구를 조정하는 작업을 무엇이라 하는가?

㉮ 고장탐구 ㉯ 크래킹 ㉰ 트리밍 ㉱ 모터링

09 가스터빈 엔진에서 엔진 조절(engine trimming)을 하는 가장 큰 이유는?

㉮ 정비를 편리하도록 ㉯ 비행의 안정성을 위해
㉰ 엔진 정격 추력을 유지하기 위해 ㉱ 이륙 추력을 크게 하기 위해

풀이
- 기관의 정해 놓은 정격 추력을 유지하기 위해 주기적으로 엔진의 여러 가지 작동상태를 조정하는 것
- 엔진의 정해진 rpm에서 정격추력을 내도록 연료조정장치를 조정하는 것
- 무풍 저습도 상태에서 실시

10 가스터빈 엔진에서 오염(Dirty)된 압축기 브레이드는 특히 무엇을 초래하는가?

㉮ Low R.P.M ㉯ High R.P.M
㉰ Low E.G.T ㉱ High E.G.T

풀이 압축기 블레이드는 확산통로를 만들어 흡입공기의 속도를 감소시키고 압력을 증가시키는 역할을 하는 것으로서 그 역할을 하지 못하면 연료 공기 혼합비가 농후하게 되어 과도한 배기가스온도(EGT, exhaust gas temperature)를 초래한다.

3-9 배기가스와 소음감소

01 터빈 엔진의 배기가스 특징으로 가장 올바른 것은?

㉮ 아이들 시 일산화탄소가 작다.
㉯ 가속 시 일산화탄소가 많다.
㉰ 가속 시 질소산화물이 많다.
㉱ 아이들 시 질소화합물이 많다.

풀이 아이들이나 저출력 작동 중에는 HC(미연소 탄화수소)와 CO(일산화탄소)의 배출량이 최대가 되지만 NOx(질소산화물)은 거의 배출되지 않는다. 또 엔진 출력의 증가에 따라 HC와 CO의 배출량은 감소하지만 그 대신 NOx의 배출량이 증가하기 시작하여 이륙 최대 출력시에 최대가 된다.

02 가스터빈 엔진의 배기가스 소음을 줄이는 방법으로 옳은 것은?

㉮ 고주파를 저주파로 변환시킨다.
㉯ 대기와 혼합되는 면적을 줄인다.
㉰ 배기노즐의 면적을 넓혀 가스 속도를 줄인다.
㉱ 대기와 혼합되는 면적을 넓힌다.

풀이
- 배기 소음의 크기는 배기가스 속도의 6~8제곱에 비례하고, 배기노즐 지름의 제곱에 비례한다.
- 배기 소음 감소장치의 원리
  - 배기소음의 저주파수를 고주파수로 바꾸어 준다.
  - 배기가스의 상대속도를 줄여준다.
  - 배기가스가 대기와 혼합되는 면적을 넓게 한다.

정답 [3-9] 01 ㉰ 02 ㉱

| Section 4 |

프로펠러

01 프로펠러의 구조 및 명칭

가. 구조

왕복엔진 또는 터보 프롭 엔진으로부터 마력을 받아 추력을 발생시킨다.

(1) 스피너(spinner) : 프로펠러 허브를 덮는 유선형의 커버 (D형과 E형이 있음)
(2) 커프스(cuffs) : 프로펠러 깃 뿌리 부분을 날개골(airfoil) 모양으로 하기 위해 장착하는 것으로 원활한 공기 흐름을 통한 엔진의 냉각과 추력을 증대시키기 위한 장치

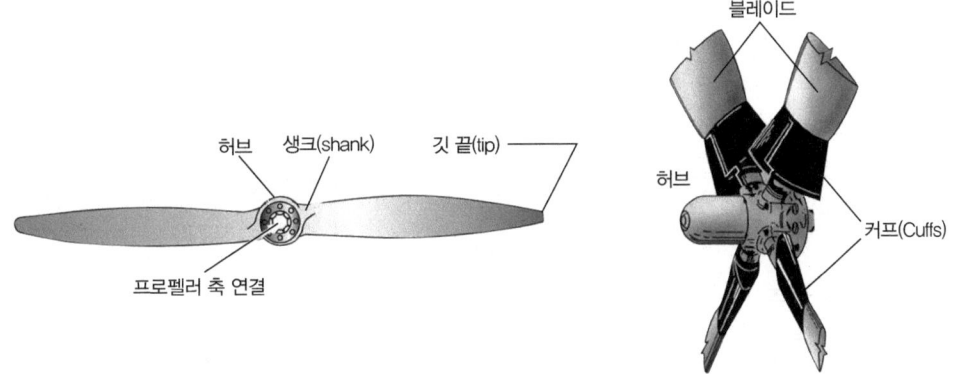

[그림 2-52] 프로펠러 각 부분의 명칭 및 깃 커프의 형태와 위치

나. 프로펠러 축

플랜지 축(대향형기관), 테이퍼 축, 스플라인 축(성형기관)

(a) flange type

(b) taper type

(c) spline type

[그림 2-53] 프로펠러 축의 종류

다. 프로펠러의 분류

(1) 피치(깃 각) 변경 방법에 따른 분류

① 고정피치(fixed pitch) : 순항 시 최대 효율이 되도록 고정

② 조정피치(ground adjustable pitch) : 비행 전 지상 정지한 상태에서 수동으로 피치 변경

③ 가변피치(variable pitch) : 2단 가변피치(저피치, 고피치), 정속(constant speed)

(2) 프로펠러 위치에 따른 분류 : 견인식(항공기 전방에 위치), 추진식(항공기 후방에 위치)

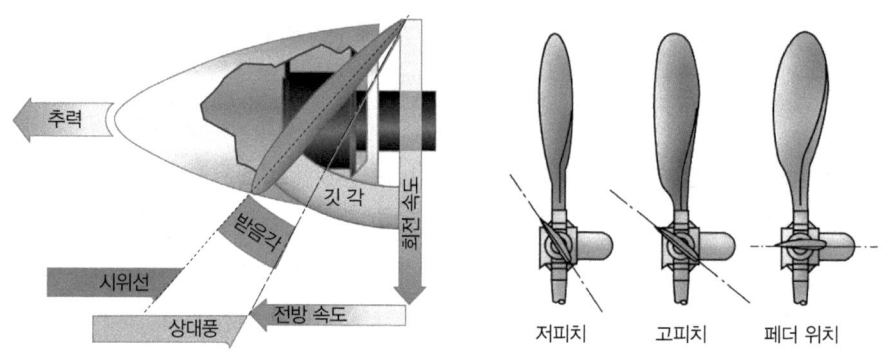

[그림 2-54] 깃 각(피치)의 정의 및 종류

02 프로펠러의 계통 및 작동

가. 프로펠러의 작동

(1) 2단 가변피치 프로펠러

① 3-way 밸브를 수동으로 작동하여 피치 변경

② 저피치 → 저속(이 착륙시), 고피치 → 고속(순항, 강하시)

③ 저피치가 되게 하는 힘 : 엔진 오일압력

④ 고피치가 되게 하는 힘 : 카운터 웨이트(counter weight)의 원심력

(2) 정속 프로펠러(constant speed propeller)

① 2단 가변피치에서의 3 way valve 대신에 조속기(governor)를 사용

② 정해진 출력에서 조종사가 prop' lever로 정한 회전속도(ON SPEED)를 자동으로 깃 각을 변경시켜 유지

㉠ 저 피치가 되게 하는 힘 : 조속기 오일압력

㉡ 고 피치가 되게 하는 힘 : 카운터 웨이트의 원심력

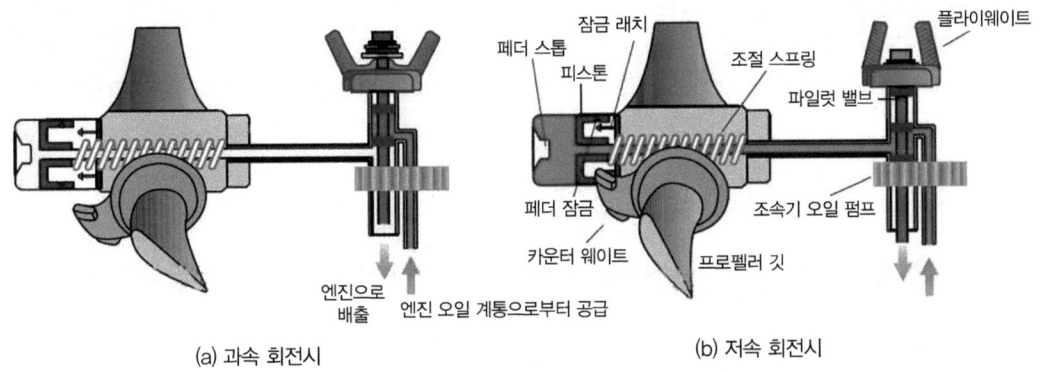

(a) 과속 회전시   (b) 저속 회전시

[그림 2-55] 정속 프로펠러의 내부 구조 및 작동 원리

나. 출력변경방법

(1) 엔진의 출력 감소 : 먼저 스로틀(throttle)로 매니폴드 압력(MAP)을 줄인 후 prop' lever로 회전수를 줄인다.

(2) 엔진의 출력 증가 : 먼저 prop' lever로 회전수를 증가시킨 후 throttle로 출력을 증가시킨다.

다. 페더링(feathering)

다발 항공기가 비행 중에 엔진이 고장나면 엔진이 정지하더라도 비행속도에 의해 프로펠러가 풍차 회전하여 엔진을 구동하므로 고장이 확대되고 프로펠러는 전면저항을 많이 받아 항공기에 큰 항력을 주게 된다. 이를 방지하도록 엔진 고장시는 프로펠러의 깃 각을 최대각 (90° 가까이)으로 만들어 엔진 정지와 저항 감소 효과를 얻게 한다.

라. 역피치(reverse pitch)

착륙활주거리를 단축시키기 위해 깃 각을 저각으로 계속 줄이면 부(-)의 각이 되어 추력의 방향이 반대로 되어 역추력이 발생한다. 역추력은 반드시 바퀴가 접지된 후에 사용해야 한다.

> **Note** | 프로펠러 트랙검사(propeller tracking)
> 지상에서 엔진이 정지한 상태로 프로펠러를 회전시켜 한쪽 끝이 그리는 원주 궤적과 다른 끝이 그리는 궤적과의 차이를 검사하는 것

[그림 2-56] 궤도 점검(트랙 검사)

프로펠러 적중예상문제

4-1 프로펠러의 구조 및 명칭

01 프로펠러에서 블레이드 면(blade face)이란?

㉮ propeller의 깃 끝
㉯ propeller의 깃 평평한 면(flat surface)
㉰ propeller의 깃 캠버된 면
㉱ propeller의 깃 뿌리

[풀이] 프로펠러의 캠버가 있는 부분 : blade back (추력 발생 부분)

02 회전하는 프로펠러에 발생하는 추력은 무엇에 기인하는가?

㉮ 프로펠러의 슬립
㉯ 프로펠러 깃 뒤쪽의 저압부
㉰ 프로펠러 깃 바로 앞쪽에 감소된 압력부
㉱ 프로펠러의 상대풍과 회전속도의 각도

[풀이] 프로펠러의 깃 등(blade back)으로 흐르는 빠른 속도와 낮은 압력의 공기에 의해 추력이 발생한다.

03 프로펠러 커프(Cuff)의 주목적은 무엇인가?

㉮ 방빙 작동유를 분해하기 위하여
㉯ 프로펠러 강도를 보강하기 위하여
㉰ 공기를 유선형 흐름으로 하여 항력을 줄이기 위하여
㉱ 엔진 나셀(nacell)로 냉각공기의 흐름을 증가시키기 위하여

[풀이] 프로펠러 허브 부분이 원형으로 되어 있어 공기의 유입 효과가 저하될 수 있으므로 에어포일 모양의 정형재를 허브 부분에 장착하여 전체가 에어포일 모양을 하도록 한 것

04 지상에서 엔진이 작동하지 않을 때에만 비행 목적에 따라 피치를 조정할 수 있는 프로펠러는?

㉮ 조정 피치 프로펠러
㉯ 가변 피치 프로펠러
㉰ 정속 프로펠러
㉱ 완전 페더링 프로펠러

[풀이]
• 고정피치 프로펠러 : 순항시 최대 효율이 되도록 피치각 고정
• 가변피치 프로펠러 : 공중에서 비행 목적에 따라 조종사에 의해서 피치의 조정이 가능
 − 2단 가변피치 : 저피치(저속시−이착륙시), 고피치(고속시−순항시)
 − 정속 프로펠러 : 조속기를 통해 자유 피치변경 가능
 − 완전 페더링 프로펠러 : 엔진 고장시 깃을 비행방향과 평행이 되도록하여 엔진의 고장확대 방지
 − 역피치 프로펠러 : 역추력 발생으로 착륙거리 단축

[정답] [4-1] 01 ㉯ 02 ㉰ 03 ㉱ 04 ㉮

05 수평 대향형 엔진의 프로펠러 축으로 많이 사용되는 형태는?

㉮ 테이퍼 축   ㉯ 플랜지 축   ㉰ 스플라인 축   ㉱ 크랭크 축

풀이 플랜지 축 : 대향형 엔진에 많이 사용, 스플라인 축 : 성형 엔진에 많이 사용

06 프로펠러 중 저피치와 고피치 사이에서 피치각을 취하며 항상 일정한 회전속도로 유지하여 가장 좋은 프로펠러 효율을 갖게 하는 것은?

㉮ 고정 피치 프로펠러   ㉯ 조정 피치 프로펠러
㉰ 정속 프로펠러   ㉱ 가변 피치 프로펠러

07 정속 프로펠러의 깃 각(pitch)을 조정해 주는 것은 무엇인가?

㉮ 공기 밀도   ㉯ 조속기   ㉰ 오일압력   ㉱ 평형스프링

풀이 정속 프로펠러는 조속기(governor)에 의해, 2단 가변피치 프로펠러는 세 길 밸브(3-way selecting valve)에 의해 피치각 조절

08 터보프롭 엔진의 프로펠러 깃 각은 무엇에 의해 조절되는가?

㉮ 속도 레버   ㉯ 파워 레버
㉰ 프로펠러 조종레버   ㉱ 컨디션 레버

풀이 동력 레버-드러스트 레버(thrust lever)

09 트랙터 프로펠러(Tractor Propeller)에 대해서 가장 올바르게 설명한 것은?

㉮ 엔진의 뒤쪽에 장착되어 있는 프로펠러 형태이다.
㉯ 수상 항공기나 수륙 양용 항공기에 적합한 프로펠러 형태이다.
㉰ 날개 위와 뒤쪽에 장착되어 있는 프로펠러 형태이다.
㉱ 엔진의 앞쪽에 장착되어 있는 프로펠러 형태이다.

풀이 프로펠러 장착 방법에 따른 분류
- 견인식(tractor type) : 프로펠러를 비행기 앞에 장착한 형태, 가장 많이 사용되고있는 방법
- 추진식(pusher type) : 프로펠러를 비행기 뒷부분에 장착한 형태
- 이중반전식 : 비행기 앞이나 뒤 어느 쪽이든 한 축에 이중으로 된 회전축에 프로펠러 장착하여 서로 반대로 돌게 만든 것
- 탠덤식(tandem type) : 비행기 앞과 뒤에 견인식과 추진식 프로펠러를 모두 갖춘 방법

정답 05 ㉯ 06 ㉰ 07 ㉯ 08 ㉯ 09 ㉱

10 프로펠러를 장비한 경항공기에서 감속 기어(Reduction gear)를 사용하는 이유는?

㉮ 블레이드의 길이를 짧게 하기 위해서
㉯ 블레이드 팁(끝)에서의 실속을 방지하기 위해서
㉰ 연료 소비율을 감소시키기 위해서
㉱ 프로펠러의 회전속도를 증가시키기 위해서

풀이 깃끝 속도가 음속에 가깝게 되면 깃끝 실속이 발생하므로, 음속의 90% 이하로 제한하여야 한다. 이를 위해 깃의 길이를 제한하거나 크랭크축과 프로펠러축 사이에 감속기어를 장착하여 프로펠러 회전수를 감속시킨다.

11 프로펠러의 깃 각(Blade Angle)에 대해서 가장 올바르게 설명한 것은?

㉮ 깃(Blade)의 전 길이에 걸쳐 일정하다.
㉯ 깃뿌리(Blade Root)에서 깃 끝(Blade Tip)으로 갈수록 작아진다.
㉰ 깃뿌리(Blade Root)에서 깃 끝(Blade Tip)으로 갈수록 커진다.
㉱ 일반적으로 프로펠러 중심에서 60% 되는 위치의 각도를 말한다.

풀이 프로펠러 깃은 깃 끝으로 갈수록 회전 속도가 빨라진다. 깃의 모든 부분에서 전진거리를 같게 하기 위해 속도가 빠른 깃 끝 부분은, 대신 각도를 작게 하여 균형을 맞춘다.

12 정속 프로펠러(constant speed propeller)에 대하여 가장 올바르게 설명한 것은?

㉮ 저피치(low pitch)와 고피치(high pitch)인 2개의 위치만을 선택할 수 있다.
㉯ 3방향 선택밸브(3way valve)에 의해 피치가 변경된다.
㉰ 자유롭게 피치를 조정할 수 있다.
㉱ 깃각(blade angle)이 하나로 고정되어 피치 변경이 불가능하다.

4-2 프로펠러의 계통 및 작동

01 정속프로펠러를 장착한 항공기가 비행속도를 증가하면 블레이드는 어떻게 되는가?

㉮ 블레이드각 증가 ㉯ 블레이드각 감소
㉰ 영각 증가 ㉱ 영각 감소

풀이 비행 속도 증가를 위해 출력을 증가하면 프로펠러가 과속회전 상태가 되며, 다시 정속 상태로 돌아오기 위해 조속기에 의해 고피치(깃 각 증가)가 된다.

정답 10 ㉯ 11 ㉯ 12 ㉰ [4-2] 01 ㉮

02 다음 중에서 프로펠러의 회전속도가 증가하게 되는 요인에 해당되지 않는 것은?

㉮ 비행고도의 증가
㉯ 감속기어를 삽입할 경우
㉰ 비행자세를 강하 자세로 취할 경우
㉱ 엔진의 스로틀 개폐 증가에 의한 엔진 출력 증가

풀이 정속 프로펠러에서 회전 속도 증가 요인에 의해 과속회전상태(overspeed)가 되면 조속기에 의해 프로펠러의 피치를 고피치로 만들어 감속시켜 정속회전상태로 돌아오게 한다.
- 고피치로 만들어주는 힘 : 프로펠러의 원심력
- 저피치로 만들어주는 힘 : 조속기 오일 압력

03 정속 프로펠러에서 프로펠러 피치 레버를 조작했는데 프로펠러가 피치변경이 되지 않는 결함이 발생한 원인은?

㉮ 조속기의 릴리프 밸브가 고착되었다.
㉯ 파일럿 밸브의 틈새가 과도하게 크다.
㉰ 조속기 스피더 스프링이 파손되었다.
㉱ 페더링 스프링이 마모되었다.

풀이 조속기(governor) : 정속 프로펠러에서 선택된 프로펠러 속도를 유지하기 위해 피치를 자동으로 조정
- 파일럿 밸브 : 상하로 움직이면서 프로펠러로 흐르는 오일의 흐름 방향을 결정
- 플라이웨이트 : 프로펠러와 연결되어 회전속도에 따라 움직여 파일럿 밸브를 움직이게 함
- 스피더 스프링 : 속도 조정 레버를 움직이면 스피더 스프링이 플라이웨이트에 가하는 압력을 조절하여 정속 프로펠러의 회전수 설정

04 프로펠러가 항공기에 장착되어 있을 때 블레이드의 각을 측정하는 측정기구는?

㉮ 다이얼 게이지
㉯ 버어니어 캘리퍼스
㉰ 유니버설 프로펠러 프로트랙터
㉱ 블레이드 앵글 섹터

05 정속 프로펠러를 장착한 왕복 엔진의 출력감소를 위한 작동순서로 올바른 것은?

㉮ rpm을 감소시킨 다음에 흡기다기관 압력을 감소시킨다.
㉯ rpm을 증가시킨 다음에 프로펠러 컨트롤을 조정한다.
㉰ 흡기다기관 압력을 감소시킨 다음에 프로펠러로 rpm을 감소시킨다.
㉱ 흡기다기관 압력을 증가시킨 다음에 드로틀(throttle)을 줄인다.

풀이 정속 프로펠러의 엔진 출력 변경 방법
- 엔진의 출력 감소 : 먼저 스로틀(throttle)로 매니폴드 압력(MAP)를 줄인 후 prop' lever로 회전수를 줄인다.
- 엔진의 출력 증가 : 먼저 prop' lever로 회전수를 증가시킨 후 throttle로 출력을 증가시킨다.

정답 02 ㉯ 03 ㉰ 04 ㉰ 05 ㉰

06 정속프로펠러에서 깃 각을 작게(저피치 상태)하는 것은 어떤 구성품의 기능인가?

㉮ 가버너 펌프(governor pump)의 유압
㉯ 카운터 웨이트(counter weight)의 회전관성
㉰ 페더링(feathering)펌프의 유압
㉱ 가버너의(governor)의 원심력

풀이
- 고피치로 만들어주는 힘 : 프로펠러의 원심력
- 저피치로 만들어주는 힘 : 조속기(governor) 오일 압력

07 이륙 시 정속 프로펠러에서 rpm과 피치각은 어떤 상태가 되어야 가장 효율적인가?

㉮ 높은 rpm과 큰 피치각
㉯ 낮은 rpm과 큰 피치각
㉰ 높은 rpm과 작은 피치각
㉱ 낮은 rpm과 작은 피치각

08 2포지션 프로펠러(two-position Propeller)의 깃 각(Blade angle)을 증가시키는 힘은?

㉮ 엔진오일 압력(Engine Oil pressure)
㉯ 스프링(Springs)
㉰ 원심력(Centrifugal Force)
㉱ 가버너 오일 압력(Governor Oil Pressure)

풀이
- 2단 가변 피치 프로펠러에서 고피치로 변경시키는 힘 : 프로펠러 원심력
- 2단 가변 피치 프로펠러에서 저피치로 변경시키는 힘 : 엔진 오일 압력

09 프로펠러 조속기 내의 스피더 스프링의 압축력을 증가하였다면 프로펠러 깃 각과 엔진 RPM에는 어떤 변화가 있는가?

㉮ 깃각은 증가하고, RPM은 감소한다.
㉯ 깃각은 감소하고, RPM도 감소한다.
㉰ 깃각은 증가하고, RPM도 증가한다.
㉱ 깃각은 감소하고, RPM은 증가한다.

풀이 스피더 스프링(speeder spring)의 역할 : 정속프로펠러의 조속기에서 플라이웨이트(flyweight)를 항상 일정한 힘으로 압력을 가해줌으로서 프로펠러의 회전수를 일정하게 한다. 이 때 압축력이 증가하면 플라이웨이트를 오므리게 함으로서 파일럿 밸브(pilot valve)를 내려주어 윤활유 압력이 공급되어 저피치를 만들어주어 회전수를 증가시킨다.

10 프로펠러의 역추력(Reverse Thrust)은 어떻게 발생하는가?

㉮ 프로펠러를 시계방향을 회전시킨다.
㉯ 프로펠러를 반시계 방향으로 회전시킨다.
㉰ 부(Negative)의 블레이드 각으로 회전시킨다.
㉱ 정(Positive)의 블레이드 각으로 회전시킨다

정답 06 ㉮ 07 ㉰ 08 ㉰ 09 ㉱ 10 ㉰

11 다발 항공기가 비행 중에 엔진이 고장 나면 엔진이 정지하더라도 비행속도에 의해 프로펠러가 풍차 회전하여 엔진을 구동하므로 고장이 확대되고 프로펠러는 전면저항을 많이 받아 항공기에 큰 항력을 주게 된다. 이를 방지하도록 엔진 고장시에 프로펠러의 깃 각을 최대각 (90° 가까이)으로 만들어 주는 장치는?

㉮ 페더링　　　　㉯ 역피치　　　　㉰ 조속기　　　　㉱ 커프

12 프로펠러의 Track이란 무엇인가?

㉮ 프로펠러의 피치각이다.
㉯ 프로펠러 브레이드 선단 회전의 궤적이다.
㉰ 프로펠러 1회전하여 전진한 거리이다.
㉱ 프로펠러 1회전하여 생기는 와류이다.

풀이 트랙(Track)이란 프로펠러 브레이드 팁의 회전 궤도이며 각 브레이드의 상대 위치를 나타내는 것이다. 그리고 어느 한 개의 브레이드를 기준으로 해서 다른 브레이드 팁이 같은 원 주위를 회전하는 지를 점검하는 것을 궤도 검사(트랙킹, Tracking)라고 한다.

13 프로펠러 깃 트랙킹은 무엇을 결정하는 절차인가?

㉮ 항공기 세로축에 대해서 프로펠러의 회전면을 결정하는 절차
㉯ 진동을 방지하기 위하여 각 깃 받음각을 동일하게 결정하는 절차
㉰ 각 깃 각을 특정한 범위 내에 들어오게 하는 절차
㉱ 각 프로펠러 깃의 회전 선단 위치가 동일한지 여부를 결정하는 절차

정답 11 ㉮　12 ㉯　13 ㉱

Chapter 03

Industrial Engineer Aircraft Maintenance
- Aircraft Fuselage

항공기 기체

Section 1 | 항공기 기체구조 및 기체 계통
Section 2 | 항공기 재료 및 요소
Section 3 | 기체구조 수리 및 구조역학

| Section 1 |
항공기 기체구조 및 기체 계통

01 기체구조

1. 구조 일반

- 항공기 기체는 일반적으로 동체(fuselage), 날개(wing), 조종면(control surface), 착륙장치(landing gear), 꼬리날개(tail, empennage)로 구성된다.
- 물체가 외부에서 힘의 작용을 받았을 때 그 힘을 외력이라 하고 재료에 가해진 외력을 하중(load)라 한다. 인장력(tension), 압축력(compress), 전단력(shear), 굽힘력(bending), 비틀림력(torsion)으로 비행중 기체 구조에 작용하는 하중이다.
- 비행 중 항공기에는 양력, 항력, 추력, 중력, 관성력 등의 힘이 작용한다.

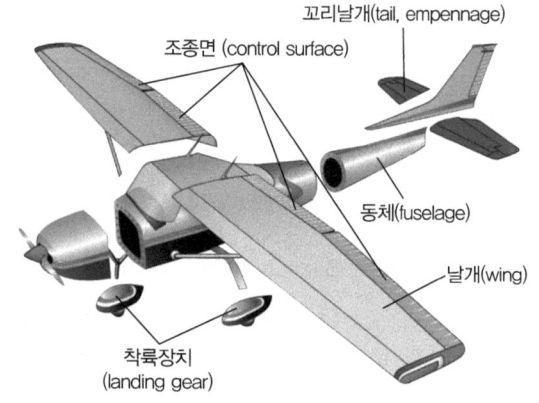

[그림 3-1] 항공기 기체 구조

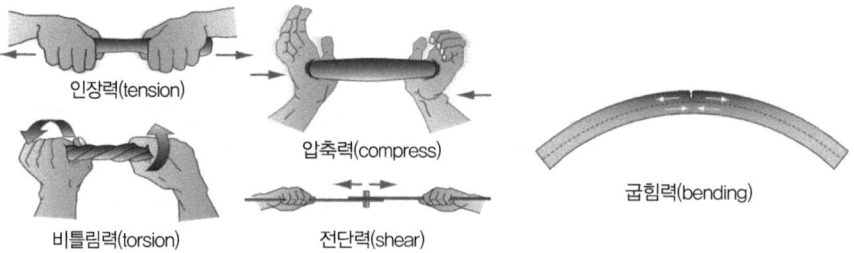

[그림 3-2] 물체에 작용하는 하중

가. 기체 구조의 형식

(1) 담당하중 정도에 따른 구분

① 1차 구조(Primary structure)

공기 기체의 중요한 하중을 담당하는 구조 부분으로 날개의 날개보(Spar), 리브(Rib), 외피(Skin), 그리고 동체의 벌크헤드(Bulkhead), 프레임(Frame), 세로지(Stringer) 등이 이에 속한다. 비행 중 이 부분의 파손은 심각한 결과를 가져오게 하는 부분이다.

② 2차 구조(Secondary structure)

2개의 날개보를 가지는 날개의 앞전부분이 2차 구조에 속하며, 이 부분의 파손은 항공 역학적인 성능 저하를 초래하지만 곧바로 사고와 연결되지는 않는다. 비교적 적은 하중을 담당하는 구조부분, 2개의 스파를 가지는 날개의 앞전 부분이다.

(2) 구조 부재의 하중 담당 형태에 따른 구분

① 트러스 구조(Truss Structure)

트러스 구조는 목재 또는 강관으로 트러스를 이루고 그 위에 천 또는 얇은 합판이나 금속판으로 외피를 씌운 구조로 항공기에 작용하는 모든 하중을 이 구조의 뼈대를 이루고 있는 트러스가 담당한다. 외피는 항공 역학적 외형을 유지하여 양력 및 항력 등의 공기력을 발생시킨다. 구조가 간단하고 설계와 제작이 용이하여 초기의 항공기 구조에 많이 이용되었으며 현대에도 간단한 경항공기에는 쓰이고 있다. 그러나 공간 마련이 어렵고 외부를 유선형으로 만들기가 어려운 단점이 있다.

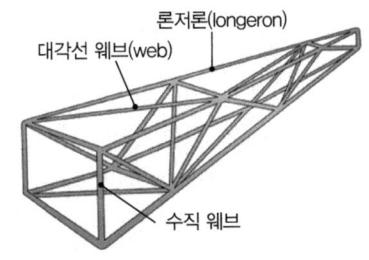

[그림 3-3] 트러스 동체구조(warren tress)

② 응력 외피 구조(Stress-skin structure)
  ㉠ 외피가 하중을 담당 하도록 만들어진 구조
  ㉡ 모노코크형(Monocoque type) : 기본적인 모든 응력을 skin이 담당하고 수직방향 보강재와 외피로 구성되며 외피가 두껍고 작은 손상에도 구조 전체에 영향을 줄 수 있고 작용하는 하중 전체를 외피가 담당하기 위해서는 두꺼운 외피를 사용해야 하지만 무게가 너무

무거워져 항공기 기체 구조로는 적합하지 못하다. 구성 부재는 외피, 벌크헤드, 정형재로 되어 있다.

ⓒ Semi-Monocoque Type : 하중의 일부만 외피가 담당하게 한다. 나머지 하중은 뼈대가 담당하게 항 기체의 무게를 모노코크에 비해 줄일 수 있다. 현대 항공기의 대부분이 채택하고 있는 구조 형식으로 정역학적으로 부정정 구조물이다. 세로부재(길이방향)로 세로대(Longeron), 세로지(Stringer)가 있으며, 수직부재(횡방향)로는 링(Ring), 벌크헤드(Bulkhead), 뼈대(Frame), 정형재(Former)로 되어 있다.

나. 페일세이프 구조(Fail safe structure)

페일세이프 구조는 한 구조물이 여러 개의 구조요소로 결합되어 있어 어느 부분이 피로파괴가 일어나거나 일부분이 파괴되어도 나머지 구조가 작용하는 하중을 견딜 수 있게 하고, 치명적인 파괴나 과도한 변형을 가져오지 않게 함으로써 항공기 구조상 위험이나 파손을 보완할 수 있는 구조를 말한다.

(1) 다경로 하중구조(Redundant structure)

여러 개의 부재를 통하여 하중이 전달되도록 하는 구조이다. 어느 하나의 부재의 손상이 다른 부재에 영향을 끼치지 않고 비록 한 부재가 파손 되더라도 요구하는 하중을 다른 부재가 담당할 수 있도록 되어 있다.

(2) 이중구조(Double structure) : 하나의 큰 부재 대신 2개의 작은 부재를 결합하여 하나의 부재와 같은 강도를 가지게 한다. 어느 부분의 손상이 부재 전체의 파손에 이르는 것을 예방할 수 있는 구조이다.

(3) 대치구조(Back-up structure) : 하나의 부재가 전체의 하중을 지탱하고 있을 경우 이 부재가 파손될 것을 대비하여 준비된 예비적인 부재를 가지고 있는 구조이다.

(4) 하중 경감구조(Load dropping structure) : 하중의 전달을 두 개의 부재를 통하여 전달하다가 하나의 부재가 파손되기 시작하면 변형이 크게 일어난다. 이 때 주변의 다른 부재로 하중을 전달시켜 파괴가 시작된 부재의 완전한 파괴를 방지할 수 있는 구조이다.

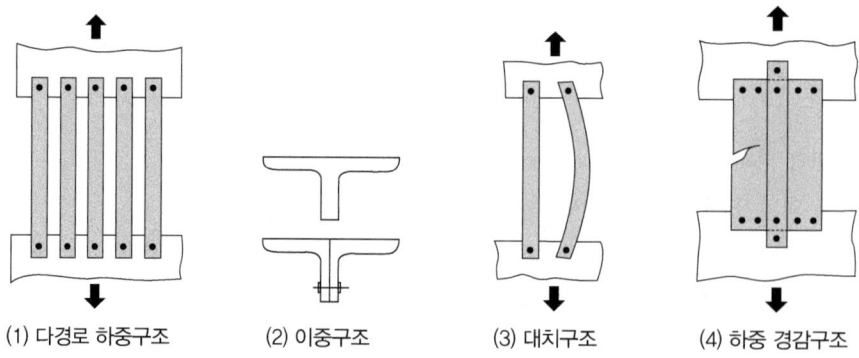

(1) 다경로 하중구조　　(2) 이중구조　　(3) 대치구조　　(4) 하중 경감구조

[그림 3-4] 페일세이프 구조

2. 동체(Fuselage)

가. 항공기 동체
(1) 항공기의 main structure나 body로 wing, tail wing, landing gear 등이 장착된다.
(2) 응력구조 전달 방법 : 트러스, 모노코크, 세미모노코크 구조.

나. 세미 모노코크 구조(semi monocoque structure)
(1) 개요

외피가 하중의 일부를 담당하여 외피와 뼈대가 같이 하중을 담당하는 구조로, 현대 항공기의 동체 구조로서 가장 많이 사용한다. 정역학적으로 부정정 구조물이다.

(2) 구성

① 스트링거(stringer, 세로지) : 세로대보다 단면적이 적어 무게가 가볍고 훨씬 많은 수를 배치하며 주로 외피의 형태에 맞추어 외피를 부착하기 위해서 사용되며 외피의 좌굴(buckling)을 방지한다.

② 세로대(longeron) : 동체의 길이방향에 연속적으로 붙여지며 세로지와 함께 동체에 작용하는 굽힘 모멘트에 의한 인장응력과 압축응력에 충분한 강도를 가지게 한다.

③ 링(ring) : 수직 방향의 보강재로서 세로지와 합쳐 외피를 보호한다.

④ 벌크헤드(bulkhead) : 동체의 앞뒤에 하나씩 있으며 집중 하중을 외피(skin)에 골고루 분산하고 동체가 비틀림에 의해 변형되는 것을 방지한다.

⑤ 외피(skin) : 동체에 작용하는 전단응력을 담당하고 때로는 스트링거와 함께 압축 및 인장응력을 담당한다.

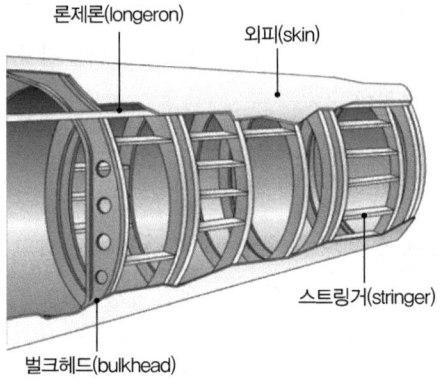

[그림 3-5] 세미모노코크 동체구조

다. 여압 상태의 동체구조

(1) **여압실의 구조** : 조종실, 객실, 화물실은 여압 해야 할 공간으로보통 사람이 무리 없이 견딜 수 있는 기압고도는 3,300m이며 고공비행 항공기의 객실 압력 고도는 8,000ft이다. 여압강도는 기체의 구조 강도를 고려하며 여압실 단면 형상을 이중 거품형으로 제작하게 된다.

(2) **여압실의 기밀** : 기체는 밀폐제(Sealant)를 사용하고 조종, 기관 컨트롤 계통은 고무시일, 고무콘 등 이용한다.

(3) **창문 및 출입문**

① 윈드실드 패널(Windshield panel) : 내측판-비닐층-금속산화 피막-외측판으로 구성

② 윈드실드 강도 기준
- 외측판 : 최대 여압실 압력의 7~10배
- 내측판 : 최대 여압실 압력의 3~4배
- 충격강도 : 무게 1.8kg의 새가 설계 순항 속도로 비행하고 있는 비행기의 윈드실드에 충돌해도 파괴되지 않아야 한다.

③ 객실 창문은 응력집중 방지를 위해 원형유지하고 출입문은 플러그형으로 동체 안으로 여는 문 (기밀이 용이함)을 사용한다.

④ 비상탈출구(Emergency exit) : T류 항공기 경우 승객 정원이 44명 이상의 항공기는 승무원 포함해서 최대 정원이 90초 이내에 탈출할 수 있어야 한다.

3. 날개(Wing)

가. 날개 종류

(1) **개요** : 형상에 따라 사각형, 타원형, 테이퍼형, 삼각형, 후퇴익, 전진익, 오지형, 이중 삼각형 등으로 구분하고 부착위치에 따라 고익, 중익, 저익, 겹날개로 구조형식에 따라 트러스형, 세미모노코크형으로 구분한다.

(2) **날개의 주요 구조 부재**

① 날개보(Spar) : 날개에 걸리는 굽힘하중을 담당하며 날개의 주 구조 부재이다. I 형 날개보는 비행 중 윗면 플랜지는 압축응력을 아랫면 플랜지는 인장응력이 작용하고, 웨브(Web)는 전단응력이 작용한다.

② 리브(Rib) : 날개의 단면이 공기역학적인 형태를 유지할 수 있도록 날개의 모양을 형성해주며 날개 외피에 작용하는 하중을 날개보에 전달하는 역할을 한다.

③ 세로지(Stringer) : 날개의 굽힘강도를 증가시키고 날개의 비틀림에 의한 좌굴(Buckling)을 방지하기 위하여 날개의 길이방향에 대해 적당한 간격으로 배치한다. 최근의 항공기에는

두꺼운 판을 깎아내어 세로지와 외피를 일체로 만든 것을 사용하는데 최소의 무게로 높은 강도와 강성을 얻을 수 있다.

④ 외피(Skin) : 날개의 외형을 형성하는데 앞 날개보와 뒷 날개보 사이의 외피는 날개 구조상 응력이 발생하기 때문에 응력외피라 하며 높은 강도가 요구된다. 비틀림이나 축력의 증가분을 전단흐름 형태로 변환하여 담당한다.

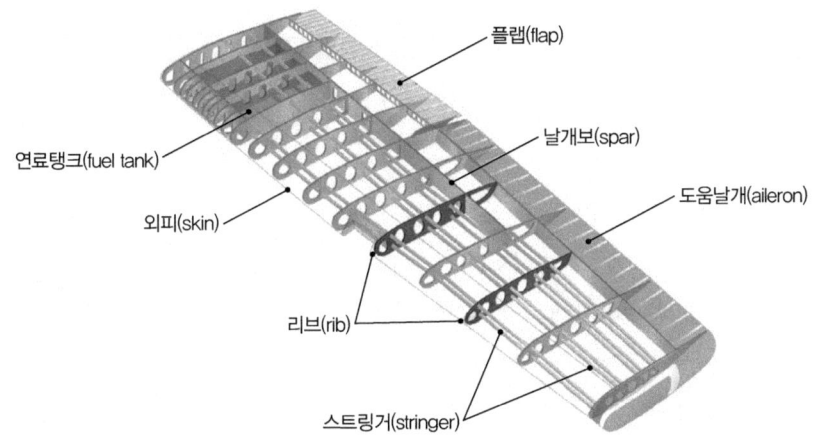

[그림 3-6] 날개의 주요구조

나. 날개의 장착과 내부공간 이용

(1) 날개의 장착

① 지주식 날개(Braced type wing) : 날개의 중간 부재와 동체를 지주로 연결한 것으로 구조가 가벼운 장점은 있으나, 항력이 증가(주로 저속 항공기용), 날개와 동체 연결 스트러트는 비행중 인장하중이 작용한다.

② 외팔보식 날개(Cantilever wing) : 항력이 적어 고속기에 적합하고 다소 중량적이다.

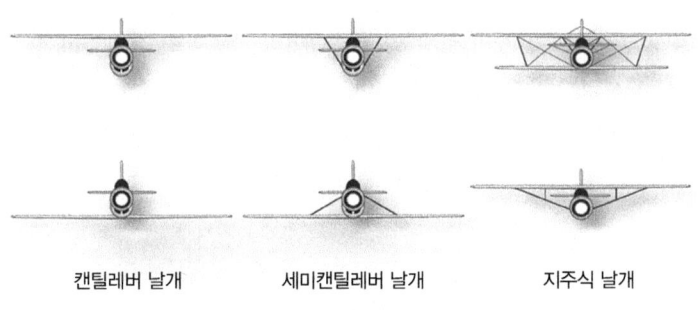

[그림 3-7] 그림 날개의 장착

(2) 날개의 내부 공간

① 인티그럴 연료탱크(integral fuel tank) : 날개의 내부 공간을 연료탱크로 사용하는 것으로 앞 날개보와 뒷 날개보 및 외피로 이루어진 공간을 밀폐제를 이용하여 완전히 밀폐시켜 사용하며 여러 개의 탱크로 제작되었다. 장점으로는 무게가 가볍고 구조가 간단하다.

② 셀형 연료탱크(cell fuel tank) : 합성고무 제품의 연료탱크를 날개보 사이의 공간에 장착하여 사용하며 군용기 연료탱크로 한다.

③ 금속제 연료탱크(bladder fuel tank) : 금속 제품의 연료탱크를 날개보 사이의 공간에 내장하여 사용하는것이다.

다. 날개의 부착 장치와 조종면

(1) 앞전 고양력 장치 : 고정, 가변식 Slot, Drop nose, Handley Page slot, Kruger flap, Local camber

(2) 뒷전 고양력 장치 : 항공기의 날개 뒷전에 부착하는 것이다. 이륙거리를 짧게 하기 위하여 양력계수를 증가시키기 위한 장치로 사용하며 캠버의 증가로 양력 추가로 발생시킨다(Plane flap, Split flap, Fowler flap, Slotted flap, Blow flap, Blow jet)

(3) 도움날개(Aileron) : 세로축에 대한 옆놀이 운동(Rolling) 발생, 차동 보조익 운동(역요잉 방지 및 조종력 경감)

(4) 스포일러(Spoiler) : 비행 중 도움날개 작동시 양 날개 바깥쪽의 공중 스포일러의 일부를 좌우 따라 움직여서 도움날개를 보조하거나 함께 움직여서 비행속도를 감소시킨다. 착륙활주 중 지상 스포일러를 수직에 가깝게 세워 항력을 증가시킴으로써 활주거리를 짧게 하는 브레이크 작용도 하게 된다. Ground spoiler(Speed brake 역할), Flight spoiler(Aileron의 보조역할)로 구분한다.

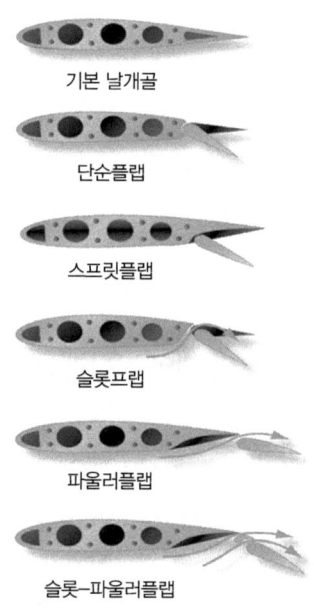

[그림 3-8] 플랩

(5) 날개의 방빙 및 제빙장치 : 얼음이 얼지 못하도록 미리 가열하여 결빙을 방지하는 것을 방빙(Anti-icing)이라 하고, 생성된 얼음을 제거하는 것을 제빙(de-icing)이라 한다.

① 방빙장치(anti-icing system) : 전열식, 가열 공기식

② 제빙장치(de-icing system) : 알콜 분출식, 제빙 부츠식

라. 꼬리날개(Empennage)

(1) 형태에 따른 분류 : 일반형, T형, ruddervator 등
(2) 수평꼬리 날개 : Horizontal stabilizer와 Elevator로 구성되고 가로축에 대한 세로 안정과 피칭 운동을 담당한다.
(3) 수직꼬리 날개 : Vertical stabilizer와 Rudder로 구성되고 수직축에 대한 방향 안정과 요잉운동을 담당한다.

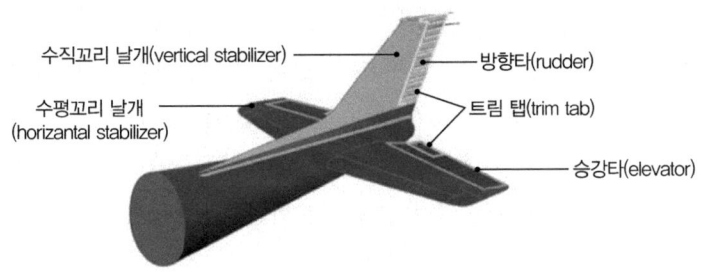

[그림 3-9] 꼬리날개

4. 엔진마운트과 나셀

가. 기관 마운트(Engine mount)

(1) 역할 : 기관을 기체에 장착하는 지지부로 기관의 추력을 기체에 전달한다.
(2) 종류 : 용접 강관 엔진마운트, 세미모노코크 엔진 마운트, 베드형 엔진 마운트
(3) 날개에 장착하는 방식 : pylon에 장착하는 경우 구조물이 부수적으로 필요하지 않아 항공기 무게 감소하고, 날개의 공기역학적 성능이 저하되고 착륙 장치가 길어야 한다.
(4) 동체에 장착방식 : 공기역학적 성능이 양호하고 착륙 장치를 짧게 할 수 있다.
(5) 방화벽(fire wall) : 기관의 열이나 화염이 기체로 전달되는 것을 차단한다. (스테인레스강)
(6) QEC(Quick Engine Change) : 엔진 장탈시 부수되는 계통, 즉 연료, 유압, 전기계통, control linkage 및 Eng' mount 등을 쉽게 장탈 가능한 엔진을 말한다.

나. 카울링 및 나셀

(1) 카울링(Cowling) : 나셀의 앞부분에 위치하고, 정비시 쉽게 장탈이 가능하다. 카울 플랩은 기관 냉각에 사용된다.
(2) 나셀(Nacelle) : 기체에 장착된 기관을 둘러싸는 부분을 말한다. 외피, 카울링, 구조부재, 방화벽, 기관 마운트로 구성한다.
(3) 공기 스쿠프(Air scoop) : 기화기에 흡입되는 공기 통로이다.
(4) 역추진 장치(Thrust reverser) : 가스터빈기관 항공기의 착륙거리 단축에 사용된다.

02 기체 계통

1. 조종계통(Flight System)

가. 주조종면(1차 조종면) 과 항공기 운동

(1) 옆놀이(rolling) : 항공기 동체의 앞과 끝을 연결한 세로축을 중심으로 항공기는 가속, 감속, 등속으로 직선운동을 하거나 회전운동을 말한다. 옆놀이 모멘트를 발생시키는 조종면은 aileron이다.

(2) 키놀이(pitching) : 한쪽 날개 끝에서 다른 쪽 날개 끝까지 연결한 가로축을 중심으로 하는 회전운동을 말한다. 키놀이 모멘트를 발생시키는 조종면은 elevator이다.

(3) 빗놀이(yawing) : 항공기의 무게 중심에서 세로축과 가로축이 만드는 평면에 수직인 축(수직축)을 중심으로 해서 진행 방향에 대하여 좌우로 하는 회전운동을 말한다. 빗놀이 모멘트를 발생시키는 조종면은 rudder이다.

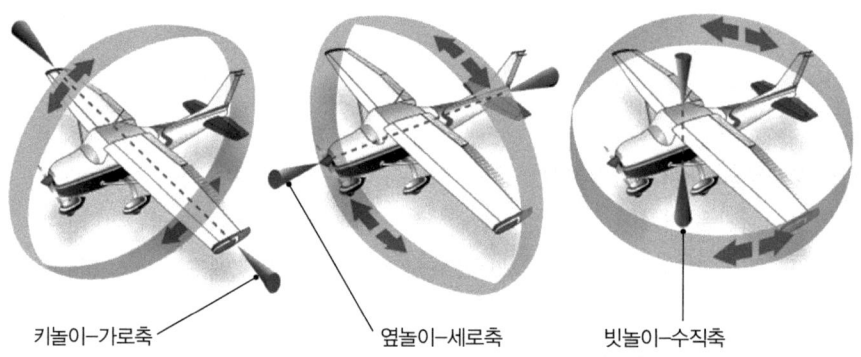

[그림 3-10] 운동축과 조종면

나. 부조종면(2차 조종면) : Tab, Flap, Spoiler 등

(1) 트림(Rrim) 탭 : 조종면의 힌지 모멘트를 감소시켜 조종사의 조종력을 0으로 조정해 주는 역할을 하며 조종사가 조종석에서 임의로 탭의 위치를 조절할 수 있도록 되어 있다.

(2) 밸런스(Balance) 탭 : 조종면이 움직이는 방향과 반대의 방향으로 움직일 수 있도록 기계적으로 연결되어 있다.

(3) 서보(Servo) 탭 : 조종석의 조종장치와 직접 연결되어 탭만 작동시켜 조종면을 움직이도록 설계된 것으로 이 탭을 사용하면 조종력이 감소되며 대형 항공기에 주로 사용한다.

(4) 스프링(Spring) 탭 : 혼과 조종면 사이에 탭을 설치하여 탭의 작용을 배가시키도록 한 장치이다. 스프링 탭은 스프링의 장력으로서 조종력을 조절할 수 있다.

(5) 스테빌레이터(Stabilator) : 전 가동식 수평꼬리 날개(승강키+수평 안정판)
(6) 조작 방식 : 수동 조종장치, 동력 조종장치, FBW 조종장치
(7) 조종 운동 : 옆놀이 조종(rolling), 키놀이 조종(pitching), 빗놀이 조종(yawing)

다. 운동 전달 방식

(1) 수동 조종장치(Manual control system)

수동 조종장치는 조종사가 조작하는 조종간 및 방향타 페달을 케이블이나 풀리 또는 로드와 레버를 이용한 링크 기구로 연결되어 조종사가 가하는 힘과 조작범위를 기계적으로 조종면에 전하는 방식이다.

① 케이블 조종계통(Cable control system)
  ㉠ Cable assembly : 조종 케이블과 부품을 접합시키는 터미널 연결부와 케이블 장력을 조절하기 위한 턴버클로 구성된다.
  ㉡ 케이블 장력 조절기(cable tension regulator) : 케이블 장착식 케이블의 장력을 조절한다.
  ㉢ Pulley : cable 방향전환
  ㉣ Fairlead : cable의 처짐과 진동방지 및 3° 이내 방향 수정
  ㉤ Adjustable stop : 조종면의 운동을 제한
  ㉥ 조종 로크(control lock) : 조종면을 고정한다.(악 기류 시, 지상)
  ㉦ 경량이며 느슨함이 없으며, 방향 전환이 자유롭다. 비용이 상대적으로 적다.
  ㉧ 마찰이 크다, 마모가 많다, 공간이 필요(케이블 간격은 7.5cm 이상 유지)하고 신장(늘어남)이 크다. 강성이 튜브나 로드에 비해 적다.

② 푸시풀로드 조종계통(push pull rod control system)
  ㉠ Push pull rod assembly : tube, rod end, check nut 등
  ㉡ Bell crank : 회전 운동을 직선 운동으로 전환(방향전환), 무겁고 마찰이 적으며 관성력이 크다. 늘어나지 않음(강성이 높다), 느슨함이 있다. 가격이 비싸다.
  ㉢ Torsion tube control system : 조종 계통의 힘의 전달이 튜브에 회전을 줌
  ㉣ 레버 형식 : 플랩 계통에 사용
  ㉤ 기어 형식 : 방향 전환이 큰 장소이 사용하고 마찰력이 작다.

(2) 동력 조종장치(Power control system)

① 조종간이나 방향타 페달의 움직임을 유압 서보 엑추에이터(hydraulic servo actuator) 등을 매개로 조종면에 전달
② 유압 부스터(Hydraulic booster) : 가역식 조종 방식(초음속 항공기용으로 부적합)

③ 비 가역식 조종방식 : 조종간이나 조종면에 힘 전달 가능, 역방향 힘전달은 불가.(대형기, 고속기용)

④ 인공 감각 장치 : 속도를 하나의 변화요소로 간주하며 감지 스프링에 의한 감각은 주로 저속에서의 기능이나 승강키의 작동에 따라 저항이 증가하고 고속에서는 스프링의 힘만으로는 대처할 수 없기 때문에 유압의 힘을 사용하여 승강키의 과대 조종을 막고 있다. 인공 감각장치는 조종장치를 중립위치로 유지시킬 때도 사용한다.

(3) 자동 조종장치(Automatic Pilot System)

① 장거리 비행시 조종사가 이 장치를 사용하여 설정한 비행 상태를 지정해 놓으면 그대로 비행하기 때문에 매우 편리. 방향탐지(directional gyro), 항공기 자세(vertical gyro)를 감지

② 미리 설정된 방향과 자세로부터 변위를 검출하는 장치, 그 변위를 수정하기 위해 조종량을 산출하는 서어보 엠프(계산기), 조종 신호에 따라 작동하는 서보 모터, 변위를 검출하는 데는 Gyroscope를 사용한다.

(4) FBW 조종장치(Fly-By-Wire Control System)

조종간이나 방향키 페달의 움직임을 전기적인 신호로 변환하고 컴퓨터에 입력후 전기, 유압식 작동기(servo motor)를 통해 조종계통을 작동시킨다.

라. 조종면의 평형

(1) **평형의 원리** : $M = L \times W$ 즉, 양끝의 M이 0인 상태

(2) **정적 평형** : 어떤 물체가 자체의 무게 중심으로 지지되는 경우 정지된 상태를 그대로 유지하려는 경향

(3) **과소 평형(Under balance)** : 조종면을 평형대에 장착했을 때 수평 위치에서 조종면의 뒷전이 내려가는 경우로 플러터의 원인이 됨(+ 상태)

(4) **과대 평형(Over balance)** : 조종면의 뒷전이 올라가는 경우. 효율적인 비행을 하려면 조종면의 앞전이 무거운 과대 평형을 유지. 대부분 항공기 조종면은 이와 같음(- 상태)

(5) **동적평형(Dynamic balance)** : 운동중에 진동이 생기지 않고 모든 회전력이 각각의 계통 내부에서 균형을 이루고 있는 회전체의 상태 즉, 조종면이 비행중인 항공기의 운동에 따라 움직일 때 균형을 유지하려고 하는 상태로 날개 폭 방향의 중량 분포도 관련된다.

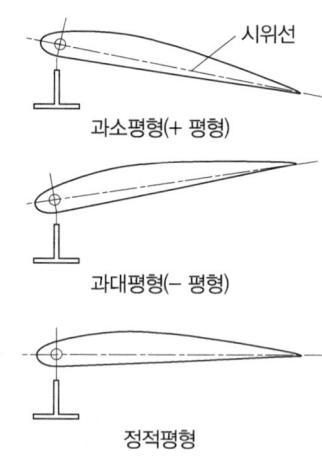

[그림 3-11] 조종면의 정적평형

마. 작동 점검 및 조절

(1) 조종 기구의 조절(Rigging)
① 조종면의 정확한 작동 조절
② 조종면의 작동 범위 및 평형상태 조절
③ 조종 케이블의 장력 조절

(2) 확인 방법
① 조종 로드의 검사 구멍에 핀이 들어가지 않도록 장착
② 턴버클 배럴 밖으로 나사산이 3개 이상 나오지 않게 장착
③ 케이블 안내기구 반경 2inch 범위 이내에 케이블 연결기구가 위치해서는 안 됨
④ 케이블 장력측정기(cable tension meter)의 사용
⑤ 조종면 각도 측정
⑥ 프로펠러 깃 각도 측정 : 코너 수준기(coner spirit level)

(3) Rigging 시 기본 절차
① 조종실의 조종장치, 벨 크랭크 및 조종면 중립위치 고정
② 방향타, 승강타, 보조날개는 중립 위치에서 케이블 장력 측정
③ 비행기 조립시 주어진 작동범위(travel) 내에 조종면을 제한하기 위해 조종장치의 stopper를 조절

2. 착륙장치계통(Landing Gear System)

가. 기능
이륙(take off), 착륙(landing), 택싱(taxing), 지상정지, 방향전환(steering), 제동기능(brake)

나. 착륙장치의 종류
(1) 사용목적 : 육상용 (타이어 바퀴형, 스키형), 수상용(플로우트형, 비행정형)
(2) 장착방법 : 고정형, 접개들이형(retractable type)
(3) 장착위치 : 앞바퀴형(nose gear type), 뒷바퀴형(tail gear type)
(4) 앞바퀴형 장점
① 이, 착륙 저항이 적고 착륙성능 양호
② 승객에 안락감, 조종사 시야 양호
③ 급 브레크시 전복의 위험이 적음
④ 가스터빈 엔진 배기가스 분출이 용이
⑤ 중심이 주바퀴 앞에 있어 지상전복(ground loop)의 위험이 적음

다. 완충장치(Shock Absorber)

(1) 역할 : 착륙시 항공기의 수직속도 성분에 의한 운동에너지를 흡수하여 충격을 완화시켜 준다.

(2) 고무 완충장치 : 고무의 탄성 이용, 완충효율 50%

(3) 평판 스프링식 완충장치 : 스프링의 탄성이용, 완충효율 50%

(4) 공기 압축식 완충장치 : 공기의 압축성 이용, 완충효율 47%

(5) 올레오(Oleo)식 완충장치(공기유압식) : 공기의 압축성과 작동유의 비압축성이 오리피스를 통하여 이동함으로써 충격을 흡수, 완충효율 80%

※ 올레오 완충장치는 구조상 바퀴가 회전하므로 이를 막기 위해 torque link 장착

(6) 조절핀(Metering pin) : 하부 챔버에서 상부 챔버로의 작동유 흐름 비율을 조절

(7) 완충 버팀대의 팽창길이를 점검 : 규정압력에 해당되는 최대 및 최소 팽창길이를 표시해주는 완충 버팀대 팽창도표를 이용하여 팽창길이가 규정범위에 들어가는가 확인한다.

라. 주 착륙장치(Main Landing Gear)

(1) 구조

① 완충 스트럿 어셈블리(shock absorber strut assembly)

② 접개들이 기구 어셈블리(retracting mechanism assembly)

③ 작동 실린더(actuating cylinder)

④ wheel-tire 등

(2) 구성

① 트러니언(trunnion) : 착륙장치를 동체에 연결하는 부분으로 양끝은 베어링에 의해 지지되며 이를 회전축으로 하여 착륙장치가 펼쳐지거나 접어 들여진다.

② 토션 링크(torsion link, scissor link) : 2개의 A자 모양으로 윗 부분은 완충 버팀대에 아래 부분은 오레오 피스톤과 축으로 연결되어 피스톤이 과도하게 빠지지 못하게 하고 스트러트의 축을 중심으로 안쪽 실린더가 회전하지 못함

③ 트럭(truck) : 이·착륙할 때 항공기의 자세에 따라 힌지를 중심으로 앞과 뒤로 요동

④ 완충 지지대(shock strut)는 착륙시 항공기의 수직속도 성분에 의한 운동 에너지를 흡수함으로써 충격을 완화시켜 주기 위한 장치

⑤ 센터링 실린더(centering cylinder) : 완충 스트러트가 항상 트럭에 대하여 수직이 되도록 하는 장치

⑥ 스너버(snubber) : 센터링 실린더가 급격하게 작동되는 것을 방지하고 지상 활주시 진동을 감쇄시키기 위한 장치

⑦ 이퀄라이저 로드(제동 평형 로드, equalizer rod) : 2개 또는 4개로 구성되며 바퀴가 전진함에 따라 항공기의 무게가 앞바퀴에 많이 걸리는 것을 뒷바퀴로 옮겨 앞뒤 바퀴가 같은 무게를 받도록 한다.

⑧ 항력 스트러트(drag strut, 항력 버팀대) : 착륙 장치의 앞뒤 방향의 힘을 지탱
⑨ 옆 버팀대(side strut) : 착륙장치의 측면 방향의 힘을 지탱한다.
⑩ 로크 기구 : 다운 로크(down lock)와 업 로크(up lock)기구는 착륙장치를 내렸거나 올렸을 때 그 상태를 유지하도록 고정시키는 기구
⑪ 바퀴 : 휠(wheel)과 타이어로 구성되며 휠은 바퀴축에 장착되는 부분이고 타이어는 튜브리스 타이어가 많이 사용

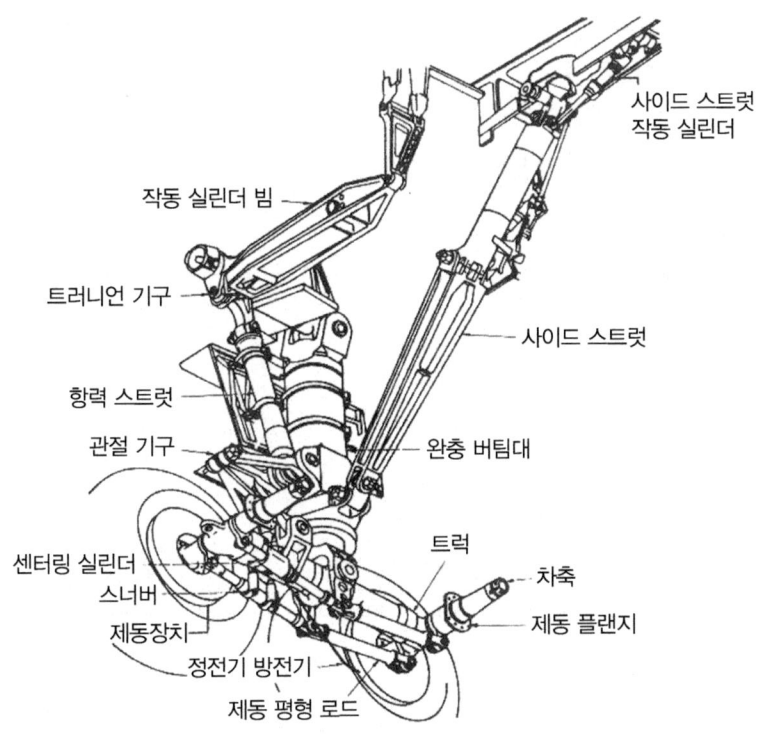

[그림 3-12] 보기식 주 착륙장치

(3) 착륙장치의 접어들임과 내림(L/G control system)
① L/G control lever UP, DOWN → gear selector v/v 유로선택 → gear actuator → gear 작동(up, down)
② Landing gear up & lock되면 조종석에는 아무 등도 들어오지 않고 L/G가 작동 중일 때는 붉은색 등(red light)이 들어온다. 그리고 landing gear down & lock되면 초록색 등(green light)이 들어온다.
③ Alternate Extension(Emergency Extension) : 유압계통의 고장시 L/G를 기계적 또는 전기적으로 gear의 up lock를 풀어서 자중으로 gear down lock시켜줌, gear cont' lever DW에 놓고 EXTEND 시에만 작동

마. 앞 착륙장치(Nose L/G)

(1) 시미댐퍼(Shimmy damper)

① 시미현상 : 앞 착륙장치 및 뒷 착륙장치에서 지상 활주 중 지면과 타이어의 마찰에 의해 타이어 밑면의 가로축 방향의 변형과 바퀴의 선회축 둘레의 진동과의 합성된 진동이 좌우로 발생하는데 이러한 진동

② 종류 : piston type, vane type, steering damper(steering 작동과 shimmying 방지 역할)

(2) 조향장치(Steering system)

① Ground와 taxing 중 항공기 방향조절

② 기계식 : 방향키 페달과 연동으로 작동

③ 유압식 : 방향 제어 핸들과 방향제어 밸브를 작동시켜 동작

바. 뒤 착륙장치

(1) 대형기 : 올레오 완충장치

(2) 소형기 : 평판 스프링식

(3) 테일 스키드 : 기체의 손상 방지

3. 브레이크와 타이어

가. 브레이크 장치(Brake System) : 감속, 정지, 대기(holding), 방향전환 등

(1) 기능에 따른 분류 : 정상 브레이크(페달식), 파킹 브레이크(핸드 브레이크), 비상 브레이크, 보조 브레이크

(2) 3가지 기본 형식 : 독립적인 계통(소형기), 파워 조종계통(대형기), 파워 부스트 계통(소형기중 독립적인 계통을 사용할 수 없는 경우)

(3) 작동과 구조 형식에 따른 분류

① 팽창 튜브 브레이크 : 소형 항공기용

② 싱글 디스크 브레이크 : 회전 디스크(rotation disk)의 양쪽에 마찰을 가해서 브레이크를 잡고 이 디스크는 L/G 휠에 key로 연결

③ 멀티 디스크 브레이크(multiple disk brake) : 대형 항공기용이며 몇 개의 회전 디스크와 고정 디스크, actuating cylinder, 자동 조절기 등으로 구성(air bleeding, 디스크 마모 점검, 디스크 교환, 작동검사 등)

④ 세그먼트 로터 브레이크(segment rotor brake) : 고압력 유압계통에 사용, 제동은 브레이크 라이닝과 회전 세그먼트의 세트 등으로 구성

(4) 안티 스키드 장치(Anti-skid system)

① 휠과 안티스키드 감지 장치의 속도차를 감지, 브레이크의 유압을 조절함으로써 브레이크 작동을 효율적으로 사용

② skid control system의 기능

　㉠ Normal skid control : 휠 회전이 줄어들 때 사용

　㉡ Locked wheel skid control : 휠이 락크될 시 브레이크를 완전히 릴리스 시킴

　㉢ Touch down protection : 착륙 접근 시 브레이크 작동 방지

　㉣ Fail-safe protection : skid cont' sys' 고장시 자동적으로 브레이크 계통을 완전 수동으로 전환, 경고등 ON

나. 바퀴 및 타이어

(1) 바퀴(wheel)

① 종류 : split wheel, removable flange wheel, fixed flange drop center wheel

② 재질 : AL합금

③ 2개의 roller bearing에 의해 축에 지지되고 inner bearing과 outer bearing의 외경은 차이가 있음

④ fuse plug(thermal fuse) : 브레이크 제동 열에 의해 타이어 내부의 온도 및 압력상승으로 인한 타이어 터짐을 방지하기 위해 일정온도가 되면 녹아 내부압력을 낮춘다.

[그림 3-13] 분할식 바퀴(split wheel)

(2) 타이어(Tire)

① Tread : 접 노면과 접하는 부분으로 미끄럼을 방지하고 주행 중 열을 발산, 절손의 확대 방지의 목적으로 여러 모양의 홈이 만들어져 있다. 트레드의 홈은 마멸의 측정 및 제동 효과를 증대시킨다.

② Side wall : 활주로 상의 물을 측면으로 분산되게 설계

③ Core body : 타이어의 골격 부분으로 고압 공기에 견디고 하중이나 충격에 따라 변형되어야

하므로 강력한 인견이나 나일론 코드를 겹쳐서 강하게 만든 다음 그 위에 내열성이 강한 우수한 양질의 고무를 입힌다. 여러 개의 ply를 서로 직각으로 겹친 부분

④ Breaker : 코어 보디와 트레드 사이에 있으며, 외부 충격을 완화시키고 와이어비드와 연결된 부분에 차퍼를 부착하여 제동장치에서 오는 열을 차단한다.

⑤ Chafer : 제동 열 차단

⑥ Wire bead : 비드 와이어라 하며, 양질의 강선이 와이어 비드부의 늘어남을 방지하고 바퀴 플랜지에서 빠지지 않게 한다.

⑦ Tire 강도지수 : ply로 구분하며, 고압 타이어는 바깥지름(인치)×폭(인치)－휠지름(인치), 플라이 수, 재생 횟수로 나타낸다.

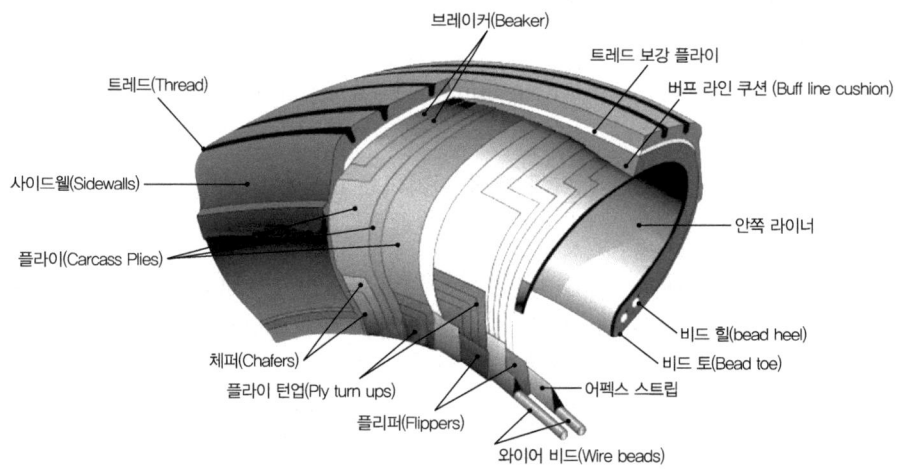

[그림 3-14] 타이어 구조

다. 계통의 점검 및 조절

(1) 완충 스트러트의 팽창 길이 : 통상 torque link의 상하 피벗 점들 사이
(2) 브레이크 마멸 지시 핀 : 브레이크 디스크 마멸 상태 확인
(3) Wheel의 균열 : 허용되지 않음
(4) Brake air bleeding(중력방식, 압력방식) : 브레이크 액 내부의 공기빼기 작업
(5) Brake 비정상 작동 : dragging, grabbing, fading
(6) 타이어 팽창 : 비행 후 최소 2시간 이후에 압력점검(더운 날씨 3시간), 정상팽창(균등한 마모), 과대팽창(중앙선 부분 마모), 과소팽창(양 사이드 부분 마모)

(7) 타이어 보관 : 상적인 장소는 시원하고 건조하며 상당히 어둡고 공기의 흐름이나 불순물(먼지)로부터 격리된 곳이 좋다. 저온(32°F 이하가 아닐 경우) 의 경우는 문제가 아니나 고온 (80°F 이상일 경우)은 상당히 해로우므로 피해야 한다.

(8) 타이어 보호 : 3일 이상 비행하지 않고 파킹된 항공기는 48시간마다 이동

4. 연료계통

가. 항공연료의 형식

(1) 왕복기관의 연료

정상시보다 압력이 낮은 고고도에서 연료의 끓는 현상을 방지하기 위하여 많은 항공기는 연료탱크 안에 승압펌프를 설비하고 있으며 이는 연료의 공급배관에 정압을 제공 해줌으로써 연료탱크를 떠난 연료의 거품현상을 방지하여 준다.

(2) 터빈엔진연료

① 연료의 형식 : 군용제트연료는 JP번호는 분류하는 민간연료는 제트 A혹은 제트 B로 분류한다.
② 터빈연료의 문제점 : 터빈연료는 항공유에 비하여 상당히 점도가 높기 때문에 연료에 물이 함유될 가능성이 높다. 또한 여과기 사이에 차압으로 작동하는 감지기를 설치하여 연료여과기에 있는 물이 빙결하면 스위치를 닫아주어 계기판에 경고등이 들어오게 한다.

나. 항공기 연료계통

(1) **중력공급계통** : 가장 간단한 연료계통은 경항공기 중에서 상부날개 단발훈련기에서 찾아 볼 수 있다.
(2) **펌프공급계통** : 이 계통에서 사용하는 선택기밸브는 각각의 탱크를 선택하거나 연료를 차단 할 수 있다 선택기를 통과한 연료는 주 여과기를 통과하여 전기 연료펌프로 들어가게 된다.
(3) **상부날개 항공기의 연료분사계통** : 연료분사계통에는 기관구동펌프가 중요한 기능을 한다.
(4) **경 다발항공기의 연료계통** : 각 날개는 2개의 연료탱크를 가지고 있으며 이 탱크는 서로 연결되어 있어 단일한 탱크의 역할을 해 준다. 연료압은 연료 게이지는 연료펌프에 의하여 승압된 연료의 압력을 나타내 준다.
(5) **다발제트기의 연료계통** : 다발기 제트 항공기의 많은 양의 연료를 적재해야 하며 높은 비율의 흐름으로 연료를 기관으로 공급하여 주어야 한다. 2개의 내측 주탱크 2개의 외측 주 탱크 및 2개의 보조탱크로서 모두 6개 탱크로 구성되어 있다
(6) **운송용 제트기의 연료계통** : 부분적으로 급유가 요구된다면 급유 작업자가 급유지점에 있는 연료량 계기를 감하여 원하는 양의 연료가 채워지면 연료의 공급을 수동으로 차단시킨다.

다. 항공기 연료계통의 구성품

(1) 연료탱크

① 용접 또는 리벳처리된 연료탱크 : 대부분의 구형항공기에는 용접 혹은 리벳으로 연료탱크가 설비되어 있다. 작은 연료탱크는 주석과 납 합금으로 코팅된 얇은 판금 판으로 제작된다.

② 통합연료탱크 : 이 형식의 탱크를 통합연료탱크라고 하며 최소의 중량과 날개의 공간을 활용할 수 있다는 장점이라고 널리 응용되고 있다. 경 항공기의 통합연료탱크로서 전방 스파 양쪽으로 날개의 앞전부를 밀봉한 것으로서 리벳와 너트 플레이트로 접착하고 밀폐제를 모든 점검창 주위에 사용한다.

(2) 연료펌프

① 수동 작동펌프 : 수동으로 작동하는 펌프는 위블 펌프라고 불리우며 기관구동펌프의 예비펌프로 쓰이는 가장 보편화된 수동 작동펌프이다. 이 펌프는 연료를 한 탱크에서 다른 탱크로 이동시키기 위한 목적으로 사용한다.

② 원심형 승압펌프 : 최근 항공기에 가장 많이 쓰이는 보조연료펌프이다. 이 펌프는 일반적으로 연료탱크 안이나 탱크의 외측에 부착되어 있다.

③ 베인식 펌프 : 기관구동펌프 이외에 베인식 연료펌프를 승압펌프로 사용한다.

(3) 연료필터

항공기기관에 공급되는 연료는 항상 오염물이 제거되어야 하며, 이를 위해 모든 항공기의 연료계통은 여과기를 필요로 한다.

(4) 연료히터와 결빙 방지장치

고 고도와 저온에서 장시간 비행하는 터빈기관은 연료 내에 응축된 연료가 여과기에서 빙결하여 비행 중 기관의 작동을 멈추게 할 수도 있다. 이를 방지하기 위하여 연료온도계를 장치하여 탱크의 연료의 온도를 감지한다.

(5) 연료계통계기

① 연료량 계기 : 항공기 연료탱크 내부의 액량을 측정한다.

② 연료압 계기 : 연료가 적당한 양으로 연료펌프에서 기화기로 공급되는지 여부 감지한다. 가장 간단한 계기로 기화기의 입구부에 버든 튜브 압력게이지를 연결하여 이 지점이 연료압력을 측정한다.

③ 연료온도 게이지 : 고고도로 비행하는 제트항공기는 고공의 낮은 온도 때문에 연료에 섞여 있는 물이 필터를 통과할 때 빙결할 우려가 있다.

④ 연료 흐름계 : 대형 왕복기관은 연료펌프와 기화기 사이에 연료 흐름계를 설비한다. 연료분사 계통으로 작동하는 왕복기관은 흐름계를 자기고 있으나 실제로는 연료압 게이지와 같다 일반적으로 버든 튜브계기가 연료분사기 노즐 사이의 압력차를 측정한다.

⑤ 전자식 연료량 지시계 : 디지털 캐패스턴스를 이용한 전자식 연료량 지시량은 요즘 최첨단 대형 운송항공기에 쓰인다.

라. 연료부속계통

(1) **프라이머** : 자동차 기관과 달리 비연료 분사계통의 항공기 왕복기관이 구동하기 전까지 기화기가 기능을 하지 못하기 때문에 기관 시동시 연료를 프라임시켜 주어야 한다.

(2) **부자스위치** : 자석식 부자 스위치 는 연료탱크의 전기적 기계장치를 차단시키는 데 사용한다. 항공기 연료 보급시 연료가 탱크를가 넘게 되면 과도한 연료는 서지탱크로 들어가게 되어 부자스위치를 작동시킴으로써 연료급유 전원을 차단시켜 더 이상의 연료가 공급되지 않게 한다.

항공기 기체구조 및 기체 계통 적중예상문제

1-1 기체 구조

01 다음 중 항공기 기체 구조로 바르게 구성되어 있는 것은?

㉮ 동체, 날개, 꼬리날개, 착륙장치, 엔진 마운트
㉯ 동체, 날개, 꼬리날개, 착륙장치, 동력장치
㉰ 동체, 날개, 꼬리날개, 동력장치, 나셀
㉱ 동체, 날개, 꼬리날개, 착륙장치, 엔진 마운트와 나셀

02 항공기 기체구조에 인장력과 압축력으로 이루어진 응력은?

㉮ 전단 응력 ㉯ 굽힘 응력
㉰ 토크   ㉱ 비틀림 응력

03 항공기 기체에 작용하는 기계적인 하중에서 부재 내부에 작용하는 하중은?

㉮ 양력, 항력, 추력, 무게
㉯ 인장력, 압축력, 전단력, 비틀림력, 굽힘력
㉰ 공기력, 관성력
㉱ 양력, 항력

04 항공기 기체구조 중 트러스형식에 대한 설명으로 옳은 것은?

㉮ 항공기의 전체적인 구조형식은 아니며 날개또는 꼬리 날개와 같은 구조부분에만 사용하는 구조형식이다.
㉯ 금속판 외피에 굽힘을 받게 하여 굽힘 전단응력에 대한 강도를 갖도록 하는 구조방식으로무게에 비해 강도가 큰 장점이 있어 현재 금속항공기에서 많이 사용하고 있다.
㉰ 주 구조가 피로로 인하여 파괴되거나 혹은그 일부분이 파괴되더라도 나머지 구조가 하중을 지지할 수 있게 하여 파괴 또는 과도한 구 조 변형을 방지하는 구조형식이다.
㉱ 강관 등으로 트러스를 구성하고 여기에 천외피 또는 얇은 금속판의 외피를 씌운 형식으로 소형 및 경비행기에 많이 사용된다.

정답 [1-1] 01 ㉱ 02 ㉯ 03 ㉯ 04 ㉱

05 Monocoque형 동체의 주요 하중은 어디에 의존하는가?

㉮ Former
㉯ Longeron
㉰ Stringer
㉱ Skin

06 트러스형(Truss Type) 구조의 설명과 다른 것은?

㉮ 내부공간이 넓다.
㉯ 골격/뼈대(Truss)는 기체에 작용하는 대부분의 하중을 담당한다.
㉰ 외피(Skin)는 공기역학적 외형을 유지해준다.
㉱ 외형이 각진 부분이 많아 유연하지 않다.

07 다음 중 모노코크(monocoque) 형식의 항공기 구조의 응력은 주로 무엇에 의하여 전달되는가?

㉮ 외피(skin), 세로지(stringer), 정형재(former)
㉯ 외피(skin), 세로지(stringer), 세로대(longeron)
㉰ 외피(skin)
㉱ 세로지(stringer)

08 동체 구조에서 세미-모노코크를 올바르게 설명한 것은?

㉮ 구조부가 삼각형을 이루는 기체의 뼈대가 하중을 담당하고 표피는 항공 역학적인 요구를 만족하는 기하학적 형태만을 유지하는 구조이다.
㉯ 하중의 대부분을 표피가 담당하며, 내부에 보강재가 없이 표피만으로 되어 있는 구조이다.
㉰ 동체의 내부 공간을 확보하기 위해 세로대 및 세로지를 이용한 구조이다.
㉱ 골격과 외피가 공히 하중을 담당하는 구조로서 외피는 주로 전단응력을, 골격은 인장, 압축, 굽힘 등 모든 하중을 담당하는 구조이다.

09 세미-모노코크(semi-monocoque) 설명 중 옳지 않은 것은?

㉮ 정역학적으로 정정이다.
㉯ 금속제 항공기는 대부분이다.
㉰ 구조가 복잡하다.
㉱ 공간 마련이 쉽다.

해설 세미-모노코크 구조 : 모노코크 구조와 달리 하중의 일부만 외피가 담당하게 한다. 나머지 하중은 뼈대가 담당하게 항 기체의 무게를 모노코크에 비해 줄일 수 있다. 현대 항공기의 대부분이 채택하고 있는 구조 형식으로 정역학적으로 부정정 구조물이다.

Chapter 3 항공기 기체

10 샌드위치 구조 형식에서 2개의 외판 사이에 넣는 Core의 형식이 아닌 것은?

㉮ 이중형　　㉯ 파형　　㉰ 거품형　　㉱ 벌집형

11 세미모노코크형 동체는 구조상 표피로 덮여진 수직과 종방향 부재로 구성되어 있다. 종방향 부재는 다음 중 무엇인가?

㉮ 프레임(Frame)　　㉯ 벌크헤드(Bulkhead)
㉰ 스트링거(Stringer)　　㉱ 포머(Former)

> **해설** • 종부재 : 론저론, 스트링어
> • 횡부재 : 벌크헤드, 포머, 프레임, 링, 스티프너

12 Failsafe Structure의 형식중 일부 부재가 파괴될 경우 그 부재가 담당하던 하중을 분담할 수 있는 다른 부재가 있어 구조 전체로서는 치명적인 결과를 가져오지 않는 구조는?

㉮ Redundant Structure　　㉯ Double Structure
㉰ Load Dropping Structure　　㉱ Stress Skin Structure

13 좌굴을 방지하며, 외피를 금속으로 부착하기 좋게 하여 강도를 증가시키기는 부재는?

㉮ Spar　　㉯ Stringer
㉰ Skin　　㉱ Rib

14 동체의 전단 응력에 대한 설명이 잘못된 것은?

㉮ 동체의 전단 응력은 항공기 무게에 의해 발생된다.
㉯ 동체의 전단 응력은 항공기, 공기력에 의해 발생된다.
㉰ 동체의 전단 응력은 항공기 지면 반력에 의해 발생된다.
㉱ 동체의 좌우측 중앙에서 동체의 전단응력이 최소이다.

15 여압실 내에서 비틀림 응력에 의한 좌굴현상을 방지하기 위해 동체 앞, 뒤로 1개씩 설치한 구조부재는 무엇인가?

㉮ 벌크헤드(bulkhead)　　㉯ 세로지(stringer)
㉰ 세로대(longeron)　　㉱ 정형재(former)

정답 10 ㉮　11 ㉰　12 ㉮　13 ㉯　14 ㉱　15 ㉮

16 항공기 날개구조에서 리브(Rib)의 기능을 가장 올바르게 설명한 것은?

㉮ 날개의 곡면상태를 만들어주며, 날개의 표면에 걸리는 하중을 스파에 전달시킨다.
㉯ 날개에 걸리는 하중을 스킨에 분산시킨다.
㉰ 날개의 스팬(span)을 늘리기 위하여 사용되는 연장 부분이다.
㉱ 날개 내부구조의 집중응력을 담당하는 골격이다.

해설 리브(rib) : 날개의 단면이 공기역학적인 형태를 유지할 수 있도록 날개의 모양을 형성해주며 날개 외피에 작용하는 하중을 날개보에 전달하는 역할을 한다.

17 응력-외피형 날개를 구성하는 주요구성 부재가 아닌 것은?

㉮ 날개보(Spar)   ㉯ 리브(Rib)
㉰ 세로지(Stringer)   ㉱ 론저론(Longeron)

해설 응력-외피형 날개의 구성과 역할
 • 외피(Skin) : 비틀림 모멘트를 담당
 • 날개보(Spar) : 전단력과 휨모멘트를 담당.
 • 스트링거(Stringer) : 압축응력에 의한 좌굴(Buckling)을 방지
 • 리브(Rib) : 날개의 형태를 유지

18 터보 제트 항공기의 날개 전연부의 빙결은 무엇으로 방지하는가?

㉮ 엔진 압축기부의 더운 블리드 공기
㉯ 각 날개에 위치한 연소 히터의 더운 공기
㉰ 전연부의 합성고무 부츠를 전기적 열로
㉱ 전연부에 공기로 작동되는 팽창 부츠

해설 대부분의 터보 제트 항공기는 날개 앞전의 내부에 설치된 덕트를 통하여 엔진 압축기에서 일부의 더운 공기를 사용하여 날개 앞전부분을 가열하는 방법을 이용하고 있다.

19 인티그럴 탱크(integral tank)의 설명 중 맞는 것은?

㉮ 날개보 사이의 공간을 그대로 사용한다.   ㉯ 고무 탱크를 내장한다.
㉰ 금속 탱크를 내장한다.   ㉱ 밀폐재를 바르지 않는다.

해설 인티그럴 연료탱크(integral fuel tank) : 날개의 내부 공간을 연료탱크로 사용하고 날개보와 뒷 날개보 및 외피로 이루어진 공간을 밀폐제를 이용하여 완전히 밀폐시켜 사용한다. 여러 개의 탱크로 제작되며 무게가 가볍고 구조가 간단하다.

정답 16 ㉮ 17 ㉱ 18 ㉮ 19 ㉮

Chapter 3 항공기 기체

20 기체구조 중 외피가 주로 담당하는 응력은?

㉮ 굽힘력　　㉯ 비틀림력　　㉰ 전단력　　㉱ 인장력

해설 외피 : 동체에 작용하는 전단응력을 담당하고 때로는 세로지(stringer)와 함께 인장 및 압축응력을 담당

21 항공기 출입문 중 동체 스킨의 안으로 여는 방식은?

㉮ 밀폐형　　㉯ 티형　　㉰ 팽창형　　㉱ 플러그 타입

해설 플러그(plug)형 출입문 : 출입문을 여닫는 방법에는 동체 밖으로 여는 것과 동체 안으로 여는 출입문

22 항공기 주날개에 걸리는 굽힘 모멘트를 주로 담당하는 날개의 부재는?

㉮ 스파(Spar)　　㉯ 리브(Rib)　　㉰ 스킨(Skin)　　㉱ 스트링거(Stringer)

23 다음 중에서 뒤전 플랩이 아닌 것은?

㉮ 스플릿 플랩　　㉯ 크루거 플랩　　㉰ 단순 플랩　　㉱ 파울러 플랩

해설 앞전 플랩 : 슬롯 슬랫, 크루거 플랩, 드루프 앞전

24 날개의 가동장치에 있어서 날개의 앞전 부분의 일부를 앞으로 밀어내어 날개 본체와 간격을 만든 다음 이 간격으로부터 높은 압력의 공기를 날개의 윗면으로 유도함으로써 날개의 윗면을 따라 흐르는 기류의 떨어짐을 막고 실속 받음각을 증가시키는 동시에 최대양력을 증대시키는 장치는?

㉮ Flap　　㉯ Spoiler　　㉰ Slat　　㉱ 이중간격 Flap

25 날개의 장착방식이 아닌 것은?

㉮ Cantilever Type Wing은 항력이 작아 고속기에 적합하다.
㉯ Cantilever Type Wing은 무게가 가볍다.
㉰ Braced Type Wing은 트러스 구조로 장착하기가 간단하고 무게도 줄일 수 있다.
㉱ Braced Type Wing은 무게도 줄일 수 있고 공기저항이 커서 경항공기에 사용된다.

해설 캔틸레버식 날개(Cantilever Type Wing) : 항력이 작아 고속기에 적합하나 다소 무게가 무겁다는 결점이 있다.

정답 20 ㉰　21 ㉱　22 ㉮　23 ㉯　24 ㉰　25 ㉯

26 나셀(Nacelle)에 대한 설명으로 옳은 것은?

㉮ 기체의 인장 하중(Tension)을 담당한다.
㉯ 기체에 장착된 기관을 둘러싼 부분을 말한다.
㉰ 일반적으로 기체의 중심에 위치하여 날개구조를 보완한다.
㉱ 기관을 장착하여 하중을 담당하기 위한 구조물이다.

27 방화벽(Firewall)은 어느 곳에 위치하고 있는가?

㉮ 연료탱크 앞에
㉯ 조종석 뒤에
㉰ 엔진 마운트 뒤에
㉱ 엔진 마운트 앞에

해설 방화벽(Firewall) : 방화벽은 엔진의 열이나 화염이 기체로 전달되는 것을 차단하는 장치이며, 재질은 스테인리스강, 티탄 합금으로 되어 있으며, 엔진 마운트 뒤에 위치하고 있다.

28 스포일러(spoiler)의 역할이 아닌 것은?

㉮ 승강키 보조
㉯ 항력증가
㉰ brake 작용
㉱ 도움날개 보조

해설 스포일러는 비행 중 도움날개 작동시 양날개 바깥쪽의 공중 스포일러의 일부를 좌우 따라 움직여서 도움날개를 보조하거나 같이 움직여서 비행속도를 감소시킨다. 착륙활주 중 지상 스포일러를 사용하여 항력을 증가시킴으로써 활주거리를 짧게 하며 브레이크를 돕는다.

29 다음 항공기의 위치 표시방법 중에서 버톡라인(Buttock Line)은 무엇인가?

㉮ 항공기 위치 전방에서 테일콘까지 연장된 선과 평행하게 측정
㉯ 수직 중심선에 평행하게 좌, 우측의 너비를 측정
㉰ 항공기 동체의 수평면으로부터 수직으로 높이를 측정
㉱ 날개의 후방 빔에 수직하게 밖으로부터 안쪽 가장자리까지 측정

해설
• 동체스테이션 : 기준선은 기수 또는 기수 부근의 면에서 모든 수평 거리가 측정 가능한 상상의 수직선
• 버톡라인 : 동체 단면의 중앙의 중심선을 기준으로 일정한 간격으로 평행선의 폭을 말한다.
• 워터라인 : 동체의 낮은 부분에서 어떤 정해진 거리만큼 떨어진 수평면의 수직선을 측정한 높이

정답 26 ㉯ 27 ㉰ 28 ㉮ 29 ㉯

1-2 기체 계통

01 비행기의 가로축에 관한 Moment는?

㉮ 옆놀이 모멘트(Rolling Moment) ㉯ 선회 모멘트(Spinning Momet)
㉰ 빗놀이 모멘트(Yawing Moment) ㉱ 키놀이 모멘트(Pitching Moment)

02 항공기의 1차 조종면은?

㉮ Elevator, Flap, Spring tap ㉯ Aileron, Elevator, Flap
㉰ Rudder, Aileron, Trim tap ㉱ Aileron, Elevator, Rudder

03 파울러 플랩(Fowler Flap)의 역할이 잘못 설명된 것은?

㉮ 날개 캠버를 증가시킨다.
㉯ 날개의 면적도 증가시킨다.
㉰ 날개 뒷전 근처에 간격을 형성시켜 양력을 증가시킨다.
㉱ 슬랫과 같이 날개 뒷전 근처에 간격을 형성시킨다.

> 해설 파울러 플랩(Fowler Flap) : 날개 캠버를 증가시키는 동시에 면적도 증가시키며 날개 뒷전 근처에 간격(slot)을 형성시켜 양력을 증가시키고 가장 성능이 우수한 고양력 장치이다.

04 다음 중 항공기의 방향 안정성을 확보해주는 것은?

㉮ 방향키 ㉯ 승강키
㉰ 수직 꼬리날개 ㉱ 수평 꼬리날개

> 해설 수평 안정판 : 항공기의 세로 안정성을 제공하며, 대형기의 경우 조종석의 트림(trim) 장치에 의해 작동되도록 되어 있다.

05 다음 탭(tab) 중 조종력을 "0"으로 환원하는 것은?

㉮ 스프링 탭 ㉯ 밸런스 탭 ㉰ 트림 탭 ㉱ 서보 탭

06 조종면의 움직이는 방향과 반대방향으로 움직이도록 되어 있는 조종면은?

㉮ Servo Tab ㉯ Spring Tab
㉰ Balance Tab ㉱ Trim Tab

정답 [1-2] 01 ㉱ 02 ㉱ 03 ㉱ 04 ㉰ 05 ㉰ 06 ㉰

07 조종간을 밀고 오른쪽으로 돌리면 왼쪽 Aileron과 Elevator의 방향은?

㉮ Aileron은 위로, Elevator는 아래로
㉯ Aileron은 아래로, Elevator는 위로
㉰ Aileron은 위로, Elevator는 위로
㉱ Aileron은 아래로, Elevator는 아래로

08 인위적으로 조종사에게 감각을 느끼게 하는 조종장치는?

㉮ 수동비행 조종장치(Manual Flight Control System)
㉯ 자동비행 조종장치(Auto Pilot System)
㉰ 인공감각장치(Artificial Feeling Device)
㉱ 플라이 바이 와이어(Fly-by-wire)

해설 인공감각장치(Artificial Feeling Device) : 동력 조종장치에서 조종사가 동력으로 조종면을 작동할 경우 그 힘을 조종사가 알지 못하므로 인위적으로 조종사에게 감각을 느끼게 하는 장치를 말한다.

09 조종면의 매스 밸런스(mass balance)의 목적은 무엇인가?

㉮ 조타력의 경감
㉯ 기수 올림 모멘트 방지
㉰ 키의 성능 향상
㉱ 조종면의 진동 방지

해설 플러터(flutter) : 조종면의 평형상태가 맞지 않은 상태에서 비행시 조종면에 발생하는 불규칙한 진동, 과소 평형상태가 주된 원인이다. 플러터를 방지하기 위해서는 날개 및 조종면의 효율을 높이는 것과 평형중량(mass balance)를 설치하는 것인데, 특히 평형중량의 효과가 더 크다.

10 조종면의 정적 평형 중 과대 평형이란?

㉮ 물체 자체의 무게중심으로 지지되고 있는 상태
㉯ 조종면을 어느 위치에 올려놓거나 회전 모멘트가 "0"으로 평형되는 상태
㉰ 조종면을 평형에 위치했을 때 조종면의 뒷전이 밑으로 내려가는 경향
㉱ 조종면을 평형에 위치했을 때 조종면의 뒷전이 위로 올라가는 경향

11 Tricycle Type Landing Gear에 대한 설명이 잘못된 것은?

㉮ 지상전복의 위험이 적다.
㉯ 이륙 시 저항이 많으나 착륙성이 좋다.
㉰ 빠른 속도에서 브레이크를 사용할 수 있다.
㉱ 조종사의 시야가 넓어진다.

정답 07 ㉱ 08 ㉰ 09 ㉱ 10 ㉱ 11 ㉯

12 착륙장치의 기능이 아닌 것은?

㉮ 지상에 정지되어 있을 때 항공기 무게를 지탱하여 진동을 흡수한다.
㉯ 항공기 Taxing과 Take-off과 Landing의 기능을 갖고 있다.
㉰ 항공기의 수평운동 속도성분에 해당하는 운동에너지를 흡수한다.
㉱ 지상 활주 중에 방향전환 기능과 제동력을 가진다.

13 대형기 착륙장치에서 랜딩 기어가 down & lock 되면 조종실 계기판에 어떤 색의 등이 지시하는가?

㉮ green light
㉯ red light
㉰ amber light
㉱ no light

해설 착륙장치의 위치를 조종사에게 시각적 전달하는 목적
- landing gear up & lock 되면 조종석에는 아무 등도 들어오지 않는다.
- landing gear 가 작동 중일 때는 붉은색 등(red light)이 들어온다.
- landing gear down & lock되면 초록색 등(green light)이 들어온다.

14 Retractable Type Landing Gear에 대한 장점이 아닌 것은?

㉮ Landing Gear가 외부 노출 시 유해항력(Parasite Drag)을 유발시킨다.
㉯ Landing Gear를 동체 또는 날개 안으로 접어 들인다.
㉰ Landing Gear를 접어 넣음으로써 약간의 무게가 증가한다.
㉱ 항력 최소화로 인한 비행 효율의 개선을 통한 더 많은 비용절감 효과가 있다.

15 Oleo Strut의 작동원리가 아닌 것은?

㉮ 올레오식 완충장치는 대부분의 항공기에 사용된다.
㉯ 실린더의 아래로부터 충격하중이 전달되어 피스톤이 실린더 위로 움직이게 된다.
㉰ 공기실의 부피를 증가시키게 하는 작동유는 공기를 압축시킨다.
㉱ 오리피스에서 유체의 마찰에 의해 에너지가 흡수된다.

16 Oleo Strut의 접지 시 충격에 대한 완충효율은?

㉮ 25% 이상
㉯ 40% 이상
㉰ 50% 이상
㉱ 75% 이상

17 Nose Landing Gear 설명 중 맞는 것은?

㉮ Shimmy Damper는 Hydraulic Dam Plug에 의해 진동과 Shimmy를 조절한다.
㉯ 센터링장치의 Damper는 Taxing, 착륙, 이륙 중에 Nose Wheel의 Shimmy를 막는다.
㉰ Shimmy Damper는 Nose Wheel을 중심에 오게 하여 Wheel Well로 접히게 한다.
㉱ Shimmy Damper가 없으면, 동체 Wheel Well과 Nose Landing Gear에 손상이 생긴다.

해설 Nose Landing Gear : Shimmy Damper는 Hydraulic Dam Plug에 의해 진동과 Shimmy(이상 진동)를 조절하며, Damper는 장착되거나 Nose Gear의 일부로 제작되어 Taxing, 착륙, 이륙 중에 Nose Wheel의 Shimmy를 막는다. 또한 센터링장치는 내부 센터링 캠에 의해 Nose Wheel 을 중심에 오게 하여 Wheel Well로 접히게 한다.

18 노스 스트럿트 내부에 있는 센터링 캠의 역할은?

㉮ 착륙후 노스기어를 중립으로 맞춰준다.
㉯ 이륙후 노스기어를 중립으로 맞춰준다.
㉰ 스트럿트 내의 오물을 제거한다.
㉱ 노스휠 스티어링이 작동하지 않을 때 중립위치에 맞춘다.

해설 센터링 캠 : 노스기어(Nose Gear) up, down시 타이어가 정면을 향하지 않으면 타이어가 랜딩기어 베이(Landing Gear Bay)의 가장자리에 부딪쳐 구조부재를 파손하거나 랜딩기어를 올리는 도중에 정지되는 것을 막는다.

19 완충장치의 실린더와 피스톤이 상대적으로 회전하는 것을 방지하는 것은?

㉮ torsion link
㉯ strut 내의 유압
㉰ piston 내의 packing 마찰
㉱ 실린더 내면의 slot

해설 토션 링크(torsion link) 또는 토크 링크(torque link) : 윗부분은 완충 버팀대(실린더)에 아랫부분은 올레오 피스톤과 축으로 연결되어 피스톤이 과도하게 빠지거나 완충 스트럿(shock strut)을 중심으로 피스톤이 회전하지 못하게 한다.

20 브레이크(brake) 계통 정비작업에 대한 설명이 잘못된 것은?

㉮ 작동유 누설점검을 할 때는 계통이 작동압력 상태인지 확인한다.
㉯ brake 계통에 공기가 차 있으면 페달을 밟을 때 스펀지 작용을 한다.
㉰ 파이프 연결 피팅이 느슨하게 풀린 것을 조일 때는 압력이 없는 상태에서 수행한다.
㉱ 중력방식 bleeding 은 brake 계통에 들어간 공기를 리저버 상부에 장착된 밸브를 통해 제거한다.

해설 bleeding 작업 : 공기빼기 작업을 말하며 압력식과 중력식이 있다. 압력식은 브레이크 족에서 압력을 가해 리저버 상부의 주입구를 통해 공기 빼기를 하고, 중력식은 페달을 밟아 압력이 걸렸을 때 브레이크 블리드 밸브를 통해 공기 빼기를 한다.

정답 17 ㉮ 18 ㉯ 19 ㉮ 20 ㉱

21 Brake 사용에 대한 설명이 틀린 것은?

㉮ 정상 브레이크는 평상시 사용한다.
㉯ 파킹 브레이크는 작업시, 비상시 사용한다.
㉰ 보조 브레이크는 주 브레이크가 고장 났을 때 사용한다.
㉱ 비상 브레이크는 주 브레이크와 같이 마련되었다.

22 Brake의 페달에 스펀지 현상이 일어나는 이유는?

㉮ 계통에 물이 있기 때문
㉯ 계통에 공기가 있기 때문
㉰ 브레이크 라이닝이 마모되었기 때문
㉱ 페달의 장력이 작아졌기 때문

23 다음 anti-skid 장치의 기능으로 맞는 것은?

㉮ 제동장치의 과열방지
㉯ 제동효율의 극대화
㉰ 비행속도의 조정
㉱ 항공기의 방향조정

해설 Anti-skid 장치 : 안티 스키드 감지장치의 회전속도와 바퀴의 회전속도의 차이를 감지하여 안티 스키드 제어 밸브로 하여금 브레이크 계통으로 들어가는 작동유의 압력을 감소함으로써 제동력의 감소로 인하여 스키드를 방지한다.

24 항공기 타이어의 Fuse Plug의 기능은?

㉮ Tire 홈 분리를 지적해준다.
㉯ 특정한 상승온도에서 녹는다.
㉰ 보통 5~7개가 설치되어 있다.
㉱ 공기압 검사를 필요 없게 해준다.

해설 퓨즈 플러그 : 브레이크를 과도하게 사용했을 때 타이어가 과열되어 타이어 내의 공기압력 및 온도가 지나치게 상승하면 퓨즈 플러그가 녹아 공기 압력을 빠져나가게 하여 타이어가 터지는 것을 방지해준다. 바퀴에 보통 3~4개가 설치되어 있다.

25 항공기 타이어의 표면에 46×18-20, 32 R2로 표시되어 있다면 이것의 의미는 다음 중 무엇인가?

㉮ 바깥지름 46in, 폭 18in, 휠 지름 20in, 32 ply, 2회 재생
㉯ 바깥지름 46in, 안지름 18in, 폭 20in, 너비 32 in, 2회 재생
㉰ 바깥지름 46in, 안지름 18in, 폭 20in, 32ply, 휠 종류
㉱ 바깥지름 18in, 폭 46in, 휠지름 20in, 2회 재생

해설 고압 타이어 표시 : 바깥지름(인치)×폭(인치)-휠 지름(인치), 플라이수, 재생횟수

정답 21 ㉱ 22 ㉯ 23 ㉯ 24 ㉯ 25 ㉮

26. Tire 보관 방법에 대한 설명이 맞는 것은?
㉮ 산소가 차단된 곳 ㉯ 눕혀서 보관
㉰ 건조하고 어두운 곳 ㉱ 습기 찬 곳

27. 타이어의 마멸을 측정하고 제동효과를 주기위해 설치된 것은?
㉮ Core Body ㉯ Wire Bead ㉰ Tread Hole ㉱ Side Wall

28. Fuel Tank의 구조에 대한 설명이 잘못된 것은?
㉮ Wet Wing은 Wing의 Front Spar, Rear Spar 및 양쪽 End Rib 사이의 공간을 연료 Tank로 사용하는 것을 말한다.
㉯ 민간 항공기에는 Main Wing과 Center Wing 또는 Horizontal Stabilizer에 장치되어 있는 항공기도 있다.
㉰ Integral Fuel Tank는 Wing의 Front Spar, Rear Spar의 공간을 사용한다.
㉱ Cell Tank는 Wing의 Front Spar, Rear Spar의 공간을 사용한다.

29. 가스터빈 Engine 연료의 성질이 아닌 것은?
㉮ 방빙성이 좋아야 한다. ㉯ 안전한 연소성
㉰ 옥탄가가 높다. ㉱ 발열량이 클 것

30. 왕복 Engine 연료의 성질은?
㉮ 방빙성이 좋아야 한다. ㉯ 안전한 연소성
㉰ 옥탄가가 높다. ㉱ 발열량이 클 것

31. 연료계통에 대한 설명이 잘못된 것은?
㉮ Vent 계통은 연료를 Tank간에 이송시킨다.
㉯ Fueling계통은 연료를 Defueling하거나 Tank간의 연료의 이송을 위한 구성품이 포함된다.
㉰ Engine Feed는 Tank에서 Engine까지 그리고 Tank에서 APU까지의 연료 공급기능을 말한다.
㉱ Defueling계통은 지상에서 정비 또는 기타 목적으로 Tank내의 연료를 Defueling한다.

해설 Vent 계통 : 연료 Tank 내외의 차압에 의한 Tank 구조의 손상을 방지하고 Engine Feed 및 Jettison 계통에 충분한 Heat Pressure를 제공한다.

정답 26 ㉯ 27 ㉰ 28 ㉱ 29 ㉰ 30 ㉰ 31 ㉮

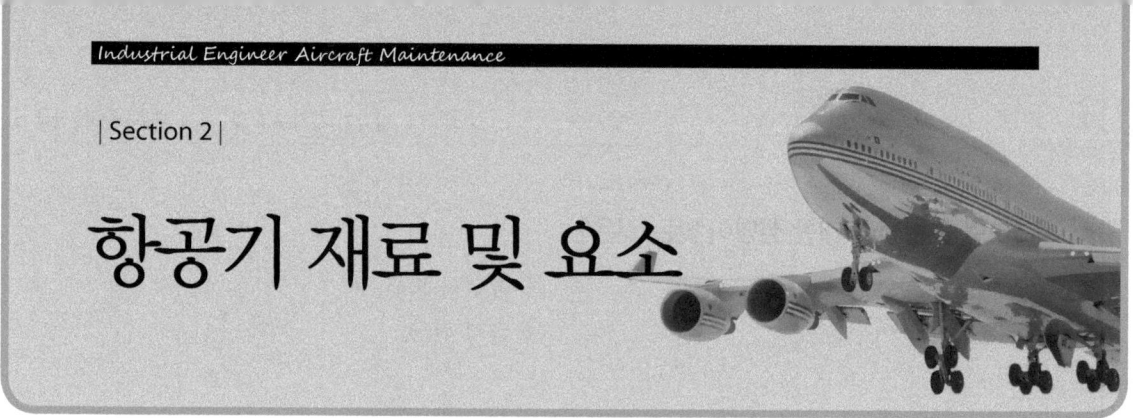

| Section 2 |

항공기 재료 및 요소

01 항공기 재료

1. 철 및 비철금속 재료

가. 기체 재료의 개요

(1) 금속의 일반적 특징
   ① 상온에서 고체이며, 결정체이다.
   ② 전기 및 열 전도율이 좋다.
   ③ 전성 및 연성이 좋다.
   ④ 금속 특유의 광택을 가진다.

(2) 금속의 결정 구조
   ① 금속의 내부 구조 및 공간 격자의 결합 방법은 금속의 성질(강도)에 중요한 영향을 끼침(금속의 결정 구조 : 체심 입방 격자, 면심 입방 격자, 조밀 육방 격자)
   ② 변태 : 금속이 온도 변하에 따라 고체가 액체, 기체로 변하는 것
   ③ 동소 변태 : 원자 배열의 변화, 즉 결정 격자의 변화로 동소체로 되는 것
   ④ 자기 변태 : 원자 배열의 변화 없이 자성만 변화

(3) 합금의 상태
   ① 합금 : 금속의 성질을 개선하기 위해 금속 원소에 1개 이상의 금속 또는 비금속 원소를 첨가
   ② 종류
      ㉠ 공정 : 두 가지 금속 성분이 기계적으로 혼합된 조직을 가진 합금
      ㉡ 고용체 : 각 성분 금속을 기계적인 방법으로 구분할 수 없는 조직을 가진 합금
      ㉢ 화합물 : 친화력이 큰 금속이 화학적으로 결합하여 독립된 화합물 생성
      ㉣ 공석 : 고온에서 균일한 고용체로 된 것이 고체 내부에서 공정 조직으로 분리

(4) 금속의 성질
   ① 비중 : 물체와 동일한 부피의 물의 무게와 비교한 값
   ② 용융 온도 : 금속이 녹는 온도, 용융 온도는 금속의 강도가 낮을수록 낮다.
   ③ 전성 : 퍼짐성, 얇은 판으로 가공(판금 공작)구리
   ④ 연성 : 뽑힘성, 가는 관이나 선으로 늘릴 수 있는 성질
   ⑤ 탄성 : 외력으로 변형된 후, 변형력이 없어지면 원래 상태로 되돌아가는 성질

⑥ 취성 : 부서지는 금속의 성질, 구조용 재료로 부적합주철
⑦ 인성 : 재료의 질긴 성질, 찢어지거나 파괴되지 않는 성질
⑧ 전도성 : 열이나 전기를 전도시킬 수 있는 성질용접, 압접 가공
⑨ 강도 : 인장, 압축, 휨 등의 하중에 견딜 수 있는 정도
⑩ 경도 : 재료의 단단한 정도

(5) 금속의 가공
① 단조 : 가열하여 해머 등으로 단련 및 성형하는 것
② 압연 : 회전하는 롤러 사이에 재료를 넣고 가공
③ 프레스 : 금속 판재를 프레스 형틀 사이에서 성형
④ 압축 : 실린더 모양의 용기에 넣고 압력을 주어 봉재, 판재 등의 제품으로 가공
⑤ 인발 : 원뿔형의 구멍이 있는 공구에서 봉재와 선재를 길게 뽑아내어 가공

나. 철강 재료

(1) 탄소강
① 탄소강의 성질에 영향을 주는 원소
㉠ C : 인장 강도, 경도 증가. 연성은 줄고, 충격에 대해 약함. 용접성은 떨어짐
㉡ Si : 저합금강의 크리프 강도나 탄성한계 증가. 내산화성, 내식성 증가
㉢ Mn : 신장, 내충격성, 내마모성이 증가. 담금질 경화 심도가 깊어짐
㉣ P : 함유량 0.05% 이하가 보통. 경화 균열의 주원인. 용접성 떨어짐
㉤ S : 황화철을 만들고 고온가공 시 균열을 일으키고, 충격저항을 감소시킴

② 탄소강의 분류
㉠ 저탄소강 : 탄소를 0.1~0.3% 함유한 강
㉡ 중탄소강 : 탄소를 0.3~0.6% 함유한 강
㉢ 고탄소강 : 탄소를 0.6~1.2% 함유한 강

③ 대표적인 재료 규격
㉠ AA 규격 : 미국 알루미늄 협회(The Aluminum Association)의 규격
㉡ ALCOA 규격 : 미국의 ALCOA사(Aluminum Company of America)의 규격
㉢ AISI 규격 : 미국 철강 협회(American Iron and Steel Institute)의 규격, 철강 재료의 규격
㉣ AMS 규격 : SAE의 항공부(Aerospace Material Specification)가 민간 항공기 재료에 대해 정한 규격
㉤ ASTM 규격 : 미국 재료시험 협회(American Society of Testing Materials)의 규격
㉥ MIL SPEC : 미군 육군 규격(Military Specification)
㉦ SAE 규격 : 미국 자동차 기술 협회(Society of Automotive Engineers)의 규격으로 철강에 많이 쓰임. (최근에는 SAE 대신에 AISI 규격이 많이 사용)

(2) 특수강
　① 특수강
　　㉠ 합금강이라고도 하며 탄소강을 기본으로 하여 1개 이상의 특수 원소 첨가
　　㉡ 탄소강에 탄소, 규소, 망간, 인, 황의 원소만 함유시 합금강이 아님
　　㉢ 특수 원소 : 니켈, 크롬, 텅스텐, 몰리브덴, 바나듐, 코발트, 규소, 망간, 붕소, 티탄
　② 종류
　　㉠ 니켈강(SAE 2330) : 고온에서 기계적 성질이 좋고 강도가 큼, 내마멸성, 내식성이 우수하여 볼트, 너트에 사용
　　㉡ 크롬강 : 자성을 가지고 있음(내식강)
　　㉢ 니켈 - 크롬강(SAE 3140) : 담금질 특성이 좋아 크랭크 축, 와셔 등에 사용
　　㉣ 니켈 - 크롬 - 몰리브덴강(SAE 4340) : 착륙 장치, 강력 볼트에 사용
　　㉤ 크롬 - 몰리브덴강(SAE 4130) : 트러스용 재료
　　㉥ 크롬 - 니켈강(스테인레스강)
　　　• 페라이트형 : 단조, 압연이 용이한 스테인리스강
　　　• 마텐 자이트형 : 열처리에 의해 쉽게 강화, 기계적 성질, 내식성 양호하고, 제트 기관의 흡입관, 압축기 베인, 터빈, 배기구에 사용
　　　• 오스테나이트형 : 18% 크롬-스테인리스강에 8% 니켈을 첨가한 강으로 18-8 스테인리스강 또는 불수강이라 한다. 가공성 및 용접성이 양호하고 내식성이 우수하다. 비자성체이며 내식성, 충격 저항, 기계 가공성이 양호, 터빈 부품 재료, 방화벽에 사용한다.

(3) 철강 재료의 식별법(SAE에 의한 식별)

<u>SAE ○○○○</u>

① SAE : 미국 자동차 기술인 협회 규격
② 첫째 자리의 수 : 합금강의 종류(주합금 원소)
③ 둘째 자리의 수 : 합금 원소의 합금량
④ 나머지 두자리의 숫자 : 탄소의 평균 함유량(100분의 1%)

강의 종류	재료 번호	강의 종류	재료 번호
탄소강	1×××	크롬강	5×××
망간강	13××	크롬 바나듐 강	6×××
니켈강	2×××	텅스텐 크롬강	72××
니켈 크롬강	3×××	니켈 크롬 몰리브덴 강	81××, 86××~88××
몰리브덴 강	40××, 44××	실리콘 망간	92××
크롬 몰리브덴 강	41××	니켈 크롬 몰리브덴 강	93××~98××
니켈 크롬 몰리브덴 강	43××, 47××		

다. 비철금속 재료

(1) 구리와 그 합금

① 구리의 특성

㉠ 붉은색의 비자성체, 전연성, 내식성이 우수하고 열 및 전기 전도율 양호

㉡ 비중이 크기 때문에 전기 계통에만 사용

② 구리의 합금

㉠ 베릴륨-구리 : 열처리에 의해 강도가 3배 이상 증가하고 피로에도 강하므로 다이어프램, 베어링, 부싱, 와셔 등에 사용

㉡ 황동 : 구리+아연, 귀금속 광택이 나므로 객실용품에 사용

㉢ 청동 : 구리+주석

(2) 알루미늄과 그 합금

① 특성 : 비중 2.7 용융점 660℃의 흰색 광택을 내는 비자성체로 내식성, 가공성, 전도성이 우수하며 1911년 두랄루민이 실용화되면서 항공기에 사용

② Al 합금의 성질

㉠ 가공성이 좋다.

㉡ 내식성이 좋다.

㉢ 강도, 강성이 크다.

㉣ 상온에서 기계적 성질이 좋다.

㉤ 시효 경화성 : 열처리 후 시간이 지남에 따라 재료의 강도와 경도가 증가

③ 알루미늄 합금의 식별 기호

㉠ ALCOA 규격 식별 기호 : 알코아 회사에서 제조한 알루미늄 합금의 규격 표시

㉡ AA규격 표시 방법

<u>AA</u> ○○○○

- 첫째자리 숫자 : 알코아사의 규격번호
- 둘째자리 숫자 : 합금의 개량 번호
- 나머지 두자리 : 합금의 종류

㉢ AA규격 합금의 종류

합금 번호	종류	합금 번호	종류
1×××	순도 99% 이상 A	6×××	마그네슘 + 규소
2×××	구리	7×××	아연
3×××	망간	8×××	그 밖의 원소
4×××	규소	9×××	예비 번호
5×××	마그네슘		

㉣ AA규격 식별 기호 : 제조 과정에 있어서의 가공, 열처리 조건의 차이에 의해 얻어진 기계적 성질의 구분
- F : 제조된 그대로의 것
- O : annealing(연화), 재결정화의 처리가 된 것(연제품 : wrought)
- H : 가공경화된 것(strain hardened)
- W : 용체화 처리후 자연 시효된 것
- T : 열처리 한 것(F. O. H 이외의 열처리)

④ 알루미늄 합금의 종류
㉠ 1100 : 99%의 순수 알루미늄의 내식성 양호, 열처리불능, 구조용으로 사용 불가
㉡ 2014 : 알루미늄-구리의 합금으로 인공 시효에 의해 내력 증가
㉢ 2017(duralumin) : 알루미늄-구리 합금으로 대표적인 가공용 알루미늄 합금, 열간 가공으로 주물의 결정 조직 파괴, 물에 급랭 후 시효 강화, 0.2% 탄소강과 기계적 성질이 유사하며 비중은 1/2 정도
㉣ 2024(super duralumin) : 알루미늄-구리 합금으로 전단 응력 및 내식성이 양호, 주구조부의 골격, 외피(skin), 리벳(rivet)에 사용
㉤ 5052 : 알루미늄-마그네슘 합금으로 샌드위치(honey comb sandwich) 재료
㉥ 7075(ESD, Extra Super Duralumin) : 알루미늄-아연의 합금, 강도가 높고, 내식성이 우수하여 큰 강도가 요구되는 구조 부분에 사용
㉦ 알클래드(alclad) : 내식성이 나쁜 초강 알루미늄 합금에 내식성이 좋은 순수 알루미늄을 실제 두께의 5~10%로 압연하여 접착한 것

(3) 마그네슘과 그 합금
① 열간 가공(300℃)을 해야 하며 비중이 107~2.0으로 알루미늄의 2/3 정도로서 실용 금속 중 가장 가볍고 강도가 두랄루민의 1/3 정도이다.
② 염분 부식이 심하고, 순수 마그네슘은 공기 중에서 발화한다.
③ 용도 : nose gear, door, 조종면, 외피, oil tank 등

(4) 티탄과 그 합금
① 비중 4.5로 내식성, 내열성(용융점 : 1,730℃)이 좋고 비강도가 크다.
② 용도 : 방화벽, 외피, 압축기 디스크, 깃(blade)

(5) 저용융점 합금
용융점이 주석의 녹는점 231.9℃보다 더 낮은 합금으로 퓨즈, 안전 장치, 부품 땜 납용에 사용

라. 금속의 열처리

(1) 철강 재료의 열처리

금속의 가열이나 냉각 속도를 변화시키면 조직의 변화로 인하여 기계적 성질이 변하는데, 필요한 성질을 얻기 위하여 인위적으로 온도를 조작하는 작업

① 일반 열처리

    ㉠ 담금질(quencvhing) : 강의 A_1 변태점(723℃) 보다 20~30℃ 높게 가열 후 급랭시켜 경도가 가장 높은 마이텐자이트(martensite) 조직을 얻어 내는 것, 강이 임계온도 이상으로 가열되면 탄소가 균열용액으로 철 메트릭스와 함께 들어가며, 물, 오일 등으로 담금질하면 탄소는 아주 작은 입자로 형성됨

    ㉡ 뜨임(tempering) : 내부 응력을 제거하기 위하여 A_1 변태점 이하의 적당한 온도에서 가열하는 조직, 담금질을 한 강은 경도가 증가되는 반면에 취성을 가지게 되므로 다소 경도가 감소되더라도 인성을 증가시키기 위해서 담글질 한 강을 임계온도 이하의 온도로 가열하고 알맞은 속도로 냉각하여 인성을 갖게 하는 열처리를 뜨임이라 함

    ㉢ 풀림(annealing) : 금속의 기계적 성질을 개선하기 위하여 일정 온도에서 일정시간 가열후 천천히 냉각시키는 조직완전 풀림, 연화 풀림, 구상화 풀림, 항온 풀림, 응력 제거 풀림

    ㉣ 불림(normalizing) : 내부 응력을 제거하고 강의표준 조직인 오스테나이트를 얻기 위한 조작, 주조, 용접이나 기계가공 되는 강은 일반적으로 파괴되는 구조내에 응력이 남아있다. 이응력은 불림에 의하여 제거됨. 강은 임계온도 이상으로 가열되고 이 온도에서 임계구조가 균일하게 될 때 용광로에서 제거하여 공기로 냉각시킨다.

② 항온 열처리 : 균열 방지와 변형 감소를 위한 열처리로 널리 이용

③ 금속의 표면 경화법 : 강의 표면층만을 경화시켜 내부의 인성을 그대로 유지, 내마모성, 내피로성, 등을 향상. 착륙기어나 항공기 엔진의 마모되는 부품은 내부 재질이 연성을 갖게 되더라도 표면을경화시킴

    ㉠ 고주파 담금질법, 화염 담금질법

    ㉡ 침탄법 : 고체, 액체, 가스 침탄법(gear, spline의 면, 축의 journal section 등)

    ㉢ 질화법 : 암모니아(NH_3) 가스를 520~550℃로 50~100시간 가열하여 질화물 형성(왕복 엔진의 cylinder barrel)

    ㉣ 시안화법(침탄 질화법) : 침탄과 질화가 동시에 이루어지는 작업

    ㉤ 금속 침투법 : 강재를 가열하여 합금 피복층 형성(제트 엔진의 터빈 베인이나, 터빈 블레이드에 고온 산화방지 목적으로 코팅됨)

(2) 비철 금속 재료의 열처리

① 알루미늄 합금의 열처리 : 고용체화 처리, 인공 시효 처리, 풀림처리

② 마그네슘 합금의 열처리 : 고용체화 처리, 인공 시효 처리, 금속의 열처리

2. 비금속 재료

가. 합성 수지

(1) 합성 수지(플라스틱)

① 플라스틱이라 하며 인공 합성된 고분자 물질을 주원료로 하여 성형한 재료

② 열경화성 수지 : 한번 가열하여 성형하면 다시 가열해도 연해지거나 용융되지 않는 성질을 가지고 있으며 수지 페놀 수지, 에폭시 수지, 불포화 에스테르, 폴리우레탄 등

③ 열가소성 수지 : 가열하여 성형한 후 다시 가열하면 연해지고 냉각하면 굳어지는 수지, 폴리염화비닐, 폴리에틸렌, 나일론 및 폴리메타크릴산메틸 등

(2) 종류

① 폴리염화비닐 : 유기 용제에 녹기 쉽고 열에 약하며 비중이 큼, 전기 및 열에 대한 부도체이므로 전선 피복, 절연 재료, 객실내장재

② 에폭시수지 : 대표적 열경화성 재료, 성형 후 수축률이 적으며 우수한 기계적 강도를 가지며, 구조물용 접착제, 도료의 재료, 레이돔이나 동체, 날개 구조재용 복합 재료의 모재 수지로 사용

③ 폴리메틸메타크릴레이트 : 투명도가 높고 매우 유리에 가까운 플라스틱이며 대부분의 경우 아크릴로 불린다. 유리 대신으로 많이 사용

나. 고무 및 접착제

(1) 고무

① 액체, 가스의 손실 방지 및 진동, 잡음의 감소

② 천연 고무 : 유연성 양호, 시간이 지남에 따라 탄력성 감소

③ 합성 고무 : 부틸(타이어용 튜브), 부나(타이어 재료), 네오프렌(기화기, 다이어프램), 실리콘 고무 (출입문, 창틀의 충진재, 밀폐제)

(2) 접착제

① 합성 고무계 : 니트릴 고무, 클로로프렌 고무

② 합성 수지계 : 에폭시 수지, 시아노 아크릴 수지

다. 세라믹 물질

금속 원소와 비금속 원소의 화합물. 내열재료, 내화재료, 유리 등에 사용

라. 항공용 도료

합성 수지 도료(알키드 수지계 도료), 폴리우레탄 사용

3. 복합 재료

가. 복합재료의 장점

(1) 무게당 강도 비율이 높고 알루미늄을 복합 재료로 대처하면 약 30% 이상의 인장, 압축강도가 증가하고 약 20% 이상의 무게 경감 효과가 있다.
(2) 복잡한 형태나 공기역학적인 곡선 형태의 제작이 쉽다.
(3) 일부의 부품과 파스너를 사용하지 않아도 되므로 제작이 단순해지고 비용이 절감된다.
(4) 유연성이 크고 진동에 강해서 피로응력의 문제를 해결한다.
(5) 부식이 되지 않고 마멸이 잘 되지 않는다.

나. 강화재

하중을 주로 담당하는 것으로 섬유 형태를 주로 사용한다.

(1) 유리 섬유(Glass Fiber) : 내열성과 내화학성이 우수하고 값이 저렴하여 강화 섬유로서 가장 많이 사용되고 있다. 그러나 다른 강화 섬유보다 기계적 강도가 낮아 일반적으로 레이돔이나 객실 내부 구조물 등과 같은 2차 구조물에 사용한다. 유리 섬유의 형태는 밝은 회색의 천으로 식별할 수 있고 첨단 복합 소재 중 가장 경제적인 강화재이다.

(2) 탄소 섬유(Carbon/Graphite Fiber) : 열팽창계수가 작기 때문에 사용온도의 변동이 있더라도 치수 안정성이 우수하다. 그러므로 정밀성이 필요한 항공 우주용 구조물에 이용되고 있다. 또, 강도와 강성이 높아 날개와 동체 등과 같은 1차 구조부의 제작에 쓰인다. 그러나 탄소 섬유는 알루미늄과 직접 접촉할 경우에 부식의 문제점이 있기 때문에 특별한 부식방지처리가 필요하다. 탄소 섬유는 검은색 천으로 식별할 수 있다.

(3) 보론 섬유(Boron Fiber) : 양호한 압축강도, 인성 및 높은 경도를 가지고 있다. 그러나 작업할 때 위험성이 있고 값이 비싸기 때문에 민간 항공기에는 잘 사용되지 않고 일부 전투기에 사용되고 있다. 많은 민간 항공기 제작사들은 보론 대신 탄소 섬유와 아라미드 섬유를 이용한 혼합 복합 소재를 사용하고 있다.

(4) 아라미드 섬유 : 다른 강화 섬유에 비하여 압축강도나 열적 특성은 나쁘지만 높은 인장강도와 유연성을 가지고 있으며 비중이 작기 때문에 높은 응력과 진동을 받는 항공기의 부품에 가장 이상적이다. 또, 항공기 구조물의 경량화에도 적합한 소재이다. 아라미드 섬유는 노란색 천으로 식별이 가능하다.

(5) 세라믹 섬유(Ceramic) : 높은 온도의 적용이 요구되는 곳에 사용된다. 이 형태의 복합 소재는 온도가 1200℃에 도달할 때까지도 대부분의 강도와 유연성을 유지한다.

다. 모재

강화재의 결합 및 전단, 압축 하중을 담당, 습기나 화학 물질로부터 강화재 보호

02 항공기 요소(Fastener 등)

1. 항공기 요소의 식별

약어	본디말
AMS	Aeronautical Material Specifications
AN	Air Force–Navy
AND	Air Force–Navy Design
AS	Aeromautical Standard
ASA	American Standards Association
ASTM	American Society for Tseting Materials
MS	Military Standard
MAF	Military Aircraft Factory
NAS	National Aerospace Standard
SAE	Society of Automative Engineers

2. 항공기 요소의 취급

가. 항공기 기계요소(A/C hardware)

(1) 규격(specification)

(2) 나사의 등급 : 항공기용 나사는 숫자가 높을수록 정밀도가 높다.

① 1등급(CLASS 1) : LOOSE FIT로 강도를 필요로 하지 않는 곳에 사용

② 2등급(CLASS 2) : FREE FIT로 강도를 필요로 하지 않는 곳에 사용

③ 3등급(CLASS 3) : MEDIUM FIT로 강도를 필요로 하는 곳에 사용하며 항공기용 볼트는 거의 3등급으로 제작

④ 4등급(CLASS 4) : CLOSE FIT로 너트를 볼트를 끼우기 위해서는 렌치(wrench)를 사용해야 한다.

(3) 나사의 표시법

<u>1/4 – 28 – UNF – 3 A</u>

① 1/4 : 지름(1/4 in)

② 28 : 나사산 수(28산/inch)

③ UNF : 나사계열(유니파이 나사의 가는 나사 계열)

④ 3 : 나사의 등급(class 3)

⑤ A : 숫나사(B 암나사)

나. 항공기 기계요소의 종류

(1) **볼트(Bolt)** : 항공기용 볼트는 주로 인장과 전단력을 받는 결합부분에 사용

① AN 볼트의 식별 : 볼트의 재질, 용도 등을 식별할 수 있도록 볼트 머리에 표시를 하고 있다.

② 볼트의 지름 표시법의 단위 : NO.10에서 5/8in까지는 1/16in 단위, 3/4in에서 1⅛in까지는 1/8in의 단위로 나누어져 있다.

③ 볼트의 길이의 단위 : 볼트의 길이는 1/16in의 배수가 되어 있으나, AN blt 1/8in의 배수가 되어 있는 것도 있다.

④ thread의 종류와 구분 : long thread(tension과 전단력이 작용하는 곳), short thread(전단력이 작용하는 곳), full thread(tension이 작용하는 곳)

⑤ 볼트의 취급 : 그립의 길이는 부재의 두께와 같거나 약간 길어야 한고, 와셔의 삽입은 한쪽 2장, 양쪽 3장까지가 최대

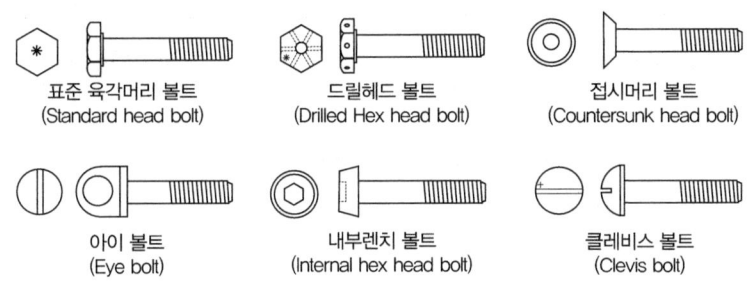

[그림 3-15] 볼트의 종류

(2) **너트(Nut)**

① 일반 너트(비 자동고정 너트) : 평너트, 캐슬너트, 체크너트 등

㉠ 캐슬 너트(Castle Nut)는 섕크에 구멍이 있는 볼트에 사용하며, 코터핀으로 고정한다.

㉡ 캐슬 전단 너트(Castle Shear Nut)는 캐슬 너트보다 얇고 약하며, 주로 전단응력만 작용하는 곳에 사용한다.

㉢ 평 너트(Plain Nut)는 큰 인장하중을 받는 곳에 사용하며, 잼 너트나 Lock Washer 등 보조 풀림 방지장치가 필요하다.

㉣ 잼 너트(Jam Nut)는 체크 너트(Check Nut)라고도 하며, 평 너트나 세트 스크류(Set Screw) 끝부분의 나사가 난 로드(Rod)에 장착하는 너트로 풀림 방지용 너트로 쓰인다.

㉤ 나비 너트(Wing Nut)는 맨손으로 죌 수 있을 정도의 죔이 요구되는 부분에서 빈번하게 장탈, 장착하는 곳에 사용된다.

② 자동고정너트 : 안전을 위한 보조방법이 필요없고 구조 전체적으로 고정역할을 하며 과도한 진동하에서 쉽게 풀리지 않는 강도를 요하는 연결부에 사용. 회전하는 부분에는 사용할 수

없다.(전 금속형, 홈이 있는 형, 변형 셀프 락크형, 분할 나사산형)

⑦ 전 금속형 자동 고정 너트 : 금속의 탄성을 이용한 것으로 너트 윗부분에 홈을 파서 구멍의 지름을 적게 한 것. 심한 진동에도 풀리지 않는다.

ⓒ 파이버 자동 고정 너트(Fiber Self Locking Nut) : 너트 윗부분이 파이버(Fiber)로 된 칼라(Collar)를 가지고 있어 볼트가 이 칼라에 올라오면 아래로 밀어 고정하게 된다. 파이버의 경우 15회, 나일론의 경우 200회 이상 사용을 금지하며 사용온도 한계가 121℃(250°F) 이하에서 제한된 횟수만큼 사용하지만 649℃(1200°F)까지 사용할 수 있는 것도 있다.

ⓒ self locking nut를 사용해서는 안 되는 장소
- self locking nut의 느슨함으로 인한 볼트의 결손이 비행기 안전성에 영향을 주는 장소
- 회전력을 받는 곳(pulley, bell crank, lever, linkage)
- 너트, 볼트, 스크류가 느슨해져 엔진 흡입구내에 떨어질 우려가 있는 장소
- 비행 전, 비행 후 정례적으로 정비를 위해 수시로 열고 닫는 점검창(door)

③ 특수너트 (플레이트 너트) : anchor nut라 불리우며, 얇은 패널에 너트를 부착하여 사용, 점검창 등을 낼 때 사용

(3) 스크류(Screw)

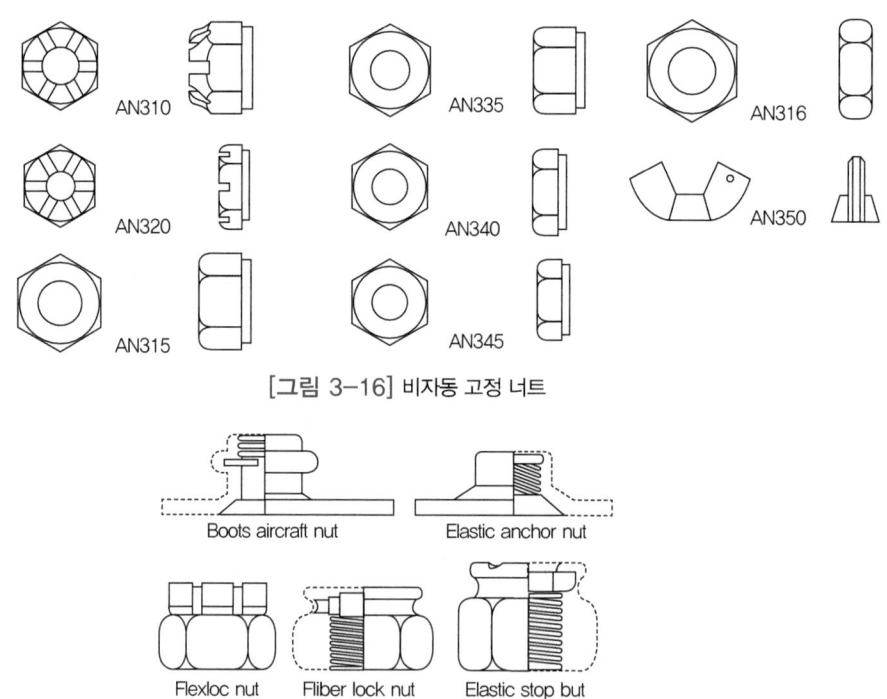

[그림 3-16] 비자동 고정 너트

[그림 3-17] 자동 고정 너트

① 스크류와 볼트의 차이점은 머리에 드라이버를 사용할 수 있는 홈이 있고 스크류 나사 등급은 class 2로 강도가 낮으며 볼트에 비해 긴 나사부를 갖고 grip도 확실히 정해져 있지 않다.
② 용도에 의한 분류
    ㉠ 구조용 스크류(structural screw) : 항공기의 주요 구조부에 사용, 볼트와 같은 재질, 정해진 그립, 같은 치수의 볼트와 같은 강도
    ㉡ 기계용 스크류(machine screw) : 항공기 여러곳에 가장 많이 사용
    ㉢ self tapping screw : 자체의 외경보다 약간 작게 편치한 구멍, 나사를 끼우지 않은 드릴구멍 등에 스크류를 끼워 사용

(4) 와셔(Washer)
① 형상 및 사용목적
    ㉠ 일반 와셔(평와셔) : 힘을 분산, 볼트, 너트의 코터핀 구멍위치 등의 조절, 장착부품 보호, 구조물, 장착 부품의 조임면의 부식방지
    ㉡ lock washer : 셀프락크 너트, 코터핀, 안전 지선을 사용할 수 없는 곳에 볼트, 너트, 스크류의 느슨함 방지용
    ㉢ 특수와셔 : 고강도 카운터 싱크 및 고강도 평와셔, taper pin washer
② 와셔의 취급
    ㉠ 와셔의 사용 개수는 최대 3개까지 허용되고 락크와셔 및 특수와셔는 사용 개수에 포함되지 않음
    ㉡ 와셔는 볼트와 같은 재질 사용

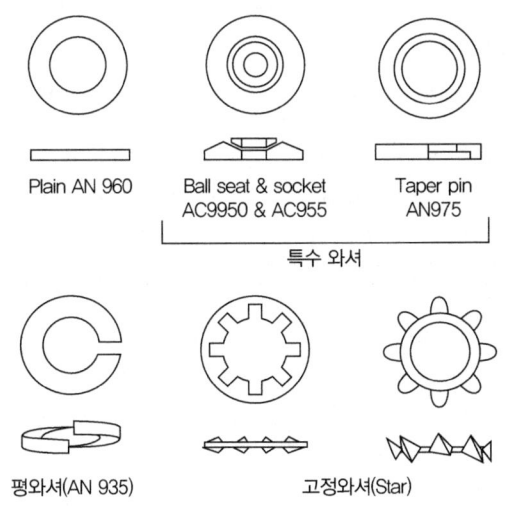

[그림 3-18] 와셔

ⓒ 락크와셔는 1, 2차 구조부, 장탈착, 부식되기 쉬운 곳에 사용 금지

ⓔ 기밀을 요하는 부분에는 락크와셔 사용 금지

ⓜ 알루미늄 합금 또는 마그네슘 합금의 구조부에 볼트나 너트를 장착하는 경우 카드뮴 도금된 탄소강 와셔를 사용한다.

(5) 리벳(Rivet)

① 리벳(solid shank rivet)

㉠ 머리 형태에 의한 분류

- 둥근 머리 리벳(round head rivet, AN 430, AN 435, MS 20435) : 두꺼운 판재나 강도를 필요로 하는 내부 구조물을 연결에 사용
- 납작 머리 리벳(flat head rivet, AN 441, AN 442) : 내부 구조 결합에 사용
- 접시 머리 리벳(countersunk head rivet, AN 420, AN 425, MS 20426) : 고속기 외피로 사용
- 브래지어 머리(납작 둥근 머리) 리벳(brazier head rivet, AN 455, AN 456) : 흐름에 노출되는 얇은 판재를 연결하는데 널리 사용
- 유니버설 리벳(universal rivet, AN 470, MS 20470) : 기체의 내, 외부의 구조에 사용

㉡ 재질에 의한 분류

- 1100(2S), A : 순수 알루미늄 리벳으로 비구조용 사용
- 2117 T(AD), A17 ST : 항공기에 가장 많이 사용되며 열처리를 하지 않고 상온에서 작업
- 2017 T(D), 17 ST : Ice box rivet으로 2117 T 리벳보다 강도가 요구되는 곳에 사용되며 상온에서 너무 강해 풀림처리 후 사용. 상온 노출 후 1시간 후에 50% 정도 경화되며 4일쯤 지나면 100% 경화. 냉장고에서 보관하고 냉장고에서 꺼낸 후 1시간 이내 사용해야 함
- 2024 T(DD), 24ST : Ice box rivet으로 2017 T보다 강한 강도가 요구되는 곳에 사용하며 열처리후 냉장 보관하고 상온 노출후 10~20분 이내에 작업
- 5056(B) : 마그네슘(Mg)과 접촉할 때 내식성이 있는 리벳이며 마그네슘 합금접합용으로 사용되며 머리에 + 표로 표시
- 모넬 리벳(M) : 니켈 합금강이나 니켈강 구조에 사용되며 내식강 리벳과 호환하여 사용할 수 있는 리벳
- 구리(C) : 동합금, 가죽 및 비금속 재료에 사용
- 스테인레스강(F, CR Steel) : 내식강 리벳으로 방화벽, 배기관 브래킷 등에 사용

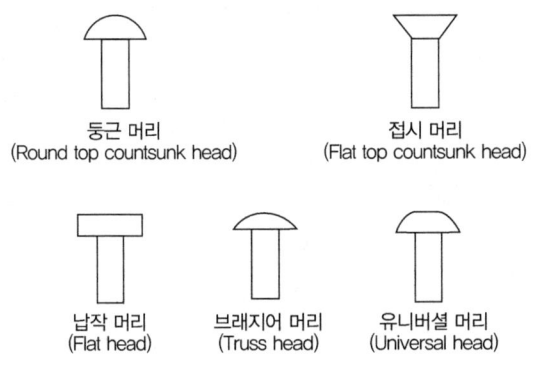

[그림 3-19] 리벳의 종류

② 블라인드 리벳(Blind rivet)
  ㉠ 블라인드 리벳은 버킹 바를 가까이 댈 수 없는 좁은 장소 또는 어떤 방향에서도 손을 넣을 수 없는 박스 구조에서는 한쪽에서의 작업만으로 리벳팅 할 수 있는 리벳이 필요하다.
  ㉡ 체리 리벳(cherry rivet) : 버킹바(bucking bar)를 댈 수 없는 곳에 쓰이며 돌출 부위를 가지고 있는 스템(stem)과 속이 비어있는 리벳 섕크, 머리로 구성
  ㉢ 리브 너트(rib nut) : 항공기의 날개나 테일 표면에 고무재 제빙부츠를 장착하는데 사용
  ㉣ 폭발 리벳(explosive rivet) : 섕크 끝 속에 화약을 넣어 리벳 머리에 가열된 인두로 폭발시켜 리벳작업. 연료탱크나 화재 위험 있는 곳 사용을 금지

(6) 특수 고정부품
  ① 턴 락크 패스너(turn lock fastener) : 주스 패스너(dzus fastener), 캠로크 패스너(cam lock fastener), 에어로크 패스너(air lock fastener)
  ② 고전단 리벳(hi-shear rivet), 고정 볼트(lock bolt), 고강도 고정 볼트(hi-strength lock bolt), 조볼트(jaw bolt), 테이퍼 로크(taper lock)

(7) 케이블과 턴버클
  ① 케이블
    ㉠ 케이블에 의해 조작되는 항공기 시스템 : flight control, engine control, landing gear, nose steering control
    ㉡ 가요성(flexible) cable : 일명 control cable, 항공기 조종계통에 쓰임, 유연성이 높고 굽힘 피로에 잘 견딤(7×7 cable, 7×19 cable)
    ㉢ 비가요성(non-flexible) cable : flexible cable에 비해 인장 응력이 작음(1×7cable, 1×19 cable)

ⓔ 케이블의 검사 기준 : 풀리나 드럼 등에 접촉하고 작동시, 케이블에 반복하여 구부림 응력이 가해지는 부분에 와이어가 1개라도 단선이 있을시 점검카드 발행, 경과 관찰.(7×19cable : 단선수 6개에 이르기 전에 교환, 7×7cable : 단선수 3개에 이르기 전에 교환)

ⓜ 케이블의 세척방법
- 쉽게 닦아낼 수 있는 녹이나 먼지는 마른 헝겊으로 닦는다.
- 케이블 표면에 칠해져 있는 오래된 방부제나 오일로 인한 오물 등은 깨끗한 수건에 케로신을 묻혀서 닦아낸다. 이 경우 케로신이 너무 많으면 케이블 내부의 방부제가 스며 나와 와이어 마모나 부식의 원인이 되어 케이블 수명을 단축시킨다.
- 세척한 케이블은 마른 수건으로 닦은 후 방식 처리를 한다.

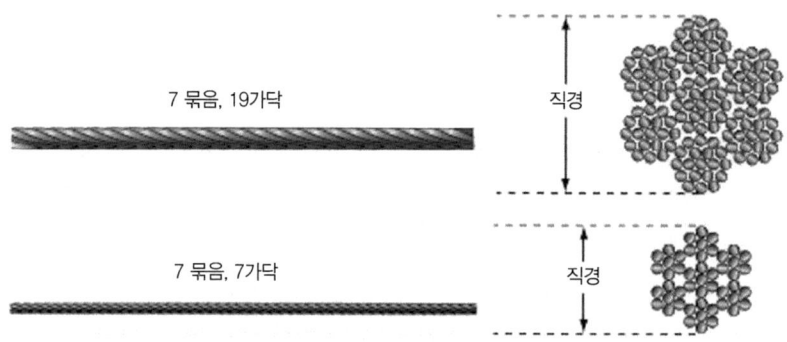

[그림 3-20] 케이블 구조와 단면

② 턴버클 : 턴 버클은 조종 케이블의 장력을 조절하는 부품으로서 턴 버클 배럴(barrel)과 터미널 엔드로 구성되어 있다.

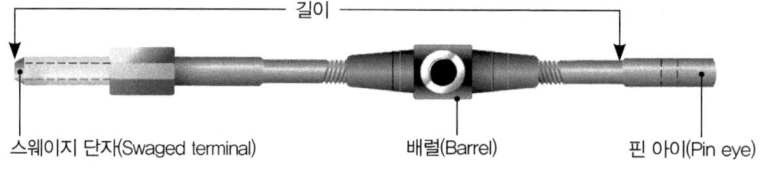

[그림 3-21] 턴버클

③ 케이블을 터미널 피팅에 연결하는 방법
ⓐ 스웨이징 방법 : 터미널 피팅에 케이블을 끼우고 스웨이징 공구나 장비로 압착하는 방법으로 연결부분 케이블 강도는 케이블 강도의 100%를 유지하며 가장 일반적으로 많이 사용한다.

ⓛ 5단 엮기 이음방법 : 부싱이나 딤블을 사용하여 케이블 가닥을 풀어서 엮은 다음 그 위에 와이어를 감아 씌우는 방법으로 7×7, 7×19 케이블이나 지름이 3/32″ 이상 케이블에 사용할 수 있다. 연결부분의 강도는 케이블 강도의 75%이다.

ⓒ 납땜 이음방법 : 케이블 부싱이나 딤블 위로 구부려 돌린 다음 와이어를 감아 스테아르산의 땜납 용액에 담아 땜납 용액이 케이블 사이에 스며들게 하는 방법으로 지름이 3/32 이하의 가요성 케이블이나 1×19 케이블에 적용되며 집합부분의 강도는 케이블 강도의 90%이고, 고온부분에는 사용을 금한다.

(8) 항공기용 튜브와 호스 및 접합기구

① 튜브(tube) : 상대 운동을 하지 않은 두지점 사이의 배관에 사용

ⓐ 호칭치수 : 외경(분수)×두께(소수)

ⓑ 이중 플레어방식 : 직경 3/8 in 이하 Al 튜브에 적용

ⓒ 표준 플레어 각도 : 37°

② 호스 : 상대운동을 하는 두지점 사이의 배관에 사용(내경(분수)×두께(소수))

(9) 배관 작업

① 금속 튜브의 검사 및 수리

ⓐ 튜브의 긁힘, 짝힘이 두께의 10%가 넘을 때 교환

ⓑ 플레어 부분에 균열이나 변형이 발생하였을 때는 교환

ⓒ dent가 튜브 지름의 20% 보다 적고 휘어진 부분이 아니라면 수리

ⓓ 튜브 절단 : 튜브 중심선에 대해 직각

ⓔ 굽힘 작업 : 지정된 최소 굽힘 반지름 이하로 하지 말 것

ⓕ 굽힘 부분의 직경이 원래 직경의 75% 이하가 되면 사용 불가

② 호스 장착시 주의사항

ⓐ 교환하고자 하는 부분과 같은 형태, 크기, 길이의 호스 사용한다.

ⓑ 호스가 꼬이지 않도록 한다.

ⓒ 압력이 가해지면 호스가 수축되므로 전테 길이의 5~8% 여유를 준다.

ⓓ 호스의 진동을 막기 위해 60cm 마다 클램프로 고정한다.

ⓔ 호스 보관 : 어둡고 서늘하고 건조한 곳에 보관, 4년까지 보관 가능

항공기 재료 및 요소 적중예상문제

2-1 항공기 재료

01 금속의 원래 형태로 되돌아가려는 성질을 무엇인가?

㉮ 취성 ㉯ 탄성 ㉰ 연성 ㉱ 인성

02 저탄소강의 탄소함유량은?

㉮ 탄소를 0.1~0.3% 포함한 강
㉯ 탄소를 0.3~0.5% 포함한 강
㉰ 탄소를 0.6~1.2% 포함한 강
㉱ 탄소를 1.2% 이상 포함한 강

해설 탄소강의 분류
- 저탄소강(연강) : 탄소 0.1~0.3% 함유
- 중탄소강 : 탄소 0.3~ 0.6% 함유
- 고탄소강 : 탄소 0.6~1.2% 함유

03 SAE 강의 분류로 4130은?

㉮ 몰리브덴 1%에 탄소 30%를 함유한 몰리브덴강
㉯ 몰리브덴 1%에 탄소 30%를 함유한 크롬강
㉰ 몰리브덴 4%에 탄소 0.30%를 함유한 탄소강
㉱ 몰리브덴 1%에 탄소 0.30%를 함유한 몰리브덴강

04 SAE 4130 합금강에 숫자 4는 무엇을 의미하는가?

㉮ 몰리브덴 ㉯ 크롬강 ㉰ 4%의 탄소 ㉱ 0.04%의 탄소

해설 SAE 합금강 표시
- 4 : 합금의 종류(몰리브덴)
- 1 : 합금 원소의 합금량(몰리브덴 1%)
- 30 : 탄소의 평균 함유량(0.3%)

05 알루미늄 합금 2024의 첫째자리 "2"는 무엇인가?

㉮ 함유량
㉯ 합금 개량 번호
㉰ 합금의 번호
㉱ 주합금의 원소

정답 [2-1] 01 ㉯ 02 ㉮ 03 ㉱ 04 ㉮ 05 ㉱

06 경항공기 방화벽(fire wall) 재료로 잘 쓰이는 18-8 stainless steel은 어느 것인가?

㉮ 1.8%의 탄소와 8%의 크롬을 갖는 특수강
㉯ Cr-Mo강으로 열에 강하다.
㉰ 1.8%의 Cr과 0.8%의 Ni을 갖는 불수강
㉱ 18%의 Cr과 8%의 Ni을 갖는 불수강

해설 18-8 스테인리스강 : 오스테나이트형 스테인리스강은 18% 크롬-스테인리스강에 8% 니켈을 첨가한 강으로 18-8 스테인리스강이라 한다. 일반적으로 가공성 및 용접성이 양호하고 내식성이 우수하다. 또한 불수강이라 한다.

07 알루미늄협회(A.A)에서 정한 알루미늄 합금판 규격을 바르게 표시한 것은?

㉮ 4자리 숫자
㉯ 3자리 숫자 + 문자
㉰ 문자 + 4자리 숫자
㉱ 5자리 숫자

해설 AA 규격 식별 기호 : 미국 알루미늄협회에서 가공용 알루미늄 합금에 통일하여 지정한 합금 번호로서 네자리 숫자 표시(첫째자리 숫자 : 합금의 종류, 둘째자리 숫자 : 합금의 개량 번호, 나머지 두자리 숫자 : 합금 번호)

08 대형 항공기 윗면에 주로 많이 사용되는 7075(AA)에 알루미늄과 무엇이 가장 많이 합금되어 있는가?

㉮ 구리
㉯ 아연
㉰ 망간
㉱ 마그네슘

해설 AA 7075(75S) : 성분은 Al + Zn (5.6%) + Mg(2.5%) + Mn(0.3%) + Cr(0.3%)으로 E.S.D(Extra Super Duralumin)이다. 알루미늄 합금 중 가장 강하다.

09 알루미늄 합금의 성질별 기호 중 T_6의 의미는?

㉮ 용체화 처리 후 냉간 가공한 것
㉯ 용체화 처리 후 안정화 처리한 것
㉰ 용체화 처리 후 인공 시효 처리한 것
㉱ 제조시에 담금질 후 인공 시효 경화

10 항공기의 주요 강도 구조재 이외의 거의 모든 구조 부품에 사용되는 리벳은?

㉮ 2117 - T의 재질인 리벳
㉯ 2017 - T의 재질인 리벳
㉰ 2024 - T의 재질인 리벳
㉱ 2024 - T의 재질의 직경

해설 2117-T 리벳(AD) : 알루미늄 합금 리벳으로서 구조 부재용 리벳이다. 열처리를 하지 않고 상온에서 작업할 수 있으며, 항공기 구조에 가장 많이 사용되는 리벳이다.

정답 06 ㉱ 07 ㉮ 08 ㉯ 09 ㉰ 10 ㉮

11 재료를 일정 시간 가열 후 물, 기름 등에서 급속히 냉각시키는 열처리 방법은?

㉮ 아닐링(Annealing)   ㉯ 템퍼링(Tempering)
㉰ 노멀라이징(Normalizing)   ㉱ 담금질(Quenching)

12 뜨임(Tempering)에 대한 설명으로 맞는 것은?

㉮ 물과 기름에 급속 냉각
㉯ 변태점 이하에서 가열 후 서서히 냉각시켜 인성 개선
㉰ 합금의 기계적 성질을 개선
㉱ 변태점 이상을 가열한 후 천천히 냉각

13 알루미늄 합금판에서 alclad란 말은 판의 면을 부식에 대해 어떻게 처리한 것인가?

㉮ 크롬산 아연처리   ㉯ 전기 도금 처리
㉰ 카드뮴 관을 입힘   ㉱ 순수 알루미늄 피복

해설 2024, 7075 등의 알루미늄 합금은 강도 면에서는 매우 강하나 내식성이 나빠 내식성을 개선시킬 목적으로 양면에 내식성이 우수한 순수 알루미늄을 약 5.5% 정도의 두께로 붙여 사용하는데 이것을 알크래드라 한다.

14 알루미늄 합금의 열처리 방법이 아닌 것은?

㉮ 불림 처리   ㉯ 고용체화 처리
㉰ 인공시효 처리   ㉱ 풀림 처리

해설 알루미늄의 열처리
- 고용체화 처리 : 강도와 경도를 증대시키기 위한 열처리방법이다.
- 인공 시효 처리 : 고용체화 처리된 재료를 120~200℃ 정도로 가열하여 과포화 성분을 석출시키는 처리이다. 고온 시효라고도 하는데 알루미늄 합금의 중요 경화방법이다.
- 풀림처리 : 고용체화 처리온도와 인공시효 처리온도의 중간온도로 가열하게 되면 석출된 미립자가 응집되고 잔류응력도 제거됨으로써 재질을 연하게 하는 처리이다.

15 구조 재료 중 FRP의 설명으로 옳지 않은 것은?

㉮ Fiber Reinforced Plastic(섬유 강화 플라스틱)의 약어이다.
㉯ 경도, 강성이 낮은 것에 비해 강도비가 크다.
㉰ 2차 구조나 1차 구조에 적층재나 샌드위치 구조재로 사용한다.
㉱ 진동에 대한 감쇠성이 적다.

정답 11 ㉱ 12 ㉯ 13 ㉱ 14 ㉮ 15 ㉱

16 항공기 기체재료로 사용되는 비금속 재료 중 수지에 관한 사항이다. 다음 중 열경화성 수지가 아닌 것은?

㉮ 폴리 염화비닐 ㉯ 폴리우레탄
㉰ 에폭시 수지 ㉱ 페놀 수지

해설
- 열경화성 수지 : 한번 열을 가해서 성형하면 다시 가열하더라도 연해지거나 용융되지 않는 성질로 페놀수지, 에폭시 수지, 폴리우레탄 등이 있다.
- 열가소성 수지 : 열을 가해서 성형한 다음 다시 가열하면 연해지고 냉각하면 다시 원래의 상태로 굳어지는 성질, 폴리염화비닐, 폴리에틸렌, 나일론 및 폴리메타크릴산메틸 등이 있다.

17 다음 중 복합소재에 대해 맞는 것은?

㉮ 모재(고체)+보강재(액체) ㉯ 모재(액체)+보강재(고체)
㉰ 모재(고체)+보강재(고체) ㉱ 모재(액체)+보강재(액체)

해설 복합재료 : 2종류 이상의 소재를 인위적으로 조합하여 원래의 소재보다 뛰어난 성질이나 아주 새로운 성질을 갖도록 만들어진 재료이다.

18 가격이 비교적 비싸고 화학 반응성이 커서 취급에 어려움이 있으나 기계적 특성이 다른 강화섬유에 비해 뛰어나므로 주로 전투기 등의 동체나 날개 부품제작에 사용되는 것은?

㉮ 아라미드 섬유 ㉯ 알루미나 섬유
㉰ 탄소 섬유 ㉱ 보론 섬유

해설
- 유리 섬유 : 내열성과 내화학성이 우수하고 값이 저렴하여 가장 많이 사용한다.
- 탄소 섬유 : 열팽창 계수가 작아 치수 안정성이 우수하다.
- 아라미드 섬유 : 높은 인장강도와 유연성를 가지고 있다. 일명 케블러하고도 한다.
- 보론 섬유 : 우수한 압축강도 인성 및 놀은 경도를 갖는다.
- 세라믹 : 높은 온도의 적용이 요구되는 곳에 사용한다.

19 항공기에 복합 소재를 사용하는 주된 이유는 무엇인가?

㉮ 금속보다 저렴하기 때문에 ㉯ 금속보다 오래 견디기 때문에
㉰ 금속보다 가볍기 때문에 ㉱ 열에 강하기 때문에

20 Kevlar라 불리며, 유연성이 좋고 경량인 섬유는?

㉮ Boron Fiber ㉯ Alumina Fiber
㉰ Aramid Fiber ㉱ Carbon Fiber

정답 16 ㉮ 17 ㉯ 18 ㉱ 19 ㉰ 20 ㉰

21. 탄소 섬유에 대한 설명 중 옳지 않은 것은?

㉮ 사용온도의 변동이 있어도 치수가 안정적이다.
㉯ 그라파이트 섬유라고도 한다.
㉰ 다른 금속과 접촉하여도 부식이 일어나지 않아 부식방지처리가 불필요하다.
㉱ 날개와 동체 등과 같은 1차 구조부의 제작에 사용된다.

22. 복합 소재의 부품 경화 시 가압하는 목적이 아닌 것은?

㉮ 적층판 사이의 공기를 제거한다.
㉯ 수리 부분의 윤곽이 원래 부품의 형태가 되도록 유지시킨다.
㉰ 적층판을 서로 밀착시킨다.
㉱ 경화과정에서 패치 등의 이동을 시킨다.

해설 경화시 가압하는 목적
- 수지와 파이버 보강재의 적절한 비율을 얻기 위해 초과분의 수지를 제거한다.
- 층 사이에 갇혀 있는 공기를 제거한다.
- 원래 부품에 맞게 수리한 곳의 곡면을 유지한다.
- 굳는 기간 동안에 패치가 밀리지 않게 수리한 곳을 잡아주는 역할을 한다.
- 파이버 층을 밀착시킨다.

23. 복합 재료의 가압 방법에서 숏백이란?

㉮ 미리 성형된 Caul Plate와 함께 사용되어 수리 부분의 뒤쪽을 지지한다.
㉯ 수리한 곳에 압력을 가하는 가장 효과적인 방법이다.
㉰ 나일론 직물로 진공백을 사용할 때 블리이터 재료 등의 제거를 용이하게 해준다.
㉱ 넓은 곡면이 있어서 클램프를 사용할 수 없는 곳에 적합하다.

해설 숏백(Shot Bag) : 넓은 곡면이 있어서 클램프를 사용할 수 없는 곳에 적합하고 숏백이 수리된 부분에 달라붙는 것을 막기 위해 플라스틱 필름을 사용해서 숏백과 수리된 부분을 분리시킨다.

24. 광학적 성질이 우수하여 항공기용 창문 유리로 사용되는 재료는?

㉮ 폴리메틸 메타크릴레이트 ㉯ 폴리염화비닐
㉰ 에폭시수지 ㉱ 페놀수지

정답 21 ㉰ 22 ㉱ 23 ㉱ 24 ㉮

25 세라믹 코팅(Ceramic Coating)의 목적은?

㉮ 내마모성 ㉯ 내열성
㉰ 내열성과 내마모성 ㉱ 내열성과 내식성

26 허니콤구조의 이점은 무엇인가?

㉮ 같은 무게의 단일 두께 표피보다 단단하다.
㉯ 같은 강도로 무게가 가벼우며 부식저항이 있다.
㉰ 손상이 쉽게 발견된다.
㉱ 고온도에 저항력이 크다.

[해설] 허니콤 구조의 장단점
 • 장점 : 강도가 크다. 음 진동에 잘 견딘다. 피로와 굽힘 하중에 강하다. 보온 방습성이 우수하고 부식 저항이 있다.
 • 단점 : 손상상태를 파악하기 어렵다. 집중하중에 약하다.

2-2 항공기 요소

01 항공기용 Bolt Grip의 길이는 어떻게 결정되는가?

㉮ 체결해야 할 부재의 두께와 일치 ㉯ Bolt의 직경과 나사산의 수
㉰ Bolt의 직경과 일치 ㉱ Bolt 전체길이에서 나사부분의 길이

02 볼트머리에 X로 표시된 기호의 볼트는?

㉮ 합금강 볼트 ㉯ 알루미늄 합금 볼트
㉰ 정밀 볼트 ㉱ 특수 볼트

03 Bolt의 부품번호 AN 3 DD H 5에서 3은 무엇인가?

㉮ Bolt의 길이가 3/16″이다. ㉯ Bolt의 지름이 3/16″이다.
㉰ Bolt의 지름이 3/8″이다. ㉱ Bolt의 길이가 3/8″이다.

[해설] AN 3 DD H 5 A
AN : 규격(AN 표준기호), 3 : 볼트 지름이 3/16인치, DD : 볼트 재질로 2024 알루미늄 합금을 나타낸다.(C : 내식강), H : 머리에 구멍 유무(H : 구멍 유, 무표시 : 구멍 무), 5 : 볼트 길이가 5/8인치, A : 나사 끝에 구멍 유무(A : 구멍 무, 무표시 : 구멍유)

[정답] 25 ㉯ 26 ㉯ [2-2] 01 ㉮ 02 ㉮ 03 ㉯

04 일반 볼트보다 정밀하게 가공되어 심한 반복운동이나 진동이 작용하는 곳에 사용하는 볼트의 종류는 무엇인가?

㉮ 표준 육각 볼트 ㉯ 정밀 공차 볼트
㉰ 인터널 렌칭 볼트 ㉱ 드릴 헤드 볼트

해설 정밀 공차 볼트 : 일반 볼트보다 정밀하게 가공된 볼트로서 심한 반복운동과 진동 받는 부분에 사용하며 볼트를 제자리에 넣기 위해서는 타격을 가해야만 한다.

05 Internal Wrenching Bolt를 사용하는 곳은?

㉮ 1차 구조부에 사용한다.
㉯ 2차 구조부에 사용한다.
㉰ 전단하중이 작용하는 부분에 사용한다.
㉱ 인장, 전단하중이 작용하는 부분에 사용한다.

06 AN 310 D – 5 너트에서 5의 식별은?

㉮ 사용 볼트의 지름 5/32″ ㉯ 재료 식별 기호이다.
㉰ 평 너트를 의미하는 번호 ㉱ 사용 볼트의 지름 5/16″

해설 AN 310 D – 5R
AN : AN 표준기호, 310 : 너트 종류(캐슬 너트), D : 재질(2017 T), (F : 강, B : 황동, D : 2017 T (알루미늄), DD : 2024 TC : 스테인리스강), 5 : 사용 볼트의 지름(5/16인치), R : 오른나사

07 비자동 고정 너트의 설명이 틀리는 것은?

㉮ 나비 너트는 자주 장탈 및 장착하는 곳에는 사용하지 않는다.
㉯ 평 너트는 인장하중을 받는 곳에 사용한다.
㉰ 캐슬 너트는 코터핀을 사용한다.
㉱ 평 너트 사용시 Lock Washer를 사용한다.

08 Self Locking Nut는 어떤 곳에 주로 사용하는가?

㉮ 진동이 심한 곳
㉯ Engine 흡입구
㉰ 수시로 장탈착하는 점검창
㉱ 비행의 안전성에 영향을 주는 곳

정답 04 ㉯ 05 ㉱ 06 ㉱ 07 ㉮ 08 ㉮

09 Screw의 분류에 속하지 않는 것은?

㉮ 고정 Screw ㉯ 구조용 Screw
㉰ 기계용 Screw ㉱ 자동 탭핑 Screw

해설 Screw의 분류 : 구조용 스크류, 기계용 스크류, 자동 탭핑 스크류

10 볼트와 스크류의 차이 중 틀린 것은?

㉮ 스크류의 강도가 더 크다.
㉯ 스크류의 머리에는 스크류 드라이버를 쓸 수 있는 홈이 있다.
㉰ 볼트는 나사산의 구분이 확실하다.
㉱ 볼트에 그립이 있다.

해설 볼트와 스크류의 차이점 : 스크류의 재질의 강도가 낮다. 스크류는 드라이버를 쓸 수 있도록 머리에 홈이 파져있고 나사가 비교적 헐겁다. 명확한 그립의 길이를 갖고 있지 않다.

11 Shake Proof Lock Washer는 어떤 곳에 사용하는가?

㉮ 회전을 방지하기 위하여 고정 와셔가 필요한 곳에 사용한다.
㉯ 고열에 잘 견딜 수 있고 또한 심한 진동에도 안전하게 사용할 수 있으므로 Control System 및 Engine 계통에 사용한다.
㉰ 기체구조 접합물에 많이 사용된다.
㉱ 기체외피와 구조물의 접착에 일반적으로 사용한다.

해설 Shake Proof Lock Washer : 고열에 잘 견딜 수 있고 또한 심한진동에도 안전하게 사용할 수 있으므로 Control System 및 Engine 계통에 사용한다.

12 와셔(Washer)의 용도가 아닌 것은?

㉮ 볼트와 너트의 작용력을 분산
㉯ 빈번하게 장탈, 장착하는 곳의 부재를 보호하기 위해
㉰ 자동 고정 너트의 고정용으로 사용
㉱ 볼트 그립의 길이를 조절하기 위해

정답 09 ㉮ 10 ㉮ 11 ㉯ 12 ㉰

13 캠록 패스너(Cam Lock Fastener)의 설명이 아닌 것은?
㉮ 머리 모양은 윙(Wing), 플러시(Flush), 오벌(Oval)
㉯ 페어링(Fairing)을 장착하는 데 사용한다.
㉰ 카울링(Cowling)을 장착하는 데 사용한다.
㉱ 스터드(Stud), 그로밋(Grommet), 리셉터클(Receptacle)로 구성

14 Cowling에 자주 사용되는 Dzus Fastener의 Head에 표시되어 있는 것은?
㉮ 제품의 제조업자 및 종류   ㉯ 몸체 지름, 머리 종류, 파스너의 길이
㉰ 제조업체   ㉱ 몸체 종류, 머리 지름, 재료

해설 주스 패스너(Dzus Fastener) : 스터드(Stud), 그로밋(Grommet), 리셉터클(Receptacle)로 구성되며 반시계방향으로 1/4 회전시키면 풀어지고 시계방향으로 회전시키면 고정된다.

15 7×19의 모양과 주로 사용하는 곳은?
㉮ 7개의 와이어로 된 19개의 Strand로 구성되며 전반적인 조종계통에 사용된다.
㉯ 19개의 와이어로 된 7개의 Strand로 구성되며 전반적인 조종계통에 사용된다.
㉰ 7개의 와이어로 된 19개의 Strand로 구성되며 트림 탭 조종계통에 사용된다.
㉱ 19개의 와이어로 된 7개의 Strand로 구성되며 주조종계통에 주로 사용된다.

정답 13 ㉮ 14 ㉱ 15 ㉱

| Section 3 |
기체구조 수리 및 구조역학

01 기체구조의 수리

1. 기본작업

가. 체결작업

(1) 항공기의 부품을 조립하거나, 다른 부품에 장착하기 위해 체결용 부품을 이용하여 결합하는 작업

(2) 일반적인 볼트의 체결방법 : 앞에서 뒤로, 위에서 아래로, 회전 부품은 머리가 회전방향, 안에서 바깥쪽으로 체결한다.

(3) 볼트의 그립 길이 : 부재의 두께와 동일, 약간 긴 것(와셔를 이용하여 길이 조절)

(4) 자동 고정너트 사용횟수 : 화이버 고정형 자동고정너트(약 15회), 나일론 계통 자동 고정너트(약 200회)

(5) 최소 분리 회전력(minimum breakaway torque) : 너트를 볼트에 완전히 끼웠을 때 일체의 축방향 하중이 전혀 없는 상태에서 너트를 회전시키는데 소요되는 최소 회전력

(6) Torque Wrench : 체결 작업시 체결 부품의 정확한 torque값 확인(beam type torque wrench, dial type torque wrench, limit type torque wrench)

(7) torque 값 : 볼트, 너트의 조임 토큐는 정비 매뉴얼에 지정되어 있는 경우, 그 토크를 최우선 적용 (너트 쪽에 거는 것이 일반적이나 볼트 쪽에 거는 경우 샹크와 조임부의 마찰을 고려하여 너트 토크값보다 1.2배 정도 더 크게 적용)

나. 안전 고정 작업

(1) 안전결선

① 안전결선은 한번 사용한 것을 다시 사용해서는 안된다.

② 안전결선은 당기는 방향이 부품을 죄는 방향과 일치하도록 한다.

③ 복선식 안전결선에서 부품 구멍 지름이 0.045 in 이상일 때는 최소 지름이 0.032 in 이상의 안전결선을 사용하고, 부품 구멍이 0.045 in 이하일 때는 지름이 0.020 in인 안전결선을 사용한다.

[그림 3-21] 안전결선

④ 단선식 안전결선에서는 구멍의 지름이 허용하는 범위 내에서 가장 큰 지름의 안전결선을 사용하는 것이 바람직하다.
⑤ 6inch 이상 떨어져 있는 피팅 또는 파스너에는 와이어를 걸어서는 안된다.
⑥ 비상용 장치에는 단선식(single wire)을 적용해야 한다.
⑦ 안전결선의 꼬임수는 자주 사용되는 0.032 in, 0.040 in 지름인 경우 인치당 6~8회의 꼬임이 적당하다.
⑧ 마지막 꼬은 줄 길이는 1/4~1/2 in, 꼬은 수는 3~5번이 적당하다.

(2) 코터핀(cotter pin) 장착
① prefered method(우선법) : 볼트의 상단으로 구부리는 방법
② alternate method(차선법) : 너트 둘레로 감아 구부리는 방법
③ 단선식 결선법(single wrap method) : 케이블 직경이 1/8 in 이하에 사용, 턴버클 엔드에 5~6회(최소 4회) 감아 마무리
④ 복선식 결선법(double wrap method) : 케이블 직경이 1/8 in 이상인 경우 사용
⑤ 배럴의 검사 구멍에 핀을 꽂아보아 핀이 들어가지 않으면 양호
⑥ 턴버클 엔드의 나사산이 배럴 밖으로 3개 이상 나오지 않도록 함

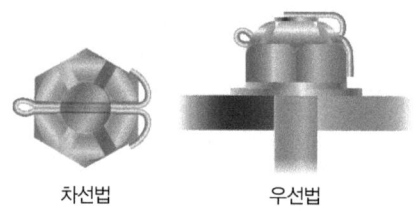

차선법　　　우선법

[그림 3-22] 코터빈 고정작업

2. 판금작업

가. 구조 부재의 수리작업(structure repair)

(1) 구조수리의 기본 원칙

본래의 강도 유지, 본래의 윤곽 유지, 중량의 최소 유지, 부식에 대한 보호

(2) 성형법(molding method)

① 판금 설계

㉠ 최소 굽힘 반지름(최소 굴곡반경) : 판재를 최소 예각으로 굽힐 때 내접원의 반지름으로 풀림 처리한 판재는 그 두께와 같은 정도의 굽힘 반지름을 사용하고 보통 최소 굽힘 반지름은 두께의 3배 정도(R=3T)이다.

㉡ 굽힘여유, 굴곡 허용량(BA, bend allowance) : 평판을 구부려서 부품을 만들 때에 완전히 직각으로 구부릴 수 없으므로 굽히는데 소요되는 여유길이

$$BA = \frac{\theta}{360} 2\pi (R + \frac{1}{2}T)$$

㉢ 세트백(set back) : 굴곡된 판 바깥면의 연장선의 교차점과 굽힘 접선과의 거리

$$SB = k(R + T) = \tan\frac{\theta}{2}(R + T) \quad \text{※ 90°일 때 } k=1$$

② 판재의 절단 및 굽힘가공

㉠ 블랭킹(blanking) : 펀치와 다이를 프레스에 설치하여 판금 재료로부터 소정의 모양을 떠내는 것

㉡ 펀칭(punching) : 필요한 구멍을 뚫는 것

㉢ 트리밍(trimming) : 가공된 제품의 불필요한 부분을 떼어내는 것

㉣ 세이빙(shaving) : 끝 다듬질 하는 것

㉤ 굽힘가공(접기가공, foldig) : 얇은 판을 굽히는 작업

㉥ 수축가공(shrinking) : 한쪽 길이를 압축시켜 짧게 함으로서 재료를 굽힘

㉦ 신장가공(stretching) : 재료의 한쪽을 늘려서 길게 함으로서 재료를 굽힘

㉧ 크림핑 가공(crimping) : 길이를 짧게 하기위해 판재를 주름잡는 가공

㉨ 범핑가공(bumping) : 가운데가 움푹 들어간 구형면을 가공하는 작업

㉩ 플랜징(flanging) : 원통의 가장자리를 늘려서 단을 짓는 가공

㉪ 시임작업(seaming) : 판재를 서로 구부려 끼운 후 압착시켜 결합시키는 작업

㉫ 라이트닝 홀 : 중량을 감소시키기 위하여 강도에 영향을 미치지 않고 불필요한 재료를 절단해 내는 구멍

㉬ 파일럿 홀 : 3/16″나 그 이상의 큰 구멍의 드릴 작업시 작은 구멍을 먼저 내고 큰 구멍을 뚫는 것이 효과적인데 큰 구멍을 뚫기 위한 작은 구멍

ⓗ 릴리프 홀 : 2개 이상의 굽힘이 교차하는 장소는 안쪽 굽힘접선의 교점에 응력이 집중하여 교점에 균열이 일어난다. 따라서, 굽힘가공에 앞서서 응력집중이 일어나는 교점 뚫는 응력제거 구멍

나. 손상 부분의 처리방법

(1) 크리닝 아웃(cleaning out) : trimming, cutting, filing 등 손상 부분을 완전히 제거(원형, 라운딩 사각형)

(2) 크린 업(clean up) : 모서리의 찌꺼기, 날카로운 면 등이 판의 가장자리에 없도록 하는 것

(3) 스톱 홀(stop hole) : 균열 등이 일어난 경우, 균열의 끝부분에 뚫는 구멍(직경 1/8 in 또는 3/32 in)

(4) smooth out : scratch, nick 등 sheet에 있는 작은 흠 제거

3. 리벳작업

가. 리벳의 선택

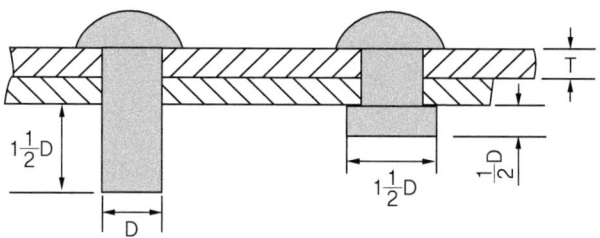

[그림 3-23] 리벳크기

(1) 리벳의 직경 : D=3T
(2) 리벳의 길이 : 돌출길이(1.5D), 벅테일 높이(0.5D), 벅테일 지름(1.5D)

나. 리벳의 배치

(1) 리벳의 피치 : 같은 열에 이웃하는 리벳 중심 간의 거리. (6~8D, 최소 3D)
(2) 열간간격(횡단피치) : 열과 열 사이의 거리. (4.5~6D, 최소 2.5D)
(3) 연거리(끝거리) : 판재의 모서리와 최 외곽열의 중심까지의 거리.(2~4D), 접시머리 리벳 최소 연거리(2.5D)
(4) 리벳과 리벳 구멍의 알맞은 간격 : 0.002~0.004in

다. 리벳작업

(1) 드릴작업 : 경질재료, 얇은 판의 드릴각도(118° 저속 고압), 연질재료, 두꺼운 판의 드릴각도(90° 고속 저압)
(2) Cleco : 판을 겹쳐놓고 구멍을 뚫는 경우 판이 어긋나지 않도록 클레코를 사용하여 고정
(3) Dimpling : 얇은 판 때문에 카운터 싱킹 한계(0.04in 이하)를 넘을 때 적용(countersink)

4. 용접작업

가. 용접

재료의 접합하려는 부분을 녹이거나 녹은 상태에서 서로 융합시킴으로서 금속을 접합키는 것을 용접이라 한다.

(1) 용접의 장단점

① 용접의 장점 : 자재의 절약, 작업 공정수의 감소, 제품의 성능과 수명의 향상
② 용접의 단점 : 재질의 변화, 잔류응력, 잔류 변형 등에 의한 균열 및 기공(氣孔)등이 발생한다. 그리고 용접부의 급격한 금속적 변화로 취성이 생긴다

(2) 용접의 종류

① 융접(fusion welding) : 모재의 접합부를 국부적으로 가열 용융시켜 이것에 제3의 금속 즉 용가제(용접봉)를 첨가하여 접합시키는 방법
  ㉠ 가스 용접 : 산소 아세틸렌 용접, 산소 수소용접
  ㉡ 아크 용접(전기 아크 용접) : 금속 아크 용접, 탄소 아크 용접, 아크 토치 용접, 원자 수소 용접
  ㉢ 테르밋 용접
② 압접(pressure welding) : 접합부를 적당한 온도로 가열 혹은 냉간 상태로 하여 이것에 기계적 압력을 가하여 접합시키는 방법(단접, 전기저항 용접)
③ 납땜 : 모재의 접합부는 용융시키지 않고 모재보다 용융온도가 낮은 용가재(납)를 녹여 접합부에 넣어 접합시키는 방법

나. 대표적인 용접법

(1) 가스 용접(Gas welding)

아세틸렌 가스와 수소가스등의 가연성 가스와 산소 또는 공기를 혼합시킨 혼합가스에 의한 연소열을 이용하여 금속을 용융시켜 접합하는 용접을 말한다.

① 산소 – 아세틸렌 가스 용접 : 다른 가스 용접에 비행 고온을 얻을 수 있고 열을 집중시켜 불꽃 조절이 용이하다.
  ㉠ 구성 : 아세틸렌 발생장치, 용해 아세틸렌 용기, 작동밸브, 압력 조절기, 호스, 용접 토치로 구성되며 산소 호스는 검은색 또는 초록색, 호스 연결부의 나사는 바른 나사로 아세틸렌 호스는 빨간색, 호스 연결부의 나사는 왼 나사로 제작된다.
  ㉡ 아세틸렌 용기 : 규조토, 목탄, 석면 등과 같은 다공질의 물질을 넣고 아세톤을 흡수시켜 아세틸렌 가스를 충전하여 사용. 보통 15℃에서 15기압 정도로 가압하여 용해한 아세틸렌을 사용한다.

ⓒ 산소 용기 : 공기 중의 산소를 분리하거나 물의 전기분해로 제조하며 35℃에서 약 150 기압의 고압 용기에 담아서 사용한다.

ⓔ 압력 조절기(압력 조정기) : 고압의 가스를 감압하는 장치로 용접작업시 산소압력은 5kg/cm^2이하로 하고 아세틸렌 가스 압력은 0.1~0.3kg/cm^2로 조절하여 사용한다.

ⓜ 용접 토치 : 산소 아세틸렌을 혼합하고 토치 팁에서 점화시켜 불꽃 만들어 용접할 모재의 접합시키는데 사용한다.

ⓗ 토오치 팁(torch tip): 구리나 구리 합금으로 만들며 그 크기는 숫자로 표시한다.

② 용접 불꽃(산소 아세틸렌 불꽃) : 산소와 아세틸렌을 1: 1의 비율로 혼합시켜 연소시킨다.

ⓖ 중성 불꽃(표준 불꽃, 중성염) : 토치에서 산소와 아세틸렌의 혼합비가 1:1일 때의 불꽃으로 이때 아세틸렌이 완전히 연소하기 위해 공기 중에서 1.5의 산소를 얻는다. 연강, 주철, 니크롬강, 구리, 아연도금 철판, 아연, 주강 및 고탄소강의 일반용접에 사용한다.

ⓛ 산화 불꽃(산소 과잉 불꽃) : 중성 불꽃에서 산소의 양을 많이 할 때 생기는 불꽃으로 산화성이 강하여 황동, 청동 용접에 사용한다.

ⓒ 탄화 불꽃(아세틸렌 과잉 불꽃) : 산소가 적고 아세틸렌이 많을 때의 불꽃으로 불완전 연소로 인하여 온도가 낮다. 스테인레스강, 스텔라이트, 알루미늄, 모넬메탈등에 사용한다.

ⓔ 가스 용접봉 : 용접할 모재의 보충 재료로서 사용되는 관계로 일반적으로 모재보다 좋은 재질이거나 모재와 동일한 것을 사용한다. 용접봉의 굵기는 모재의 두께에 따라 선택한다.

ⓜ 용제(flux) : 용접하는 금속은 용접 중 고온에서 공기와 접촉하기 때문에 산화가 일어난다. 이 산화물을 제거하기 위해 사용되는 것이 용제이다.

(2) 아아크 용접(Arc welding)

교류나 직류 이용하여 모재와 용접봉 사이 아크 발생시키면 3500-6000℃ 정도에 이르는 고온이 발생되는데 이 고온을 이용하여 금속을 용해시켜 접합하는 용접이 아아크 용접이다.

① 직류전원 아아크 용접 : 아아크 발생이 안정하고 일정하다.

ⓖ 정극성(+) : 모재에 + 연결, 용접봉에 - 연결, 양극에서 열 발생 많으며 용입 융액이 많아많이 사용한다.

ⓛ 역극성(-) : 모재에 - 연결, 용접봉에 + 연결, 용입 융액 적다. 박판, 주철, 고탄소강, 합금강 및 비철금속 용접에 사용한다.

② 교류 전원 아아크 용접 : 아아크 전원이 일정치 않고 불안정 하여 피복 용접봉을 사용하기 전에는 실효성 없었다. 주파수 증가에 따른 미세하고 균일한 아아크 발생되는 이점 때문에 교류 아아크 용접기를 사용한다.

ⓖ 피복제 역할 : 아아크를 안정시켜 준다. 용접물을 외부 공기와 차단시켜 산화를 방지한다. 융착 금속을 피복하여 급랭에 의한 조직변화를 방지하여 작업효율이 좋아진다.

ⓒ 아크의 발생 : 용접봉과 모재에 전압이 걸린 상태에서 용접봉을 모재에 접촉시키고 순간적으로 3~4mm 정도 끌어 올리면 아크가 발생한다.

③ 불활성 가스 아크 용접

㉠ 텅스텐 불활성 가스 아크 용접(TIG 용접)
- 용접에 필요한 열에너지를 비소모성의 텅스텐 전극과 모재 사이에서 발생하는 아크열에 의해 공급되며 이때 비피복용 가재는 이 열에너지에 의하여 용해되어 용접되는 방법이다.
- 용접 작업 도중 불활성 가스(아르곤, 헬륨)가 용접 부위의 공기를 제거하여 산화를 방지시킨다.
- 텅스텐 전극 : 순수한 텅스텐과 1~2% 토륨이 함유된 텅스텐 전극의 두 가지가 있다.
- 불활성 가스 : 아르곤 불활성 가스는 값싸고 헬륨보다 널리 사용되고 헬륨보다 더 무거워 더 좋은 보호덮개 역할을 하며 알루미늄이나 마그네슘 용접에 사용한다. 헬륨 불활성 가스는 높은 열전도율을 가진 무거운 재료를 용접할 때 주로 사용한다.

㉡ 금속 불활성 가스 아아크 용접(MIG 용접)
- TIG용접의 텅스텐 대신에 피복을 입히지 않은 가느다란 금속와이어인 용가전극(용접 와이어)을 일정한 속도로 토치에 자동 공급하여 모재와 와이어 사이에서 아크를 발생시키고 그 주위에 아르곤, 헬륨 또는 그것들의 혼합가스 등을 공급시켜 아크와 용융지를 보호하면서 행하는 용접법이다.
- 이 용접은 주로 알루미늄을 비롯하여 비철재료, 고탄소강 등의 용접에 사용되며 보호가스에는 불활성가스인 아르곤 가스가 주로 사용되나 아르곤 가스에 산소 1~5% 또는 이산화탄소 3~25%를 혼합하여 직류 역극성 용접에 이용하고 있다.

5. 부식처리 및 방지법

가. 부식의 종류

(1) **표면 부식**(Surface corrosion) : 세척용 화학 약품, 공기 중의 산소 등의 화학 작용에 의해 생기며, 습기가 접촉하게 되면 금속 표면에 에칭(etching)이 심해져, 까칠까칠한 서리가 얼어붙은 것처럼 된다.

(2) **점 부식**(Pitting corrosion) : 주로 알루미늄 합금, 마그네슘 합금, 스테인레스 강의 표면에 발생. 초기에 백색이나 회색인 부식 생성물이 나타나서 홈(pit)내에 침전됨. 퇴적물 제거시 표면에 작은 홈이 보인다.

(3) 입자간 부식(Intergranular corrosion) : 합금의 결정 입자 경계에서 발생. 초기 단계에서 탐지하기 어렵고 초음파 검사 및 와전류 탐상 방법, X-ray 탐상 방법 등으로 탐지. 부적당한 열처리를 했을 경우 생긴다.

(4) 응력 부식(Stress corrosion) : 금속에 일정한 응력이 걸린 상태에서 부식되기 쉬운 환경에 노출되면 그들의 합성 효과에 의해 발생. 냉간 가공시나 높은 온도에서 급냉시킬 때 또는 성형할 때와 같이 내부 구조가 변화될 때 발생한다.

(5) 이질금속간 부식(Galvanic corrosion) : 서로 다른 두 가지의 금속이 접촉되어 있는 상태에서 발생하는 부식으로 알루미늄 합금과 스테인레스 강과 같은 이질 금속이 접촉되는 부분에 전기 화학적 작용에 의해 발생한다.

(6) 미생물 부식(Microbial corrosion) : 케로신을 연료로 하는 항공기의 연료 탱크에 발생한다.

(7) 찰과 부식(Fretting corrosion) : 밀착된 2개의 금속판의 진동 등에 의해 서로 맞부딪혀 생긴다.

(8) 필리폼 부식(Filiform corrosion) : 페인트 도장을 한 알루미늄 합금 표면에 세균 형태로 발생하는 부식한다.

나. 부식 처리

(1) 알로다인 처리(Alodine) : 알루미늄을 크롬산 용액으로 처리한다.

(2) 양극처리(Anodizing) : 알루미늄 합금, 마그네슘 합금을 양극으로 하여 황산, 크롬산 등의 전해액에 담금.양극에 발생하는 산소에 의해 산화피막 형성한다.

(3) 다우처리(Dow treatment) : 마그네슘을 크롬산 용액으로 처리하는 방법이다.

(4) 알칼리 착색법 : 철금속에 산화물의 피막 형성한다.

(5) 파커라이징(Parkerizing) : 철금속에 인산염 피막 형성한다.

(6) 밴더라이징(Banderizing) : 철강재료 표면에 구리을 석출한다.

(7) 메탈라이징(Metallizing) : 알루미늄이나 아연 같은 금속을 특수 분무기에 넣어서 방식처리 해야 할 부품에 용해분착시키는 방법이다.

(8) 알클래드(Alclad) : 알루미늄 합금 표면에 순수 알루미늄 피막을 실제 두께의 5~10%로 압연한다.

(9) 금속, 알루미늄 내부 방식처리 : 뜨거운 아마인유로 세척한다.

02 구조역학의 기초

1. 응력과 변형율

가. 응력(stress)

(1) **인장응력** : 인장하중에 의한 응력(압축응력 : 압축하중에 의한 응력)

수직응력 $\sigma = \dfrac{P}{A}$ (P : 하중, A : 단면적)

(2) **전단응력** : 전단력에 의해 단면에 평행하게 작용하는 응력

전단응력 $\tau = \dfrac{V}{A}$ (V : 전단하중, A : 단면적)

나. 변형률

(1) **변형률** : 변형되기 전의 양에 대한 변형된 후의 양의 비율

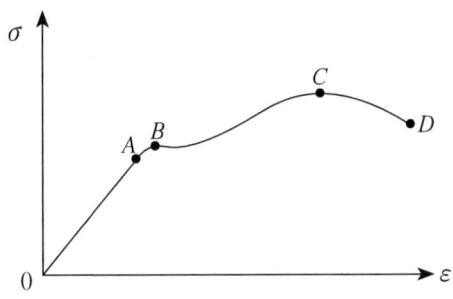

[그림 3-24] 응력-변형률 곡선

- **A** [탄성영역(비례한도)] : 후크의 법칙이 적용되는 범위로서 이 안에서는 응력이 제거되면 변형률이 제거되어 원래의 상태로 돌아간다.
- **B** [항복강도] : 탄성변형이 일어나는 한계응력을 말한다. 응력이 증가하지 않아도 변형이 저절로 증가되는 점으로 이때의 응력을 항복응력 또는 항복강도라고 한다.
- **C** [극한강도] : 응력-변형률선도에서의 최대점의 응력, 인장강도, 극한강도
- **D** [파단응력] : 재료가 파단되는 점

(2) **세로변형률(종변형률)** : 수직하중에 의해 수직방향으로 변형된 비율

종변형률 $\varepsilon = \dfrac{l' - l}{l} = \dfrac{\delta}{l}$

(3) **가로변형률(횡변형률)** : 하중이 작용하는 방향에 수직한 방향으로 변형된 양의 비율

횡변형률 $\varepsilon' = \dfrac{d' - d}{d} = \dfrac{\lambda}{d}$

(4) **전단 변형률** : 재료의 길이방향으로 일정거리 떨어진 두 단면에 서로 반대방향의 전단응력이 작용하여 변형된 양의 비율

전단 변형률 $\gamma = \dfrac{\delta}{l}$

(5) **푸아송비** : 재료의 탄성한계 내에서의 종변형률과 횡변형률의 비

푸아송비 $v = \dfrac{\varepsilon'}{\varepsilon}$, 푸아송수 $= \dfrac{1}{v} = \dfrac{\varepsilon}{\varepsilon'}$

(6) **탄성계수 사이의 관계**

① 종탄성계수 E와 전단탄성계수 G 사이의 관계 $G = \dfrac{E}{2(1+v)}$

② 종탄성계수 E와 체적탄성계수 K 사이의 관계 $K = \dfrac{E}{3(1-2v)}$

③ 종탄성계수 E, 전단탄성계수 G, 체적탄성계수 K 사이의 관계 $K = \dfrac{GE}{9G-3E}$

(7) **열응력** : 온도 변화로 인하여 발생하는 응력

$\delta = la\Delta T$ (a : 열팽창계수, 선팽창 계수) $\varepsilon = \dfrac{\delta}{l} = \dfrac{la\Delta T}{l} = a\Delta T$

다. 탄성변형 에너지

(1) 수직응력에 의한 탄성변형 에너지

① 탄성변형 에너지 : $U = W = \dfrac{1}{2}P\delta = \dfrac{1}{2}P\dfrac{Pl}{AE} = \dfrac{P^2 l}{2AE}$

② 단위체적당 탄성변형 에너지 : $u = \dfrac{U}{V} = \dfrac{\frac{P^2 l}{2AE}}{Al} = \dfrac{\sigma^2}{2E}$

③ 전 체적에 대한 탄성변형 에너지 : $U = uV = \dfrac{\sigma^2}{2E}Al$

(2) 전단응력에 의한 탄성변형 에너지

① 단위체적당의 탄성변형 에너지 : $u_s = \dfrac{U_s}{V} = \dfrac{\frac{P^2 l}{2AG}}{Al} = \dfrac{\tau^2}{2G}$

② 전 체적에 대한 탄성변형 에너지 : $U_s = u_s V = \dfrac{\tau^2}{2E}Al$

라. 내압용기에 작용하는 응력

(1) 축응력 : $\sigma_x = \dfrac{pR}{2t}$

(2) 원주응력(후프응력) : $\sigma_y = \dfrac{pR}{t}$

마. 단면의 성질

(1) 단면1차모멘트

① 도형의 면적과 그 도형으로부터 어떤 축까지의 수직거리를 곱한 것(면적 모멘트)

② $Q_x = A\overline{y}$, $Q_y = A\overline{x}$

(2) 단면2차모멘트

① 도형의 면적과 그 도형으로부터 어떤 축까지의 수직거리의 제곱을 곱한 것(관성모멘트)

② $I_x = \int y^2 dA$, $I_y = \int x^2 dA$

(3) 단면의 회전반경과 단면계수

$$k = \sqrt{\frac{I}{A}}, \quad Z_1 = \frac{I_x}{e_1}, \quad Z_2 = \frac{I_x}{e_2}$$

바. 원형축의 비틀림

(1) 비틀림 모멘트(우력) : $T = Fd$

(2) 비틀림 각 : $\theta = \dfrac{TL}{GJ}$

(3) 전단응력의 최대치 : $\tau = \dfrac{TR}{J}$

2. 보의 응력과 변형

가. 보에서의 굽힘응력

(1) 굽힘 응력 : 보가 굽힘 모멘트에 의하여 구부러지면서 발생하는 응력, 인장력과 압축력 발생, 중립축으로부터 최외단으로 갈수록 커짐, 최외단에서 최대

(2) 중립축 : 인장력과 압축력의 영향을 받지 않는 부분

(3) 굽힘공식 : 응력 $\sigma = \dfrac{M}{Z}$ (Z : 단면계수)

  곡률 반지름 $\dfrac{1}{\rho} = \dfrac{M}{EI}$ (E : 탄성계수, EI : 굽힘강성)

나. 보에 작용하는 전단응력

(1) 보에 작용하는 전단응력에 관한 일반식

보의 양단면에 굽힘 모멘트 M과 M+dM이 작용할 때

전단응력 : $\tau = \dfrac{FQ}{Ib}$ (Q : 단면1차 모멘트)

(2) 작사각형 단면을 가진 보에서의 전단응력

단면적 A의 직사각형 단면을 가진 보의 한 단면에 전단력 F가 작용할 때 중립면에서 최대의 전단응력이 작용

$$\tau_{max} = \frac{3F}{2A}$$

(3) 원형단면을 가진 보에서의 전단응력

단면적 A의 원형 단면을 가진 보의 한 단면에 전단력 F가 작용할 때 중립면에서 최대의 전단응력이 작용

$$\tau_{max} = \frac{4F}{3A}$$

다. 보의 처짐

(1) 집중하중을 받는 외팔보의 처짐

자유단에 집중하중 P가 작용할 때, 자유단에서 최대 처짐각 및 최대 처짐량 발생

$$\theta_{max} = -\frac{pl^2}{2EI}, \quad y_{max} = \frac{Pl^3}{3EI}$$

(2) 등분포하중을 받는 외팔보의 처짐

자유단에서 최대 처짐각 및 최대 처짐량 발생

$$\theta_{max} = -\frac{pl^3}{6EI}, \quad y_{max} = \frac{Pl^4}{8EI}$$

(3) 굽힘 모멘트를 받는 외팔보의 처짐

자유단에 굽힘 모멘트가 작용할 때, 자유단에서 최대 처짐각 및 최대 처짐량 발생

$$\theta_{max} = -\frac{M_0 l}{EI}, \quad y_{max} = \frac{M_0 l^2}{2EI}$$

(4) 등분포하중을 받는 단순보의 처짐

① 최대 처짐각은 x=0과 x=l에서 발생하며 크기는

$$\theta_{max} = \frac{pl^3}{24EI}$$

② 최대 처짐량은 보의 중앙에서 발생하며 크기는

$$y_{max} = \frac{5pl^4}{384EI}$$

(5) 집중하중을 받는 단순보의 처짐

① 단순보에서 지점A로부터 a만큼 떨어진 지점에서 집중하중 P가 작용할 때 처짐각은

$$\theta_A = \frac{Pab}{6lEI}(l+b), \quad \theta_B = -\frac{Pab}{6lEI}(l+a)$$

② 최대처짐량은 $x = \sqrt{(l^2 - b^2)/3}$ 에서 발생하며 크기는

$$y_{max} = \frac{pb}{9\sqrt{3}\,lEI}\sqrt{(l^2 - b^2)^3}$$

③ 하중이 보의 중앙에 작용하는 경우

$$\theta_{max} = \frac{pl^2}{6EI}, \quad y_{max} = \frac{pl^3}{48EI}$$

(6) 한쪽 지점에서 굽힘모멘트를 받는 단순보의 처짐

① 지점 B에서 굽힘모멘트가 작용하는 경우 처짐각은

$$\theta_A = \frac{M_0 l}{6EI}, \quad \theta_B = -\frac{M_0 l}{3EI}$$

② 최대처짐량은 $x = \dfrac{l}{\sqrt{3}}$ 에서 발생하며 크기는

$$y_{max} = \frac{M_0 l^2}{9\sqrt{3}\,EI}$$

(7) 양쪽 지점에서 굽힘 모멘트를 받는 단순보의 처짐

지점 A에서 굽힘 모멘트 M_A, 지점 B에서 굽힘 모멘트 M_B가 작용하는 경우 처짐각은

$$\theta_A = \frac{l}{6EI}(2M_A + M_B), \quad \theta_B = -\frac{l}{6EI}(2M_A + M_B)$$

3. 구조의 하중과 V-n 선도

가. 비행 상태와 하중

(1) 비행 중 항공기기체

① 비행 중 항공기에 작용하는 힘 : 양력, 항력, 추력, 중력, 관성력

② 비행 중 기체에 전달되는 하중 : 인장력, 압축력, 전단력, 비틀림력, 굽힘력

③ 응력의 종류 : 인장 응력, 압축 응력, 전단 응력

④ 비행 중 기체 부재에 작용하는 하중 : 날개(윗면-압축력, 아랫면-인장력), 동체(윗면-인장력, 아랫면-압축력)

(2) 구조 하중과 부재

① 부재(구조부재) : 구조물의 단위요소 : 봉재(bar), 판재(plate), 셸(chell), 보(beam), 기둥(column)

② 강도(strength) : 부재의 재료가 하중에 대하여 견딜 수 있는 저항력

③ 강성(stiffness) : 부재의 외형이 하중에 대하여 변형되지 않는 정도

④ 항공기의 하중 : 공기력에 의한 하중(양력, 항력), 추진 기관에 의한 하중(엔진 위치에 따라),

관성력에 의한 하중(가속, 감속시), 돌풍에 의한 하중, 여압에 의한 하중(여압하중), 이, 착륙에 의한 하중

나. 하중 배수와 속도-하중배수(V-n) 선도

(1) **하중배수(load factor) (n)** : 항공기에 작용하는 공기력의 합력에서 기체축에 수직한 성분 N을 항공기의 무게(W)로 나눈 값이며 보통 받음각에서 N은 양력 L과 거의 같기 때문에 L/W가 된다.

① 등속 수평 비행시 $n = \dfrac{L}{W} = 1$

② 실속 속도 V_S일 때 $n = \dfrac{V^2}{V_S^2}$

③ 정상 선회 비행시 $n = \dfrac{1}{\cos\theta}$

(2) 속도-하중배수(V-n) 선도

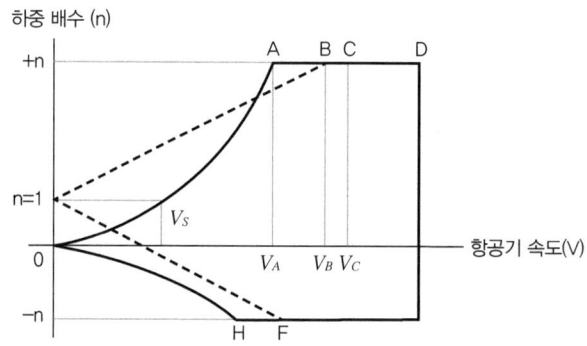

[그림 3-25] 속도-하중배수선도

① 항공기의 속도에 대한 한계하중 배수를 나타내어 항공기의 안전한 비행범위를 전해주는 도표
② 정부 기관에서 항공기의 유형에 따라 정한다.(제작자에 대하여 구조상 안전하게 설계 및 제작 지시, 항공기 사용자에게 안전운항 범위 지시)
③ V_D(설계 급강하 속도) : 구조상의 안전성과 조종면의 안전을 보장하는 설계상의 최대 허용 속도
④ V_C(설계 순항속도) : 가장 효율적인 속도
⑤ V_B(설계 돌풍 운용속도) : 기상 조건이 나빠 돌풍이 예상될 때 항공기는 V_B 이하로 비행
⑥ V_A(설계 운용속도) : flap up 상태에서 설계 무게에 대한 실속속도
⑦ V_S(실속 속도)

4. 강도, 무게와 평형

가. 강도와 안정성

(1) 크리프(creep) : 일정한 응력을 받는 재료가 일정한 온도에서 시간이 경과함에 따라 하중이 일정하더라도 변형율이 변화하는 현상

(2) 응력 집중 : 노치(notch), 작은 구멍, 키, 홈, 필릿 등과 같은 단면적의 급격한 변화가 있는 부분에 대단히 큰 응력이 발생하는 것

(3) 피로(fatigue) : 반복 하중에 의하여 재료의 저항력이 감소되는 현상

(4) 좌굴(buckling) : 축방향의 압축력을 받는 부재 중 기둥이 압축 하중에 의해 파괴되지 않고 휘어지면서 파단 되어 더 이상 하중에 견디지 못하게 되는 현상

$\lambda = \dfrac{l}{k}$ (l : 기둥의 길이, k : 단면의 회전반지름)

(5) 제한 하중 배수(limit load factor) : 제한 하중을 구조물의 정상운용 상태의 하중으로 나눈 값. 그리고 반복 하중 발생시 영구 변형이 일어나지 않는 설계상의 하중을 제한하중이라 함

(6) 안전 계수 : 하중에 대한 안전성을 갖도록 함. 기체 구조 설계에서 안전 계수는 1.5임

(7) 극한 하중(설계 하중, 종극 하중) : 구조상의 최대 하중으로 기체의 영구 변형이 일어나더라도 파괴되지 않는 하중

극한 하중 = 한계 하중 × 안전 계수

(8) 안전 여유(M.S, margin of safety) : 기체구조 설계에서 안전 여유는 (−)값을 갖지 않도록 한다.

M.S = 강도율−1, 강도율 = $\dfrac{허용하중(응력)}{실제하중(응력)}$

나. 무게와 평형(weight and balance)

(1) 용어와 정의

① 무게중심 : 설계시 정해지며 항공기의 비행 성능 및 안정성, 조종성을 위하여 정해진 중심 위치 및 이동 가능한 범위 내에서 비행하여야 한다.

② 평형 : 항공기 내부의 오물 축적, 연료 소모, 승객, 승무원, 탑재물의 위치에 따라 변하는 중심을 무게를 조절하여 평형을 이룬다.

③ 평균 공력시위(MAC) : 항공기의 무게중심(cg)을 표시하는 기본단위이다.

④ 기준선(reference datum) : 항공기 무게 중심의 계산 및 장비 등의 세로축 위치 표시를 위한 기준선을 의미한다. 항공기 세로축에 직각인 가상의 수직 평면을 말하며, 항공기 제작사에서 정한다.

⑤ 동체 스테이션(fuselage station) : 기준선을 0으로 동체 전, 후방을 따라 위치한다. 이 기준선은 동체 전방 또는 동체 전방 근처의 면으로부터 모든 수평거리가 측정이 가능한 상상의 수직면이다.

⑥ 버톡 라인(buttock line) : 동체 중심선의 오른쪽이나 왼쪽으로 평행한 거리를 측정한 폭을 말한다.

⑦ 워터 라인(water line) : 워터 라인 0으로부터 하부로부터 상부의 수직거리를 측정한 높이를 말한다.

⑧ % MAC : 날개 시위상의 임의점의 위치를 백분율로 나타낸다.

$$\%MAC = \frac{H-X}{C} \times 100$$

⑨ 중심 한계 : 항공기의 무게가 연료, 승객, 탑재물 등에 의하여 변하므로 안전한 비행을 위한 중심 이동이 가능한 범위를 정한다.(전방 한계, 후방 한계, 기수 처짐, 꼬리 처짐)

(2) 무게 측정을 위한 준비 작업

① 자세를 수평으로 하고 가능한 한 연료 및 윤활유 배출
② spoiler, slat, rotor는 정확한 위치(제작사 지침)에 놓음
③ 비행하는데 불규칙 적으로 사용하는 품목 제거
④ 각종 점검창, 출입문, 비상구, 캐노피는 정상 비행 상태
⑤ 제작사의 지침에 따라 알맞는 저울 선택
⑥ 옆 하중이 발생하지 않도록 브레이크는 풀어 놓음

(3) 무게의 구분

① 기체 구조의 무게 : 날개, 꼬리 날개, 착륙 장치, 조종면, 나셀 등의 무게
② 동력 장치 무게 : 기관, 프로펠러, 연료, 유압 계통
③ 고정 장치 무게 : 전기, 전자, 공유압, 조종, 공기, 방빙, 계기
④ 추가 장비 무게 : 식량, 음료수, 서비스 용품, 비상 장비
⑤ 유용 하중 : 최대 총무게 - 자기 무게
⑥ 탑재 하중 : 유상 하중(play load) 승객, 화물, 무장 계통
⑦ 기본 자기 무게 : 사용 불가능 연료, 배출 불가능 윤활유, 냉각액, 작동유 등
⑧ 운항 자기 무게 : 기본 자기 무게 + 운항에 필요한 승무원, 장비품, 식료품
⑨ 설계 단위 무게 : 남자 승객_75kg(165lb), 여자 승객_65kg(143lb)
⑩ 밸러스트 : 요구되는 무게 중심을 평형을 얻기 위해, 또는 장착 장비의 제거, 또는 장착에서 오는 무게의 보상을 위해 설치하는 모래주머니, 납판, 납봉을 말한다.

기체구조 수리 및 역학 적중예상문제

3-1 기체구조의 수리

01 다음 중 안전결선 작업에 대한 사항 중 틀린 것은?

㉮ 안전결선은 감기는 방향이 부품을 죄는 반대 방향이 되도록 한다.
㉯ 안전결선은 한번 사용한 것은 다시 사용하지 못한다.
㉰ 복선식 안전결선에서 부품 구멍 지름이 0.045in 이상일 때는 0.032in 이상의 안전결선을 사용한다.
㉱ 복선식 안전결선에서 부품 구멍이 0.045in 이하일 때는 0.020in인 안전결선을 사용한다.

02 와이어 크기의 선택에 대한 설명이 틀리는 것은?

㉮ 안전 지선의 크기(지름)에 따라 최저 조건을 만족시켜야 한다.
㉯ 보통 3/8inch 볼트에는 지름이 최저 0.032in인 와이어를 사용한다.
㉰ 스크류와 볼트가 좁게 배열되어 있을 때는 0.020in인 와이어를 사용한다.
㉱ 비상용 장치에는 특별한 지시가 없는 한 0.032in인 와이어를 사용한다.

03 Safety Wire시 유의사항이 잘못된 것은?

㉮ Wire의 지름이 0.020 in인 경우 1당 6~8회 꼬인다.
㉯ Wire 끝부분은 Pig Tail로 1/4~1/2 in당 3~5회 꼬인다.
㉰ Safety Wire의 당기는 방향은 부품의 죄는 반대방향으로 한다.
㉱ Wire를 자를 때는 수직으로 잘라 안전에 유의한다.

04 볼트와 너트 체결시 1,500lbs로 조이려 한다. 토크 렌치의 길이가 16″, 연장공구의 길이가 4″이다. reading 토크값은?

㉮ 1,000lbs
㉯ 1,200lbs
㉰ 1,500lbs
㉱ 1,700lbs

해설 $T_W = \dfrac{L}{L+A} T_A$ (T_W : 토크 렌치의 지시값, T_A : 실제값)

[3-1] 01 ㉮ 02 ㉱ 03 ㉮ 04 ㉯

05 토크 렌치(torque wrench)의 사용방법 중 틀리는 것은?

㉮ 사용 중이던 것을 계속 사용한다.
㉯ 적정 토크의 토크 렌치 사용한다.
㉰ 사용 중 다른 작업에 사용한다.
㉱ 정기적으로 교정되는 측정기이므로 사용시 유효한 것인지 확인한다.

해설 토크 렌치 사용시 주의사항
- 토크 렌치는 정기적으로 교정되는 측정기이므로 사용할 때는 유효 기간 이내의 것인가를 확인해야 한다.
- 토크값에 적합한 범위의 토크 렌치를 선택한다.
- 토크 렌치를 용도 이외에 사용해서는 안된다.
- 떨어뜨리거나 충격을 주지 말아야 한다.
- 토크 렌치를 사용하기 시작했다면 다른 토크 렌치와 교환해서 사용해서는 안된다.

06 조종계통 케이블 정비에 대한 설명이 틀리는 것은?

㉮ 손상의 주원인은 풀리나 페어리드 및 케이블 드럼과 접촉에 의한 것이다.
㉯ 케이블 가닥 손상 검사는 헝겊을 케이블에 감고 길이 방향으로 움직여 본다.
㉰ 부식된 케이블은 브러시로 부식을 제거한 후 솔벤트 등으로 깨끗이 세척한다.
㉱ 케이블 장력은 장력계수의 눈금에 장력환산표를 대조하여 산출한다.

07 턴버클 장착 및 검사 방법이 아닌 것은?

㉮ 조종 케이블의 장력을 조절한다.   ㉯ 검사 구멍에 핀이 들어가게 한다.
㉰ 나사산이 3개 이상 보이면 안된다.   ㉱ 턴버클 양쪽 끝도 안전 결선을 한다.

해설 턴버클(Turn Buckle) 검사 : 나사산이 3개 이상 배럴 밖으로 나와 있으면 안 되며 배럴 검사구멍에 핀을 꽂아보아 핀이 들어가면 제대로 체결되지 않은 것이다. 턴버클 생크 주위로 와이어를 5~6회(최소 4회) 감는다.

08 케이블 장력 조절기의 사용 목적은?

㉮ 조종 케이블의 장력을 조절한다.
㉯ 조종사가 케이블의 장력을 조절한다.
㉰ 주 조종면과 부 조종면에 의하여 조절한다.
㉱ 온도변화에 관계없이 자동적으로 항상 일정한 케이블 장력을 유지한다.

정답 05 ㉰ 06 ㉰ 07 ㉯ 08 ㉱

09 온도변화에 따라 자동적으로 케이블의 장력을 조절하여 주는 부품은?

㉮ 턴 버클
㉯ 케이블 텐션 미터
㉰ 케이블 텐션 레귤레이터
㉱ 케이블 드럼

해설
- 턴버클 : 케이블의 장력을 조절하는 부품
- 케이블 텐션미터 : 케이블의 장력을 측정하는 기구
- 벨크랭크 : 로드와 케이블의 운동방향 전환
- 풀리 : 케이블 유도 및 방향전환
- 페어리드 : 케이블을 3° 이내의 범위에서 방향유도 및 처짐과 진동 방지
- 쿼드란트 : 1/4부채꼴 형태로 케이블 운동전달

10 조종계통 케이블(cable)의 방향을 바꾸어 주는 것은?

㉮ 풀리(pulley)
㉯ 턴 버클(turn buckle)
㉰ 페어 리드(fair lead)
㉱ 벨 크랭크(bell crank)

해설 케이블 조종계통의 부품
- 풀리 : 케이블을 유도하고 케이블의 방향을 바꾸는데 사용
- 턴 버클 : 케이블의 장력을 조절하기 위해 사용
- 페어 리드 : 조종 케이블의 작동 중 최소의 마찰력으로 케이블과 접촉하여 직선운동을 하며 케이블을 3° 이내에서 방향을 유도
- 벨 크랭크 : 로드와 케이블의 운동방향을 전환하고자 할 때 사용하며 회전축에 대하여 2개의 암을 가지고 있어 회전운동을 직선운동으로 바꿔준다.

11 유압 라인 피팅에 이용되는 더블 플레어에 대한 설명은?

㉮ 모든 유압 배관은 더블 플레어를 필요로 한다.
㉯ 모든 유압 배관은 타우너형 플레어를 필요로 한다.
㉰ 3/8in 외경 이하의 알루미늄 관에는 더블 플레어가 사용되고 그 외는 싱글 플레어가 이용된다.
㉱ 1/4in 외경 이하의 관에는 45°의 더블 플레어가 사용되고 그 외는 싱글 플레어가 이용된다.

해설 플레어작업
- 더블 플레어 : 비교적 얇은 두께의 튜브에 사용되는 외경 3/8 in 이하의 주로 Al 합금 튜브에 사용된다. 항공기에서는 뉴메틱 센싱 라인 등에 이용
- 싱글 플레어 : 일반적으로 널리 이용

12 호스장착 시의 주의 사항이 아닌 것은?

㉮ 교환하고자 하는 부분과 같은 형태, 크기, 길이의 호스를 사용한다.
㉯ 호스의 직선 띠(Linear Stripe)를 바르게 장착한다.
㉰ 비틀린 호스에 압력이 가해지면 결함이 발생하거나 너트가 풀린다.
㉱ 호스가 길 때는 90cm마다 클램프(Clamp)로 지지한다.

정답 09 ㉰ 10 ㉮ 11 ㉰ 12 ㉱

13 판재에 대한 최소 굴곡 반경의 설명이 아닌 것은?

㉮ 본래의 강도를 유지한 상태로 구부러질 수 있는 최소의 굴곡 반경을 의미한다.
㉯ 굴곡 반경이 작을수록 굴곡부에 일어나는 응력과 비틀림 양은 작아진다.
㉰ 응력과 비틀림의 한계를 넘은 작은 반경에서 접어 구부리면 균열을 일으킨다.
㉱ 응력과 비틀림의 한계를 넘은 작은 반경에서 접어 구부리면 파괴될 수 있다.

[해설] 최소 굴곡 반경 : 판재가 본래의 강도를 유지한 상태로 구부러질 수 있는 최소의 굴곡반경을 의미

14 폭이 20cm, 두께가 8mm인 알루미늄판을 그림과 같이 구부리고자 한다. 필요한 알루미늄 판의 set back은 얼마인가?

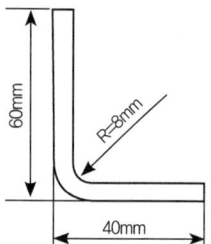

㉮ 12mm ㉯ 16mm
㉰ 18mm ㉱ 20mm

[해설] $S.B = K(R+T) = \tan\left(\dfrac{\theta}{2}\right) \times (R+T)$

(K : 굽힘 각도에 따른 상수, R : 굽힘 반지름, T : 판의 두께, θ : 굽힘 각도)

15 두께가 0.25cm인 판재를 굽힘 반지름 30cm로 60° 굽히려고 할 때 굽힘여유는?

㉮ 30.53 ㉯ 35.13 ㉰ 31.54 ㉱ 33.15

[해설] $B.A = \dfrac{\theta}{360} \times 2\pi(R + \dfrac{1}{2}T)$ (R : 굽힘 반지름, T : 두께)

16 0.051″인 판을 굽힘 반지름 0.125″로서 90° 굽히려고 할 때 Set Back은?

㉮ 0.176″ ㉯ 1.176″ ㉰ 0.51″ ㉱ 1.51″

17 연한 재료에 Drill작업을 할 때 Drill의 각도는?

㉮ 90° 각도로 고속회전 ㉯ 0° 각도로 저속회전
㉰ 118° 각도의 고압으로 고속회전 ㉱ 118° 각도의 저압으로 저속회전

[해설] 재질에 따른 드릴 날의 각도
• 경질 재료 또는 얇은 판일 경우 : 118°, 저속, 고압 작업
• 연질 재료 또는 두꺼운 판일 경우 : 90°, 고속, 저압 작업
• 재질에 따른 드릴 날의 각도(일반 재질 : 118°, 알루미늄 : 90°, 스테인리스강 : 140°)

[정답] 13 ㉱ 14 ㉯ 15 ㉰ 16 ㉮ 17 ㉮

18 연강이나 알루미늄 합금 절삭 시 정상적인 드릴의 각도?

㉮ 59도 ㉯ 118도 ㉰ 135도 ㉱ 80도

해설
- 목재, 가죽 등의 아주 연한 재질 절삭 시 : 90°
- 연강이나 알루미늄 합금 절삭시 : 118°
- 열처리된 강 절삭시 : 150°

19 부재를 심하게 약화시키지 않고 가장 적게 구부릴 수 있는 것을 무엇이라고 하는가?

㉮ 굽힘 허용(Bend Allowance)
㉯ 최소 굽힘 반경(Minimum Radius of Bend)
㉰ 최대 굽힘 반경(Maximum Radius of Bend)
㉱ 중립 굽힘 반경(Neutral Radius of Bend)

20 길이를 짧게 하기 위해 판재를 주름잡는 가공은?

㉮ 수축 가공 ㉯ 프랜징 ㉰ 범핑 가공 ㉱ 크림핑 가공

해설 크림핑(Crimping) 가공 : 길이를 짧게 하기 위해 판재를 주름잡는 가공

21 0.032in 두께의 알루미늄 두 판을 접합시키는 데 필요한 Universal Rivet은?

㉮ AN 430 AD-4-3
㉯ AN 470 AD-4-4
㉰ AN 426 AD-3-5
㉱ AN 430 AD-4-4

해설 머리모양에 따른 Rivet의 분류
- Round Rivet : AN 430
- Flat Rivet : AN 440
- Brazier Rivet : AN 450
- Universal Rivet : AN 470

22 열처리가 요구되지 않는 곳에 사용하는 Rivet은?

㉮ 2017-T ㉯ 2024-T ㉰ 2117-T ㉱ 2024-T(3/16 이상)

23 Rivet의 지름은 어떻게 정하는가?

㉮ Rivet 간의 거리
㉯ 판재의 모양에 따라
㉰ Sunk의 길이
㉱ 판재의 두께에 따라

정답 18 ㉯ 19 ㉯ 20 ㉱ 21 ㉯ 22 ㉰ 23 ㉱

Chapter 3 항공기 기체

24 같은 열에 있는 리벳 중심과 Rivet 중심 간의 거리를 무엇이라 하는가?

㉮ 연거리   ㉯ Rivet Pitch   ㉰ 열간 간격   ㉱ 가공거리

25 Rivet할 판의 두께를 T, Rivet의 직경은 3T, Grip의 길이를 G라 할 때 Rivet의 총길이는?

㉮ 1.5T + G   ㉯ 2.5T + G   ㉰ 4.5T + G   ㉱ 7.5T + G

26 리벳 작업시 벅 테일 머리 크기로 적당한 것은?

㉮ 폭은 지름의 1.5배, 높이는 지름의 0.5배
㉯ 폭은 지름의 2.5배, 높이는 지름의 0.3배
㉰ 폭은 지름의 2.0배, 높이는 지름의 1.0배
㉱ 폭은 지름의 3.0배, 높이는 지름의 1.5배

해설 벅 테일 머리 크기 : 벅 테일의 높이는 0.5D이고 두께는 1.5D이다.

27 Bucking Bar를 가까이 댈 수 없는 좁은 장소에 사용할 수 있는 Rivet은? ㉰

㉮ Countersink Rivet   ㉯ Universal Rivet
㉰ Blind Rivet   ㉱ Brazier Head Rivet

해설 Blind Rivet : 버킹바(Bucking Bar)를 가까이 댈 수 없는 좁은 장소 또는 어떤 방향에서도 손을 넣을 수 없는 박스 구조에서는 한쪽에서의 작업만으로 리베팅을 할 수 있는 리벳

28 알루미늄 합금 리벳 표면의 색이 황색을 띠면 어떤 보호처리를 하였는가?

㉮ 니켈보호 도장   ㉯ 양극 처리
㉰ 금속도료 도장   ㉱ 크롬산아연 보호 도장

해설 리벳의 방식 처리법 : 리벳의 표면에 보호막을 사용하며 크롬산아연(황색), 메탈스프레이(은빛), 양극 처리(진주빛) 등이 있다.

29 구조재 중 응력을 담당하는 구조부 외에 체결용으로 흔히 사용되는 Rivet은?

㉮ 3/32인치 이하   ㉯ 5/32인치 이하   ㉰ 5/32인치 이상   ㉱ 7/32인치 이상

해설 지름이 3/32인치 이하이거나 8mm 이상인 리벳은 응력을 받는 구조 부재에 사용할 수 없다.

정답 24 ㉯   25 ㉰   26 ㉮   27 ㉰   28 ㉱   29 ㉮

30 2장의 두께가 다른 알루미늄 판을 리베팅 시 리벳의 머리의 위치는?

㉮ 두꺼운 판 쪽
㉯ 어느 쪽이라도 상관없다.
㉰ 적당한 공구를 사용하면 어느 쪽이라도 상관없다.
㉱ 얇은 판 쪽

31 식별기호가 AN 430 AD-4 8 리벳에서 직경과 길이를 바르게 나타낸 것은?

㉮ 4/32인치 직경×8/16인치 길이
㉯ 4/16인치 직경×8/16인치 길이
㉰ 1/8인치 직경×1/2인치 길이
㉱ 4/16인치 직경×8/32인치 길이

해설 AN 430 : 리벳 머리 모양(둥근머리), AD : 재질, 4 : 리벳 직경 4/32인치, 8 : 리벳 길이 8/16인치

32 2017, 2024를 ice box에 보관하는 이유는?

㉮ 입자간 부식방지
㉯ 시효경화 촉진
㉰ 시효경화 지연
㉱ 내부응력 제거

해설 알루미늄 합금의 시효경화 : 상온에 그대로 방치하는 상온시효와 상온보다 높은 100~200℃ 정도에서 처리하는 인공시효가 있다. 2017과 2024는 시효경화성이 있기 때문에 사용 전에 열처리하여 ice box에 보관하며 이는 시효경과를 지연시킨다.

33 산소호스의 색깔과 연결부에 대한 설명으로 옳은 것은?

㉮ 백색이며 오른손나사
㉯ 녹색이며 오른손나사
㉰ 적색이며 왼손나사
㉱ 흑색이며 왼손나사

해설 산소호스의 색깔은 녹색이며, 연결부의 나사는 오른나사이고, 아세틸렌호스의 색깔은 적색이며 연결부의 나사는 왼나사이다.

34 용접의 강도와 모양에 심각한 영향을 미치는 용접봉의 직경은 어떻게 결정되는가?

㉮ 사용될 용접 불꽃의 형태
㉯ 용접될 재질과 두께
㉰ Tip의 크기
㉱ Flux 형태

해설 용접봉의 직경은 용접부의 냉각과 관계된다.

정답 30 ㉱ 31 ㉮ 32 ㉰ 33 ㉯ 34 ㉯

35 용접봉을 선택할 때 제일 먼저 고려해야 할 점은?

㉮ 용접봉의 사이즈
㉯ 용접할 금속의 두께
㉰ 용접할 금속의 종류
㉱ 토치 끝의 사이즈

해설 용접시 가장 먼저 고려해야 할 사항은 모재의 재질이다

36 접속부분을 재용접할 경우 조치 사항은?

㉮ 치수가 큰 용접봉을 사용한다.
㉯ 먼저 남아있던 용접부분을 완전히 제거한다.
㉰ 재용접 전에 미리 열을 가한다.
㉱ 용제가 적절하게 침투되고 안전하게 하기 위하여 온도를 높인다.

37 알루미늄을 용접할 때 용제(Flux)를 사용하는 이유는?

㉮ 산화작용을 방지해 준다.
㉯ 모재의 융해를 보다 좋게 하기 위해
㉰ 넓게 흐르는 것을 방지하기 위해
㉱ 용접 전에 모재를 청소하기 위해

38 가스 용접 시 스테인리스강을 용접하려면 용접기의 토치 화염은?

㉮ 탄화화염   ㉯ 산화화염   ㉰ 중화화염   ㉱ 고화염

해설 불꽃의 종류
- 표준불꽃(중성불꽃) : 연강, 주철, 구리 니크롬강, 아연도금 철판, 아연, 주강, 고탄소강에 이용
- 탄화불꽃(아세틸렌 과잉 또는 환원불꽃) : 경강, 스테인리스 강판, 스텔라이트, 모넬메탈, 알루미늄·알루미늄 합금 등에 이용
- 산화불꽃(산소과잉불꽃) : 황동, 청동 등에 이용

39 알루미늄 용접시 불꽃은?

㉮ 중성 불꽃   ㉯ 산화 불꽃   ㉰ 탄화 불꽃   ㉱ 표준 불꽃

40 다음 중 텅스텐 불활성 가스 아크 용접시 사용하는 가스가 아닌 것은?

㉮ 순수 헬륨
㉯ 아르곤
㉰ 아르곤, 이산화탄소의 혼합가스
㉱ 헬륨, 질소의 혼합가스

해설 보호가스에는 불활성가스인 아르곤가스가 주로 사용되고, 아르곤가스에 산소 또는 이산화탄소를 혼합하여 쓰기도 한다.

정답 35 ㉰ 36 ㉯ 37 ㉮ 38 ㉮ 39 ㉰ 40 ㉱

41 용접 팁을 선택하는 방법은?

㉮ 재료의 종류에 따라 사용한다.　㉯ 적당한 것을 사용한다.
㉰ 작은 것을 사용한다.　　　　　㉱ 큰 것을 사용한다.

해설 용접 팁의 선택 : 팁의 구멍 크기가 작업에 공급되는 열의 크기를 결정하기 때문에 너무 작은 팁을 사용하면 열이 불충분해서 적절한 깊이로 침투할 수 없고, 팁이 너무 크면 열이 너무 높아서 금속에 구멍을 만들고 태워버린다. 사용할 팁의 크기는 적당한 것을 선택해야 한다.

42 산소-아세틸렌 용접에서 역류나 역화의 원인이 아닌 것은 어느 것인가?

㉮ 토치의 성능이 불량시　　　　㉯ 아세틸렌 가스의 공급이 과다할 때
㉰ 토치 팁에 석회분이 끼었을 때　㉱ 토치 팁이 과열되었을 때

해설
- 역류(contra flow) : 산소가 아세틸렌 호스 쪽으로 흘러 들어가는 것을 말하며, 팁 끝이 막혔거나 안전기 고장일 때 발생한다.
- 인화(flash back) : 팁 끝이 순간적으로 막혔을 때 가스의 분출이 나빠 불꽃이 혼합선까지 들어가는 것을 말하며, 팁의 분출 소음이 약하게 되고 혼합실 부분이 뜨거워져 때로는 그을음이 분출된다. 불꽃이 보이지 않고 내부까지 진행되면 폭발 사고의 원인이 되므로 즉시 아세틸렌 밸브를 감가서 혼합선의 불을 끄고 이어서 산소 밸브도 잠근다.
- 역화(back fire) : 불꽃이 팁 안쪽으로 들어가서 순간적으로 폭발음을 내면서 다시 나오거나 꺼져 버리는 현상이다. 가스 유출속도보다 연소가 빠를 때 일어나는데 팁에 물체가 부딪쳐 순간적으로 가스 흐름이 멈출 때, 팁의 구멍은 큰 반면에 가스를 조금씩 내보내어 노즐부의 속도가 늦을 때, 팁이 과열되었을 때, 가스 압력이 아주 낮을 때 발생한다.

43 성분이 서로 다른 이질금속은 어떤 이유로 접촉시켜서는 안되나?

㉮ 인장강도가 서로 다르다.
㉯ 열팽창계수가 서로 다르다.
㉰ 접촉점에서 전기 화학 작용으로 부식이 생길 가능성이 있다.
㉱ 정전기의 발생으로 인해 무전기의 통신을 방해한다.

해설 서로 다른 금속이 접촉하면 접촉면 양쪽에 기전력이 발생하고, 여기에 습기가 있게 되면 전류가 흐르면서 부식이 발생한다.

44 항공기 구조물에 프레팅 부식이 생기는 원인은?

㉮ 이질금속간의 접촉
㉯ 부적당한 열처리
㉰ 볼트로 결합된 부품 사이의 미세한 움직임
㉱ 산화 물질로 인한 표면 부식

정답 41 ㉯　42 ㉯　43 ㉰　44 ㉰

45 Galvanic Corrosion이란?

㉮ 인장응력과 부식이 동시에 일어나서 생기는 부식
㉯ 금속판이 진동에 의해 서로 부딪쳐 발생한 부식
㉰ 서로 다른 금속이 습기로 인하여 외부 회로가 생겨서 생기는 부식
㉱ 세척용 화학 약품의 화학 작용으로 생기는 부식

해설 이질 금속 간 부식(Galvanic Corrosion) : 상이한 두 금속이 접촉할 때 습기로 인하여, 외부 회로가 생겨서 일어나는 부식으로 금속 간의 전위차에 의해서 결정된다.

46 양극 산화 처리(Anodizing)란 무엇인가?

㉮ 표면에 하는 용융금속 분사방법이다.
㉯ 산화물에 피막을 입히는 방법이다.
㉰ 수산화 피막을 인공적으로 입히는 방법이다.
㉱ 전기적인 도금방법이다.

해설 양극 산화 처리(Anodizing) : 마그네슘 합금과 알루미늄 합금을 양극으로 하여 크롬산 용액에 담그면 양극으로 된 부분에서 산소가 발생하여 산화피막이 형성된다.

47 인산염 피막을 철제 표면에 형성시켜 부식을 방식하는 방법은?

㉮ Alclade ㉯ Parkerizing ㉰ Anodizing ㉱ Alodine

해설 파커라이징(Parkerizing) : 부식 방지법 중의 하나로 검은 갈색의 인산염 피막을 철제 표면에 형성시켜 부식을 방식하는 방법

3-2 구조역학의 기초

01 다음은 응력(Stess)에 대한 설명이다. 잘못된 것은?

㉮ 물체에 외력이 작용할 때 생기는 단위면적당 외력
㉯ 응력의 단위는 kg/cm^2
㉰ 응력의 크기는 단면적에 비례
㉱ 응력의 크기는 물체에 작용하는 외력에 비례

해설 $\sigma = \dfrac{P}{A} = E\varepsilon$

정답 45 ㉰ 46 ㉯ 47 ㉯ [3-2] 01 ㉰

02 인장강도의 단위는?

㉮ kg/sec² ㉯ kg/cm² ㉰ kg/mm² ㉱ kg

해설 인장강도의 단위는 응력(stress)으로써 단위면적에 작용하는 힘이다. 응력(stress)은 압력(pressure)의 단위와 같은 힘/면적이다. [Pa(N/m²), psi(lb/in²), kg/cm²]

03 응력이 증가하지 않아도 변형이 저절로 되는 점은?

㉮ 비례한도점 ㉯ 항복점 ㉰ 탄성점 ㉱ 최대응력점

해설 항복점 : 응력이 증가하지 않아도 변형이 저절로 증가되는 점으로 이때의 응력을 항복응력 또는 항복강도라고 한다.

04 재료가 열을 받아도 늘어나지 못하게 양쪽 끝이 구속되어 있으면 발생되는 응력은?

㉮ 순수전단응력 ㉯ 막응력 ㉰ 후크응력 ㉱ 열응력

해설 열응력 : 재료가 열을 받아도 늘어나지 못하게 양쪽 끝이 구속되어 있으면 재료 내부에서는 응력이 발생한다.
$\delta = \alpha \cdot L(\Delta T)$ (δ : 늘어난 길이, α : 재료의 선팽창계수, L : 원래의 길이, ΔT : 온도변화)

05 응력-변형률 곡선에서 응력을 제거하면 변형률도 제거되어 원래의 상태로 돌아오게 되는데 재료의 이와 같은 성질을 무엇이라 하는가?

㉮ 소성 ㉯ 탄성 ㉰ 항복 ㉱ 항복점

해설 탄성응력이 제거되면 변형률도 제거되어 원래의 상태로 돌아오는 성질을 탄성이라 한다.

06 재료의 변형은 하중에 의하여 어느 작은 변위에서는 응력과 변형율의 비례관계가 σ = Eε로 성립된다. 이것은 무엇인가?

㉮ 관성계수 ㉯ 후크의 법칙 ㉰ 영률 ㉱ 응력-변형률

해설 후크의 법칙 : 응력과 변형률의 관계를 나타내고 응력과 변형률 곡선에서 비례 한도점을 벗어나면 후크의 법칙은 성립하지 않는다.
$\sigma = E\varepsilon$ (σ : 응력, E : 탄성계수, ε : 변형률)

정답 02 ㉰ 03 ㉯ 04 ㉱ 05 ㉯ 06 ㉯

07 탄성계수 E, 프아송의 비 υ, 전단탄성계수 G 사이의 관계는?

㉮ $G = \dfrac{E}{2(1-\upsilon)}$ ㉯ $E = \dfrac{G}{2(1+\upsilon)}$ ㉰ $G = \dfrac{E}{2(1+\upsilon)}$ ㉱ $E = \dfrac{G}{2(1-\upsilon)}$

해설 프아송의 비 $\upsilon = \left|\dfrac{\varepsilon_y}{\varepsilon_x}\right|$, 전단탄성계수 $G = \dfrac{E}{2(1+\upsilon)}$

08 다음 보 중에서 부정정보는?

㉮ 연속보 ㉯ 단순 지지보 ㉰ 내다지보 ㉱ 외팔보

해설 정정구조물 : 정역학적 평형방정식을 만족하는 구조물로 미지수와 방정식의 수가 같은 구조물을 말하고 미지수의 수가 평형방정식의 수보다 많은 경우를 부정정인 구조물이라 한다.

09 다음 지지점과 반력의 관계 중에서 틀린 것은?

㉮ 고정 지지점 : 수평분력을 받는다.
㉯ 롤러 지지점 : 수직분력을 받는다.
㉰ 힌지 지지점 : 수직분력과 저항 회전 모멘트
㉱ 힌지 지지점 : 3방향의 힘을 다 받는다.

10 그림과 같이 길이 ℓ 인 캔틸레버 보의 자유단에 집중력 P가 작용하고 있다. 이 보의 최대 굽힘모멘트는 얼마인가?

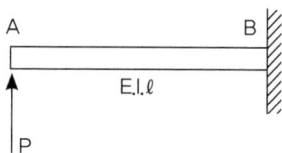

㉮ Pl ㉯ $\dfrac{Pl}{AE}$ ㉰ $\dfrac{P^2 l}{2AE}$ ㉱ Pl^2

11 다음 지지보의 형태는?

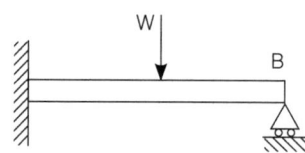

㉮ 단순보 ㉯ 고정지지보
㉰ 고정보 ㉱ 돌출보

정답 07 ㉰ 08 ㉮ 09 ㉰ 10 ㉮ 11 ㉯

12 10×10cm인 정사각형 단면보에서 휨 모멘트 3,200kg·m가 작용할 때, 최대 휨 응력을 구하여라.

㉮ 880kg/cm² ㉯ 1,730kg/cm² ㉰ 1,921kg/cm² ㉱ 3,250kg/cm²

해설 $\sigma = \dfrac{My}{I} = \dfrac{M \cdot \dfrac{h}{2}}{\dfrac{bh^3}{12}}$

13 두께 1mm 알루미늄 합금판을 그림과 같이 전단 가공을 할 때 필요한 최소한의 힘은 얼마인가? (단, 이 판의 최대 전단 강도는 3600kg/cm²)

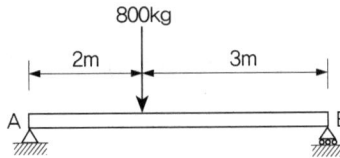

㉮ 10,800kg
㉯ 36,000kg
㉰ 108,000kg
㉱ 360,000kg

해설 $F = \tau \times A = 3600 \times \{0.1 \times 2(10+5)\} = 10,800$

14 길이 5m인 받침보에 있어서 A단에서 2m인 곳에 800kg의 집중하중이 작용할 때 A단에서의 반력은 얼마인가?

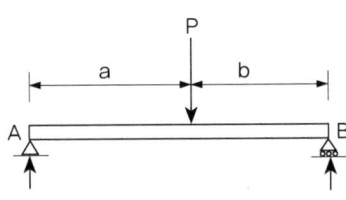

㉮ 480kg
㉯ 400kg
㉰ 320kg
㉱ 300kg

해설 B단을 중심으로 한 모멘트 값이 같아야 한다.

15 다음 단순 지지보에의 B지점에서의 반력 R_B? (단, a > b)

㉮ $R_B = P$
㉯ $R_B = \dfrac{1}{2}P$
㉰ $R_B = \dfrac{a}{a+b}P$
㉱ $R_B = \dfrac{a}{a-b}P$

정답 12 ㉰ 13 ㉮ 14 ㉮ 15 ㉰

16 그림과 같이 보에 집중하중이 가해질 때 하중 중심의 위치는?

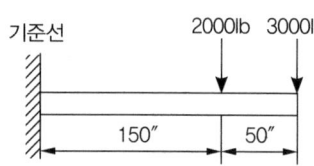

㉮ 기준선에서부터 150″
㉯ 기준선에서부터 180″
㉰ 보의 우측 끝에서부터 150″
㉱ 보의 우측 끝에서부터 180″

17 원형 단면의 봉의 경우 비틀림 단면에서 발생하는 비틀림각 θ를 나타낸 식은?(R : 반지름, T: 비틀림모멘트 계수, L : 길이, J : 극관성모멘트계수, G : 전탄성계수)

㉮ $\dfrac{GJ}{TL}$ ㉯ $\dfrac{TR}{J}$ ㉰ $\dfrac{TL}{GJ}$ ㉱ $\dfrac{GR}{TJ}$

해설 $\tau = \dfrac{Tr}{J}$, $\theta = \dfrac{TL}{GJ}$

18 봉의 단면적 A, 길이 L, 재료의 탄성계수 E, 이에 작용하는 인장력 P일 때 늘어난 길이 δ는?

㉮ $\delta = \dfrac{PE}{AL}$ ㉯ $\delta = \dfrac{P^2L}{AE}$ ㉰ $\delta = \dfrac{P^2E}{AL}$ ㉱ $\delta = \dfrac{PL}{AE}$

해설 $\delta = \dfrac{P}{A} = E\varepsilon$, ∴ $\dfrac{P}{EA} = \dfrac{\delta}{L}$, $\delta = \dfrac{PL}{AE}$

19 그림과 같이 얇은 판으로 된 원통의 평균 반경 R = 10cm이다. T = 62,800kg·cm인 비틀림이 작용할 때 원통벽의 전단흐름 q는?

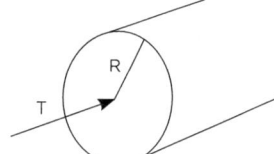

㉮ 400kg/cm   ㉯ 300kg/cm
㉰ 200kg/cm   ㉱ 100kg/cm

해설 $q = \dfrac{T}{2\pi r} = \dfrac{62800}{2\pi \times 10} = 100 kg/cm$

20 그림과 같이 인장력 P를 받는 봉에 축적되는 탄성에너지에 대하여 잘못 설명된 것은?

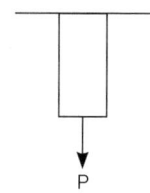

㉮ 봉의 길이 L에 비례한다.
㉯ 봉의 단면적 A에 비례한다.
㉰ 가한 하중 P의 제곱에 비례한다.
㉱ 재료의 탄성계수의 E에 반비례한다.

해설 탄성 에너지 $U = \dfrac{1}{2}P\lambda = \dfrac{P^2L}{2EA}$
따라서, 봉의 길이, 단면적, 가한 하중에 비례하고 탄성계수 E에 반비례한다.

14 다음 그림과 같은 도면의 단면 2차 모멘트(I_x)는?

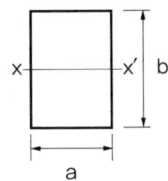

㉮ $\dfrac{ba^3}{12}$ ㉯ $\dfrac{ab^3}{12}$

㉰ $\dfrac{ab^2}{6}$ ㉱ $\dfrac{ba^2}{6}$

해설 단면 2차 관성 모멘트에서 X축에 대한 단면 2차 관성 모멘트는 $I_x = \sum_{i=1}^{n} y_i^2 (\Delta A_i) = \int y^2 dA$

중심에서 y만큼 떨어진 거리에 미소길이 dy를 잡고 이 부분의 면적을 dA라 하면 dA = ady

따라서, $I_x = 2 \times \int_0^{\frac{b}{2}} y^2 a dy = \dfrac{2a}{3}[y^3]_0^{\frac{b}{2}} = \dfrac{2a}{3} \times \left(\dfrac{b}{2}\right)^3 = \dfrac{ab^3}{12}$

15 그림과 같은 web 양단에 연결된 두 flange 보 구조에 전단력 V가 그림과 같이 작용하는 경우에 있어서 web에 작용하는 전단흐름 q는 얼마인가? (단, web는 굽힘 하중에 대해서 저항하지 못한다.)

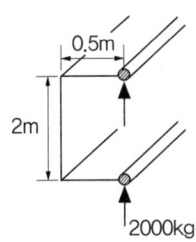

㉮ 1,000kg/m
㉯ 2,000kg/m
㉰ 3,000kg/m
㉱ 4,000kg/m

해설 $q = \dfrac{T}{2bh}$

16 다음 그림과 같은 T형 부재의 X-X′축에서의 단면 2차 모멘트의 값은 얼마인가?

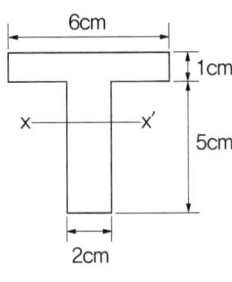

㉮ 110.2cm^4
㉯ 220.4cm^4
㉰ 27.1cm^4
㉱ 55.1cm^4

해설 $I_x = \sum_{i=1}^{n} y_i^2 (\Delta A_i)$

24 다음 그림은 수송기의 V-n 선도를 나타낸 것이다. 이 그림에서 A와 D의 연결선은 무엇을 나타내는가?

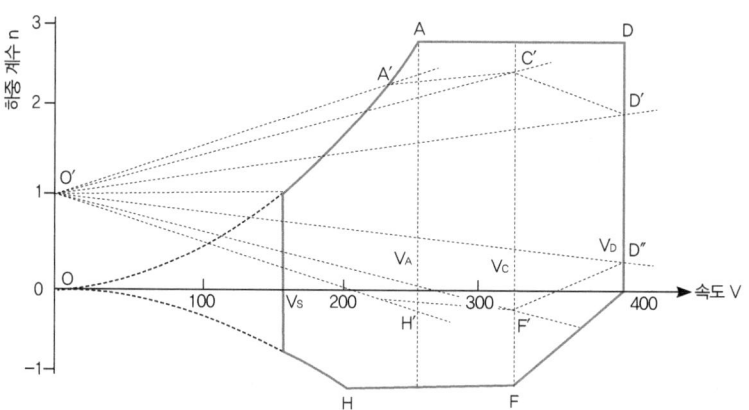

㉮ 양력 계수
㉯ 돌풍 하중 계수
㉰ 설계상 주어진 한계 하중 계수
㉱ 설계 순항 속도

해설 속도하중배수선도 : 제작 상 하중에 대하여 구조상 안전하게 설계, 제작해야하는 기준이며, 사용상 항공기가 구조상 안전하게 운항하기 위하여 비행 범위를 제시하는 기준

25 위 V-n선도에서 순항성능이 가장 효율적으로 얻어지도록 정한 설계속도는?

㉮ V_S ㉯ V_A ㉰ V_C ㉱ V_D

해설 • V_A (설계운용속도) : 플랩 등의 고양력 장치를 사용하지 않고 아무리 상승해도 하중배수를 초과하지 않는 속도
• V_C (설계순항속도) : 감항성상 기준이 되는 순항속도에서 등가대기속도
• V_D (설계 급강하 속도) : 설계상 기체강도, 안정성, 조종성을 보장하는 허용최대 급강하속도

26 피로에 대한 내용 중 맞는 것은?

㉮ 큰 하중으로 파괴될 때의 현상
㉯ 반복하중에 의한 파괴현상
㉰ 구조 설계를 위한 한계
㉱ 반복하중에 의한 재료의 저항력 감소형상

정답 24 ㉰ 25 ㉰ 26 ㉱

27. V-n 선도에서의 n(Load factor)를 바르게 나타낸 것은? (단, L : 양력, D : 항력, T : 추력, W : 무게)

㉮ L/W ㉯ W/L ㉰ T/D ㉱ D/T

해설 하중배수(Load factor)란 현재의 하중이 기본하중의 몇 배나 되는지를 말하며, 항공기에 있어서는 날개에서 발생하는 양력이 기본 하중, 즉 수평 비행시에 발생하는 양력의 몇 배가 되는지를 정하는 수치

$$n = \frac{L}{W} = \frac{C_L \frac{1}{2}\rho V^2 S}{W}$$

28. 다음 중 하중계수에 대한 설명으로 틀린 것은?

㉮ 하중계수는 기체에 작용하는 하중을 무게로 나눈 값이다.
㉯ 등속 수평비행시 하중계수는 "1"이다.
㉰ 하중계수는 비행속도의 제곱에 비례
㉱ 선회 비행시에 경사각이 클수록 하중계수는 작아진다.

해설 하중계수 $n = \frac{L}{W} = 1 + \frac{a}{g} = \frac{1}{\cos\theta} = \frac{V^2}{V_s^2}$

29. V-n 선도에 대한 설명으로 틀린 것은?

㉮ 정부기관에서 정한다.
㉯ 제작회사에서 정한다.
㉰ 설계제작시 참고하는 자료이다.
㉱ 사용자가 사용할 때 안전운용범위 지시

해설 V-n 선도 : 항공기의 속도에 대한 제한 하중 배수를 나타내며 항공기의 안전한 비행 범위를 정해 주는 도표

30. 구조재료의 Creep 현상을 바르게 설명한 것은?

㉮ 재료가 일정한 온도에서 시간이 경과함에 따라 변형률이 변하는 상태
㉯ 재료가 일정한 온도에서 시간이 경과함에 따라 하중이 일정하더라도 변형률이 변하는 현상
㉰ 재료가 일정한 온도에서 시간이 경과함에 따라 하중이 변하지 않는 현상
㉱ 재료가 온도가 변화함에 따라 하중이 변하지 않는 현상

해설 Creep 현상 : 일정한 응력을 받는 재료가 일정한 온도에서 시간이 경과함에 따라 하중이 일정하더라도 변형률이 변화하는 현상

정답 27 ㉮ 28 ㉱ 29 ㉯ 30 ㉯

31 시간에 대한 재료의 변형도를 표시한 곡선을 Creep곡선이라고 한다. 이 Creep곡선 중 시간에 대한 변형도와 증가율이 일정하게 증가되는 시간 단계는?

㉮ 1단계　　㉯ 2단계　　㉰ 3단계　　㉱ 천이점

해설 Creep곡선
- 1단계 : 탄성 범위 내의 변형으로서, 하중을 제거하면 원래의 상태로 돌아온다.
- 2단계 : 변형률이 직선으로 증가한다.
- 3단계 : 변형률이 급격히 증가하여 결국 파단이 생긴다.
- 천이점 : 2단계와 3단계의 경계점이다.

32 좌굴(Buckling) 현상을 바르게 설명한 것은?

㉮ 작은 봉(Bar)은 좌굴강도에 의하여 파괴된다.
㉯ 큰 인장하중을 받는 곳은 좌굴될 위험이 있다.
㉰ 큰 전단하중을 받는 곳에 위험이 있다.
㉱ 압축된 부분에 주름모양으로 주름지는 현상이다.

해설 좌굴(Buckling) 현상 : 과도한 압축응력을 받는 곳이나 굽힘응력이 작용하는 압축된 부분에 주름모양으로 주름지는 현상

33 ℓ = 150cm, d = 3cm인 고정기둥의 세장비는 얼마인가?

㉮ 21.54　　㉯ 63.7　　㉰ 112.5　　㉱ 200

해설 세장비 $\lambda = \dfrac{L}{K}$ (K : 최소단면회전 반지름, L : 기둥의 길이)
$K = \sqrt{\dfrac{I}{A}} = \dfrac{d}{4}$ (I : 관성모멘트, A : 단면적)

34 기체의 영구 변형이 일어나더라도 파괴되지 않는 하중은?

㉮ 돌풍하중　　㉯ 극한하중　　㉰ 한계하중　　㉱ 설계하중

해설 한계하중 : 기체 구조상의 최대하중으로 기체의 영구변형이 일어나더라도 파괴되지 않는 하중

35 다음 중 설계하중을 바르게 설명한 것은?

㉮ 설계하중 = 한계하중
㉯ 설계하중 = 한계하중+안전계수
㉰ 설계하중 = 안전계수
㉱ 설계하중 = 한계하중×안전계수

해설 설계하중 : 기체가 견딜 수 있는 최대의 하중으로 한계하중에 안전계수의 곱으로 표현되며, 일반적으로 안전계수는 1.5이다.

정답 31 ㉯　32 ㉱　33 ㉱　34 ㉰　35 ㉱

36 재료의 인성과 취성을 측정하기 위해 실시하는 동적 시험법은?

㉮ 인장시험
㉯ 전단시험
㉰ 충격시험
㉱ 경도시험

해설 충격시험 : 충격력에 대한 재료의 충격저항을 시험하는 것으로서, 일반적으로 재료의 인성 또는 취성을 시험한다.

37 운항자기(Operating Empty Weight) 무게에 맞는 것은?

㉮ 화물 무게
㉯ 사용 가능한 연료의 무게
㉰ 승객 무게
㉱ 유압 계통에 사용되는 윤활유의 무게

해설 운항자기 무게(Operating Empty Weight) : 자기 무게의 운항에 필요한 승무원, 장비품, 식료품 등의 무게를 포함한 무게로 승객, 화물, 연료, 윤활유는 포함하지 않는다.

02 항공기 무게의 설계 단위 측정 시 여자 승객의 무게는?

㉮ 55kg
㉯ 65kg
㉰ 70kg
㉱ 75kg

해설 항공기 탑재물 설계 단위 무게 : 항공기 탑재물에 대한 무게를 정하는데 기준이 되는 설계상 무게(남자 : 75kg, 여자 : 65kg, 가솔린 : 1L당 0.7kg, 윤활유 : 1L당 0.9kg)

03 다음 자료를 이용하여 항공기 무게중심의 위치를 구하라.

측정 항목	무게	팔길이
항공기(자기무게)	470	+24
윤활유	8	−80
조종사	80	+12
연료	25	+46

㉮ 15.5cm
㉯ 18.85cm
㉰ 21.87cm
㉱ 24.54cm

해설 $c.g = \dfrac{w_1 l_1 + w_2 l_2 + \cdots + w_n l_n}{w_1 + w_2 + \cdots + w_n}$

40 최대이륙중량(Maximum Take-off Gross Weight)이란?

㉮ 지상에서 이용할 수 있는 허가된 최대의 중량
㉯ 착륙이 허용될 수 있는 최대의 중량
㉰ 제작 시 기본무게에 운항 시 필요한 품목을 더한 무게
㉱ 최대활주 총무게에서 Engine Run-up, Taxing Holding 등에 사용된 연료를 뺀 무게

해설 최대이륙중량 : 최대 활주 총무게에서 Engine Run-up, Taxing Holding 등에 사용된 연료를 뺀 무게를 말한다.

41 항공기의 무게중심을 맞추기 위해 사용하는 모래주머니, 납 등을 무엇이라 하는가?

㉮ 테어   ㉯ 밸러스트   ㉰ 웨이트   ㉱ 카운트 웨이트

해설 밸러스트 : 요구되는 무게 중심을 평형을 얻기 위해, 또는 장착 장비의 제거, 또는 장착에서 오는 무게의 보상을 위해 설치하는 모래주머니, 납판, 납봉을 말한다.

정답 40 ㉱ 41 ㉯

Chapter 04

Industrial Engineer Aircraft Maintenance
- Aircraft System

항공기 계통

Section 1 | 항공전기 계통
Section 2 | 항공계기 계통
Section 3 | 항공기 공·유압 및 환경조절 계통
Section 4 | 항공기 방빙 및 비상 계통
Section 5 | 항공기 통신 및 항법 계통

| Section 1 |

항공전기 계통

01 전기회로

1. 직류와 교류

가. 전기의 종류
(1) 직류(D.C) : 12V, 24V, 단선방식
(2) 교류(A.C) : 115V, 400Hz, 3상 전기 및 200V, 400Hz, 3상 전기

나. 전원 발생장치의 종류
(1) 축전지(Battery)
(2) 발전기(Generator) : 직류 발전기, 교류 발전기

다. 전기 회로 일반
(1) 도체의 저항에 관련된 4가지 요소
① 물질의 성질, 도체의 길이, 도체의 단면적, 온도
② 탄소 등과 같은 써미스터(thermister)라고 불리는 몇 가지 물질은 온도가 증가하면 저항이 감소하지만, 그 밖의 대부분의 물질들은 온도가 증가하면 저항도 증가한다.
③ 도체의 저항은 길이에 비례하고 단면적에 반비례하며, 도체의 재질에 따라 달라진다.
④ 비저항 : 도체의 저항을 그 도체의 고유 저항 또는 비저항(specific resistance)이라 하며, 단위는 ohm-cir mil/ft
(2) 전력(Electric Power) : 전기가 단위시간에 할 수 있는 일로 단위는 와트(Watt)
(3) 키르히호프의 법칙
① 제 1법칙 : 도선의 접합 점으로 흘러들어온 전류의 합은 0이다.(전류의 법칙)
② 제 2법칙 : 어느 폐회로를 따라 특정한 방향으로 취한 전압 상승의 합은 0이다.

라. 교류
(1) 교류의 표시
① 자장 내에서 도선을 운동시키면 자력선과 상대 운동을 하게 되므로 유도 기전력이 발생

② $e = E_0 \sin(\omega t + \theta)$: 삼각 함수 표시법, 교류를 그림으로 최급할 때 사용

③ $e = E_m^{\angle \theta}$: 극좌표 표시법

④ $e = E_m e^{j\theta}$: 지수 함수 표시법, 극좌표 표시법과 지수 함수 표시법은 2개 이상의 교류를 곱하거나 나누는 계산

⑤ $e = E_m(con\theta + j\sin\theta)$: 복소수 표시법, 더하고 빼는 계산에 사용

(2) 교류의 저항

① 총 교류 저항(Z)을 임피던스(impedance)라 하며, 저항 R과 리액턴스 X로 구성되며 단위는 Ω

② 교류 회로에 저항으로 작용하는 요소는 저항 R(resistance, Ω)

(3) 교류의 표시

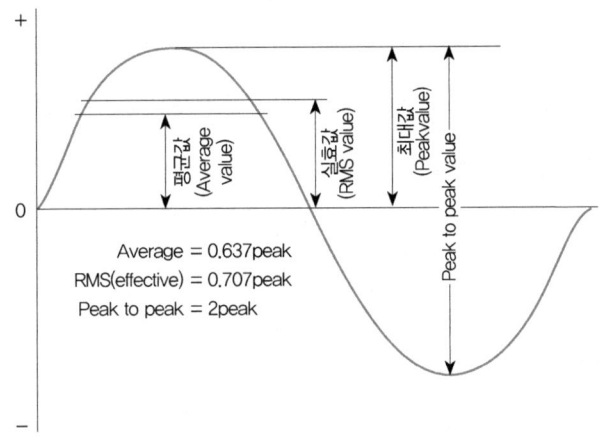

[그림 4-1] 교류의 표시

① 순시값 : 교류의 시간에 따라 순간마다 파의 크기가 변하고 있으므로 전류파형 또는 전압파형에서 어떤 임의의 순간에서 전류 또는 전압의 크기

② 최대값 : 교류파형의 순시값 중에서 가장 큰 순시값

③ 평균값 : 교류의 방향이 바뀌지 않은 반주기 동안의 파형을 평균한 값으로 평균값은 최댓값의 2/π배, 즉 0.637배이다.

④ 실효값 : 전기가 하는 일량은 열량으로 환산 할 수 있어 일정한 시간동안 교류가 발생하는 열량과 직류가 발생하는 열량을 비교한 교류의 크기로 실효값은 최대값의 1/배, 즉 0.707배이다.

2. 회로보호장치 및 제어장치

가. 회로 보호 장치(Circuit protective device)
규정 용량 이상의 전기가 계통에 흘러 각종 기기에 발생되는 손상을 방지하기 위한 장치

(1) 퓨즈(Fuse) : 규정 이상으로 전류가 흐르면 녹아 끊어짐으로써 회로에 흐르는 전류를 차단시키는 장치

(2) 전류제한기(Current Limiter) : 비교적 높은 전류를 짧은 시간 동안 허용할 수 있게 한 구리로 만든 퓨즈의 일종(퓨즈와 전류제한기는 한번 끊어지면 재사용이 불가능하다.)

(3) 회로차단기(Circuit Breaker) : 회로 내에 규정 이상의 전류가 흐를 때 회로가 열리게 하여 전류의 흐름을 막는 장치(재사용이 가능하고 스위치 역할도 한다.)

(4) 열보호장치(Thermal Protector) : 열스위치라고도 하고, 전동기 등과 같이 과부하로 인하여 기기가 과열되면 자동으로 공급전류가 끊어지도록 하는 스위치

나. 회로 제어 장치(Circuit control system)
필요로 하는 시간 동안만 일정한 조건에서 작동하게 된다.

(1) 스위치 : 회로의 개폐 및 방향전환(토글스위치, toggle switch) 푸시 버튼 스위치(push button switch), 마이크로 스위치(micro switch), 회전 선택 스위치(rotary selector switch)

(2) 계전기 : 스위치에 의하여 간접적으로 작동, 큰 전류가 흐르는 회로를 제어하기 위해 사용, 전선의 무게감소, 사용자의 위험성 제거

3. 직류 및 교류 측정장비

가. 다르송발 미터
직류를 측정하는 계기는 전류계, 전압계, 저항계 등이 있는 데 이것들은 다르송발 계기의 원리를 이용한 것으로 다르송발 계기는 영구자석의 자기장 내에 코일이 감긴 도체가 있고 전류가 흐르면 토크가 발생한다. 이 힘은 스프링의 힘과 평형을 이루어 전류의 크기를 나타낸다.

(1) 전류계
① 전류계는 부하에 직렬로 연결하여 전류를 측정한다.
② 전류계의 감도보다 큰 전류를 측정하려면 션트저항(분류기)을 전류계에 병렬로 연결하여 대부분의 전류를 션트저항으로 흐르게 하고, 전류계에는 감도보다 적은 전류가 흐르게 한다.

(2) 전압계
① 전압계는 부하에 병렬로 연결하여 전압을 측정한다.
② 전압계의 감도보다 큰 전압을 측정하려면 직렬저항(배율기)를 전압계에 직렬로 연결하여

대부분의 전압이 직렬저항에서 강하되고, 전압계에는 감도보다 작은 전압이 걸리게 한다.
(3) 저항계
① 회로에서 단선된 곳을 찾아내거나 저항값을 측정할 때 사용한다.
② 메가 저항계는 큰 저항값이나 절연저항 측정시 사용한다.
(4) 멀티미터(Multimeter)
① 전류, 전압 및 저항을 하나의 계기로 측정할 수 있는 다용도 측정계기
② 멀티미터 사용시 주의사항
㉠ 전류계는 직렬연결, 전압계는 병렬 연결한다.
㉡ 측정하고자 하는 전류 및 전압의 값을 모를 때는 큰 측정범위부터 낮추어간다.
㉢ 저항이 큰 부하의 전압을 측정할 때는 저항이 큰 전압계를 사용한다.
㉣ 전류계와 전압계는 전원이 공급된 상태에서 사용하지만 저항계는 전원이 차단된 상태에서 사용한다.

나. 교류측정계기 : 전류력계형 계기 사용
(1) **교류전류계** : 2개의 공심 전자석을 고정계자로 하고, 여기에 가동코일을 직렬, 저항코일을 병렬로 접속한 계기로 부하에 직렬연결하여 사용한다.
(2) **교류전압계** : 고정계자코일, 가동코일, 저항코일을 직렬로 접속한 계기로 부하에 병렬연결하여 사용한다.
(3) **전력계** : 2개의 고정계자코일(전류코일)을 직렬로, 가동코일(전압코일)과 저항코일은 병렬로 부하에 연결하여 사용한다.
(4) **주파수계기** : 진동편형계기를 항공기에서 가장 많이 사용한다.

02 직류 및 교류 전력

1. 축전지

가. 역할
(1) 발전기가 작동하지 않을 때 예비 전원으로 사용
(2) 발전기가 너무 늦은 속도로 작동하여 항공기 전원을 공급하기 힘들 때 전원을 공급하는 비상전원 공급 장치

나. 납산 축전지

(1) 구조

① 전극은 양극판(PbO₂), 음극판(Pb)으로 구성되고, 축전지 셀당 전압은 2V이다.

② 음극판의 수가 양극판보다 1개 더 많다.

③ 전해액은 묽은 황산($2H_2SO_4$)이고 충·방전 상태는 비중계로 전해액의 비중을 측정한다.(완전 충전시 전해액의 비중 : 1.275~1.300)

④
$$\underset{\text{과산화납}}{PbO_2} + \underset{\text{묽은황산}}{2H_2SO_4} + \underset{\text{해면상납}}{Pb} = \underset{\text{황산납}}{PbSO_4} + \underset{\text{물}}{2H_2O} + \underset{\text{황산납}}{PbSO_4}$$

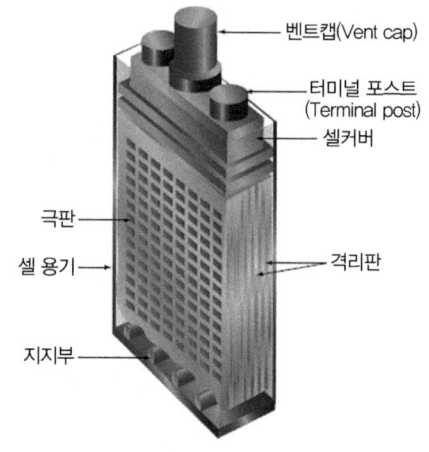

[그림 4-2] 납산축전지의 셀

⑤ 납-산 축전지의 각 셀의 구조
  ㉠ 극판 : 과산화납으로 된 양극판과 납으로 된 음극판으로 이루어져 있다.
  ㉡ 격리판 : 양극판과 음극판이 서로 접촉되어 전기적으로 단락되는 것을 방지하기 위하여 극판 사이에 설치한다.
  ㉢ 터미널 포스트 : 셀끼리 직렬로 연결할 때 사용한다.
  ㉣ 캡 : 전해액의 비중의 측정과 증류수를 보충하고 충전할 때 발생하는 가스를 배출할 수 있도록 배출구가 마련되어 있다.

(2) 점검 사항

① 전해액의 양을 측정하여 부족하면 순수한 증류수로 보충한다.

② 표면의 오염 상태를 점검하여 오염 시 마른걸레로 닦아준다.

③ 침전물 축적 상태를 점검하여 침전물이 발견될 때에는 전해액을 빼고 증류수로 닦아준 다음 다시 전해액을 충전시켜서 충전 후 비중을 조절한다.

④ 극판의 색깔 및 접속 단자의 결함을 확인한다.

⑤ 증류수와 황산을 섞는 방법 : 증류수에 황산을 조금씩 넣으며 섞는다.

⑥ 축전지 장탈 : 먼저 (-)선(접지선)을 제거하고, (+)선을 나중에 분리

⑦ 세척액 : 20% 희석된 중탄산나트륨(소다)와 물로 먼저 중화 후 세척한다.

다. 니켈-카드뮴 축전지(알칼리 축전지)

(1) 구조

① 전극은 양극판(Ni(OH)₃), 음극판(Cd), 축전지 셀 당 전압 1.25V

② 전해액은 30%의 KOH로 전해액의 비중은 1.240~1.300

③ 충·방전 상태 확인 방법은 전해액의 비중이 일정하므로 비중을 측정하여 충·방전 상태를 알 수 없고, 단지 전압계로만 측정 가능

④ $\underset{\text{수산화제2니켈}}{Ni(OH)_3}^{\text{양극판}} + \underset{\text{카드뮴}}{Cd}^{\text{음극판}} = \underset{\text{수산화제1니켈}}{Ni(OH)_2}^{\text{양극판}} + \underset{\text{수산화카드늄}}{Cd(OH)}^{\text{음극판}}$

⑤ 증류수에 수산화칼륨을 조금씩 추가하며 혼합

⑥ 축전지가 완전 충전된 후 3~4시간 이후에 증류수 보충

(2) 알칼리 축전지의 장점

① 충·방전 시 화학 반응이 전해액의 비중에 변화를 주지 않는다.

② 수명이 길며, 처음의 용량을 거의 변함없이 유지한다.

③ 큰 전류의 부하에도 용량은 줄지 않는다.

④ 사용 중 가스 발생이 거의 없고, 증류수의 보충을 자주하지 않아도 된다.

⑤ 내구성이 좋고, 빙점이 낮다.

⑥ 용량의 90%까지 방전되어도 일정 전압을 유지한다.

(3) 사용시 주의사항

① 니켈카드뮴 축전지와 납산 축전지는 따로 보관 사용

② 취급용 도구도 함께 사용 금지

③ 수산화칼륨 용액은 부식성이 강하므로 반드시 보호 장구착용

④ 전해액이 피부에 묻었을 때에는 붕산염, 아세트산 및 물 등으로 세척

⑤ 축전지에 탄산칼륨의 결정체가 형성되었을 때에는 전압 조절기의 조절이 잘 못되어 축전지가 과충전 되었음을 의미함

⑥ 세척 시는 반드시 벤트 플러그를 막고 산성 용매나 화학 용액으로 세척금지

⑦ 충전 전에 각 셀을 단락시킨 뒤 완전 방전시켜 전위차를 없앤 후 충전

⑧ 알칼리 축전지 세척액 : 3%의 희석된 붕산으로 세척

⑨ 알칼리 축전지의 종류 : 니켈-카드뮴 축전지, 에디슨 축전지, 납-은 축전지, 수은 축전지 등

라. 축전지 충전법

(1) 정전류 충전법 : 전류를 일정하게 유지하면서 충전하는 방법

① 충전 시간이 길며, 과 충전의 위험이 있고, 수소와 산소의 발생이 많아 폭발의 위험

② 여러 개의 축전지를 동시에 충전하고자 할 때는 전압에 관계없이 용량을 구별하여 직렬로 연결

③ 충전 시작 전에 캡을 열어서 발생되는 가스를 배출, 또 주위에 불꽃, 스파크 및 발화의 원인 제거

(2) 정전압 충전법 : 전압을 일정하게 유지하면서 충전하는 방법(항공기에서 주로 사용)
  ① 짧은 시간에 충전할 수 있고, 과충전의 위험이 없음
  ② 전류에 관계없이 전압별로 병렬연결
(3) 용량의 검사
  ① 축전지의 용량 : AH(Ampere Hour)
  ② 일반적으로 5시간 방전율로 검사

마. 교류의 전력
(1) 유효 전력(Active power) : 저항에서 흡수되어 실제로 소비한 전력, 와트(watt)로 표시
(2) 무효 전력(Reactive power) : 리액턴스의 성질상 전장 및 자장의 변화에 의하여 흡수, 반환 현상을 되해설, 단위는 바(var)
(3) 피상 전력(Apparent power) : 교류의 총전력, 단위는 볼트-암페어(VA)로 표시

바. 3상 회로
(1) 회로의 식별 : A상(붉은색), B상(노란색), C상(파란색)
(2) 3상 교류 Y결선 : 전압을 증폭시키는 결선
  ① 선간전압 = $\sqrt{3}$ × 상전압
  ② 선간전류의 크기와 위상은 상전류와 같다
  ③ 선간전압은 상전압의 $\sqrt{3}$ 배이고 위상이 30° 앞선다.
(3) 3상 교류 Δ 결선 : 전류를 증폭시키는 결선
  ① 선간 전압의 크기와 위상은 상전압과 같다.
  ② 선간전류 = $\sqrt{3}$ × 상전류
  ③ 선전류는 상전류의 $\sqrt{3}$ 배이고 위상이 30° 뒤진다

2. 직류 및 교류 발전기

가. 직류 발전기
(1) 작동원리 : 플레밍의 오른손 법칙
(2) 출력 전압 : 14V, 28V
(3) 구성
  ① 계자 : 자장을 만들어주는 장치
  ② 전기자 : 전압이 유기되는 코일
  ③ 정류자편 : 교류를 직류로 바꿔주는 장치로 브러쉬와 접촉

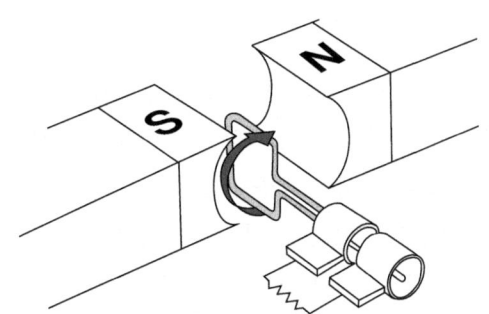

[그림 4-3] 직류발전기의 구조

④ 브러쉬 : 정류자와 접촉되어 직류를 발생시키고, 고단위 탄소로 제작, 부드럽고 단단하여 오래 쓸 수 있어야하며, 브러쉬 홀더에 의해 지지
⑤ 전압 조절기 : 계자 코일의 전류를 조절해 전기자의 회전수와 부하의 변동에 관계없이 일정 출력 전압 유지(진동형, 카본 파일형)
⑥ 이퀄라이저 회로 : 2대 이상의 발전기를 병렬로 연결하여 작동시킬 때 어느 한쪽 발전기의 출력이 높아져 다른 발전기에 부하 발생 방지를 위해 각 발전기의 출력을 일정하게 조절해 주는 장치
⑦ 역전류 차단 장치 : 발전기 출력 전압이 낮을 때 축전지로부터 발전기로 역전류가 흐르는 것을 방지하는 장치

(4) 종류
① 직권형 직류발전기 : 전기자와 계자코일이 서로 직렬로 연결된 형식으로 부하도 이들과 직렬이 된다. 그러므로 부하의 변동에 따라 전압이 변하게 되므로 전압 조절이 어렵다. 그래서 부하와 회전수의 변화가 계속되는 항공기의 발전기에는 사용되지 않는다.
② 분권형 직류발전기 : 전기자와 계자코일이 서로 병렬로 연결된 형식으로 계자코일은 부하와 병렬관계에 있다. 그러므로 부하전류는 출력전압에 영향을 끼치지 않는다. 그러나 전기자와 부하는 직렬로 연결되어 있으므로 부하전류가 증가하면 출력전압이 떨어지므로 이와 같은 전압의 변동은 전압조절기를 사용하여 일정하게 할 수 있다.
③ 복권형 직류발전기 : 직권형과 분권형의 계자를 모두 가지고 있으면 부하전류가 증가할 때 출력전압이 감소하는 복권형 발전기는 분권형의 성질을 조합하는 정도에 따라 과복권(Over Compound), 평복권(Flat Compound), 부족복권(Under Compound)으로 분류한다.

(5) 발전기의 시험
　① 전기자 시험 : 절연을 위해 칠해 놓은 절연체인 니스 상태를 검사
　　㉠ 고전위 시험 : 교류 시험 램프의 한쪽 선을 전기자축에 연결하고, 다른 한쪽 끝은 정류자편에 교대로 연결하여 시험 램프에 불이 들어오면 전기자가 손상되어 단락된 것임
　　㉡ 그롤러 시험 : V자형 연철심편 위에 전기자를 올려놓고 110V 또는 220V의 교류를 접속
　　㉢ 단선 회로시험 : 위의 두 가지 시험에 이상이 없는 경우 실시하며, 그롤러 시험기 위에 올려놓고 교류를 접속하여 정류자편 사이에 쇠톱 날을 끼워서 강한 불꽃이 튀면 단락되지 않은 것임
　② 계자 시험
　　㉠ 고전위 시험 : 교류 시험 램프의 한쪽 선을 발전기의 페인트칠이 되어 있지 않은 프레임에 연결하고, 다른 한쪽은 계자의 A, B, C 및 D의 단자에 연결하여 시험 램프에 불이 들어오면 회로에 접지된 부분이 있는 것이므로 계자 부분을 수리 또는 교환
　　㉡ 분권 계자 저항 시험 : 저항계의 한 단자를 계자의 C단자에 연결하고 다른 한쪽은 A단자에 연결해서 저항 값이 최소 규정 값보다 낮을 때 분권계자 회로가 단락되었음을 의미

나. 교류 발전기

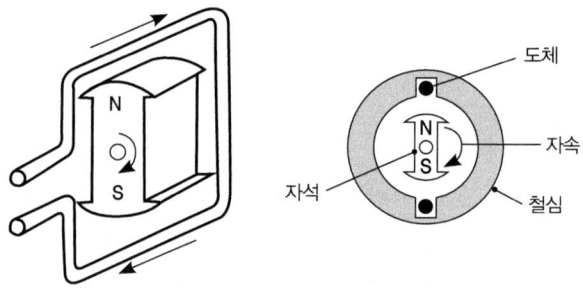

[그림 4-4] 교류발전기의 구조

(1) 여자 방법에 따른 종류
　① 교류 발전기 축에 직접 연결되어 있는 직류 발전기
　② 교류 발전기의 출력 전압을 변압기로 전압을 낮춘 후 직류로 정류
　③ 브러쉬가 없는 것으로서 영구 자석 발전기를 이용

(2) 출력 전압의 위상에 따른 종류
　① 단상 발전기 : 전자유도에 의해 사인파의 교류 전기를 발전시키며 전기자는 고정되어 있고 계자가 회전한다.

② 3상 발전기의 장점
  ㉠ 브러쉬, 슬립 링 또는 정류자가 없어 마멸이 없고, 정비 유지비가 저렴하다.
  ㉡ 정류자와 브러쉬 간의 저항 및 전도율의 변화가 없다.
  ㉢ 브러쉬가 없어 고공비행 시 아크가 발생하지 않는다.

(3) 교류 전압 조절기
  ① 구동축의 회전수가 변하더라도 발전기 출력 전압은 항상 일정유지하고, 여러 개의 발전기를 병렬 운전 시 각 발전기가 부담하는 전류를 같게 한다.
  ② 카본 파일형 전압 조절기, 자장 증폭형 전압 조절기, 트랜지스터형 전압 조절기

(4) 주파수 조정
  ① 주파수(Hz, cps) $f = \dfrac{PN}{120}$ (P : 계자 극수, N : 분당 회전수)
  ② 정속 구동 장치(C.S.D, Constant Speed Drive) : 기관의 회전수가 변하더라도 이전한 회전수를 발전기 축에 전달하여 항상 일전한 주파수를 얻을 수 있도록 만들어 주는 장치로 항공기 기관의 구동축과 발전기 사이에 위치하고 있다.
  ③ 병렬운전의 기본조건 : 전압, 주파수, 위상이 같아야 하고, 400±1Hz로 두 발전기의 주파수 차이가 2Hz를 넘어서는 안 된다.

3. 직류 및 교류 전동기

가. 직류 전동기

(1) 작동 원리 : 플레밍의 왼손 법칙
(2) 용도 : 기관의 시동, 조종면의 작동을 위한 서보모터, 다이너모터 및 인버터 구동
(3) 속도 특성 : 단자 전압, 계자 회로의 저항을 일정하게 유지하였을 때 부하 전류와 회전 속도 사이의 관계를 나타낸 것
(4) 토크 특성 : 부하에 따른 전기자 전류와 토크 사이의 관계를 나타낸 것
(5) 종류
  ① 분권전동기 : 부하 변동에 관계없이 일정 회전 속도가 요구되는 곳에 사용
  ② 직권전동기 : 시동 토크가 커서 시동장치로 사용
  ③ 복권전동기 : 화동 복권전동기, 차동 복권전동기 등이 있으며, 역회전의 염려가 있어 시동기에 사용 금지
  ④ 가역전동기 : 스위치 조작에 의해 회전 방향을 임의로 바꿀 수 있는 전동기

나. 교류 전동기

(1) 전원 : 교류(AC115~208V 3Φ 400Hz)

(2) 장점 : 정류자나 브러쉬가 필요 없다, 가격이 저렴하다, 고장이 없다, 신뢰도가 높다.

(3) 종류

① 유니버셜 전동기 : 직류와 교류의 병행 사용이 가능한 전동기로 항공기에는 사용 불가

② 유도 전동기 : 3상 이상의 다상에서도 사용이 가능하고, 부하의 담당 범위가 넓으며, 일정 회전수를 요구하지 않을 때 비교적 큰 부하를 담당

③ 동기 전동기 : 전동기의 회전을 정확하게 발전기의 회전과 동기시킬 수 있는 전동기

03 변압, 변류 및 정류기

1. 변압기의 원리 및 구조

가. 변압기의 원리

상호유도작용을 이용한 것으로 교류전압과 전류의 크기를 변성하는 것이다.

> **Note** | 상호(자기)유도작용
> 코일에 전류를 흘러 보내면 자속의 변화에 의하여 자기가 유도된다. 이때 전류를 차단하면 자기가 사라지는 데 이것을 막기 위해 역기전력(역전류)이 유도된다.

나. 변압기의 구조

① 규소 강판을 성층하여 만든 철심에 2개의 권선을 감아 놓았다.

② 전원에 접속되어 있는 권선을 1차권선 N_1이라 하고, 부하에 접속되어 있는 권선을 2차권선 N_2이라 한다.

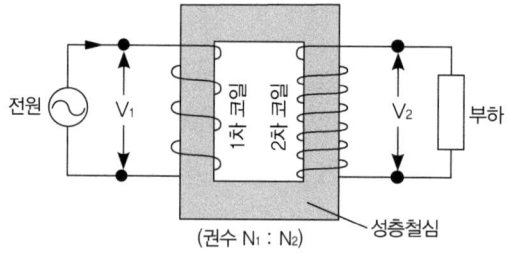

[그림 4-6] 변압기의 원리

2. 변압비 (=권수비)

- 에너지 보존법칙에 의해 1차권선과 2차권선의 전기에너지, 즉 전력은 같다.

$$P_1 = P_2, \quad E_1 I_1 = E_2 I_2 \quad \therefore \frac{E_1}{E_2} = \frac{I_2}{I_1}$$

- 변압비 $= \dfrac{E_1}{E_2}$

  ※1차 권선과 2차 권선에 유도되는 기전력은 각 권선의 감은 횟수에 비례한다

- 권수비 a는 변압비와 같다.

$$\therefore a = \frac{N_1}{N_2} = \frac{E_1}{E_2} = \frac{I_2}{I_1}$$

- 변류비 $= \dfrac{I_1}{I_2}$ ※즉 변류비는 변압비(권수비)의 역수가 된다.

항공전기 계통 적중예상문제

01 도체의 저항에 대한 설명 중 맞는 것은?

㉮ 도체의 저항은 도체의 길이에 비례하고, 단면적에 비례한다.
㉯ 도체의 저항은 도체의 길이에 반비례하고, 단면적에 비례한다.
㉰ 도체의 저항은 도체의 길이에 비례하고, 단면적에 반비례한다.
㉱ 도체의 저항은 도체의 길이에 반비례하고, 단면적에 반비례한다.

02 전기저항이 3Ω인 지름이 일정한 도선의 길이를 일정하게 3배로 늘렸다면 그 때 저항은 어떻게 되겠는가?

㉮ 25Ω ㉯ 26Ω ㉰ 27Ω ㉱ 28Ω

해설 $R = \rho \dfrac{l}{S}$ (ρ : 고유저항, l : 도선의 길이, S : 도선의 단면적)

$R' = \rho \dfrac{3l}{\frac{1}{3}S} = 9\left(\rho \dfrac{l}{S}\right) = 9R$, 원래의 저항에서 9배 증가하므로 27Ω

03 고유 저항 또는 비저항 단위의 표시법으로 맞는 것은?

㉮ Ω · mil/inch ㉯ Ω · cirmil/inch
㉰ Ω · mil/ft ㉱ Ω · cirmil/ft

해설 비저항(고유저항 ρ) : 단위길이(1ft), 단위면적(1cir mil)을 가지는 도체의 저항

04 교류를 더하거나 빼는데 편리한 교류 표시 방법은?

㉮ 삼각함수 표시법 ㉯ 극좌표 표시법 ㉰ 지수함수 표시법 ㉱ 복소수 표시법

해설
• 삼각함수표시법($e = E_m \sin\theta \omega t$) : 기본표시법, 교류를 그림으로 취급할 때
• 극좌표 표시법($e = E_m \angle \theta$), 지수함수 표시법($e = E_m \cdot e^{j\theta}$) : 2개 이상의 교류를 곱하거나 나눌 때
• 복소수 표시법($e = E_m (\cos\theta + j\sin\theta)$) : 교류를 더하거나 빼는 계산에 활용

05 전압이 24V이고, 직렬로 연결된 저항 값이 2Ω, 4Ω, 6Ω일 때 전류의 값은?

㉮ 2A ㉯ 4A ㉰ 8A ㉱ 12A

정답 01 ㉰ 02 ㉰ 03 ㉱ 04 ㉱ 05 ㉮

해설 직렬로 연결된 저항의 합성저항 : R=R₁+R₂+R₃+⋯ 이므로 R=2+4+6=12Ω이고,
E = IR이므로 $I = \dfrac{E}{R} = \dfrac{24}{12} = 2A$

06 다음 중 키르히호프 제1법칙을 맞게 설명한 것은?

㉮ 임의의 폐회로를 따라 한 방향으로 일주하면서 취한 전압상승의 대수적 합은 0이다.
㉯ 도선의 임의의 접합점에 유입하는 전류와 나가는 전류의 대수적 합은 0이다.
㉰ 임의의 폐회로를 따라 한 방향으로 일주하면서 취한 전압상승의 대수적 합은 1이다.
㉱ 도선의 임의의 접합점에 유입하는 전류와 나가는 전류의 대수적 합은 1이다.

해설 키르히호프의 법칙
- 키르히호프 제1법칙(KCL, 키르히호프의 전류법칙) : 회로망의 임의의 접속점에서 볼 때, 접속점에 흘러 들어오는 전류의 합은 흘러나가는 전류의 합과 같다는 법칙
- 키르히호프 제2법칙(KVL, 키르히호프의 전압법칙) : 회로망 중의 임의의 폐회로 내에서 그 폐회로를 따라 한 방향으로 일주함으로써 생기는 전압강하의 합은 그 폐회로 내에 포함되어 있는 기전력의 합과 같다는 법칙

07 다음 그림의 회로에서 전류 I₂는 얼마인가?

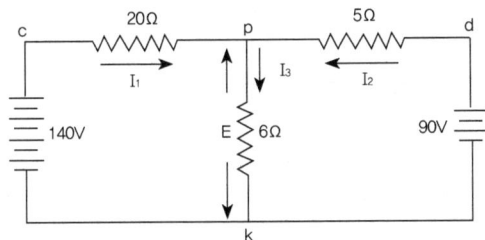

㉮ 4A ㉯ 6A ㉰ 8A ㉱ 10A

해설 키르히호프의 법칙
- 제1법칙 전류의 법칙 $I_1 + I_2 = I_3$ — ①
- 제2법칙 전압의 법칙 $20 \cdot I_1 + 6 \cdot I_3 = 140$ — ②
      $5 \cdot I_2 + 6 \cdot I_3 = 90$ — ③
①, ②, ③ 식에서 $I_1 = 4, I_2 = 6, I_3 = 10$

08 50μF의 capacitor에 200V, 60Hz의 교류전압을 가했을 때 흐르는 전류는?

㉮ 약 7.54A ㉯ 약 3.77A ㉰ 약 5.84A ㉱ 약 7.77A

해설 $Xc = \dfrac{1}{\omega c} = \dfrac{1}{2\pi fc}$ (ω : 각속도, f : 주파수, L : 리액터스, C : 커패시턴스)

$Xc = \dfrac{1}{2\pi \times 60 \times 50 \times 10^{-6}} = 53Ω$ ∴ $I = \dfrac{200}{53} ≒ 3.77A$

09 교류전원에서 전압계는 200[V], 전류계는 5[A], 역률이 0.8일 때 다음 중 틀린 것은?

㉮ 유효전력은 800[W] ㉯ 무효전력은 400[VAR]
㉰ 피상전력은 1000[VA] ㉱ 소비전력은 800[W]

[해설]
- 피상전력 = EI = 200×5 = 1,000 [VA]
- 유효전력 = $EI\cos\theta$ = 1,000×0.8 = 800 [W]
- 무효전력 = $EI\sin\theta$ = 1,000×0.6 = 600 [VAR]

10 피상전력과 유효전력의 비는 무엇인가?

㉮ 역률 ㉯ 무효전력
㉰ 총 출력 ㉱ 교류전력

[해설]
- 피상전력 = $\sqrt{(유효전력)^2 + (무효전력)^2}$ [VA]
- 유효전력 = 피상전력×역률 [W]
- 무효전력 = 피상전력×$\sqrt{1-역률^2}$ [VAR]

11 220[V]의 교류전동기가 50[A]의 전류를 공급받고 있다. 그런데 전력계에는 9,350[W]의 전력만을 전동기가 공급받는 것으로 나타나 있다. 역률은 얼마인가?

㉮ 0.227 ㉯ 0.425
㉰ 0.850 ㉱ 1.176

[해설] 역률 = 유효전력/피상전력 = $\dfrac{9,350}{220 \times 50}$

12 다음 그림에서 임피던스는?

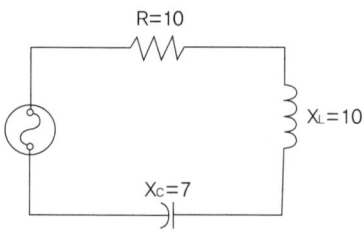

㉮ 5
㉯ 7
㉰ 10
㉱ 17

[해설] 회로가 유도성 리액턴스와 용량성 리액턴스를 포함하는 경우의 임피던스는
$Z = \sqrt{R^2 + (X_L - X_C)^2}$

정답 09 ㉯ 10 ㉮ 11 ㉰ 12 ㉮

13 다음 중 본딩 와이어(Bonding Wire)의 역할로 틀린 것은?

㉮ 무선 장해의 감소 ㉯ 정전기 축적의 방지
㉰ 이종 금속 간의 부식의 방지 ㉱ 회로저항의 감소

해설 본딩 와이어(Bonding Wire) : 부재와 부재 간에 전기적 접촉을 확실히 하기 위해 구리선을 넓게 짜서 연결하는 것
- 양단간의 전위차를 제거해 줌으로써 정전기 발생을 방지한다.
- 전기회로의 접지회로로서 저저항을 꾀한다.
- 무선 방해를 감소하고 계기의 지시 오차를 없앤다.
- 화재의 위험성이 있는 항공기 각 부분 간의 전위차를 없앤다.

14 전기회로 보호장치 중 규정용량 이상의 전류가 흐를 때 회로를 차단시키며 스위치 역할과 계속 사용이 가능한 것은?

㉮ 회로차단기 ㉯ 열보호장치 ㉰ 퓨즈 ㉱ 전류제한기

15 어떤 계기의 소비전력이 220[W]라고 할 때 100[V] 전원에 연결하면 몇 Ampere 회로 차단기를 장착하는가?

㉮ 1.5[A] ㉯ 2.0[A] ㉰ 2.5[A] ㉱ 3.0[A]

해설 P = VI, I = P/V = 220/100 = 2.2[A]이므로 2.5[A]짜리 회로차단기를 사용해야 한다.

16 직류발전기의 병렬운전에서 필요조건은 어느 것인가?

㉮ 주파수가 같아야 한다. ㉯ 전압이 같아야 한다.
㉰ 회전이 같아야 한다. ㉱ 부하가 같아야 한다.

해설 직류발전기의 병렬운전은 출력전압만 맞추어 주면 되지만, 교류일 경우는 전압 외에 주파수, 위상차를 규정값 이내로 맞추어 주어야 한다.

17 회로 차단기의 장착 위치는?

㉮ 전원부에서 먼곳에 설치하는 것이 좋다.
㉯ 전원부에서 가까운 곳에 설치하는 것이 좋다
㉰ 전원부와 부하의 중간에 설치하는 것이 좋다.
㉱ 회로의 종류에 따라 적당한 곳에 설치하는 것이 좋다.

해설 회로차단기 뿐만 아니라 회로보호장치는 전원부에서 가까운 곳에 설치를 하여 회로를 보호한다.

정답 13 ㉰ 14 ㉮ 15 ㉰ 16 ㉯ 17 ㉯

18 퓨즈(Fuse)와 비교해 볼 때 회로차단기(Circuit Breaker)의 이점은 무엇인가?

㉮ 교체할 필요가 없다.
㉯ 과부하(Over Load)에서 더 빠르게 반응한다.
㉰ 스위치가 필요 없다.
㉱ 다시 작동시킬 수 있고 재사용할 수 있다.

해설
- 퓨즈 : 규정 용량 이상의 전류가 흐를 때 녹아 끊어져 전류를 차단시킨다. 한번 끊어지면 재사용을 할 수 없다. 항공기 내에는 규정된 수의 50[%]에 해당되는 예비퓨즈를 항상 비치해야 한다.
- 회로차단기 : 규정 용량 이상의 전류가 흐를 때 회로를 차단시킨다. 스위치 역할도 할 수 있으며 재사용이 가능하다.

19 항공기에 가장 많이 쓰이는 스위치는 무엇인가?

㉮ 토글스위치(Toggle Switch)   ㉯ 리밋스위치(Limit Switch)
㉰ 회전스위치(Rotary Switch)   ㉱ 버튼스위치(Button Switch)

해설 스위치의 종류
- 토글스위치(Toggle Switch) : 가장 많이 쓰인다.
- 푸시 버튼 스위치(Push Button Switch) : 계기 패널에 많이 사용되며 조종사가 식별하기 쉽도록 되어 있다.
- 마이크로스위치(Micro Switch) : 착륙장치와 플랩 등을 작동하는 전동기의 작동을 제한하는 스위치(Limit Switch)로 사용된다.
- 회전스위치(Rotary Switch) : 스위치 손잡이를 돌려 한 회로만 개방하고 다른 회로는 동시에 닫게 하는 역할을 하며 여러 개의 스위치 역할을 한 번에 담당하고 있다.

20 3상교류에서 Y결선의 특징 중 틀린 것은?

㉮ 선간전압의 크기는 상전압의 $\sqrt{3}$ 배이다.
㉯ 선간전압의 위상은 상전압보다 30° 만큼 앞선다.
㉰ 선전류의 크기와 위상은 상전류와 같다.
㉱ 선전류의 크기는 상전류와 같고 위상은 상전류보다 30° 앞선다.

해설 Y결선의 특징
- 선간전압 = $\sqrt{3}$ × 상전압 ≒ 1.73 × 상전류
- 상전압 = 선간전압/$\sqrt{3}$ ≒ 0.577 × 선간전압
- 선전류 = 상전류
- 선간전압은 상전압의 위상보다 $\pi/6$[Rad]만큼 위상이 앞선다.

21 Nickel-Cadmium Battery에 관한 설명 중 틀린 것은?

㉮ 사용하는 전해액은 KOH이다.
㉯ 전해액의 비중은 1.24~1.30이다.

정답 18 ㉱ 19 ㉮ 20 ㉱ 21 ㉯

㉰ Battery의 충전상태는 비중을 Check하여 알 수 있다.
㉱ 전해액의 Level은 Plate의 Top을 유지해야 한다.

해설 Nickel-cadmium Battery에서 사용하는 전해액은 중량 상으로 30[%]수산화칼륨(KOH)용액이다. 비중은 실내온도 하에서 1.240에서 1.300 사이이다. 방전할 때와 충전할 때에 약간의 비중 변화도 발생하지 않는다. 비중검사로는 Battery의 충전상태를 알아볼 수가 없다.

22 다음은 축전지에 대한 설명이다. 틀린 것은?

㉮ 축전지의 전압은 셀의 수로 결정된다.
㉯ 충전한 직후 납-산 축전지의 전압은 셀당 1.2V이다.
㉰ 납-산 축전지의 극 판은 납과 안티몬으로 만들어진 격자에 활성 물질을 붙여 놓았다.
㉱ 납-산 축전지의 전해액은 묽은 황산이다.

해설 • 납-산 축전지 : 충전 직후의 셀당 전압은 2.2V이지만, 사용할 때의 전압은 내부저항에 의한 전압강하 때문에 2V이다.
• 니켈-카드뮴 축전지 : 셀당 전압은 2.2V이지만 내부저항을 고려하여 12V 축전지는 10개의 셀, 24V 축전지는 19개의 셀을 직렬로 연결하여 사용한다.

23 Battery의 정전류 충전법의 장점은?

㉮ 일정한 전류로 충전하므로 과충전의 위험이 적다.
㉯ 충전시간을 미리 추정할 수 있다.
㉰ 완전히 충천하는 데 적은 시간이 요구된다.
㉱ 초기의 전류는 높지만 점점 낮아진다.

해설 • 장점 : 충전시간을 미리 추정할 수 있다.
• 단점 : 과충전의 위험이 많다. 완전히 충천하는 데 많은 시간이 요구된다.

24 니켈-카드뮴 배터리의 특징이 아닌 것은?

㉮ 비중은 1.240~1.300이며 셀(cell)당 전압은 1.2~1.25V이다.
㉯ 충전, 방전은 전해액의 농도에 변화를 초래하지 않는다.
㉰ 충전하면 전해액 면이 올라가고 방전하면 내려간다.
㉱ 충전 상태는 비중으로 알 수 있다.

25 니켈-카드뮴 축전지의 셀당 전압은?

㉮ 1~2V   ㉯ 1.2~1.25V   ㉰ 2~4V   ㉱ 3~4V

정답 22 ㉯ 23 ㉯ 24 ㉱ 25 ㉯

Chapter 4 항공기 계통

26 다음 중 알칼리 축전지의 장점이 아닌 것은?

㉮ 충전시간이 짧다.   ㉯ 신뢰성이 높다.
㉰ 수명이 길다.   ㉱ 부식성이 있다.

27 니켈-카드뮴 배터리의 특징이 아닌 것은?

㉮ 비중은 1.240~1.300이며 셀(cell)당 전압은 1.2~1.25V이다.
㉯ 충전, 방전은 전해액의 농도에 변화를 초래하지 않는다.
㉰ 충전하면 전해액 면이 올라가고 방전하면 내려간다.
㉱ 충전 상태는 비중으로 알 수 있다.

28 배터리의 용량과 온도와의 관계는?

㉮ 온도가 어느 한도 이하가 되면 용량은 가속적으로 증가한다.
㉯ 온도와 용량은 특별한 관계가 없다.
㉰ 온도가 상승하면 용량은 보통 감소한다.
㉱ 온도가 상승하면 용량은 보통 증가한다.

해설 축전지의 AH로 표시된 용량은 방전율에 의해 가감되는데 방전 전류가 크면 축전지에 열이 발생하고 극판의 황산납화가 촉진되어 내부 저항의 증가율이커지기 때문에 효율과 AH 용량이 감소한다.

29 항공기 Battery에 적용되는 방전률은?

㉮ 2시간 방전률   ㉯ 3시간 방전률
㉰ 5시간 방전률   ㉱ 6시간 방전률

해설 항공기 축전지의 용량검사는 5시간 방전률을 일반적으로 사용하며 충전후 용량의 1/5의 전류로 5시간 방전 후 각 셀의 전압이 1.0V이면 양호하다.

30 분당회전수 8000[rpm], 주파수 400[Hz]인 교류발전기에서 115[V] 전압이 발생하고 있다. 이때 자석의 극수는 얼마인가?

㉮ 4   ㉯ 6   ㉰ 8   ㉱ 10

해설 주파수(F) = $\dfrac{극수(P) \times 회전수(N)}{120}$ 이므로 주파수는 극수와 회전수와 관계된다.

정답 26 ㉱ 27 ㉱ 28 ㉰ 29 ㉰ 30 ㉯

31 발전기의 출력쪽과 버스 사이에 장착하여 발전기의 출력전압이 낮을 때에 축전지로부터 발전기로 전류가 역류하는 것을 방지하는 장치는?

㉮ 전압 조절기 ㉯ 역전류 차단기
㉰ 과전압 방지장치 ㉱ 정속 구동장치

해설 역전류 차단기 : 발전기는 전압을 버스를 통하여 부하에 전류를 공급하는 동시에 배터리를 충전한다. 발전기의 출력전압보다 배터리의 출력전압이 높게 되면 배터리가 불필요하게 방전하게 되고, 발전기가 배터리의 전압으로 전동기 효과에 의하여 회전력을 발생하게 되고 심할 때는 타버리게 되어 발전기의 출력전압이 낮을 때 배터리로부터 발전기로 전류가 역류하는 것을 방지해야 한다.

32 직류 발전기의 병렬 운전에 사용되는 equalizer circuit의 목적은?

㉮ 출력전압을 같게 하기 위해
㉯ 회로전류를 같게 하기 위해
㉰ 회전수가 같게 하기 위해
㉱ 좌우차가 발생했을 때 높은 쪽을 분리하기 위해

해설 이퀄라이저 회로(equalizer circuit) : 2대 이상의 발전기가 항공기에 사용될 때에는 서로 병렬로 연결하여 부하에 전력을 공급하는데 발전기의 공급 전류량은 서로 분담되어야 한다. 어떤 한 발전기의 전압이 다른 것들보다 높을 때에는 전류의 상당한 양을 그 발전기가 부담하게 되어 과전류가 되고 상대적으로 다른 발전기들은 적은 전류만을 부담하므로 부하전류를 고르게 분배하기 위해 사용한다.

33 교류발전기에서 정속구동장치의 목적은 무엇인가?

㉮ 전압 변동 ㉯ 전류 변동 ㉰ 전류 일정 ㉱ 주파수 일정

해설 정속구동장치
- 교류발전기에서 엔진의 구동축과 발전기축 사이에 장착되어 엔진의 회전수에 상관없이 일정한 주파수를 발생할 수 있도록 한다.
- 교류발전기를 병렬운전할 때 각 발전기에 부하를 균일하게 분담시켜 주는 역할도 한다.

34 항공기에서 3상교류발전기를 사용하는 장점이 아닌 것은?

㉮ 구조가 간단하다. ㉯ 정비 및 보수가 쉽다.
㉰ 효율이 높다. ㉱ 높은 전력의 수요를 감당하는 데 적합지 않다.

해설 3상교류발전기의 장점
• 효율 우수 • 구조 간단 • 보수와 정비용이 • 높은 전력의 수요를 감당하는 데 적합

정답 31 ㉯ 32 ㉮ 33 ㉱ 34 ㉱

35 전압조절기(Voltage Regulator)의 발전기 출력이 증가하면?

㉮ 전압코일(Voltage Coil)전류 증가, Generator Field 전류감소
㉯ 전압코일(Voltage Coil)전류 감소, Generator Field 전류감소
㉰ 전압코일(Voltage Coil)전류 감소, Generator Field 전류증가
㉱ 전압코일(Voltage Coil)전류 증가, Generator Field 전류증가

해설 발전기의 전압 증가 → 전압코일전류 증가 → 전자석의 인력 증가 → 탄소판에 작용하는 압력 감소 → 저항 증가 → 계자전류 감소

36 Carbon-Pile Voltage Regulator의 설명 중 맞는 것은?

㉮ 발전전압이 감소되면 Carbon-Pile은 압축되어 저항값이 감소된다.
㉯ 발전전압이 감소되면 Carbon-Pile은 변화가 없고 따라서 저항값도 변화가 없다.
㉰ 발전전압이 감소되면 Carbon-Pile은 압축되어 저항값이 증가된다.
㉱ 발전전압이 감소되면 전압조정 coil의 전류가 증가한다.

해설 Carbon-Pile Voltage Regulator의 발전전압이 감소되면 Carbon-Pile은 압축되어 저항이 감소된다.

37 직류발전기의 전압조절기는 발전기의 무엇을 조절하는가?

㉮ 회로가 과부하가 되었을 때 발전기의 회전을 내린다.
㉯ 전기자전류를 일정하게 되도록 한다.
㉰ Equalizer Coil의 전류를 조절한다.
㉱ Field Current를 조절한다.

해설 전기자의 회전수와 부하에 변동이 있을 때에는 출력전압이 변하게 되므로 전압조절기를 사용하여 코일의 전류를 조절하여 출력전압을 일정하게 한다.

38 DC Motor는 계자권선과 Armature권선의 연결상태에 따라 각기 다른 특성을 나타낸다. 높은 Torque가 요구되는 Starter에 사용되는 DC Motor는?

㉮ Induction Motor   ㉯ Series-wound Motor
㉰ Shunt-wound Motor   ㉱ Compound-wound Motor

해설 부하가 크고 Starting Torque가 큰 것을 필요로 하는 곳에 Series Motor가 이용된다. 따라서 Engine Starter와 Landing Gear, Cowl Flap, 그리고 Wing Flap 등을 올리고 내리는 데 사용된다.

정답 35 ㉮ 36 ㉮ 37 ㉱ 38 ㉯

39. 발전기의 field flashing 방법 중 옳은 것은?

㉮ 역전류 릴레이의 배터리와 발전기 단자 연결
㉯ 역전류 릴레이의 발전기와 전압 조절기 단자 연결
㉰ 전압 조절기의 A와 B 단자 연결
㉱ 발전기를 장착한 상태로는 행할 수 없다.

해설 계자 플래싱(field flashing) : 발전기가 처음 발전을 시작할 때에는 남아 있는 계자, 즉 잔류 자기(residual magnetism)에 의존하게 되는데, 만약 잔류 자기가 전혀 남아 있지 않아 발전을 시작하지 못할 때 외부전원으로부터 계좌 코일에 잠시 동안 전류를 통해주는 것을 계자 플래싱(field flashing)이라고 한다.

40. Armature Reaction에 관련 없는 것은?

㉮ 주극 ㉯ 보극 ㉰ 보상권선 ㉱ 아마추어전류

해설 전기자반응(Armature Reaction)은 보극, 전기자전류, 보상권선에 관계된다.

41. 직류 Motor의 회전방향을 바꾸고자 할 경우 올바른 것은?

㉮ 외부 전원장치로부터 Motor에 연결되는 선을 교환한다.
㉯ Field나 Armature 권선 중 1개의 연결을 바꿔준다.
㉰ 가변저항기를 이용해 계자전류를 조절한다.
㉱ Motor에 연결된 3상 중 2상의 연결선을 바꿔준다.

해설 Armature 또는 Field Winding 중 하나에서 전류 흐름의 방향을 바꾸어 주면, 모터의 회전을 반대방향으로 할 수 있다.

42. 엔진 시동시 사용되는 직류 전동기로 시동 토크가 가장 큰 것은?

㉮ 유도 전동기 ㉯ 직권식 전동기 ㉰ 분권식전동기 ㉱ 복권식 전동기

해설 직류 전동기
- 직권형 전동기 : 계자와 전기자가 직렬로 연결되고, 시동시 계자에 전류가 많이 흘러 시동토크가 크다. 부하가 크고 시동 토크가 크게 필요한 기관의 시동용 전동기, 착륙장치, 플랩등을 움직이는 전동기로 사용한다.
- 분권형 전동기 : 계자와 전기자가 병렬로 연결되고, 회전속도에 따라 계자 전류가 변화하지 않기 때문에 부하 변화에 대한 일정한 속도가 요구되는 곳에 사용된다.
- 복권 전동기 : 직권형과 분권형의 중간적인 특성을 가지므로, 분권형 전동기 보다 시동 토크가 크고, 직권형 전동기와 같이 무부하가 되어도 속다가 빨라지지 않아 위험성이 적다.

정답 39 ㉮ 40 ㉮ 41 ㉮ 42 ㉯

43 다음 교류 전동기의 종류에 해당하지 않는 것은?

㉠ 만능 전동기 ㉡ 유도 전동기 ㉢ 복권 전동기 ㉣ 동기 전동기

해설 교류 전동기의 종류
- 유니버셜 전동기(universal motor) : 직류 전동기와 모양과 구조가 같고, 교류 및 직류 겸용으로 사용할 수 있기 때문에 만능 전동기라고도 한다.
- 유도 전동기(induction motor) : 교류에 대한 작동 특성이 좋아 시동이나 계자 여자에 있어 특별한 조치가 필요치 않고 부하의 감당범위도 넓으며, 정확한 회전수를 요구하지 않을 때에는 비교적 큰 부하를 감당할 수 있다.
- 동기 전동기(synchronous motor) : 교류 발전기와 동조되는 회전수로 회전하는 전동기로 일정 회전수가 필요한 장치에 사용하는데 항공기에서는 기관의 회전계에 이용한다.

44 1차 코일 감은 수가 500회, 2차 코일 감은 수가 300회인 변압기의 1차 코일에 200V 전압을 가하면 2차 코일에 유기되는 전압은 얼마인가?

㉠ 120V ㉡ 220V ㉢ 180V ㉣ 320V

해설 변압기의 전압과 권선수와의 관계

$\frac{E_1}{E_2} = \frac{N_1}{N_2}$ (E_1 : 1차 전압, E_2 : 2차 전압, N_1 : 1차 권선수, N_2 : 2차 권선수), $E_2 = \frac{E_1 \times N_2}{N_1} = \frac{200 \times 300}{500}$

45 변압기에서 2차 권선의 권선수가 1차 권선의 2배라면 2차 권선의 전압은?

㉠ 1차 권선보다 크며 전류는 더 작다. ㉡ 1차 권선보다 크며 전류도 더 크다.
㉢ 1차 권선보다 적으며 전류는 더 크다. ㉣ 1차 권선보다 적으며 전류도 더 적다.

해설 변압기의 전압과 권선수와의 관계

$\frac{E_1}{E_2} = \frac{N_1}{N_2}$ (E_1 : 1차 전압, E_2 : 2차 전압, N_1 : 1차 권선수, N_2 : 2차 권선수)

$E_2 = \frac{E_1 \times N_2}{N_1} = \frac{E_1 \times 2}{1} = 2E_1$

만약 Transformer가 Voltage를 높여 준다면, 같은 비율로 Current를 감소시킬 것이다.

46 다음 변압기의 권선비와 유도기전력과의 관계식으로 옳은 것은?

㉠ $\frac{E_1}{E_2} = \frac{N_1}{N_2}$ ㉡ $\frac{E_1^2}{E_2^2} = \frac{N_2}{N_1}$ ㉢ $\frac{E_2}{E_1} = \frac{N_1}{N_2}$ ㉣ $\frac{E_1}{E_2} = \frac{N_2^2}{N_1^2}$

해설 변압기의 전압과 권선수와의 관계

$\frac{E_1}{E_2} = \frac{N_1}{N_2}$ (E_1 : 1차 전압, E_2 : 2차 전압, N_1 : 1차 권선수, N_2 : 2차 권선수)

정답 43 ㉢ 44 ㉠ 45 ㉠ 46 ㉠

47 부하와 연결방법이 잘못된 것은 어느 것인가?

㉮ 전압계는 병렬
㉯ 전류계는 직렬
㉰ 주파수는 직렬
㉱ Circuit Breaker는 직렬

[해설] 전압계는 회로에 병렬연결. 전류계와 Circuit Breaker는 직렬연결

48 항공기 전원장치 중 정류회로의 기능은 무엇인가?

㉮ 직류를 교류로 바꾸어준다.
㉯ 교류를 직류로 바꾸어준다.
㉰ 직류전압을 필요에 따라 높이거나 낮추어준다.
㉱ 교류전압을 필요에 따라 높이거나 낮추어준다.

[해설] 정류회로 : 전류 흐름 방향을 한쪽으로만 흐르게 함으로써 교류를 직류로 바꾸는 회로이다.

49 교류 발전기가 모두 고장났다. 비상 전원을 얻기 위해 반드시 작동되어야 할 장비는 다음 중 어느 것인가?

㉮ inverter
㉯ rectifier
㉰ GCU(generator control unit)
㉱ BPCU(bus power control unit)

[해설] 인버터(inverter) : 항공기 내에 다른 교류전원이 없을 때, 즉 교류 발전기가 고장났을 때와 직류를 주 전원으로 하는 항공기에서 교류장비를 작동시키기 위한 전원장치이다.

50 기상 직류 발전기를 주전원으로 하는 항공기에 있어서 계기 계통과 무선계통에 사용되는 교류는 무엇으로 공급하는가?

㉮ 기상 교류 발전기
㉯ 기상 콘덴서
㉰ 기상 인버터
㉱ 유도 바이브레이터

[해설] 인버터는 직류전동기와 교류발전기의 조합으로 되어 있다.

[정답] 47 ㉰ 48 ㉯ 49 ㉮ 50 ㉰

| Section 2 |
항공계기 계통

01 항공계기의 특성

1. 항공계기의 특징

- 무게 : 가벼워야 한다.
- 크기 : 소형화 되어야 한다.
- 내구성 : 정밀도를 오랫동안 유지할 수 있어야 한다.
- 정확도 : 오차가 적어야 한다.
- 외부 조건의 영향 : 외부 온도와 압력, 진동의 심한 변화에 영향이 적어야 한다.
- 누설 : 누설이 없어야 한다.
- 마찰 : 가능한 한 적어야 한다.
- 온도 보정 : -65~70℃의 온도 범위에 대하여 자동적으로 온도가 보정
- 진동 : 계기판에 방진 장치가 설치되어야 한다. (제트 항공기는 진동기 부착)
- 습도 : 방습 처리되어야 하며 전기계기는 완전 밀봉 후 불활성 가스 주입
- 염무 : 계기의 안쪽과 바깥쪽에 방염처리를 해야 한다.
- 곰팡이 : 중요 부분에 항균 도료 도장
- 기압 보정 : 계기 내부에 기압 공함을 설치하여 기압 변화에 따라 자동적으로 보정
- 댐핑 장치 : 미세한 변화는 제동시키고, 연속적으로 지시

2. 항공기 계기의 배열 및 계기판

가. 배열 방법 및 계기판

(1) 배열 방법

① 계기판에 T형 배열법으로 장착
② 고도계, 속도계, 자세계는 T형 위쪽에 우선 배열
③ 컴퍼스 계기는 자세 지시계 바로 밑에 배열
④ T형 중심은 조종사 앞 방향의 시선과 일치되게 배열

[그림 4-7] 항공기 계기의 배열

(2) 계기판
　① 주계기판 : 정조종사 부분, 중앙부분, 부조종사 부분으로 나뉨. 자기 컴퍼스를 제외한 항법 계기는 정조종사 및 부조종사 부분에 1개씩 장착
　② 상부 계기판 : 윈드실드 위쪽
　③ 기관 계기판 : 주로 기관, 전기 및 윤활유와 연료, 온도계기 등
　④ 계기 조명 : 백열등 또는 형광등으로 조명, 계기의 눈금과 바늘에 형광물질로 표시
　⑤ 계기판의 구비조건
　　㉠ 자기 컴퍼스에 의한 자기적인 영향을 받지 않도록 비자성 금속을 사용해야 한다.(보통 알루미늄 합금을 사용한다.)
　　㉡ 완충 마운트를 사용하여 진동으로부터 계기를 보호할 수 있어야 한다.
　　㉢ 유해한 반사광선으로 인하여 내용이 잘못 파악되지 않도록 해야 한다.(일반적으로 무광택 검은색 도장을 한다.)

나. 색표지와 케이스

(1) 항공계기의 색표지
　① 붉은색 방사선 : 최소 및 최대 운전 또는 운용한계 표시
　② 노란색 호선 : 경계 또는 경고 범위
　③ 초록색 호선 : 상용 안전 운용 범위 또는 계속적인 운전범위
　④ 푸른색 호선 : 기화기를 장비한 엔진에서 연료 공기 혼합비가 희박한 경우 상용 안전 운용 범위
　⑤ 백색 호선 : 최대 착륙 하중 시의 실속속도에서 플랩을 내릴 수 있는 속도까지의 범위

(2) 항공계기의 케이스
　① 자성재료케이스 : 전기적인 영향을 차단하기 위해서는 알루미늄합금과 같은 비자성 금속재료로써 차단할 수 있지만 자기적인 영향은 철제 케이스를 이용한다.

② 비자성 금속제 케이스 : 전기적인 차단효과가 있으므로 비자성 금속제 케이스의 재료로 가장 많이 사용한다.

③ 플라스틱 케이스 : 전기적 또는 자기적인 영향을 받지 않는 케이스로 가장 많이 사용한다.

02 항공기 계기

1. 피토정압계통의 계기

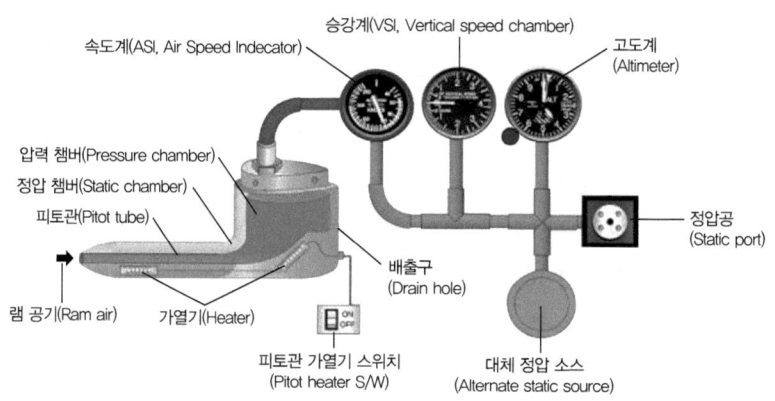

[그림 4-8] 피토-정압계기

가. 고도계

고도계는 일종의 아네로이드 기압계인데 기압계 다이얼의 기압 눈금 대신 그 기압에 해당하는 고도의 눈금이 표시되어있다. 압력을 기계적 변위로 바꾸는 진공 공함을 이용하며 베릴-구리합금이 쓰이고 있다.

[그림 4-10] 고도계

(1) 고도의 종류
① 절대고도 : 항공기로부터 그 당시 지형까지의 거리
② 진고도 : 해면상으로부터 항공기까지의 거리
③ 기압고도 : 표준 대기압인 (29.92 in-Hg) 해면부터 항공기까지의 거리

(2) 고도계 세팅법
① QFE 방식 : 임의의 지정된 지형(일반적으로 활주로)의 기압을 기압의 눈금에 맞추어 그 지형으로부터 고도 측정(단거리 비행이나 계기 착륙 시 사용)

② QNH 방식 : 타워와 교신에 의해 그 당시 해면 기압의 눈금에 맞추어 해발고도(진고도)를 얻을 수 있는 방식

③ QNE 방식 : 해면상 표준 대기압인 29.92 in-Hg로 맞추어 기압고도를 얻을 수 있는 방식

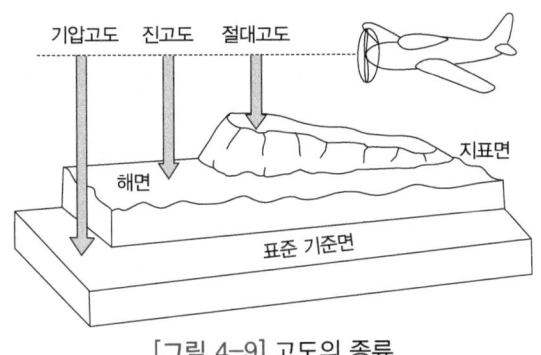

[그림 4-9] 고도의 종류

(3) 고도계 오차

① 눈금오차 : 일정한 온도에서 진동을 가하여 얻어 낸 기계적오차는 계기 특유의 오차이다. 일반적으로 고도계의 오차는 눈금오차를 말하는 것이다.

② 온도오차 : 계기의 온도분포가 표준 대기와 다르기 때문에 생기는 오차이다.

③ 탄성오차 : 히스테리시스, 편위, 잔류효과 등과 같이 일정한 온도에서 재료의 특성 때문에 생기는 탄성체의 고유의 오차이다.

④ 기계적인 오차 : 계기 각 부분의 마찰, 기구의 불평형, 가속도와 진동 등에 의하여 바늘이 일정하게 지시하지 못하여 생기는 오차이다. 이들은 압력 변화에 관계가 없으며 수정이 가능하다.

나. 승강계

(1) 기능 : 항공기의 수직 속도를 분당 피트(ft/min)로 측정 지시하는 계기

(2) 작동원리 : 다이어프램에 작은 구멍을 뚫어 놓아 양쪽 부분의 압력이 같아지는 시간을 측정하여 승강률을 지시

① 다이어프램의 구멍 크기가 작은 경우 : 민감하나 지시 속도가 느리게 지시한다.

② 다이어프램의 구멍 크기가 큰 경우 : 지시 속도는 빠르나 둔하다.

[그림 4-11] 승강계

다. 속도계

(1) **기능** : 전압과 정압의 차인 동압을 측정하여 항공기의 대기에 대한 상대 속도, 즉, 대기 속도를 지시하는 계기

(2) **기본 방식** : 전압과 정압에 차에 의해 속도 즉 동압을 지시한다

(3) **작동 방식** : 일반적으로 사용되는 피토정압식속도계는 기체에 평행하게 흐르는 공기가 피토관에 작용하여 나타나는 전압과 정압을 수감하는 방식으로 속도계는 밀폐된 케이스 안에 다이어프램이 들어있어 공함 안쪽에는 피토압이 전달되고 바깥쪽에는 정압이 가해진다. 항공기의 속도에 따라 두 압력의 차압 즉, 동압에 의하여 다이어프램이 팽창하며 변위량은 확대장치에 의하여 확대되어 바늘에 전달된다.

[그림 4-12] 속도계

(4) **대기속도의 종류**

① 지시 대기속도(IAS, Indicated Air Speed) : 속도계의 공함에 동압이 가해지면 동압은 유속의 제곱에 비례하므로, 압력 눈금 대신에 환산된 속도 눈금으로 표시한 속도

② 수정 대기속도(CAS, Calibrated Air Speed) : 지시 대기속도에 피토정압관의 장착 위치와 계기 자체에 의한 오차를 수정한 속도

③ 등가 대기속도(EAS, Equivalent Air Speed) : 수정 대기속도에 공기의 압축성을 고려한 속도

④ 진대기속도(TAS, True Air Speed) : 등가 대기속도에 고도변화에 따른 밀도를 수정한 속도

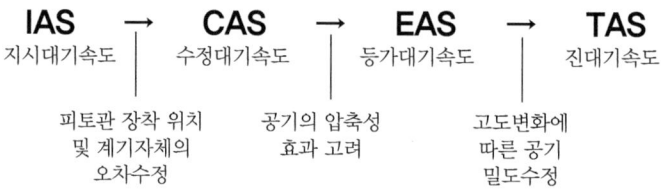

2. 자이로 계기

가. 자이로의 특성

(1) **강직성(Rigidity)** : 자이로에 외력이 가해지지 않는 한 회전자의 축방향은 우주공간에 대하여 계속 일정 방향으로 유지하려는 성질로 자이로 회전자의 질량이 클수록, 자이로 회전자의 회전이 빠를수록 강하다.

(2) **섭동성(Precession)** : 자이로에 외력을 가했을 때 자이로축의 방향과 외력의 방향에 직각인 방향으로 회전하려는 성질을 말한다.

나. 자이로의 특성을 이용한 계기
(1) 강직성을 이용한 계기 : 방향 자이로 지시계(정침의)
(2) 섭동성을 이용한 계기 : 선회계
(3) 강직성과 섭동성을 이용한 계기 : 자이로 수평 지시계(인공 수평의)

다. 계기별 기능
(1) 방향 자이로 지시계
① 자이로의 강직성을 이용, 항공기의 기수 방위와 선회 비행 시의 정확한 선회각을 지시
② 자이로는 3축에 대하여 자유로이 회전할 수 있고, 자이로의 회전축은 항공기 기수 방향에 수평으로 놓여있으며, 강직성에 의한 공간에 대하여 일정 방향 유지

(2) 선회계
① 자이로의 섭동성만을 이용하여 선회 각속도 및 경사를 지시한다.
② 선회계의 종류
  ㉠ 2분계(2Min Turn) : 바늘이 1바늘 폭만큼 움직였을 때 180[°/min]의 선회 각속도를 의미하고, 2바늘 폭일 때에는 360[°/min]의 선회 각속도를 의미한다.
  ㉡ 4분계(4Min Turn) : 가스터빈 항공기에 사용되는 것으로, 1바늘 폭의 단위가 90[°/min]이고, 2바늘 폭이 180[°/min] 선회를 의미한다.

[그림 4-13] 선회계

(3) 자이로 수평 지시계
① 3축 자이로로서 항공기 기수 방향에 수직인 축 이용, 강직성과 섭동성을 이용한 직립 장치에 의해 지표에 대한 자세, 즉 피치와 경사를 알 수 있게 하는 계기
② 장거리 항법 장치에는 로란, 도플러, 관성항법 장치, 오메가 항법 장치 등이 있으나 현대 항공기에서는 레이저 자이로를 사용하는 장거리 항법장치(IRS)가 널리 이용됨

3. 자기계기

가. 자기계기 일반
자기계기는 지구에 대한 항공기의 기수방위를 감지하는 계기이다. 자기계기는 지자기를 수감하여 지구의 자기자오선의 방향을 탐지한 후 이것을 기준으로 항공기의 기수방위를 나타내는 것으로서 자기컴파스라 한다.
(1) 복각 : 자석을 적도에서 북극까지 이동시키면 적도에서는 수평이지만 북극에 가까워질수록 기울어져 수직으로 되는데 이때 기울어지는 각도를 말한다.

(2) 편차 : 지축과 지자기축이 서로 일치하지 않기 때문에 지구 자오선 사이에는 오차각이 생기되는데 이것을 편차라 한다.

(3) 자차 : 자기계기 주위에 설치되어 있는 전기기기 그것에 연결된 전선 기체 구조재 중 자성체의 영향 그리고 자기 계기의 제작과 설치상의 잘못으로 인하여 지시오차가 발생하게 되는데 이것을 자차라고 한다.

나. 자기컴퍼스(Magnetic Compass)

항공기용 자기컴퍼스는 컴퍼스 카드에 2개의 막대자석을 붙인 것을 사용하며 지구자기장의 방향을 감지하고 기수방위가 자북으로부터 몇 도인가를 지시하는 것이다.

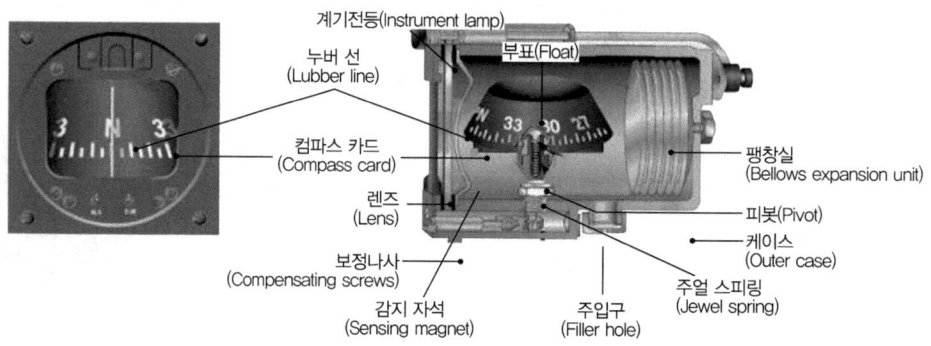

[그림 4-14] 자기컴퍼스

(1) 자기컴퍼스 오차

① 정적오차

  ㉠ 반원차 : 항공기에 사용되고 있는 수평 철재 및 전류에 의해서 생기는 오차이다.

  ㉡ 사분원차 : 항공기에 사용되고 있는 수평 철재에 의해서 생기는 오차이다.

  ㉢ 불이차 : 모든 자방위에서 일정한 토크로 나타나는 오차이며 컴퍼스자체의 제작상 오차 또는 오장착에 의한 오차이다.

② 동적오차

  ㉠ 북선오차(선회오차) : 자기적도 이외의 위도에서는 지자기의 수직 성분으로 인해 선회시 올바른 자방위를 지시하지 못하고 이 오차는 북진하다가 동서로 선회할 때에 오차가 가장 크므로 북선오차라 한다.

  ㉡ 가속도 오차(동서오차) : 항공기를 감가속시 발생하며 동서로 향하고 있는 경우에는 가장 크게 나타나고 남북으로 향하고 있는 경우에는 거의 나타나지 않으므로 동서오차라고 부른다.

다. 원격지시컴퍼스

(1) 마그네신 컴퍼스 : 왕복기관을 장착한 중형항공기에 쓰이던 방식으로 지자기의 수감부는 항공기 내부에서 자기영향이 작은 날개끝이나 꼬리부분에 설치하고 지시부를 계기판에 설치한다.

(2) 자이로 컴퍼스 : 대형항공기에 많이 사용하고 있으며 원리는 자기탐지능력과 방향 지시자이로의 강직성이 합해진 것이고 자차가 거의 없고 동적오차도 없다

(3) 자이로 플럭스 게이트 컴퍼스 : 다른 표준자기컴퍼스에 비해서 거의 단점이 없다. 플럭스게이트, 송출기, 주방향지시계, 증폭기, 컴퍼스 반복기 등으로 구성되어 있다.

4. 회전계기

가. 개요

엔진축의 회전수를 지시하는 계기로 왕복 기관에서는 크랭크축의 회전을 분당 회전수(RPM)로 나타내고, 제트 엔진에서는 압축기의 회전수를 백분율(%)로 나타낸다.

나. 종류

(1) 발전기 전압계형 회전계 : 직류 발전기에서 발전된 전압을 직류 전압계로 측정하여 회전수를 다시 환산, 계기에 표시

(2) 전동기 발전기형 회전계(전기식) : 기관의 회전으로 작동되는 3상 교류 유도 발전기로부터 유도된 전압과 주파수에 의한 전기적 에너지를 기계적 에너지로 변환시키는 동기 전동기로 구성(보통 대형 항공기에 많이 사용)

[그림 4-15] 회전계

(3) 와전류식 회전계 : 와전류 효과를 이용한 회전계(소형기에 사용)

(4) 원심력식 회전계 : 기관에 연결된 구동축에 달려 연동되는 플라이 웨이트의 원심력 이용

5. 압력계기

가. 개요

액체 또는 기체의 압력을 기계적인 변위로 변환시킨 다음 압력 단위로 수정하여 압력 값을 읽을 수 있도록 한다.

(1) 게이지 압력(psi) : 대기압보다 얼마나 높고 낮은가에 따라 정압과 부압으로 구분한다.

(2) 절대 압력(inHg) : 대기압 + 게이지 압력

(3) 압력을 기계적으로 변환시키는 장치 : 버든 튜브, 벨로우즈, 아네로이드와 다이어프램 등

나. 압력계기의 종류

(1) 윤활유 압력계 : 윤활유의 압력과 대기 압력의 차인 게이지 압력을 나타냄

(2) 연료 압력계 : 기화기나 연료 조정 장치로 공급되는 연료의 게이지 압력과 흡입 공기 압력의 차를 이용, 다이어프램 또는 2개의 벨로우즈로 구성

(3) 흡입 압력계 : 매니폴드 압력계라고도 하며, 정속 프로펠러를 갖춘 항공기에 필요한 필수 계기로 실린더에 흡입되는 공기압을 아네로이드와 다이어프램에 의해 절대 압력으로 측정하고, 낮은 고도에서는 초과 과급을 경고하고 높은 고도를 비행할 때에는 기관의 출력손실을 알린다. 흡입압력계의 지시는 절대압력(대기압±게이지압력)으로서 inHg 단위로 표시된다. 지상에 정지해 있을 때에는 게이지압력이 0이므로 그 장소의 대기압을 지시한다.

(4) EPR 계기 : 가스터빈기관의 흡입공기 압력과 배기가스 압력을 각각 해당 부분에서 수감하여 그 압력비를 지시하는 계기이고, 압력비는 항공기의 이륙 시와 비행 중의 기관 출력을 좌우하는 요소이고, 기관의 출력을 산출하는 데 사용한다.

[그림 4-16] 각종 압력계

(5) 작동유 압력계 : 버든 튜브를 이용하여 압력을 지시하는 계기로 지시범위는 0~1,000, 0~2,000, 0~4,000psi 정도이다.

(6) 제빙 압력계 : 항공기 날개에 제빙 장치가 설치된 항공기에 사용하는 것으로 버든 튜브 이용, 압력 단위는 psi 사용

6. 온도 계기

가. 개요

(1) 주요 온도 측정 대상 : 외기온도, 배기가스온도, 오일온도, 실린더온도
(2) 온도의 측정범위 : -100~1200°C

나. 온도계기의 4가지 방식

(1) 바이메탈 온도계 : 열팽창 계수가 서로 다른 2개의 이질 금속(황동-철)을 서로 맞붙여 온도변화에 따라 그 휘는 정도로 온도를 측정하며, 경비행기에 많이 이용

(2) 증기압식 온도계 : 염화 메틸과 같이 증발성이 강한 액체를 밀폐구에 가득 채우고 버든 튜브 압력계와 모세관으로 연결시켜 일체가 되도록 한 일종의 압력 지시기

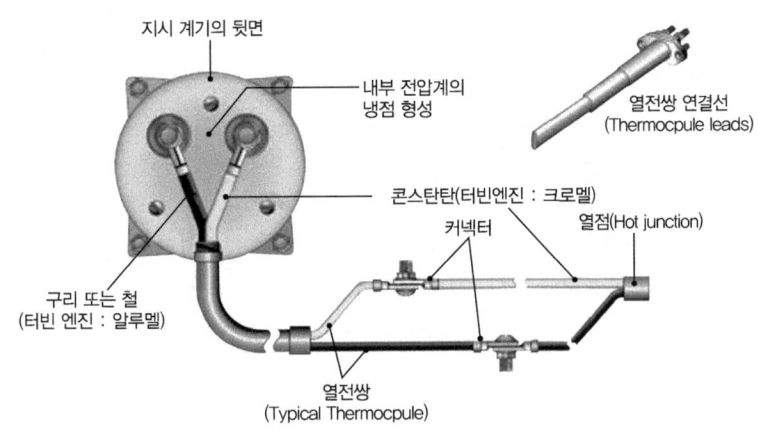

[그림 4-17] 열전쌍식 온도계

(3) 전기 저항식 온도계 : 대향형 항공기에 많이 사용되며 금속선의 온도에 따른 전기 저항 변화로 인한 전류량의 변화량을 휘스톤 브리지를 사용하여 이에 상응하는 온도를 측정
(4) 열전쌍식 온도계 : 2개의 이질 금속선으로 양 끝을 서로 접합하여 회로를 구성한 다음 2개의 접점 (열점과 냉점)에 온도차를 주면 기전력이 발생하여 전류가 흐르는 것을 이용한 계기
  ① 철-콘스탄탄 : 왕복기관의 실린더 온도 측정에 사용(-200~250℃에 사용)
  ② 알루멜-크로멜 : 가스터빈 기관의 배기가스 온도 측정에 사용(70~1,000℃)
  ③ 구리-콘스탄탄 : -200~250℃에 사용

7. 액량 및 유량 계기

가. 연료액량계

액량계기는 항공기에 탑재되는 연료, 윤활유, 작동유와 방빙액의 양을 부피나 무게로 측정하여 지시하여 계기로서 액량을 부피로 나타낼 때에는 겔런으로 표시하고 무게로 나타낼 때에는 파운드로 나타낸다.

(1) 소형 항공기용 : 직독식, Sight Glass Gauge, Deep stick, Float 식
(2) 대형 항공기용(원격 지시식)
  ① 직류 셀신 연료량계 : 연료의 량을 갤론으로 표시, 액면의 높고 낮음에 따른 플로트의 기계적인 변위를 이에 상당하는 전기적인 신호로 변환하여 지시계에 전달
  ② 전기 용량식 연료량계 : 연료의 체적은 비행 고도와 온도에 따라 영향을 받으므로 이들 영향을 받지 않는 중량을 지시식으로 측정하는 계기로 대형 항공기, 고공 항공기에 적합

[그림 4-18] 연료액량계 및 유량계

나. 연료유량계

기관이 1시간동안 소모하는 연료의 양, 즉 기관에 공급되는 연료파이프 내를 흐르는 유량률을 부피의 단위 또는 무게의 단위로 지시한다. 이 계기는 오토신 또는 마그네신의 원리를 이용하여 원격으로 지시한다(차압식, 동압식 질량유량계)

(1) **차압식** : 액체가 통과하는 튜브의 중간에 오리피스를 설치하여 액체의 흐름이 있을 때에 오리피스의 앞부분과 뒷부분에 발생하는 압력차를 측정하여 유량을 알 수 있다.
(2) **베인식** : 입구를 통과하여 연료의 흐름이 있을 때에는 베인은 연료의 질량과 속도에 비례하는 동압을 받아 회전하게 되는데 이때 베인의 각 변위를 전달함으로써 유량을 지시한다.
(3) **동기전동기식** : 연료의 유량이 많은 제트기관에 사용되는 질량유량계로서 연료에 일정한 각속도를 준다. 이때의 각 운동량을 측정하여 연료의 유량을 무게의 단위로 지시할 수 있다.

8. 원격지시계기

가. 개요

수감부의 기계적인 각 변위 또는 직선 변위를 전기적인 신호로 바꾸어 멀리 떨어진 지시부에 같은 크기의 변위를 나타내는 계기이고, 각도나 회전력과 같은 정보의 전송을 목적으로 한다. 여기에 사용되는 동기기(Synchro)는 전원의 종류와 변위의 전달방식에 따라 나뉘는데 제작사에 따라 독자적인 명칭으로 불린다.

나. 종류 및 기능

(1) **오토신(Autosyn)** : 벤딕스사에서 제작된 동기기 이름으로서 교류로 작동하는 원격지시계기의 한 종류이며, 도선의 길이에 의한 전기저항값은 계기의 측정값 지시에 영향을 주지 않으며 회전자는 각각 같은 모양과 치수의 교류전자석으로 되어 있다.
(2) **서보(Servo)** : 명령을 내리면 명령에 해당하는 변위만큼 작동하는 동기기이다.
(3) **직류셀신(D.C Selsyn)** : 120° 간격으로 분할하여 감겨진 정밀 저항 코일로 되어 있는 전달기와 3상 결선의 코일로 감겨진 원형의 연철로 된 코어 안에 영구 자석의 회전자가 들어 있는 지시계로 구성되어 있으며, 착륙장치나 플랩 등의 위치지시계로 또는 연료의 용량을 측정하는 액량지시계로 흔히 사용된다.
(4) **마그네신(Magnesyn)** : 오토신과 다른 점은 회전자로 영구 자석을 사용하는 것이고, 오토신보다 작고 가볍기는 하지만 토크가 약하고 정밀도가 다소 떨어진다. 마그네신의 코일은 링 형태의 철심 주위에 코일을 감은 것으로 120°로 세 부분으로 나누어져 있고 26V, 400Hz의 교류전원이 공급된다.

항공계기 계통 적중예상문제

01 항공기 계기판의 구비조건에 대한 설명이 잘못된 것은?
㉮ 자기 컴퍼스에 의한 자기적인 영향을 받지 않도록 비자성 금속을 사용해야 한다.
㉯ 완충 마운트를 사용하여 진동으로부터 계기를 보호할 수 있어야 한다.
㉰ 유해한 반사광선으로 인하여 내용이 잘못 파악되지 않도록 해야 한다.
㉱ 계기판의 지시를 쉽게 읽을 수 있도록 광택 도장을 하여야 한다.

02 Shock Mount의 역할은?
㉮ 저주파, 고진폭 진동 흡수   ㉯ 저주파, 저진폭 진동 흡수
㉰ 고주파, 고진폭 진동 흡수   ㉱ 고주파, 저진폭 진동 흡수

해설 계기판은 저주파수, 높은 진폭의 충격을 흡수하기 위하여 충격 마운트(Shock Mount)를 사용하여 고정한다.

03 청색 호선(Blue Arc)의 색 표식을 사용할 수 있는 계기는?
㉮ 대기속도계   ㉯ 기압식 고도계   ㉰ 흡입압력계   ㉱ 산소압력계

04 전기계기의 철제 케이스나 강제 케이스가 대부분 부착되어 있는 이유는?
㉮ 정비도중의 계기 손상을 방지하기 위해서이다.
㉯ 장탈 및 장착을 용이하게 하기 위해서이다.
㉰ 외부 자장의 간섭을 막기 위해서이다.
㉱ 계기 내부에 열이 축적되는 것을 막기 위해서이다.

05 기압 고도(pressure altitude)에서 기압 수치는 얼마인가?
㉮ 14.7inHg   ㉯ 14.7psi   ㉰ 29.92psi   ㉱ 29.92inHg

해설 고도의 종류
• 진 고도(true altitude) : 해면상에서부터의 고도
• 절대 고도(absolute altitude) : 항공기로부터 그 당시의 지형까지의 고도
• 기압 고도(pressure altitude) : 기압 표준선, 즉 표준 대기압 해면(29.92inHg)으로부터의 고도

정답 01 ㉱ 02 ㉮ 03 ㉰ 04 ㉰ 05 ㉱

Chapter 4 항공기 계통

06 Pitot Tube를 이용한 계기가 아닌 것은?

㉮ 속도계　　㉯ 고도계　　㉰ 선회계　　㉱ 승강계

07 공함(Collapsible Chamber)에 사용되는 재료는?

㉮ 알루미늄　　㉯ 니켈　　㉰ 티탄　　㉱ 베릴륨-구리합금

[해설] 공함(Collapsible Chamber)에 사용되는 재료는 탄성한계 내에서 외력과 변위가 직선적으로 비례하며, 비례상수도 커야 하며 제작의 어려움 때문에 인청동을 사용하였으나, 현재에는 베릴륨-구리합금이 쓰이고 있다.

08 기체 좌·우에 있는 정압공이 기체 내에서 서로 연결되어 있는 이유는?

㉮ 어느 쪽이 막혔을 때를 대비한 것이다.
㉯ 기장측과 부기장측이 공용으로 사용하기 위해서이다.
㉰ 빗물이 침입한 경우에 대비한 것이다.
㉱ 측풍에 의한 오차를 방지하기 위한 것이다.

[해설] 기체의 모양이나 배관의 상태 또는 피토관의 장착위치와 측풍에 의한 오차를 일으킬 수 있기 때문에 이를 방지하기 위하여 동체 좌·우에 위치시킨다.

09 해발 500m인 비행장 상공에 있는 비행기의 진고도가 3000m라면 이 비행기의 절대고도는 얼마인가?

㉮ 500m　　㉯ 2500m　　㉰ 3000m　　㉱ 3500m

10 고도계 보정 중 QNH를 통보해 주는 곳이 없는 해변 비행이거나 14000ft 이상의 높은 고도를 비행할 때 주로 사용하는 고도계 보정방식은?

㉮ QNE　　㉯ QNH　　㉰ QFE　　㉱ QHN

11 고도계의 오차 중 탄성오차란 무엇인가?

㉮ 계기 각 부분의 마찰, 기구의 불평형, 가속도 및 진동 등에 의하여 바늘이 일정하게 지시 못하는 오차
㉯ 재료의 특성 때문에 일정한 온도에서의 탄성체 고유의 오차
㉰ 일정한 온도에서 진동을 가하여 얻어낸 기계적 오차
㉱ 온도 변화로 인해 계기 각 부분이 팽창 수축함으로써 생기는 오차

정답 06 ㉰ 07 ㉱ 08 ㉱ 09 ㉯ 10 ㉮ 11 ㉯

12 다음 고도계의 오차 중 히스테리시스로 인한 오차는 어느 것인가?

㉮ 눈금 오차   ㉯ 온도 오차   ㉰ 탄성 오차   ㉱ 기계적 오차

13 속도계가 고도가 증가함에 따라 진 대기속도를 지시하지 못하는 이유는?

㉮ 공기의 온도가 변하기 때문에
㉯ 공기의 밀도가 변하기 때문에
㉰ 대기압이 변하기 때문에
㉱ 고도가 변하여도 올바른 속도를 지시한다.

14 여압된 비행기가 정상 비행 중 갑자기 계기 정압라인이 분리된다면 어떤 현상이 나타나는가?

㉮ 고도계는 높게 속도계는 낮게 지시한다.   ㉯ 고도계와 속도계 모두 높게 지시한다.
㉰ 고도계와 속도계 모두 낮게 지시한다.   ㉱ 고도계는 낮게 속도계는 높게 지시한다.

해설 여압이 되어 있는 항공기 내부에서 정압라인이 분리되었다면 실제 정압보다 높은 객실 내부의 압력이 작용하여 정압을 이용하는 고도계와 속도계는 모두 낮게 지시한다.

15 다음 중 속도계(Air Speed Indicator)에 사용되는 것은?

㉮ 아네로이드   ㉯ 버든튜브
㉰ 다이어프램   ㉱ 다이어프램과 아네로이드

해설 피토정압계기와 공함
• 고도계 : 아네로이드 • 속도계 : 다이어프램 • 승강계 : 아네로이드

16 다음 속도계의 오차 수정의 관계는?

㉮ IAS − CAS − EAS − TAS   ㉯ EAS − CAS − IAS − TAS
㉰ IAS − TAS − EAS − CAS   ㉱ TAS − EAS − CAS − IAS

17 다음은 승강계를 설명한 것이다. 틀린 것은?

㉮ 승강계는 수직방향의 속도를 feet/min 단위로 지시하는 계기이다.
㉯ 승강계는 압력의 변화로 항공기의 승강률을 나타내는 계기이다.
㉰ 전압을 이용하여 승강률을 측정한다.
㉱ 모세관의 구멍이 작은 경우에는 감도는 높아지나 지시지연시간이 길어진다.

정답 12 ㉰ 13 ㉯ 14 ㉰ 15 ㉰ 16 ㉮ 17 ㉰

18 객실 여압이 되어 있지 않은 항공기의 Pitot Tube에서 Leak가 발생하였을 때 지시대기속도는?

㉮ 지시대기속도가 증가한다.
㉯ 지시대기속도가 감소한다.
㉰ 고도가 높아질 때 지시대기속도가 증가한다.
㉱ 고도가 높아질 때 지시대기속도가 감소한다.

해설 Pitot Tube에서 누설은 전압(total pressure)이 작용하는 Tube 부분의 누설을 말하며 동압(전압과 정압의 차)의 감소를 의미한다.

19 승강계의 핀 홀(Pin Hole)의 크기를 크게 하면 지시는 어떻게 되는가?

㉮ 지시지연시간은 짧아지고 둔해진다.   ㉯ 지시지연시간은 짧아지고 예민해진다.
㉰ 지시지연시간은 길어지고 예민해진다.   ㉱ 지시지연시간은 길어지고 둔해진다.

해설 핀 홀(Pin Hole) : 공기의 속도, 온도, 밀도가 일정할 때 관속을 통과하는 공기의 저항은 관의 단면적에 반비례하므로 핀 홀이 작으면 감도는 예민해지지만, 지시지연이 커지고, 핀 홀이 커지면 지연시간이 짧아지고 감도는 둔해진다.

20 게이지압력(Gauge Pressure)이 사용되는 것은?

㉮ 매니폴드압력계   ㉯ 윤활유압력계   ㉰ 연료압력계   ㉱ EPR압력계

21 절대압력과 게이지압력과의 관계는?

㉮ 절대압력 = 게이지압력 + 대기압   ㉯ 절대압력 = 대기압 ± 게이지압력
㉰ 절대압력 = 게이지압력 − 대기압   ㉱ 절대압력 = 게이지압력 × 대기압

해설 압력의 종류
- 절대압력 : 완전 진공을 기준으로 측정한 압력
- 게이지압력 : 대기압을 기준으로 측정한 압력
- 압력에 사용되는 단위는 inHg와 psi가 대표적으로 많이 사용된다.

22 과급기가 설치된 왕복기관 항공기가 기관이 정지된 상태로 지상에 있다면 흡입압력계의 지시는 어떻게 되는가?

㉮ 지시가 없다.   ㉯ 주변 대기압을 지시
㉰ 대기압보다 낮게 지시   ㉱ 대기압보다 높게 지시

정답 18 ㉯ 19 ㉮ 20 ㉯ 21 ㉮ 22 ㉯

23 전기저항식 온도계 측정부에 온도수감 벌브(Bulb)의 저항을 증가시키면 그 지시는 정상보다 어떻게 가리키는가?

㉮ 높게 지시한다.
㉯ 낮게 지시한다.
㉰ 변하지 않는다.
㉱ 주위 조건에 따라 다르다.

해설 전기저항식 온도계
일반적으로 금속의 저항은 온도와 비례한다. 전기저항식 온도계는 저항성으로 일반적으로 순 니켈선을 이용하는데 단선되게 되면 저항값이 무한대가 되므로 지침의 고온의 최댓값을 지시하며 흔들리게 된다.

24 열전쌍식 실린더 온도계를 옳게 설명한 것은?

㉮ 직류전원을 필요로 한다.
㉯ Lead 선이 끊어지면 실내 온도를 지시한다.
㉰ Lead 선이 Short되면 0을 지시한다.
㉱ Lead 선의 길이를 함부로 변경을 시키지 못하나 저항으로 조정할 수 있다.

해설 열전쌍(Thermocouple, 서모커플)
열전쌍의 열점과 냉점 중 열점은 실린더 헤드의 점화 플러그 와셔에 장착되어 있고 냉점은 계기에 장착되어 있는데 리드 선(Lead Line)이 끊어지면 열전쌍식 온도계는 실린더 헤드의 온도를 지시하지 못하고 계기가 장착되어 있는 주위 온도를 지시

25 배기가스 온도 측정용으로 병렬로 연결되어 있는 벌브(Bulb) 중에서 한 개가 끊어졌다면 그 때의 지시값은 어떻게 되겠는가?

㉮ 약간 감소한다.   ㉯ 약간 증가한다.   ㉰ 변화하지 않는다.   ㉱ 0을 지시한다.

해설 서모커플은 평균값을 얻기 위하여 병렬로 연결되어 있으므로 어느 하나가 끊어지게 되면 그 값이 조금 감소하게 된다.

26 다음 온도 계기 중 실린더 헤드나 배기가스 온도 등과 같이 높은 온도를 정확하게 나타내는데 사용되는 계기는?

㉮ 증기압식 온도계
㉯ 전기 저항식 온도계
㉰ 바이메탈식 온도계
㉱ 열전쌍식 온도계

27 전기식 회전계는 다음 어느 것에 의하여 작동되는가?

㉮ 직권 모터   ㉯ 분권 모터   ㉰ 동기 모터   ㉱ 자기 모터

정답 23 ㉮ 24 ㉯ 25 ㉮ 26 ㉱ 27 ㉰

28 전기용량식 연료량계를 설명한 것 중 옳지 않은 것은?

㉮ 연료는 공기보다 유전율이 높다.
㉯ 온도나 고도변화에 의한 지시오차가 없다.
㉰ 전기용량은 연료의 무게를 감지할 수 있으므로 연료량을 중량으로 나타내기가 적합하다.
㉱ 옥탄가 등 연료의 질이 변하더라도 지시오차가 없다.

해설 전기용량식(Electric Capacitance Type) 액량계
- 고공비행하는 제트항공기에 사용되는 것으로 연료의 양을 무게로 나타낸다.
- 액체의 유전율과 공기의 유전율이 서로 다른 것을 이용하여 연료탱크 내의 축전지의 극 판 사이의 연료의 높이에 따른 전기용량으로 연료의 부피를 측정하고 여기에 밀도를 곱하여 무게로 지시한다.
- 사용전원은 115V, 400Hz 단상교류를 사용한다.

29 회전계기에 대한 설명 중 틀린 것은?

㉮ 회전계기는 기관의 분당 회전수를 지시하는 계기인데 왕복기관에서는 프로펠러의 회전수를 rpm으로 나타낸다.
㉯ 가스터빈기관에서는 압축기의 회전수를 최대회전수의 백분율(%)로 나타낸다.
㉰ 회전계기에는 전기식과 기계식이 있으며, 소형기를 제외하고 모두 전기식이다.
㉱ 다발 항공기에서 기관들의 회전이 서로 동기되었는가를 알기 위하여 사용하는 계기가 동기계이다.

해설 회전계(Tachometer) : 왕복기관에서는 크랭크축의 회전수를 분당회전수(rpm)로 지시하고 가스터빈기관에서는 압축기의 회전수를 최대출력 회전수의 백분율(%)로 나타낸다.

30 다음 중 지자기의 3요소에 해당되지 않는 것은?

㉮ 편차   ㉯ 복각   ㉰ 수평분력   ㉱ 수직분력

해설 지자기의 3요소
- 편차 : 지축과 지자기축이 일치하지 않아 생기는 지구자오선과 자기자오선 사이의 오차 각
- 복각 : 지자기의 자력선이 지구 표면에 대하여 적도 부근과 양극에서의 기울어지는 각
- 수평분력 : 지자기의 수평방향의 분력

31 자기 컴퍼스의 자차 수정 시 컴퍼스로즈(Compass Rose)를 설치한다. 건물과 다른 항공기로부터 어느 정도 떨어져야 하는가?

㉮ 100m, 50m   ㉯ 20m, 40m   ㉰ 40m, 20m   ㉱ 50m, 10m

정답 28 ㉰ 29 ㉱ 30 ㉱ 31 ㉱

32 다음 그림은 자이로의 섭동성을 나타낸 것이다. 자이로가 굵은 화살표 방향으로 회전하고 있을 때, F의 힘을 가하면 실제로 힘을 받는 부분은?

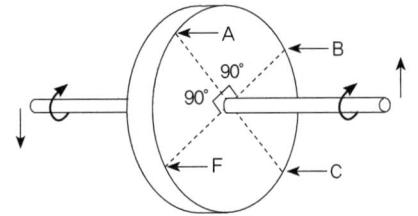

㉮ F
㉯ A
㉰ B
㉱ C

33 자기 컴퍼스 계통에서 반원차란?

㉮ 항공기의 영구자석에 의해 생기는 오차
㉯ 항공기의 연철 재료에 의해 생기는 오차
㉰ 항공기가 속도변화 시에 나타나는 오차
㉱ 모든 자방위에서 일정한 크기로 나타나는 오차

34 자이로신(Gyrosyn) Compass System의 플럭스 밸브(Flux Valve)에 대한 설명 중 틀린 것은?

㉮ 지자기의 수직성분을 검출하여 전기신호로 바꾼다.
㉯ 400Hz의 여자전류에 의해 2차 코일에 지자기의 강도에 비례한 800Hz의 교류를 발생한다.
㉰ 내부는 제동액으로 채워지고 자기 검출기의 진동을 막고 있다.
㉱ 익단과 미두 등 전기와 자기의 영향이 적은 장소에 설치되어 있다.

해설 플럭스 밸브(Flux Valve)
• 지자기의 수평성분을 검출하여 그 방향을 전기신호로 바꾸어 원격 전달하는 장치이다.
• 자성체의 영향을 받게 되면 자기의 방향에 영향을 주게 되므로 오차의 원인이 되고, 검출기의 철심도 자기 전도율이 좋은 자성합금을 사용하고 있기 때문에 자기를 띤 물질이 접근하면 오차의 원인이 된다.

35 자이로의 강직성에 대한 설명 중 맞는 것은?

㉮ Rotor의 회전속도가 큰 만큼 강하다.
㉯ Rotor의 회전속도가 큰 만큼 약하다.
㉰ Rotor의 질량이 회전축에서 멀리 분포하고 있는 만큼 약하다.
㉱ Rotor의 질량이 회전축에서 가까이 분포하고 있는 만큼 강하다.

해설 강직성(Rigidity) : 자이로에 외력이 가해지지 않는 한 회전자의 축방향은 우주공간에 대하여 계속 일정 방향으로 유지하려는 성질로 자이로 회전자의 질량이 클수록, 자이로 회전자의 회전이 빠를수록 강하다.

정답 32 ㉯ 33 ㉮ 34 ㉮ 35 ㉮

Chapter 4 항공기 계통

36 선회계의 지시는 무엇을 나타내는가?

㉮ 선회각 가속도 ㉯ 선회 각속도 ㉰ 선회각도 ㉱ 선회속도

37 방향 자이로(Directional Gyro)는 보통 15분간에 몇 도 정도 수정을 하는가?

㉮ ±15° ㉯ 0° ㉰ ±4° ㉱ ±10°

해설 지구 자전에 따른 오차를 편위(Drift)라고 하는데 가장 심하면 24시간 동안 360°(15분간 약 3.75°)의 오차가 생기며 그 외에 가동부 등의 베어링 마찰을 피할 수 없으므로 15분간 최대로 ±4°는 허용되고 있는 실정이다.

38 버티컬 자이로(Vertical Gyro)에서 알 수 있는 요소는 다음 중 무엇인가?

㉮ 롤, 피치 및 기수 방위 ㉯ 롤 및 피치
㉰ 롤 및 기수 방위 ㉱ 기수 방위

해설 비행 중의 항공기는 3개의 축을 기준으로 자세가 변한다. 수평의는 일반적으로 VG(Vertical Gyro)라고 부르고 피치 축과 롤 축에 대한 항공기의 자세를 감지한다.

39 EICAS에 대한 설명 중 맞는 것은?

㉮ 엔진계기와 승무원 경보 시스템의 브라운관 표시장치
㉯ 지형에 따라서 비행기가 그것에 접근할 때의 경보장치
㉰ 기체의 자세 정보의 영상표시장치
㉱ 엔진출력의 자동제어 시스템장치

해설 EICAS(Engine Indication And Crew Alerting System) : 기관의 각 성능이나 상태를 지시하거나 항공기 각 계통을 감시하고, 기능이나 계통에 이상이 발생하였을 경우 경고 전달을 하는 장치이다.

40 종합 계기 PFD에 Display되지 않는 것은?

㉮ M/B ㉯ VOR ㉰ ILS ㉱ Altimeter

해설
- PFD(primary flight display) : 비행자세, 속도, 고도, 승강율, 기수방위, 오토파일롯, 마커등 등을 한곳에 집약하여 지시
- ND(navigation display) : 항법에 필요한 자료로 현재위치, 기수방위, 비행방향, 선택코스의 벗어남, 비행예정코스 등을 지시
- EICAS(engine indication & crew alerting system) : 기관 및 각 시스템의 상태를 지시하며 이상 발생 및 그 상황을 표시

정답 36 ㉯ 37 ㉰ 38 ㉯ 39 ㉮ 40 ㉯

41 FD(Flight Derector)을 바르게 설명한 것은?

㉮ 희망하는 방위, 고도, Course에 항공기를 유도하기 위한 명령을 나타낸다.
㉯ 안정화 기능을 갖고 있다.
㉰ Throttle Lever를 자동적으로 조정하여 조종사가 설정한 속도를 유지시켜 준다.
㉱ 고도경보장치를 갖고 있다.

해설 희망하는 방위, 고도, Course에 항공기를 유도하기 위한 명령만을 Attitude Director Indicator에 Pitch, Roll Bar로 나타내 주고 조종사는 이 명령에 기초하여 수동으로 조종면을 움직여 희망하는 고도 및 방위에 도달할 수 있다.

42 AUTO FLIGHT CONTROL SYSTEM의 유도기능에 속하지 않는 것은?

㉮ DME에 의한 유도
㉯ VOR에 의한 유도
㉰ ILS에 의한 유도
㉱ INS에 의한 유도

해설 자동조종장치의 기능 : 자세(gyro)유지모드, 자세제어(turn-knob)모드, 기수방위(HDG SEL)설정모드, 고도유지(ALT HOLD)모드, VOR/LOC모드, ILS 모드, INS에 의한 유도, 성능관리 컴퓨터(PMS)에 의한 유도, 착륙왕복(GA)모드, 자동착륙(LAND)모드 등

정답 41 ㉮ 42 ㉮

| Section 3 |
항공기 공·유압 및 환경조절 계통

01 항공기 공·유압

1. 공기 및 유압계통

항공기의 각 계통을 작동시키기 위해서 기관의 동력을 간접적으로 전달할 수 있는 장치

가. 공기 및 유압 계통 일반

(1) 항공기의 동력 전달 방법 : 전기, 공기압, 작동유압

　① 유압식 : 신뢰성, 경제성, 안전성, 확실성, 간결성 등으로 가장 많이 사용

　② 전기 및 공기압 : 유압 계통의 고장에 대비하여 보조로 쓰임

(2) 작동유의 성질과 전달

　① 비압축성 유체

　② 파스칼의 원리 : 밀폐 용기에 채워진 유체에 가해진 압력은 유체의 모든 방향과 용기의 벽에 동일하게 전달된다.

(3) 기계적 이득

　① 작은 힘으로 큰 힘을 얻기 위한 장치 : 지렛대, 잭, 도르래, 유압 등

　② 작은 힘으로 많은 행정거리를 움직이게 하여 짧은 행정거리를 움직이는 큰 힘이 발생

(4) 운동 중의 작동유

　① 마찰 손실 : 유체가 관의 안쪽 표면과 마찰을 일으켜 압력 손실이 생김

　② 오리피스(Orifice) : 관 안에 오리피스를 설치함으로서 오리피스의 전 후에 압력차 발생

(5) 공기압

　① 장점 : 가볍고, 화재의 위험이 없으며, 저장이 불필요

　② 단점 : 압축성이므로 흐름량의 조절이 없고, 신뢰성이 떨어짐

　③ 유압 계통과 복합적으로 되어 있고, 셔틀 밸브(Shuttle Valve)에 의해 유압 고장 시 비상 압력으로 사용

　④ 플랩, 착륙장치 및 브레이크 계통에 사용

나. 작동유

(1) 작동유의 구비 조건

① 마찰 손실이 적어야 한다.　　② 점성이 낮아야 한다.
③ 온도 변화에 따른 성질 변화가 적어야 한다.　　④ 화학적 안정성이 높아야 한다.
⑤ 인화점이 높아야 한다.　　⑥ 비등점이 높아야 한다.
⑦ 부식성이 낮아야 한다.

(2) 작동유의 기능

① 동력을 전달한다.　　② 움직이는 기계요소를 윤활시킨다.
③ 필요한 요소 사이를 밀봉한다.　　④ 열을 흡수한다.

(3) 작동유의 종류

① 식물성유 : 아주까리기름과 알코올의 혼합물로 파란색, 부식성과 산화성이 있다. 식물성 작동유의 색깔은 파란색이며, 천연고무 실을 사용한다.
② 광물성유 : 원유로부터 제조되고, 붉은색이며, -54℃~71℃의 사용 온도 범위를 갖고 있고, 화재의 위험이 있다. 소형 항공기의 브레이크 계통에 사용되며 중.대형 항공기의 착륙장치의 완충기에 사용한다. 광물성 작동유의 색깔은 붉은색이며, 합성고무 실을 사용한다.
③ 합성유 : 인산염과 에스테르의 혼합물로 자주색이고, -54℃~115℃의 사용 온도 범위를 갖고 있으며, 독성이 있어 눈에 들어가면 실명의 위험도 있음. 화학적인 안정성이 크고, 현대 항공기의 유압계통에 사용, 색깔은 자주색이며, 부틸, 실리콘고무, 테프론 실을 사용한다.

2. 공압계통

가. 용도

(1) 소형 항공기 : 브레이크 장치, 플랩 작동 장치 등의 작동에 사용
(2) 대형 항공기 : 유압 계통 고장 시의 비상 및 보조적 기능, 착륙장치의 비상 작동장치와 비상 브레이크 장치, 화물실 도어의 작동장치

나. 공기압 계통의 장점 및 구성

(1) 공기압 계통의 장점

① 압계통은 압력 전달 매체로서 공기를 사용하므로 비압축성 작동유와 달리 어느 정도 계통의 누설을 허용하더라도 압력 전달에는 큰 영향을 주지 않는다.
② 공압계통은 무게가 가볍다.
③ 사용한 공기를 대기 중으로 배출시키므로 공기가 실린더로 되돌아오는 귀환관이 필요 없어 계통이 간단해질 수 있다.

(2) 구성

① 공기 압축기(compressor) : 공기압을 발생하는 장치로 기관 구동식 압축기가 사용된다.

② 공기 저장통(air bottle) : 발생된 공기압을 저장하는 실린더이며 stack pipe는 제거되지 않은 수분이나 윤활유가 계통으로 섞여 나가지 않도록 한다.

③ 지상 충전 밸브(ground charging valve) : 지상에서 항공기 기관이 작동하지 않고 있을 때 계통에 공기를 공급한다.

④ 수분 제거기(moisture seperator) : 가입된 공기중에 섞여 있는 수분이나 오일 등을 제거하는 장치

⑤ 화학 건조기(chemical drier) : 기계적으로 제거되지 않는 불순물이나 오일을 화학적 탈수제로 완전히 제거시키는 장치

⑥ 압력 조절 밸브(pressure regulating valve) : 공기 저장통의 공기압력을 규정 범위로 유지시키는 역할

⑦ 감압 밸브(reducing valve) : 높은 압력의 공기가 흡입 플런저에 뚫려 있는 작은 공기 통로를 통과함으로서 공기의 압력을 낮추어 낮은 압력의 공기를 저장 계통으로 공급하는 밸브

⑧ 셔틀 밸브(shuttle valve) : 유압과 공기압을 자동으로 선택하는 밸브

3. 유압계통

가. 유압 동력계통 및 장치

(1) 저장 탱크

① 재질 : 알루미늄 합금 또는 마그네슘 합금

② 저장소 및 공기, 각종 불순물 제거

③ 탱크 용량 : 38℃(100°F)에서 축압기를 제외한 전 유압계통에 필요로 하는 용량의 150% 이상 또는 축압기를 포함한 모든 계통이 필요로 하는 용량의 120% 이상

④ 여압구 : 고공에서 작동유에 생기는 거품 방지 및 저장 탱크를 여압시키는 압축 공기 연결구

⑤ 사이트 게이지 : 저장 탱크 안의 작동유의 양을 확인할 수 있는 장치

⑥ 귀환관 : 저장 탱크의 전상 유면 아래에 위치하며 귀환 작동유는 원주의 접선 방향으로 들어와 거품을 방지

⑦ 배플(Baffle)과 핀(Pin) : 탱크 안의 거품 및 기포를 제거하여 펌프로 유입되는 것을 방지

⑧ 바이패스 밸브(By-Pass valve) : 필터가 막혔을 때 작동유가 정상 공급되게 해주는 장치

⑨ 스탠드 파이프(Stand Pipe) : 비상 시 사용할 작동유의 저장 및 탱크로부터의 이물질 혼입 방지

(2) 동력 펌프
　① 구동 방법 : 기관, 공기 터빈, 전동기, 유압 모터
　② 종류 : 기어형 펌프, 제로터형 펌프, 베인형 펌프, 피스톤 펌프
(3) 수동 펌프
　① 용도 : 비상용, 유압계통 지상 점검 시 사용
　② 종류 : 싱글 액팅식 수동 펌프, 더블 액팅식 수동 펌프
(4) 축압기(Accumulator)
　① 기능
　　㉠ 가압된 작동유의 저장통으로 여러 유압기기가 동시에 사용될 때 동력펌프를 도와준다.
　　㉡ 동력펌프의 고장시 제한된 유압기기를 작동시킨다.
　　㉢ 동력펌프의 서지(surge) 현상을 방지한다.
　　㉣ 유압계통의 충격적인 압력을 흡수해 준다.
　　㉤ 압력 조절기의 개폐 빈도를 줄여 펌프가 압력 조절기의 마멸을 적게 한다.
　② 종류
　　㉠ 다이어프램(Diaphragm)형 축압기는 계통의 압력이 1500psi 이하인 항공에 사용
　　㉡ 블래더(Bladder)형 축압기는 3000psi 이상의 계통에 사용
　　㉢ 피스톤(Piston)형 축압기는 공간을 적게 차지하고 구조가 튼튼하기 때문에 현대 항공기에 많이 사용
(5) 여과기(filter)
　① 작동유에는 선택 밸브가 펌프 등의 마멸에 의하여 금속 가루가 생기는데 이를 여과하여 작동불량이 생기지 않도록 한다. 여과의 능력은 미크론으로 나타낸다.
　② 종류 : 쿠노형(cuno type), 미크론형(micron type)

나. 압력 조절, 제한 및 제어 장치

(1) 기능 : 유압계통의 압력이 한계치를 유지하도록 하며, 승압, 강압 및 기포 제거
(2) 압력 조절기
　① 기능 : 작동유의 압력을 규정 범위로 조절 및 계통에 압력이 요구되지 않을 때 펌프에 부하가 걸리지 않게 함
　② Kick-in : 계통 압력이 낮을 때 바이패스 밸브가 닫히고 체크 밸브 열림
　③ Kick-out : 계통 압력이 높을 때 바이패스 밸브는 열리고 체크 밸브는 닫혀서 높은 압력의 유압은 저장 탱크로 귀환시킴

(3) 릴리프 밸브(Relief Valve)
　① 시스템 릴리프 밸브 : 압력 조절기 및 계통 고장 등으로 계통 내의 압력이 규정값 이상이 되는 것을 방지
　　㉠ 크랭킹 압력(cranking pressure) : 계통내의 압력이 규정값 이상으로 상승하여, 볼이 시트로부터 벌어지기 시작하면서 작동유가 귀환관으로 흐르게 될 때 압력
　　㉡ 풀드로 압력(full draw pressure) : 볼이 완전히 시트에서 떨어져 릴리프 밸브에서 최대의 작동유량이 통과할 때 압력, 풀로드 압력은 스프링을 압축시켜야 하기 때문에 크랭킹 압력보다 10% 정도 높아야 한다.
　　㉢ 리시팅 압력(reseating pressure) : 시트로 되돌아와서 귀환되는 작동유의 흐름을 중단할 때 압력. 리시팅 압력은 크랭킹 압력보다 10% 낮아야 하는데 한번 흐르기 시작한 작동유의 흐름은 계속하려는 성질을 가지고 있어서 크랭킹 압력보다 10%가 낮을 때까지 스프링의 힘은 볼이 시트에 되돌아갈 수 없기 때문이다.
　② 서멀 릴리프 밸브 : 온도 증가에 따른 유압계통의 압력 증가를 막는 역할을 한다. 작동유의 온도가 주변 온도의 영향으로 높아지면 작동유는 팽창하여 압력이 상승하기 때문에 계통에 손상을 초래하게 된다. 이것을 방지하기 위하여 온도 릴리프 밸브가 열려 증가된 압력을 낮추게 된다. 온도 릴리프 밸브는 계통 릴리프 밸브보다 높은 압력으로 작동하도록 되어 있다.

(4) 프라이오리티 밸브(priority valve)
계통의 압력이 정상보다 낮아졌거나 펌프의 고장일 때 축압기의 압력을 사용하여 가장 필요한 계통에만 우선 공급해야 하는 경우에 사용한다.

(5) 퍼지 밸브(Purge Valve)
항공기 비행 자세의 흔들림이나 온도의 상승으로 인하여 펌프의 공급관과 출구쪽에 거품이 생긴 작동유를 레저버로 배출되게 하여 공기를 제거하는 밸브이다.

(6) 감압 밸브(Pressure Reducing Valve)
계통의 압력보다 낮은 압력이 필요할 때 사용하며, 일부 계통의 압력을 요구하는 수준까지 낮추어 준다.

(7) 디부스터 밸브(De-booster Valve)
피스톤형 밸브로서 브레이크의 작동을 신속하게 하기 위한 것으로 브레이크를 작동할 때 일시적으로 작동유의 공급량을 증가시켜 신속한 제동을 도와준다.

다. 흐름 방향 및 유량 제어 장치

(1) 방향 제어 장치 : 선택 밸브, 체크 밸브, 시퀀스 밸브, 바이패스 밸브, 셔틀 밸브
　① 선택 밸브(Selector Valve) : 유로를 선정해주는 밸브(회전형 선택 밸브, 포핏형 선택 밸브, 스풀형 선택 밸브, 피스톤형 및 플런저형 선택 밸브 등)

② 체크 밸브(Check Valve) : 작동유의 흐름 방향을 한쪽 방향으로만 흐르고 반대 방향은 흐르지 못하게 하는 밸브

③ 시퀀스 밸브(Sequence Valve) : 2개 이상의 작동기를 정해진 순서에 따라 작동되도록 유압을 공급하기 위한 밸브로 타이밍 밸브라고도 함(착륙 장치의 접개 들이 계통에 사용)

④ 셔틀 밸브(Shuttle Valve) : 정상 유압 동력계통에 고장이 발생했을 때 비상계통을 사용할 수 있도록 해주는 밸브

⑤ 수동 체크 밸브(Metering Check Valve) : 정상 시에는 체크 밸브 역할을 수행하지만 필요 시 수동으로 핸들을 조작하여 양쪽 방향으로 흐르도록 하는 밸브

(2) 유량 제어 장치

① 흐름 평형기(Flow Equalizer) : 선택 밸브로부터 공급된 작동유가 2개 이상의 작동기를 같은 속도로 움직이게 하기 위해 각 작동기에 공급되는 또는 작동기로부터 귀환되는 작동유의 유량을 같게 해주는 장치

② 흐름 조절기(Flow Regulator, 흐름 제어 밸브) : 계통 압력의 변화에 관계없이 작동유의 흐름을 일정하게 해주는 장치

③ 유압 퓨즈(Hydraulic Fuse) : 유압 계통의 파이프나 호스가 파손되거나 기기의 시일 손상이 생겼을 때 작동유의 누설을 방지

④ 오리피스(Orifice) : 흐름율을 제한하며 흐름 제한기(Flow Restrictor)라 한다.

⑤ 오리피스 체크 밸브(Orifice Check Valve) : 오리피스와 체크 밸브의 기능을 합한 것, 작동유가 오른쪽에서 왼쪽으로 흐를 때 정상 공급, 반대로 흐를 때는 흐름 제한

⑥ 미터링 체크 밸브 : 오리피스 체크 밸브와 같으나 흐름 조절 가능

⑦ 유압관 분리 밸브 : 유압 펌프나 브레이크와 같은 유압 기기를 장탈 할 때 작동유가 외부로 유출되는 것을 방지

라. 유압 작동기 및 작동계통

(1) 유압 작동기 : 동력계통에서 발생한 작동유의 압력을 받아 계적 운동으로 바꿔주는 장치

① 직선 운동 작동기

㉠ 싱글 액팅 작동기(single acting actuator) : 한쪽 방향으로는 유압에 의해서 작동되고 반대쪽 방향으로는 스프링에 의해 귀환되는 형식으로 브레이크 계통에 쓰인다.

㉡ 더블 액팅 작동기(double acting actuator) : 피스톤의 양쪽에 모두 유압이 작동하여 네길 선택 밸브의 유로 선택에 따라 피스톤을 움직이는 형식

㉢ 래크-피니언 작동기 : 피스톤의 직선운동을 래크와 피니언에 의하여 제한적인 회전운동으로 바꾸어 주는 작동기로 윈드실드 와이퍼(windshield wiper)나 노즈 스티어링(nose steering) 계통에 사용된다.

② 회전 운동 작동기 : 작동유의 압력에 의해 회전(유압 모터)

4. 항공기용 배관계통

가. 튜브(Tube)

(1) 종류 : Al 합금 튜브(140kg/cm²(2,000psi) 이하 사용), 강철(Steel)튜브(140kg/cm²(2,000psi) 이상 사용)
(2) 작업 요령 : 튜브의 굽힘 작업 시 작동유의 팽창이나 진동에 대비해 구부러진 곳이 적어도 한곳 이상 있어야 한다.
(3) 튜브의 검사와 수리 : 알루미늄 합금 튜브에서 긁힘이 튜브 두께의 10% 이내이면 사포 등으로 문질러 사용하고, 튜브 교환 시는 원래의 것과 동일한 것을 사용
(4) 튜브의 크기 : 외경(분수)×두께(소수)

나. 호스(Hose)

(1) 용도 : 계통 압력이 210kg/cm²(3,000psi) 까지 사용 가능
(2) 압력에 따른 종류 : 중압용 호스(125kg/cm²까지 사용), 고압용 호스(125~210kg/cm²까지 사용)
(3) 재질에 따른 종류 : 고무호스, 테프론호스
(4) 작업 방법
  ① 호스 부착 시 뒤틀리지 않도록 흰색선이 난 부분이 일직선이 되도록 하며, 5~8% 가량 느슨하게 하여 요동이나 진동에 의한 파손 방지
  ② 호스 고정 시 60cm마다 크램프로 고정
  ③ 호스 보관 시는 어둡고, 서늘하며, 건조한 곳에 보관하고 4년 이상 보관된 호스는 그 사용 기한이 남았을 지라도 사용을 금한다.
  ④ 호스의 크기 : 외경에 관계없이 내경만으로 표시

나. 배관의 식별

계통	색깔	계통	색깔
연료 계통	붉은색	산소 계통	초록색
윤활 계통	노란색	공기 조화 계통	갈색-회색
유압 계통	푸른색-노란색	화재 방지 계통	붉은 갈색
계기공기 진공 계통	오렌지색	전선 도관	갈색-오렌지색
제빙 계통	회색	압축 공기 계통	오렌지색-푸른색
냉각 계통	푸른색		

02 환경조절 계통

1. 객실여압 및 환경조절

가. 객실 여압의 역할
대기의 조건이 지상과 다른 고공에서 비행하는 항공기의 탑승자에게 안락한 조건과 신체에 알맞은 상태를 유지시켜주기 위한 장치로 항공기 객실 여압은 압축공기를 객실 고도에 맞게 조절하여 공급하는 것이 아니라 압축된 공기를 계속해서 객실에 공급하며 압축된 공기를 전량 계속해서 객실에 공급함으로써 조절된다.

나. 비행 고도와 객실 고도
(1) **비행 고도(Flight Altitude)** : 항공기가 실제로 비행하는 고도로 항공기는 연료의 절감과 난기류를 피하기 위해 약 9,000m 고도를 비행한다.

(2) **객실 고도(Cabin Altitude)** : 객실 내의 기압에 해당되는 고도로 무산소증의 유발 방지를 위해 객실 내를 3,000m 이내의 기압 고도로 유지

(3) **차압(Differential Pressure)** : 비행기의 구조 설계상 기체가 받을 수 있는 압력으로 차압 범위는 차압을 유지하기 위하여 객실 고도를 높여야 하는 범위를 말한다.

다. 객실 여압과 기체 구조
(1) **기밀** : 차압을 견디기 위하여 각종 이음새 부분이나 표피의 연결 부분 등을 충분히 밀폐하여야 하고 조종실, 객실, 화물실은 여압을 하여야 한다.

(2) **여압을 제한하는 요소** : 항공기 기체의 구조강도를 고려한다.

(3) **여압실의 단면** : 최근 항공기에는 여압실의 단면 형상으로 이중 거품형이 많이 사용되고 있는데, 이유는 동체의 높이를 증가시키지 않고 넓은 탑재 공간을 마련하기 위해서다.

(4) **여압실 도어(Pressurized Door)** : 여압실 도어에는 안으로 여는 것과 밖으로 여는 2개의 형식이 있고 안으로 여는 도어(Plug Type)는 닫았을 경우, 객실의 압력으로 자연스럽게 고정을 도울 수 있다.

(5) **윈드실드 패널(Windshield Panel)** : 조종실 앞 창문으로 내·외측은 유리, 중간층은 비닐층이고, 외측판과 비닐 사이에 금속 산화 피막을 붙여서 전기를 통해 이때 발생하는 열로 방빙과 서리를 제거한다. 외측판은 최대 여압실 압력의 7~10배, 내측판은 최대 여압실 압력의 3~4배에 견디며 충격강도는 무게 1.8kg의 새가 설계 순항 속도로 비행하고 있는 비행기의 윈드실드에 충돌해도 파괴되지 않아야 한다.

라. 객실 여압 장치의 작동

객실 압력은 아웃 플로우 밸브(Out Flow Valve)에 의해서 기체 밖으로 배출시킬 공기 양을 조절함으로서 압력을 조절한다.

(1) 여압 공기의 공급
  ① 기관 블리드식 공기 공급 : 압축기의 지정된 단에 공기 브리드 관을 설치하여 고압 공기를 브리드 밸브 작동으로 객실에 공급
  ② 공기 구동 압축기식 공기 공급 : 압축기의 고압 공기로 원심력식 터빈을 구동, 신선한 공기를 가압하여 객실에 공급
  ③ 기계적 구동 압축기식 공기 공급 : 왕복 기관을 가진 항공기에 사용되며 임펠러나 루츠 블로어에 의하여 압축된 공기 공급

(2) 공기 유량 조절 장치
  ① 공기압식 유량 조절 장치 : 대기로 배출해야 할 공기량을 조절
  ② 자동 유량 조절 장치 : 제트 기관의 압축기로부터 객실로 흐르는 공기의 흐름을 자동 조절

(3) 객실 압력 조절 장치
  ① 아웃 플로어 밸브 : 객실 내의 공기를 일정 기압이 되도록 동체의 옆이나 끝부분, 또는 날개의 필릿을 통하여 공기를 외부로 배출시키는 밸브
  ② 객실 압력 조절기 : 규정된 객실 고도의 기압이 되도록 아웃 플로어 밸브의 위치 지정
  ③ 객실 압력 안전밸브 : 압력 릴리프 밸브, 부압 릴리프 밸브, 덤프 밸브
    ㉠ 압력 릴리프 밸브(cabin pressure relief valve) : 과도한 차압에 대해서 기체의 팽창에 의한 파손을 방지하기 위한 장치
    ㉡ 부압 릴리프 밸브(negative pressure relief valve)또는 진공 밸브 : 대기압이 객실내의 기압보다 높은 경우에는 대개의 공기가 객실로 자유롭게 들어오도록 되어 있는 밸브
    ㉢ 덤프 밸브(dump valve) : 조종석에서 작동하며 조종석의 스위치를 램 공기 위치에 놓으면 솔레노이드가 열려 객실 공기를 대기로 배출한다.

(4) 공기 조화 계통 및 장치
  ① 기능 : 냉각 장치와 가열 장치를 이용하여 압축 공기의 온도를 인체에 가장 알맞은 상태로 조절하는 장치
  ② 환기 공기 : 항공기의 윗면이나 아랫면의 램 공기를 이용
  ③ 가열계통
    ㉠ 소형 항공기 : 히터 머프 내를 통과시켜 주위를 지나가는 램 공기가 가열되도록 함
    ㉡ 대형 항공기 : 연소 가열기를 이용하여 램 공기를 가열

④ 냉각 계통
  ㉠ 공기 순환 냉각 방식(air cycle cooling) : 가열 공기를 냉각시키는 공기 열교환기 및 여러 개의 밸브로 구성되어 있는 기계적 냉각 방식이다. 안전성이 높고 구조가 단순하며 고장이 적고 경제적이다.
    - 냉각 터빈(cooling turbine or expansion turbine)과 이것에 의해 구동되는 압축기로 구성되어 있는 공기 사이클 머신(ACM, air cycle machine), 가열 공기를 냉각시키는 공기열교환기(air to air heat exchanger) 및 공기 흐름량을 조절하는 여러개의 밸브로 구성되어 있는 기계적 냉각 방식. 공기를 매체로 하기 때문에 안정성이 높고 구조가 단순하며 고장이 적고 경제적이어서 최근의 대형 항공기에서 ACM을 이용한 공기 순환 냉각 방식을 이용하는 추세이다.
    - 기관 압축기에서 나온 가압, 가열된 블리드 공기는 객실온도 조절 밸브에 의하여 일부는 직접 객실로 가고, 나머지는 1차 열교환기를 지나게 된다. 블리드 공기가 1차 열교환기를 지나게 되면 외부의 찬공기에 열을 빼앗기게 되므로 온도가 외부 공기 중에서 일부는 객실로 가고, 나머지는 압축기와 터빈으로 구성되어 있는 공기 사이를 머신으로 간다. 이 냉각 공기는 원심력식 압축기에서 압축되어 온도가 약간 상승하지만 2차 열교환기를 지나면서 다시 냉각이 된다. 이 냉각된 공기는 터빈을 통과하면서 터빈의 임펠러를 돌리게 된다. 이 압축된 냉각 공기는 터빈을 회전시키는 일을 하게됨으로써 압력과 온도가 더욱 떨어지게 되어 객실에 공급된다.
  ㉡ 증기 순환 냉각방식(Vapor Cycle Cooling) : 냉각성이 강력하고, 기관이 작동하지 않더라도 냉각이 가능한 증기순환 냉각방식을 사용하며, 작동원리는 에어컨이나 냉장고와 비슷하며 적극적인 냉각방식이다.
    - 프레온 가스를 냉매로 하는 냉동기로 구성된다.
    - 액체가 기체로 바뀔 때(증발할 때)에는 열을 흡수한다. 기체가 액체로 응축될 때 방출하는 열의 양은 액체가 기체로 변할 때 흡수하는 열의 양과 같다. 기체가 압축될 때에는 온도는 증가하고, 기체의 압력이 감소하면 온도는 감소한다. 두 물체의 온도가 서로 다르고 열이 서로 자유로이 이동된다면, 두 물체의 온도는 서로 같아지려고 한다.

2. 산소계통

가. 산소의 필요성

(1) **산소계통의 필요성** : 항공기가 3300m(10,000ft) 이상의 고도를 비행하는 경우 산소계통을 갖춰야 하며, 여압 장치가 있을지라도 산소가 부족하면 무산소증(Anoxia)을 일으키므로 고공을 비행하는 항공기는 안전상 산소 공급 장치가 필요하다.

(2) 산소계통의 구성 : 산소통, 산소 공급관, 산소 조절기, 산소마스크, 압력 게이지 비상용 산소 Unit, 각종 밸브 등

(3) 산소계통 작업 시 주의사항

① 오일이나 그리스를 산소와 접촉하지 말 것, 오일, 연료 등 인화물질로 폭발할 우려가 있다.
② 손이나 공구에 묻은 오일이나 그리스를 깨끗이 닦을 것
③ Shut Off Valve는 천천히 열 것
④ 산소계통 근처에서 어떤 것을 작동시키기 전에 Shut Off Valve를 닫을 것
⑤ 불꽃, 고온 물질을 멀리할 것
⑥ 모든 산소계통 부품을 교환 시는 관을 깨끗이 할 것

나. 산소 공급 장치

(1) 보충용 산소 장치(supplemental oxygen system) : 객실 고도가 최고 객실 고도보다 높아질 때, 인체의 생명이나 기능을 유지하기 위하여 호흡용 공기에 산소를 보충하여 신체 내부에 일정한 산소 분압이 확보되도록 하기 위한 장치이다.

① 연속 유량형(continuous flow type) : 해면상의 산소 압력이 유지된다. 객실 고도 3900m(13000ft) 이상일 때 승객에게 자동적으로 산소 마스크가 나와서 산소가 공급된다.
② 요구 유량형(clemand diluter type) : 1500m(5000ft)고도의 산소압력이 유지된다.

(2) 방호용 호흡장치(protective breathering) : 객실에 연기나 화재가 발생하였을 때, 연기나 유해 가스로부터 인체를 보호하는 것을 목적으로 한다.

(3) 구급용 산소장치(first aid oxygen) : 병약자나 신생아, 또는 비상시 압력이 떨어졌다가 다시 정상 여압으로 회복된 후에도 저산소중으로부터 회복이 늦는 경우에 구급, 의료용으로 쓰이기 위한 장치이다.

다. 저압 산소계통

(1) 재질 : 스테인리스강 또는 열처리된 저탄소강
(2) 색상 : 연한 노란색(표면에 "NON SHATTERABLE"이라고 명시)
(3) 산소통의 충전 압력 : 최대 압력 2327cmHg(450psi), 정상 압력 2068~2197cmHg(400~425psi)
(4) 산소 공급관 : 튜브, 피팅, 밸브 등으로 구성, 알루미늄 합금에 표준 알루미늄 피팅 사용
(5) 산소 밸브 : 필러 밸브, 체크 밸브

라. 고압 산소계통

(1) 고압 산소통 : 저탄소강으로 연한 초록색(표면에 "AVIATOR'S BREATHING OXYGEN"이라고 명시)
(2) 산소통의 충전압력 : 최대 압력 10,340cmHg(2,000psi), 정상 압력 9565cmHg(1,850psi)
(3) 안전검사 : 최소 5년에 한번 안전 검사 실시

(4) 산소 공급관 : 저압계통과 구성은 같으나 필러 밸브로부터 감압기에 이르는 도관은 고압에 견딜 수 있어야 하므로 구리 합금 사용

(5) 산소 밸브 : 필러 밸브는 연결부에 나사가 있는 피팅을 사용하며, 수동으로 흐름량 조절 가능, 1850psi를 400psi로 감압시켜서 사용

마. 액체 산소계통

(1) 개요 : 농축된 액체 상태이므로 탱크의 용량을 작게 할 수 있어 군용기에 사용하고 있으며, 액체 상태에서 기체로 변환하기 위한 산소 변환기(LOX Converter)가 필요함

(2) 산소 변환기 : 진공 저장 용기, 빌드 업 코일, 압력 폐쇄 밸브, 고압 및 저압 릴리프 밸브로 구성

바. 산소 흡입 장치

(1) 희석 흡입 산소장치 : 흡입 시 산소 조절기에 의해 감압되고, 외기 공기와 혼합된 60%의 산소를 조절 공급하며, 비상시는 100% 산소 또는 강제 공급되는 비상 산소의 공급

(2) 압력 흡입 산소장치 : 사용자 주위의 압력보다 조금 높은 압력의 산소를 공급하는 장치로 정상 시는 희석 흡입 산소 조절기와 같지만 압력 조정 노브를 시계 방향으로 돌리면 공급 산소의 압력이 높아지게 됨

항공기 공·유압 및 환경조절 계통 적중예상문제

01 공압계통의 셔틀 밸브(Shuttle Valve)의 기능은?

㉮ 공기 저장통의 공기 압력을 규정 범위로 유지시키는 역할을 한다.
㉯ 수분 제거기로 제거되지 않은 수분이나 오일 등을 화학적 탈수제로 완전히 제거시키는 장치이다.
㉰ 지상에서 항공기관이 작동하지 않을 때 계통에 공기를 공급하는 데 사용된다.
㉱ 유압계통 고장 시 공압을 사용할 수 있도록 하는 밸브이다.

02 압축공기의 일반적인 압축공기의 공급원이 아닌 것은?

㉮ 터빈 엔진 블리드공기
㉯ 항공기 바깥 공기
㉰ 보조동력장치
㉱ 지상 공기압축기

해설 압축공기의 공급원 : 엔진압축기 블리드공기(Bleed Air), 보조동력장치(Auxiliary Power Unit) 블리드공기(Bleed Air), 지상 공기압축기에서 공급되는 공기

03 공기 저장통 안에 있는 Stack Pipe의 기능은?

㉮ 비상시 최소한의 공기를 저장하기 위한 장치이다.
㉯ 지상에서 항공기관이 작동하지 않을 때 계통에 공기를 공급하는 데 사용된다.
㉰ 공기 속에 포함된 수분이나 오일을 제거하기 위한 장치이다.
㉱ 제거되지 않은 수분이나 윤활유가 계통으로 섞여 나오지 않도록 한다.

해설 스택 파이프(Stack Pipe) : 공기 저장통 안에는 스택 파이프가 설치되어 있어 제거되지 않은 수분이나 윤활유가 계통으로 섞여 나가지 않도록 한다.

04 공압계통이 유압계통과 다른 점은?

㉮ 공압계통은 압축성이므로 그대로의 힘을 손실 없이 전달한다.
㉯ 공압계통은 비압축성이므로 그대로의 힘을 전달하지 못하고 손실된다.
㉰ 공압계통은 압축성이며 return line이 요구되지 않는다.
㉱ 공압계통은 비압축성이며 return line이 요구되지 않는다.

정답 01 ㉱ 02 ㉯ 03 ㉱ 04 ㉰

05 유체를 이용한 힘 전달 방식의 원리는?

㉮ 파스칼의 원리 ㉯ 아르키메데스의 법칙
㉰ 보일의 법칙 ㉱ 베르누이의 원리

06 피스톤 면적이 4cm²이고, 작동부의 플랩 작동부의 피스톤 면적이 20cm²일 때 수동펌프를 누르는 힘이 50kPa이라면 플랩에 작용하는 힘은?

㉮ 10kPa ㉯ 250kPa ㉰ 100kPa ㉱ 500kPa

해설 $\frac{F}{A} = \frac{F'}{A'}$, $\frac{F_1}{A_1} = \frac{F_2}{A_2}$, $F_2 = \frac{A_2}{A_1} \times F_1$ ∴ $\frac{20}{4} \times 50 = 250kPa$

07 두 피스톤의 직경이 각각 25cm, 5cm일 때, 큰 피스톤이 1cm 움직이면 작은 피스톤은 몇 cm 움직이는가?

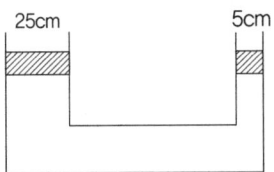

㉮ 5cm ㉯ 15cm
㉰ 20cm ㉱ 25cm

해설 비압축성유체의 체적일정 법칙에 따라
$\frac{\pi D_1^2}{4} \times h_1 = \frac{\pi D_2^2}{4} \times h_2$

08 인화점이 높고 내화학성이 커 많은 항공기에 주로 사용하는 작동유는?

㉮ 식물성유 ㉯ 광물성유 ㉰ 동물성유 ㉱ 합성유

해설 합성유 : 인화점이 높아 내화성이 크므로, 대부분의 항공기에 사용되고, 사용온도범위는 −54∼115℃이다. 합성유는 페인트나 고무 제품을 화학 작용으로 손상시킬 수 있다. 독성이 있기 때문에 눈에 들어가거나 피부에 접촉되지 않도록 주의해야 한다.

09 유압계통의 Reservoir에 Bleed 공기를 가압하는 이유는?

㉮ 작동유가 Pump까지 공급되도록 하기 위해
㉯ Pump의 고장시 계통압을 유지하기 위해
㉰ 유압유에 거품이 생기는 것을 방지하기 위해
㉱ Return Hydraulic Fluid의 Surging방지하기 위해

해설 고공에서 생기는 거품의 발생을 방지하고, 작동유가 펌프까지 확실하게 공급되도록 레저버에 엔진 압축기의 블리드(Bleed)공기를 이용하여 가압한다.

정답 05 ㉮ 06 ㉯ 07 ㉱ 08 ㉱ 09 ㉮

10 광물성 작동유의 색깔은?

㉮ 자주색　　㉯ 붉은색　　㉰ 파란색　　㉱ 녹색

11 Reservoir 안에 설치된 Baffle과 Fin의 역할은?

㉮ 고공에서 거품이 생기는 것을 방지하고 작동유가 펌프까지 확실하게 공급되도록 레저버 안을 여압한다.
㉯ 레저버 안의 작동유 양을 알 수 있도록 하는 표시이다.
㉰ 레저버 안에 있는 작동유가 서지 현상이나 거품이 생기는 것을 방지한다.
㉱ 비상시 유압계통에 공급할 수 있는 작동유량을 저장하는 장치이다.

12 정상적인 유압계통에 사용되는 펌프의 종류는?

㉮ 기어 펌프, 지로터 펌프, 베인 펌프, 피스톤 펌프
㉯ 기어 펌프, 피스톤 펌프, 지로터 펌프, 진공 펌프
㉰ 피스톤 펌프, 베인 펌프, 지로터 펌프, 진공 펌프
㉱ 지로터 펌프, 기어 펌프, 진공 펌프, 베인 펌프

13 작동유의 배출량을 조절할 수 있고 용량이 가장 큰 펌프는?

㉮ 기어형 펌프　　㉯ 지로터형 펌프　　㉰ 베인형 펌프　　㉱ 피스톤형 펌프

14 동력 펌프 중 가변 용량이 가능한 펌프는?

㉮ Gear　　㉯ Vane　　㉰ Gerotor　　㉱ Piston

해설
- 일정용량형 펌프(constant delivery pump) : 요구되는 압력에 관계없이 펌프의 회전수에 따라 고정된 양을 공급. 압력조절기가 필요(Gear, Vane, Gerotor, Piston)
- 가변용량형 펌프(variable delivery pump) : 펌프의 회전속도가 변하더라도 적절한 양의 작동유를 계통에 공급(Angular type, Cam type Piston pump)

15 축압기에 500psi로 공기가 충전되어 있고, 계통압력이 2500psi로 올라가면 축압기의 공기압력은?

㉮ 500psi　　㉯ 2000psi　　㉰ 2500psi　　㉱ 3000psi

해설 축압기의 공기압력 : 계통의 압력이 충전된 공기의 압력보다 높을 때에는 작동유에 의하여 막이 움직여 공기가 압축되고 작동유가 저장되며 계통압력과 공기압력이 같아져서 평형을 이룬다.

정답 10 ㉯　11 ㉰　12 ㉮　13 ㉱　14 ㉱　15 ㉰

16 다이어프램형 축압기는 어느 정도의 공기압으로 축압기에 공기를 충전시키는가?

㉮ 유압계통의 최대압력의 1/3에 해당되는 압력으로 충전한다.
㉯ 유압계통의 최대압력의 1/2에 해당되는 압력으로 충전한다.
㉰ 유압계통과 같은 압력으로 충전한다.
㉱ 무조건 1500psi의 압력으로 충전한다.

해설 다이어프램형 축압기는 유압계통의 최대 압력의 1/3에 해당되는 압력으로 압축공기(질소)를 충전하며, 계통의 압력이 1500psi 이하인 항공기에 사용한다.

17 유압계통에서 축압기(Accumulator)의 위치는?

㉮ 레저버(Reservoir)와 유압 펌프(Hydraulic Pump) 중간
㉯ 유압 펌프(Hydraulic Pump)와 작동기(Actuator) 중간
㉰ 작동기(Actuator)와 리저버(Reservoir) 중간
㉱ 선택 밸브(Selector Valve)와 작동기(Actrator) 중간

해설 축압기의 위치 : 유압 펌프(Hydraulic Pump)와 작동기(Actuator) 중간에 위치한다.

18 계통 내의 압력을 일정하게 유지시켜 주는 장치는?

㉮ 압력 펌프   ㉯ 압력조절기   ㉰ 축압기   ㉱ 유량조절기

해설 압력 조절기(Pressure Regulator) : 일정 용량식 펌프를 사용하는 유압계통에 필요한 장치로서 불규칙한 배출압력을 규정범위로 조절하고, 계통에서 압력이 요구되지 않을 때에는 펌프에 부하가 걸리지 않도록 한다. 일정 용량식 펌프를 사용하는 유압계통에 필요한 장치

19 릴리프(relief) 밸브에서 크래킹(cracking) 압력이란?

㉮ 압력이 상승하여 밸브가 열리기 시작하는 압력
㉯ 압력이 상승하여 밸브가 닫히기 시작하는 압력
㉰ 압력이 상승하여 유로가 파괴되는 압력
㉱ 압력이 상승하여 밸브의 작동이 정지하는 압력

해설
- 크래킹 압력(cracking pressure) : 계통내의 압력이 규정값 이상으로 상승하여 볼이 시트로부터 벌어지기 시작하면서 작동유가 귀환관으로 흐르게 될 때의 압력을 말한다.
- 풀 드로 압력(full draw pressure) : 볼이 완전히 시트에서 떨어져 릴리프 밸브에서 최대의 작동 유량이 통과할 때의 압력이다. 크래킹 압력보다 10% 정도가 높아야 한다.
- 리시팅 압력(reseating pressure) : 시트로 되돌아와서 귀환되는 작동유의 흐름을 중단할 때의 압력이다. 리시팅 압력은 크랭킹 압력보다 압력이 10%가 낮다.

20 유압계통의 작동압력 중 가장 높은 것은?

㉮ 릴리프 밸브의 열림 압력
㉯ 압력 조절기의 열림 압력
㉰ 압력 조절기의 닫힘 압력
㉱ 축압기의 공기압

해설 릴리프 밸브(Relief Valve) : 작동유에 의한 계통 내에 압력을 규정값 이하로 제한 하는데 사용되는 것으로서 과도한 압력으로 인해 계통내의 관이나 부품이 파손되는 것을 방지하는 장치이다. 릴리프 밸브와 온도 릴리프 밸브가 있다.

21 압력조절기에서 kick-in 상태란 어떤 상태인가?

㉮ 계통의 압력이 규정값보다 높을 때 바이패스 밸브가 열리고 체크 밸브가 닫히는 상태
㉯ 계통의 압력이 규정값보다 낮을 때 바이패스 밸브가 닫히고 체크 밸브가 열리는 상태
㉰ 계통의 압력이 규정값보다 높을 때 바이패스 밸브가 닫히고 체크 밸브가 열리는 상태
㉱ 계통의 압력이 규정값보다 낮을 때 바이패스 밸브가 열리고 체크 밸브가 닫히는 상태

해설 압력조절기의 kick-in, kick-out
- kick-in : 계통의 압력이 규정값보다 낮을 때 계통으로 유압을 보내기 위하여 귀환관에 연결된 바이패스 밸브가 닫히고 체크밸브가 열려 있는 상태이다.
- kick-out : 계통의 압력이 규정값보다 높을 때 펌프에서 배출되는 작동유를 계통으로 들어가 열리고 체크 밸브가 닫히는 과정이다.

22 브레이크 디부스터(Debooster) 밸브의 역할은?

㉮ 브레이크 작동기(Brake Actuator)의 압력을 높이기 위하여 사용된다.
㉯ 파킹 브레이크(Parking Brake)를 사용할 경우에 동력 부스터(Power Booster)의 압력을 낮춘다.
㉰ 동력 부스터(Power Booster)의 압력을 낮추고 브레이크 공급량을 증가시키며 릴리스(Release)를 돕는다.
㉱ Lock-out Cylinder의 일종으로 브레이크 파열 시 작동유 유출을 제한한다.

해설 디부스터 밸브 : 브레이크의 작동을 신속하게 하기 위한 밸브로 브레이크를 작동시킬 때 일시적으로 작동유의 공급량을 증가시켜 신속히 제동되도록 하며, 브레이크를 풀 때도 작동유의 귀환이 신속하게 이루어지도록 한다.

23 정해진 순서에 따라 작동이 되도록 유압을 공급하는 밸브는?

㉮ S밸브
㉯ Check Valve
㉰ Sequence Valve
㉱ Shuttle Valve

해설 시퀀스 밸브(Sequence Valve) : 두 개 이상의 작동기를 정해진 순서에 따라 작동되도록 유압을 공급하기 위한 밸브로서 타이밍 밸브(Timing Valve)라고도 한다.

정답 20 ㉮ 21 ㉯ 22 ㉰ 23 ㉰

24 계통의 압력이 정상보다 낮아졌거나 펌프의 고장으로 축압기의 압력을 사용하여 필요한 계통에만 유압을 공급하고 다른 계통의 압력 공급관은 차단하는 밸브는?

㉮ priority valve
㉯ purge valve
㉰ pressure regulator valve
㉱ debooster valve

해설 프라이오리티 밸브 : 작동유의 압력이 일정 압력 이하로 떨어지면 유로를 막아 작동기구의 중요도에 따라 우선 필요한 계통만 작동시키는 기능을 가진 밸브이다.

25 여과기(Filter)에 대한 설명이 아닌 것은?

㉮ 작동유에 섞인 불순물을 여과
㉯ 여과기는 저장 Tank, 압력 Line 등 계통을 보호하는 곳에 설치
㉰ Element가 막힐 경우 Bypss Valve를 통하여 공급
㉱ 작동유에 섞인 물을 제거

해설 여과기(Filter)
- 작동류에 섞인 금속가루, Paking, Sel의 부스러기 등과 같은 불순물 및 변질된 물질을 여과하여 작동유 압력 펌프와 밸브의 손상을 방지한다.
- 항공기의 저장 탱크 내부, 압력 라인, 귀환 라인 또는 계통을 보호하기 위한 장소에 설치되어 있다.
- 필터 구조는 헤드 및 Element로 구성되어 있고, Element가 막힐 경우 Element를 경유하지 않고 Bypss Valve를 통하여 작동유가 여과되지 않은 상태로 작동유 압력 계통에 공급된다.

26 Hydraulic filter에서 pop-indicator가 튀어나왔다면 무엇을 의미하는가?

㉮ 필터가 찌꺼기에 의해서 막히고 작동유가 통과하지 않는 상태
㉯ 필터가 막히고 작동유가 바이패스되고 있는 상태
㉰ 필터에 작동유가 정상으로 통과되고 있는 상태
㉱ Hydraulic pump의 고장을 지시

해설 최근에는 엘리먼트가 오염되어 있는 상태를 알기 위한 인디케이터가 부착되어 있다.

27 여압장치가 되어있는 항공기의 설계 순항고도에서 객실고도는 대략 얼마인가?

㉮ 해면 고도
㉯ 5000 ft
㉰ 8000 ft
㉱ 10000 ft

해설 객실 안의 기압에 해당되는 고도를 객실고도라 하며, 실제로 비행하는 고도를 비행고도라 하는데 미연방항공국의 규정에 의하면 고 고도를 비행하는 항공기는 객실 내의 압력을 8000ft에 해당하는 기압으로 유지하도록 하고 있다.

정답 24 ㉮ 25 ㉱ 26 ㉯ 27 ㉰

28 Outflow valve의 목적은 무엇인가?

㉮ 객실 내의 공기를 배출시켜 일정한 차압을 유지
㉯ 대기압보다 높은 객실의 압력을 대기로 방출
㉰ 객실의 차압이 설정하고 있던 값에 도달하면 자동적으로 닫힌다
㉱ 항공기의 실제 고도보다도 객실고도 쪽이 높게 되는 것을 방지

해설 동체의 여압되는 부분, 보통은 하부실 내의 아래쪽에 장착되어 날개의 필릿이나 동체 외피에 있는 적절한 구멍을 통해서 객실의 공기를 밖으로 배출시키는 밸브로 보통 지상에서 outflow valve는 착륙장치에 의해 작동되는 스위치에 의해 완전히 열리지만 비행 중에는 고도가 높아짐에 따라서 valve는 기내 공기의 유출량을 제한하기 위해 서서히 닫혀간다. 객실 내 고도의 상승율 또는 하강율은 outflow valve의 개폐 속도로 결정된다.

29 항공기의 내부 압력보다 외부 압력이 높을 때 열리는 밸브는?

㉮ outflow valve
㉯ cabin pressure relief valve
㉰ turbine bypass valve
㉱ negative pressure relief valve

30 여압장치가 되어 있는 항공기에서 객실압력 조절은 어떻게 하는가?

㉮ 객실에 밀어 넣는 공기의 압력을 조절하여
㉯ 객실공기의 배출량을 조절하여
㉰ 객실공기의 온도를 조절하여
㉱ 객실공기의 밀도를 조절하여

해설 객실압력 조절은 아웃 플로우 밸브를 통해 빠져나가는 공기의 양을 조절함으로써 가능하다

31 Air-conditioning cooling system의 구성품인 것은?

㉮ bleed air, heat exchanger, turbine
㉯ ram air, bleed air, compressor
㉰ heat exchanger, temperature control valve
㉱ compressor, tempreature valve, bleed air

해설 공기 순환 냉각방식은 터빈과 열 교환기 및 공기 흐름량을 조절하는 여러 개의 밸브로 구성되어 있다.

정답 28 ㉮ 29 ㉱ 30 ㉯ 31 ㉮

32 ACM에서 온도, 압력을 동시에 낮추는 것은?

㉮ heat exchanger
㉯ turbine bypass valve
㉰ expansion turbine
㉱ ram air inlet door

해설 ACM작동 : 항공기의 pneumatic manifold에서 flow control and shut off valve를 통하여 heat exchanger로 보내지는데 primary core에서 냉각된 공기는 ACM(air cycle machine)의 compressor를 거치면서 압력이 증가한다. Compressor에서 방출된 공기는 heat exchanger의 secondary core를 통과하면서 압축으로 인한 열은 상실된다. 공기는 ACM의 터빈을 통과하면서 팽창되고 온도는 떨어진다. 그러므로 터빈을 통과한 공기는 저온, 저압의 상태이다.

33 Air cycle conditioning system에서 마지막으로 cooling이 일어나는 곳은?

㉮ 압축기
㉯ 열교환기
㉰ 팽창터빈
㉱ 온도조절기

해설
- 뜨거운 공기 : 객실 과급기 → 히터 → 객실 믹싱 밸브
- 따뜻한 공기 : 객실 과급기 → 애프터 쿨러 → 객실 믹싱 밸브
- 차가운 공기 : 객실 과급기 → 애프터 쿨러 → 익스팬션 터빈 → 객실 믹싱 밸브

34 프레온 냉각계통 내부에 있는 콘덴서의 기능은?

㉮ 프레온 가스로부터 주위 공기로 열을 전달한다.
㉯ 기내공기로부터 물을 제거하여 증발기의 결빙을 막는다.
㉰ 액체 프레온이 압축기에 흡입되기 전에 가스로 변형시켜 준다.
㉱ 기내공기로부터 액체 프레온으로 열을 전달한다.

해설 압축기를 지난 고온 고압의 프레온 가스는 콘덴서를 지나 외부로 열이 방출되고 가스는 액화된다.

35 증기 사이클(vapor cycle)에서 프레온이 충전되었는지 확인하는 방법은?

㉮ 프레온에 공기방울이 보이지 않는다.
㉯ 프레온에 공기방울이 보인다.
㉰ 사이트 게이지를 본다.
㉱ 방법이 없다.

해설 냉각장치의 작동 중 점검 창에서 관찰해서 프레온 냉각액이 정상적으로 흐르고 있다면 프레온이 충분히 들어가고 있다고 생각해도 좋다. 만약 점검 창에서 거품이 보이면 장치에 냉각액을 보급할 필요가 있다.

36 증기 사이클 냉각계통에서 콘덴서를 떠난 시점의 냉각제 상태는?

㉮ 저압 증기
㉯ 고압 증기
㉰ 저압 액체
㉱ 고압 액체

정답 32 ㉰ 33 ㉰ 34 ㉮ 35 ㉮ 36 ㉱

37 산소계통에서 산소용기의 압력을 저압으로 바꾸는 것은?

㉮ 압력 릴리프 밸브(Pressure Relief Valve)
㉯ 압력 리듀서 밸브(Pressure Reducer Valve)
㉰ 캘리브레이티드 픽스드 오리피스(Calibrated Fixed Orifice)
㉱ 딜류터 디맨드 레귤레이터(Diluter Demand Regulator)

해설 압력 리듀서 밸브(Pressure Reducing Valve) : 산소용기 내의 고압산소는 수동 개폐 밸브(정상적으로는 열려 있음)를 통해 먼저 감압 밸브(Pressure Reducer Valve)에서 감압되어 배관을 지나 산소 조정기로 보낸다.

38 다음 중 고압 산소계통에서 산소통의 정상압력과 감압기의 압력이 옳게 표시된 것은?

㉮ 400psi, 40-60psi
㉯ 1,850psi, 400psi
㉰ 1,900psi, 150-180psi
㉱ 2,000psi, 300-220psi

해설 고압산소계통은 감압밸브를 산소통과 산소공급장치 사이에 설치하며 1850psi의 산소 압력을 400psi로 감압시켜 사용 계통에 공급한다.

39 콘덴서(Condenser, 응축기)의 냉각공기는 어디서 오는가?

㉮ 터빈 엔진 압축기
㉯ 주변 공기
㉰ 서브쿨러 공기(Subcooler Air)
㉱ 여압된 객실 공기

해설 콘덴서(Condenser, 응축기)의 냉각 : 콘덴서 코일을 지나는 공기는 주변이나 바깥 공기이고, 이 공기는 가열된 냉매(Refrigerant)로부터 열을 빼앗는다. 이 열의 손실로 인해서 냉매는 증기(Vapor)를 액체로 응축시킨다.

정답 37 ㉯ 38 ㉯ 39 ㉯

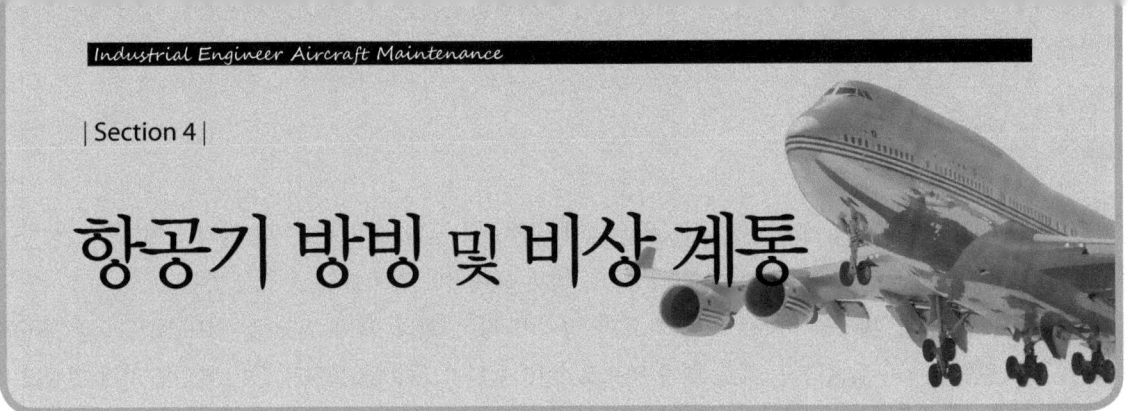

| Section 4 |
항공기 방빙 및 비상 계통

01 제빙, 제우 및 방빙계통

1. 제빙, 제우 및 방빙계통

가. 비행 중 결빙이 생길 수 있는 부분
주날개의 앞전, 조종면의 앞쪽부분, 윈드실드 및 기관의 공기 흡입구, 피토관 및 프로펠러 깃의 앞전, 아웃 플로우 밸브 및 네거티브 밸브, 그 외 각종 공기 흡입구 및 배출구 등

나. 제빙 계통
(1) **제빙 부츠** : 날개 앞전에 위치하여 큰 공기방과 작은 공기 방으로 구성되어 있고, 기관 배출 압력을 받아 압력 조절기와 공기-물 분리기 및 안전밸브를 통해 분배 밸브로 공급되어 부츠 팽창되며, 진공압 릴리프 밸브를 거쳐 분배 밸브로 공급되는 진공압에 의해 부츠 수축

(2) **알콜 분출식** : -40℃까지 결빙되지 않는 이소프로필 알콜을 공기 흡입구나 기화기에 분사함으로서 제빙

다. 방빙 계통
(1) **전열식** : 날개 앞전 내부에 스팬 방향으로 전열선을 설치하여 전기를 통함으로서 전기 저항에 의한 열로 어는 것을 방지

(2) **가열 공기식** : 제트 기관 또는 연소 가열기나 열교환기로부터 뜨거운 공기를 날개 앞전 내부에 덕트를 설치하여 분사함으로서 결빙 방지

(3) **방빙계통의 작동** : 처음 결빙이 나타날 때 혹은 결빙 상태가 예상될 때 작동시킨다. 날개의 리딩에지는 가열된 공기를 계속해서 따뜻하게 유지한다. 시스템이 리딩에이지의 제빙이 되도록 설계되면 상당히 뜨거운 공기가 날개의 안쪽으로 공급되기 때문에 과열을 방지하기 위하여 짧은 기간으로 제한한다.

라. 제우 계통
(1) **윈드실드 와이퍼** : 와이퍼 블레이드를 적당한 힘으로 누르면서 왕복 작동시켜 빗방울 제거(전기식, 유압식)

(2) 에어 커튼(Air Curtain) : 윈드실드의 앞쪽에 공기 분사구를 설치하여 기관 블리드 에어를 이용하여 표면에 공기막을 형성함으로서 빗방울을 날려 보내거나 건조 또는 부착을 방지

(3) 레인 리펠런트(Rain Repellent) : 표면 장력이 작은 화학 액체(Freon)를 윈드 실드에 분사하여 빗방울이 구형 형상인 채로 대기 중으로 떨어져 나가도록 한 장치로 1회 분사에 의해 일정량이 분사되며 와이퍼와 함께 사용하면 효과가 좋다.

2. 화재탐지 및 소화계통

가. 화재의 등급 및 화재탐지

(1) 화재의 등급

화재의 명칭	구분	설명
일반화재	A급	종이, 나무, 의류, 가구, 실내 장식품등
기름화재	B급	연료, 그리스.솔벤트, 페인트
전기화재	C급	전기가 원인이 되어 전기계통에서 발생되는 화재
금속화재	D급	마그네슘, 분말, 금속, 두랄루민, 같은 금속물질에서 발생되는 화재

(2) 화재탐지

온도 상승률 탐지기, 복사 감지 탐지기, 연기 탐지기, 과열 탐지기, 일산화탄소 탐지기, 가연성 혼합가스 탐지기, 승무원 또는 승객에 의한 감시

나. 소화계통

(1) 다공관을 통해 분사시킬 수 있는 장치

① 소화제 용기 : 스테인리스강 - 구형, 고장력강 - 실린더형

② 열 릴리프 밸브(thermal relief valve) : 100℃ 이상이 되면 항공기 밖으로 가스가 방출된다. 정상 압력의 1.5배가 될 때도 가스를 방출한다.

③ 적색 디스크 : 온도와 압력이 올라갔을 때 가스가 외부로 방출되면 디스크가 떨어진다.

④ 황색 디스크 : 기관에 화재가 발생하여 정상적으로 소화제는 방출했을 때 디스크가 떨어진다.

(2) 소화제의 종류

① 물 : A급 화재에만 사용, B급과 C급 화재에는 사용이 금지된다.

② 이산화탄소 : B급과 C급 화재에 유효, D급 화재에는 효과가 없다. 밀폐된 장소에서의 사용은 위험하다.

③ 프레온 가스 : B급과 C급 화재에 유효하다. 오존층 파괴의 우려가 있다.

④ 분말 소화제(dry chemical) : B급과 C급, D급 화재에 유효하다.

⑤ 사염화탄소 : 사용하지 않는다.

⑥ 질소 : 성능은 이산화탄소에 비슷하다. 질소 액체를 저장하는 데에는 -160℃로 유지, 일부 군용기에 사용한다.

(3) 휴대용 소화기 : 휴대용 소화기는 조종실에 1개, 그 밖에 T류의 항공기 객실에는 승객 정원수에 따라 정해져 있다.(물소화기, 이산화탄소 소화기, 분말 소화기, 프레온 소화기)

다. 화재경고장치

(1) 열전쌍식 화재 경고 장치 : 온도의 급격한 상승에 의하여 화재를 탐지하는 장치이다. 서로 다른 종류의 특수한 금속을 서로 접합한 열전쌍(thermocouple)을 이용하여 필요한 만큼 직렬로 연결하고, 고감도 릴레이를 사용하여 경고 장치를 작동시킨다.

(2) 열 스위치식 화재 경고 장치 : 열 스위치(thermal switch)는 열팽창률이 낮은 니켈-철 합금인 금속 스트러트가 서로 휘어져 있어 평상시는 접촉점이 떨어져 있다. 그러나 열을 받으면 스테인리스강으로 된 케이스가 늘어나게 되므로, 금속 스트럿이 퍼지면서 접촉점이 연결되어 회로를 형성시킨다.

(3) 저항 루프형 화재 경고 장치 : 전기 저항이 온도에 의해 변화하는 세라믹(ceramic)이나 일정 온도에 달하면 급격하게 전기 저항이 떨어지는 융점이 낮은 소금(eutectic salt)을 이용하여 온도 상승을 전기적으로 탐지하는 것이다.

(4) 광전지식 화재 경고 장치 : 광전지는 빛을 받으면 전압이 발생한다. 이것을 이용하여 화재가 발생할 경우에 나타나는 연기로 인한 반사광으로 화재를 탐지한다.

02 비상계통

항공기 비상사태 시 조종실 또는 객실 내의 화재, 지면 및 수면에 불시착, 동체의 착륙, 객실 내부의 압력 감소, 환자 및 부상자 등에 사고가 발생했을 때 승객과 승무원이 무사히 탈출하고 구출되는 것을 돕기 위한 장비품이다. 긴급 불시착시에 탈출을 돕는 Escape Slide, Rope, 도끼, 휴대용 확성기가 필요하다.

- 기능 : 돌발적인 사고에 따른 비상사태에 대비하기 위한 장비
- 안전벨트 : 자리에 앉은 사람을 안전하게 고정시켜 주는 장치
- 구명보트 : 해상에 비상 착수하였거나 비상 탈출한 경우에 인면을 구조할 수 있는 장비(1인용 구명보트, 멀티 플레이스 구명보트, 해상 구조용 구명보트)
- 구명조끼 : 2개의 커다란 고무로 되어있는 공기 주머니 속에 이산화탄소가 채워져 수면에서 가라앉지 않도록 보호해 주는 장치
- 비상 송신기 : 지정된 주파수로 구조 신호를 보낼 수 있도록 되어 있는 장치
- 긴급 탈출 장치 : 비상 시 90초 이내에 탈출할 수 있도록 비상 탈출 슬라이드와 로프로 구성
- 그 밖의 비상 장비 : 손도끼, 손전등, 구급약품, 노출 방지용 슈트 등

항공기 방빙 및 비상 계통 적중예상문제

01 날개의 방빙장치를 바르게 설명한 것은?

㉮ 전열식과 알코올 분출식으로 되어 있다.
㉯ 가열 공기식은 압축기 뒷단의 블리드 공기(Bleed Air)를 사용한다.
㉰ 알코올 분출식으로 되어 있다.
㉱ 가열 공기식과 알코올 분출식으로 되어 있다.

해설 날개의 방빙장치 : 날개의 방빙장치는 전열식, 가열 공기식이 있으며, 가열 공기식은 압축기 뒷단의 블리드공기(Bleed Air)를 사용한다. 알코올 분출식과 제빙 부츠식이 있으며, 공기 오일 분리기는 제빙 부츠에 설치되어 있는 것으로 공기 속의 오일이 고무의 부츠를 퇴화시키는 것을 방지한다.

02 항공기 표면에서 서리를 제거할 때 사용하는 액체의 혼합액으로 맞는 것은?

㉮ 에틸렌 글리콜과 이소프로필 알코올
㉯ 중성세제
㉰ MEK와 에틸렌 글리콜
㉱ 나프타와 이소프로필 알코올

03 윈드실드 방빙 장치의 설명 중 잘못된 것은?

㉮ 윈드실드 외부에 결빙이 생기는 것을 방지한다.
㉯ 윈드실드 내부 온도는 130~140℃를 유지한다.
㉰ 외부 물질에 의한 충격을 대비하여 두 층 사이에 비닐층이 있다.
㉱ 윈드실드 내부의 흐림 상태를 제거한다.

해설 윈드실드 및 윈도우의 방빙은 시계를 확보하기 위하여 착빙, 결빙, 이슬 맺힘, 안개를 막는 수단으로 사용되고 윈드실드의 내부 온도는 30~40℃를 유지한다.

04 건조한 윈드실드에 레인 리펠런트(Rain Repellant)를 사용하면?

㉮ 유리를 에칭(Etching)시킨다.
㉯ 뿌옇게 되어 시계를 제한한다.
㉰ 유리를 분리시킨다.
㉱ 열이 축적되어 유리에 균열을 만든다.

해설 Rain Repellant : Syrupy Chemical Rain Repellant를 비가 오지 않는 상태에서 윈드실드에 분사하면 시계를 제한한다.

정답 01 ㉯ 02 ㉮ 03 ㉯ 04 ㉯

05 다음 중에서 윈드실드(Windshield)에서 사용하는 제우장치가 아닌 것은?

㉮ 방우제(rain repellent)를 사용한다. ㉯ Wiper를 사용한다.
㉰ 압축 공기를 분출한다. ㉱ 전열식을 이용한다.

해설 윈드실드용 제우장치 : windshield wiper, air curtain, rain repellent(방우제), window washer

06 항공기에 장착되어 있는 공기식 제빙부츠는 언제 작동하는가?

㉮ 얼음이 형성된다고 생각될 때 ㉯ 이륙 전에
㉰ 계속해서 ㉱ 얼음이 얼기 전에

07 화재경고탐지장치 수감부로 사용되지 않는 것은?

㉮ 열전쌍(Thermocouple) ㉯ 열 스위치(Thermal Switch)
㉰ 와전류(Eddy current) ㉱ 광전지(Photo Cell)

해설 화재경고장치 : 열전쌍(thermocouple)식 화재 경고장치, 열 스위치(thermal switch)식 화재 경고장치, 저항 루프(resistance loop)형 화재 경고장치, 광전지(photo cell)식 화재 경고장치

08 다음 중에서 연기 탐지 장치로 쓰이는 것은?

㉮ Thermocouple ㉯ Bi-Metallic
㉰ Photo-Electric cell ㉱ Continuous Loop Detector

해설
- Thermocouple : 열에너지를 전기적에너지로 바꾸는 장치로 2개의 이질 금속선의 한쪽을 화재 경고 회로에 연결하고 다른 한쪽의 두 선을 서로 꼬아 화재 탐지 수감
- Bi-Metallic : 금속의 열팽창율의 차이에 의하여 화재 감지
- Photo-Electric cell : 빛을 받으면 전압이 발생하는 것을 이용하여 화재 탐지

09 다음 화재탐지장치 중에서 열이 서서히 증가하는 것도 감지할 수 있는 것은?

㉮ Thermister식 ㉯ Thermocouple식
㉰ Thermal switch식 ㉱ Silver win식

10 조종실이나 객실에 설치되어 있으며 B, C급 화재에 사용되는 소화기는?

㉮ 물 소화기 ㉯ 이산화탄소 소화기
㉰ 프레온 소화기 ㉱ 분말 소화기

정답 05 ㉱ 06 ㉮ 07 ㉰ 08 ㉰ 09 ㉮ 09 ㉯

11 엔진 나셀에 사용하는 가장 보편적인 화재 탐지기의 종류는?

㉮ 탄소 탐지기
㉯ 연기 탐지기
㉰ 자연성 혼합기 탐지기
㉱ 온도 상승률을 이용한 탐지기

해설 기관의 경우 완만한 온도상승의 경우보다 화재 등에 의한 급격한 온도상승을 감지하도록 온도상승률에 의한 서모커플형 화재 탐지기를 설치하며 완만한 온도상승이나 회로의 단락의 경우에도 경보를 울리지 않는다.

12 항공기 방화계통에 사용되는 소량의 폭약의 용도를 바르게 설명한 것은?

㉮ 소화제 용기의 비정상적인 온도상승에 의한 파괴를 막기 위함
㉯ 소화제를 방출시키기 위함
㉰ 화재가 난 곳을 함몰시키기 위함
㉱ 화재가 난 곳을 순간적인 진공을 이루어서 불을 끄는데 이용됨

해설 소화제의 방출은 케이블에 의한 기계적인 방법이나 폭약의 점화를 위한 전기적인 방법이 있다.

13 Emergency Escape Slide 작동 시 잘못된 설명은?

㉮ 대형 여객기에서는 탑승 문이 비상문이다.
㉯ 90초 이내에 전원이 탈출하여야 한다.
㉰ Escape Slide는 10초 내에 자동적으로 전개되어야 한다.
㉱ 수면 위에 착륙 시 Emergency Escape Slide는 작동된다.

14 비상시 승무원과 승객의 법으로 정해진 탈출 시간은?

㉮ 60초 ㉯ 90초 ㉰ 120초 ㉱ 150초

해설 비상사태가 발생하였을 경우 승무원과 승객이 법으로 정해진 90초 이내에 신속하게 탈출할 수 있도록 비상 탈출 슬라이드 및 로프를 갖추어야 한다.

15 구급함, 낙하산, 비상신호 등 휴대용 비상장비의 점검 주기는?

㉮ 60일 ㉯ 90일 ㉰ 120일 ㉱ 180일

해설 구명동의, 구명보트, 비상식량은 180일, 기타 비상장비는 60일

정답 11 ㉱ 12 ㉯ 13 ㉱ 14 ㉯ 15 ㉮

16 비상 탈출구 쪽에 배치되어 있는 비상 장비는?

㉮ 손도끼, 손전등 ㉯ 휴대용 소화기
㉰ 구명 보트 ㉱ 구명 조끼

[해설] 비상장비에는 손도끼, 손전등, 구급약품 및 노출방지 슈트 등이 있다. 손도끼, 손전등은 탈출해치, 비상탈출구 및 조종실 도어 근처에 비치되어있다.

17 비행 승무원이 Escape slide를 사용하지 못하는 조건이 될 때, 비상으로 탈출하는데 사용되는 것은?

㉮ Life vest ㉯ Slide raft
㉰ Descent device ㉱ Emergency Device

| Section 5 |
항공기 통신 및 항법 계통

01 통신계통

1. 전파

가. 전파
전자파가 공중에 전달되어 퍼지는 성질이며 파장(파의 길이)는 빛의 속도를 주파수로 나눈 값이다.

$\lambda = \dfrac{C}{f}, \ C = 3 \times 10^8 m/s$

나. 주파수 범위

명칭	주파수 범위	명칭	주파수 범위
VLF초장파	3~30kHz	VHF초단파	30~300MHz
LF장파	30~300kHz	UHF극초단파	300~3,000MHz
MF중파	30~300MHz	SHF극극초단파	3~30GHz
HF단파	3~30MHz	EHF초극초단파	30~300GHz

다. 전파의 경로
(1) 지상파(Ground wave)
　① 직접파(direct wave) : 자유 공간 전파특성을 가지고 항공기와 항공기, 인공위성과 지구국 사이의 직접통신에 활용한다. 대지면에 접촉되지 않고 송신 안테나로부터 직접 수신 안테나에 도달되는 전파
　② 대지 반사파(reflected wave) : 대지에서 반사되어 도달되는 전파이고 대지면에 입사된 전파는 일부가 대지 속으로 들어가서 그 에너지가 열로 소모되고 남은 에너지는 대기 중으로 다시 돌아간다.
　③ 지표파(surface wave) : 지표를 따라 전파되는 전파
　④ 회절파(diffracted wave) : 산 또는 큰 건물 위에 회절해서 도달하는 전파
(2) 공간파(Sky wave)
　대류권산란파(Tropospheric scattered wave), 전리층파(E층 반사파, F층, 반사파, 전리층 활행파, 전리층

산란파), VLF, LF, MF는 E층에서 HF는 F층에서 반사. VHF대와 그 이상은 전리층을 뚫고 나가 반사하지 않음

라. 전파의 전파에 관한 여러 가지 현상

(1) 페이딩(Fading) : 수신 전기장의 세기가 둘 이상 경로를 달리하는 전파사이의 간섭또는 전파 경로의 상태 변화 등에 의해서 시간적으로 변동하는 현상

(2) 에코현상(Echo) : 송신안테나에서 발사된 전파가 수신 안테나에 도달할 때까지 여러 가지 통로로 각각의 성분이 도달하는 시간에 약간의 차이가 생겨 같은 신호가 여러 번 되풀이 되는 현상

(3) 다중신호(Multiple signal) : 송신점에서 하나의 수신점에 도달하는 전파는 여러 개가 있는데 각 전파의 도래 시각이나 도래방향이 다른 것을 다중신호라 하고 적당한 주파수 선택, 지향성 안테나사용으로 피할 수 있다.

(4) 태양흑점의 영향 : 태양흑점이 증가되면 자외선이 많이 증가하고 전리층내의 전자밀도가 갑자기 증가하여 F층의 임계 주파수가 높아져 높은 주파수의 전파가 잘 반사

(5) 자기폭풍(Magnetic storm) : 태양표면의 폭발이나 흑점활동이 심할 경우 지구 자기장이 갑자기 비정상적으로 변화

(6) 델린져 현상 : HF대역 통신불 가능, 20Mhz보다 낮은 주파수통신, 태양이 비치는 지구의 반면(낮) 에 단파의 전파가 가끔 갑자기 10분에서 수십분 간에 걸쳐 불능이 되는 현상

2. 통신장치

가. 통신장치 구성품

(1) 구성 : 송신기-Tx(Transmitter), 수신기-Rx(Receiver), 또는 송수신기(transceiver), 컨트롤러, 안테나(Ant)

(2) SELCAL(Selective Calling system) : 선택호출장치로 지상 무선국에서 특정 항공기와 교신하고 싶을 때 각 항공기 마다 다른 4개의 저주파의 혼합 코드가 지정되어 HF, VHF통신장치를 이용 송신하면 수신한 항공기 중 지정코드와 일치하는 항공기에서 램프와 챠임을 동시에 울리게 하여 조종사에게 지상국에서 호출함을 알림

(3) ELT(Emergency Locator Transmitter) : 사고시 비행기 위치 송신, 121.15Mhz(민간), 243Mhz(군용) 송신

(4) SSB(single side band)방식 : 한쪽 측파대만 사용, 복조시 헤테로다인 검파를 하여 변조신호분리

나. 통신장치

(1) VHF(초단파)통신

① 중요 통신장치로, 2~3중으로 설치하며 가장 많이 사용

② 1차 통신, 국내선 및 공항주변의 단거리통신

③ AM(amplitude modulation) 변조방식 사용으로 소비전력 극소화, 효율 증가

④ DSB(Double side band)방식

⑤ 스켈치 회로(SQL, Squelch) : 신호입력이 없을 때 임펄스성 잡음발생을 제거

⑥ 싱글슈퍼헤테로다인 수신방식, PTT(Push-to-talk) 방식

(2) HF(단파)통신

① 가장 빨리 도입, 해상 원거리 통신

② AM방식, SSB(single side band)방식 사용 → DSB보다 대역폭 2배 증가

③ 2차 통신장비, 2~25MHz 범위에서 최고 144채널 수용

④ 더블 슈퍼헤테로다인(Double superheterodayne) 수신기 동작

⑤ 송수신시 국부 발진 신호 → 이중 주파수 변환

⑥ 1.75~3.5 MHz주파수를 국부 발진기 출력이용, 2~25MHz 주파수 얻음

(3) UHF(극초단파)통신장치

UHF는 가시거리내로 한정되어 근거리용으로 사용하고 군용항공기에 한정하여 사용

① 225.00~399.95 MHz 주파수 범위에서 SSB방식으로 통신

② 주파수 채널 수 : 3,500개

③ UHF는 가시거리내로 한정되어 근거리용으로 사용

④ A 전파용 송신기 및 수신기

⑤ 군용항공기에 한정하여 사용

⑥ 채널 절환 시간 : 4초 이하

⑦ 가드 수신기 내장 : 항상 243 MHz 수신

⑧ 수신기-수정 제어 더블 슈퍼 헤테로 다인방식(Double superheterodyne) 수신기

(4) 위성통신장치

① 장거리 광역통신에 적합(지형, 거리에 관계없이 전송품질우수)

② 대용량통신이 가능하고 신뢰성이 좋음

(5) 기내인터폰 및 방송장치

① Flight Interphone system(운항승무원 상호간 통화장치) : 조종실내에서 운항승무원상호간 통화 연락을 위해 각종 통신이나 음성신호를 각 운항 승무원에게 배분하는 통화 장치이며 서로 간섭받지 않고 각각 승무원석에서 자유롭게 선택하여 송신, 청취

② Service interphone system(승무원상호간 통화장치) : 비행중 조종실과 객실 승무원석 및 Galley 간 통화 연락을 하는 장치, 지상 정비시 조종실과 정비사간의 점검상 필요한 기체 외부와의 통화 연락을 하기 위한 장치(Boeing747에선 정비용으로만 사용)

③ Cabin interphone system(캐빈 인터폰 장치) : 조종실과 객실승무원 간의 통화 연락을 하기 위한 전화장치, 기장의 지시를 위한 통화우선권

④ Passenger address system(기내방송장치) : 조종실 및 객실승무원석에서 승객에게 필요한 방송을 위한 기내 장치

⑤ Passenger entertainment system(오락프로그램 제공 장치) : 승객에게 영화, 오락프로그램 제공이나 비행기 위치 등을 표시, 좌석에 채널선택기로 선택한 프로그램을 이어폰으로 청취 (기내방송우선권)

(6) 항공기 안테나(antenna)

① 무지향성 안테나 : 모든 방향을 균일하게 전파를 송수신-통신용 수직안테나

② 지향성 안테나 : 특정방향으로만 송수신하는 안테나-ADF의 루프안테나

③ 스캐닝 안테나(Scannig antenna) : 예민한 지향성을 가진 안테나를 회전이나 왕복운동으로 넓은 범위 탐지

④ 플러시형(Flush type) 안테나 : 기체 내부에 안테나 내장

⑤ 와이어 안테나(Wire antenna) : 저속기에서 장파 중파 단파용으로 기체외부에 장착

⑥ 로드 안테나(Rod antena) : 경비행기에서 좋은 성능발휘, 기계적 압력으로 고속기 부적당, 송수신시 전방향서비스를 위해 수직형태 설계

⑦ 수평비 안테나 : 토끼 귀모양으로 된 TV안테나와 유사. 완전하게 단일방향으로 만들 수 없는 결점. 저속항공기 적합

⑧ 블레이드 안테나(Blade antenna) : 수직축은 통신목적을 위한 수직안테나, 유리섬유구조의 밀폐된 매질 ATC 트랜스폰더, DME, VHF안테나

⑨ 접시형 안테나(Parabolic antenna) : 지향성이 높은 예리한 전자파 빔 생산 레이더, 기상레이더 사용

⑩ 슬롯안테나 : 접시형 안테나의 여진용, 항공기용 레이더 복사기로 사용, Glide Slope수신용 안테나

⑪ 나팔형 안테나 : 전파고도계사용

⑫ 원통형 안테나 : 마커비컨

⑬ 탐침형(Probe) : HF통신

⑭ 다이플 안테나 : VOR, LOC

※ 항공기 안테나(Aircraft Antenna)

번호	사용장치	안테나 형식
1	기상 레이더	송·수신용 접시형 안테나(radome 내)
2	로컬라이저(localizr)	수신용 다이폴 안테나(radome 내)
3	글라이드 슬로프(glide slope)	수신용 슬롯형(slot type)
4	마커 비컨(marker bacon)	수신용 원통형(cavity type)
5	ATC 트랜스폰더	송·수신용 블레이드형(blade type)
6	거리 측정 시설(DME)	송·수신용 블레이드형(blade type)
7	전파 고도계	송신용 나팔형(horn type)
8	전파 고도계	수신용 나팔형(horn type)
9	방향 탐지기	수신용 루프 안테나
10	방향 탐지기	블레이드형
11	VHF 통신	송·수신용 블레이드형(blade type)
12	HF 통신기	탐침형(probe type)
13	VOR	수신용 다이폴 안테나

02 항법계통

1. 항법장치

가. 항법(Navigation)

(1) 정의 : 항법장치는 시각과 청각으로 나타내는 각종 장치 등을 통하여 방위, 거리 등을 측정하고 비행기의 위치를 알아내어 목적지까지의 비행경로를 구하기 위하여 또는 진입, 선회 등의 경우에 비행기의 정확한 자세를 알아서 올바로 비행하기 위하여 사용되는 보조시설이다.

(2) 지문항법 : 조종사가 해안선이나 철도노선을 보며 비행하는 항법

(3) 추측항법 : 이미 알고 있는 지점에서 방위와 거리를 풍향과 풍속을 고려하여 계산한 후 목적지의 도달시점을 추측하는 항법

(4) 무선항법 : 전파의 직진성 및 전파의 전파속도가 일정한 것을 이용한 항법장치

(5) 자북과 진북 : 자북(자석의 방향)과 진북(지도의 방향)은 시계방향으로 6.2도 차이(자북 : INS외의 방향계기, 진북 : INS만 지시)

나. 항법장치의 종류

(1) 자동방향탐지기(ADF, automatic direction finder)

① 190~1750kHz대의 전파사용하여 무지향 표지시설(NDB : nondirectional beacon)으로부터 전파도래방향을 알아 항공방위를 표시함

② 안테나, 수신기, 방위지시기 및 전원장치로 구성되는 수신장치
③ 무지향 표지시설(NDB, nondirectional beacon) : 호밍비컨(homing beacon)이라고도 하며 장파대 또는 중파대의 전파대를 무지향(모든 방향)으로 전파를 발사하여 이 전파를 항공기의 ADF 에서 수신함. 유효거리는 주간 80~320km으로 야간 공간파의 영향이 증가하여 오차발생 주간보다 짧아짐
④ 루프안테나(Loop antenna) : 지름 1m 내외의 정사각형, 원형 등의 형태에 코일을 감아 이 코일 내를 관통하는 자속이변화할 때 유기되는 전력을 이용하고 루프안테나의 8자 특성 : 수직으로 세웠을 때 지향특성이 8자형이 됨
⑤ 고니오미터(Goniometer) : 안테나소자를 회전시키지 않고서도 루프안테나를 회전시키는 효과를 얻는 장치로 VHF대의 높은 주파수대에서는 용량성 고니오미터사용(코일의 분포용량제거)
⑥ 수신기 : 2 또는 3중 슈퍼헤테로 다인방식이고 안테나에서 수신신호를 증폭, 검파하여 방위에 따라 변하는 사인파를 방위 지시계에 보냄
⑦ 방위 지시기 : 안테나 내부의 2상 교류발전기에 의한 $\sin\theta$, $\cos\theta$ 신호와 수신기에 의한 방위신호를 위상계에 가하여 방위를 지시함

(2) 초단파 전방향 표지시설(VOR, VHF omni-directional radio range beacon)
① 자북으로 나타내는 전파와 자북으로부터 시계방향으로 회전하는 전파 2개를 수신하여 서로의 수신시간차를 측정하여 방향을 측정
② 방위 지시기(RMI, rotarty magnetic indicator)와 수평 위치 지시기(HSI, horizontal situation indicator)에 표지국의 방위와 가까워지는지, 멀어지는지, 코스이탈을 총괄적으로 표시
③ 자동 조종장치와 연결되어 항공기를 VOR방사형에 따라 비행하거나 ILS에 따라 자동 착륙시키는데 이용
④ VOR : 항공로 주요지점에 VOR지상국을 설치 정확한 항로를 표시
⑤ TVOR (terminal VOR) : 공항 전방향 표지시설, 공항이나 공항부근에 설치하여 항공기의 진입 및 강하유도에 사용.
⑥ VOR수신기 : 수신기는 VOR/LOC가 같은 주파수이므로 안테나를 사용하여 겸용 수신기를 사용하며 더블 슈퍼헤테로다인방식이다.
⑦ 코스지시기 : VOR/LOC 및 Glide slope의 편위 바늘에 항법정보를 가하여 조종사에게 지시하고 TO-FROM 표시한다.(TO : 항공기쪽에서 VOR국의 방위, FROM : VOR국으로부터의 방위)

(3) 전술항행장치(TACAN, Tactical Air Navigation System)
① 항공기에서 지상국의 채널을 선택하면 지상국에 대한 방위와 거리가 동시에 기상 지시기에 표시
② TACAN 시스템은 DME시스템과 동일하며 채널수도 252개로 같다.
③ TACAN기상장치 : 항공기로부터 지상국까지의 거리와 방위를 측정 기상의 지시계기에

표시하는 항행지원장치로 공대공모드를 갖추면 TACAN의 기상장치에 의해 항공기 상호간의 직접거리가 지시한다. 사용주파수는 UHF대의 962~1213MHz, 기상제어기에 의해 채널 선택한다.

(4) 거리측정시설(DME, Distance Measuring Equipment)
① 항공기의 기상장치(질문기)와 지상에 설치된 기상장치(응답기)로 구성된 2차 레이더의 한 형식
② 속도가 일정한 전파를 항공기에서 질문전파를 지상무선국에 발사하여 지상무선국에서 다시 응답전파를 발사하여 항공기에서 수신한 후 소요되는 시간을 측정하여 거리정보를 제공

(5) 쌍곡선 항법장치(Hyperbolic navigation)
① 미리 위치를 알고 있는 두 송신국으로부터 전파를 수신하고, 그 도달시간차 또는 위상차를 측정하여 위치를 결정하는 방식
② 로런(LORAN : long range navigation) : 송신국으로부터 원거리에 위치한 선박이나 항공기에 항행위치를 제공하는 무선항법 원조시설로 현재는 사용하지 않고 오메가 항법으로 전환
③ 오메가항법(Omega navigation) : 10~14kHz대의 초장파 VLF를 사용한 쌍곡선항법이며 2개의 송신국으로부터 발사되는 전파의 위상차를 측정하여 위치를 결정한다. 10,000km에 1국씩 설치하면 지구상에 8개의 송신국만 설치할 수 있고 초장파는 해면 밑 15m까지 전파하여 잠수함에서 위치측정에도 사용

(6) 전파고도계(Radio altimeter)
① 항공기에서 지표로 향해 전파를 발사하여 그 반사파가 돌아올 때까지의 시간을 측정
② 펄스(Pulse)식 전파고도계(고고도용), FM식 전파고도계(0~750m까지의 낮은 고도를 측정하는데 이용, 주로 활주로 접근, 착륙시 이용)

(7) 기상레이더(Weather radar)
① 악천후 영역을 탐지하여 비행함으로써 안전운행과 악천후 영역을 피해 비행함으로 비행시간의 단축과 연료절감, 지형의 상태(해안선, 하천, 산) 등을 지도와 비슷한 형태로 표시한다.
② 폭우나 구름을 관측하는 경우 감쇠가 적은 C밴드(파장 5.6cm)를 사용하며 X 밴드(파장 3.2cm)는 강우가 없는 경우나 적은 경우에 관측에 사용한다.

[그림 4-19] 전파고도계

(8) 도플러 레이더(doppler radar)
① 이동체의 속도에 비례하여 수신 주파수가 변화하는 원리를 사용한다.
② 현재는 관성항법장치 INS(Inertial Navigation System)으로 대체
③ 도플러 레이더에서 발사한 전파를 발사, 수신하여 이 시간차를 측정하여 대지속도가 연속적으로 얻어지고 속도를 적분함으로써 거리를 구하는 방법

(9) 관성항법장치(INS, Inertial Navigation System)

① 물체가 이동할 때의 가속도를 적분하여 속도를 구하고 또 한 번 적분하여 이동거리를 측정하는 가속도(관성)을 이용한 항법장치

② 항공기 방향에 대하여 항상 평형상태를 유지하는 자이로(gyro)를 사용한 수평플랫폼을 설정하여 고감도 가속계를 두어 가속도를 검출하여 내장컴퓨터로 보낸 후 계산하여 위치, 속도, 진행방향을 구하여 비행

③ 자동조종장치에 연결하여 목적지를 컴퓨터에 입력시켜 지상항법원조 없이 자동으로 원하는 비행코스를 따라 자동으로 비행

④ 가속도계, 적분기, 플랫폼(Platform), 짐벌(gimbal)기구로 구성

다. 위성항법장치

(1) 개요 : 인공위성에서 지구로부터의 전파를 수신하여 다시 전파를 발사하는 송수신기를 장착하여 거리 및 거리변화율이 측정과 함께 위치를 결정한다.

(2) GPS(global positioning system) : 인공위성을 이용한 3차원의 위치 및 항법에 필요한 위치및 속도와 시간을 제공, 송신은 1575.42MHz, 1227.6Mhz의 2개의 주파수를 사용, 사용법이 간단하고 NDB, VOR보다 정확한 위치 및 시간을 제공한다.

(3) INMARST : 해상항법을 위해서 개발된 시스템, 국제협력에 의해서 소유 및 운용되는 이동위성통신 서비스를 전 세계에 제공하고 송신주파수 1626.5~1660.5MHz, 수신주파수 1530.0~1559.0MHz를 사용하고 시스템은 우주부분(Space segment), 항공기지구국(AES, aircraft earth station), 지상기구국(GES, ground earth station), 통신망관리지구국(NCS, network coordination system)으로 구성된다.

라. 지시계기

(1) 자세 지시계(ADI, attitude director indicator) : 현재의 비행 자세, 미리 설정된 모드로 비행하기 위한 명령장치(FD, Flight Director) 컴퓨터의 출력을 지시하는 계기로서 현재의 비행 자세는 Roll 자세, Pitch 자세, Yaw 자세 변화율, 그리고 Slip의 4개 요소로 표시한다. 수평의, 비행지시 바, 오토스로틀 지침, 로컬라이저 지침, 그라이드 슬로프 지침, 선회계 지침, 전파고도계 지침 등으로 구성

(2) 수평위치 지시계(HSI, horzontal situation indicator) : 항공기와 INS, VOR, ADF 방위각의 관계, 자기방향, 원하는 항로와 헤딩 활공경사각, 코스이탈정보, 목표지점으로부터의 거리 등을 표시

(3) 무선지시계(RMI, radio Magnetic indicator) : 자북국 방향에서 VOR, ADF 신호방향과의 각도 및 항공기 방위각을 나타내주는 계기, 두 개의 지침을 사용하여 하나는 VOR의 방향을, 또 하나는 ADF의 방향을 표시

(4) PFD(primary flight display) : 속도계, 기압고도계, 전파고도계, 승강계, 기수방위 지시계, 자동조종 작동모드 등을 한 곳으로 집약하여 표시

(5) ND(navigation display) : EHSI의 기능 향상, 현재위치, 기수방위, 비행방향, 설정코스 이탈 여부, 비행예정코스, 도중통과지점까지의 거리 및 방위, 소요시간지시, 풍향, 풍속, 대지속도, 구름 등이 표시

(6) EICAS(engine indication and crew alerting system) : 기관의 각성능이나 상태를 지시하거나 항공기 각 계통을 감시하고 기능이상을 경고해주는 장치

2. 자동조종장치

자동조종장치는(AFCS, Auto Flight Control System)은 yaw, pitch, roll을 자동으로 수행하도록 지원하며 항공기의 신뢰성과 안정성 향상, 장거리 비행에서 오는 조종사 업무 경감, 경제성(연료)향상을 목적으로 한다.

가. 조종 장치

F.D(Flight Director), A/P(Auto Pilot), A/T(Auto Throttle), AS/TU(Auto Stabilizer Trim Unit)로 구성

(1) F.D : AFCS와 같은 센서부에서 신호를 받아 ADI에 표시(비행상태의 지시/명령)
  ① A/P시 ADI지시에 의해 감시하고 비행명령 접수
  ② PFD(Primary Flight Display)는 ADI가 발전한 형태로 현용 항공기(B-747.400)에 사용
(2) A/P : 조종사의 피로 경감을 위해 사용

나. 기능

(1) 조종(control) 기능 : aileron에 의해 경사각, 기수방위 제어, elevator에 의해 상승/하강을 제어하며 rudder는 yaw damper로만 사용

(2) 안정(stability) 기능
  ① Tuck under : 속도가 빠른 항공기는 풍압중심이 뒤로 이동하여 기수내림모멘트가 증가하여 기수하향(Nose down)하는 현상으로 Mach trimmer compensator(elevator에 의해 triming)로 방지한다.
  ② Dutch roll : 큰 후퇴각으로 세로방향과 가로방향의 안정성이 부족하여 가로진동과 방향진동이 동시에 나타나는 가로방향 불안정현상으로 Yaw damper(rudder에 의해 triming)로 방지한다.
  ③ Yawing Damper System : 더치롤(Dutch Roll)방지와 균형선회(Turn Coordination)를 위해서 방향타(Rudder)를 제어하는 자동조종장치를 말한다. 감지기는 레이트 자이로(Rate Gyro)가 사용되며 편요 가속도(Yaw Rate)의 전기적 출력을 증폭하여 서보모터를 동작시켜 기계적인 움직임으로 변환시킨다.

다. 자동 조종장치의 구성
   (1) **센서부** : 기체의 동요를 억제하기 위한 제동신호
   (2) **컴퓨터부** : 각 센서로부터의 신호를 모아 조타신호 산출
   (3) **서보부** : 컴퓨터로부터의 조타신호를 기계출력으로 변환하분 부분
   (4) **제어부** : 가동조종장치의 연결, 분리, 제어 및 기능선택과 소요자료 설정
   (5) **표시기** : 자동조종장치의 분리경고, 기능의 자동전환 표시

라. 동작원리
   (1) **안정 증대장치** : 빗놀이 축계통도 대략 키놀이 축구성과 같으나 가로방향 가속도는 측방향 가속도를 감지하여 정상선회의 목적에 사용된다.
   (2) **자세 및 방위유지** : 수직 자이로와 방위 자이로에서 항공기의 옆놀이 자세와 키놀이 자세를 검출하여 조종기에서 조종사가 설정한 자세와 비교하여 그 차에 해당하는 오차신호를 얻어 증폭 연산한 다음, 서보를 구동하여 도움 날개, 방향타, 승강타를 제어하여 조종사가 원하는 자세를 유지한다.
   (3) **대기속도제어** : 오차신호를 발생하여 이 신호를 증폭한 다음 서보를 구동하여 스로틀을 개폐조작해서 일정한 속도 또는 조종사가 설정한 속도를 유지하게 한다.
   (4) **진로제어** : 오차신호를 증폭한 다음 서보를 구동하여 승강타를 상승 또는 하강시킨다.
   (5) **고도유지** : 조종사가 원하는 절대고도를 설정하고 전파 고도계로 측정한 값과 이것을 비교하여 일정하게 유지하는 것이다.

3. 기록장치 및 경고장치

가. 기록장치
   (1) **디지털 비행자료 기록장치(DFDR, Digital Flight data recorder)** : 항공기의 각종비행자료를 가록하여 사고시 사고해독용으로 이용, 항공기 기체뒷부분에 CVR과 함께 장착되어 비행자료를 디지털로 기록, 주황색으로 도장
   (2) **비행자료 직접 기록장치(AIDS, air inteagrated data system)** : 항공기가 비행 중 얻는 자료를 항상 해독하여 항공기의 운항 상태를 수시로 개선하기 위한 종합 시스템
   (3) **비행 자료 수집 장치(FDM)** : EGT, 연료유량, 진동 등을 기록하고 이것의 수치변동경향으로 기관부품의 변형을 밝히는 자료 제공
   (4) **조종실 음성기록 장치(CVR, cockpit voice recorder)** : 사고시 원인규명, 녹음시간은 30분이며 30분전의 녹음기록을 삭제하며 녹음(정지시 30분 분량의 녹음기록)

나. 경고장치

(1) 고도경보장치(Altitude Alert System) : 지정된 비행고도를 충실히 유지하기 위해 개발된 장치로 관제탑에서 비행고도가 지정될 때마다 수동으로 고도경보컴퓨터에 고도를 설정하고 그 고도에 접근했을 때 또는 그 고도에서 이탈했을 때 경보등과 경고음을 작동시켜 조종사에게 주의를 촉구하는 장치

(2) 대지 접근 경고 장치(GPWS, ground proximity warning system) : 항공기가 지상의 지형에 대해 위험한 상태에 직면하는가 또는 그 가능성이 있는가를 자동적으로 검출하여 감시하는 장치

(3) 전단풍(windshear) 경고장치 : 항공기 이,착륙 때의 전단풍에 의한 사고를 방지하기 위하여 전단풍을 만난 경우 조종사에게 회피 지시를 하는 항공기 탑재 시스템이다(경고기능, 회피 지시기능, 키놀이 제한 표시기능)

(4) 항공기 충돌 방지 시스템(ACAS, airborne collision avoidance system) : 항공기의 접근을 탐지하고 조종사에게 그 항공기의 위치정보나 충돌회피 정보를 제공

(5) 실속 경고 장치(Stall Warning System)
  ① 소형 항공기에서는 날개의 전면에 베인을 설치하여 공기흐름 방향에 따라 스위치가 개폐되도록 함으로써 실속이 도달되기 전에 붉은색 등과 경고등이 울리도록 한다.
  ② 대형 항공기에서는 동체 옆에 변환 베인을 장착하여, 공기 흐름 방향에 따라 움직이게 함으로써 실속 전에 미리 경고 회로가 작동되도록 한다.

4. 착륙 유도 장치 및 관제장치

가. 계기 착륙 장치(ILS : instrument Landing System)

(1) 개요 : 활주로에서 지향성 전파를 발사시켜 착륙을 위해 접근중인 항공기에 정확한 활주로 진입정보 제공

(2) Localizer : 정밀한 수평방향의 활주로 유도신호 제공, 108.1~111.95MHz를 간격으로 구분하여 0.1MHz 단위의 홀수 채널 사용

(3) Glide slope : 하강 비행각을 표시해주어 활주로에 대해 수직방향의 유도를 위함

(4) Marker beacon : 최종 접근 중인 진입로 상에 설치되어 지향성 전파를 수직으로 활주로까지의 거리를 지시

나. 레이더 관제

(1) 공항감시레이더(ASR, airport surveillance radar) : 공항 주변 공역의 항공기 진입, 출항관제를 위한 1차 레이더

(2) 정밀 진입 레이더(PAR, precision approach radar) : 최종 진입 상태에 있는 항공기의 코시 및 강하로 이탈, 접지점으로 부터의 거리를 측정

(3) 2차 감시 레이더 (SSR, secondary surveillance radar) : 트랜스폰더에서 부호를 받아 신속, 정확하게 목표항공기를 식 별, 거리, 방위, 고도, 비상신호 등을 레이더에 표시

(4) 항공교통관제 트랜스폰더(ATC transponder, air traffic control transponder) : SSR에서 질문신호를 발사하면 질문신호에 대한 응답신호를 발사하는 장치

(5) 공중감시장치(ATC, Air Traffic Control) : ATC는 항공관제계통의 항공기 탑재부분의 장치로서 지상 Station의 Radar Antenna로부터 질문주파수 1030[MHz]의 신호를 받아 이를 자동적으로 응답주파수 1090[MHz]로 부호화된 신호를 응답해 주어 지상의 Radar Scope상에 구별된 목표물로 나타나게 해줌으로써 지상 관제사가 쉽게 식별할 수 있게 하는 장비이다. 항공기 기압고도의 정보를 송신할 수 있어 관제사가 항공기 고도를 동시에 알 수 있게 하고 기종, 편명, 위치, 진행방향, 속도까지 식별된다.

(6) 마이크로파 착륙 유도 장치(MLS, microwave landing system) : 악천후에도 안전하게 항공기를 착륙 유도하는 장치

(7) ILS와 MLS의 비교

ILS	MLS
• 진입로 1개 • VHF, UHF대역을 이용하여 평평한 용지필요(건물이나 지형 등의 반사의 영향) • 운용 주파수 채널 40개	• 진입영역이 넓고 곡선진입가능 • 마이크로파를 사용 반사 또는 지형의 영향을 덜 받는다 • 운용주파수 채널 200개 • 풍향, 풍속 등 진입 착륙을 위한 기상상황이나 각종정보를 제공할 수 있는 자료링크 기능을 가진다.

항공기 통신 및 항법 계통 적중예상문제

01 지상파의 종류가 아닌 것은?

㉮ E층 반사파 ㉯ 직접파 ㉰ 대지 반사파 ㉱ 지표파

해설 지상파의 종류 : 직접파(Directed Wave), 대지 반사파(Reflected Wave), 지표파(Surface Wave), 회절파(Diffracted Wave)

02 항공기에 사용되는 통신장치(HF,VHF)에 대한 설명으로 맞는 것은?

㉮ VHF는 단거리용이며, HF는 원거리용이다.
㉯ VHF는 원거리에 사용되며, HF는 단거리에 사용한다.
㉰ 두 장치 모두 원거리에 사용된다.
㉱ 두 장치 모두 거리에 관계없이 사용할 수 있다.

해설
- HF 통신장치 : VHF 통신장치의 2차 통신수단이며, 주로 국제항공로 등의 원거리통신에 사용, 사용주파수 범위는 3~30MHz
- VHF 통신장치 : 국내항공로 등의 근거리통신에 사용, 사용주파수 범위는 30~300MHz이며, 항공통신주파수 범위는 118~136.975MHz

03 장거리교신용으로 많이 사용하는 통신계통은?

㉮ VHF계통 ㉯ HF계통 ㉰ SELCAL계통 ㉱ VOR계통

해설 HF전파는 전리층의 반사로 원거리까지 절달되는 성질이 있으나 Noise나 Facing이 많다.

04 HF System에서 Antenna Coupler의 목적은?

㉮ 번개 방지를 목적으로 한다.
㉯ HF의 큰 출력을 얻기 위한 목적이다.
㉰ 주파수의 적정한 Matching을 위한 목적이다.
㉱ 전원의 감소를 위한 목적이다.

해설 HF전파에서는 파장에 이용되는 안테나가 매우 크지만 항공기 구조와 구속성 때문에 큰 안테나를 장착하지 못하고 작은 Antenna가 사용되지만 주파수의 적정한 Matching이 이루어지도록 자동적으로 작동하는 Antenna Coupler가 장착되어 있다.

정답 01 ㉮ 02 ㉮ 03 ㉯ 04 ㉰

05 VHF 계통의 구성품이 아닌 것은?

㉮ 조정패널 ㉯ 송수신기
㉰ 안테나 ㉱ 안테나 커플러

해설 VHF 통신장치는 조정패널, 송수신기, 안테나로 구성되어 있다.

06 항법의 목적이 아닌 것은?

㉮ 항공기 위치의 확인 ㉯ 침로의 결정
㉰ 도착예정시간의 산출 ㉱ 비행항로의 기상상태 예측

해설 항법의 목적 : 항공기 위치의 확인, 침로의 결정, 도착예정시간의 산출하는 것이다.

07 인공위성을 이용한 항법전자계통은 무엇인가?

㉮ Inertial Navigation System ㉯ Omega Navigation System
㉰ LORAN Navigation System ㉱ Global Positioning System

해설 위성항법장치
- GPS(Global Positioning System)
- INMARSAT(International Marine Satellite Organization)
- GLONASS(Global Navigation Satellite System)
- Galileo(GNSS Global Navigatino Satellite System)

08 자동방향탐지기(ADF)에 대한 설명 중 맞는 것은?

㉮ 루프(Loop)안테나만 사용한다.
㉯ 센스(Sense)안테나만 사용한다.
㉰ 중파를 사용한다.
㉱ 통신거리 내에서만 통신이 가능하다.

해설 자동방향탐지기(Automatic Direction Finder)
- 지상에 설치된 NDB국으로부터 송신되는 전파를 항공기에 장착된 자동방향탐지기로 수신하여 전파도래방향을 계기에 지시하는 것이다.
- 사용주파수의 범위는 190~1750[KHz](중파)이며, 190~415[KHz]까지는 NDB 주파수로 이용되고 그 이상의 주파수에서는 방송국 방위 및 방송국 전파를 수신하여 기상예보도 청취할 수 있다.
- 항공기에는 루프안테나, 센스안테나, 수신기, 방향지시기 및 전원장치로 구성되는 수신장치가 있다.

정답 05 ㉱ 06 ㉱ 07 ㉱ 08 ㉰

09 관성항법장치에서 가속도를 위치 정보로 변환하기 위해 가속도 정보를 처리하여 속도 정보를 얻고 비행거리를 얻는 것은?

㉮ 적분기 ㉯ 미분기 ㉰ 가속도계 ㉱ 짐발(Gimbal)

해설 적분기는 측정된 가속도를 항공기의 위치 정보로 변환하기 위해서 가속도 정보를 처리해서 속도 정보를 알아내고, 또 속도 정보로부터 비행거리를 얻어내는 장치이다.

10 지상 무선국을 중심으로 하여 360° 전 방향에 대해 비행 방향을 지시할 수 있는 기능을 갖춘 항법장치는?

㉮ 전방향표지시설(VOR) ㉯ 마커비컨(Marker Beacon)
㉰ 전파고도계(LRRA) ㉱ 위성항법장치(GPS)

해설 VOR(VHF Omni-Directional Range)
- 지상 VOR국을 중심으로 360° 전 방향에 대해 비행방향을 항공기에 지시한다(절대방위).
- 사용주파수는 108~118MHz(초단파)를 사용하므로 LF/MF대의 ADF보다 정확한 방위를 얻을 수 있다.
- 항공기에서는 무선자기지시계(Radio Magnetic Indicator)나 수평상태지시계(Horizontal Situation Indicator)에 표지국의 방위와 그 국에 가까워졌는지, 멀어지는지 또는 코스의 이탈이 나타난다.

11 ADF와 VOR을 지시할 수 있는 계기는 무엇인가?

㉮ ADI ㉯ HIS ㉰ RMI ㉱ marker beacon

12 무선자기지시계(RMI)의 기능은?

㉮ 자북방향에 대해 VOR 신호방향과의 각도 및 항공기의 방위각 지시
㉯ 기수방위를 나타내는 컴퍼스 카드와 코스를 지시
㉰ 항공기의 자세를 표시하는 계기
㉱ 조종사에게 진로를 지시하는 계기

해설 무선자기지시계(Radio Magnetic Indicator)
- 무선자기지시계는 자북방향에 대해 VOR 신호방향과의 각도 및 항공기의 방위각을 나타내 준다.
- 두 개의 지침을 사용하여 하나는 VOR의 방향을, 또하나는 ADF의 방향을 나타낸다.

13 ILS에 대한 설명 중 틀린 것은?

㉮ ILS의 지상설비는 로컬라이저장치, 글라이드 패스장치, 마커비컨으로 구성되어 있다.
㉯ 로컬라이저 코스와 글라이드 패스는 90MHz와 150MHz로 변조한 전파로 만들어져 항공기

정답 09 ㉮ 10 ㉮ 11 ㉰ 12 ㉮ 13 ㉰

수신기로 양쪽의 변조도를 비교하여 코스 중심을 구한다.
㉰ 항공기가 로컬라이저 코스의 좌측에 위치하고 있을 때는 지시기의 지침은 좌로 움직인다.
㉱ 항공기가 글라이드 패스 위쪽에 위치하고 있을 때는 지시기의 지침은 밑으로 흔들린다.

해설 ILS 지시기 : 로컬라이저와 글라이드 패스의 CROSS POINTER를 사용하고 그 교점이 착륙코스를 지시하고 중심으로 부터의 움직임이 편위의 크기를 나타낸다.

14 계기 착륙장치에서 localizer의 역할은?

㉮ 활주로의 끝과 항공기 사이의 거리를 알려준다.
㉯ 활주로 중심선과 비행기를 일자로 맞춘다.
㉰ 활주로와 적당한 접근 각도로 비행기를 맞춘다.
㉱ 활주로에 접근하는 비행기의 위치를 지시한다.

해설 로컬라이저는 비행장의 활주로 중심선에 대하여 정확한 수평면의 방위를 지시하는 장치이다.

15 글라이드 슬로프(glide slope)의 주파수는 어떻게 선택하는가?

㉮ VOR 주파수 선택시 자동선택
㉯ DME 주파수 선택시 자동선택
㉰ LOC 주파수 선택시 자동선택
㉱ VHF 주파수 선택시 자동선택

해설 글라이드 슬로프 수신기 : VHF 항법용 수신장치에서 로컬라이저 주파수를 선택할 때 동시에 글라이드 슬로프 주파수가 선택되도록 되어 있다.

16 활주로에 대하여 수직면 내의 진입각을 지시하여 항공기의 착지점으로의 진로를 지시하는 장치는?

㉮ Localizer ㉯ Glide slop ㉰ Marker Beacon ㉱ LRRA

해설 활주로에 대하여 수직면 내의 진입각을 지시하여 항공기의 착지점으로의 진로를 지시하는 장치는 Glide slop이다.

17 위성 궤도와 배치 방식에 따른 위성 통신 방식이 아닌 것은?

㉮ 랜덤 위성 방식 ㉯ 정지 위성 방식 ㉰ 위성 궤도 방식 ㉱ 위상 위성 방식

해설 궤도조건과 배치방식에 따른 위성통신 방식
- 랜덤위성방식 : 초기 위성통신방식, 상시통신을 위해 다수의 위성 필요
- 위상위성방식 : 등간격의 다수의 위성 배치, 경제성이 문제
- 정지위성방식 : 현재 주로 사용하는 방식, 3개의 위성이 상시 통신망을 확보

정답 14 ㉯ 15 ㉰ 16 ㉯ 17 ㉰

18 SELCAL System에 대한 설명 중 틀린 것은?

㉮ SELCAL은 지상에서 항공기를 호출하는 장치이다.
㉯ 호출음은 퍼스트 톤과 세컨드 톤이 있다.
㉰ HF, VHF 통신기를 이용한다.
㉱ 호출은 차임(Chime)만 울려서 알린다.

해설 SELCAL System(Selective Calling System)
- 지상에서 항공기를 호출하기 위한 장치이다.
- HF, VHF 통신장치를 이용한다.
- 한 목적의 항공기에 코드를 송신하면 그것을 수신한 항공기 중에서 지정된 코드와 일치하는 항공기에만 조종실 내에 램프를 점등시킴과 동시에 차임을 작동시켜 조종사에게 지상국에서 호출하고 있다는 것을 알린다.
- 현재 항공기에는 지상을 호출하는 장비는 별도로 장착되어 있지 않다.

19 요댐퍼 시스템(Yawing Damper System)에 대한 설명 중 틀린 것은?

㉮ 항공기 비행고도를 급속하게 낮추는 것이다.
㉯ 각 가속도를 탐지하여 전기적인 신호로 바꾼다.
㉰ 방향타를 적절하게 제어하는 것이다.
㉱ 더치 롤(Dutch Roll)을 방지할 목적으로 이용된다.

해설 Yawing Damper System
- 더치롤(Dutch Roll)방지와 균형선회(Turn Coordination)를 위해서 방향타(Rudder)를 제어하는 자동조종장치를 말한다.
- 감지기는 레이트 자이로(Rate Gyro)가 사용되며 편요 가속도(Yaw Rate)의 전기적 출력을 증폭하여 서보모터를 동작시켜 기계적인 움직임으로 변환시킨다.

20 위성통신이란?

㉮ 우주국과 지구국간의 통신
㉯ 지구국과 지구국간의 상호 통신
㉰ 우주국에서 재송신하거나 반사하여 이루어지는 지구국 상호간의 통신
㉱ 우주국과 우주국 상호간의 통신

해설 지상국 상호간의 송수신을 위해 통신위성을 중계점으로 지상 전파를 중계하는 무선통신

21 항공기 충돌방지장치(TCAS)에서 침입하는 항공기의 고도를 알려주는 것은?

㉮ SELCAL ㉯ 레이더 ㉰ VOR/DME ㉱ ATC Transponder

정답 18 ㉱ 19 ㉮ 20 ㉰ 21 ㉱

22 위성 통신 장치 중 감지 제어계는?

㉮ 안테나의 도래 방향을 검출하는 방법
㉯ 안테나의 방향이 위성을 향하도록 제어하는 안테나 구동 제어 장치
㉰ 전파를 수신하여 방위 오차를 검출
㉱ 오차 신호를 동기 검파하여 오차의 크기와 부호를 검출할 기능이 없다.

해설 감시제어계는 추적장치와 안테나 구동제어장치로 구성된다.

23 전파고도계로 측정 가능한 고도는?

㉮ 진고도   ㉯ 절대고도   ㉰ 기압고도   ㉱ 계기고도

해설 전파고도계(Radio Altimeter)
- 항공기에 사용하는 고도계에는 기압고도계와 전파고도계가 있는데 전파고도계는 항공기에서 전파를 대지를 향해 발사하고 이 전파가 대지에 반사되어 돌아오는 신호를 처리함으로써 항공기와 대지 사이의 절대고도를 측정하는 장치이다.
- 고도가 낮으면 펄스가 겹쳐서 정확한 측정이 곤란하기 때문에 비교적 높은 고도에서는 펄스고도계가 사용되고 낮은 고도에서는 FM형 고도계가 사용된다.
- 저고도용에는 FM형 절대고도계가 사용되며 측정범위는 0~2500ft이다.

24 Cockpit Voice Recorder에 대한 설명 중 틀린 것은?

㉮ 항공기 추락 또는 기타 중대한 사고 시 원인규명을 위한 장치이다.
㉯ 조종실 승무원의 통화내용을 녹음한다.
㉰ Tape는 30분 Endless Type이며 3개의 Channel을 갖고 있다.
㉱ 조종실 내 제반 Warning 상황을 녹음한다.

25 자동비행장치인 FMS(Flight Management System)의 주요 기능이 아닌 것은?

㉮ 조종사의 Work Load가 현저히 감소한다.
㉯ 자동비행장치이므로 Human Error 위험성은 다소 많다.
㉰ 비행안전성이 향상된다.
㉱ 연료효율이 가장 좋은 상태로 운항할 수 있다.

해설 FMS의 주요기능
- 조종사의 Work Load가 현저히 감소한다.
- 자동항법의 실현에 의해 Human Error 위험성이 감소하고 비행안전성이 향상된다.
- Computer제어에 의해 연료효율이 가장 좋은 경제적인 운항이 가능하다.

Chapter 05

Industrial Engineer Aircraft Maintenance

최근 기출문제

최근기출문제
2016년 제1회 시행

제1과목 | 항공역학

01 항공기가 선회속도 20 m/s, 선회각 45° 상태에서 선회비행을 하는 경우 선회반경은 약 몇 m인가?

① 20.4
② 40.8
③ 57.7
④ 80.5

해설 $R = \dfrac{V^2}{g \times \tan\theta} = \dfrac{20^2}{9.8 \times \tan 45°} ≒ 40.8m$

02 정상흐름의 베르누이방정식에 대한 설명으로 옳은 것은?

① 동압은 속도에 반비례한다.
② 정압과 동압의 합은 일정하지 않다.
③ 유체의 속도가 커지면 정압은 감소한다.
④ 정압은 유체가 갖는 속도로 인해 속도의 방향으로 나타나는 압력이다.

해설 $P + \dfrac{1}{2}\rho V^2 = P_t = const.$

03 스팬(span)의 길이가 39ft, 시위(chord)의 길이가 6ft인 직사각형 날개에서 양력계수가 0.8일 때 유도받음각은 약 몇 도인가? (단, 스팬효율계수는 1이다.)

① 1.5
② 2.2
③ 3.0
④ 3.9

해설 $\alpha_i = \dfrac{C_L}{\pi eAR} = \dfrac{C_L}{\pi e\left(\dfrac{b}{c}\right)} = \dfrac{0.8}{\pi \times 1 \times \left(\dfrac{39}{6}\right)} = 0.0392 [rad]$

$\pi [rad] = 180 [deg], 1[rad] = \dfrac{180}{\pi} = 57.29 [deg, °]$

∴ $0.0392 \times 57.29 ≒ 2.24°$

04 수평스핀과 수직스핀의 낙하속도와 회전각속도 크기를 옳게 나타낸 것은?

① 수평스핀 낙하속도 > 수직스핀 낙하속도
수평스핀 회전각속도 > 수직스핀 회전각속도
② 수평스핀 낙하속도 < 수직스핀 낙하속도
수평스핀 회전각속도 < 수직스핀 회전각속도
③ 수평스핀 낙하속도 > 수직스핀 낙하속도
수평스핀 회전각속도 < 수직스핀 회전각속도
④ 수평스핀 낙하속도 < 수직스핀 낙하속도
수평스핀 회전각속도 > 수직스핀 회전각속도

05 날개면적이 100m²인 비행기가 400km/h의 속도로 수평비행하는 경우 이 항공기의 중량은 약 몇 kgf인가? (단, 양력계수는 0.6, 공기밀도는 0.125 kgf·s²/m⁴이다.)

① 60,000
② 46,300
③ 23,300
④ 15,600

해설 수평비행 시, $W = L = C_L \dfrac{1}{2}\rho V^2 S$

06 형상항력을 구성하는 항력으로만 나타낸 것은?

① 유도항력 + 조파항력
② 간섭항력 + 조파항력
③ 압력항력 + 표면마찰항력
④ 표면마찰항력 + 유도항력

07 항공기의 성능 등을 평가하기 위하여 표준대기를 국제적으로 통일하는데 국제표준대기를 정한 기관은?

① UN ② FAA
③ ICAO ④ ISO

> 해설
> • FAA : Federal Aviation Administration
> • ICAO : International Civil Aviation Organization

08 프로펠러 비행기의 항속거리를 증가시키기 위한 방법이 아닌 것은?

① 연료소비율을 적게 한다.
② 프로펠러 효율을 크게 한다.
③ 날개의 가로세로비를 작게 한다.
④ 양항비가 최대인 받음각으로 비행한다.

> 해설
> 프로펠러 비행기의 항속거리는 양항비의 영향이 매우 크며, 이 값을 크게 하기 위해서는 날개의 양항비를 크게 해야 한다.

09 등속상승비행에 대한 상승률을 나타내는 식이 아닌 것은?

V : 비행속도, γ : 상승각, W : 항공기 무게, T_A : 이용추력, T_R : 필요추력

① $V\sin\gamma$ ② $\dfrac{(T_A - T_R)V}{W}$

③ $\dfrac{잉여동력}{W}$ ④ $\dfrac{T_A - T_R}{W}$

> 해설
> 상승률(RC : Rate of climb)은 수직 상승비행속도를 의미한다.(속도 단위 사용)

10 라이트형제는 인류 최초로 유인동력비행을 성공하던 날 최고기록으로 59초 동안 이륙 지점에서 260 m 지점까지 비행하였다. 당시 측정된 43 km/h의 정풍을 고려한다면 대기속도는 약 몇 km/h 인가?

① 27 ② 40
③ 60 ④ 80

> 해설
> $V = \dfrac{S}{t} = \dfrac{260}{59} = 4.4 m/s$,
> 시속으로 환산하면 4.4×3.6 = 15.86km/h
> 정풍이므로 15.86+43 = 58.86km/h

11 비행기가 장주기 운동을 할 때 변화가 거의 없는 요소는?

① 받음각 ② 비행속도
③ 키놀이 자세 ④ 비행고도

> 해설
> • 단주기 운동 : 속도 변화에 거의 무관
> • 장주기 운동 : 받음각 거의 일정

12 에어포일(airfoil) "NACA 23012"에서 첫 번째 자리 숫자 "2"가 의미하는 것은?

① 최대캠버의 크기가 시위(chord)의 2%이다.
② 최대캠버의 크기가 시위(chord)의 20%이다.
③ 최대캠버의 위치가 시위(chord)의 15%이다.
④ 최대캠버의 위치가 시위(chord)의 20%이다.

> 해설
> NACA 23012 : 최대 캠버의 크기가 시위의 2%이고, 최대 캠버의 위치는 15%이며 캠버의 뒤쪽 반이 직선이며, 최대두께는 시위의 12%임을 의미한다.

13 프로펠러의 이상적인 효율을 비행속도(V)와 프로펠러를 통과할 때의 기체 유동속도(V_1) 및 순수 유도속도(ω)로 옳게 표현한 것은? (단, $V_1 = V + \omega$이다.)

① $\dfrac{V_1}{V_1 + \omega}$ ② $\dfrac{V}{V + \omega}$

③ $\dfrac{2V}{V_1 + \omega}$ ④ $\dfrac{2V_1}{V + \omega}$

> 해설
> $\eta = \dfrac{프로펠러\ 출력\ 동력(P출력)}{프로펠러\ 입력\ 동력(P입력)} = \dfrac{V}{V_1}$

14 헬리콥터가 전진비행을 할 때 주 회전날개의 전진깃과 후진깃에서 발생하는 양력차이를 보정해 주는 장치는?

① 플래핑 힌지(flapping hinge)
② 리드-래그 힌지(lead-lag hinge)
③ 동시 피치 제어간(collective pitch control lever)
④ 사이클릭 피치 조종간(cyclic pitch control lever)

해설 리드-래그 힌지 : 기하학적 불균형 해소

15 평형상태를 벗어난 비행기가 이동된 위치에서 새로운 평형상태가 되는 경우를 무엇이라고 하는가?

① 동적 안정(dynamic stability)
② 정적 안정(positive static stability)
③ 정적 중립(neutral static stability)
④ 정적 불안정(negative static stability)

16 헬리콥터 속도가 초과금지속도에 이르면 후진 블레이드 실속징후가 발생되는데 그 징후가 아닌 것은?

① 높은 중량 증가
② 기수 상향 방향
③ 비정상적인 진동
④ 후진블레이드 방향으로 헬리콥터 경사

해설 실속은 비행 성능의 결정 요소로서 중량이 증가하지는 않는다.

17 프로펠러의 회전에 의해 깃이 허브 중심에서 밖으로 빠져 나가려는 힘은?

① 추력
② 원심력
③ 비틀림응력
④ 구심력

18 비행기의 가로축(lateral axis)을 중심으로 한 피치운동(pitching)을 조종하는데 주로 사용되는 조종면은?

① 플랩(flap)   ② 방향키(rudder)
③ 도움날개(aileron)   ④ 승강키(elevator)

19 고도 10 km 상공에서의 대기온도는 몇 ℃ 인가?

① −35   ② −40
③ −45   ④ −50

해설 고도 1 km 상승시 −6.5℃ 감소(표준대기 해면고도 15 ℃)
∴ 15 − 6.5×10 = −50℃

20 더치롤(dutch roll)에 대한 설명으로 옳은 것은?

① 가로진동과 방향진동이 결합된 것이다.
② 조종성을 개선하므로 매우 바람직한 현상이다.
③ 대개 정적으로는 안정하지만 동적으로는 불안정하다.
④ 나선 불안정(spiral divergence)상태를 말한다.

제2과목 항공기관

21 외부 과급기(external supercharger)를 장착한 왕복엔진의 흡기계통에서 압력이 가장 낮은 곳은?

① 흡입 다기관   ② 기화기 입구
③ 스로틀밸브 앞   ④ 과급기 입구

해설 외부 과급기는 기화기 이전에 설치되어 흡입 공기를 압축시킨다.

22 시운전 중인 가스터빈엔진에서 축류형 압축기의 RPM 이 일정하게 유지된다면 가변 스테이

터 깃(vane)의 받음각은 무엇에 의해 변하는가?

① 압력비의 감소
② 압력비의 증가
③ 압축기 직경의 변화
④ 공기흐름 속도의 변화

해설 가변 스테이터 깃(VSV)은 압축기 실속 방지를 목적으로 한다.

23 왕복엔진의 마그네토에서 접점(breaker point) 간격이 커지면 점화시기와 강도는?

① 점화가 늦게 되고 강도가 약해진다.
② 점화가 늦게 되고 강도가 높아진다.
③ 점화가 일찍 발생하고 강도가 약해진다.
④ 점화가 일찍 발생하고 강도가 높아진다.

24 왕복엔진에 사용되는 고휘발성 연료가 너무 쉽게 증발하여 연료배관 내에서 기포가 형성되어 초래할 수 있는 현상은?

① 베이퍼 락(vapor lock)
② 임팩트 아이스(impact ice)
③ 하이드로릭 락(hydraulic lock)
④ 이베포레이션 아이스(evaporation ice)

해설 베이퍼 락(vapor lock)은 기화성이 너무 높은 연료가 관속을 흐를 때 열을 받으면 기포가 생기고 기포가 많아지면 연료의 흐름을 차단하는 현상을 말한다.

25 가스터빈엔진의 복식(duplex) 연료 노즐에 대한 설명으로 틀린 것은?

① 1차 연료는 아이들 회전 속도 이상이 되면 더 이상 분사되지 않는다.
② 2차 연료는 고속 회전 작동 시 비교적 좁은 각도로 멀리 분사된다.
③ 연료 노즐에 압축 공기를 공급하여 연료가 더욱 미세하게 분사되는 것을 도와준다.
④ 1차 연료는 시동할 때 이그나이터에 가깝게 넓은 각도로 연료를 분무하여 점화를 쉽게 한다.

해설 1차 연료는 엔진 작동 중에 계속 분사되며, 2차 연료는 완속 이상 출력에서만 분사된다.

26 압축비가 동일할 때 사이클의 이론 열효율이 가장 높은 것부터 낮은 것 순서로 나열한 것은?

① 정적 – 정압 – 합성
② 정적 – 합성 – 정압
③ 합성 – 정적 – 정압
④ 정압 – 합성 – 정적

27 플로트식 기화기에서 이코너마이저장치의 역할로 옳은 것은?

① 연료가 부족할 때 신호를 발생한다.
② 스로틀밸브가 완전히 열렸을 때 연료를 감소시킨다.
③ 순항출력 이상의 높은 출력일 때 농후한 혼합비를 만든다.
④ 고도에 의한 밀도의 변화에 대하여 혼합비를 적절히 유지한다.

해설 플로트식(부자식) 기화기의 부속장치
- 완속 장치 : 스로틀밸브를 최소로 닫았을 때 연료 분사하는 장치
- 이코노마이저 장치 : 순항출력 이상에서 추가 연료 공급 장치
- 가속 장치 : 급가속시 추가 연료 공급 장치
- 혼합비 조정장치 : 고고도에서 혼합비 과농후 방지 장치

28 가스터빈기관에 사용되는 오일의 구비조건이 아닌 것은?

① 유동점이 낮을 것
② 인화점이 높을 것
③ 화학 안정성이 좋을 것
④ 공기와 오일의 혼합성이 좋을 것

해설 오일은 공기 중에서 사용되어 혼합이 되지만 분리성이 좋아야 한다.

29 왕복엔진의 피스톤 지름이 16cm, 행정길이가 0.16m, 실린더수가 6, 제동평균유효압력이 8 kg/cm², 회전수가 2400 일 때의 제동마력은 약 몇 ps 인가?

① 411.6 ② 511.6
③ 611.6 ④ 711.6

해설 $bHP = \dfrac{PLANK}{75 \times 2 \times 60}$

$= \dfrac{8 \times 0.16 \times \dfrac{\pi \times 16^2}{4} \times 2400 \times 6}{9000} = 411.56$

30 다음 중 프로펠러 날개가 회전 시 받는 힘이 아닌 것은?

① 원심력 ② 탄성력
③ 비틀림력 ④ 굽힘력

31 터보 팬엔진에 대한 설명으로 틀린 것은?

① 터보제트와 터보프롭의 혼합적인 성능을 갖는다.
② 단거리 이착륙 성능은 터보프롭과 유사하다.
③ 확산형 배기노즐을 통해 빠른 속도로 공기를 가속시킨다.
④ 터빈에 의해 구동되는 여러 개의 깃을 갖는 일종의 프로펠러기관이다.

해설 터보 팬 엔진은 주로 아음속 엔진으로 속도를 증가시키기 위해서는 수축형 노즐을 사용해야 한다.

32 항공기용 엔진 중 터빈식 회전엔진이 아닌 것은?

① 램제트엔진
② 터보팬엔진
③ 가스터빈엔진
④ 터보제트엔진

33 왕복엔진에 사용되는 기어(gear)식 오일펌프의 옆간격(side clearance)이 크면 나타나는 현상은?

① 엔진 추력이 증가한다.
② 오일 압력이 낮아진다.
③ 오일의 과잉공급이 발생한다.
④ 오일펌프에 심한 진동이 발생한다.

해설 오일 펌프의 목적은 오일에 압력을 가해 오일을 공급시키는 장치로 간격이 크면 압축력이 떨어진다.

34 [그림]과 같은 이론공기 사이클을 갖는 엔진은? (단, Q는 열의 출입, W는 일의 출입을 표시한다.)

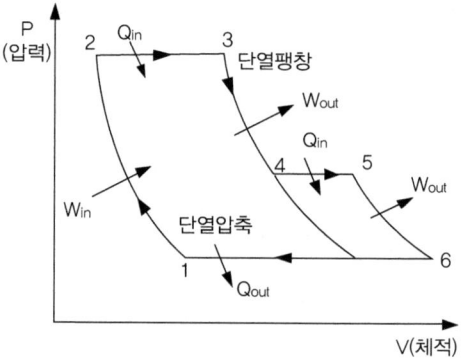

① 2단압축 브레이튼사이클
② 과급기를 장착한 디젤사이클
③ 과급기를 장착한 오토사이클
④ 후기연소기를 장착한 가스터빈사이클

35 가스터빈엔진의 추력비연료 소비율(thrust specific fuel consumption)이란?

① 1시간동안 소비하는 연료의 중량
② 단위추력의 추력을 발생하는데 소비되는 연료의 중량
③ 단위추력의 추력을 발생하기 위하여 1시간 동안 소비하는 연료의 중량
④ 1000 km를 순항비행 할 때 시간당 소비하는 연료의 중량

36 흡입덕트의 결빙방지를 위해 공급하는 방빙원 (anti icing source)은?

① 압축기의 블리드 공기
② 연소실의 뜨거운 공기
③ 연료펌프의 연료 이용
④ 오일탱크의 오일 이용

37 다음 중 아음속 항공기의 흡입구에 관한 설명으로 옳은 것은?

① 수축형 도관의 형태이다.
② 수축-확산형 도관의 형태이다.
③ 흡입공기 속도를 낮추고 압력을 높여준다.
④ 음속으로 인한 충격파가 일어나지 않도록 속도를 감속시켜준다.

해설
- 아음속 흡입 덕트 : 확산형
- 초음속 흡입 덕트 : 수축-확산형

38 제트엔진의 추력을 나타내는 이론과 관계있는 것은

① 파스칼의 원리
② 뉴톤의 제1법칙
③ 베르누이의 원리
④ 뉴톤의 제2법칙

해설 제트엔진의 추진원리
- 뉴톤의 제3법칙 : 작용, 반작용의 법칙
- 뉴톤의 제2법칙 : 질량, 가속도의 법칙

39 프로펠러의 회전면과 시위선이 이루는 각을 무엇이라 하는가?

① 붙임각
② 깃각
③ 회전각
④ 깃뿌리각

40 총 배기량이 1500cc인 왕복엔진의 압축비가 8.5라면 총 연소실 체적은 약 몇 cc인가?

① 150   ② 200
③ 250   ④ 300

해설 압축비 = $\dfrac{\text{연소실 체적} + \text{행정 체적}}{\text{연소실 체적}} = 1 + \dfrac{\text{행정 체적}}{\text{연소실 체적}}$

∴ 연소실 체적 = $\dfrac{\text{행정 체적}}{\text{압축비} - 1} = \dfrac{1500}{8.5 - 1} = 200$

제3과목 항공기체

41 항공기의 주 조종면이 아닌 것은?

① 방향키(rudder)
② 플랩(flap)
③ 승강키(elevator)
④ 도움날개(aileron)

해설 플랩이나 탭은 2차 조종면(부조종면)이다.

42 일정한 응력(힘)을 받는 재료가 일정한 온도에서 시간이 경과함에 따라 변형률이 증가되는 현상을 무엇이라고 하는가?

① 크리프(creep)   ② 파괴(fracture)
③ 항복(yielding)   ④ 피로굽힘(fatigue)

해설 크리프 파단 곡선
- 1단계 : 탄성 범위내의 변형, 비례 탄성 범위
- 2단계 : 변형률이 직선으로 증가, 크리프율(Creep Ratio)
- 3단계 : 변형률의 급격한 증가로 파단
- 천이점(Transition point) : 2단계와 3단계의 경계점

43 엔진마운트와 나셀에 대한 설명으로 틀린 것은?

① 나셀은 외피, 카울링, 구조부재, 방화벽, 엔진마운트로 구성된다.
② 착륙거리를 단축하기 위하여 나셀에 장착

된 역추진장치를 사용한다.
③ 엔진마운트를 동체에 장착하면 공기역학적 성능이 양호하나 착륙장치를 짧게 할 수 없다.
④ 엔진마운트는 엔진을 기체에 장착하는 지지부로 엔진의 추력을 기체에 전달하는 역할을 한다.

44 복합재료로 제작된 항공기 부품의 결함(층분리 또는 내부손상)을 발견하기 위해 사용되는 검사방법이 아닌 것은?

① 육안검사
② 와전류탐상검사
③ 초음파검사
④ 동전 두드리기 검사

45 페일 세이프(fail safe) 구조형식이 아닌 것은?

① 이중(double) 구조
② 대치(back-up) 구조
③ 샌드위치(sandwich) 구조
④ 다경로하중(redundant load) 구조

 Fail-Safe Structure 종류
• 다경로하중 구조(Redundant Structure)
• 이중 구조(Double Structure)
• 대치 구조(Back-up Structure)
• 하중경감 구조(Load Dropping Structure)

46 TIG 또는 MIG 아크 용접 시 사용되는 가스끼리 짝지어진 것은?

① 아르곤가스, 헬륨가스
② 헬륨가스, 아세틸렌가스
③ 아르곤가스, 아세틸린가스
④ 질소가스, 이산화탄소 혼합가스

 불활성 가스 아크용접(TIG 용접) : 텅스텐 전극과 모재 사이에서 발생하는 아크열에 의해 공급되며 용접이 진행되는 동안 불활성 가스인 헬륨이나 아르곤으로 용접 부위를 대기와 차단한다.

47 항공기 타이어 트레드(tire tread)에 대한 설명으로 옳은 것은?

① 여러 층의 나일론 실로 강화되어 있다.
② 강 와이어로부터 패브릭으로 둘러싸여 있다.
③ 내구성과 강인성을 갖기 위해 합성고무 성분으로 만들어 졌다.
④ 패브릭과 고무층은 비드 와이어로부터 카커스를 둘러싸고 있다.

• 트레드 : 타이어 바깥 원주의 고무 복합체로 된 층이며, 마멸을 담당
• 트레드 홈(Tread Groove) : 마멸 측정 및 제동 효과 증대
• 코어 보디 : 나일론 섬유에 고무를 입힌 여러 개의 플라이를 서로 직각으로 겹쳐서 이루어진 부분
• 브레이커(Breaker) : 트레드와 코어 보디의 접착을 가하고 타이어의 강도 보강
• 차퍼(Chafer) : 와이어 비드와 연결부에 부착되어 제동열을 차단하고 바퀴와 타이어 사이의 밀폐 효과
• 와이어 비드(Wire bead) : 타이어의 골격으로 바퀴에 단단한 고착 및 타이어의 강도 유지

48 다음과 같은 트러스(truss)구조에 있어, 부재 DE의 내력은 약 몇 kN 인가?

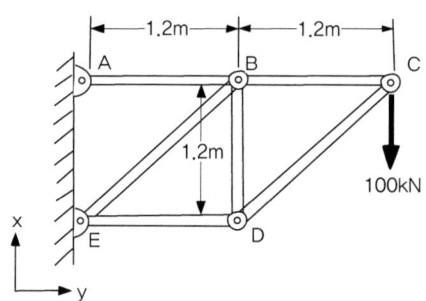

① 141.4
② 100
③ -141.4
④ -100

 라미의 정리

$$\frac{100}{\sin 135} = \frac{F_{BC}}{\sin 135} = \frac{F_{DC}}{\sin 90}$$

$F_{BC} = 100$

$F_{DC} = 100 \times \dfrac{\sin 90}{\sin 135} = 141.4$

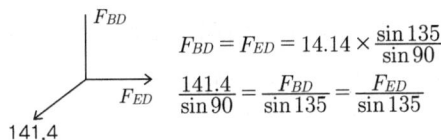

 • 경질재료 : 얇은 판의 드릴각도(118° 저속 고압)
• 연질재료 : 두꺼운 판의 드릴각도(90° 고속 저압)

49 코터 핀의 장착 및 제거 할 때의 주의사항으로 옳은 것은?

① 한번 사용한 것은 재사용하지 않는다.
② 장착 주변의 구조를 강화시키기 위해 주철 해머를 사용한다.
③ 핀 끝을 접어 구부릴 때는 꼬거나 가로방향으로 구부린다.
④ 핀 끝을 절단할 때는 최대한 가늘고 뾰족하게 절단하여 다른 곳과의 연결을 유연하게 한다.

50 항공기의 무게중심(c.g)에 대한 설명으로 가장 옳은 것은?

① 항공기 무게중심은 항상 기준에 있다.
② 항공기가 이륙하면 무게중심은 전방으로 이동한다.
③ 제작회사에서 항공기를 설계할 때 결정되며 변하지 않는다.
④ 무게중심은 연료나 승객, 화물 등을 탑재하면 이동되며, 비행 중 연료소모량에 따라서도 이동된다.

51 재질의 두께와 구멍(hole)치수가 같을 때 일감의 재질에 따른 드릴의 회전속도가 빠른 순서대로 나열된 것은?

① 구리 – 알루미늄 – 공구강 – 스테인리스강
② 알루미늄 – 구리 – 공구강 – 스테인리스강
③ 구리 – 알루미늄 – 스테인리스강 – 공구강
④ 알루미늄 – 공구강 – 구리 – 스테인리스강

52 항공기 주 날개에 작용하는 굽힘 모멘트(bending moment)를 주로 담당하는 것은?

① 리브(rib)
② 외피(skin)
③ 날개보(spar)
④ 날개보 플랜지(spar flange)

53 다음 중 탄소의 함량이 가장 큰 SAE 규격에 따른 강은?

① 4050 ② 4140
③ 4330 ④ 4815

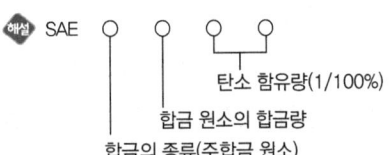

54 [보기]와 같은 특성을 갖춘 재료는?

• 무게당 강도 비율이 높다.
• 공기역학적 형상 제작이 용이하다.
• 부식에 강하고 피로응력이 좋다.

① 티타늄 합금   ② 탄소강
③ 마그네슘 합금 ④ 복합소재

55 0.0625in 두께의 금속판 2개를 접합하기 위하여 1/8in 직경의 유니버설 리벳을 사용하려고 한다면 최소한의 리벳 길이는 몇 in 가 되어야 하는가?

① 1/4   ② 1/8
③ 5/16   ④ 7/16

해설 $L = Grip + 1.5D = 2T + 1.5D$
$= (0.0625 \times 2) + (1.5 \times \frac{1}{8})$
$= 0.125 + 0.1875 = 0.3125 = \frac{5}{16}$

56 항공기에 사용되는 평와셔(plain washer)에 대한 설명으로 틀린 것은?

① 볼트, 너트를 조일 때 락크 역할을 한다.
② 볼트, 너트를 조일 때 구조물 장착 부품을 보호한다.
③ 구조물, 장착 부품의 조임면의 부식을 방지한다.
④ 구조물이나 장착 부품의 힘을 분산 시킨다.

해설 plain washer(AN 960, 970)
• Bolt와 Nut에 의한 작용력 분산
• Bolt Grip의 길이 조절
• 표면 보호 및 부식방지

57 두 종류의 이질 금속이 접촉하여 전해질로 연결되면 한 쪽의 금속에 부식이 촉진되는 것은?

① 피로 부식   ② 점 부식
③ 찰과 부식   ④ 동전기 부식

58 비행기의 조종간을 앞쪽으로 밀고 오른쪽으로 움직였다면 조종면의 움직임은?

① 승강키는 내려가고, 왼쪽 도움날개는 올라간다.
② 승강키는 올라가고, 왼쪽 도움날개는 내려간다.
③ 승강키는 내려가고, 오른쪽 도움날개는 올라간다.
④ 승강키는 올라가고, 오른쪽 도움날개는 올라간다.

59 하중배수선도에 대한 설명으로 옳은 것은?

① 수평비행을 할 때 하중배수는 0 이다.
② 하중배수선도에서 속도는 진대기속도를 말한다.
③ 구조역학적으로 안전한 조작범위를 제시한 것이다.
④ 하중배수는 정하중을 현재 작용하는 하중으로 나눈 값이다.

해설 하중배수$(n) = \frac{L}{W} = 1$ (수평비행)
하중배수$(n) = \frac{V^2}{V_S^2}$ (속도 변화에 따른 하중배수)

60 그림과 같은 단면에서 y축에 관한 단면의 2차 모멘트(관성모멘트)는 몇 cm⁴ 인가?

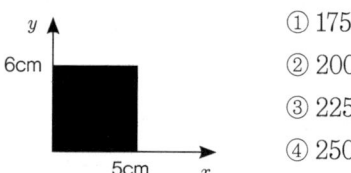

① 175
② 200
③ 225
④ 250

해설 $I_y = \sum_{i=1}^{n} x_i^2 (\Delta A_i)$
$I_y' = I_y + Ad_2^2 = \frac{hb^3}{12} + bh \times \left(\frac{b}{2}\right)^2$
$= \frac{hb^3}{3} = \frac{6 \times 5^3}{3} = 250$

제4과목 항공장비

61 조종실음성기록장치(CVR, Cockpit Voice Recorder)에 장착된 수중위치표시(ULD, Under Water Locating Device) 성능에 대한 설명으로 틀린 것은?

① 탐지범위는 7,000~12,000 ft 정도이다.
② 물속에 있을 때만 작동이 가능하다
③ 매초마다 37.5KHZ로 PULSE TONE신호를 송신하다

④ 최소 3개월 이상 작동 되도록 설계가 되어 있다.

> **해설** 수중위치표시(ULD, Under Water Locating Device)의 특성
> • 물속에 있을 때만 작동이 가능(최대 20,000 feet)
> • 탐지범위는 7,000~12,000 ft
> • 최소 1개월 이상 작동 되도록 설계
> • 매초마다 37.5KHZ로 PULSE TONE신호를 송신

62 작동유에 의한 계통내의 압력을 규정된 값 이하로 제한하는 것은?

① 레귤레이터 ② 릴리프밸브
③ 선택밸브   ④ 감압밸브

> **해설** 유압계통에 사용되는 구성품의 기능
> • 압력조절기 : 불규칙한 배출압력을 규정범위로 조절, 무부하 운전가능
> • 릴리프밸브 : 계통 내 규정 값 이하로 제한
> • 우선선택밸브 : 일정압력 이하로 떨어지면 중요작동 계통에만 유로 형성
> • 감압밸브 : 낮은 압력이 필요한 곳에 요구수준까지 제공

63 Service Interphone System에 관한 설명으로 옳은 것은?

① 정비용으로 사용된다.
② 운항 승무원 상호간 통신장치이다.
③ 객실 승무원 상호간 통화장치이다.
④ 고장수리를 위해 서비스센터에 맡겨둔 인터폰이다.

> **해설** Service Interphone : 항공기 기체 내부 및 외부의 여러 곳에 정비 목적으로 Interphone Jack들이 설치되어 있으며 각 Jack 위치에서 Interphone을 통해 서로 통신을 할 수 있다.

64 대형 항공기 공압계통에서 공통 매니폴드에 공급되는 공기 공급원의 종류가 아닌 것은?

① 터빈기관의 압축기(compressor)
② 기관으로 구동되는 압축기(super charger)
③ 전기모터로 구동되는 압축기(electric motor compressor)
④ 그라운드 뉴메틱 카트(ground pneumatic cart)

> **해설** 압축공기의 공급원
> • 엔진 압축기 블리드 공기(Bleed Air)
> • 보조 동력장치(APU) 블리드 공기(Bleed Air)
> • 지상 공기 압축기(Ground pneumatic cart)에서 공급되는 공기

65 엔진 계기에 해당하지 않는것은?

① 오일압력계(oil pressure gage)
② 연료압력계(fuel pressure gage)
③ 오일온도계(oil temperature gage)
④ 선회경사계(turen & bank indicator)

66 $R_1 = 10\Omega$, $R_2 = 5\Omega$ 의 저항이 연결된 직렬회로에서 R_2의 양단전압 V_2가 10V 를 지시하고 있을 때 전체전압은 몇 V 인가?

① 10   ② 20
③ 30   ④ 40

> **해설** $V = I \times R$, $I = V_2/R_2$, $I = 10/5 = 2A$
> $R_t = 10 + 5 = 15\Omega$, $V_t = I \times R_t = 2 \times 15 = 30V$

67 Air-Cycle Conditioning System에서 팽창터빈(expansion turbine)에 대한 설명으로 옳은 것은?

① 찬공기와 뜨거운 공기가 섞이도록 한다.
② 1차 열교환기를 거친 공기를 냉각시킨다.
③ 공기공급 라인이 파열되면 계통의 압력손실을 막는다.
④ 공기조화계통에서 가장 마지막으로 냉각이 일어난다.

68 그로울러 시험기(growler tester)는 무엇을 시험하는데 사용하는가?

① 전기자(armature)
② 브러시(brush)
③ 정류자(commutator)
④ 계자코일(field coil)

해설 그로울러 시험기로 단선, 단락, 접지 등을 검사할 수 있다.

69 항공기에서 사용되는 축전지의 전압은?

① 발전기 출력 전압보다 높아야 한다.
② 발전기 출력 전압보다 낮아야 한다.
③ 발전기 출력 전압과 같아야 한다.
④ 발전기 출력 전압보다 낮거나, 높아도 된다.

70 공기압식 제빙계통에서 부츠의 팽창 순서를 조절하는 것은?

① 분배 밸브　　② 부츠구조
③ 진공펌프　　④ 흡입밸브

71 항공계기에 대한 설명으로 틀린 것은?

① 내구성이 높아야 한다.
② 접촉 부분의 마찰력을 줄인다.
③ 온도의 변화에 따른 오차가 적어야 한다.
④ 고주파수, 작은 진폭의 충격을 흡수하기 위하여 충격마운트를 장착 한다.

72 건조한 윈드실드(windshield)에 레인 리펠런트(rain repellent)를 사용할 수 없는 이유는?

① 유리를 분리시킨다.
② 유리를 애칭시킨다.
③ 유리가 뿌옇게 되어 시계가 제한된다.
④ 열이 축적되어 유리에 균열을 만든다.

73 길이가 L인 도선에 1V의 전압을 걸었더니 1A의 전류가 흐르고 있었다. 이 때 도선의 단면적을 1/2로 줄이고, 길이를 2배로 늘리면 도선의 저항변화는? (단, 도선 고유의 저항 및 전압은 변함이 없다.)

① 1/4감소　　② 1/2 감소
③ 2배 증가　　④ 4배 증가

해설 $R = \rho \dfrac{l}{A}$

$\therefore R = \rho \dfrac{2l}{\frac{1}{2}A} = 4\rho \dfrac{l}{A}$

74 항공계기와 그 계기에 사용되는 공함이 옳게 짝지어진 것은?

① 고도계 – 차압공함, 속도계 – 진공공함
② 고도계 – 진공공함, 속도계 – 진공공함
③ 속도계 – 차압공함, 승강계 – 진공공함
④ 속도계 – 차압공함, 승강계 – 차압공함

75 항공기의 직류 전원을 공급(source)하는 것은?

① TRU
② IDG
③ APU
④ Static Inverter

 • TRU : Transformer Rectifier Unit
• IDG : Integrated Drive Generator
• APU : Auxiliary Power Unit

76 다음 중 압력측정에 사용하지 않는 것은?

① 벨로즈(bellows)
② 바이메탈(bimetal)
③ 아네로이드(aneroid)
④ 버든튜브(bourden tube)

77 전파(radio wave)가 공중으로 발사되어 전리층에 의해서 반사되는데 이 전리층을 설명한 내용으로 틀린 것은?

① 전리층이 전파에 미치는 영향은 그 안의 전자밀도와는 관계가 없다.
② 전리층의 높이나 전리의 정도는 시각, 계절에 따라 변한다.
③ 태양에서 발사된 복사선 및 복사 미립자에 의해 대기가 전리된 영역이다.
④ 주간에만 나타나 단파대에 영향이 나타나며 D층에서는 전파가 흡수된다.

> **해설**
> - 전리층(Ionosphere) : 지상 50km 이상에서는 태양의 자외선에 의하여 전리된 이온과 자유 전자의 밀도가 큰 구역
> - D층 : 지상 약 70km 높이에서 단파와 중파는 흡수, 장파(LF)는 반사, 밤에는 소멸
> - E층 : 지상 약 100km 높이에서 중파(MF)를 반사
> - F층 : 지상 약 200km 높이의 F1층과 약 350km 높이의 F2층으로 분리, 밤에는 F1층이 소멸, F층은 단파(HF)를 반사

78 화재방지계통(fire protection system)에서 소화제 방출스위치가 작동하기 위한 조건으로 옳은 것은?

① 화재 벨이 울린 후 작동된다.
② 언제라도 누르면 즉시 작동한다.
③ Fire shutoff switch를 당긴 후 작동한다.
④ 기체외벽의 적색 디스크가 떨어져 나간 후 작동한다.

79 착륙 및 유도 보조장치와 가장 거리가 먼 것은?

① 마커비컨
② 관성항법장치
③ 로컬라이저
④ 글라이더 슬로프

80 지상 관제사가 항공교통관제(ATC, air traffic control)를 통해서 얻는 정보로 옳은 것은?

① 편명 및 하강률
② 고도 및 거리
③ 위치 및 하강률
④ 상승률 또는 하강률

2016년 제1회 시행 정답

01 ②	02 ③	03 ②	04 ④	05 ②	06 ③	07 ③	08 ③	09 ④	10 ③
11 ①	12 ①	13 ②	14 ①	15 ③	16 ①	17 ②	18 ④	19 ④	20 ①
21 ④	22 ④	23 ③	24 ①	25 ①	26 ②	27 ③	28 ④	29 ①	30 ②
31 ③	32 ①	33 ②	34 ④	35 ③	36 ①	37 ③	38 ④	39 ②	40 ②
41 ②	42 ①	43 ③	44 ②	45 ③	46 ①	47 ③	48 ④	49 ①	50 ④
51 ②	52 ③	53 ①	54 ④	55 ③	56 ①	57 ④	58 ③	59 ③	60 ④
61 ④	62 ②	63 ①	64 ③	65 ③	66 ③	67 ④	68 ①	69 ②	70 ①
71 ④	72 ③	73 ④	74 ④	75 ①	76 ②	77 ①	78 ③	79 ②	80 ②

최근기출문제
2016년 제2회 시행

제1과목 항공역학

01 프로펠러 항공기의 경우 항속거리를 최대로 하기 위한 조건으로 옳은 것은?

① 양항비가 최소인 상태로 비행한다.
② 양항비가 최대인 상태로 비행한다.
③ $\dfrac{C_L}{\sqrt{C_D}}$ 가 최대인 상태로 비행한다.
④ $\dfrac{\sqrt{C_L}}{C_D}$ 가 최대인 상태로 비행한다.

해설 최대항속거리 조건
- prop기 : $\left(\dfrac{C_L}{C_D}\right)_{max}$, $C_{Dp} = C_{Di}$
- Jet 기 : $\left(\dfrac{C_L^{\frac{1}{2}}}{C_D}\right)_{max}$, $C_{Dp} = 3C_{Di}$

(C_{DP}는 유해항력계수, C_{Di}는 유도항력계수)

02 비행기의 키돌이(loop) 비행 시 비행기에 작용하는 하중배수의 범위로 옳은 것은?

① $-6 \sim 0$ ② $-6 \sim 6$
③ $-3 \sim 3$ ④ $0 \sim 6$

해설 360도 선회 비행(loop)
- 상단점 하중배수 0
- 하단점 하중배수 6

03 일반적인 비행기의 안정성에 관한 설명으로 틀린 것은?

① 고속형 날개인 뒤젖힘 날개(sweep back wing)는 직사각형 날개보다 방향안정성이 적다.
② 중립점(neutral point)에 대한 비행기 무게중심의 위치관계는 비행기의 안정성에 큰 영향을 미친다.
③ 단일 기관을 비행기의 기수에 장착한 프로펠러 비행기의 경우 방향안정성이 프로펠러에 영향을 받는다.
④ 주 날개의 쳐든각(dihedral angle)이 있는 비행기는 쳐든각이 없는 비행기에 비하여 가로안정성이 크다.

04 프로펠러의 회전 깃단 마하수(rotational tip Mach number)를 옳게 나타낸 식은? (단, n : 프로펠러 회전수(rpm), D : 프로펠러 지름, a : 음속이다.)

① $\dfrac{\pi n}{60 \times a}$ ② $\dfrac{\pi n}{30 \times a}$
③ $\dfrac{\pi n D}{30 \times a}$ ④ $\dfrac{\pi n D}{60 \times a}$

해설 $M = \dfrac{V}{a} = \dfrac{\frac{\pi D n}{60}}{a} = \dfrac{\pi D n}{60 a}$

05 두께가 시위의 12% 이고 상하가 대칭인 날개의 단면은?

① NACA 2412   ② NACA 0012
③ NACA 1218   ④ NACA 23018

06 양력계수가 0.25인 날개면적 $20m^2$의 항공기가 720km/h의 속도로 비행할 때 발생하는 양력은 몇 N 인가? (단, 공기의 밀도는 1.23 kg/m³이다.)

① 6,150   ② 10,000
③ 123,000   ④ 246,000

해설 $L = C_L \dfrac{1}{2} \rho V^2 S$
$= 0.25 \times \dfrac{1}{2} \times 1.23 \times \left(\dfrac{720}{3.6}\right)^2 \times 20$
$= 123,000$

07 해면에서의 온도가 20℃일 때 고도 5km의 온도는 약 몇 ℃ 인가?
① -12.5 ② -15.5
③ -19.0 ④ -23.5

08 그림과 같은 비행 특성을 갖는 비행기의 안정 특성은?

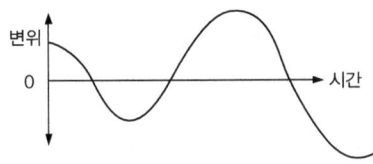

① 정적 안정, 동적 안정
② 정적 안정, 동적 불안정
③ 정적 불안정, 동적 안정
④ 정적 불안정, 동적 불안정

해설 정적 안정은 안정 상태로 돌아가려는 초기의 경향만을 가지고 판단한다.

09 피치업(pitch up) 현상의 원인이 아닌 것은?
① 받음각의 감소
② 뒤젖힘 날개의 비틀림
③ 뒤젖힘 날개의 날개 끝 실속
④ 날개의 풍압 중심이 앞으로 이동

해설 피치업(pitch up) : 고속기의 세로 불안정의 한 종류로서, 비행기가 하강 비행을 하는 동안 조종간을 당겨 기수를 올리려 할 때, 받음각과 각속도가 특정값을 넘게 되면 예상한 정도 이상으로 기수가 올라가는 현상

10 고도 5,000m에서 150m/s로 비행하는 날개 면적이 100m²인 항공기의 항력계수가 0.02일 때 필요마력은 몇 ps인가? (단, 공기의 밀도는 0.070 kg·s²/m⁴이다.)
① 1,890 ② 2,500
③ 3,150 ④ 3,250

해설 $P_r = \dfrac{DV}{75} = \dfrac{1}{75}C_d\dfrac{1}{2}\rho V^2 S \times V = \dfrac{1}{150}C_d \rho V^3 S$
$= \dfrac{1}{150} \times 0.02 \times 0.07 \times (150)^3 \times 100 ≒ 3,150$

11 프로펠러의 후류(slip stream) 중에 프로펠러로부터 멀리 떨어진 후방 압력이 자유흐름(free stream)의 압력과 동일해 질 때의 프로펠러 유도 속도(induced velocity) V_2와 프로펠러를 통과할 때의 유도속도 V_1의 관계는?
① $V_2 = 0.5V_1$ ② $V_2 = V_1$
③ $V_2 = 1.5V_1$ ④ $V_2 = 2V_1$

해설 프로펠러의 회전면을 통과하여 증가한 속도는 회전면에서의 유도속도의 2배가 된다.

12 반 토크 로터(anti torque rotor)가 필요한 헬리콥터는?
① 동축로터 헬리콥터(coaxial HC)
② 직렬로터 헬리콥터(tandom HC)
③ 단일로터 헬리콥터(single rotor HC)
④ 병렬로터 헬리콥터(side-by-side rotor HC)

해설 tail rotor = anti torque rotor

13 프로펠러나 터보제트기관을 장착한 항공기가 비행할 수 있는 대기권 영역으로 옳은 것은?
① 열권과 중간권
② 대류권과 중간권
③ 대류권과 하류성층권
④ 중간권과 하부성층권

해설 여객기는 순항 고도인 대류권계면 즉 36,000ft 정도이며 그 외 특수한 목적으로 비행하는 항공기는 약 45,000ft까지 비행하므로 대류권에서부터 하부 성층권까지에 해당된다.

14 이륙거리에 포함되지 않는 거리는?
① 상승거리(climb distance)
② 전이거리(transition distance)
③ 자유활주거리(free roll distance)
④ 지상활주거리(ground run distance)

해설 이륙거리 = 지상 활주거리 + 상승거리 = 전이거리

15 헬리콥터의 공중 정지비행 시 기수 방향을 바꾸기 위한 방법은?

① 주 회전날개의 코닝각을 변화시킨다.
② 주 회전날개의 회전수를 변화시킨다.
③ 주 회전날개의 피치각을 변화시킨다.
④ 꼬리 회전날개의 피치각을 조종한다.

> **해설** 전후좌우 비행과 상승, 하강 비행은 회전 경사판(swash plate)을 이용한다.

16 직사각형 날개의 가로세로비를 나타내는 것으로 틀린 것은? (단, c : 날개의 코드, b : 날개의 스팬, S : 날개 면적이다.)

① $\dfrac{b}{c}$ ② $\dfrac{b^2}{S}$ ③ $\dfrac{S}{c^2}$ ④ $\dfrac{S^2}{bc}$

17 운항중인 항공기에서 조종면의 조종효과를 발생시키기 위해서 주로 변화시키는 것은?

① 날개골의 캠버   ② 날개골의 면적
③ 날개골의 두께   ④ 날개골의 길이

> **해설** 캠버란 평균 캠버선과 시위선 사이의 거리로서, 캠버가 없다는 것은 대칭형이며, 캠버를 변화시키는 것은 플랩을 이용하는 것이다.

18 활공기가 1 km 상공을 속도 100 km/h 로 비행하다가 활공각 45°로 활공할 때 침하속도는 약 몇 km/h인가?

① 50   ② 70.7
③ 100   ④ 141.4

> **해설** 상승률(상속속도) = 침하속도 = $V\sin\theta$

19 레이놀즈수(Reynolds number)에 대한 설명으로 틀린 것은?

① 무차원수이다.
② 유체의 관성력과 점성력 간의 비이다.
③ 레이놀즈수가 낮을수록 유체의 점성이 높다.
④ 유체의 속도가 빠를수록 레이놀즈수는 낮다.

> **해설** $\mathrm{Re} = \dfrac{VL}{\nu}$ 즉, 레이놀즈수와 속도는 비례한다.

20 비행기의 선회반지름을 줄이기 위한 방법으로 옳은 것은?

① 선회각을 크게 한다.
② 선회속도를 크게 한다.
③ 날개면적을 작게 한다.
④ 중력가속도를 작게 한다.

> **해설** $R = \dfrac{V^2}{g \times \tan\theta}$

제2과목 항공기관

21 고열의 엔진 배기구 부분에 표시(marking)를 할 때 납(lead)이나 탄소(carbon) 성분이 있는 필기구를 사용하면 안 되는 가장 큰 이유는?

① 고열에 의해 열응력이 집중되어 균열을 발생시킨다.
② 배기부분의 재질과 화학 반응을 일으켜 재질을 부식시킬 수 있다.
③ 납이나 탄소 성분이 있는 필기구는 한번 쓰면 지워지지 않는다.
④ 배기부분의 용접 부위에 사용하면 화학 반응을 일으켜 접합 성능이 떨어진다.

> **해설** 납, 아연 또는 아연도금에 접촉이 되면 가열 시 배기계통의 금속으로 흡수되어 분자 구조에 변화를 주게 되며, 이러한 변화는 접촉 부분의 금속을 약화시켜 균열이 생기게 하거나 결함이 발생되는 원인으로 작용된다.

22 성형엔진에 사용되며 축 끝의 나사부에 리테이닝 너트가 장착되고 리테이닝 링으로 허브를 크랭크축에 고정하는 프로펠러 장착 방식은?

① 플랜지식   ② 스플라인식
③ 테이퍼식   ④ 압축밸브식

23 열역학 제1법칙과 관련하여 밀폐계가 사이클을 이룰 때 열전달량에 대한 설명으로 옳은 것은?

① 열전달량은 이루어진 일과 항상 같다.
② 열전달량은 이루어진 일보다 항상 작다.
③ 열전달량은 이루어진 일과 반비례 관계를 가진다.
④ 열전달량은 이루어진 일과 정비례 관계를 가진다.

> 해설 열역학 제1법칙 : 에너지 보존의 법칙

24 왕복엔진에서 기화기 빙결(carburetor icing)이 일어나면 발생하는 현상은?

① 오일압력이 상승한다.
② 흡입압력이 감소한다.
③ 흡입밀도가 증가한다.
④ 엔진회전수가 증가한다.

> 해설 기화기에 빙결이 발생하면 MAP(흡입매니폴드 압력)의 감소로 출력의 감소를 초래할 수 있다.

25 다발 항공기에서 각 프로펠러의 회전속도를 자동적으로 조절하고 모든 프로펠러를 같은 회전속도로 유지하기 위한 장치를 무엇이라고 하는가?

① 동조기   ② 슬립 링
③ 조속기   ④ 피치변경모터

> 해설 synchroscope : 동기계, 동조기

26 그림과 같은 브레이튼사이클(Brayton cycle)에서 2-3 과정에 해당되는 것은?

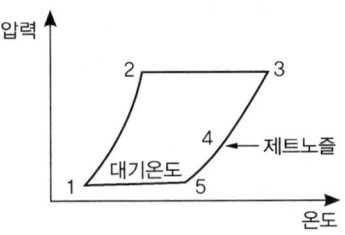

① 압축과정   ② 팽창과정
③ 방출과정   ④ 연소과정

> 해설 1-2 : 압축, 2-3 : 연소, 3-4 : 팽창, 4-1 : 방출

27 항공기 왕복엔진 작동 중 주의 깊게 관찰하며 점검해야 할 변수가 아닌 것은?

① N_1 및 N_2 rpm
② 흡기매니폴드압력
③ 엔진오일압력
④ 실린더 헤드온도

> 해설
> • N_1 : 가스터빈엔진의 저압축기 회전속도
> • N_2 : 가스터빈엔진의 고압축기 회전속도

28 항공기 왕복엔진 연료의 옥탄가에 대한 설명으로 틀린 것은?

① 연료의 안티노크성을 나타낸다.
② 연료의 이소옥탄이 차지하는 체적비율을 말한다.
③ 옥탄가가 낮을수록 엔진의 효율이 좋아진다.
④ 옥탄가가 높을수록 엔진의 압축비를 더 높게 할 수 있다.

> 해설 옥탄가 = $\dfrac{\text{이소옥탄의 체적비율}}{\text{표준연료(이소옥탄+정헵탄)}}$

29 가스터빈엔진용 연료의 첨가제가 아닌 것은?

① 청정제   ② 빙결 방지제
③ 미생물 살균제   ④ 정전기 방지제

30 항공기가 400mph의 속도로 비행하는 동안 가스터빈엔진이 2,340lbf의 진추력을 낼 때, 발생되는 추력마력은 약 몇 hp 인가?

① 1,702　② 1,896
③ 2,356　④ 2,496

해설 $P = \dfrac{TV}{550} = \dfrac{2340 \times 400 \times \dfrac{5280}{3600}}{550} ≒ 2496$

$(1hp = 550 lb \cdot ft/\sec,\ 1mph = \dfrac{5280}{3600} ft/\sec)$

31 항공기 왕복엔진은 동일한 조건에서 어느 계절에 가장 큰 출력을 발생시키는가?

① 봄
② 여름
③ 겨울
④ 계절에 관계없다.

해설 출력은 공기밀도에 비례하므로 온도에는 반비례한다. 따라서, 겨울에는 흡입공기의 온도가 낮아 밀도가 증가한다.

32 가스터빈엔진의 윤활장치에 대한 설명으로 틀린 것은?

① 재사용하는 순환을 반복한다.
② 윤활유의 누설 방지 장치가 없다.
③ 고압의 윤활유를 베어링에 분무한다.
④ 연료 또는 공기로 윤활유를 냉각한다.

해설 일반적으로 대부분의 베어링 하우징은 오일이 누설되지 않도록 실(Seal)을 내장하고 있다.

33 가스터빈엔진 중 저속비행시 추진 효율이 낮은 것에서 높은 순으로 나열된 것은?

① 터보제트 – 터보팬 – 터보프롭
② 터보프롭 – 터보제트 – 터보팬
③ 터보프롭 – 터보팬 – 터보제트
④ 터보팬 – 터보프롭 – 터보제트

34 축류식 압축기의 1단당 압력비가 1.6이고, 회전자 깃에 의한 압력 상승비가 1.3일 때 압축기의 반동도는?

① 0.2　② 0.3
③ 0.5　④ 0.6

해설 반동도 = $\dfrac{\text{로터깃에 의한 압력상승}}{\text{단의 압력상승}} \times 100$
$= \dfrac{P_2 - P_1}{P_3 - P_1} \times 100 = \dfrac{1.3P_1 - P_1}{1.6P_1 - P_1}$
$= \dfrac{0.3}{0.6} \times 100 = 50\%$

35 내연기관이 아닌 것은?

① 가스터빈엔진　② 디젤엔진
③ 증기터빈엔진　④ 가솔린엔진

36 볼(ball)이나 롤러 베어링(roller bearing)이 사용되지 않는 곳은?

① 가스터빈엔진의 축 베어링
② 성형엔진의 커넥트 로드(connect rod)
③ 성형엔진의 크랭크 축 베어링(crank shaft bearing)
④ 발전기의 아마추어 베어링(amateur bearing)

해설 저출력 엔진의 커넥팅 로드, 크랭크 축, 캠축에는 플레인 베어링(plain bearing)이 사용된다.

37 가스터빈엔진이 정해진 회전수에서 정격출력을 낼 수 있도록 연료조절장치와 각종 기구를 조정하는 작업을 무엇이라 하는가?

① 리깅(rigging)
② 모터링(motoring)
③ 크랭킹(cranking)
④ 트리밍(trimming)

38 아음속 고정익 비행기에 사용되는 공기 흡입덕트(inlet duct)의 형태로 옳은 것은?

① 벨마우스 덕트
② 수축형 덕트
③ 수축 확산형 덕트
④ 확산형 덕트

39 왕복엔진에서 마그네토의 작동을 정지시키는 방법은?

① 축전지에 연결시킨다.
② 점화스위치를 ON 위치에 둔다.
③ 점화스위치를 OFF 위치에 둔다.
④ 점화스위치를 BOTH 위치에 둔다.

해설 점화 스위치의 위치 : OFF, R(right), L(left), BOTH

40 가스터빈엔진의 점화장치를 왕복엔진과 비교하여 고전압, 고에너지 점화장치로 사용하는 주된 이유는?

① 열손실이 크기 때문에
② 사용연료의 기화성이 낮아서
③ 왕복엔진에 비하여 부피가 크므로
④ 점화기 특성 규격에 맞추어야 하므로

해설 가스터빈용 연료는 기화성이 낮고 혼합비가 희박하며 공기속도가 빨라서 점화가 매우 어려우므로 고에너지 점화장치를 사용한다.

제3과목 항공기체

41 대형항공기에서 리브(rib)가 사용되는 부분이 아닌 것은?

① 플랩   ② 엔진마운트
③ 에일러론   ④ 엘리베이터

42 그림과 같이 단면적 20cm², 10cm²로 이루어진 구조물의 a-b 구간에 작용하는 응력은 몇 kN/cm²인가?

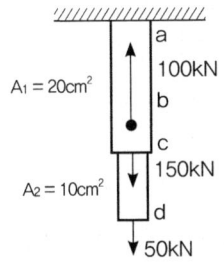

① 5   ② 10
③ 15   ④ 20

해설 인장응력 $\sigma = \dfrac{W}{A} = \dfrac{100}{20} = 5 kN/cm^2$

43 항공기의 구조부재 용접작업 시 최우선으로 고려해야 할 사항은?

① 작업 부위의 청결
② 용접 방향
③ 용접 슬러지 제거
④ 재질 변화

해설 용접작업시 발생하는 용접 열로 인해 열 변형이나 변색 등은 재료의 손상이나 산화를 촉진시킨다.

44 일반적인 금속의 응력-변형률 곡선에서 위치별 내용이 옳게 짝지어진 것은?

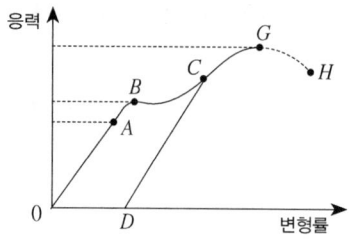

① G : 항복점
② OA : 인장강도
③ B : 비례탄성범위
④ OD : 영구 변형률

해설
• A : 비례탄성영역   • B : 항복점(항복강도)
• C : Creep   • G : 최대 강도점
• H : 파단

45 대형 항공기 조종면을 수리하여 힌지라인 후방의 무게가 증가되었다면 어떠한 문제가 발생하는가?

① 기수가 상승한다.
② 기수가 하강한다.
③ 플러터(flutter) 발생 원인이 된다.
④ 속도가 증가하고 진동이 감소한다.

해설 진동 없이 안정적인 조종면의 작동을 위해서는 과대평형(Over Balance) 상태이어야 하며, 과소평형(Under Balance)이 되면 플러터(flutter) 발생 원인이 된다.

46 연료탱크에 있는 벤트계통(vent system)의 역할로 옳은 것은?

① 연료탱크 내의 증기를 배출하여 발화를 방지한다.
② 비행자세의 변화에 따른 연료탱크 내의 연료유동을 방지한다.
③ 연료탱크 내·외의 차압에 의한 탱크구조를 보호한다.
④ 연료탱크의 최하부에 위치하여 수분이나 잔류 연료를 제거한다.

해설 벤트계통(Vent system)은 연료의 흐름을 원활하게 하며 기화가스로 인한 내압의 상승을 막는다.

47 항공기 구조에서 하중을 담당하는 부재가 파괴되었을 때 그 하중을 예비부재가 전체하중을 담당하도록 설계된 방식의 페일세이프(fail safe)구조는?

① 다중경로구조   ② 이중구조
③ 하중경감구조   ④ 대치구조

해설 페일세이프(fail safe) 구조
• 다경로하중구조 : 하중을 담당하는 부재를 여러 개로 만들어 한 부재의 손상 시 나머지 부재가 하중을 분담하는 구조
• 이중구조 : 두개의 작은 부재에 의하여 하나의 몸체를 이루게 함으로서 동일한 강도와 어느 부분의 손상이 부재 전체의 파손에 이르는 것을 예방.
• 하중경감구조 : 큰 부재 위에 작은 부재를 겹쳐 만든 구조로서 파괴가 시작된 부재의 완전 파단이나 파괴를 방지할 수 있도록 설계된 구조
• 대치구조 : 부재의 파손에 대비하여 예비 부재를 삽입시켜 구조의 안전성을 도모한 구조

48 항공기의 최대 총 무게에서 자기무게를 뺀 무게는?

① 유상하중(useful load)
② 테어무게(tare weight)
③ 최대허용무게(max allowable weight)
④ 운항자기무게(operating empty weight)

해설 유상하중 = 총무게 – 자기무게

49 항공기의 기체구조 수리에 대한 내용으로 가장 올바른 것은?

① 수리를 위하여 대치할 재료의 두께는 원래 두께와 같거나 작아야 한다.
② 사용 리벳 수는 같은 재질로 기체의 강도를 고려하여 최소한의 수를 사용한다.
③ 같은 두께의 재료로써 17ST의 판재나 리벳을 A17ST로 대체하여 사용할 수 있다.

④ 수리부분의 원래 재료와의 접촉면에는 재료의 성분에 관계없이 부식방지를 위하여 기름으로 표면처리한다.

50 항공기 도면에서 "Fuselage Station 137"이 의미하는 것은?

① 기준선으로부터 137 inch 전방
② 기준선으로부터 137 inch 후방
③ 버턱라인(BL)으로부터 137 inch 좌측
④ 버턱라인(BL)으로부터 137 inch 우측

- Fuselage Station : 동체의 기축 방향의 기준선으로부터 뒤쪽으로 137 inch의 위치를 의미함
- Buttock Line : 동체 중심을 수직으로 나눠 좌, 우에 대한 위치를 표시함. 치수 뒤에 L, R을 기입하여 좌, 우 표시
- Water Line : 지표면을 기준으로 동체 수평면까지의 수직 거리로 위치 표시

51 항공기 기체 내부와 외부 구조부에 모두 사용할 수 있는 리벳은?

① 납작머리 리벳(flat head rivet)
② 둥근머리 리벳(round head rivet)
③ 접시머리 리벳(countersink head rivet)
④ 유니버설머리 리벳(universal head rivet)

- 납작머리, 둥근머리 : 내부 구조부에 사용
- 접시머리, 브레이져 머리 : 외피에 사용
- 유니버설머리 : 내부 구조 및 외피에 사용

52 다음 중 드릴(drill)로 구멍을 뚫을 때 가장 빠른 드릴 회전을 해야 하는 재료는?

① 주철   ② 알루미늄
③ 티타늄 ④ 스테인리스강

53 Al 표면을 양극산화처리하여 표면에 산화 피막이 만들어지도록 처리하는 방법이 아닌 것은?

① 수산법   ② 크롬산법
③ 황산법   ④ 석출경화법

양극산화법 : 황산법, 수산법, 크롬산법, 붕산법 등

54 항공기 실속 속도 80 mph, 설계제한 하중배수 4인 비행기가 급격한 조작을 할 경우에도 구조역학적으로 안전한 속도 한계는 약 몇 mph 인가?

① 140   ② 160
③ 200   ④ 320

$n = \left(\dfrac{V}{V_S}\right)^2 \therefore V = \sqrt{n} \times V_S = \sqrt{4} \times 80 = 160$

55 항공기 판재 굽힘작업 시 최소 굽힘반지름을 정하는 주된 목적은?

① 굽힘작업 시 낭비되는 재료를 최소화하기 위해
② 판재의 굽힘작업으로 발생되는 내부 체적을 최대로 하기 위해
③ 굽힘 반지름이 너무 작아 응력 변형이 생겨 판재가 약화되는 현상을 막기 위해
④ 굽힘작업 시 발생하는 열을 최소화하기 위해

56 알루미늄합금과 구조용 강과의 기계적 성질에 대한 설명으로 옳은 것은?

① 동일한 하중에 대한 알루미늄합금의 변형량은 구조용 강철에 비해 약 3배 많다.
② 알루미늄합금은 구조용 강철에 비해 제 1변태점이 약 300℃ 정도가 높다.
③ 구조용 강철의 탄성계수는 알루미늄합금의 탄성계수의 약 2배 정도이다.
④ 제 1변태점 이상에서 알루미늄합금은 구조용 강철보다 기계적 성질이 좋다.

57 알루미나 섬유에 대한 설명으로 옳은 것은?

① 기계적 특성이 뛰어나므로 주로 전투기 동체나 날개 부품 제작에 사용된다.
② 알루미나 섬유를 일명 "케블러"라고 한다.
③ 무색 투명하며 약 1300℃로 가열하여도 물성이 유지되는 우수한 내열성을 가지고 있다.
④ 기계적 성질이 떨어져 주로 객실내부 구조물 등 2차 구조물에 사용된다.

> **해설** 알루미나 섬유 : 카본 섬유보다 밀도는 높으나 내열성이 뛰어나 공기 중에서 1,300℃로 가열해도 취성을 갖지 않으며, 전기·광학적 특성은 글래스 섬유와 같이 무색 투명하고 부도체이다.

58 하중배수(load factor)에 대한 설명으로 틀린 것은?

① 등속수평비행 시 하중배수는 1이다.
② 하중배수는 비행속도의 제곱에 비례한다.
③ 선회비행시 경사각이 클수록 하중배수는 작아진다.
④ 하중배수는 기체에 작용하는 하중을 무게로 나눈 값이다.

> **해설**
> • 하중배수 $(n) = \dfrac{L}{W} = 1$ (수평비행)
> • 선회 시 하중배수 $(n) = \dfrac{1}{\cos\theta}$

59 그림과 같은 그래프를 갖는 완충장치의 효율은 약 몇 % 인가?

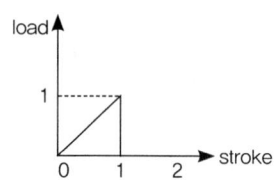

① 30   ② 40
③ 50   ④ 60

60 손가락 힘으로 조일 수 있는 곳으로 조립과 분해가 빈번한 곳에 사용하는 너트는?

① 윙 너트   ② 체크 너트
③ 플레인 너트   ④ 캐슬 너트

> **해설** 체크 너트, 플레인 너트, 캐슬 너트, 평 너트 등은 일반 너트로 외부 고정 부품이 필요하며, 공구 없이 손으로 쉽게 조이고 풀 수 있는 너트는 윙 너트이다.

제4과목 항공장비

61 객실의 개별 승객에게 영화, 음악 등 오락프로그램을 제공하는 장치는?

① Cabin interphone system
② Passenger address system
③ Service interphone system
④ Passenger entertainment system

> **해설** Passenger Entertainment System(PES) : 기내 음악과 영화를 제공하는 System

62 10mH의 인덕턴스에 60Hz, 100V의 전압을 가하면 약 몇 암페어(A)의 전류가 흐르는가?

① 15.35   ② 20.42
③ 25.78   ④ 26.54

> **해설**
> $X_L = 2\pi fL = 2 \times 3.14 \times 60 \times 0.01 = 3.768\,\Omega$
> $V = IR,\ I = V/R = 100/3.768 \fallingdotseq 26.54\,A$

63 항공계기의 색표지(color marking)와 그 의미를 옳게 짝지은 것은?

① 푸른색 호선(blue arc) : 최대 및 최소 운용한계
② 노란색 호선(yellow radiation) : 순항 운용범위
③ 붉은색 방사선(red radiation) : 경계 및 경고범위

④ 흰색 호선(white arc) : 플랩을 조작할 수 있는 속도범위 표시

64 Full deflection current 10mA, 내부저항이 4Ω인 검류계로 28V의 전압측정용 전압계를 만들려면 약 몇 Ω 짜리의 직렬저항을 이용해야 하는가?

① 2,000
② 2,500
③ 2,800
④ 3,000

해설 $Vm = Im \times Rm = 0.01 \times 4 = 0.04\ V$
$n = V/Vm = 28/0.04 = 700$
$n = 1 + Rs/Rm$
$\therefore Rs = Rm \times (n-1) = 4 \times (700-1) = 2,796\ \Omega$

65 광전연기탐지기에 대한 설명으로 옳은 것은?

① 연기의 양을 측정한다.
② 연기의 반사광을 감지한다.
③ 주변 연기의 온도를 측정한다.
④ 연기 내 오염물의 정도를 탐지한다.

66 항공기의 축압기(accumulator)에 대한 설명으로 틀린 것은?

① 압력 조절기가 너무 빈번하게 작동되는 것을 방지한다.
② 갑작스럽게 계통 압력이 상승할 때 이 압력을 흡수한다.
③ 작동유 압력계통의 호스가 파손되거나 손상되어 작동유가 누설되는 것을 방지한다.
④ 비상시 최소한의 작동 실린더를 제한된 횟수만큼 작동시킬 수 있는 작동유를 저장한다.

67 HF통신의 용도로 가장 옳은 것은?

① 항공기 상호간 단거리 통신
② 항공기와 지상간의 단거리 통신
③ 항공기 상호간 및 항공기와 지상간의 장거리 통신
④ 항공기 상호간 및 항공기와 지상간의 단거리 통신

해설 HF 통신장치 : 항공기와 지상, 항공기와 타 항공기 상호간의 High Frequency(HF, 단파) 전파를 이용하여 장거리 통화에 이용된다.

68 직류 발전기에서 잔류자기를 잃어 발전기 출력이 나오지 않을 경우 잔류자기를 회복하는 방법으로 가장 적절한 것은?

① 계자코일을 교환한다.
② 계자권선에 직류전원을 공급한다.
③ 잔류자기가 회복될 때까지 반대방향으로 회전시킨다.
④ 잔류자기가 회복될 때까지 고속 회전시킨다.

해설 계자 플래싱(field flashing) : 잔류 자기가 전혀 남아 있지 않아 발전을 시작하지 못할 때 외부전원으로부터 계좌 코일에 잠시 동안 전류를 통해주는 것

69 기본적인 에어 사이클 냉각 계통의 구성으로 옳은 것은?

① 히터, 냉각기, 압축기
② 압축기, 열교환기, 터빈
③ 열교환기, 증발기, 히터
④ 바깥공기, 압축기, 엔진브리드공기

70 자동비행조종장치에서 오토파일롯(auto pilot)을 연동(engage)하기 전에 필요한 조건이 아닌 것은?

① 이륙 후 연동한다.
② 충분한 조정(trim)을 취한 뒤 연동한다.
③ 항공기의 기수가 진북(true north)을 향한 후에 연동한다.
④ 항공기 자세(roll, pitch)가 있는 한계 내에서 연동한다.

해설 IRS(Preflight Alignment) : 자세, 진북 및 위치를 감지

71 고도계에서 발생되는 오차와 발생 요인이 잘못 짝지어진 것은?

① 탄성오차 : 케이스의 누출
② 온도오차 : 온도 변화에 의한 팽창과 수축
③ 눈금오차 : 섹터기어와 피니언기어의 불균일
④ 기계적오차 : 확대장치의 가동부분, 연결, 백래쉬, 마찰

72 싱크로 계기의 종류 중 마그네신(magnesyn)에 대한 설명으로 틀린 것은?

① 교류전압이 회전자에 가해진다.
② 오토신(autosyn)보다 작고 가볍다.
③ 오토신(autosyn)의 회전자를 영구자석으로 바꾼 것이다.
④ 오토신(autosyn)보다 토크가 약하고 정밀도가 떨어진다.

해설 마그네신(magnesyn) : 회전자로 영구 자석을 사용하는 것으로 오토신보다 작고 가볍기는 하지만 토크가 약하고 정밀도가 다소 떨어지고 26V, 400Hz의 교류전원이 사용된다.

73 비행 중에 비로부터 시계를 확보하기 위한 제우(rain protection)시스템이 아닌 것은?

① Air Curtain System
② Rain Repellent System
③ Windshield Wiper System
④ Windshield Washer System

해설 Rain Removal System
Wiper, Rain Removal, Repellent Coating

74 항공기에서 화재탐지를 위한 장치가 설치되어 있지 않은 곳은?

① 조종실내   ② 화장실
③ 동력장치   ④ 화물실

75 직류 전원을 교류 전원으로 바꿔주는 것은?

① Static Inverter
② Load Controller
③ Battery Charger
④ TRU(Transformer Rectifier Unit)

76 수평상태 지시계(HSI)가 지시하지 않는 것은?

① 비행고도
② DME거리
③ 기수 방위 지시
④ 비행코스와의 관계지시

77 유압계통에서 압력이 낮게 작동되면 중요한 기기에만 작동 유압을 공급하는 밸브는?

① 선택밸브(selector valve)
② 릴리프밸브(relief valve)
③ 유압퓨즈(hydraulic valve)
④ 우선순위밸브(priority valve)

78 항공기 내 승객 안내시스템(passenger address system)에서 방송의 제 1 순위부터 순서대로 옳게 나열한 것은?

① Cabin 방송, Cockpit 방송, Music 방송
② Cabin 방송, Music 방송, Cockpit 방송
③ Cockpit 방송, Cabin 방송, Music 방송
④ Cockpit 방송, Music 방송, Cabin 방송

해설 PAS(Passenger Address System)
• Flight Deck Announcement(Priority 1)
• Cabin Attendant Announcement(Priority 2)
• PRAM(Pre-Recorded Announcement(Priority 3)
• Boarding Music(Priority 4)
• Chime(No Priority)

79 Transmitter와 Indicator 양쪽 모두 ⊿ 또는 Y 결선의 스테이터(stator)와 교류 전자석의 로터 사이에 발생되는 전류와 자장발생에 의해 동조되는 방식의 계기는?

① 데신(desyn)
② 오토신(autosyn)
③ 마그네신(magnesyn)
④ 일렉트로신(electrosyn)

80 직류 직권 전동기의 속도를 제어하기 위한 가변저항기(rheostat)의 장착방법은?

① 전동기와 병렬로 장착
② 전동기와 직렬로 장착
③ 전원과 직, 병렬로 장착
④ 전원 스위치와 병렬로 장착

해설 직권형 전동기 : 계자와 전기자가 직렬로 연결 시동 시 계자에 전류가 많이 흘러 시동토크가 크고 시동용 전동기, 착륙장치, 플랩 등을 움직이는 전동기로 사용한다.

2016년 제2회 시행 정답

01 ②	02 ④	03 ①	04 ④	05 ②	06 ③	07 ①	08 ②	09 ①	10 ③
11 ④	12 ③	13 ③	14 ③	15 ④	16 ④	17 ①	18 ②	19 ④	20 ①
21 ①	22 ②	23 ④	24 ②	25 ①	26 ④	27 ①	28 ③	29 ①	30 ④
31 ③	32 ②	33 ①	34 ③	35 ③	36 ②	37 ①	38 ④	39 ④	40 ②
41 ②	42 ①	43 ④	44 ④	45 ③	46 ③	47 ①	48 ①	49 ②	50 ②
51 ④	52 ②	53 ④	54 ②	55 ③	56 ①	57 ①	58 ③	59 ③	60 ①
61 ①	62 ④	63 ④	64 ③	65 ②	66 ③	67 ①	68 ②	69 ②	70 ③
71 ①	72 ①	73 ④	74 ①	75 ①	76 ①	77 ④	78 ③	79 ②	80 ②

최근기출문제
2016년 제4회 시행

제1과목 항공역학

01 다음 중 항력발산 마하수가 높은 날개를 설계할 때 옳은 것은?

① 쳐든각을 크게 한다.
② 날개에 뒤젖힘각을 준다.
③ 두꺼운 날개를 사용한다.
④ 가로세로비가 큰 날개를 사용한다.

> 해설 항력발산 마하수 : 마하수가 1 이상이 되더라도 충격파가 없는 흐름을 얻을 수 있으므로 임계 마하수에 도달했다 하여 항력이 증가하는 것이 아니고 항력이 갑자기 증가하기 시작하는 마하수가 따로 존재한다. 이 마하수를 항력발산 마하수라 한다.

02 날개의 면적을 유지하면서 가로세로비만 2배로 증가시켰을 때 이 비행기의 유도항력계수는 어떻게 되는가?

① 2배 증가한다.   ② 1/2로 감소한다.
③ 1/4로 감소한다. ④ 1/16로 증가한다.

> 해설 $Cdi = \dfrac{C_L^2}{\pi eAR}$, $\dfrac{C_L^2}{\pi(2AR)} = \dfrac{1}{2} \times \dfrac{C_L^2}{\pi eAR}$

03 물체 표면을 따라 흐르는 유체의 천이(transition) 현상을 옳게 설명한 것은?

① 충격 실속이 일어나는 현상이다.
② 층류에 박리가 일어나는 현상이다.
③ 층류에서 난류로 바뀌는 현상이다.
④ 흐름이 표면에서 떨어져 나가는 현상이다.

04 온도가 0℃, 고도 약 2300m에서 비행기가 825 m/s로 비행할 때의 마하수는 약 얼마인가?
(단, 0℃ 공기 중 음속은 331.2 m/s이다.)

① 2.0   ② 2.5
③ 3.0   ④ 3.5

> 해설 $Ma = \dfrac{v}{a} = \dfrac{825}{331.2} ≒ 2.5$
> (Ma : 마하수, v : 비행기속도, a : 음속)

05 에어포일 코드 'NACA 0009'를 통해 알 수 있는 것은?

① 대칭단면의 날개이다.
② 초음속 날개 단면이다.
③ 다이아몬드형 날개 단면이다.
④ 단면에 캠버가 있는 날개이다.

> 해설 4자 계열 중 00××는 대칭형 날개골이다.

06 다음 중 이륙 활주거리를 줄일 수 있는 조건으로 옳은 것은?

① 추력을 최대로 한다.
② 고항력 장치를 사용한다.
③ 비행기의 하중을 크게 한다.
④ 항력이 큰 활주 자세로 이륙한다.

> 해설 이륙 활주거리를 짧게 하기 위한 조건
> • 비행기의 무게를 가볍게 한다.
> • 추력을 크게 한다.(가속도 증가)
> • 항력이 적은 자세로 이륙한다.
> • 맞바람(정풍)을 맞으면서 이륙한다.(바람의 속도만큼 비행기 속도 증가)
> • 고양력 장치를 사용한다.

07 다음 중 ( ) 안에 알맞은 내용은?

> "비행기에서 무게중심이 날개의 공기역학적 중심보다 앞쪽에 위치할수록 세로안정은 (㉠)하고, 조종성은 (㉡)한다."

① ㉠ 감소 ㉡ 증가 ② ㉠ 감소 ㉡ 감소
③ ㉠ 증가 ㉡ 증가 ④ ㉠ 증가 ㉡ 감소

해설 무게중심은 공기역학적 중심보다 앞쪽에, 아래쪽에 위치할수록 세로안정성이 좋다.

08 날개드롭(wing drop)에 대한 설명으로 틀린 것은?

① 옆놀이와 관련된 현상이다.
② 한쪽 날개가 충격 실속을 일으켜서 갑자기 양력을 상실하며 발생하는 현상이다.
③ 아음속에서 충격파가 과도할 경우 날개가 동체에서 떨어져 나가는 현상을 말한다.
④ 두꺼운 날개를 사용한 비행기가 천음속으로 비행시 발생한다.

해설 날개드롭(wing drop)은 고속기의 가로 불안정의 한 종류이다.

09 500 rpm 으로 회전하고 있는 프로펠러의 각속도는 약 몇 rad/sec 인가?

① 32 ② 52
③ 65 ④ 104

해설 $\omega = 2\pi n (rad/min)$
∴ $\omega = 2 \times 2.14 \times 500 = 3140 [rad/min] ≒ 52 [rad/sec]$

10 항공기 형상이 비행안정성에 미치는 영향을 옳게 설명한 것은?

① 후퇴각(sweepback)을 갖는 주 날개에서 측풍이 날개 익형에서 상대적인 공기속도를 변화시켜 항력 차이에 의한 복원 모멘트로 횡안정성이 개선된다.
② 고익(high wing) 항공기에서는 횡안정성을 저해하는 방향으로 동체주위의 유동이 날개의 받음각을 변화시킨다.
③ 일정한 면적의 꼬리날개는 장착위치가 무게중심에 가까울수록 수직 및 수평안정판이 비행 안정성에 기여하는 영향이 크다.
④ 상반각을 갖는 주 날개에서는 측풍이 좌측 및 우측 날개에서 받음각 차이로 양력의 차이를 발생시켜 횡안정성이 개선된다.

해설
• 가로안정성 증대 : 상반각(dihedral angle)
• 방향안정성 증대 : 도살 핀(dorsal fin)

11 다음 중 실속 받음각 영역이 다른 것은?

① 스핀 ② 방향발산
③ 더치롤 ④ 나선발산

해설 스핀(spin)은 실속 받음각을 지난 후 발생한다.

12 항공기 중량이 900kgf, 날개면적이 10m²인 제트 항공기가 수평 등속도로 비행할 때 추력은 몇 kgf 인가? (단, 양항비는 3이다.)

① 300 ② 250
③ 200 ④ 150

해설 $T = W \cdot \dfrac{C_D}{C_L} = W \cdot \dfrac{1}{양항비}$
$= 900 \times \dfrac{1}{3} = 300$

13 조종면 효율변수(flap or control effectiveness parameter)를 설명한 것으로 옳은 것은?

① 양력계수와 항력계수의 비를 말한다.
② 플랩의 변위에 따른 양력계수의 변화량을 나타내는 값이다.
③ 날개 면적을 날개 면적과 플랩 면적을 합한 값으로 나눈 값이다.
④ 플랩 면적을 날개 면적과 플랩 면적을 합한 값으로 나눈 값이다.

14 프로펠러가 항공기에 가해준 소요동력을 구하는 식은?

① 추력 / 비행속도
② 추력 × 비행속도^2
③ 비행속도 / 추력
④ 추력 × 비행속도

해설 $P = TV = T \times r\omega = Q\omega = C_p \rho n^3 D^5$

15 일반적인 헬리콥터 비행 중 주 회전날개에 의한 필요마력의 요인으로 보기 어려운 것은?

① 유도속도에 의한 유도항력
② 공기의 점성에 의한 마찰력
③ 공기의 박리에 의한 압력항력
④ 경사충격파 발생에 따른 조파항력

해설 헬리콥터는 초음속 비행이 불가능하다.

16 무게 20,000kgf, 날개면적 80m²인 비행기가 양력계수 0.45 및 경사각 30° 상태로 정상선회(균형선회) 비행을 하는 경우 선회반경은 약 몇 인가? (단, 공기밀도는 1.22 kg/m³이다.)

① 1,820
② 2,000
③ 2,800
④ 3,000

해설 $R = \dfrac{V^2}{g \times \tan\theta}$, $W = L\cos\theta = C_L \dfrac{1}{2}\rho V^2 S \cos\theta$

먼저 V^2를 구해 R을 구하는 식에 대입하면,

$V^2 = \dfrac{2W}{C_L \rho S \cos\theta} = \dfrac{2 \times 20000}{0.45 \times 0.124 \times 80 \times \cos 30}$

$≒ 10346.78 (\because \rho = \dfrac{1.22}{9.8} = 0.124)$

$\therefore R = \dfrac{10346.78}{9.8 \times \tan 30} = 1828.68$

17 상승 가속도 비행을 하고 있는 항공기에 작용하는 힘의 크기를 옳게 비교한 것은?

① 양력 〉 중력, 추력 〈 항력
② 양력 〈 중력, 추력 〉 항력
③ 양력 〉 중력, 추력 〉 항력
④ 양력 〈 중력, 추력 〈 항력

18 대기를 구성하는 공기에 대한 설명으로 틀린 것은?

① 공기의 점성계수는 물보다 작다.
② 공기는 압축성 유체로 볼 수 있다.
③ 공기의 온도는 고도가 높아짐에 따라서 항상 감소한다.
④ 동일한 압력조건에서 공기의 온도 변화와 밀도변화는 반비례 관계에 있다.

해설 압력과 밀도는 고도와 반비례 관계에 있지만, 온도는 고도에 따라 변화한다.

19 비행기가 등속도 수평비행을 하고 있다면 이 비행기에 작용하는 하중배수는?

① 0
② 0.5
③ 1
④ 1.8

해설 $n = 1 + \dfrac{a}{g}$, 수평 등속 조건에서 a = 0

20 헬리콥터 구동 계통에서 자유회전장치(free wheeling unit)의 주된 목적은?

① 주 회전날개 제동장치를 풀어서 작동을 가능하게 한다.
② 시동 중에 주 회전날개 깃의 굽힘응력을 제거한다.
③ 착륙을 위해서 기관의 과회전을 허용한다.
④ 기관이 정지되거나 제한된 주 회전날개의 회전수보다 느릴 때 주 회전날개와 기관을 분리한다.

해설 주로 auto rotation 시 사용

제2과목 항공기관

21 가스터빈엔진의 연료조정장치(FCU) 기능이 아닌 것은?

① 파워레버의 위치에 따른 연료량을 적절히 조절한다.
② 연료흐름에 따른 연료필터의 계속 사용여부를 조정한다.
③ 압축기 출구압력 변화에 따라 연료량을 적절히 조절한다.
④ 압축기 입구압력 변화에 따라 연료량을 적절히 조절한다.

해설 FCU는 연료량을 조절하는 장치이다.

22 가스터빈엔진에서 방빙장치가 필요 없는 곳은?

① 터빈 노즐
② 압축기 전방
③ 흡입덕트 입구
④ 압축기의 입구 안내 깃

해설 anti-icing은 cold section에 필요하다.

23 프로펠러 깃(propeller blade)에 작용하는 응력이 아닌 것은?

① 인장응력
② 굽힘응력
③ 비틀림응력
④ 구심응력

해설 추력-굽힘응력, 원심력-인장응력, 비틀림력-비틀림응력

24 정속 프로펠러(constant-speed propeller)는 엔진 속도를 정속으로 유지하기 위해 프로펠러 피치를 자동으로 조정해 주도록 되어 있는데 이러한 기능은 어떤 장치에 의해 조정되는가?

① 3-way 밸브
② 조속기(governor)
③ 프로펠러 실린더(propeller cylinder)
④ 프로펠러 허브 어셈블리(propeller hub assembly)

해설 2단 가변 피치 프로펠러에서는 3-way 밸브를 사용하여 수동으로 피치를 조절한다.

25 왕복엔진을 장착한 비행기가 이륙한 후에도 최대 정격 이륙 출력으로 계속 비행하는 경우에 대한 설명으로 옳은 것은?

① 엔진이 과열되어 비행이 곤란해진다.
② 공기흡입구가 결빙되어 출력이 저하된다.
③ 엔진의 최대 출력을 증가시키기 위한 방법으로 자주 이용한다.
④ 연료소모가 많지만 1시간 이내에서 비행할 수 있다.

해설 이륙 출력은 1~5분 정도 시간제한을 둔다.

26 왕복엔진의 마그네토 브레이커 포인트(breaker point)가 과도하게 소실되었다면 브레이커 포인트와 어떤 것을 교환해 주어야 하는가?

① 1차 코일   ② 2차 코일
③ 회전자석   ④ 콘덴서

해설 콘덴서의 용량이 작은 경우 브레이커 포인트의 접점이 타는 현상이 발생한다.

27 흡입공기를 사용하지 않는 제트엔진은?

① 로켓   ② 램제트
③ 펄스제트   ④ 터보 팬

28 왕복엔진의 피스톤 오일 링(oil ring)이 장착되는 그루브(groove)에 위치한 구멍의 주요 기능은?

① 피스톤 무게를 경감해 준다.
② 윤활유의 양을 조절해 준다.
③ 피스톤 벽에 냉각 공기를 보내준다.
④ 피스톤 내부 점검을 하기 위한 통로이다.

해설 그루브(groove)는 피스톤에 링을 장착하기 위한 홈으로서, 그루브의 구멍을 통해 과도한 윤활유를 배출시킨다.

29 열역학에서 주어진 시간에 계(system)의 이전 상태와 관계없이 일정한 값을 갖는 계의 거시적인 특성을 나타내는 것을 무엇이라 하는가?

① 상태(state)
② 과정(process)
③ 상태량(property)
④ 검사체적(control volume)

30 피스톤 핀과 크랭크축을 연결하는 막대이며, 피스톤의 왕복 운동을 크랭크축으로 전달하는 일을 하는 엔진의 부품은?

① 실린더 배럴   ② 피스톤 링
③ 커넥팅 로드   ④ 플라이 휠

31 왕복엔진에서 물분사 장치에 대한 설명으로 틀린 것은?

① 물을 분사시키면 엔진이 더 큰 추력을 낼 수 있게 하는 안티노크 기능을 가진다.
② 물과 소량의 알코올을 혼합시키는 이유는 배기가스의 압력을 증가시키기 위한 것이다.
③ 물분사는 짧은 활주로에서 이륙할 때와 착륙을 시도한 후 복행할 필요가 있을 때 사용한다.
④ 물분사가 없는 드라이(dry)엔진은 작동허용 범위를 넘었을 때 디토네이션으로 출력에 제한이 있다.

해설 물분사 시 알코올의 역할은 물이 어는 것을 방지하는 것이다.

32 민간용 가스터빈엔진의 공압 시동기에 대한 설명으로 틀린 것은?

① 시동완료 후 발전기로써 작동한다.
② APU, GTC에서의 고압 공기를 사용한다.
③ 약 20% 전후 엔진rpm 속도에서 분리된다.
④ 엔진에 사용되는 같은 종류의 오일로 윤활된다.

해설 starter-generator는 시동시에는 시동기 역할, 시동 후에는 발전기 역할을 하는 전기식 시동기이다.

33 가스터빈엔진의 추력감소 요인이 아닌 것은?

① 대기 밀도 증가
② 연료조절장치불량
③ 터빈블레이드 파손
④ 이물질에 의한 압축기 로터 블레이드 오염

34 가스터빈엔진의 엔진압력비(EPR, engine pressure ratio)를 나타낸 식으로 옳은 것은?

① 터빈 출구압력 / 압축기 입구압력
② 압축기 입구압력 / 터빈 출구압력
③ 압축기 입구압력 / 압축기 출구압력
④ 압축기 출구압력 / 압축기 입구압력

해설 EPR은 가스터빈 엔진에서 추력을 산정할 수 있는 함수로 사용된다.

35 9개의 실린더로 이루어진 왕복엔진에서 실린더 직경 5 in, 행정길이 6 in일 경우 총배기량은 약 몇 in³인가?

① 118   ② 508
③ 1,060   ④ 4,240

해설 총배기량 = 실린더 수 × 행정 체적
$$= 9 \times \frac{\pi \times 5^2}{4} \times 6 ≒ 1060$$

36 왕복엔진의 마그네토 캠축과 엔진 크랭크축의 회전속도비를 옳게 나타낸 식은? (단, 캠의 로브수와 극수는 같고, n : 마그네토 극수, N : 실린더 수이다.)

① $\dfrac{N+1}{2n}$
② $\dfrac{N}{n+1}$
③ $\dfrac{N}{2n}$
④ $\dfrac{N}{n}$

해설 1 사이클 당 크랭크축 2회전, 점화는 1회만 이루어진다.

37 그림과 같은 브레이턴 사이클(Brayton cycle)의 P-V선도에 대한 설명으로 틀린 것은?

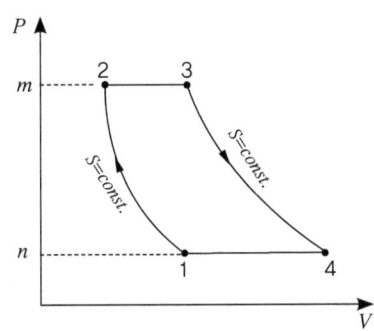

① 넓이 1-2-m-n-1은 압축일이다.
② 1개씩의 정압과정과 단열과정이 있다.
③ 넓이 1-2-3-4-1은 사이클의 참일이다.
④ 넓이 3-4-n-m-3은 터빈의 팽창일이다.

해설
• 1-2 : 단열압축   • 2-3 : 정압수열
• 3-4 : 단열팽창   • 4-1 : 정압방열

38 민간 항공기용 연료로서 ASTM에서 규정된 성질을 갖고 있는 가스터빈기관용 연료는?

① JP-2
② JP-3
③ JP-8
④ Jet-A

해설 민간 항공기용 가스터빈 연료 : Jet-A, Jet-B, Jet A-1

39 항공기 가스터빈엔진의 성능평가에 사용되는 추력이 아닌 것은?

① 진추력
② 총추력
③ 비추력
④ 열추력

40 마하 0.85로 순항하는 비행기의 가스터빈엔진 흡입구에서 유속이 감속되는 원리에 대한 설명으로 옳은 것은?

① 압축기에 의하여 감속된다.
② 유동 일에 대하여 감속한다.
③ 단면적 확산으로 감속한다.
④ 충격파를 발생시켜 감속한다.

해설
• 아음속시 : 확산형 흡입 노즐
• 초음속시 : 수축-확산형 흡입 노즐

제3과목 항공기체

41 항공기기체 제작과 정비에 사용되는 특수용접에 속하지 않는 것은?

① 전기아크 용접
② 플라스마 용접
③ 금속 불활성가스 용접
④ 텅스텐 불활성가스 용접

해설 특수 아크용접에는 서머지드 아크용접, 금속 불활성 가스 아크용접, 텅스텐 불활성 가스 아크용접, CO_2 아크용접 그 외 스터드 용접, 테르밋 용접, 고주파 용접 등이 있다.

42 양극처리(anodizing)에 대한 설명으로 옳은 것은?

① 알루미늄합금에 은도금을 하는 것이다.
② 강철에 순수한 탄소피막을 입히는 것이다.
③ 크롬산이나 황산으로 알루미늄합금의 표면에 산화피막을 만드는 것이다.
④ 알루미늄합금의 표면에 순수한 알루미늄피막을 입히는 것이다.

43 앞바퀴형 착륙장치의 장점으로 틀린 것은?

① 조종사의 시야가 좋다.
② 이착륙 저항이 작고 착륙성능이 양호하다.
③ 가스터빈엔진에서 배기가스 분출이 용이하다.
④ 고속에서 주 착륙장치의 제동력을 강하게 작동하면 전복의 위험이 크다.

44 페일 세이프 구조 중 다경로구조(redundant structure)에 대한 설명으로 옳은 것은?

① 단단한 보강재를 대어 해당량 이상의 하중을 이 보강재가 분담하는 구조이다.
② 여러 개의 부재로 되어 있고 각각의 부재는 하중을 고르게 분담하도록 되어 있는 구조이다.
③ 하나의 큰 부재를 사용하는 대신 2개 이상의 작은 부재를 결합하여 1개의 부재와 같은 또는 그 이상강도를 지닌 구조이다.
④ 규정된 하중은 모두 좌측 부재에서 담당하고 우측 부재는 예비 부재로 좌측 부재가 파괴된 후 그 부재를 대신하여 전체하중을 담당한다.

> 해설 페일세이프(fail safe) 구조
> • 다경로하중구조 : 하중을 담당하는 부재를 여러 개로 만들어 한 부재의 손상 시 나머지 부재가 하중을 분담하는 구조
> • 이중구조 : 두 개의 작은 부재에 의하여 하나의 몸체를 이루게 함으로서 동일한 강도와 어느 부분의 손상이 부재 전체의 파손에 이르는 것을 예방.
> • 하중경감구조 : 큰 부재 위에 작은 부재를 겹쳐 만든 구조로서 파괴가 시작된 부재의 완전 파단이나 파괴를 방지할 수 있도록 설계된 구조
> • 대치구조 : 부재의 파손에 대비하여 예비 부재를 삽입시켜 구조의 안전성을 도모한 구조

45 아이스박스 리벳인 2024(DD)를 아이스박스에 저온 보관하는 이유는?

① 리벳을 냉각시켜 경도를 높이기 위해
② 리벳의 열변화를 방지하여 길이의 오차를 줄이기 위해
③ 시효경화를 지연시켜 연한 상태를 연장시키기 위해
④ 리벳을 냉각시켜 리벳팅 시 판재를 함께 냉각시키기 위해

46 그림과 같이 벽으로부터 0.8m 지점에 250N의 집중하중이 작용하는 1.0 m 길이의 보에 대한 굽힘모멘트 선도는?

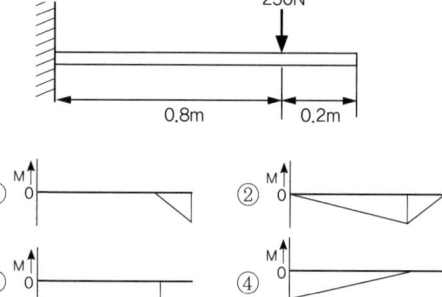

> 해설 굽힘 모멘트 선도(BDM)는 그림과 같은 외팔보에서는 하중이 작용한 부분의 고정단에 반력의 형태
>

47 외피(skin)에 주 하중이 걸리지 않는 구조형식은?

① 모노코크 구조
② 트러스 구조
③ 세미모노코크 구조
④ 샌드위치 구조

> 해설 트러스 구조 : 목재 또는 강관으로 트러스(Truss)를 이루고 그 위에 천 또는 얇은 합판이나 금속판으로 외피를 씌운 구조를 말한다. 트러스 구조에서는 항공기에 작용하는 모든 하중을 이 구조의 뼈대를 이루고 있는 트러스가 담당한다.

48. 섬유 강화플라스틱(FRP)에 대한 설명으로 틀린 것은?

① 내식성, 진동에 대한 감쇠성이 크다.
② 항공기의 조종면에는 FRP 허니컴 구조가 사용된다.
③ 경도, 강성이 낮은데 비하여 강도비가 크다.
④ 인장강도, 내열성이 높으므로 엔진마운트로 사용된다.

해설 섬유 강화플라스틱(FRP)의 특성
 • 경도와 강성이 낮고, 강도비가 크다.
 • 내식성, 진동에 대한 감쇄성이 크다.
 • 최근 항공기 조종면에는 FRP 허니콤 구조로 많이 쓰인다.

49. 최근 대형 항공기의 동체구조에 대한 설명으로 틀린 것은?

① 날개, 꼬리날개 및 착륙장치의 장착점이 존재한다.
② 응력 분산이 용이한 세미모노코크구조가 사용된다.
③ 동체의 주요 구조부재는 정형재와 벌크헤드 및 외피로 구성된다.
④ 동체는 화물, 조종실, 장비품, 승객 등을 위한 공간으로 활용된다.

50. 항공기의 케이블 조종계통과 비교하여 푸시풀 로드 조종계통의 장점으로 옳은 것은?

① 마찰이 작다.
② 유격이 없다.
③ 관성력이 작다.
④ 계통의 무게가 가볍다.

해설 Push-Pull Rod 조종계통

장점	• 케이블 조종계통에 비해 마찰 및 늘어남이 없다. • 온도 변화에 따른 팽창 등의 변화가 없다. • 정비 및 관리가 용이하다.
단점	• 무겁고 관성력이 크다. • 느슨함이 있고, 값이 케이블에 비해 비싸다. • 조종력의 전달 거리가 짧아 소형기에 주로 사용된다.

51. 그림과 같은 볼트의 명칭은?

① 아이볼트
② 육각머리볼트
③ 클레비스볼트
④ 드릴머리볼트

52. 인장하중(P)을 받는 평판에 구멍이 있다면 구멍 주위에 생기는 응력분포를 옳게 나타낸 것은?

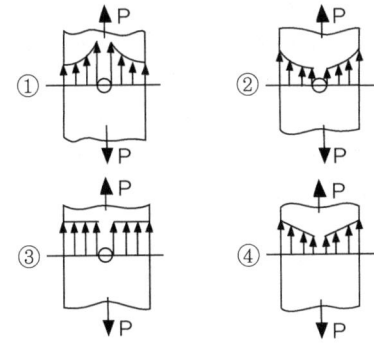

53. 기계재료가 일정온도에서 일정한 응력이 가해질 때 시간이 경과함에 따라 계속적으로 변형률이 증가하게 되는데 이와 같이 시간 경과에 따라 변하는 변형률을 나타내는 그래프는?

① 피로(fatigue) 곡선
② 크리프(creep) 곡선
③ 탄성(elasticity) 곡선
④ 천이(transition) 곡선

54. 그림과 같은 V-n선도에서 실속속도(V_S)상태로 수평비행하고 있는 항공기의 하중배수(n_s)는?

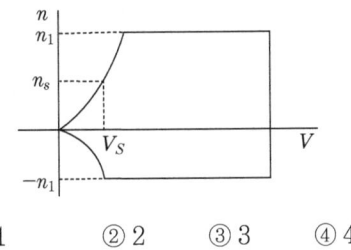

① 1 ② 2 ③ 3 ④ 4

55 판재 홀 가공 절차 중 리머작업에 대한 설명으로 옳은 것은?

① 강을 리밍할 때 절삭유를 사용하지 않는다.
② 드릴로 뚫은 작은 구멍의 안쪽을 매끈하게 가공한다.
③ 홀 가공 시 드릴 작업보다 빠른 회전 속도로 작업한다.
④ 드릴로 뚫은 구멍의 안쪽의 부식을 제거한다.

56 두께가 40/1000 in, 길이가 2.75 in 인 2024 T3 알루미늄 판재를 AD리벳으로 결합하려면 몇 개의 리벳이 필요한가?(단 2024 T3 판재의 극한 인장응력은 60000psi, AD리벳 1개당 전단강도는 388 lb, 안전계수는 1.15이다.)

① 15　　　② 18
③ 20　　　④ 39

해설 $N = 1.15 \times \dfrac{4LT\sigma_{max}}{\pi D^2 \times \tau_{max}}, \tau_{max} = \dfrac{V}{\dfrac{\pi D^2}{4}}$

$N = 1.15 \times \dfrac{4LT\sigma_{max}}{\pi D^2 \times \dfrac{V}{\dfrac{\pi D^2}{4}}} = 1.15 \times \dfrac{LT\sigma_{max}}{V}$

$= 1.15 \times \dfrac{2.75 \times 0.04 \times 60000}{388}$
$= 19.56 ≒ 20 ea$

57 항공기 연료 계통에 대한 설명으로 틀린 것은?

① 연료 펌프로 가압 공급한다.
② 연료 탑재 위치는 항공기 평형에 영향을 준다.
③ 탑재하는 연료의 양은 비행거리 및 시간에 따라 달라진다.
④ 연료 탱크 내부에 수분 증발 장치가 마련되어 있다.

58 알루미늄 합금판에 순수 알루미늄의 압연 코팅(coating)을 하는 알크래드(alclad)의 목적은?

① 공기 저항 감소
② 표면 부식 방지
③ 인장강도의 증대
④ 기체 전기저항 감소

해설 알크래드(alclad) : 초강알루미늄 합금 판재의 부식 방지를 위해 순수 알루미늄 또는 부식에 강한 알루미늄 합금을 5~10% 압연 접착 피복시킨 것을 말한다.

59 재료가 탄성한도에서 단위 체적에 축적되는 변형에너지를 나타내는 식은? (단, σ 응력, E 탄성계수이다.)

① $\dfrac{\sigma^2}{2E}$　　　② $\dfrac{E}{2\sigma^2}$
③ $\dfrac{E}{2\sigma^2}$　　　④ $\dfrac{E}{2\sigma^3}$

60 판재를 굴곡작업하기 위한 그림과 같은 도면에서 굴곡 접선의 교차부분에 균열을 방지하기 위한 구멍의 명칭은?

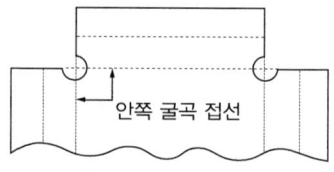

① Lighting hole
② Pilot hole
③ Countsunk hole
④ Relief hole

해설 두 개 이상의 굴곡이 교차하는 지점에 발생할 수 있는 응력 집중을 방지할 목적으로 안쪽 굴곡접선의 교차점에 1/8″ 이상이나 굴곡 반경 치수의 Relief Hole을 뚫는다.

제4과목 항공장비

61 다음 중 지향성 전파를 수신할 수 있는 안테나는?

① Loop ② Sense
③ Dipole ④ Probe

62 그림에서 편차(variation)를 옳게 나타낸 것은?

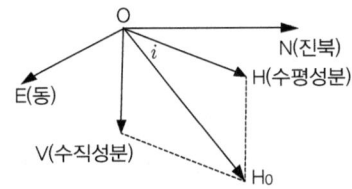

① N-O-H ② N-O-H_0
③ N-O-V ④ E-O-V

해설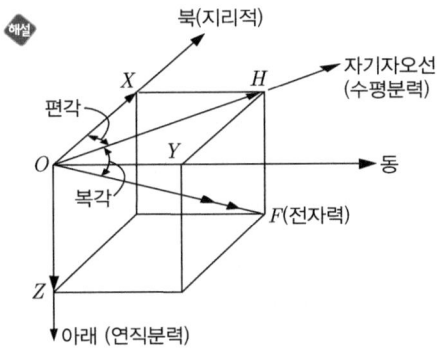

63 다음 중 화학적 방빙(anti-icing)방법을 주로 사용하는 곳은?

① 프로펠러 ② 화장실
③ 피토튜브 ④ 실속경고 탐지기

64 레인 리펠런트(rain repellent)에 대한 설명으로 틀린 것은?

① 물방울이 퍼지는 것을 방지한다.
② 우천 시 항공기 이·착륙에 와이퍼(wiper)와 같이 사용한다.
③ 표면장력 변화를 위하여 특수용액을 사용한다.
④ 강우량이 적을 때 사용하면 매우 효과적이다.

해설 레인 리펠런트(Rain Repellent) : 표면 장력이 작은 화학 액체(Freon)를 윈드 실드에 분사하여 빗방울이 구형 형상인 채로 대기 중으로 떨어져 나가도록 한 장치로 1회 분사에 의해 일정량이 분사되며 와이퍼와 함께 사용하면 효과가 좋다.

65 SELCAL(selective calling)은 무엇을 호출하기 위한 장치인가?

① 항공기 ② 정비타워
③ 항공회사 ④ 관제기관

해설 SELCAL(Selective Calling system) : 선택호출장치로 지상 무선국에서 특정 항공기와 교신하고 싶을 때 각 항공기마다 다른 4개의 저주파수 혼합 코드가 지정되어 HF, VHF통신장치를 이용 송신하면 수신한 항공기 중 지정코드와 일치하는 항공기에서 램프와 차임을 동시에 울리게 하여 조종사에게 지상국에서 호출함을 알린다.

66 유압계통에서 유압관 파손시 작동유의 과도한 누설을 방지하는 장치는?

① 유압 퓨즈 ② 흐름 평형기
③ 흐름 조절기 ④ 압력 조절기

해설 유량 제어 장치
- 유압 퓨즈(Hydraulic Fuse) : 유압 계통의 파이프나 호스가 파손되거나 기기의 시일 손상이 생겼을 때 작동유의 누설을 방지
- 흐름 평형기(Flow Equalizer) : 선택 밸브로부터 공급된 작동유가 2개 이상의 작동기를 같은 속도로 움직이게 하기 위해 각 작동기에 공급되는 또는 작동기로부터 귀환되는 작동유의 유량을 같게 해주는 장치
- 흐름 조절기(Flow Regulator, 흐름 제어 밸브) : 계통 압력의 변화에 관계없이 작동유의 흐름을 일정하게 해주는 장치

67 20hp의 펌프를 작동시키기 위해 몇 kW 의 전동기가 필요한가? (단, 펌프의 효율은 80%이다.)

① 8 ② 10
③ 12 ④ 19

해설 $1\,[HP] = 746\,[W]$, $20\,HP = 14{,}920\,W = 14.9\,kW$
∴ $14.9 \div 0.8 = 18.6\,kW$

68 발전기와 함께 장착되는 역전류차단장치(reverse current cut-out relay)의 설치 목적은?

① 발전기 전압의 파동을 방지한다.
② 발전기 전기자의 회전수를 조절한다.
③ 발전기 출력전류의 전압을 조절한다.
④ 축전지로부터 발전기로 전류가 흐르는 것을 방지한다.

> 역전류차단장치 : 발전기의 출력전압이 낮을 때 배터리로부터 발전기로 전류가 역류하는 것을 방지하는 장치

69 다음 중 화재 진압 시 사용되는 소화제가 아닌 것은?

① 이산화탄소
② 물
③ 암모니아가스
④ 하론1211

70 다음 중 합성 작동유 계통에 사용되는 씰(seal)은?

① 천연 고무
② 일반 고무
③ 부틸 합성 고무
④ 네오프렌 합성 고무

> 작동유

구분	식물성유	광물성유	합성유
성분	아주까리+알코올	원유	인산염+에스테르
색	파란색	붉은색	자주색
실(seal)	천연고무	네오프렌	부틸, 실리콘, 테프론
세척	알코올	솔벤트, 나프타	트리클로에틸렌
MIL spec	MIL-H-7644	MIL-H-5606	MIL-H-8446
특징	부식성·산화성 크다.	인화점이 낮다. (화재 위험)	인화점이 높다. 독성 주의

71 자이로의 섭동성을 나타낸 그림에서 자이로가 굵은 화살표 방향으로 회전하고 있을 때, 힘(F)을 가하면 실제로 힘을 받는 부분은?

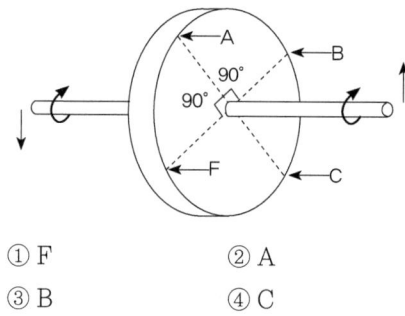

① F   ② A
③ B   ④ C

72 정전용량 20μF, 인덕턴스 0.01H, 저항 10Ω이 직렬로 연결된 교류회로가 공진이 일어났을 때 전원전압이 30V라면 전류는 몇 A인가?

① 2   ② 3
③ 4   ④ 5

> X_L(유도성 리액턴스) = X_C(용량성 리액턴스), 리액턴스 성분이 0 이므로 순수 저항에 흐르는 전류를 계산한다.
> ∴ $I = V/R = 30/10 = 3\,[A]$

73 객실고도를 옳게 설명한 것은?

① 운항중인 항공기 객실의 실제 고도를 해발고도로 표현한 것
② 항공기 외부의 압력을 표준대기 상태의 압력에 해당되는 고도로 표현한 것
③ 항공기 내부의 압력을 표준대기 상태의 압력에 해당되는 고도로 표현한 것
④ 항공기 내부의 기온을 현재 비행 상태의 외기 온도에 해당되는 고도로 표현한 것

> 객실 안의 기압에 해당되는 고도를 객실고도라 하며, 실제로 비행하는 고도를 비행고도라 하는데 미연방항공국의 규정에 의하면 고 고도를 비행하는 항공기는 객실 내의 압력을 8000ft에 해당하는 기압으로 유지하도록 하고 있다.

74 액량계기와 유량계기에 관한 설명으로 옳은 것은?

① 액량계기는 대형기와 소형기에 차이 없이 대부분 동압식 계기이다.
② 액량계기는 연료탱크에서 기관으로 흐르는 연료의 유량을 지시한다.
③ 유량계기는 연료탱크에서 기관으로 흐르는 연료의 유량을 시간당 부피 또는 무게단위로 나타낸다.
④ 유량계기는 직독식, 플로우트식, 액압식 등이 있다.

> **해설** 액량 계기 및 유량 계기
> • 액량계 : 연료탱크에 담겨져 있는 양을 측정
> • 유량계 : 연료통에서 엔진으로 흐르는 양을 측정

75 유압계통의 압력서지(pressure surge)를 완화하는 역할을 하는 장치는?

① 펌프(pump)
② 리저버(reservoir)
③ 릴리프밸브(relief valve)
④ 어큐뮬레이터(accumulator)

76 활주로 진입로 상공을 통과하고 있다는 것을 조종사에게 알리기 위한 지상장치는?

① 로컬라이저(localizer)
② 마커비컨(marker beacon)
③ 대지접근경보장치(GPWS)
④ 글라이드슬로프(glide slope)

> **해설** 마커비컨(marker beacon) : 활주로 중심 연장선상의 일정한 지점에 설치하여 착륙하는 항공기에 수직상공으로 역원추형의 75MHz의 VHF 전파를 발사하여 진입로상의 일정한 통과지점에 대한 위치정보를 제공하는 시설

77 발전기의 무부하(No-load) 상태에서 전압을 결정하는 3가지 주요한 요소가 아닌 것은?

① 자장의 세기
② 회전자의 회전방향
③ 자장을 끊는 회전자의 수
④ 회전자가 자장을 끊는 속도

> **해설** $E = \dfrac{\epsilon P \phi N}{120}$
> 여기서, E : 기전력, ϵ : 코일의 수와 감는 방법,
> P : 극수, ϕ : 자속, N : 회전수

78 속도계에만 표시되는 것으로 최대 착륙하중시의 실속속도에서 플랩(flap)을 내릴 수 있는 속도까지의 범위를 나타내는 색 표식의 색깔은?

① 녹색
② 황색
③ 청색
④ 백색

79 다음 중 니켈-카드뮴 축전지에 대한 설명으로 틀린 것은?

① 전해액은 질산계의 산성액이다.
② 진동이 심한 장소에 사용 가능하고, 부식성 가스를 거의 방출하지 않는다.
③ 고부하 특성이 좋고 큰 전류 방전 시 안정된 전압을 유지한다.
④ 한 개의 셀(cell)의 기전력은 무부하 상태에서 1.2 ~ 1.25V 정도이다.

> **해설** 니켈-카드뮴 축전지의 화학반응식
> 양극판 음극판 양극판 음극판
> $Ni(OH)_3 + Cd = Ni(OH)_2 + Cd(OH)$
> 수산화제2니켈 카드늄 수산화제1니켈 수산화카드늄

80 전방향 표지시설(VOR) 주파수의 범위로 가장 적절한 것은?

① 1.8~108 kHz
② 18~118 kHz
③ 108~118 MHz
④ 130~165 MHz

해설 VOR(VHF Omni-directional Range)
- 지상 VOR국을 중심으로 360° 전방향에 대해 비행방향을 항공기에 지시한다.(절대방위)
- 사용 주파수는 108~118MHz(초단파)를 사용하므로 LF/MF대의 ADF보다 정확한 방위를 얻을 수 있다.
- 항공기에서는 무선 자기 지시계(radio magnetic indicator)나 수평상태 지시계(horizontal situation indicator)에 표지국의 방위와 그 국에 가까워졌는지, 멀어지는지 또는 코스의 이탈이 나타난다.

2016년 제4회 시행 정답

01 ②	02 ②	03 ③	04 ②	05 ①	06 ①	07 ④	08 ③	09 ②	10 ④
11 ①	12 ①	13 ②	14 ④	15 ④	16 ①	17 ③	18 ③	19 ③	20 ④
21 ②	22 ①	23 ④	24 ②	25 ①	26 ④	27 ①	28 ②	29 ③	30 ③
31 ②	32 ①	33 ①	34 ①	35 ③	36 ③	37 ②	38 ④	39 ④	40 ③
41 ①	42 ③	43 ④	44 ②	45 ③	46 ④	47 ②	48 ④	49 ③	50 ①
51 ③	52 ①	53 ②	54 ①	55 ②	56 ③	57 ④	58 ②	59 ①	60 ④
61 ①	62 ①	63 ①	64 ④	65 ①	66 ②	67 ④	68 ④	69 ③	70 ③
71 ②	72 ②	73 ③	74 ③	75 ④	76 ②	77 ②	78 ④	79 ①	80 ③

최근기출문제
2017년 제1회 시행

제1과목 　 항공역학

01 비행기의 최대양력계수가 커질수록 이와 관계된 비행성능의 변화에 대한 설명으로 옳은 것은?

① 상승속도가 크고 착륙속도도 커진다.
② 상승속도는 작고 착륙속도는 커진다.
③ 선회반경이 크고 착륙속도는 작아진다.
④ 실속속도가 작아지고 착륙속도도 작아진다.

해설　착륙속도 = 1.2×실속속도(V_S)

$$V_S = \sqrt{\frac{2W}{\rho S C_{Lmax}}}$$

02 프로펠러 항공기의 항속거리를 최대로 하기 위한 조건으로 옳은 것은? (단, C_{Dp}는 유해항력계수, C_{Di}는 유도항력계수이다.)

① $C_{Dp} = C_{Di}$ 　② $C_{Dp} = 2C_{Di}$
③ $C_{Dp} = 3C_{Di}$ 　④ $3C_{Dp} = C_{Di}$

해설　최대항속거리 및 최대항속시간 조건

	prop기	jet기
최대항속거리 조건	$C_{Dp} = C_{Di}$	$C_{Dp} = 3C_{Di}$
최대항속시간 조건	$3C_{Dp} = C_{Di}$	$C_{Dp} = C_{Di}$

03 무게 2000kgf의 비행기가 5km 상공에서 급강하 할 때 종극속도는 약 몇 m/s인가? (단, 항력계수 0.03, 날개하중 300kgf/m², 공기의 밀도 0.075 kgf·s²/m⁴이다.)

① 350 　② 516.4
③ 620 　④ 771.5

해설　$V_t = \sqrt{\dfrac{2W}{\rho S C_D}} = \sqrt{\dfrac{2}{\rho} \cdot \dfrac{W}{S} \cdot \dfrac{1}{C_D}} = \sqrt{\dfrac{2 \times 300}{0.075 \times 0.03}}$

04 전진비행 중인 헬리콥터의 진행방향 변경은 어떻게 이루어지는가?

① 꼬리 회전날개를 경사시킨다.
② 꼬리 회전날개의 회전수를 변경시킨다.
③ 주 회전날개깃의 피치각을 변경시킨다.
④ 주 회전날개 회전면을 원하는 방향으로 경사시킨다.

해설　헬리콥터의 조종

조종 구분	조종 장치
전후좌우 조종	사이클릭 피치 조종간 - 스워시 플레이트
상하(수직이동) 조종	컬렉티브 피치 조종간 - 스워시 플레이트
방향 조종	페달 - 꼬리회전날개(테일 로터)

05 다음 중 항공기의 양력(lift)에 영향을 가장 적게 미치는 요소는?

① 양력계수 　② 공기밀도
③ 항공기 속도 　④ 공기 점성

해설　$L = C_L \dfrac{1}{2} \rho V^2 S$

06 날개의 양력분포가 타원 모양이고 양력계수가 1.2, 가로세로비가 6일 때 유도항력계수는 약 얼마인가?

① 0.012 　② 0.076
③ 1.012 　④ 1.076

해설　$C_{Di} = \dfrac{C_L^2}{\pi e AR} = \dfrac{1.2^2}{\pi \times 1 \times 6}$

445

07 수직충격파 전후의 유동특성으로 틀린 것은?

① 충격파를 통과하는 흐름은 등엔트로피 흐름이다.
② 수직충격파 뒤의 속도는 항상 아음속이다.
③ 충격파를 통과하게 되면 급격한 압력상승이 일어난다.
④ 충격파는 실제적으로 압력의 불연속면이라 볼 수 있다.

08 항공기의 착륙거리를 줄이기 위한 방법이 아닌 것은?

① 추력을 크게 한다.
② 익면하중을 작게 한다.
③ 역추력장치를 사용한다.
④ 지면 마찰계수를 크게 한다.

09 해면상 표준대기에서 정압(static pressure)의 값으로 틀린 것은?

① $0\ kg/m^2$
② $2116.2\ lb/ft^2$
③ $29.92\ inHg$
④ $1013.25\ mbar$

10 비행기의 세로안정을 좋게 하기 위한 방법이 아닌 것은?

① 수직꼬리날개의 면적을 증가시킨다.
② 수평꼬리날개 부피계수를 증가시킨다.
③ 무게중심이 날개의 공기역학적 중심 앞에 위치하도록 한다.
④ 무게중심에 관한 피칭모멘트계수가 받음각이 증가함에 따라 음(-)의 값을 갖도록 한다.

> **해설** 수직꼬리날개는 방향안정성에 영향을 미치는 요소이며, 도살핀(dorsal fin)을 사용하여 방향안정을 증가시킨다.

11 직사각형 날개의 가로세로비를 나타낸 식으로 틀린 것은? (단, b : 날개의 길이, c : 날개의 시위, s : 날개의 면적이다.)

① $\dfrac{b}{c}$
② $\dfrac{b^2}{c}$
③ $\dfrac{s}{c^2}$
④ $\dfrac{c^2}{s}$

12 무게 4000 kgf인 항공기가 선회하며 하중계수 1.5가 작용한다면 이 항공기의 양력은 몇 kgf 인가?

① 2000
② 4000
③ 6000
④ 8000

> **해설** 선회비행 시
> • $n = \dfrac{1}{cos\theta},\ \theta = cos^{-1}(\dfrac{1}{n})$
> • $W = Lcos\theta,\ \therefore L = \dfrac{W}{cos\theta}$

13 항공기의 조종성과 안정성에 대한 설명으로 옳은 것은?

① 전투기는 안정성이 커야 한다.
② 안정성이 커지면 조종성이 나빠진다.
③ 조종성이란 평형상태로 되돌아오는 정도를 의미한다.
④ 여객기의 경우 비행성능을 좋게 하기 위해 조종성에 중점을 두어 설계해야 한다.

14 조종면에 발생되는 힌지 모멘트가 증가되는 경우로 옳은 것은?

① 조종면의 폭을 키운다.
② 비행기의 속도를 줄인다.
③ 항공기 주 날개의 무게를 늘린다.
④ 조종면의 평균 시위를 최대한 작게 한다.

> **해설** $He = M \times c = C_m \dfrac{1}{2}\rho V^2 Sc = C_m \dfrac{1}{2}\rho V^2 (bc)c$

15 비행기의 수직꼬리날개 앞 동체에 붙어 있는 도살핀(dosal fin)의 가장 중요한 역할은?

① 구조 강도를 좋게 한다.
② 가로 안정성을 좋게 한다.
③ 방향 안정성을 좋게 한다.
④ 세로 안정성을 좋게 한다.

16 100m/s로 비행하는 프로펠러 항공기에서 프로펠러를 통과하는 순간의 공기 속도가 120m/s가 되었다면 이 항공기의 프로펠러 효율은 약 얼마인가?

① 0.76 ② 0.83
③ 0.91 ④ 0.97

해설 $\eta = \dfrac{P_{out}}{P_{in}} = \dfrac{TV}{TV_1} = \dfrac{V}{V_1} = \dfrac{100}{120}$

17 항공기 사고의 원인이 되기도 하는 스핀(spin)이 일어날 수 있는 조건으로 가장 옳은 것은?

① 기관이 멈추었을 때
② 받음각이 실속각보다 클 때
③ 한쪽 날개 플랩이 작동하지 않을 때
④ 항공기 착륙장치가 작동하지 않을 때

해설 스핀은 항공기가 실속한 후 발생하는 현상으로 수직 강하(diving)와 자동 회전(auto rotation)이 조합된 비행형태이다.

18 프로펠러의 깃각을 감소시키려는 경향을 갖는 요소로 옳은 것은?

① 추력에 의한 굽힘모멘트
② 회전력에 의한 굽힘모멘트
③ 원심력에 의한 비틀림모멘트
④ 공기력에 의한 비틀림모멘트

해설 공기력에 의한 모멘트는 깃각을 증가시키려고 한다.

19 특정한 헬리콥터에서 회전날개(rotor blades)에 비틀림 각을 주는 주된 이유는?

① 회전날개의 무게를 경감하기 위하여
② 회전날개의 회전속도를 증가시키기 위하여
③ 전진비행에서 발생하는 진동을 줄이기 위하여
④ 정지비행 시 균일한 유도속도의 분포를 얻기 위하여

해설 $V = r\omega$, 선속도는 반지름에 따라 다르므로, 반지름이 커지는 날개끝으로 갈수록 각도를 줄여 날개 위치에 따른 추력을 일정하게 한다.

20 전리층이 존재하기 때문에 전파를 흡수, 반사하는 작용을 하여 통신에 영향을 주는 대기층은?

① 대류권
② 열권
③ 중간권
④ 성층권

제2과목 항공기관

21 왕복엔진을 장착하는 동안 마그네토 점화스위치를 off 위치에 두는 이유는?

① 점화스위치가 잘못 놓일 수 있는 가능성 때문에
② 엔진장착 도중에 프로펠러를 돌리면 엔진이 시동될 가능성이 있기 때문에
③ 엔진시동 시 역화(back fire)를 방지하기 위하여
④ 엔진을 마운트(mount)에 완전히 장착시킨 후 마그네토 접지선을 점검치 않기 위하여

22 가스터빈엔진의 터빈에서 공기압력과 속도의 변화에 대한 설명으로 옳은 것은?

① 압력과 속도 모두 감소한다.
② 압력과 속도 모두 증가한다.
③ 압력은 증가하고 속도는 감소한다.
④ 압력은 감소하고 속도는 증가한다.

해설 압축기에서는 압축 증가, 터빈에서는 속도 증가

23 왕복엔진에 장착된 피스톤 링(piston ring)의 역할이 아닌 것은?

① 피스톤의 진동에 의한 경화현상을 방지하는 기능
② 윤활유가 연소실로 유입되는 것을 방지하는 기능
③ 연소실 내의 압력을 유지하기 위한 밀폐기능
④ 피스톤으로부터 실린더벽으로 열을 전도하는 기능

24 비행 중 엔진고장 시 프로펠러를 페더링(feathering)시켜야 하는 이유로 옳은 것은?

① 엔진의 진동을 유발해 화재를 방지하기 위하여
② 풍차(windmill) 효과로 인해 추력을 얻기 위하여
③ 프로펠러 회전을 멈춰 추가적인 손상을 방지하기 위하여
④ 전면과 후면의 차압으로 프로펠러를 회전시키기 위하여

해설 페더링 : 프로펠러를 가진 다발항공기에서 하나의 엔진에 고장발생 시, 고장난 엔진의 프로펠러의 깃각을 90도 정도(비행방향에 평행)로 하여 프로펠러가 회전하지 못하게 하는 것

25 초기압력과 체적이 각각 1000N/cm², 1000 cm³인 이상기체가 등온상태로 팽창하여 체적이 2000cm³이 되었다면, 이 때 기체의 엔탈피 변화는 몇 J인가?

① 0
② 5
③ 10
④ 20

해설 엔탈피(H, enthalpy) : 어떤 물체가 함유하고 있는 열량의 총합으로 내부에너지(U)와 역학적 에너지(PV)의 합이다.
$H = U + PV$
즉, 이상기체의 등온변화시 내부에너지와 엔탈피의 변화량은 0 이다.

26 회전동력을 이용하여 프로펠러를 움직여 추진력을 얻는 엔진으로만 짝지어진 것은?

① 터보프롭 – 터보팬
② 터보샤프트 – 터보팬
③ 터보샤프트 – 터보제트
④ 터보프롭 – 터보샤프트

27 비가역 과정에서의 엔트로피 증가 및 에너지 전달의 방향성에 대한 이론을 확립한 법칙은?

① 열역학 제 0 법칙
② 열역학 제 1 법칙
③ 열역학 제 2 법칙
④ 열역학 제 3 법칙

해설 열역학 제1법칙 : 열과 일은 본질적으로 같은 것으로 모두 에너지의 일종이며, 열을 일로 바꾸는 것 혹은 그 반대도 가능하다.

28 터빈엔진의 윤활유(lubrication oil)의 구비조건이 아닌 것은?

① 인화점이 낮을 것
② 점도지수가 클 것
③ 부식성이 없을 것
④ 산화 안정성이 높을 것

29 엔진의 오일탱크가 별도로 장착되어 있지 않고 스플래쉬(splash) 방식에 의해 윤활되는 오일계통을 무엇이라 하는가?

① Hot Tank System
② Wet Sump System
③ Cold Tank System
④ Dry Sump System

해설 드라이섬프 타입 : 탱크와 섬프가 별도로 있고, 배유되는 오일을 위한 배유펌프(scavenge pump)가 있다.

30 다음 중 초음속 전투기 엔진에 사용되는 수축-확산형 가변배기 노즐(VEN)의 출구면적이 가장 큰 작동상태는?

① 전투추력(military thrust)
② 순항추력(cruising thrust)
③ 중간추력(intermediate thrust)
④ 후기연소추력(afterburning thrust)

해설 후기연소기는 배기되는 가스에 다시 연료를 공급하여 재연소함으로서 추력을 증가시켜주는 장치이다.

31 [보기]에 나열된 왕복엔진의 종류는 어떤 특성으로 분류한 것인가?

V형, X형, 대항형, 성형

① 엔진의 크기
② 엔진의 장착 위치
③ 실린더의 회전 형태
④ 실린더의 배열 형태

32 왕복엔진 기화기의 혼합기 조절장치(mixture control system)에 대한 설명으로 틀린 것은?

① 고도에 따라 변하는 압력을 감지하여 점화 시기를 조절한다.
② 고고도에서 혼합기가 너무 농후해지는 것을 방지한다.
③ 고고도에서 기압, 밀도, 온도가 감소하는 것을 보상하기 위해 사용된다.
④ 실린더가 과열되지 않는 출력 범위 내에서 희박한 혼합기를 사용하게 함으로써 연료를 절약한다.

33 2차 공기유량이 16500lb/s이고 1차 공기유량이 3000lb/s인 터보팬엔진에서 바이패스비는?

① 6.3 : 1
② 5.5 : 1
③ 4.3 : 1
④ 3.7 : 1

해설 $BPR = \dfrac{2차 공기량}{1차 공기량} = \dfrac{16500}{3000}$

34 비행 중 프로펠러에 작용하는 힘의 종류가 아닌 것은?

① 원심력   ② 추력
③ 구심력   ④ 비틀림 힘

35 왕복엔진 배기밸브(exhaust valve)의 냉각을 위해 밸브 속에 넣는 물질은?

① 스텔라이트
② 취화물
③ 금속나트륨
④ 아닐린

36 압축비가 8인 오토사이클의 열효율은 약 얼마인가? (단, 공기 비열비는 1.5 이다.)

① 0.52   ② 0.56
③ 0.58   ④ 0.64

해설 $\eta_{tho} = 1 - \dfrac{1}{\epsilon^{k-1}} = 1 - \dfrac{1}{8^{1.5-1}}$

37 왕복엔진에서 저압점화계통을 사용할 때 단점은?

① 캐패시턴스 ② 무게의 증대
③ 플래시 오버 ④ 고전압 코로나

해설) 저압점화계통에서는 점화플러그마다 변압기 코일이 별도로 있어야 한다.

38 가스터빈엔진에서 가스 발생기(gas generator)를 나열한 것은?

① Compressure, Combustion chamber, Turbine
② Compressure, Combustion chamber, diffuser
③ inlet duct, Combustion chamber, diffuser
④ Compressure, Combustion chamber, Exhaust

해설) 가스 발생기 : 압축기, 연소실, 터빈

39 가스터빈엔진에서 연료계통의 여압 및 드레인 밸브(P&D valve)의 기능이 아닌 것은?

① 일정 압력까지 연료흐름을 차단한다.
② 1차 연료와 2차 연료 흐름으로 분리한다.
③ 연료 압력이 규정치 이상 넘지 않도록 조절한다.
④ 엔진정지 시 노즐에 남은 연료를 외부로 방출한다.

해설) 연료 흐름분할기(flow divider)라고도 한다.

40 가스터빈엔진의 시동 시 정상작동 여부를 판단하는데 중요한 계기는?

① 오일압력계기, 연소실 압력계기
② 오일압력계기, 배기가스온도계기
③ 오일압력계기, 압축기입구 공기온도계기
④ 오일압력계기, 압축기입구 공기압력계기

해설) 엔진 시동시 주시해야 할 계기
 • 왕복엔진 : 오일압력계
 • 가스터빈엔진 : 배기가스온도계

제3과목 항공기체

41 항공기에서 복합재료를 사용하는 주된 이유는?

① 무게 당 강도가 높다.
② 재료를 구하기가 쉽다.
③ 재질 표면에 착색이 쉽다.
④ 재료의 가공 및 취급이 쉽다.

해설) 복합재료의 장점
 ① 무게가 가볍고 비강도가 크다.
 ② 공기역학적인 형태나 복잡한 구조의 제작용이
 ③ 제작 단순, 비용 저렴
 ④ 유연성과 진동에 강하여 피로응력 감소
 ⑤ 부식이 없고 내마멸성 우수

42 밀착된 구성품 사이에 작은 진폭의 상대운동이 일어날 때 발생하는 제한된 형태의 부식은?

① 점(pitting)부식
② 피로(fatigue)부식
③ 찰과(fretting)부식
④ 이질금속간의(galvanic)부식

43 NAS 514 P 428 - 8 스크류에서 P 가 의미하는 것은?

① 재질   ② 나사계열
③ 길이   ④ 머리의 홈

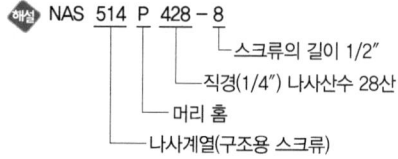

44 탄성을 가진 고분자 물질인 합성고무가 아닌 것은?

① 부틸 ② 부나
③ 에폭시 ④ 실리콘

45 단면적이 A이고, 길이가 L이며 탄성계수가 E인 부재에 인장하중 P가 작용하였을 때, 이 부재에 저장되는 탄성에너지로 옳은 것은?

① $\dfrac{PL^2}{2AE}$

② $\dfrac{PL^2}{3AE}$

③ $\dfrac{P^2L}{2AE}$

④ $\dfrac{P^2L}{3AE}$

해설 $U = \dfrac{P\delta}{2} = \dfrac{P^2 l}{2AE} = \dfrac{\delta^2 EA}{2l} = \dfrac{\delta^2}{2E} \times Al \, [kgf/cm]$

46 구조재료에 발생하는 현상에 대한 설명으로 틀린 것은?

① 반복하중에 의하여 재료의 저항력이 증가하는 현상을 피로라 한다.
② 일정한 응력을 받는 재료가 일정한 온도에서 시간이 경과함에 따라 하중이 일정하더라도 변형률이 변하는 현상을 크리프라 한다.
③ 노치, 작은 구멍, 키, 홈 등과 같이 단면적의 급격한 변화가 있는 부분에 대단히 큰 응력이 발생하는 현상을 응력집중이라 한다.
④ 축방향의 압축력을 받는 부재 중 기둥이 압축하중에 의해 파괴되지 않고 휘어지면서 파단되어 더 이상 하중에 견디지 못하게 되는 현상을 좌굴이라 한다.

해설 반복 하중에 의해 재료의 저항력이 감소하는 현상을 피로라 하며, 이로 인한 파괴를 피로파괴라 함

47 트러스(truss)구조형식의 항공기에 없는 부재는?

① 리브(rib)
② 장선(brace wire)
③ 스파(spar)
④ 스트링거(stringer)

48 조종간의 조종력을 케이블이나 푸시풀로드를 대신하여 전기, 전자적으로 변환된 신호상태로 조종면의 유압작동기를 움직이도록 전달하는 장치는?

① 트림 시스템 (trim system)
② 인공감지장치 (artifical feel system)
③ 플라이 바이 와이어 장치 (fly by wire system)
④ 부스터 조종장치 (booster control system)

해설 Fiy by wire : 조종력 전달 방식에서 조종간이나 페달의 움직임을 전기 및 전자 신호로 바꾸어 컴퓨터에 입력하여 그 힘의 크기만큼을 작동기에 직접 전달함으로 조종력 부여하는 방식으로 초음속 전투기로는 F-16이, 민간 여객기는 A-320이 최초로 이 방식을 사용함.

49 그림과 같이 단면의 면적이 10cm²의 원형 강봉에 40kN의 인장하중이 작용하는 경우, 축의 수직인 면에 발생하는 수직응력은 약 몇 Mpa인가?

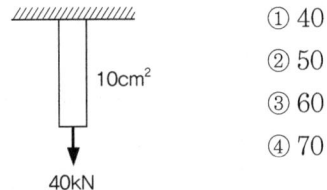

① 40
② 50
③ 60
④ 70

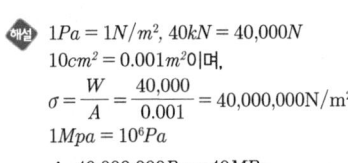

$1Pa = 1N/m^2$, $40kN = 40,000N$
$10cm^2 = 0.001m^2$이며,
$\sigma = \dfrac{W}{A} = \dfrac{40,000}{0.001} = 40,000,000 \text{N}/m^2$
$1Mpa = 10^6 Pa$
∴ $40,000,000 Pa = 40 MPa$

50 셀프락킹 너트(self locking nut) 사용에 대한 설명으로 틀린 것은?

① 규정 토크값에 락킹 토크값을 더한 값을 적용한다.
② 볼트에 장착했을 때 너트면보다 2산 이상의 나사산이 나와 있어야 한다.
③ 볼트 지름이 1/4 인치 이하이며 코터핀 구멍이 있는 볼트에는 사용할 수 없다.
④ 회전부분의 너트가 연결부를 이루는 곳에 주로 사용된다.

51 폭이 20cm, 두께가 2mm인 알루미늄판을 그림과 같이 직각으로 굽히려 할 때 필요한 알루미늄판의 세트백(set back)은 몇 mm인가?

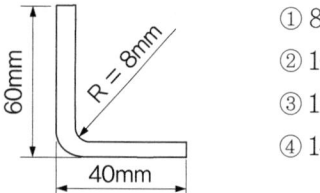

① 8
② 10
③ 12
④ 14

52 2차원의 구조물에 미치는 힘을 해석할 때 정역학의 평형방정식($\Sigma F=0$, $\Sigma M=0$)은 총 몇 개가 되는가?

① 1 ② 2 ③ 3 ④ 6

53 기체 구조의 고유진동수와 일치하는 진동수를 가지는 외부하중이 부가되면 하중의 크기가 아주 크지 않더라도 파괴가 일어날 수 있는 현상을 무엇이라 하는가?

① 피로 ② 공진
③ 크리프 ④ 항복

해설 기체구조 시험의 종류 중 하나인 지상 진동시험은 가진기(Exciter)로 기체 일부 또는 전체구조에 인위적인 진동을 주어 구조자체의 고유 진동수와, 진폭을 조사하는 것으로 가장 유의해야할 사항이 공진이며, 공진은 외부하중의 진동수와 고유 진동수가 같을 때 변위가 발생되는 현상임

54 안티스키드(anti-skid) 기능 중 착륙 시 바퀴가 지면에 닿기 전에 조종사가 브레이크를 밟더라도 제동력이 발생하지 않도록하여 착륙장치에 무리한 힘이 가해지지 않도록 하는 기능은?

① 페일 세이프 보호(fail safe protection)
② 터치다운 보호(touch down protection)
③ 정상 스키드 컨트롤(normal skid control)
④ 락크된 휠 스키드 컨트롤(locked wheel skid control)

해설 Touch Down Protection
항공기가 착륙을 위하여 접근 중 조종사가 브레이크 페달을 밟아도 Antiskid Control Unit가 Air Mode에 대한 신호를 항공기로부터 받아 Antiskid Control Valve를 Full Skid 조건과 같이 작동, 제동압력을 모두 귀환시킴으로 브레이크는 풀림 상태로 자유회전을 할 수 있게 하여 타이어를 보호하는 장치

55 항공기의 자세 조종에 사용되는 1차 조종면으로 나열된 것은?

① 승강타, 방향타, 플랩
② 도움날개, 승강타, 방향타
③ 도움날개, 스포일러, 플랩
④ 도움날개, 방향타, 스포일러

56 세미모노코크구조에서 동체가 비틀림에 의해 변형되는 것을 방지해 주며 날개, 착륙장치 등의 장착부위로 사용되기도 하는 부재는?

① 프레임(frame)
② 세로대(longeron)
③ 스트링거(stringer)
④ 벌크헤드(bulkhead)

57 올레오 스트러트(oled strut) 착륙장치의 구성품 중 토크링크(torque link)에 대한 설명으로 틀린 것은?

① 휠 얼라인먼트를 바르게 한다.
② 피스톤의 과도한 신장을 제한한다.
③ 피스톤과 실린더의 회전을 방지한다.
④ 올레오 스트러트의 전·후 행정을 제한한다.

해설 토크링크는 스트러트의 자유로운 회전을 방지하고, 피스톤의 행정 거리(Stroke)를 제한하며, 휠의 정렬을 바르게 한다.

58 리벳 작업에 대한 설명으로 옳은 것은?

① 리벳의 최소 연거리는 리벳지름의 2배 정도이다.
② 리벳의 피치는 열과 열사이의 거리이다.
③ 리벳의 지름은 접합할 판재 중 제일 두꺼운 판재두께의 2배 정도가 적당하다.
④ 리벳의 열은 판재의 인장력을 받는 방향으로 배열된 리벳의 집합이다.

59 AN 표준규격 재료기호 2024(DD) 리벳을 상온에 노출되고 10분 이내에 리벳팅을 해야 하는 이유는?

① 시효경화가 되기 때문에
② 부식이 시작되기 때문에
③ 시효경화가 멈추기 때문에
④ 열팽창으로 지름이 커지기 때문에

60 경비행기의 방화벽(fire wall) 재료로 사용되는 18-8스테인리스강(stainless steel)에 대한 설명으로 옳은 것은?

① Cr-Mo 강으로서 열에 강하다.
② 18% Cr과 8% Ni를 갖는 내식강이다.
③ 1.8%의 탄소와 8%의 Cr을 갖는 특수강이다.
④ 1.8%의 Cr과 0.8%의 Ni를 갖는 내식강이다.

해설 18-8 Stainless Steel은 Cr 18%, Ni 8%로 일명 불수강이라고도 하며, 오스테나이트계의 스테인리스강으로 내식성이 뛰어나고, 엔진 부품, 방화벽, Safety Wire, Cotter Pin등에 사용

제4과목 항공장비

61 산소계통에서 산소가 흐르는 방식의 종류가 아닌 것은?

① 희석 유량형
② 압력형
③ 연속 유량형
④ 요구 유량형

62 니켈-카드뮴 축전지의 특성에 대한 설명으로 옳은 것은?

① 양극은 카드뮴이고 음극은 수산화니켈이다.
② 방전 시 수분이 증발되므로 물을 보충해야 한다.
③ 충전 시 음극에서 산소가 발생되고, 양극에서 수소가 발생된다.
④ 전해액은 KOH이며 셀당 전압은 약 1.2~1.25V 정도이다.

63 항공기에 사용되는 유압계통의 특징이 아닌 것은?

① 리저버와 리턴라인이 필요 없다.
② 단위중량에 비해 큰 힘을 얻는다.
③ 과부하에 대해서도 안전성이 높다.
④ 운동속도의 조절범위가 크고 무단변속을 할 수 있다.

64 다용도 측정기기 멀티미터(multimeter)를 이용하여 전압, 전류 및 저항 측정 시 주의사항으로 틀린 것은?

① 전류계는 측정하고자 하는 회로에 직렬로, 전압계는 병렬로 연결한다.
② 저항계는 전원이 연결되어 있는 회로에 사용 해서는 절대 안 된다.
③ 저항이 큰 회로에 전압계를 사용할 때는 저항이 작은 전압계를 사용하여 계기의 션트 작용을 방지 해야 한다.
④ 전류계와 전압계를 사용할 때는 측정 범위를 예상해야 하지만 그렇지 못할 때는 큰 측정 범위부터 시작하여 적합한 눈금에서 읽게 될 때 까지 측정범위를 낮추어 간다.

65 항공기에서 결심고도에 대한 설명으로 옳은 것은?

① 항공기 이륙 시 조종사가 이륙여부를 결정하는 고도
② 항공기 착륙 시 조종사가 착륙여부를 결정하는 고도
③ 항공기가 비행 중 긴급한 사항이 발생하여 착륙여부를 결정하는 고도
④ 항공기의 착륙장치를 "Down" 할 것인가를 결정하는 고도

66 자이로를 이용한 계기가 아닌 것은?

① 수평지시계
② 방향지시계
③ 선회경사계
④ 제빙압력계

67 고도계에서 압력에 따른 탄성체의 휘어짐 양이 압력증가 때와 압력감소 때가 일치하지 않는 현상의 오차는?

① 눈금오차
② 온도오차
③ 히스테리오차
④ 밀도오차

> **해설** 탄성체에 있어 압력과 변형의 관계가 압력의 증가와 감소의 경우에 있어 일치하지 않고 루프를 형성하게 되는데 이를 지연효과라고 하며 이러한 현상을 히스테리시스(hysteresis)하고 한다.

68 유압작동 피스톤의 작동속도를 증가시키는 것으로 옳은 것은?

① 공급유량 감소
② 펌프 회전수 증가
③ 작동 실린더의 직경증가
④ 작동 실린더의 스트로크(stroke)감소

69 객실여압계통에서 주된 목적이 과도한 객실 압력을 제거하기 위한 안전장치가 아닌 것은?

① 압력 릴리프밸브 ② 덤프밸브
③ 부압 릴리프밸브 ④ 아웃플로밸브

> **해설** 아웃플로 밸브(Outflow Valve) : 객실로부터 빠져나가는 공기량을 조절해서 객실 압력을 유지하며, 객실로부터 빠져나가는 공기량을 조절해서 자동 아웃플로 밸브로 필요 이상의 압력을 기체 밖으로 내보낸다.

70 활주로에 접근하는 비행기에 활주로 중심선을 제공해주는 지상시설은?

① VOR
② Glide slop
③ Localizer
④ Marker beacon

71 계자가 8극인 단상교류 발전기가 115V, 400Hz 주파수를 만들기 위한 회전수는 몇 rpm 인가?

① 4000　② 6000
③ 8000　④ 10000

해설 $f = \dfrac{PN}{120}, N = \dfrac{120f}{P}$

72 군용 항공기에서 지상국과 항공기까지의 거리와 방위를 제공하는 항법장치는?

① DME
② TCAS
③ VOR
④ TACAN

73 그림과 같은 회로에서 저항 6Ω의 양단전압 E는 몇 V 인가?

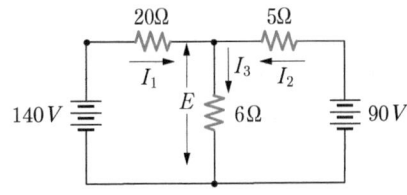

① 20　② 60
③ 80　④ 120

해설 키르히호프의 법칙
- 제1법칙 전류의 법칙　$I_1 + I_2 = I_3$　－①
- 제2법칙 전압의 법칙　$20 \times I_1 + 6 \times I_3 = 140$　－②
　　　　　　　　　　　$5 \times I_2 + 6 \times I_3 = 90$　－③
①, ②, ③ 식에서 $I_1 = 4, I_2 = 6, I_3 = 10$
저항 6Ω의 양단전압 $E = I_3 \times 6 = 60$

74 자기 컴파스의 자침이 수평면과 이루는 각을 무엇이라고 하는가?

① 지자기의 복각
② 지자기의 수평각
③ 지자기의 편각
④ 지자기의 수직각

해설 지자기 3요소
- 편차 : 지축과 지구자기축의 불일치로 지구자오선과 자기 자오선 사이에 생기는 오차각
- 복각 : 자력선과 수평선과 이루는 사이각
- 수평분력 : 자력선의 수평방향의 분력

75 신호의 크기에 따라 반송파의 주파수를 변화시키는 변조방식은?

① FM　② AM
③ PM　④ PCM

76 조종실의 온도변화에 따른 속도계 지시 보상방법으로 옳은 것은?

① 진대기속도를 이용한다.
② 등가대기속도를 이용한다.
③ 장착된 바이메탈(bimetal)을 이용한다.
④ 서멀스위치에 의해서 전기적으로 실시된다.

77 엔진에 화재가 발생되어 화재차단스위치(fire shutoff swich)를 작동시켰을 때 작동하는 소화준비 과정으로 틀린 것은?

① 발전기의 발전을 정지한다.
② 작동유의 공급밸브를 닫는다.
③ 엔진의 연료 흐름을 차단한다.
④ 화재탐지계통의 활동을 멈춘다.

78 자장 내 단일코일로 회전하는 발전기에서 중립면을 통과하는 코일에 전압이 유도되지 않는 이유로 옳은 것은?

① 자력선이 존재하지 않기 때문
② 자력선이 차단되지 않기 때문
③ 자력선의 밀도가 너무 높기 때문
④ 자력선이 잘못된 방향으로 차단되기 때문

79 자이로스코프(gyroscope)의 섭동성에 대한 설명으로 옳은 것은?

① 피치 축에서의 자세변화가 롤(roll) 및 요(yaw) 축을 변화시키는 현상
② 극 지역에서 자이로가 극 방향으로 기우는 현상
③ 외부에서 가해진 힘의 방향과 자이로 축의 방향에 직각인 방향으로 회전하려는 현상
④ 외력이 가해지지 않는 한 일정 방향을 유지하려는 현상

80 제빙 부츠의 이물질을 제거할 때 우선 사용하는 세척제는?

① 비눗물   ② 부동액
③ 테레빈   ④ 중성 솔벤트

2017년 제1회 시행 정답

01 ④	02 ①	03 ②	04 ④	05 ④	06 ②	07 ①	08 ①	09 ①	10 ①
11 ④	12 ③	13 ②	14 ①	15 ③	16 ②	17 ②	18 ③	19 ④	20 ②
21 ②	22 ④	23 ①	24 ③	25 ①	26 ④	27 ③	28 ①	29 ④	30 ④
31 ④	32 ①	33 ③	34 ④	35 ③	36 ④	37 ②	38 ①	39 ③	40 ②
41 ①	42 ③	43 ④	44 ③	45 ③	46 ①	47 ②	48 ③	49 ①	50 ④
51 ②	52 ③	53 ②	54 ②	55 ②	56 ④	57 ②	58 ①	59 ①	60 ②
61 ①	62 ④	63 ①	64 ③	65 ②	66 ④	67 ③	68 ②	69 ④	70 ③
71 ②	72 ④	73 ②	74 ①	75 ①	76 ③	77 ④	78 ②	79 ③	80 ①

최근기출문제
2017년 제2회 시행

제1과목 항공역학

01 헬리콥터의 동시피치제어간(collective pitch control lever)을 올리면 나타나는 현상에 대한 설명으로 옳은 것은?

① 피치가 커져 전진비행을 가능하게 한다.
② 피치가 커져 수직으로 상승할 수 있다.
③ 피치가 작아져 후진비행을 빠르게 한다.
④ 피치가 작아져 수직으로 상승할 수 있다.

해설 컬렉티브 피치 제어간을 움직이면 스워시 플레이트(swash plate)가 동시에 회전날개의 피치를 올리거나 내려, 수직 상승, 강하 비행을 할 수 있다.

02 V 속도로 비행하는 프로펠러 항공기의 프로펠러 유도속도가 $v = \sqrt{(\frac{V}{2})^2 + \frac{T}{2A\rho}}$ 라면 이 항공기가 정지하였을 때의 유도속도는? (단, T : 발생추력, A : 프로펠러 회전면적, ρ : 공기밀도이다.)

① $v = (\frac{T}{2A\rho})^{\frac{1}{2}}$
② $v = ((\frac{V}{2})^2 + \frac{T}{2A\rho})^{\frac{1}{2}}$
③ $v = \frac{T}{2A\rho}$
④ $v = -\frac{V}{2} + (\frac{T}{2A\rho})^{\frac{1}{2}}$

해설 정지하는 경우 V = 0 이 된다.

03 그림과 같은 비행기의 운동에 대한 설명이 아닌 것은?

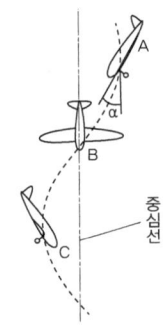

① 수평스핀보다 낙하속도가 크다.
② 옆미끄럼이 생긴다고 할 수 있다.
③ 자동회전과 수직강하가 조합된 비행이다.
④ 비행 중 가장 큰 하중배수는 상단점이다.

해설 수평스핀은 수직스핀보다 낙하속도는 작지만 각속도가 커 회복이 더 어렵다. 키돌이(loop) 기동에서는 하단점에서 하중배수(n=6)가 가장 크다.

04 조종면의 앞전을 길게 하는 앞전 밸런스(leading edge balance)의 주된 이용 목적은?

① 양력 증가   ② 조종력 경감
③ 항력 감소   ④ 항공기 속도 증가

05 비행속도가 300m/s인 항공기가 상승각 10°로 상승비행을 할 때 상승률은 약 몇 m/s 인가?

① 52   ② 150
③ 152   ④ 295

해설 $RC = V\sin\theta = 300 \times \sin10$

06 피토 정압관(pitot static tube)으로 측정하는 것은?

① 비행속도   ② 외기온도
③ 하중계수   ④ 선회반경

해설
- 전압과 정압 이용 : 속도계
- 정압만 이용 : 고도계, 승강계

07 지구 북반구에서 서에서 동으로 37 m/s 정도의 속도로 부는 제트기류가 발생하는 대기층은?

① 열권계면 ② 성층권계면
③ 중간권계면 ④ 대류권계면

08 날개의 폭(span)이 20m, 평균 기하학적 시위의 길이가 2m인 타원날개에서 양력계수가 0.7일 때 유도항력계수는 약 얼마인가?

① 0.008 ② 0.016
③ 1.56 ④ 16

해설 $C_{Di} = \dfrac{C_L^2}{\pi eAR} = \dfrac{0.7^2}{\pi \times 1 \times \dfrac{20}{2}}$

09 정상선회하는 항공기의 선회각이 60°일 때 하중배수는?

① 0.5 ② 2.0
③ 2.5 ④ 3.0

해설 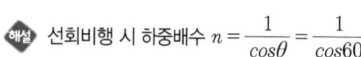 선회비행 시 하중배수 $n = \dfrac{1}{\cos\theta} = \dfrac{1}{\cos 60}$

10 뒤젖힘각(sweep back angle)에 대한 설명으로 옳은 것은?

① 날개가 수평을 기준으로 위로 올라간 각
② 기체의 세로축과 날개의 시위선이 이루는 각
③ 날개 끝의 붙임각을 날개 뿌리의 붙임각보다 크거나 작게 한 각
④ 25%C(코드길이) 되는 점들을 날개뿌리에서 날개끝까지 연결한 직선과 기체의 가로축이 이루는 각

11 수직꼬리날개가 실속하는 큰 옆미끄럼각에서도 방향안정을 유지하기 위한 목적의 장치는?

① 윙렛(winglet)
② 도살 핀(dorsal fin)
③ 드루프 플랩(droop flap)
④ 쥬리 스트러트(jury strut)

해설
- 윙렛 : 유도항력 감소
- 드루프 플랩 : 고양력장치

12 양항비가 10인 항공기가 고도 2000m에서 활공 시 도달하는 활공거리는 몇 m인가?

① 10000 ② 15000
③ 20000 ④ 40000

해설 $\tan\theta = \dfrac{1}{\text{양항비}} = \dfrac{H}{X}, \dfrac{1}{10} = \dfrac{2000}{X}$

13 150lbf의 항력을 받으며 200mph로 비행하는 비행기가 같은 자세로 400mph로 비행 시 작용하는 항력은 약 몇 lbf 인가?

① 300 ② 400
③ 600 ④ 800

해설 항력은 속도의 제곱에 비례한다.

14 프로펠러의 진행률(advance ratio)을 옳게 설명한 것은?

① 추력과 토크와의 비이다.
② 프로펠러 기하피치와 프로펠러 지름과의 비이다.
③ 프로펠러 유효피치와 프로펠러 지름과의 비이다.
④ 프로펠러 기하피치와 유효피치와의 비이다.

해설 $J = \dfrac{V}{nD} = \dfrac{V}{n} \times \dfrac{1}{D}$

15 동체에 붙는 날개의 위치에 따라 쳐든각 효과의 크기가 달라지는데 그 효과가 큰 것에서 작은 순서로 나열된 것은?

① 높은날개 → 중간날개 → 낮은날개
② 낮은날개 → 중간날개 → 높은날개
③ 중간날개 → 낮은날개 → 높은날개
④ 높은날개 → 낮은날개 → 중간날개

16 원심력에 의해 양력이 회전날개에 수직으로 작용한 결과로서 헬리콥터 회전날개 깃 끝 경로면(tip path plane)과 회전날개 깃이 이루는 각을 의미하는 용어는?

① 경로각   ② 깃각
③ 회전각   ④ 코닝각

17 다음 중 세로 정안정성이 안정인 조건은? (단, 비행기가 nose down 시 음의 피칭모멘트가 발생되며, C_m은 피칭모멘트계수, α는 받음각이다.)

① $\dfrac{dC_m}{d\alpha} = 0$ ② $\dfrac{dC_m}{d\alpha} \neq 0$

③ $\dfrac{dC_m}{d\alpha} > 0$ ④ $\dfrac{dC_m}{d\alpha} < 0$

> 해설 받음각이 증가하면 양력이 증가하여 기수 올림모멘트가 발생한다. 그러므로 다시 안정상태로 돌아오려면 기수를 내리는 모멘트(음의 모멘트)가 발생해야 한다.

18 다음 중 층류 날개골에 해당하는 계열은?

① 4자 계열 날개골   ② 5자 계열 날개골
③ 6자 계열 날개골   ④ 8자 계열 날개골

19 항공기 속도와 음속의 비를 나타낸 무차원 수는?

① 마하수   ② 웨버수
③ 하중배수   ④ 레이놀즈수

20 항공기 이륙거리를 줄이기 위한 방법이 아닌 것은?

① 항공기의 무게를 가볍게 한다.
② 플랩과 같은 고양력 장치를 사용한다.
③ 엔진의 추력을 증가하여 이륙활주 중 가속도를 증가시킨다.
④ 바람을 등지고 이륙하여 바람의 저항을 줄인다.

> 해설 이착륙시 항상 바람은 맞바람(정풍)이 불어야 한다.

제2과목 항공기관

21 가스터빈엔진의 윤활계통에서 고온탱크계통(hot tank type)에 대한 설명으로 옳은 것은?

① 윤활유는 노즐을 거치고 냉각기를 거쳐 탱크로 이동한다.
② 탱크의 윤활유는 연료가열기에 의하여 가열된다.
③ 윤활유는 배유펌프에서 탱크로 곧바로 이동한다.
④ 냉각기가 배유펌프와 탱크 사이에 위치하여 냉각된 윤활유가 탱크로 유입된다.

> 해설
> • cold tank : 오일 냉각기가 배유라인에 위치
> • hot tank : 오일 냉각기가 공급라인에 위치

22 왕복엔진과 비교하여 가스터빈엔진의 특징으로 틀린 것은?

① 단위추력 당 중량비가 낮다.
② 대부분의 구성품이 회전운동으로 이루어져 진동이 많다.
③ 고도에 따라 출력을 유지하기 위한 과급기가 불필요하다.
④ 주요 구성품의 상호마찰부분이 없어서 윤활유 소비량이 적다.

23 수동식 혼합제어장치(mixture control)를 사용하는 왕복엔진을 장착한 비행기가 순항중 일 때 일반적으로 혼합제어장치의 조작 위치는?

① RICH ② MIDDLE
③ LEAN ④ FULL RICH

> 해설
> • Full Rich : 시동 시
> • Rich : 이륙 시
> • Lean : 순항 시

24 성형 왕복엔진에서 마그네토(magneto)를 액세서리 부(accessory section)에 부착하지 않고 엔진 전방부분에 부착하는 주된 이유는?

① 무게중심의 이동이 쉽다.
② 공기에 의한 냉각효과를 높일 수 있다.
③ 엔진 회전력을 이용할 수 있기 때문이다.
④ 공기저항을 줄여 엔진회전의 효율을 높일 수 있다.

25 항공기 왕복엔진의 마찰마력을 옳게 표현한 것은?

① 제동마력과 정격마력의 차
② 지시마력과 정격마력의 차
③ 지시마력과 제동마력의 차
④ 엔진의 용적효율과 제동마력의 차

26 항공기 기관용 윤활유의 점도지수(viscosity index)가 높다는 것은 무엇을 의미하는가?

① 온도변화에 따른 윤활유의 점도변화가 작다.
② 온도변화에 따른 윤활유의 점도변화가 크다.
③ 압력변화에 따른 윤활유의 점도변화가 작다.
④ 압력변화에 따른 윤활유의 점도변화가 크다.

27 내연기관의 이론 공기 사이클을 해석하는데 가정한 내용으로 틀린 것은?

① 가열은 외부로부터 피스톤과 실린더를 가열하는 것으로 한다.
② 작동 사이클은 공기 표준 사이클에 대하여 계산한다.
③ 비열은 온도에 따라 변화하지 않는 것으로 한다.
④ 열해리는 일어나지 않는 것으로 하고 열손실은 없다고 가정한다.

> 해설 공기표준 사이클의 가정
> • 동작물질은 완전가스로 취급되는 공기만으로 되어있으므로 비열은 일정하다.
> • 동작물질의 가열은 가스 자체의 연소에 의한 것이 아니고, 밀폐된 상태에서 외부로부터 열을 공급받고, 외부로 방출한다.
> • 압축 및 팽창과정은 단열(등엔트로피) 과정이다.

28 항공기 왕복엔진에서 2중 마그네토 점화계통을 사용하는 이유가 아닌 것은?

① 출력의 증가   ② 점화 안전성
③ 불꽃의 지연   ④ 디토네이션의 방지

> 해설 복식 점화를 하면 점화속도가 증가되어 디토네이션 방지되며, 한 개가 고장나더라도 나머지 한 개로 점화할 수 있으므로 안전을 고려한 것이다.

29 가스터빈엔진의 윤활계통에 대한 설명으로 옳은 것은?

① 윤활유 양은 비중을 이용하여 측정한다.
② 배유 윤활유에 함유된 공기를 분리시키는 것은 드웰챔버(dwell chamber)이다.
③ 냉각기의 바이패스밸브는 입구의 압력이 낮아지면 배유펌프 입구로 보낸다.
④ 윤활유 펌프는 베인(vane)식이 주로 쓰인다.

> 해설 윤활펌프는 주로 기어식, 제로터식이 사용된다. 드웰 챔버는 오일 탱크의 하부에 위치한다.

30 항공기 왕복엔진의 기본 성능요소에 관한 설명으로 옳은 것은?

① 고도가 증가하면 제동마력이 증가한다.
② 엔진의 배기량을 증가시키기 위해서는 압축비를 줄인다.
③ 회전수가 증가하면 제동마력이 감소 후 증가한다.
④ 총 배기량은 엔진이 2회전하는 동안 전체 실린더가 배출한 배기가스 양이다.

31 왕복엔진을 낮은 기온에서 시동하기 위해 오일 희석(oil dilution)장치에서 사용하는 것은?

① Alcohol ② Propane
③ Gasoline ④ Kerosene

32 가스터빈엔진에서 사용하는 주 연료펌프의 형식으로 옳은 것은?

① 기어 펌프(gear pump)
② 베인 펌프(vane pump)
③ 루트 펌프(roots pump)
④ 지로터 펌프(gerotor pump)

해설) 왕복기관의 주연료펌프 : 베인식

33 원심형 압축기에서 속도에너지가 압력 에너지로 바뀌는 곳은?

① 임펠러(impeller)
② 디퓨져(diffuser)
③ 매니폴드(manifold)
④ 배기노즐(exhaust nozzle)

34 가스터빈엔진에서 펌프출구압력이 규정값 이상으로 높아지면 작동하는 밸브는?

① 릴리프밸브 ② 체크밸브
③ 바이패스밸브 ④ 드레인밸브

해설) 릴리프밸브 작동으로 유체는 펌프 입구로 되돌아간다.

35 속도 540km/h로 비행하는 항공기에 장착된 터보제트엔진이 196kg/s인 중량유량의 공기를 흡입하여 250m/s의 속도로 배기시킨다면 총추력은 몇 kg인가?

① 4000 ② 5000
③ 6000 ④ 7000

해설) $F_g = \dfrac{W_a}{g} V_j = \dfrac{196}{9.8} \times 250$

36 비행속도가 V(ft/s), 회전속도가 N(rpm)인 프로펠러의 유효피치(effective pitch)를 옳게 표현한 것은?

① $V \times \dfrac{N}{60}$ ② $V + \dfrac{60}{N}$
③ $V + \dfrac{N}{60}$ ④ $V \times \dfrac{60}{N}$

해설) $EP = 2\pi r \times tan\theta = \dfrac{V}{\left(\dfrac{n}{60}\right)}$

37 가스터빈엔진에서 RPM의 변화가 심할 때 원인이 아닌 것은?

① 배기가스의 온도가 낮을 때
② 주 연료장치가 고장일 때
③ 연료 부스터 펌프 압력이 불안정할 때
④ 가변 스테이터 베인 리깅이 불량일 때

38 프로펠러 슬립(slip)에 대한 설명으로 옳은 것은?

① 프로펠러가 1분 회전 시 실제 전진거리
② 허브중심으로부터 끝부분까지의 길이를 인치로 나타낸 거리
③ 블레이드 시위 앞전 25%를 연결한 선의 길

이와 시위 길이를 나눈 값

④ 기하학적피치와 유효피치의 차이를 기하학적피치로 나눈 % 값

해설 $Slip = \dfrac{GP-EP}{GP} \times 100$

39 오일(oil)의 구비 조건으로 틀린 것은?

① 저 인화점 일 것
② 열전도율이 좋을 것
③ 화학적 안정성이 좋을 것
④ 양호한 유성(oilness)을 가질 것

40 이상기체에 대한 설명으로 틀린 것은?

① 엔탈피는 온도만의 함수이다.
② 내부에너지는 온도만의 함수이다.
③ 상태방정식에서 압력은 체적과 반비례 관계이다.
④ 비열비(specific heat ratio)값은 항상 1 이다.

해설 $k(\text{비열비}) = \dfrac{C_P(\text{정압비열})}{C_V(\text{정적비열})}$

제3과목 항공기체

41 다음 중 와셔의 사용방법에 대한 설명으로 옳은 것은?

① 볼트와 같은 재질을 사용하지 않는 것이 좋다.
② 기밀을 요구하는 부분에는 반드시 락크와셔를 사용한다.
③ 와셔의 사용 개수는 락크와셔 및 특수와셔를 포함하여 최대 3개까지 허용한다.
④ 락크와셔는 1·2차 구조부, 부식되기 쉬운 곳에는 사용하지 않는다.

42 다음 중 아크 용접에 속하는 것은?

① 단접법
② 테르밋 용접
③ 업셋 용접
④ 원자수소 용접

43 항공기엔진 장착 방식에 대한 설명으로 옳은 것은?

① 가스터빈엔진은 구조적인 이유로 동체 내부에 장착이 불가능하다.
② 동체에 엔진을 장착하려면 파일론을 설치하여야 한다.
③ 날개에 엔진을 장착하면 날개의 공기역학적 성능을 저하시킨다.
④ 왕복엔진 장착부분에 설치된 나셀의 카울링은 진동감소와 화재 시 탈출구로 사용된다.

44 항공기 소재로 사용되고 있는 알루미늄합금의 특성으로 틀린 것은?

① 비강도가 우수하다.
② 시효경화성이 있다.
③ 상온에서 기계적 성질이 우수하다.
④ 순수 알루미늄인 상태에서 큰 강도를 가진다.

45 외경이 8cm, 내경이 7cm인 중공원형 단면의 극관성모멘트는 약 몇 cm⁴ 인가?

① 166 ② 252
③ 275 ④ 402

해설 $J = \sum_{i=1}^{n} r_i^2 (\Delta A_i)$
$I_p = \int r^2 dA, \ dA = 2\pi r dr$
$= \int_3^4 r^2 (2\pi r dr) = 2\pi \int_3^4 r^3 dr$
$= \dfrac{2\pi}{4}[r^4]_3^4 = \dfrac{2\pi}{4}[4^4 - 3^4] = 275$

46 항공기 동체의 축방향으로 작용하는 인장력 및 압축력과 동체의 각 단면의 굽힘모멘트를 담당하도록 되어 있는 항공기 구조재는?

① 링(ring)
② 스트링어(stringer)
③ 외피(skin)
④ 벌크헤드(bulkhead)

47 항공기 조종계통에서 운동의 방향을 바꿔주는 것이 아닌 것은?

① 풀리(pulley)
② 스토퍼(stopper)
③ 벨 크랭크(bell crank)
④ 토크 튜브(torque tube)

48 이질 금속간의 접촉부식에서 알루미늄 합금의 경우 A군과 B군으로 구분하였을 때 군이 다른 것은?

① 2014
② 2017
③ 2024
④ 3003

해설 이질 금속간 부식(Bimetal type corrosion or Galvanic corrosion) : 이질 금속이 서로 접촉된 상태에서 습기 또는 타 물질에 의해 어느 한쪽 재료가 먼저 부식되는 현상으로 접촉면에 부식 퇴적물을 만드는 부식(동전기 부식)

49 실속속도 100mph인 비행기의 설계제한 하중배수가 4일 때, 이 비행기의 설계운용속도는 몇 mph 인가?

① 100
② 150
③ 200
④ 400

해설 $V_A = \sqrt{n_{Lim}} \times V_s = \sqrt{4} \times 100 = 200$

50 항공기의 외피수리에서 다음의 [조건]에 의하면 알루미늄 판재의 굽힘 허용값은 약 몇 in 인가?

[조건]
• 곡률 반지름(R) : 0.125 in
• 굽힘 각도(°) : 90°
• 두께(T) : 0.050 in

① 0.216
② 0.226
③ 0.236
④ 0.246

해설 $BA = \dfrac{\theta}{360} \times 2\pi (R + \dfrac{1}{2}T)$

51 0.040in 두께의 알루미늄 판 2장을 체결하기 위해 재질이 2117인 유니버셜 헤드 리벳을 사용한다면 리벳의 규격으로 적당한 것은?

① MS 20426D4-6
② MS 20426AD4-4
③ MS 20470D4-6
④ MS 20470AD4-4

해설 리벳의 길이는 G+1.5D = G(0.040×2) + 1.5×4/32
MS 20470AD 4-4
• MS : 규격
• 470 : 머리모양 (유니버설)
• AD : 재질 (2117)
• 4 : 4/32 리벳직경
• 4 : 4/16 리벳길이

52 다음 중 주조종면이 아닌 것은?

① 러더(rudder)
② 에일러론(aileron)
③ 스포일러(spoiler)
④ 엘리베이터(elevator)

53 무게 2000kg인 항공기의 중심위치가 기준선 후방 50cm에 위치하고 있으며, 기준선 전방 80cm에 위치한 화물 70kg을 기준선 후방 80cm 위치로 이동시켰을 때 새로운 중심 위치는?

① 기준선 후방 55.6 cm
② 기준선 후방 60.6 cm
③ 기준선 후방 65.6 cm
④ 기준선 후방 70.6 cm

54 항공기 날개의 스팬방향의 주요 구조부재로서 날개에 가해지는 공기력에 의한 굽힘모멘트를 주로 담당하는 부재는?

① 리브(rib)   ② 스파(spar)
③ 스킨(skin) ④ 스트링어(stringer)

55 그림과 같은 트러스(truss) 구조에 하중 P가 작용할 때, 내력이 작용하지 않는 부재는? (단, 각 단위 부재의 길이는 1m이다.)

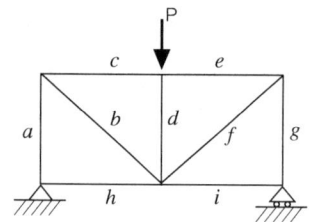

① 부재 a, h   ② 부재 h, i
③ 부재 a, g   ④ 부재 b, f

해설 힌지 지지점에서의 지점 반력은 수평반력과 수직반력만 작용하고 롤러 지지점에서의 지점 반력은 수직반력만 작용한다. 트러스 구조에 수직하중 P가 작용하므로 지점에서는 수평 반력이 없다. 따라서 수평부재인 c, e, h, i 는 무력부재(zero-force member)임을 알 수 있다.

56 특별한 지시가 없을 때 비상용 장치에 사용하는 CY(구리-카드뮴 도금)안전결선의 지름은?

① 0.020 in   ② 0.025 in
③ 0.030 in   ④ 0.032 in

해설 응급처치 키트, 휴대용전화기, 산소 표준 비상밸브, 항공기 전자 장비품(예 : 베터리락 장치) 등 비상용 장치에는 특별한 지시가 없는 한 0.020in CY와이어, 카드뮴 도금 와이어를 사용한다.

57 온도가 약 700°F까지 올라가는 부위에 사용할 수 있는 안전결선 재료는?

① Cu 합금   ② Ni-Cu 합금(모넬)
③ 5056 AL 합금   ④ 탄소강(아연도금)

해설 안전결선용 와이어의 재질은 보통 내식강 계열(1.연강 2.황동 3.구리 4.내식강 5.모넬 6. 알루미늄)을 사용하고 고온 부위의 경우 모넬이나 인코넬(제작사)사의 강을 사용한다.

58 단단한 방부 페인트를 유연하게 하기 위해 솔벤트 유화 세척제와 혼합하여 일반 세척용으로 사용하며, 다른 보호제와 함께 바르거나 씻는 작업이 뒤따라야 하는 세척제는?

① 케로신   ② 메틸에틸케론
③ 메틸클로로포름   ④ 지방족 나프타

59 그림과 같은 응력-변형률 선도에서 극한응력의 위치는? (단, σ는 응력, ε은 변형률을 나타낸다.)

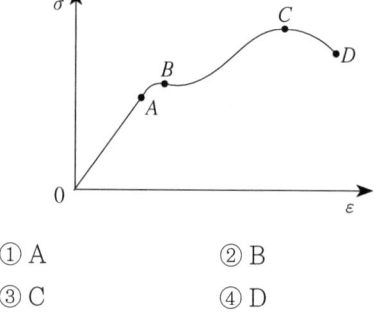

① A   ② B
③ C   ④ D

60 항공기의 날개착륙장치의 트럭형식에서 트럭위치 작동기(truck position actuator)에 대한 설명으로 틀린 것은?

① 착륙장치를 접어들어가거나 펼칠 때 사용되는 유압작동기이다.
② 착륙장치가 접혀 들어갈 때 공간을 줄이기 위해서도 사용된다.
③ 항공기가 지상에서 수평으로 활주할 때에는 완충스트럿과 트럭빔이 수직이 되도록 댐퍼(damper)의 역할도 한다.
④ 바퀴가 지면으로부터 떨어지는 순간에 완충 스트럿과 트럭빔을 특정한 각도로 유지

시켜주는 유압작동기이다.

- 완충스트럿 : 주착륙 장치의 가장 핵심
- 항력스트럿 : 완충스트럿의 보강 및 지지
- 사이드스트럿 : 착륙장치가 옆으로 주저앉는 것 방지
- 트럭 : 주착륙 장치에 바퀴가 장착되는 곳
- 센터링실린더 : 착륙시 완충스트럿과 트럭의 수직
- 스너버 : 센터링실린더의 완만한 작동
- 제동평형로드 : 제동시 트럭의 균일 제동하중 작용

제4과목 항공장비

61 1차 감시 레이더에 대한 설명으로 옳은 것은?

① 전파를 수신만하는 레이더이다.
② 전파를 송신만하는 레이더이다.
③ 송신한 전파가 물체(항공기)에 반사되어 되돌아오는 전파를 감지하는 방식이다.
④ 송신한 전파가 물체(항공기)에 닿으면 항공기는 이 전파를 수신하여 필요한 정보를 추가한 후 다시 송신하는 방식이다.

62 FAA에서 정한 여압장치를 갖춘 항공기의 제작 순항고도에서의 객실고도는 몇 ft 인가?

① 0   ② 3000
③ 8000   ④ 20000

63 항공기 버스(bus)에 대한 설명으로 틀린 것은?

① 로드버스(load bus)는 전기 부하에 직접 전력을 공급한다.
② 대기버스(standby bus)는 비상 전원을 확보하기 위한 것이다.
③ 필수버스(essential bus)는 항공기 항법등, 점검등을 작동시키기 위한 전력을 공급한다.
④ 동기버스(synchronizing bus)는 엔진에 의해 구동되는 발전기들을 병렬운전하기 위한 것이다.

64 항공기에 사용되는 수평철재 구조재에 의해 지자기의 자장이 흩어져 생기는 오차는?

① 반원차   ② 와동오차
③ 불이차   ④ 사분원차

자기 컴파스의 오차
- 편차 : 지축과 지구 자기축의 불일치로 인한 오차, 지구 자오선과 자기자오선 사이의 오차각
- 정적오차 : 불이차, 사분원차, 반원차
- 동적오차 : 북선오차, 가속도오차, 와동오차

65 계기의 색표지 중 흰색 방사선이 의미하는 것은?

① 안전 운용 범위
② 최대 및 최소 운용 한계
③ 플랩 조작에 따른 항공기의 속도 범위
④ 유리판과 계기케이스의 미끄럼방지 표시

66 선회경사계가 그림과 같이 나타났다면 현재 항공기의 비행 상태는?

① 좌선회 균형
② 좌선회 내활
③ 좌선회 외활
④ 우선회 외활

67 다음 중 종합계기 PFD에서 지시되지 않는 것은?

① 승강속도   ② 날씨정보
③ 비행자세   ④ 기압고도

- PFD(primary flight display) : 비행자세, 속도, 고도, 승강율, 기수방위, 오토파일롯, 마커등 등을 한곳에 집약하여 지시
- ND(navigation display) : 항법에 필요한 자료로 현재위치, 기수방위, 비행방향, 선택코스의 벗어남, 비행예정 코스 등을 지시
- EICAS(engine indication & crew alerting system) : 기관 및 각 시스템의 상태를 지시하며 이상 발생 및 그 상황을 표시

68 작동유 저장탱크에 관한 설명으로 옳은 것은?

① 배플은 불순물을 제거한다.
② 가압식과 비가압식이 있다.
③ 저장탱크의 압력은 사이트게이지로 알 수 있다.
④ 용량은 축압기를 포함한 모든 계통이 필요로 하는 용량의 75% 이상이어야 한다.

69 계기착륙장치(instrument landing system)의 구성장치가 아닌 것은?

① 로컬라이저(localizer)
② 마커비컨(marker beacon)
③ 기상레이다(weather radar)
④ 글라이드슬로프(glide slope)

70 그림과 같은 회로에서 합성저항은 몇 Ω인가?

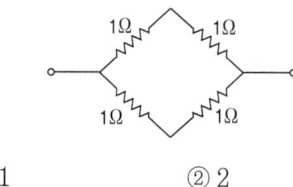

① 1
② 2
③ 3
④ 4

71 온도 변화에 의한 전기저항의 변화를 측정하는 화재경보장치 형식은?

① 바이메탈(bi-metal)식
② 서미스터(thermistor)식
③ 서모커플(themocouple)식
④ 서멀 스위치(thermal switch)식

72 교류 발전기의 출력 주파수를 일정하게 유지하는 데 사용되는 것은?

① Brushless
② Magn-amp
③ Carbon pile
④ Constant speed drive

73 도선도표(導線圖表, wire chart)상에서 도선의 굵기를 정할 때 고려할 사항이 아닌 것은?

① 전류　　② 주파수
③ 전선의 길이　　④ 정착위치의 온도

> 해설 wire chart에는 전압강하당 도선의 길이, 전류 및 주변 여건 등이 고려되어 굵기를 결정하도록 되어 있다.

74 다음 중 작동유가 과도하게 흐르는 것을 방지하기 위한 장치는?

① 필터(filter)
② 우선밸브(priority valve)
③ 유압퓨즈(hydraulic fuse)
④ 바이패스밸브(by-pass valve)

75 압력센서의 전압값을 기준전압 5V의 10bit 분해능의 A/D 컨버터로 변환하려 한다면, 센서의 출력 전압이 2.5V일 때 출력되는 이상적인 디지털 값은?

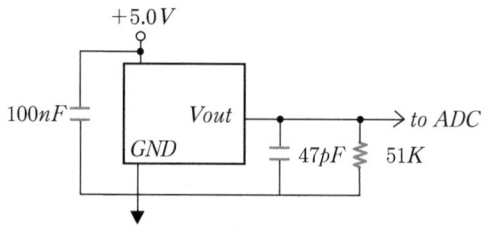

① 128
② 256
③ 512
④ 1024

> 해설 10bit = 2¹⁰ = 1024
> 5V일 때 디지털 값은 1024 이므로
> 2.5V일 때 디지털 값은 512 이다.

76 저항 루프형 화재탐지계통의 구성품이 아닌 것은?

① 타임스위치　② 경고벨
③ 테스트 스위치　④ 경고등

77 주파수 300 MHz 의 파장은 몇 m 인가?

① 1　② 10
③ 100　④ 1000

78 서로 떨어진 2개의 송신소로부터 동기신호를 수신하고 신호의 시간차를 측정하여 자기위치를 결정하는 장거리 쌍곡선 무선항법은?

① VOR　② ADF
③ TACAN　④ LORAN C

해설) 쌍곡선 항법장치 : 미리 위치를 알고 있는 두 송신국으로부터의 전파를 수신하고 그 도달 시간의 차 또는 위상차를 측정하여 위치를 결정하는 방식을 말하며 LORAN과 오메가 항법이 있다.

79 항공기에서 사용된 물을 방출하는 드레인 마스트(drain mast)의 방빙 방법으로 옳은 것은?

① 마스트 주변에 알코올을 분사하여 방빙한다.
② 마스트 주변에 배기가스를 공급하여 방빙한다.
③ 마스트 주변의 파이프에 제빙부츠를 장착하여 방빙한다.
④ 항공기가 지상에 있을 때는 저전압, 비행 중에는 고전압을 공급하는 전기히터를 이용한다.

80 자이로스코프의 섭동성을 이용한 계기는?

① 경사계　② 선회계
③ 정침의　④ 인공 수평의

2017년 제2회 시행 정답

01 ②	02 ①	03 ④	04 ②	05 ①	06 ①	07 ④	08 ②	09 ②	10 ④
11 ②	12 ③	13 ③	14 ③	15 ①	16 ④	17 ④	18 ③	19 ①	20 ④
21 ③	22 ②	23 ③	24 ②	25 ③	26 ④	27 ①	28 ③	29 ②	30 ④
31 ③	32 ①	33 ③	34 ①	35 ②	36 ④	37 ①	38 ④	39 ①	40 ④
41 ④	42 ④	43 ③	44 ④	45 ①	46 ②	47 ②	48 ④	49 ③	50 ③
51 ④	52 ③	53 ①	54 ②	55 ②	56 ①	57 ②	58 ①	59 ③	60 ①
61 ③	62 ③	63 ③	64 ④	65 ④	66 ①	67 ②	68 ②	69 ③	70 ①
71 ②	72 ④	73 ②	74 ③	75 ③	76 ①	77 ①	78 ④	79 ④	80 ②

최근기출문제
2017년 제4회 시행

제1과목 | 항공역학

01 다음 중 방향 안정성이 양(+)인 경우는?
(단, b : 옆미끄럼각, C_n : 요잉모멘트계수이다.)

① $\dfrac{dC_n}{d\beta} = 0$ ② $\dfrac{dC_n}{d\beta} \neq 0$

③ $\dfrac{dC_n}{d\beta} > 0$ ④ $\dfrac{dC_n}{d\beta} < 0$

해설 (+) 옆미끄럼각에서 기수는 좌측으로 움직이게 되므로 안정을 위해서는 기수를 우측으로 회전시키는 모멘트(양의 모멘트)가 발생되어야 한다.

02 일반적으로 고정피치 프로펠러의 깃각은 어떤 속도에서 효율이 가장 좋도록 설정하는가?

① 이륙   ② 착륙
③ 순항   ④ 상승

03 항공기 날개에 관한 설명으로 옳은 것은?

① 날개에서 발생하는 양력은 유도항력을 유발한다.
② 날개의 뒤처짐각은 임계마하수를 낮춘다.
③ 날개의 가로세로비는 날개폭을 넓이로 나눈 값이다.
④ 양력과 항력은 날개면적의 제곱에 비례한다.

해설 후퇴날개는 임계마하수를 크게 하는 장점을 가지므로 천음속, 초음속 항공기에 많이 사용된다.

04 등가대기속도(V_e)와 진대기속도(V)에 대한 설명으로 옳은 것은? (단, 밀도비 $\sigma = \rho/\rho_0$, P_t : 전압, P_s : 정압, ρ_0 : 해면고도 밀도, ρ : 현재고도 밀도이다.)

① 등가대기속도와 진대기속도의 관계는 $V_e = \sqrt{\dfrac{V}{\sigma}}$ 이다.
② 진대기속도는 고도에 따른 밀도변화를 고려한 속도이다.
③ 표준대기의 대류권에서 고도가 증가할수록 진대기속도가 등가대기속도보다 느리다.
④ 베르누이의 정리를 이용하여 등가대기속도를 나타내면 $V_e = \sqrt{\dfrac{(P_t - P_s)}{\rho_0}}$ 이다.

해설 $V = \dfrac{V_e}{\sqrt{\sigma}}$, $V_e = \sqrt{\dfrac{2(P_t - P_s)}{\rho_0}}$

05 조종면의 폭이 2배가 되면 조종력은 어떻게 되어야 하는가?

① 1/2 로 감소   ② 변함 없음
③ 2배 증가   ④ 4배 증가

해설 조종력은 힌지 모멘트에 비례 (조종면 폭에 비례)
$F = K \times He = K \times C_h \dfrac{1}{2} \rho V^2 Sc = KC_h \dfrac{1}{2} \rho V^2 (bc)c$

06 비행기가 날개를 내리거나 올려 비행기의 전후축(세로축 ; longitudinal axis)을 중심으로 움직이는 것과 관련된 모멘트는?

① 옆놀이 모멘트(rolling moment)
② 빗놀이 모멘트(yawing moment)
③ 키놀이 모멘트(pitching moment)
④ 방향 모멘트(directional moment)

07 항공기가 등속수평비행을 하기 위한 조건으로 옳은 것은? (단, L은 양력, D는 항력, T는 추력, W는 항공기 무게이다.)

① $L=W, T>D$ ② $L=W, T=D$
③ $T=W, L>D$ ④ $T=W, L=D$

08 비행기 무게가 1000kgf이고 경사각 30°, 100 km/h의 속도로 정상선회를 하고 있을 때 양력은 약 몇 kgf 인가?

① 500
② 866
③ 1155
④ 2000

해설 $W = L\cos\theta, \therefore L = \dfrac{W}{\cos\theta} = \dfrac{1000}{\cos 30}$

09 다음 중 압력계수(C_p)의 정의로 틀린 것은? (단, P_∞ : 자유흐름의 정압, p : 임의점의 정압, V : 임의점의 속도, V_∞ : 자유흐름의 속도, ρ : 밀도, q_∞ : 자유흐름의 동압이다.)

① $C_p = \dfrac{p-p_\infty}{q_\infty}$
② $C_p = 2V^2 - p_\infty \rho V_\infty$
③ $C_p = \dfrac{p-p_\infty}{\frac{1}{2}\rho V_\infty^2}$
④ $C_p = 1 - \left(\dfrac{V}{V_\infty}\right)^2$

해설 $C_p = \dfrac{p-p_\infty}{q_\infty} = \dfrac{p-p_\infty}{\frac{1}{2}\rho V_\infty^2}$
$= \dfrac{\frac{1}{2}\rho V_\infty^2 - \frac{1}{2}\rho V^2}{\frac{1}{2}\rho V_\infty^2} = 1 - \left(\dfrac{V}{V_\infty}\right)^2$
$(\because P + \frac{1}{2}\rho V^2 = P_\infty + \frac{1}{2}\rho V_\infty^2,$
$P - P_\infty = \frac{1}{2}\rho V_\infty^2 - \frac{1}{2}\rho V^2)$

10 고정익 항공기 추진에 사용되는 프로펠러에 대한 설명으로 옳은 것은?

① 일반적으로 지상활주 시와 같이 전진비가 낮은 경우에 프로펠러 효율은 최대가 된다.
② 전진비의 증가에 따라 피치각을 증가시켜야 한다.
③ 로터면에 대한 비틀림각을 블레이드 팁(tip) 방향으로 증가하도록 분포시킨다.
④ 프로펠러 직경이 큰 경우에는 회전수 변화로 추력을 증감시키는 방법이 일반적으로 사용된다.

해설 프로펠러에서 효율이 최대가 되는 전진비는 하나의 깃각(피치각)에서 1개뿐이다. 전진비(진행률, advance ratio)가 작을 때는 깃각을 작게 하고, 전진비가 커짐에 따라 깃각을 크게 해야 효율이 좋아진다.

11 꼬리회전날개(tail rotor)가 필요한 헬리콥터는?

① 단일 회전날개 헬리콥터
② 직렬식 회전날개 헬리콥터
③ 병렬식 회전날개 헬리콥터
④ 동축 역회전식 회전날개 헬리콥터

12 착륙 접지 시 역추력을 발생시키는 비행기에 작용하는 순 감속력에 대한 식은? (단, 추력 : T, 항력 : D, 무게 : W, 양력 : L, 활주로 마찰계수 : μ이다.)

① $T-D+\mu(W-L)$
② $T+D+\mu(W+L)$
③ $T-D+\mu(W+L)$
④ $T+D+\mu(W-L)$

해설 순 감속력은 착륙전진 방향과 반대방향으로 작용하는 힘으로 역추력(T), 항력(D), 마찰력(R)의 합으로 나타난다.

13 레이놀즈수(Reynolds number)에 대한 설명으로 틀린 것은?

① 단위는 cm^2/s 이다.
② 동점성계수에 반비례한다.
③ 관성력과 점성력의 비를 나타낸다.
④ 임계레이놀즈수에서 천이현상이 일어난다.

해설 레이놀즈수, 마하수는 무차원수이다.

14 날개골(airfoil)의 정의로 옳은 것은?

① 날개의 단면
② 날개가 굽은 정도
③ 최대두께를 연결한 선
④ 앞전과 뒷전을 연결한 선

15 700ps짜리 2개의 엔진을 장착한 항공기가 대기속도 50m/s로 상승비행을 하고 있다면 이 항공기의 상승률은 몇 m/s인가? (단, 비행기의 중량은 5000kgf, 항력은 1000kgf, 프로펠러 효율은 0.8 이다.)

① 3.4
② 5.0
③ 6.0
④ 6.8

해설 $RC = \dfrac{P_a - P_r}{W} = \dfrac{TV - DV}{W} = \dfrac{(\eta_p \times BHP) - DV}{W}$
$= \dfrac{(0.8 \times 700 \times 2 \times 75) - (1000 \times 50)}{5000}$

16 다음 중 수평스핀(flat spin) 상태에서 받음각의 크기로 가장 적합한 것은?

① 약 5°
② 10~20°
③ 약 60°
④ 약 95° 이상

해설 수직스핀 상태에서 수직축(스핀축)에 대한 받음각은 20~40° 정도이고, 낙하속도는 약 40~80m/s이다. 수평스핀 상태는 수직스핀보다 받음각이 증가한다.

17 제트 비행기의 최대항속시간에 해당하는 속도는 다음 중 어느 조건에서 이루어지는가?

① 최대 이용추력
② 최소 이용추력
③ 최대 필요추력
④ 최소 필요추력

해설 제트 비행기의 최대항속거리 조건
$(\dfrac{T}{V})\min = (\dfrac{V}{T})\max, (\dfrac{C_D}{C_L^{\frac{1}{2}}})\min = (\dfrac{C_L^{\frac{1}{2}}}{C_D})\max$

제트 비행기의 최대항속시간 조건
$(T)\min, (\dfrac{C_D}{C_L})\min = (\dfrac{C_L}{C_D})\max$

18 전진하는 회전날개 깃에 작용하는 양력을 헬리콥터 전진속도(V)와 주 회전날개의 회전속도(ν)로 옳게 설명한 것은?

① $(\nu - V)^2$에 비례한다.
② $(\nu + V)^2$에 비례한다.
③ $(\dfrac{\nu + V}{\nu - V})^2$에 비례한다.
④ $(\dfrac{\nu - V}{\nu + V})^2$에 비례한다.

해설 $L = C_L \dfrac{1}{2}\rho V_\phi^2 S = C_L \dfrac{1}{2}\rho V_\phi^2 (cR)$ 이며, 이 때
V_ϕ(깃이 받는 상대풍 속도) = $V\cos\alpha \cdot \sin\phi + r\sin\beta \cdot \omega$
(α : 받음각, β : 코닝각, ϕ : 깃의 회전각도,
R : 깃의 반지름, V : 전진속도)
즉, 양력은 V_ϕ^2에 비례한다.

19 도움날개(aileron) 및 승강키(elevator)의 힌지 모멘트와 이들 조종면을 원하는 위치에 유지하기 위한 조종력과의 관계로 옳은 것은?

① 힌지 모멘트가 크면 조종력도 커야 한다.
② 힌지 모멘트가 커져도 필요한 조종력에는 변화가 없다.
③ 힌지 모멘트가 크면 조종력은 작아도 된다.
④ 아음속 항공기에서는 힌지모멘트가 커질수록 필요한 조종력은 작아진다.

해설 $F = K \cdot He$
(F : 조종력, K : 기계적 이득, He : 힌지모멘트)

20 국제표준대기의 평균 해발고도에서 특성값을 틀리게 짝지은 것은?

① 온도 : 20 ℃
② 압력 : 1013 hPa
③ 밀도 : 1.225 kg/m^3
④ 중력가속도 : 9.8066 m/s^2

제2과목 항공기관

21 가스터빈엔진의 기본 구성요소가 아닌 것은?

① 압축기 ② 터빈
③ 연소실 ④ 감속장치

22 가스터빈엔진에 사용되는 연료의 구비조건이 아닌 것은?

① 가격이 저렴할 것
② 어는점이 높을 것
③ 인화점이 높을 것
④ 연료의 중량당 발열량이 클 것

23 오일 양이 매우 작은 상태에서 왕복엔진을 시동하였을 때, 조종사는 어떤 현상을 인지할 수 있는가?

① 정상 작동을 한다.
② 오일압력계기가 0을 지시한다.
③ 오일압력계기가 동요(fluctuation)한다.
④ 오일압력계기가 높은 압력을 지시한다.

24 단(stage) 당 압력비가 1.34인 9단 축류형 압축기의 출구압력은 약 몇 psi인가? (단, 압축기 입구 압력은 14.7psi이다.)

① 177 ② 205
③ 255 ④ 276

해설) $\gamma = \frac{P_{out}}{P_{in}} = \gamma_s^n = \frac{P_{out}}{14.7} = 1.34^9$

25 이륙 시 정속 프로펠러에서 rpm 과 피치각은 어떤 상태가 되어야 가장 효율적인가?

① 높은 rpm과 작은 피치각
② 높은 rpm과 큰 피치각
③ 낮은 rpm과 작은 피치각
④ 낮은 rpm과 큰 피치각

26 오토사이클의 열효율을 옳게 나타낸 것은? (단, ϵ : 압축비, k : 비열비이다.)

① $1 - \frac{1}{\epsilon^{k-1}}$ ② $1 - \frac{k-1}{\epsilon^{k-1}}$
③ $1 - \epsilon^{\frac{1}{k-1}}$ ④ $\frac{1}{1 - \epsilon^{k-1}}$

27 왕복엔진 부품 중 윤활유에서 열을 가장 많이 흡수하는 부품은?

① 피스톤
② 배기밸브
③ 푸시로드
④ 프로펠러 감속기어

해설) 피스톤의 역할 : 기밀작용, 냉각작용, 윤활유조절작용

28 왕복엔진에서 마그네토(magneto)의 브레이커 어셈블리에서 접촉부분은 일반적으로 어떤 재료로 되어 있는가?

① 은(silver)
② 구리(copper)
③ 코발트(Cobalt)
④ 백금(Platinum)-이리듐(Iridium) 합금

29 가스터빈엔진에서 압축기 실속(compressor stall)이 일어나는 경우는?

① 흡입공기압력이 높을 때
② 유입공기속도가 상대적으로 느릴 때
③ 항공기 속도가 터빈 회전속도에 비하여 너무 빠를때
④ 흡입구로 들어오는 램공기(ram-air)의 밀도가 높을 때

해설 압축기 실속 원인
- 흡입공기속도가 느릴 때
- 압축기의 회전속도가 너무 빠를 때
- 압축기 출구의 공기 누적 현상

30 가스터빈엔진 점화계통의 구성품이 아닌 것은?

① 익사이터(exciter)
② 이그나이터(igniter)
③ 점화 전선(ignition lead)
④ 임펄스 커플링(impulse coupling)

해설 왕복기관 시동시 점화보조장치 종류
- 임펄스 커플링
- 부스터코일
- 인덕션 바이브레이터

31 다음 중 디토네이션(detonation)을 일으키는 요인은?

① 너무 늦은 점화시기
② 낮은 흡입공기 온도
③ 너무 낮은 옥탄가의 연료사용
④ 너무 높은 옥탄가의 연료사용

해설 디토네이션 : 정상점화 후에 아직 연소되지 않은 실린더 내부 끝단의 혼합가스가 자연발화하는 현상

32 항공기 왕복엔진의 벤튜리 부분에서 실린더 흡입 공기량으로부터 생긴 부압에 의해 가솔린을 빨아내고 혼합기를 만드는 방식의 기화기는?

① 부자식 기화기
② 충동식 기화기
③ 경계 압력식 기화기
④ 압력 분사식 기화기

해설 부자식 기화기 = 플로트식(float type) 기화기

33 다음 중 프로펠러 조속기의 파일롯(pilot) 밸브의 위치를 결정하는데 직접적인 영향을 주는 것은?

① 플라이웨이트
② 엔진오일 압력
③ 조종사의 위치
④ 펌프오일 압력

해설 조속기(governor)는 정속프로펠러에서 엔진의 회전속도가 변하더라도, 자동으로 프로펠러의 회전수를 일정하게 해 주는 장치이다.

34 항공기 왕복엔진의 출력증가를 위하여 장착하는 과급기 중 가장 많이 사용되는 형식은?

① 기어식(gear type)
② 베인식(vane type)
③ 루츠식(roots type)
④ 원심식(centrifugal type)

해설 과급기(supercharger)는 실린더로 유입되는 공기나 혼합가스를 미리 압축하여 압축비를 증가시켜 출력을 증가시키는 장치이다.

35 엔진의 공기 흡입구에 얼음이 생기는 것을 방지하기 위한 방빙(anti icing) 방법으로 옳은 것은?

① 배기가스를 인렛 스트러트(inlet strut)에 보낸다.
② 압축기 통과 전의 청정한 공기를 인렛(inlet) 쪽으로 순환시킨다.
③ 압축기의 고온 브리드 공기를 흡입구(intake), 인렛 가이드 베인(inlet guide vane)으로 보낸다.
④ 더운 물을 엔진 인렛(inlet) 속으로 분사한다.

36 가스터빈엔진의 오일 필터를 손상시키는 힘이 아닌 것은?

① 압력변화로 인한 피로 힘
② 흐름체적으로 인한 압력 힘
③ 가열된 오일에 의한 압력 힘
④ 열순환(thermal cycling)으로 인한 피로 힘

37 가스터빈엔진에서 사용되는 추력증가 장치로만 짝지어진 것은?

① Reverse Thrust, Afterburner
② Afterburner, Water-injection
③ Afterburner, Noise suppressor
④ Reverse Thrust, Water-injection

38 왕복엔진에서 밸브 오버랩의 주된 효과가 아닌 것은?

① 실린더 냉각효과를 높여준다.
② 실린더의 체적 효율을 높여준다.
③ 크랭크 축의 마모를 감소시켜 준다.
④ 배기가스를 완전히 배출시키는데 유리하다.

> 해설 밸브 오버랩(valve overlap) : 배기행정 말기와 흡입행정 초기에 배기밸브와 흡입밸브가 동시에 열리는 상태

39 항공기용 왕복엔진으로 사용하는 성형엔진에 대한 설명으로 옳은 것은?

① 단열 성형엔진은 실린더 수가 짝수로 구성되어 있다.
② 성형엔진의 2열은 짝수의 실린더 번호가 부여된다.
③ 성형엔진의 1열은 홀수의 실린더 번호가 부여된다.
④ 14기통 성형엔진의 크랭크 핀은 2개이다.

> 해설 14기통 성형엔진은 7기통 실린더를 2열로 배열한 것이다. 크랭크 핀은 열당 1개가 필요하다.

40 비열비(k)에 대한 식으로 옳은 것은? (단, C_p : 정압비열, C_v : 정적비열이다.)

① $k = \dfrac{C_v}{C_p}$
② $k = \dfrac{C_p}{C_v}$
③ $k = 1 - \dfrac{C_p}{C_v}$
④ $k = \dfrac{C_p - 1}{C_v}$

> 해설 공기의 비열비는 1.40이다.

제3과목 항공기체

41 구조부재의 일부분에 균열과 같은 결함이 잠재할 수 있다고 가정하고 기체의 안전한 사용 기간을 규정하여 안전성을 확보하는 설계 개념은?

① 정적강도설계 ② 안전수명설계
③ 손상허용설계 ④ 페일세이프설계

42 부품 번호가 AN 470 AD 3-5인 리벳에서 "AD"는 무엇을 나타내는가?

① 리벳의 직경이 3/16 인치이다.
② 리벳의 길이는 머리를 제외한 길이이다.
③ 리벳의 머리모양이 유니버설 머리이다.
④ 리벳의 재질이 알루미늄 합금인 2117이다.

> 해설 AN 470 AD 3 - 5
> • AN 426 접시머리, AN 430 둥근머리, AN 442 납작머리, AN 455 브레이저머리, 470 유니버설
> • AD : 2117-T 리벳
> • 3 - 5 : 지름 3/32″, 길이 1/5″

43 다음 중 SAE 규격에 따른 합금강으로 탄소를 가장 많이 함유하고 있는 것은?

① 6150 ② 4130
③ 2330 ④ 1025

44 항공기 엔진을 장착하거나 보호하기 위한 구조물이 아닌 것은?

① 킬빔 ② 나셀
③ 포드 ④ 카울링

45 착륙장치(landing gear)에 사용되는 올레오 완충장치(oleo shock absorber)의 충격흡수 원리에 대한 설명으로 옳은 것은?

① 스트럿 실린더에 공급되는 공기의 마찰에너지를 이용하여 충격을 흡수한다.

② 헬리컬 스프링(helical spring)이 탄성체의 탄성변형 에너지형식으로 충격을 흡수한다.
③ 공기의 압축성 효과에 의한 탄성에너지와 작동유 흐름 제한에 따른 에너지 손실에 의해 충격을 흡수한다.
④ 리프스프링(leaf spring) 자체가 랜딩 스트럿(landing strut) 역할을 하여 충격을 굽힘에너지로 흡수한다.

46 접개식 강착장치(retractable landing gear)에서 부주의로 인해 착륙장치가 접히는 것을 방지하기 위한 안전장치를 나열한 것은?

① down lock, safety pin, up lock
② down lock, up lock, ground lock
③ up lock, safety pin, ground lock
④ down lock, safety pin, ground lock

47 티타늄합금의 성질에 대한 설명으로 옳은 것은?

① 열전도 계수가 크다.
② 불순물이 들어가면 가공 후 자연경화를 일으켜 강도를 좋게 한다.
③ 티타늄은 고온에서 산소, 질소, 수소 등과 친화력이 매우 크고, 또한 이러한 가스를 흡수하면 강도가 매우 약해진다.
④ 합금원소로써 Cu가 포함되어 있어 취성을 감소시키는 역할을 한다.

> **해설** 티타늄 합금은 열전도계수가 작고 Al을 합금하여 취성을 감소시키고, 불순물의 함유함에 따라 가공 후 강도가 현저히 감소한다.

48 실속속도가 90mph인 항공기를 120mph로 수평 비행 중 조종간을 급히 당겨 최대 양력계수가 작용하는 상태라면 주 날개에 작용하는 하중배수는 약 얼마인가?

① 1.5
② 1.78
③ 2.3
④ 2.57

> **해설** $n = \dfrac{V^2}{V_s^2}$

49 그림과 같이 100N의 힘(P)이 작용하는 구조물에서 지점 A 의 반력(R_1)은 몇 N인가? (단, 구조물 ABC는 4분원이다.)

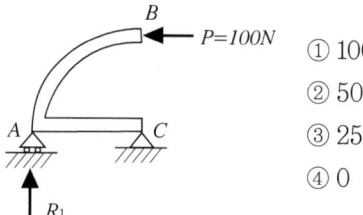

① 100
② 50
③ 25
④ 0

> **해설** $M_C = 0, M_C = R_1 \times r - P \times r = 0$

50 항공기에 작용하는 하중에 대한 설명으로 옳은 것은?

① 구조물에 가해지는 힘을 응력이라 한다.
② 하중에는 탑재물의 중량, 공기력, 관성력, 지면반력, 충격력 등이 있다.
③ 구조물인 항공기는 하중을 지지하기 위한 외력으로 응력을 가진다.
④ 면적당 작용하는 내력의 크기를 하중이라 한다.

51 숏 피닝(shot peening) 작업으로 나타나는 주된 효과는?

① 내부균열 및 변형 방지
② 크롬 도금으로 인한 표면 부식 방지
③ 표면강도 증가와 스트레스 부식 방지
④ 광택감소로 인한 표면마찰 증가와 내열성 증가

52 표와 같은 항공기의 기본 자기무게에 대한 무게 중심(c.g)의 위치는 몇 cm인가?

측정항목	측정무게(N)	거리(cm)
왼쪽 바퀴	3200	135
오른쪽 바퀴	3100	135
앞 바퀴	700	−45
연료	2500	−10

① 176.4 ② 187.6
③ 194.4 ④ 201.6

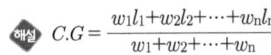
$$C.G = \frac{w_1 l_1 + w_2 l_2 + \cdots + w_n l_n}{w_1 + w_2 + \cdots + w_n}$$

53 리브너트(rivnut)를 사용하는 방법으로 옳은 것은?

① 금속면에 우포를 씌울 때 사용한다.
② 두꺼운 날개 표피에 리브를 붙일 때 사용한다.
③ 한쪽면에서만 작업이 가능한 제빙장치 등을 설치할 때 사용한다.
④ 기관 마운트와 같은 중량물을 구조물에 부착할 때 사용한다.

54 [보기]에서 설명하는 작업의 명칭은?

- 플러쉬 헤드 리벳의 헤드를 감추기 위해 사용
- 리벳 헤드의 높이보다 판재의 두께가 얇은 경우 사용

① 디버링(deburing)
② 딤플링(dimpling)
③ 클램핑(clamping)
④ 카운터 싱킹(counter sinking)

55 항공기 구조의 특정 위치를 쉽게 알 수 있도록 위치를 표시하는 것 중 기준 수평면과 일정거리를 두며 평행한 선은?

① 기준선(datum line)
② 버턱선(buttock line)
③ 동체 수위선(body water line)
④ 동체 위치선(body station line)

56 항공기 기체 판재에 적용한 릴리프 홀(relief hole)의 주된 목적은?

① 무게 감소
② 강도 증가
③ 좌굴 방지
④ 응력 집중 방지

> **해설** 릴리프 홀 : 2개 이상의 굽힘이 교차하는 장소는 안쪽 굽힘접선의 교점에 응력이 집중하여 교점에 균열이 일어난다. 따라서, 굽힘가공에 앞서 응력집중이 일어나는 교점 응력을 제거하기 위해 구멍을 낸다.

57 FRCM(Fiber Reinforced Composite Material)의 모재(matrix) 중 사용온도 범위가 가장 큰 것은?

① FRC(Fiber Reinforced Ceramic)
② FRP(Fiber Reinforced Plastic)
③ FRM(Fiber Reinforced Metallics)
④ C/C 복합재(Carbon-Carbon CompositeMaterial)

> **해설**
> - FRC : 세라믹은 내열 합금도 견디지 못하는 수천백도의 내열성이 있다.
> - BMI : Bismaleimide 수지로 내열성 수지. 180~240℃의 내열성이므로 습기흡수가 적으므로 습기 및 열특성이 좋다.
> - FRM : 금속 매트릭스의 특징인 연성과 인성이 큼
> - FRP : 에폭시 수지가 대표적임

58 토크렌치의 길이는 10인치이고, 5인치의 연장공구를 사용하여 작업을 하여 토크렌치의 지시값이 300lb이라면 실제 너트에 가해진 토크는 몇 in-lb인가?

① 400 ② 450
③ 500 ④ 550

59 리벳작업을 위한 구멍뚫기 작업에 대한 설명으로 옳은 것은?

① 드릴작업 전 리밍작업을 한다.
② 드릴작업 후 구멍의 버(burr)는 되도록 보존하도록 한다.
③ 구멍은 리벳 직경보다 약간 작게 한다.
④ 리밍작업 시 회전방향을 일정하게 하여 가공한다.

60 항공기 조종장치의 종류가 아닌 것은?

① 동력 조종장치(power control system)
② 매뉴얼 조종장치(manual control system)
③ 부스터 조종장치(booster control system)
④ 수압식 조종장치(water pressure control system)

제4과목 항공장비

61 전원회로에서 전압계(voltmeter)와 전류계(ammeter)를 부하로 연결하는 방법으로 옳은 것은?

① 전압계와 전류계 모두 직렬연결 한다.
② 전압계와 전류계 모두 병렬연결 한다.
③ 전압계는 병렬, 전류계는 직렬연결 한다.
④ 전압계는 직렬, 전류계는 병렬연결 한다.

62 VOR국은 전파를 이용하여 방위 정보를 항공기에 송신하는데 이때 VOR국에서 관찰하는 항공기의 방위는?

① 진방위   ② 상대방위
③ 자방위   ④ 기수방위

해설) 전방향 표지 시설은 유효거리 내에 있는 모든 항공기에 VOR 지상국에 대한 자기 방위를 연속적으로 지시해 주며 정확한 항공로를 알 수 있게 한다.

63 교류발전기의 정격이 115V, 1kVA, 역률이 0.866이라면 무효전력(reactive power)은 얼마인가? (단, 역률(power factor) 0.866은 cos30°에 해당한다.)

① 500 W   ② 866 W
③ 500 Var   ④ 866 Var

해설) 무효전력 : 전기장 및 자기장의 변화에 의해 흡수, 반환현상으로 인한 전력 (무효전력 = 피상전력×$sin\theta$[Var])

64 열을 받게 되면 스테인리스강으로 된 케이스가 늘어나게 되므로, 금속 스트럿이 펴지면서 접촉점이 연결되어 회로를 형성시키는 화재경고장치는?

① 열전쌍식 화재경고장치
② 광전지식 화재경고장치
③ 열 스위치식 화재경고장치
④ 저항 루프형 화재경고장치

65 왕복엔진의 실린더에 흡입되는 공기압을 아네로이드와 다이어프램을 사용하여 절대 압력으로 측정하는 계기는?

① 윤활유 압력계   ② 제빙 압력계
③ 증기압식 압력계   ④ 흡입 압력계

66 솔레노이드 코일의 자계 세기를 조정하기 위한 요소가 아닌 것은?

① 철심의 투자율
② 전자석의 코일 수
③ 도체를 흐르는 전류
④ 솔레노이드 코일의 작동 시간

67 공기순환 공기 조화계통(Air cycle air conditioning)에 대한 설명으로 틀린 것은?

① 냉매를 사용하여 공기를 냉각시킨다.

② 수분분리기는 압축공기로부터 수분을 제거하기 위해 사용된다.
③ 항공기 공기압계통에 공기를 공급한다.
④ 항공기 객실에 압력을 가하기 위하여 엔진 추출 공기를 사용한다.

68 수평의(vertical gyro)는 항공기에서 어떤 축의 자세를 감지하는가?

① 기수 방위
② 롤 및 피치
③ 롤 및 기수방위
④ 피치 및 기수 방위

> 해설 수평의는 항공기 기수방향에 대하여 수직인 자이로 축을 가지며 항공기의 자세, 즉 피치와 경사를 지시한다.

69 VHF 무전기의 교신가능 거리에 대한 설명으로 옳은 것은?

① 장애물이 있을 때에는 100 km 이내로 제한된다.
② 송신 출력을 높여도 가시거리 이내로 제한된다.
③ 항공기 운항속도를 늦추면 더 먼 거리까지 교신이 가능하다.
④ 안테나 성능향상으로 장애물과 상관없이 100 km이상 교신이 가능하다.

> 해설
> • HF 통신장치 : VHF통신장치의 2차적인 수단이며 주로 국제 항공로 등의 원거리 통신에 사용
> • VHF 통신장치 : 대단히 안정된 통신이며 대부분의 국내선 및 공항 주변에서의 통신에 사용
> • UHF 통신장치 : 단일통화방식에 의해 항공기와 지상국 또는 항공기 상화간의 통신에 사용, 군용항공기에 한정

70 압력조절기에서 킥인(kick-in)과 킥아웃(kick-out)상태는 어떤 밸브의 상호작용으로 하는가?

① 체크밸브와 릴리프밸브
② 체크밸브와 바이패스밸브
③ 흐름조절기와 릴리프밸브
④ 흐름평형기와 바이패스밸브

71 항공기 속도에서 등가대기속도에서 대기밀도를 보정한 속도는?

① IAS
② CAS
③ TAS
④ EAS

72 그림에서 압력계에 나타나는 압력은 몇 kgf/cm²인가? (단, 단면적은 A측 2cm², B측 10cm²이며, 작용하는 힘은 A측 50kgf, B측 250kgf이다.)

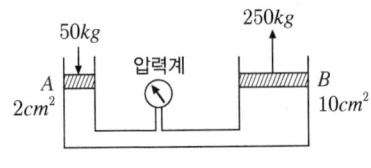

① 25
② 50
③ 100
④ 250

73 자이로의 섭동 각속도를 나타낸 것으로 옳은 것은? (단, M : 외부력에 의한 모멘트, L : 각 운동량이다.)

① $\dfrac{M}{L}$
② $\dfrac{L}{M}$
③ $L-M$
④ $M \times L$

> 해설 섭동성은 가해진 힘에 비례하고, 로터회전 속도에 반비례한다.

74 축전지 터미널(battery teminal)에 부식을 방지하기 위한 방법으로 가장 적합한 것은?

① 납땜을 한다.
② 증류수로 씻어낸다.
③ 페인트로 얇은 막을 만들어 준다.
④ 그리스(grease)로 얇은 막을 만들어 준다.

75 교류발전기의 병렬운전 시 고려해야 할 사항이 아닌 것은?

① 위상
② 전류
③ 전압
④ 주파수

76 압축공기 제빙부츠 계통의 팽창순서를 제어하는 것은?

① 제빙장치 구조 ② 분배밸브
③ 흡입 안전밸브 ④ 진공펌프

> 해설 팽창순서는 공급기밸브(distributor valve, 분배밸브)나 공기 흡입구 부근의 솔레노이드 작동밸브에 의해 제어된다.

77 항공기가 산악 또는 지면과 충돌하는 것을 방지하는 장치는?

① Air traffic control system
② Inertial navigation system
③ Distance measuring equipment
④ Ground proximity warning system

78 공압계통에 대한 설명으로 옳은 것은?

① 유압과 비교하여 큰 힘을 얻을 수 있다.
② 공압계통은 리저버(reservoir)가 필요하다.
③ 공기압은 비압축성이라 그대로의 힘이 잘 전달된다.
④ 공압계통은 리턴라인(return line)이 필요하다.

79 자기나침반(magnetic compass)의 자차수정 시기가 아닌 것은?

① 엔진교환 작업 후 수행한다.
② 지시에 이상이 있다고 의심이 갈 때 수행한다.
③ 철재 기체 구조재의 대수리 작업 후 수행한다.
④ 기체의 구조부분을 검사할 때 항상 수행한다.

80 항공기가 야간에 불시착했을 때 기내·외를 밝혀주는 비상용 조명(emergency light)은 최소 몇 분간 조명하여야 하는가?

① 10분 ② 30분
③ 60분 ④ 90분

> 해설 비상등(emergency light) : 야간에 불시착했을 때 항공기 외부를 비추는 비상용 조명으로 독립된 비상용 전원(emergency battery)에 의해 작동하도록 되어 있다. 책을 읽을 수 있을 정도로 밝으며 최소 10분 이상 점등된다.

2017년 제4회 시행 정답

01 ③	02 ③	03 ①	04 ②	05 ③	06 ①	07 ②	08 ③	09 ②	10 ②
11 ①	12 ④	13 ①	14 ①	15 ④	16 ③	17 ④	18 ②	19 ①	20 ①
21 ④	22 ②	23 ③	24 ②	25 ①	26 ①	27 ①	28 ④	29 ②	30 ④
31 ③	32 ①	33 ①	34 ④	35 ③	36 ③	37 ②	38 ③	39 ④	40 ②
41 ③	42 ④	43 ①	44 ①	45 ③	46 ④	47 ③	48 ②	49 ①	50 ②
51 ①	52 ②	53 ③	54 ②	55 ③	56 ④	57 ③	58 ②	59 ④	60 ④
61 ③	62 ③	63 ③	64 ①	65 ④	66 ①	67 ①	68 ②	69 ②	70 ②
71 ③	72 ①	73 ①	74 ④	75 ②	76 ②	77 ④	78 ①	79 ④	80 ①

최근기출문제
2018년 제1회 시행

제1과목 항공역학

01 무동력(power off) 비행 시 실속속도와 동력(power on) 비행 시 실속속도의 관계로 옳은 것은?

① 서로 동일하다.
② 비교할 수가 없다.
③ 동력비행 시의 실속속도가 더 크다.
④ 무동력비행 시의 실속속도가 더 크다.

해설 실속속도가 작을수록 비행기의 성능은 좋다.

02 날개의 길이(span)가 10m이고, 넓이가 25m²인 날개의 가로세로비(aspect ratio)는?

① 2   ② 4
③ 6   ④ 8

해설 $AR = \dfrac{b}{c} = \dfrac{b^2}{S} = \dfrac{100}{25}$

03 헬리콥터의 제자리 비행 시 발생하는 전이성향 편류를 옳게 설명한 것은?

① 주로터가 회전할 때 토크를 상쇄하기 위해 미부로터가 수평추력을 발생시키는 것
② 단일로터 헬리콥터에서 주로터와 미부로터의 추력이 효과적인 균형을 이룰 때 헬리콥터가 옆으로 흐르는 현상
③ 종렬로터와 동축로터 시스템의 헬리콥터에서 토크를 방지하기 위한 로터가 상호 반대로 회전하는 것
④ 헬리콥터의 주로터 회전방향의 반대방향으로 동체가 돌아가려는 성질

해설 유효전이양력(effective translational lift) : 전진비행시 회전날개에 유입되는 공기 유량이 증가되고, 이 증가된 공기 유량이 회전면을 통과하는 공기 질량을 증가키고 순차적으로 양력을 증가시킨다. 비행속도가 15~20mph 정도에서 두드러지며, 이러한 속도에서 활용할 수 있는 부가적인 양력을 말한다.

04 유체흐름과 관련된 각 용어의 설명이 옳게 짝지어진 것은?

① 박리 : 층류에서 난류로 변하는 현상
② 층류 : 유체가 진동을 하면서 흐르는 흐름
③ 난류 : 유체 유동특성이 시간에 대해 일정한 정상류
④ 경계층 : 벽면에 가깝고 점성이 작용하는 유체의 층

05 프로펠러의 역피치(reverse pitch)를 사용하는 주된 목적은?

① 후진비행을 위해서
② 추력의 증가를 위해서
③ 착륙 후의 제동을 위해서
④ 추력을 감소시키기 위해서

06 임계마하수가 0.70인 직사각형 날개에서 임계마하수를 0.91로 높이기 위해서는 후퇴각을 약 몇 도(°)로 해야 하는가?

① 10°   ② 20°
③ 30°   ④ 40°

해설 후퇴각 θ일 때, 날개로 들어오는 공기속도는 $V\cos\theta$ 이므로, $0.7 = 0.9\cos\theta$

$\therefore \cos\theta = \dfrac{0.7}{0.9}, \; \theta = \cos^{-1}(\dfrac{0.7}{0.9})$

07 비행기의 이륙활주거리를 짧게 하기 위한 방법이 아닌 것은?

① 엔진의 추력을 크게 한다.
② 비행기의 무게를 감소한다.
③ 슬랫(slat)과 플랩(flap)을 사용한다.
④ 항력을 줄이기 위해 작은 날개를 사용한다.

08 항력계수가 0.02이며, 날개면적이 20m²인 항공기가 150m/s로 등속도 비행을 하기 위해 필요한 추력은 약 몇 kgf 인가?(단, 공기의 밀도는 0.125kgf·s²/m⁴이다.)

① 433
② 563
③ 643
④ 723

해설
- 등속비행 조건 : $T = D$
- 수평비행 조건 : $L = W$

$$T = D = \frac{1}{2}C_{D0}\rho V^2 S = \frac{1}{2} \times 0.02 \times 0.125 \times 150^2 \times 20$$

09 항공기가 스핀상태에서 회복하기 위해 주로 사용하는 조종면은?

① 러더
② 에일러론
③ 스포일러
④ 엘리베이터

해설 스핀 운동에 들어가려면 조종간을 당겨 실속시킨 후, 방향키 페달을 한 쪽만 밟아 주면 된다. 또한 스핀에서 회복하기 위해서는 방향키(rudder)를 스핀과 반대방향으로 움직이게 하고, 동시에 조종간을 밀어 비행기를 급강하 자세로 들어가게 한다. 그 후 조종간을 당겨 스핀을 회복한다.

10 비행기의 방향 조종에서 방향키 부유각(float angle)에 대한 설명으로 옳은 것은?

① 방향키를 고정했을 때 공기력에 의해 방향키가 변위되는 각
② 방향키를 자유로 했을 때 공기력에 의해 방향키가 자유로이 변위되는 각
③ 방향키를 밀었을 때 공기력에 의해 방향키가 변위되는 각
④ 방향키를 당겼을 때 공기력에 의해 방향키가 변위되는 각

11 해면고도에서 표준대기의 특성값으로 틀린 것은?

① 표준온도는 15°F이다.
② 밀도는 1.23kg/m³이다.
③ 대기압은 760 mmHg이다.
④ 중력가속도는 32.2ft/s²이다.

해설 15°C = 59°F = 288°K = 518°R

12 날개끝 실속을 방지하는 보조장치 및 방법으로 틀린 것은?

① 경계층 펜스를 설치한다.
② 톱날 앞전 형태를 도입한다.
③ 날개의 후퇴각을 크게한다.
④ 날개가 워시아웃(wash out) 형상을 갖도록 한다.

해설 날개에 후퇴각을 주는 것은 임계마하수와 항력발산마하수를 크게 하기 위한 것이다.

13 등속수평비행에서 경사각을 주어 선회하는 경우 동일 고도를 유지하기 위한 선회속도와 수평비행속도와의 관계로 옳은 것은?(단, V_L : 수평비행속도, V : 선회속도, ϕ : 경사각이다.)

① $V = \dfrac{V_L}{\sqrt{cos\phi}}$
② $V = \dfrac{V_L}{cos\phi}$
③ $V = \sqrt{\dfrac{V_L}{cos\phi}}$
④ $V = \dfrac{\sqrt{V_L}}{cos\phi}$

해설
- 수평비행시 : $W = L = C_L \frac{1}{2}\rho V_L^2 S$
- 선회비행시 : $W = Lcos\phi = C_L \frac{1}{2}\rho V^2 S$

$\therefore W = L = Lcos\phi = V_L^2 = V^2 cos\phi$

14 날개하중이 30kgf/m²이고, 무게가 1000kgf인 비행기가 7000m 상공에서 급강하하고 있을 때 항력계수가 0.1이라면 급강하 속도는 몇 m/s 인가? (단, 공기의 밀도는 0.06 kgf·s²/m⁴이다.)

① 100　　② $100\sqrt{3}$
③ 200　　④ $100\sqrt{5}$

해설 급강하 비행 조건
$$W = D = C_D \frac{1}{2}\rho V^2 S$$
$$V_T = \sqrt{\frac{2W}{\rho S C_D}} = \sqrt{\frac{W}{S} \times \frac{2}{\rho C_D}} = \sqrt{30 \times \frac{2}{0.06 \times 0.1}}$$

15 무게가 4000kgf, 날개면적 30m²인 항공기가 최대양력계수 1.4로 착륙할 때 실속속도는 약 몇 m/s 인가?(단, 공기의 밀도는 1/8 kgf·s²/m⁴이다.)

① 10　　② 19
③ 30　　④ 39

해설 $V_S = \sqrt{\frac{2W}{\rho S C_{Lmax}}} = \sqrt{\frac{2 \times 4000}{0.125 \times 30 \times 1.4}}$

16 비행기가 트림(trim) 상태로 비행한다는 것은 비행기 무게중심 주위의 모멘트가 어떤 상태인 경우인가?

① "부(-)"인 경우
② "정(+)"인 경우
③ "영(0)"인 경우
④ "정"과 "영"인 경우

해설 트림 : 비행기에 작용하는 모든 힘의 합과 모멘트의 합이 "0"인 상태

17 비행기가 평형상태에서 이탈된 후, 평형상태와 이탈상태를 반복하면서 그 변화의 진폭이 시간의 경과에 따라 발산하는 경우를 가장 옳게 설명한 것은?

① 정적으로 안정하고, 동적으로는 불안정하다.
② 정적으로 안정하고, 동적으로도 안정하다.
③ 정적으로 불안정하고, 동적으로는 안정하다.
④ 정적으로 불안정하고, 동적으로도 불안정하다.

해설 비행상태

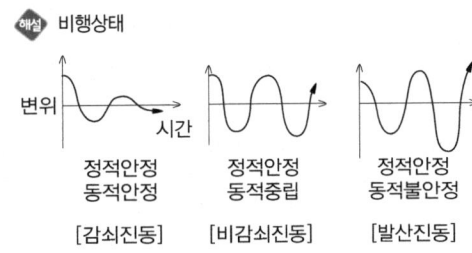

18 태양이 방출하는 자외선에 의하여 대기가 전리되어 자유전자의 밀도가 커지는 대기권 층은?

① 중간권　　② 열권
③ 성층권　　④ 극외권

19 프로펠러에 작용하는 토크(torque)의 크기를 옳게 나타낸 것은? (단, ρ : 유체밀도, n : 프로펠러 회전수, C_q : 토크계수, D : 프로펠러의 지름이다.)

① $C_q \rho n D$　　② $\dfrac{C_q D^2}{\rho n}$
③ $C_q \rho n^2 D^5$　　④ $\dfrac{\rho n}{C_q D^2}$

해설 $T = C_t \rho n^2 D^4$, $P = C_q \rho n^2 D^5$

20 헬리콥터에서 회전날개의 회전위치에 따른 양력 비대칭 현상을 없애기 위한 방법은?

① 회전깃에 비틀림을 준다.
② 플래핑 힌지를 사용한다.
③ 꼬리 회전날개를 사용한다.
④ 리드-래그 힌지를 사용한다.

해설 기하학적 불평형 해소: 항력 힌지(리드 래그 힌지)

제2과목 항공기관

21 가스터빈 엔진의 후기연소기가 작동 중일 때 배기노즐 단면적의 변화로 옳은 것은?

① 감소된다. ② 증가된다.
③ 변화 없다. ④ 증가 후 감소된다.

해설 후기연소기(after burner)에서 연소된 가스의 체적이 크게 증가하기 때문에 배기가스가 충분히 배출되어야 한다. 노즐 출구 면적이 충분히 넓지 못하면 터빈 출구 압력이 높아지기 때문에 압축기 실속 및 터빈의 온도 상승 등의 문제가 발생할 수 있다.

22 그림과 같은 P-V 선도는 어떤 사이클을 나타낸 것인가?

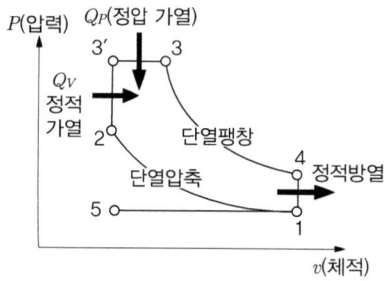

① 정압사이클 ② 정적사이클
③ 합성사이클 ④ 카르노사이클

해설 사이클의 비교
- 오토사이클 : 단열압축 – 정적가열 – 단열팽창 – 정적방열
- 브레이튼사이클 : 단열압축 – 정압가열 – 단열팽창 – 정압방열
- 카르노사이클 : 단열압축 – 등온가열 – 단열팽창 – 등온방열
- 사바테사이클(합성사이클) : 단열압축 – 정적·정압가열 – 단열팽창 – 정적방열

23 왕복엔진에서 순환하는 오일에 열을 가하는 요인 중 가장 영향이 적은 것은?

① 연료펌프
② 로커암 베어링
③ 커넥팅로드 베어링
④ 피스톤과 실린더 벽

해설 오일의 열화는 피스톤과 실린더 벽 사이, 베어링에 주로 발생한다.

24 프로펠러의 평형작업에 관한 설명으로 틀린 것은?

① 2깃 프로펠러는 수직 또는 수평평형검사 중 한가지만 수행한 후 수정 작업한다.
② 동적 불평형은 프로펠러 깃 요소들의 중심이 동일한 회전면에서 벗어났을 때 발생한다.
③ 정적 불평형은 프로펠러의 무게중심이 회전축과 일치하지 않을 때 발생한다.
④ 깃의 회전궤도가 일정하지 못할 때에는 진동이 발생하므로 깃 끝 궤도검사를 실시한다.

해설 2깃 프로펠러의 정적 평형 작업은 수직 위치에서 점검한 후, 수평 위치에서 점검한다.

25 가스를 팽창 또는 압축시킬 때 주위와 열의 출입을 완전히 차단시킨 상태에서 변화하는 과정을 나타낸 식은? (단, P는 압력, v는 비체적, T는 온도, k는 비열비이다.)

① Pv = 일정 ② Pvk = 일정
③ $\dfrac{P}{T}$ = 일정 ④ $\dfrac{T}{v}$ = 일정

해설 ① 등온과정, ② 단열과정, ③ 정적과정

26 제트엔진의 압축기에서 압축된 고온의 공기를 일부 우회시켜 압축기 흡입부의 방빙, 연료가열 및 항공기 여압과 제빙에 사용되는데 이 공기를 제어하는 장치는?

① 차단밸브
② 섬프밸브
③ 블리드밸브
④ 점화가스밸브

27 항공기용 왕복엔진의 이상적인 사이클은?

① 오토 사이클
② 디젤 사이클
③ 카르노 사이클
④ 브레이톤 사이클

> 해설
> • 브레이튼 사이클 : 가스터빈엔진의 이상적인 사이클
> • 카르노 사이클 : 가장 이상적인 열효율을 가지는 이론적인 사이클

28 체적을 일정하게 유지시키면서 단위질량을 단위온도로 높이는데 필요한 열량은?

① 단열 ② 비열비
③ 정압비열 ④ 정적비열

> 해설
> 비열비 = $\dfrac{정압비열}{정적비열}$

29 축류형 압축기에서 1단(stage)의 의미를 옳게 설명한 것은?

① 저압압축기(low compressor)를 말한다.
② 고압압축기(high compressor)를 말한다.
③ 1열의 로터(rotor)와 1열의 스테이터(stator)를 말한다.
④ 저압압축기(low compressor)와 고압압축기(high compressor)의 1쌍을 말한다.

30 속도 1080km/h 로 비행하는 항공기에 장착된 터보제트엔진이 294kg/s로 공기를 흡입하여 400m/s로 배기시킬 때 비추력은 약 얼마인가?

① 8.2 ② 10.2
③ 12.2 ④ 14.2

> 해설
> 터보제트엔진의 비추력
> $F_S = \dfrac{1}{g}(V_j - V_a) = \dfrac{1}{9.8}(400 - \dfrac{1080}{3.6}) \fallingdotseq 10.20[ps]$
> (V_j : 배출속도 V_a : 비행속도)

31 왕복엔진의 밸브작동장치 중 유압 태핏(hydraulic tappet)의 장점이 아닌 것은?

① 밸브 개폐시기를 정확하게 한다.
② 밸브 작동기구의 충격과 소음을 방지한다.
③ 열팽창 변화에 의한 밸브간극을 항상 "0"으로 자동 조정한다.
④ 엔진 작동 시 열팽창을 작게 하여 실린더 헤드의 온도를 낮춘다.

> 해설
> 유압 태핏은 밸브 리프트를 말하며 밸브간극을 항상 0으로 자동 조정하므로 개폐시기가 정확하고, 조정을 할 필요가 없다.

32 항공기 엔진의 오일필터가 막혔다면 어떤 현상이 발생하는가?

① 엔진 윤활계통의 윤활 결핍현상이 온다.
② 높은 오일압력 때문에 필터가 손상된다.
③ 오일이 바이패스 밸브(bypass valve)를 통하여 흐른다.
④ 높은 오일압력으로 체크밸브(check valve)가 작동하여 오일이 되돌아 온다.

> 해설
> 보통 필터에 체크밸브(바이패스 밸브)를 병렬로 설치하여 필터의 눈막힘(막힘)으로 인해 회로내 오일 흐름을 위해 바이패스 밸브를 통해 우회하도록 한다.

33 정속 프로펠러(constant speed propeller)에 대한 설명으로 옳은 것은?

① 조속기에 의해서 자동적으로 피치를 조정할 수 있다.
② 3방향 선택밸브(3way valve)에 의해 피치가 변경된다.
③ 저 피치(low pitch)와 고 피치(high pitch)인 2개의 위치만을 선택 할 수 있다.
④ 깃각(blade angle)이 하나로 고정되어 피치 변경이 불가능하다.

> 해설
> ②, ③항은 2단 가변 피치 프로펠러를 설명한 것이다.

34 가스터빈엔진의 연료계통에 사용되는 P&D밸브(Pressurizing & Dump Valve)의 역할이 아닌 것은?

① 연료의 흐름을 1차 연료와 2차 연료로 분리시킨다.
② 엔진이 정지되었을 때 연료노즐에 남아있는 연료를 외부로 방출한다.
③ 연료의 압력이 일정압력 이상이 될 때까지 연료의 흐름을 차단한다.
④ 펌프 출구압력이 규정값 이상으로 높아지면 열려서 연료를 기어펌프 입구로 되돌려 보낸다.

> 해설 ④ 항은 릴리프 밸브(relief valve)에 대한 설명이다.

35 엔진 윤활유 탱크 내 호퍼(hopper)의 기능은?

① 엔진의 급가속 시 윤활유의 공급량을 증대시킨다.
② 엔진으로부터 배유된 윤활유의 온도를 측정한다.
③ 윤활유에 연료를 혼합하여 윤활유의 점도를 조정한다.
④ 시동 시 신속히 오일온도를 상승시키게 한다.

> 해설 호퍼 탱크(hopper tank)
> • 위치 : 오일 탱크 내
> • 역할 : 시동시 유온 상승 촉진, 배면 비행시 오일공급, 거품방지

36 왕복엔진의 크랭크 케이스 내부에 과도한 가스 압력이 형성되었을 경우 크랭크 케이스를 보호하기 위하여 설치된 장치는?

① 블리드(bleed) 장치
② 브레더(breather) 장치
③ 바이패스(by-pass) 장치
④ 스케벤지(scavenge) 장치

> 해설 엔진 작동 중에 실린더와 피스톤 사이에서 다소의 가스 누설은 막을 수 없으므로, 그 결과 크랭크케이스 내에는 연소가스, 배기가스, 수분 및 오일 증기 등이 충만하고 그 압력도 높게 된다. 그러므로 브레더 파이프(breather pipe)를 두어 압력을 대기로 통과시켜 내외의 압력차를 적게 한다.

37 추진 시 공기를 흡입하지 않고 자체 내의 고체 또는 액체의 산화제와 연료를 사용하는 엔진은?

① 로켓   ② 램제트
③ 펄스제트   ④ 터보 프롭

38 항공기용 왕복엔진의 연료계통에서 베이퍼록(vapor lock)의 원인이 아닌 것은?

① 연료 온도 상승
② 연료의 낮은 휘발성
③ 연료탱크 내부의 거품발생
④ 연료에 작용되는 압력의 저하

> 해설 증기 폐색(vapor lock)은 기화성이 너무 높은 연료가 관 속을 흐를 때 열을 받아 기포가 생기고, 기포가 많아지면 연료의 흐름을 차단하는 현상을 말한다.

39 헬리콥터용 터보샤프트엔진을 시운전실에서 시험하였더니 24000rpm에서 토크가 51kgf·m이었다면 이 때 엔진은 약 몇 마력(ps)인가? (단, 1ps = 75kgf·m/s 이다.)

① 1709   ② 2105
③ 2400   ④ 2571

> 해설 $P = \dfrac{2\pi \times n \times T}{75 \times 60} = \dfrac{n \times T}{716}$ [ps]
> T : 토크(kgf·m), n : 회전수(rpm)
> $= \dfrac{24000 \times 51}{716} \fallingdotseq 1709$ [ps]

40 왕복엔진 작동 중에 안전을 위해 확인해야 하는 변수가 아닌 것은?

① 오일압력
② 흡기압력
③ 연료온도
④ 실린더헤드온도

43 그림과 같은 외팔보에 집중하중(P_1, P_2)이 작용할 때 벽 지점에서의 굽힘모멘트를 옳게 나타낸 것은?

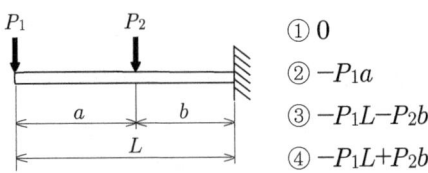

① 0
② $-P_1 a$
③ $-P_1 L - P_2 b$
④ $-P_1 L + P_2 b$

해설 외팔보 지지단을 기준으로 할 때 시계방향으로 모멘트를 (+)로 할 경우 $M_b = -(P_1 \times L) - (P_2 \times b)$

제3과목 항공기체

41 SAE 4130 합금강에서 숫자 4는 무엇을 의미하는가?

① 크롬
② 몰리브덴강
③ 4%의 카본
④ 0.04%의 카본

해설 SAE 합금강 기호
SAE 4 1 30
  └─ 탄소 함유량(소수점 이하의 %값)
    └─ 몰리브덴 1%
      └─ 재질 : 몰리브덴강

42 세미모노코크(semi monocoque) 구조형식의 비행기 동체에서 표피가 주로 담당하는 하중은?

① 굽힘과 비틀림
② 인장력과 압축력
③ 비틀림과 전단력
④ 굽힘, 인장력 및 압축력

해설 세미모노코크 구조는 골격과 외피가 함께 하중을 담당하고, 동체는 인장, 압축, 휨을, 외피는 전단 및 비틀림 하중을 담당한다.

44 판금작업 시 구부리는 판재에서 바깥면의 굽힘 연장선의 교차점과 굽힘 접선과의 거리를 무엇이라고 하는가?

① 세트백(set back)
② 굽힘각도(degree of bend)
③ 굽힘여유(bend allowance)
④ 최소반지름(minimum radius)

45 그림과 같은 $V-n$ 선도에서 n_1은 설계제한 하중배수, 점선 1-B 는 돌풍하중 배수선도라면 옳게 짝지은 것은?

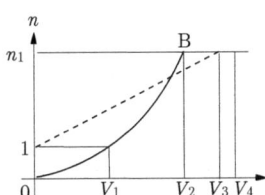

① V_1 - 실속속도
② V_2 - 설계순항속도
③ V_3 - 설계급강하속도
④ V_4 - 설계운용속도

해설
- V_1 : 실속속도
- V_2 : 설계운용속도
- V_3 : 설계순항속도
- V_4 : 설계급강하속도

46 양극산화처리 방법 중 사용 전압이 낮고 소모 전력량이 적으며, 약품 가격이 저렴하고 폐수 처리도 비교적 쉬워 가장 경제적인 방법은?

① 수산법　　② 인산법
③ 황산법　　④ 크롬산법

> **해설** 황산법은 양극산화 처리 방법 중 전해질로 황산을 사용하며, 양극의 금속에 산화물을 처리하는 방법으로 비교적 소모 전력이 낮고, 작업이 용이하다.

47 항공기의 고속화에 따라 기체재료가 알루미늄합금에서 티타늄합금으로 대체되어 있는데 티타늄합금과 비교한 알루미늄합금의 어떠한 단점 때문인가?

① 너무 무겁다.
② 열에 강하지 못하다.
③ 전기저항이 너무 크다.
④ 공기와의 마찰로 마모가 심하다.

> **해설** 항공기가 초음속화 됨에 따라 대기에 의한 마찰열로 알루미늄 합금은 열에 취약함으로 용융점(1688℃)이 높은 티타늄 합금으로 대체되었다.

48 항공기의 연료계통에 대한 고려 사항으로 틀린 것은?

① 고도에 따른 공기와 연료의 특성변화를 고려해야 한다.
② 항공기의 운동자세와 무관하게 연료를 엔진으로 공급할 수 있어야 한다.
③ 연료의 소모량에 따라 변하는 항공기의 무게중심에 대한 균형을 유지하여야 한다.
④ 연료탱크가 주 날개에 장착된 항공기는 날개 끝 부분의 연료부터 사용해야 한다.

> **해설** 인테그럴 연료탱크의 연료 사용 순서
> • 중앙탱크-#1-#2-#3-#4 순서로 사용
> • 서지탱크 연료는 비행 중에는 균형을 위해 사용하지 않음
> • Surge Vent Tank에 연료가 있다면 그것은 중력에 의해 중앙 Tank로 자동 이송된다.

49 다음 중 용접 조인트(joint) 형식에 속하지 않는 것은?

① 랩조인트(lap joint)
② 티조인트(tee joint)
③ 버트조인트(butt joint)
④ 더블조인트(double joint)

> **해설** 용접 이음의 종류
> 버트 용접, 필릿용접, 엣지용접, 플러그용접, 플랜지 용접, 티용접 등

50 비행 중 발생하는 불균형 상태를 탭을 변위시킴으로써 정적균형을 유지하여 정상 비행을 하도록 하는 장치는?

① 트림탭(trim tab)
② 서보탭(servo tab)
③ 스프링탭(spring tab)
④ 밸런스탭(balance tab)

51 항공기 중량을 측정한 결과를 이용하여 날개 앞전으로부터 무게중심까지의 거리를 MAC(공력평균시위) 백분율로 표시하면 약 얼마인가?

• 앞바퀴(nose landing gear) : 1500kg
• 우측 주바퀴(main landing gear) : 3500kg
• 좌측 주바퀴(main landing gear) : 3400kg

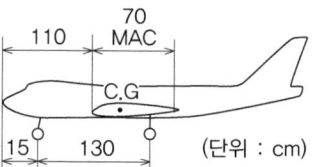

(단위 : cm)

① 14.5% MAC　　② 16.9% MAC
③ 21.7% MAC　　④ 25.4% MAC

> **해설** 기준선에서 C.G까지의 거리 = $\frac{\Sigma 모멘트}{\Sigma 무게}$
> $= \frac{(1500 \times 15) + (3500 + 3400) \times 145}{1500 + 3500 + 3400} ≒ 121.8$
> ∴ MAC 앞전에서 C.G까지의 거리 = 121.8 − 110 = 11.8
> ∴ % MAC = $\frac{11.8}{70} \times 100\% ≒ 16.9$

52 비상구, 소화제 발사장치, 비상용 제동장치핸들, 스위치, 커버 등을 잘못 조작하는 것을 방지하고, 비상 시 쉽게 제거할 수 있도록 하는 안전결선은?

① 고정 결선(lock wire)
② 전단 결선(shear wire)
③ 다선식 안전결선법(multi wire method)
④ 복선식 안전결선법(double twist method)

> 해설) 비상시 사용되는 스위치나 장치들은 평상시 오작동을 방지하고, 비상상황에는 바로 끊어질 수 있는 구리 재질의 no.22 와이어로 안전 결선작업을 하고 이를 전단 결선이라 한다.

53 다음과 같은 특징을 갖는 착륙장치의 형식은?

- 지상에서 항공기 동체의 수평 유지로 기내에서 승객들의 이동이 용이하다.
- 고속상태에서 항공기의 급제동이 가능하고 지상전복을 방지하여 안정성이 좋다.
- 조종사는 이·착륙 시 넓은 시야각을 갖는다.

① 고정식 착륙장치
② 앞 바퀴식 착륙장치
③ 직렬식 착륙장치
④ 뒷바퀴식 착륙장치

54 다음 중 응력을 설명한 것으로 옳은 것은?

① 단위 체적 당 무게이다.
② 단위 체적 당 질량이다.
③ 단위 길이 당 늘어난 길이이다.
④ 단위 면적당 힘 또는 힘의 세기이다.

55 나셀(nacelle)에 대한 설명으로 옳은 것은?

① 기체의 인장하중을 담당한다.
② 엔진을 장착하여 하중을 담당하기 위한 구조물이다.
③ 기체에 장착된 엔진을 둘러싼 부분을 말한다.
④ 일반적으로 기체의 중심에 위치하여 날개 구조를 보완한다.

> 해설) Nacelle이란 기관을 둘러싸고 있는 유선형의 외피를 말하며, 카울링과 페어링으로 구성된다.

56 항공기용 볼트의 부품번호가 AN 3 DD 5 A 인 경우 "DD"를 가장 옳게 설명한 것은?

① 부식 저항용 강을 나타낸다.
② 카드뮴 도금한 강을 나타낸다.
③ 싱크에 드릴작업이 되지 않은 상태를 나타낸다.
④ 재질을 표시하는 것으로 2024 알루미늄 합금을 나타낸다.

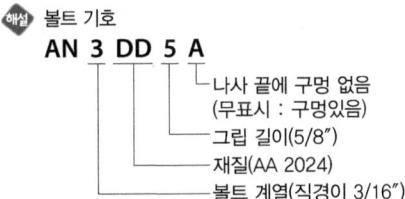

볼트 기호
AN 3 DD 5 A
- 나사 끝에 구멍 없음 (무표시 : 구멍있음)
- 그립 길이(5/8″)
- 재질(AA 2024)
- 볼트 계열(직경이 3/16″)

57 원형단면의 봉이 비틀림 하중을 받을 때 비틀림 모멘트에 대한 식으로 옳은 것은?

① 굽힘응력 × $\dfrac{단면계수}{단면의\ 반지름}$

② 전단응력 × $\dfrac{횡탄성계수}{단면의\ 반지름}$

③ 전단변형도 × $\dfrac{단면오차모멘트}{단면의\ 반지름}$

④ 전단응력 × $\dfrac{극관성\ 모멘트}{단면의\ 반지름}$

> 해설) $T = \tau_{max} \times \dfrac{I_p}{r}$

58 다음 중 평소에는 하중을 받지 않는 예비부재를 가지고 있는 구조형식은?

① 이중구조 ② 하중경감구조
③ 대치구조 ④ 다중하중경로구조

59 다른 재질의 금속이 접촉하면 접촉전기와 수분에 의해 국부전류흐름이 발생하여 부식을 초래하게 되는 현상을 무엇이라고 하는가?

① Galvanic corrosion
② Bonding
③ Anti-Corrosion
④ Age Hardening

60 항공기 기체수리 작업 시 리벳팅 전에 임시 고정하는 데 사용하는 공구는?

① 시트파스너 ② 딤플링
③ 캠-록파스너 ④ 스퀴즈

해설 시트파스너는 부재가 밀리지 않게 고정하며 부재 사이를 밀착시키는 역할을 한다.

제4과목 항공장비

61 화재감지계통에서 화재의 지시에 대한 설명으로 옳은 것은?

① 가청 알람 시스템과 경고등으로 화재를 확인할 수 있다.
② 화재가 진행되는 동안 발생 초기에만 지시해 준다.
③ 화재가 다시 발생할 때에는 다시 지시하지 않아야 한다.
④ 화재를 지시하지 않을 때 최대의 전력 소모가 되어야 한다.

62 신호에 따라 반송파의 진폭을 변화시키는 변조 방식은?

① FM 방식 ② AM 방식
③ PCM 방식 ④ PM 방식

해설 변조라는 것은 반송파(Carrier) 신호에 음성이나 신호를 싣는 과정을 의미하고, 진폭변조(AM)와 주파수 변조방식(FM)으로 구분된다.

63 지상 무선국을 중심으로 하여 360도 전방향에 대해 비행 방향을 항공기에 지시할 수 있는 기능을 갖추고 있는 항법장치는?

① VOR ② M/B
③ LRRA ④ G/S

해설 VHF(Omni-directional Range)
VOR 지상국은 360도 전 방향으로 전파를 방사하여 항행하는 항공기에 방위정보를 알려 주는 장비로 전파를 발사하는 등대 역할을 한다. 인근을 항행 중인 항공기에서 이 전파신호를 받아 자신의 위치를 확인하고 목적지 공항의 방향과 남은 거리 등 필요한 정보를 제공받는다.

64 항공기에서 직류를 교류로 변환시켜 주는 장치는?

① 정류기(rectifier) ② 인버터(inverter)
③ 컨버터(converter) ④ 변압기(transformer)

해설
- 정류기 : AC – DC
- 인버터 : DC – AC
- 컨버터 : DC – DC (직류전압 변환)
- 변압기 : AC – AC (교류전압 변환)

65 항공기 날개 부위 중 리딩에지(leading edge)에 발생하는 빙결을 방지 또는 제거하는 방법이 아닌 것은?

① 전기적인 열을 가해 제거
② 압축공기에 의해 팽창되는 장치로 제거
③ 엔진 압축기부에서 추출된 블리드(bleed) 공기로 제거
④ 드레인 마스트(drain mast)에 사용되는 물로 제거

66 대형 항공기의 객실을 여압하기 위해 가장 고려하여야 할 문제는?

① 항공기의 최대운영속도
② 항공기의 최저운영실속속도
③ 항공기의 내부와 외부의 압력 차
④ 항공기의 최저운영고도 이하에서 객실고도

67 공함(pressure capsule)을 응용한 계기가 아닌 것은?

① 선회계
② 고도계
③ 속도계
④ 승강계

> **해설** 공함(pressure capsule)
> • 압력을 기계적 변위로 변환하는 기기
> • 종류 : 다이어프램, 벨로우즈, 버든 튜브
> • 고도계(진공 공함), 속도계와 승강계(차압 공함)

68 그림과 같은 불평형 브리지회로에서 단자 A, B 간의 전위차를 구하고, A와 B 중 전위가 높은 쪽을 옳게 표시한 것은?

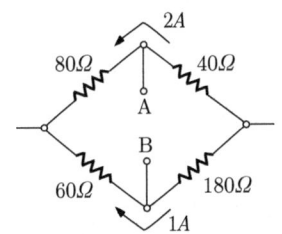

① 100V, A < B
② 220V, A < B
③ 100V, A > B
④ 220V, A > B

> **해설** 테브난의 정리를 이용한 등가전압을 구하는 문제로, 40Ω, 180Ω 양단의 전위차(전압차)는 A와 B 지점의 전위를 말한다. 즉 40×2 = 80V, 180×1이며 전위차는 180-80 = 100V이며,
> $V_A = \frac{80}{40+80} = \frac{2}{3}V$, $V_B = \frac{60}{180+60} = \frac{1}{4}V$이므로 V_A가 V_B보다 높다.

69 ND(navigation display)에 나타나지 않는 정보는?

① DME data
② Ground speed
③ Radio Altitude
④ Wind Speed/Direction

> **해설** Navigation Display
> • 항법에 필요한 Data를 나타내는 CRT로써, 현재의 위치, Heading, 비행 방향, Deviation을 기본으로 비행 예정 Course, 비행 중 통과 지점까지의 거리, 방위, 소요시간 등을 지시이고, 이외 CRT 상에는 풍향, 풍속, Ground Speed, Weather Radar 등이 지시된다.
> • Approach, VOR, Map, Plan Mode로 구성된다.

70 다음 중 오리피스 체크밸브에 대한 설명으로 옳은 것은?

① 유압 도관 내의 거품을 제거하는 밸브
② 유압 계통 내의 압력 상승을 막는 밸브
③ 일시적으로 작동유의 공급량을 증가시키는 밸브
④ 한 방향의 유량은 정상적으로 흐르게 하고 다른 방향의 유량은 작게 흐르도록 하는 밸브

> **해설** 오리피스 체크밸브
> 오리피스(교축)와 체크밸브를 조합한 형태로, 체크밸브는 한방향 흐름만 허용하고, 역방향으로 흐를 경우 오리피스를 통해 유량이 조절되어 작게 흐르도록 한다.

71 위성으로부터 전파를 수신하여 자신의 위치를 알아내는 계통으로서 처음에는 군사 목적으로 이용하였으나 민간 여객기, 자동차용으로도 실용화되어 사용 중인 것은?

① 로란(LORAN)
② 관성항법(INS)
③ 오메가(OMEGA)
④ 위성항법(GPS)

> **해설** 위성항법시스템
> 위성에 의한 전세계 측위 시스템인 GPS(Global Positioning System)를 이용하여 자신의 위치를 측정하는 방법으로 4개 이상의 GPS 위성을 이용하여 자신의 위치 및 고도를 인식한다.

72 유압계통에서 레저버(reservoir) 내에 있는 스탠드 파이프(stand pipe)의 주된 역할은?

① 벤트(vent) 역할을 한다.
② 비상 시 작동유의 예비공급 역할을 한다.
③ 탱크 내의 거품이 생기는 것을 방지하는 역할을 한다.
④ 계통 내의 압력 유동을 감소시키는 역할을 한다.

해설 스탠드 파이프는 계통내 오일의 유동을 감소시키는 역할을 한다.

73 도체의 단면에 1시간 동안 10800C의 전하가 흘렀다면 전류는 몇 A 인가??

① 3   ② 18
③ 30   ④ 180

해설 $I = \dfrac{Q}{t}$ (I : 전류, Q : 전하량[C], t : 시간[s])

∴ $I = \dfrac{10800}{3600} = 3[A]$

74 무선 통신 장치에서 송신기(transmitter)의 기능에 대한 설명으로 틀린 것은?

① 신호를 증폭한다.
② 교류 반송파 주파수를 발생시킨다.
③ 입력정보신호를 반송파에 적재한다.
④ 가청신호를 음성신호로 변환시킨다.

해설 송신기는 주파수가 높은 전류를 만들어 내는 장치로 이 교류 전류를 안테나에 흐르게 하고 그 교류 전류와 같은 파형을 한 전파가 공간으로 퍼져 나간다.

75 D급 화재의 종류에 해당하는 것은?

① 기름에서 일어나는 화재
② 금속물질에서 일어나는 화재
③ 나무 및 종이에서 일어나는 화재
④ 전기가 원인이 되어 전기 계통에 일어나는 화재

해설 • A급 화재 : 일반 가연물 화재 (나무, 종이)
• B급 화재 : 유류 화재(기름)
• C급 화재 : 전기 화재
• D급 화재 : 금속 화재
• K급 화재 : 주방 화재

76 다음 중 항법계기에 속하지 않는 계기는?

① INS   ② CVR
③ DME   ④ TACAN

해설 • INS(inertical navigation system) : 관성항법장치를 말하며, 위치를 감지하여 목적지까지 항로를 유도
• CVR(crew voice recorder) 조종사의 통신음성 기록
• DME(distance measuring equipment) : 항공기와 지상국 사이의 거리 정보 제공
• TACAN(tactical air navigation) : 방위 및 거리정보 제공

77 계기착륙장치인 로컬라이저(localizer)에 대한 설명으로 틀린 것은?

① 수신기에서 90Hz, 150Hz 변조파 감도를 비교하여 진행방향을 알아낸다.
② 로컬라이저의 위치는 활주로의 진입단 반대쪽에 있다.
③ 활주로에 대하여 적절한 수직 방향의 각도 유지를 수행하는 장치이다.
④ 활주로에 접근하는 항공기에 활주로 중심선을 제공하는 지상시설이다.

해설 계기착륙장치의 종류
• 로컬라이저 : 수평방향의 각도 유지
• 글라이더 슬루프(glide slope) : 수직방향의 각도 유지
• 마커 비콘(marker beacon) : 활주로 말단까지의 거리

78 다음 중 황산납축전지 캡(cap)의 용도가 아닌 것은?

① 외부와 내부의 전선 연결
② 전해액의 보충, 비중 측정
③ 충전 시 발생되는 가스 배출
④ 배면비행 시 전해액의 누설 방지

79 교류와 직류 겸용이 가능하며, 인가되는 전류의 형식에 관계없이 항상 일정한 방향으로 구동될 수 있는 전동기는?

① Induction motor
② Universal motor
③ Reversible motor
④ Synchronous motor

해설 **Universal motor**
교직 양용 전동기라고도 하며, 직류직권전동기의 전원으로 직류 대신 단상 교류로도 사용할 수 있다.

80 버든 튜브식 오일압력계가 지시하는 압력은?

① 동압 ② 대기압
③ 게이지압 ④ 절대압

해설 압력계의 지시압력을 게이지압이라 한다.

2018년 제1회 기출문제 정답

01	02	03	04	05	06	07	08	09	10
④	②	②	④	③	④	④	②	①	②
11	12	13	14	15	16	17	18	19	20
①	③	①	①	④	③	①	②	③	②
21	22	23	24	25	26	27	28	29	30
②	③	①	①	②	③	①	④	②	②
31	32	33	34	35	36	37	38	39	40
④	③	①	④	④	②	①	②	①	④
41	42	43	44	45	46	47	48	49	50
②	③	③	①	①	③	②	④	④	①
51	52	53	54	55	56	57	58	59	60
②	②	②	④	③	④	④	③	①	①
61	62	63	64	65	66	67	68	69	70
①	②	①	②	④	③	①	③	③	④
71	72	73	74	75	76	77	78	79	80
④	②	①	④	②	②	③	①	②	③

최근기출문제
2018년 제2회 시행

제1과목 | 항공역학

01 에어포일(airfoil)의 공력중심에 대한 설명으로 틀린 것은?

① 일반적으로 압력중심보다 뒤에 위치한다.
② 일반적으로 공력중심에 대한 피칭모멘트계수는 음의 값이다.
③ 받음각이 변해도 피칭모멘트가 일정한 기준점을 말한다.
④ 대부분의 아음속 에어포일은 앞전에서 시위선 이의 1/4에 위치한다.

> 해설) 압력중심(풍압중심)은 받음각에 따라 위치가 변한다. 즉 받음각이 커지면 전방으로, 받음각이 작아지면 후방으로 이동한다.

02 헬리콥터 회전날개의 추력을 계산하는데 사용되는 이론은?

① 엔진의 연료소비율에 따른 연소이론
② 로터 블레이드의 코닝각의 속도변화 이론
③ 로터 블레이드의 회전관성을 이용한 관성이론
④ 회전면 앞에서의 공기유동량과 회전면 뒤에서의 공기유동량의 차이를 운동량에 적용한 이론

> 해설) 회전 날개의 추력을 구하는 방법은 운동량이론, 깃요소이론, 와류이론 등이 있다.

03 2000m의 고도에서 활공기가 최대 양항비 8.5인 상태로 활공한다면 이 비행기가 도달할 수 있는 최대수평거리는 몇 m 인가?

① 25500
② 21300
③ 17000
④ 12300

> 해설) $tan\theta = \dfrac{H(고도)}{X(수평거리)} = \dfrac{1}{양항비}$

04 공기를 강체로 가정하여 프로펠러를 1회전시킬 때 전진하는 거리를 무엇이라고 하는가?

① 유효피치
② 기하학적 피치
③ 프로펠러 슬립
④ 프로펠러 피치

> 해설) 슬립 $= \dfrac{GP - EP}{GP}$

05 대기권을 높은 층에서부터 낮은 층의 순서로 나열한 것은?

① 대류권 → 열권 → 중간권 → 성층권 → 극외권
② 대류권 → 성층권 → 중간권 → 열권 → 극외권
③ 극외권 → 열권 → 중간권 → 성층권 → 대류권
④ 극외권 → 성층권 → 중간권 → 열권 → 대류권

06 다음 중 정적 중립을 나타낸 것은?

① 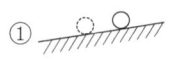   ②

③ 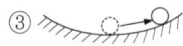   ④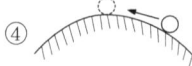

07 이상기체의 온도(T), 밀도(ρ), 그리고 압력(P)과의 관계를 옳게 나타낸 식은? (단, V : 체적, ν : 비체적, R : 기체상수이다.)

① $P = TV$
② $P\nu = RT$
③ $P = \dfrac{RT}{\rho}$
④ $P = RV$

08 층류와 난류에 대한 설명으로 옳은 것은?

① 층류는 난류보다 유속의 구배가 크다.
② 층류는 난류보다 경계층(boundary layer)이 두껍다.
③ 층류는 난류보다 박리(separation)가 쉽다.
④ 난류에서 층류로 변하는 지역을 천이지역(transition region)이라고 한다.

해설 층류의 박리를 지연시키기 위한 장치로 와류발생장치(vortex generator)가 있다.

09 다음 중 프로펠러에 의한 동력을 구하는 식으로 옳은 것은? (단, n : 프로펠러 회전수, D : 프로펠러의 직경, ρ : 유체밀도, C_P : 동력계수이다.)

① $C_P n^3 D^5$
② $C_P n^2 D^4$
③ $C_P n^3 D^4$
④ $C_P n^2 D^5$

해설
- 추력(T) = $C_t n^2 D^4$
- 토크(Q) = $C_q n^2 D^5$
- 동력(P) = $C_p n^3 D^5$

10 날개골의 모양에 따른 특성 중 캠버에 대한 설명으로 틀린 것은?

① 받음각이 0도일 때도 캠버가 있는 날개골은 양력을 발생한다.
② 캠버가 크면 양력은 증가하나 항력은 비례적으로 감소한다.
③ 두께나 앞전 반지름이 같아도 캠버가 다르면 받음각에 대한 양력과 항력의 차이가 생긴다.
④ 저속비행기는 캠버가 큰 날개골을 이용하고 고속 비행기는 캠버가 작은 날개골을 사용한다.

해설 뒷전 플랩은 고양력장치로 플랩을 내리면 캠버가 증가하여 양력도 증가하고 항력도 증가한다.

11 헬리콥터 회전날개의 조종장치 중 주기피치조종과 동시피치조종을 위해서 사용되는 장치는?

① 평형 탭(balance tab)
② 안정바(stabilizer bar)
③ 회전경사판(swash plate)
④ 트랜스미션(transmission)

해설 비행기에서 1차 조종면의 역할을 하는 것

12 키돌이(loop) 비행 시 상단점에서의 하중배수를 0이라고 하면 이론적으로 하단점에서의 하중배수는 얼마인가?

① 0
② 1
③ 3
④ 6

해설 하중배수(load factor) = $\dfrac{L}{W}$

13 등속수평비행을 하기 위한 힘의 관계를 옳게 나열한 것은?

① 양력 = 무게, 추력 > 양력
② 양력 > 무게, 추력 = 항력
③ 양력 > 무게, 추력 > 항력
④ 양력 = 무게, 추력 = 항력

14 비행기의 무게가 3000kg, 경사각이 60°, 150km/h의 속도로 정상선회하고 있을 때 선회반지름은 약 몇 m 인가?

① 102.3
② 200
③ 302.3
④ 500

해설 $R = \dfrac{V^2}{g \tan\theta} = \dfrac{(\frac{150}{3.6})^2}{9.8 \times \tan 60}$

15 비행기의 동적안정성이 (+) 인 비행 상태에 대한 설명으로 옳은 것은?

① 진동수가 점차 감소한다.
② 진동수가 점차 증가한다.
③ 진폭이 점차로 증가한다.
④ 진폭이 점차로 감소한다.

> **해설** 정적안정(+)은 평형상태로부터 벗어난 뒤에 어떤 형태로든 움직여서 원래의 평형상태로 되돌아가려는 초기의 경향을 말한다.

16 받음각이 클 때 기체 전체가 실속되고 그 결과 옆놀이와 빗놀이를 수반하여 나선을 그리면서 고도가 감소되는 비행 상태는?

① 스핀(spin) 상태
② 더치 롤(dutch roll) 상태
③ 크랩 방식(crab method)에 의한 비행 상태
④ 윙다운 방식(wing down method)에 의한 비행 상태

> **해설**
> • 가로방향 불안정(dutch roll) : 가로진동과 방향진동이 결합된 것
> • 측풍 착륙방법 : 크랩 방식(crab method), 윙다운 방식(wing down method)

17 제트항공기가 최대항속시간을 비행하기 위해 최대가 되어야 하는 것은? (단, C_L은 양력계수, C_D는 항력계수이다.)

① $\dfrac{C_L^{\frac{3}{2}}}{C_D}$ ② $\dfrac{C_L}{C_D}$

③ $\dfrac{C_L^{\frac{1}{2}}}{C_D}$ ④ $\dfrac{C_L}{C_D^{\frac{1}{2}}}$

> **해설**
>
> | 구분 | 프로펠러기 | 제트기 |
> | --- | --- | --- |
> | 항속거리를 최대로 하는 조건 | $\left(\dfrac{C_L}{C_D}\right)_{max}$ | $\left(\dfrac{C_L^{\frac{1}{2}}}{C_D}\right)_{max}$ |
> | 항속시간을 최대로 하는 조건 | $\left(\dfrac{C_L^{\frac{3}{2}}}{C_D}\right)_{max}$ | $\left(\dfrac{C_L}{C_D}\right)_{max}$ |

18 정지상태인 항공기가 가속도 2m/s²로 가속되었을 때, 30초 되었을 때 거리는 몇 m 인가?

① 100   ② 400
③ 900   ④ 1200

> **해설** $S = \dfrac{1}{2}at^2 = \dfrac{1}{2} \times 2 \times 30^2 = 900$

19 항공기를 오른쪽으로 선회시킬 경우 가해주어야 할 힘은? (단, 오른쪽 방향은 양(+)으로 한다.)

① 양(+) 피칭 모멘트
② 음(-) 롤링 모멘트
③ 제로(0) 롤링 모멘트
④ 양(+) 롤링 모멘트

20 레이놀즈수(Reynold's number)를 나타내는 식으로 옳은 것은? (단, c : 날개의 시위길이, μ : 절대점성계수, ν : 동점성계수, ρ : 공기밀도, V : 공기속도이다.)

① $\dfrac{Vc}{\rho}$ ② $\dfrac{Vc}{\nu}$

③ $\dfrac{Vc}{\mu}$ ④ $\dfrac{Vc\nu}{\rho}$

> **해설** $Re = \dfrac{\text{관성력}}{\text{점성력}} = \dfrac{\rho Vc}{\mu} = \dfrac{Vc}{\nu}$

제2과목 항공기관

21 가스터빈엔진에서 길이가 짧으며 구조가 간단하고, 연소효율이 좋은 연소실은?

① 캔형   ② 터뷸러형
③ 애뉼러형 ④ 실린더형

> **해설** 연소실의 종류 : 캔형, 애뉼러형, 캔-애뉼러형

22 가스터빈엔진 연료의 성질에 대한 설명으로 옳은 것은?

① 발열량은 연료를 구성하는 탄화수소와 그 외 화합물의 함유물에 의해서 결정된다.
② 가스터빈엔진 연료는 왕복엔진보다 인화점이 낮다.
③ 유황분이 많으면 공해문제를 일으키지만 엔진 고온부품의 수명은 연장된다.
④ 연료 노즐에서의 분출량은 연료의 점도에는 영향을 받으나, 노즐의 형상에는 영향을 받지 않는다.

해설 인화점(flash point)은 연료를 가열한 후, 규정된 크기의 불꽃을 가져갔을 때 연료 증기에 인화되는 최저 온도로서, 인화점이 높을수록 안전성이 높다.

23 항공기엔진의 오일 교환을 정해진 기간마다 해야 하는 주된 이유로 옳은 것은?

① 오일이 연료와 희석되어 피스톤을 부식시키기 때문
② 오일의 색이 점차 짙게 변하기 때문
③ 오일이 열과 산화에 노출되어 점성이 커지기 때문
④ 오일이 습기, 산, 미세한 찌꺼기로 인해 오염되기 때문

24 왕복엔진용 윤활유의 점도에 관한 설명으로 틀린 것은?

① 점도는 윤활유의 흐름에 저항하는 유체마찰을 뜻한다.
② 일반적으로 겨울철에는 고점도 윤활유를 사용한다.
③ 윤활유의 점도를 알 수 있는 것으로 SUS가 사용된다.
④ 점도 변화율은 점도지수(viscosity index)로 나타낸다.

해설 오일 희석(oil dilution) : 추운 기후에서 시동의 용이를 위해 엔진 정지 전에 오일의 점도를 낮추기 위해 윤활 계통에 연료(가솔린)를 분사하는 것

25 왕복엔진 점화과정에서의 이상 연소가 아닌 것은?

① 역화　　② 조기점화
③ 디토네이션　　④ 블로우바이

해설 블로우바이(blow-by)란 실린더나 피스톤의 마모로 인하여 실린더와 피스톤 사이로 가스가 새는 현상을 말한다.

26 터빈엔진을 사용하는 도중 배기가스온도(EGT)가 높게 나타났다면 다음 중 주된 원인은?

① 과도한 연료 흐름
② 연료필터 막힘
③ 과도한 바이패스비
④ 오일압력의 상승

27 가스터빈엔진에서 사용되는 시동기의 종류가 아닌 것은?

① 전기식 시동기(electric starter)
② 시동 발전기(starter generator)
③ 공기식 시동기(pneumatic starter)
④ 마그네토 시동기(magneto starter)

해설 마그네토(magneto) : 왕복엔진의 점화에 필요한 전기를 발생시키는 영구자석을 가진 교류 발전기

28 4500lbs의 엔진이 3분 동안 5ft의 높이로 끌어올리는데 필요한 동력은 몇 ft·lbs/min 인가?

① 6500　　② 7500
③ 8500　　④ 9000

해설 $P = \dfrac{W}{t} = \dfrac{F \times S}{t} = \dfrac{4500 \times 5}{3} = 7500$

29 가스터빈엔진에서 윤활유의 구비조건이 아닌 것은?

① 유동점이 낮아야 한다.
② 부식성이 낮아야 한다.
③ 점도지수가 낮아야 한다.
④ 화학안정성이 높아야 한다.

> 해설: 점도지수(viscosity index)는 온도 변화에 의한 점도 변화의 경향으로, 점도지수가 높은 만큼 온도에 의한 점도의 변화가 적다.

30 항공기 왕복엔진에서 마력의 크기에 대한 설명으로 옳은 것은?

① 가장 큰 값은 마찰마력이다.
② 가장 큰 값은 제동마력이다.
③ 가장 큰 값은 지시마력이다.
④ 마력들의 크기는 모두 같다.

> 해설: $iHP = bHP + fHP$

31 벨마우스(bellmouth) 흡입구에 대한 설명으로 틀린 것은?

① 헬리콥터 또는 터보프롭 항공기에 사용가능하다.
② 흡입구는 공력 효율을 고려하여 확산형으로 제작한다.
③ 흡입구에 아주 얇은 경계층과 낮은 압력손실로 덕트 손실이 거의 없다.
④ 대부분 이물질 흡입방지를 위한 인렛스크린을 설치한다.

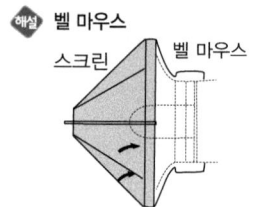
> 해설: 벨 마우스

32 왕복엔진의 피스톤 지름이 16cm인 피스톤에 6370kPa의 가스압력이 작용하면 피스톤에 미치는 힘은 약 몇 kN 인가?

① 63   ② 98
③ 110 ④ 128

> 해설: $P = \dfrac{F}{A}$, $F = P \times A = 6370 \times \dfrac{\pi}{4} \times 0.16^2 \fallingdotseq 128$

33 왕복엔진의 점화계통에서 E-gap 각이란 마그네토의 폴(pole)의 중립위치로부터 어떤 지점까지의 각도를 말하는가?

① 접점이 열리는 지점
② 접점이 닫히는 지점
③ 1차 전류가 가장 낮은 점
④ 2차 전류가 가장 낮은 점

34 왕복엔진의 평균유효압력에 대한 설명으로 옳은 것은?

① 사이클 당 유효일을 행정길이로 나눈 값
② 사이클 당 유효일을 행정체적으로 나눈 값
③ 행정길이를 사이클 당 엔진의 유효일로 나눈 값
④ 행정체적을 사이클 당 엔진의 유효일로 나눈 값

> 해설: $P(압력) = \dfrac{F(힘)}{A(단위면적)} = \dfrac{\frac{W(일)}{S(거리)}}{A} = \dfrac{W}{V(체적)}$

35 일반적으로 왕복엔진의 배기가스 누설 여부를 점검하는 방법으로 옳은 것은?

① 배기가스온도(EGT)가 비정상적으로 올라가는지 살펴본다.
② 공기흡입관의 압력계기가 안정되지 않고 흔들리며 지시(fluctuating indication)하는지 살펴본다.

③ 엔진카울 및 주변 부품 등에 심한 그을음(exhaust soot)이 묻어 있는지 검사한다.
④ 엔진 배기부분을 알칼리 용액 또는 샌드 블라스팅(sand blasting)으로 세척을 하고 정밀 검사를 한다.

36 그림과 같은 브레이튼사이클의 P-V 선도에서 각 과정과 명칭이 틀린 것은?

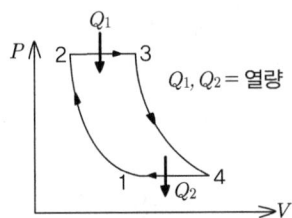

① 1 – 2 : 단열압축
② 2 – 3 : 정적수열
③ 3 – 4 : 단열팽창
④ 4 – 1 : 정압방열

> 해설: 브레이튼 사이클 : 단열압축 – 정압가열 – 단열팽창 – 정압방열

37 왕복엔진의 압력식 기화기에서 저속혼합조정(idle mixture control)을 하는 동안 정확한 혼합비를 알 수 있는 계기는?

① 공기압력계기
② 연료유량계기
③ 연료압력계기
④ RPM계기와 MAP계기

> 해설: MAP : manifold absolute pressure

38 프로펠러 깃의 허브중심으로부터 깃끝까지의 길이가 R, 깃각이 β일 때 이 프로펠러의 기하학적 피치는?

① $2\pi R \tan\beta$
② $2\pi R \sin\beta$
③ $2\pi R \cos\beta$
④ $2\pi R \sec\beta$

> 해설: 기하학적 피치(GP, geometric pitch) : 공기를 강체로 가정하고 이론적으로 얻을 수 있는 피치

39 프로펠러를 [보기]와 같이 분류한 기준으로 가장 적합한 것은?

> • 유형 A : 고정피치 프로펠러
> • 유형 B : 지상조정피치 프로펠러
> • 유형 C : 정속 프로펠러

① 프로펠러의 최대 회전 속도
② 프로펠러 지름의 최대 크기
③ 프로펠러 피치의 조정 방식
④ 프로펠러 유효피치의 크기

40 제트엔진의 추력을 결정하는 압력비(EPR : Engine Pressure Ratio)의 정의는?

① $\dfrac{\text{터빈입구압력}}{\text{엔진입구압력}}$
② $\dfrac{\text{엔진입구압력}}{\text{터빈입구압력}}$
③ $\dfrac{\text{터빈출구압력}}{\text{엔진입구압력}}$
④ $\dfrac{\text{터빈입구압력}}{\text{엔진출구압력}}$

> 해설: EPR = $\dfrac{\text{엔진입구압력}}{\text{터빈입구압력}}$ = $\dfrac{\text{터빈출구압력}}{\text{압축기입구압력}}$

제3과목 항공기체

41 실속속도가 120km/h인 수송기의 설계제한 하중배수가 4.4인 경우 이 수송기의 설계운용속도는 약 몇 km/h 인가?

① 228
② 252
③ 264
④ 270

> 해설: $V_A = \sqrt{nLim} \times V_S = \sqrt{4.4} \times 120 ≒ 252$

42 키놀이 조종계통에서 승강키에 대한 설명으로 옳은 것은?

① 일반적으로 승강키의 조종은 페달에 의존한다.
② 세로축을 중심으로 하는 항공기 운동에 사용한다.
③ 일반적으로 수평 안정판의 뒷전에 장착되어 있다.
④ 수직축을 중심으로 좌 우로 회전하는 운동에 사용한다.

> **해설** 승강키(elevator)는 비행기의 가로축을 중심으로 한 피치 운동을 조종하는데 주로 사용되는 조종면으로 일반적으로 수평 안정판의 뒷전에 장착되어 있다.

43 세미모노코크(semi monocoque)구조에 대한 설명으로 틀린 것은?

① 트러스 구조보다 복잡하다.
② 뼈대가 모든 하중을 담당한다.
③ 하중의 일부를 표피가 담당한다.
④ 프레임, 정형재, 링, 스트링거로 이루어져 있다.

> **해설** 세미모노코크 구조는 하중의 일부만 외피가 담당하게 하고 나머지 하중은 뼈대가 담당하는 구조로 현대 항공기의 대부분이 채택하고 있는 구조 형식이다.

44 다음 중 착륙거리를 단축시키는데 사용하는 보조 조종면은?

① 스테빌레이터(stabilator)
② 브레이크 브리딩(brake bleeding)
③ 플라이트 스포일러(flight spoiler)
④ 그라운드 스포일러(ground spoiler)

> **해설** 스포일러는 비행 중 도움날개 작동 시 도움날개를 보조하거나 함께 움직여서 비행속도를 감소(공중/비행 스포일러)시키거나 착륙활주 중 수직에 가깝게 세워 항력을 증가시킴으로써 활주거리를 짧게 하는 브레이크 작용(지상 스포일러)도 하게 된다.

45 항공기용 알루미늄합금 판재에 드릴작업을 할 때 가장 적합한 드릴각도, 작업속도, 작업압력을 옳게 나열한 것은?

① 118°, 고속회전, 손힘을 균일하게
② 140°, 저속회전, 매우 힘있게
③ 90°, 저속회전, 변화있게
④ 75°, 저속회전, 매우 세게

46 항공기 날개구조에서 리브(rib)의 기능으로 옳은 것은?

① 날개 내부구조의 집중응력을 담당하는 골격이다.
② 날개에 걸리는 하중을 스킨에 분산시킨다.
③ 날개의 스팬(span)을 늘리기 위하여 사용되는 연장부분이다.
④ 날개의 곡면상태를 만들어주며, 날개의 표면에 걸리는 하중을 스파에 전달시킨다.

> **해설** 리브는 날개의 단면이 공기역학적인 형태를 유지할 수 있도록 날개의 모양을 형성해주며 날개 외피에 작용하는 하중을 날개보(Spar)에 전달하는 역할을 한다.

47 AN426AD3-5 리벳의 부품번호에 대한 각 의미로 옳게 짝지어진 것은?

① 426 : 플러시머리리벳
② AD : 알루미늄 합금 2017T
③ 3 : 3/16인치의 직경
④ 5 : 5/32인치의 길이

> **해설** 리벳의 식별기호
> • AN 426 : 접시 머리 리벳(Countersunk Rivet 또는 Flush Rivet-AN 420, 425, 426)
> • AD : 리벳의 재질로 알루미늄 합금 2117T
> • 3 : 리벳의 지름 3/32인치
> • 5 : 리벳의 길이 5/16인치

48 다음 중 토크렌치의 형식이 아닌 것은?

① 빔 식(beam type)
② 제한 식(limit type)
③ 다이얼 식(dial type)
④ 버니어 식(vernier type)

 • 고정식 토크렌치 : 토크값을 미리 설정하고 그 이상의 값으로는 조여지지 않음, Audible indicating Torque wrench, Preset torque driver
• 지시식 토크렌치 : 죄는 정도에 따라 토크값을 지시, Rigid frame Torque wrench, Deflecting beam Torque wrench

49 다음 중 대형 항공기 연료탱크 내 연료 분배계통의 구성품에 해당하지 않는 것은?

① 연료 차단 밸브
② 섬프 드레인 밸브
③ 부스트(승압) 밸브
④ 오버라이트 트랜스퍼 펌프

 • 연료 차단 밸브 : 연료탱크로부터 기관으로 연료를 보내주거나 차단하는 역할
• 부스트(승압) 밸브 : 감속 시의 매니폴드 부압 제어용 밸브로 전자 제어식 연료 분사 장치(EGI)에 사용
• 오버라이트 트랜스퍼 펌프 : 연료를 분배, 송출하기 위해 사용하는 장치

50 다음과 같은 항공기 트러스 구조에서 부재 BD의 내력은 몇 kN 인가?

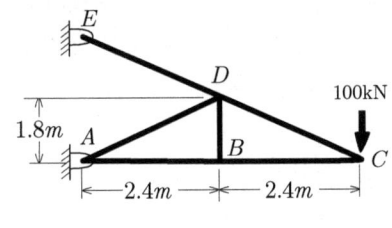

① 0
② 100
③ 150
④ 200

해설 B지점의 $\Sigma F_y = 0$; $F_{DB} = F_B$
$F_B = 0$ 가 0이므로 $F_{DB} = 0$

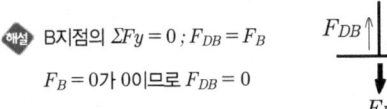

51 그림과 같이 인장력 P를 받는 봉에 축적되는 탄성에너지에 관한 설명으로 틀린 것은?

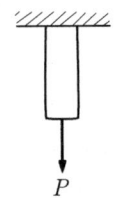

① 봉의 길이에 비례한다.
② 하중의 제곱에 비례한다.
③ 봉의 단면적에 비례한다.
④ 재료의 탄성계수에 반비례한다.

해설 탄성에너지 $= \dfrac{P^2 L}{2AE}$
(P : 인장하중, L : 길이, A : 단면적, E : 탄성계수)

52 항공기의 구조물에서 프레팅(fretting) 부식이 생기는 원인으로 가장 적합한 것은?

① 잘못된 열처리에 의해 발생
② 표면에 생성된 산화물에 의해 발생
③ 서로 다른 금속간의 접촉에 의해 발생
④ 서로 밀착된 부품간에 아주 작은 진동에 의해 발생

해설 ① 입자간 부식, ② 표면 부식, ③ 갈바닉 부식

53 항공기 엔진의 카울링에 대한 설명으로 옳은 것은?

① 엔진을 둘러싸고 있는 전체부분이다.
② 엔진과 기체를 차단하는 벽의 구조물이다.
③ 엔진의 추력을 기체에 전달하는 구조물이다.
④ 엔진이나 엔진에 부수되는 보기 주위를 쉽게 접근할 수 있도록 장·탈착하는 덮개이다.

해설 카울링(Cowling)은 나셀의 앞부분에 위치하고, 정비시 쉽게 장탈이 가능하다. 카울 플랩은 기관 냉각에 사용된다.

54 복합재료인 수지용기의 라벨에 "pot life 30min, shelf life 12Mo."라고 적혀 있다면 옳은 설명은?

① 수지가 선반에 보관된 기간이 12개월이다.
② 얇은 판재 두께의 12배의 넓이로 작업한다.
③ 수지를 촉매와 섞어 혼합시키면 30분 안에 사용하여 작업을 끝내야 한다.
④ 용기의 크기는 최소 12in 크기로 최소 30분 동안 혼합한다.

55 다음 중 변형률에 대한 설명으로 틀린 것은?

① 변형률은 길이와 길이의 비이므로 차원은 없다.
② 변형률은 변화량과 본래의 치수와의 비를 말한다.
③ 변형률은 비례한계 내에서 응력과 정비례 관계에 있다.
④ 일반적으로 인장봉에서 가로변형률은 신장률을 나타내며, 축변형률은 폭의 증가를 나타낸다.

56 두께 0.051 in의 판을 1/4 in 굴곡반경으로 90° 굽힌다면 굴곡허용량(bend allowance)은 약 몇 in 인가?

① 0.342   ② 0.433
③ 0.652   ④ 0.833

해설 $B.A = \dfrac{\theta}{360} 2\pi (R + \dfrac{1}{2}T)$
$= \dfrac{90}{360} 2\pi (0.25 + \dfrac{1}{2} \times 0.051) ≒ 0.433$

57 항공기의 중량과 균형(weight and balance)조정을 수행하는 주된 목적은?

① 순항 시 수평비행을 위하여
② 항공기의 조종성 보장을 위하여
③ 효율적인 비행과 안전을 위하여
④ 갑작스러운 돌풍 등 예기치 않은 비행조건에 대처하기 위하여

58 SAE 규격으로 표시한 합금강의 종류가 옳게 짝지어진 것은?

① 13×× : 망간강
② 23×× : 망간-크롬강
③ 51×× : 니켈-크롬-몰리브덴강
④ 61×× : 니켈-몰리브덴강

해설 ② 23×× : 니켈강
③ 51×× : 크롬-탄소강
④ 61×× : 크롬-바나듐강

59 강관의 용접작업 시 조인트 부위를 보강하는 방법이 아닌 것은?

① 평 가세트(flat gussets)
② 스카프 패치(scarf patch)
③ 손가락 판(finger straps)
④ 삽입 가세트(insert gussets)

해설 스카프(Scarfed) 수리 방법
• 손상 부위를 연마작업으로 제거한다.
• 수지 침투 가공 천을 큰 겹부터 점차 작은 겹까지 접합한다.
• 마지막 적층재는 표면과 일치시킨다.

60 복합재료의 강화재 중 무색 투명하며 전기부도체인 섬유로서 우수한 내열성 때문에 고온 부위의 재료로 사용되는 것은?

① 아라미드 섬유
② 유리섬유
③ 알루미나 섬유
④ 보론섬유

해설 알루미나 섬유는 무색투명하며 약 1,300℃로 가열하여도 물성이 유지되는 우수한 내열성을 가지고 있다.

제4과목 항공장비

61 항공기에서 고도 경고 장치(altitude alert system)의 주된 목적은?

① 지정된 비행 고도를 충실히 유지하기 위하여
② 착륙 장치를 내릴 수 있는 고도를 지시하기 위하여
③ 고 양력 장치를 펼치기 위한 고도를 지시하기 위하여
④ 항공기가 상승 시 설정된 고도에 진입된 것을 지시하기 위하여

> **해설** 고도경보장치(Altitude Alert System) : 지정된 비행고도를 충실이 유지하기 위해 개발된 장치로 관제탑에서 비행고도가 지정될 때마다 수동으로 고도경보컴퓨터에 고도를 설정하고 그 고도에 접근했을 때 또는 그 고도에서 이탈했을 때 경보등과 경고음을 작동시켜 조종사에게 주의를 촉구하는 장치

62 교류회로에서 피상전력이 100 kVA 이고 유효전력은 80kW, 무효전력은 60kVar 일 때 역률은 얼마인가?

① 0.60　　② 0.75
③ 0.80　　④ 1.25

> **해설** 유효전력 = 피상전력 × 역률,
> 역률 = $\dfrac{유효전력}{피상전력} = \dfrac{80}{100} = 0.80$

63 항공기의 자기컴파스가 270°(W)를 가르키고 있고, 편각은 6°40′, 복각은 48°50′인 경우 항공기가 비행하는 실제 방향은?

① 223°10′　　② 263°20′
③ 276°40′　　④ 318°50′

> **해설** 실제 263°20′(= 270° – 6°40′) 방향으로 비행한다.

64 피토관 및 정압공에서 받은 공기압의 차압으로 속도계가 지시하는 속도를 무엇이라고 하는가?

① 지시대기속도(IAS)
② 진대기속도(TAS)
③ 등가대기속도(EAS)
④ 수정대기속도(CAS)

> **해설** 대기속도의 종류
> • 지시대기속도(IAS) : 속도계의 공함에 동압이 가해지면 동압은 유속의 제곱에 비례하므로, 압력 눈금 대신에 환산된 속도 눈금으로 표시한 속도
> • 수정대기속도(CAS) : 지시 대기속도에 피토정압관의 장착 위치와 계기 자체에 의한 오차를 수정한 속도
> • 등가대기속도(EAS) : 수정 대기속도에 공기의 압축성을 고려한 속도
> • 진대기속도(TAS) : 등가 대기속도에 고도변화에 따른 밀도를 수정한 속도

65 지상 근무자가 다른 지상 근무자 또는 조종사와 통화할 수 있는 장치는?

① 객실(cabin) 인터폰
② 화물(freight) 인터폰
③ 서비스(service) 인터폰
④ 플라이트(flight) 인터폰

> **해설** 서비스 인터폰은 항공기 기체 내부 및 외부의 여러 곳에 정비 목적으로 Interphone Jack들이 설치되어 있으며 각 Jack 위치에서 인터폰을 통해 서로 통신을 할 수 있다.

66 엔진을 시동하여 아이들(idle)로 운전할 경우 발전기 전압이 축전지 전압보다 낮게 출력될 때 발생되는 현상은?

① 발전기와 축전기가 부하로부터 분리된다.
② 축전지는 부하로부터 분리되고, 발전기가 전체의 부하를 담당한다.
③ 발전기와 축전기가 병렬로 접속되어 전체 부하를 담당한다.
④ 역전류 차단기에 의해 발전기가 부하로부터 분리된다.

67 유압계통에서 작동기의 작동 방향을 결정하기 위해 사용되는 것은?

① 축압기(accumulator)
② 체크 밸브(check valve)
③ 선택 밸브(select valve)
④ 압력 릴리프 밸브(pressure relief valve)

> 해설
> - 릴리프밸브 : 작동유에 의한 계통내의 압력을 규정된 값 이하로 제한
> - 선택밸브 : 일정압력 이하로 떨어지면 중요작동 계통에만 유로 형성(작동기의 작동 방향을 결정)
> - 감압밸브 : 주회로 압력보다 저압이 필요한 회로를 위해 압력을 낮춤
> - 체크밸브 : 유체를 한 방향으로만 유동

68 서머커플형(thermocouple type) 화재탐지장치에 관한 설명으로 옳은 것은?

① 전기 감지에 의해 작동한다.
② 빛의 세기에 의해 작동한다.
③ 급격한 움직임에 의해 작동한다.
④ 온도상승에 이한 기전력 발생으로 작동한다.

> 해설
> 서머커플형(Thermocouple)은 서로 다른 종류의 금속을 접합하여 온도계기로 사용된다.

69 고도계의 오차 중 탄성오차에 대한 설명으로 틀린 것은?

① 재료의 피로 현상에 의한 오차이다.
② 온도 변화에 의해서 탄성계수가 바뀔 때의 오차이다.
③ 확대장치의 가동부분, 연결 등에 의해 생기는 오차이다.
④ 압력 변화에 대응한 휘어짐이 회복되기까지의 시간적인 지연에 따른 지연 효과에 의한 오차이다.

> 해설
> 탄성오차는 히스테리시스, 편위, 잔류효과 등과 같이 일정한 온도에서 재료의 특성 때문에 생기는 탄성체의 고유의 오차이다.

70 다음 중 엔진의 상태를 지시하는 엔진계기의 종류가 아닌 것은?

① RPM 계기
② ADI
③ EGT 계기
④ Fuel flowmeter

> 해설
> 자세 지시계(ADI)는 현재의 비행 자세, 미리 설정된 모드로 비행하기 위한 명령장치(FD, Flight Director) 컴퓨터의 출력을 지시하는 계기로서 현재의 비행 자세는 Roll 자세, Pitch 자세, Yaw 자세 변화율, 그리고 Slip의 4개 요소로 표시한다.

71 엔진의 회전수와 관계없이 항상 일정한 회전수를 발전기축에 전달하는 장치는?

① 정속구동장치(C.S.D)
② 전압 조절기(voltage regulator)
③ 감쇠 변압기(damping transformer)
④ 계자 제어장치(field control relay)

72 항공기 방화시스템에 대한 설명으로 옳은 것은?

① 방화시스템은 감지(detection), 소화(extinguishing), 탈출(evacuation) 시스템으로 구성되어 있다.
② 엔진의 화재감지에 사용되는 감지기(detector)는 주로 스모그감지장치(smog detector)이다.
③ 연속 저항 루프 화재 탐지기에는 키드시스템(kidde system)과 팬월시스템(fenwal system)이 있다.
④ 항공기에서 화재가 감지되면 자동적으로 해당 소화시스템(extinguishing system)이 작동되어 화재를 진압한다.

> 해설
> 연속-루프 화재감지계통은 화재 위험지역 전체를 감지할 수 있는 장점이 있으며, 과열 및 화재를 감지할 수 있다. 키드(kidde) 계통과 팬월(fenwall) 계통을 많이 사용한다.

73 자기 콤파스(magnetic compass)의 북선오차에 대한 설명으로 틀린 것은?

① 항공기가 선회할 때 발생하는 오차이다.
② 항공기가 북극 지방을 비행할 때 콤파스 회전부가 기울어져 발생하는 오차이다.
③ 항공기가 북진하다 선회할 때 실제 선회각보다 작은각이 지시된다.
④ 콤파스 회전부의 중심과 지시점이 일치하지 않기 때문에 발생한다.

74 다음 중 붉은 색을 띠며 인화점이 낮은 작동유는?

① 식물성유　② 합성유
③ 광물성유　④ 동물성유

> **작동유의 종류**
> • 식물성유 : 아주까리기름과 알코올의 혼합물로 파란색, 부식성과 산화성
> • 광물성유 : 원유로부터 제조, 붉은색, -54℃~71℃의 사용 온도 범위
> • 합성유 : 인산염과 에스테르의 혼합물로 자주색이고, -54℃~115℃의 사용 온도 범위, 독성

75 현대 항공기에서 사용되는 결빙방지 방법이 아닌 것은?

① 화학물질 처리
② 발열소자를 사용한 가열
③ 팽창식 부츠를 활용한 제빙
④ 기계식 운동으로 인한 마찰열 발생

76 객실여압(cabin pressurization) 장치가 있는 항공기의 순항고도에서 적절한 객실고도는?

① 6000 ft　② 8000 ft
③ 10000 ft　④ 12000 ft

> 객실 안의 기압에 해당되는 고도를 객실고도라 하며, 실제로 비행하는 고도를 비행고도라 하는데 미연방항공국의 규정에 의하면 고고도를 비행하는 항공기는 객실 내의 압력을 8000ft에 해당하는 기압으로 유지하도록 하고 있다.

77 황산 납 축전지(lead acid battery)의 충전 작용의 결과로 나타나는 현상은?

① 전해액 속의 항산의 양이 줄어든다.
② 물의 양은 증가하고 전해액은 묽어진다.
③ 내부저항은 증가하고 단자 전압은 감소한다.
④ 양극판은 과산화납으로, 음극판은 해면상 납이 된다.

> **황산 납 축전지의 충방전**
> (양극판)　(전해액)　(음극판)　(양극판)　(전해액)　(음극판)
> $$PbO_2 + 2H_2SO_4 + Pb \underset{충전}{\overset{방전}{\rightleftharpoons}} PbSO_4 + 2H_2O + PbSO_4$$

78 다음 중 자동 착륙시스템(autoland system)의 종류가 아닌 것은?

① dual system
② Triplex system
③ Dual-Dual system
④ Triple-Triple system

79 항공기의 전기회로에 사용되는 스위치에 대한 설명으로 틀린 것은?

① 푸시 버튼스위치는 접촉방식에 따라 SPUT, SPWT, DPUT, DPWT가 있다.
② 항공기의 토글 스위치는 운동부분이 공기 중에 노출되지 않도록 케이스로 보호되어 있다.
③ 회선선택스위치는 한 회로만 개방하고 다른 회로는 동시에 닫히게 하는 역할을 한다.
④ 마이크로스위치는 짧은 움직임으로 회로를 개폐시키는 것으로, 착륙장치와 플랩 등을 작동시키는 전동기의 작동을 제한하는 스위치로 사용된다.

80 항공기 안테나에 대한 설명으로 옳은 것은?

① 첨단 항공기는 안테나가 필요 없다.
② 일반적으로 주파수가 높을수록 안테나의 길이가 짧아진다
③ ADF는 주로 다이폴 안테나가 사용된다.
④ HF 통신용은 전리층 반사파를 이용하기 때문에 안테나가 필요없다.

해설 안테나의 길이(파장) = $\dfrac{\text{전파속도(광속)}}{\text{주파수}}$

2018년 제2회 기출문제 정답

01	02	03	04	05	06	07	08	09	10
①	④	③	②	③	①	②	③	①	②
11	12	13	14	15	16	17	18	19	20
③	④	④	①	④	①	②	③	④	②
21	22	23	24	25	26	27	28	29	30
③	①	④	②	④	①	④	②	③	③
31	32	33	34	35	36	37	38	39	40
②	④	①	②	③	②	④	①	③	③
41	42	43	44	45	46	47	48	49	50
②	③	②	④	①	④	①	④	②	①
51	52	53	54	55	56	57	58	59	60
③	④	④	③	④	②	③	①	②	③
61	62	63	64	65	66	67	68	69	70
①	③	②	①	③	④	③	④	③	②
71	72	73	74	75	76	77	78	79	80
①	③	②	③	④	②	④	④	①	②

최근기출문제
2018년 제4회 시행

제1과목 항공역학

01 공기가 아음속의 흐름으로 풍동 내의 지점 1을 밀도 ρ, 속도 250m/s로 통과하고 지점 2를 밀도 $4/5\rho$인 상태로 지난다면, 이때 속도는 약 몇 m/s 인가? (단, 지점 2의 단면적은 지점 1의 1/20다.)

① 155 ② 215
③ 465 ④ 625

해설 $\rho_1 A_1 V_1 = \rho_2 A_2 V_2$ 이므로
$\rho \times A \times 250 = \frac{4}{5}\rho \times \frac{1}{2}A \times V_2$, $V_2 = 250 \times \frac{5}{4} \times \frac{2}{1}$

02 날개의 뒤젖힘각 효과(sweep back effect)에 대한 설명으로 옳은 것은?

① 방향안정과 가로안정 모두에 영향이 있다.
② 방향안정과 가로안정 모두에 영향이 없다.
③ 가로안정에는 영향이 있고 방향안정에는 영향이 없다.
④ 방향안정에는 영향이 있고 가로안정에는 영향이 없다.

해설 뒤젖힘각을 주면 비행성능 면에서는 임계마하수를 크게 할 수 있다.

03 유도항력계수에 대한 설명으로 옳은 것은?

① 유도항력계수와 유도항력은 반비례한다.
② 유도항력계수는 비행기 무게에 반비례한다.
③ 유도항력계수는 양력의 제곱에 반비례한다.
④ 날개의 가로세로비가 커지면 유도항력계수는 작아진다.

해설 $C_{di} = \frac{C_L^2}{\pi e AR}$

04 중량이 2000kgf인 항공기가 받음각 4°로 등속 수평비행을 하고 있을 때 이 항공기에 작용하는 항력은 몇 kgf 인가? (단, 받음각이 4°일 때 양항비는 20이다.)

① 100 ② 200
③ 300 ④ 400

해설 수평비행 시
$T = W\frac{C_d}{C_L} = W \times \frac{1}{양항비}$

05 프로펠러 깃의 받음각에 가장 큰 영향을 주는 2가지 요소는?

① 깃각과 인장력
② 굽힘모멘트와 추력
③ 비행속도와 회전수
④ 원심력과 공기탄성력

06 그림과 같은 날개(wing)의 테이퍼비(taper ratio)는 얼마인가?

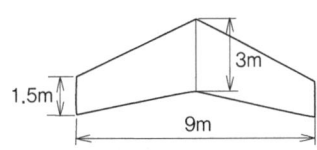

① 0.5 ② 1.0
③ 3.5 ④ 6.0

해설 $\lambda = \frac{C_t}{C_r}$

07 그림과 같이 초음속 흐름에 쐐기형 에어포일 주위에 충격파와 팽창파가 생성될 때 각각의 흐름의 마하수(M)와 압력(P)에 대한 설명으로 옳은 것은?

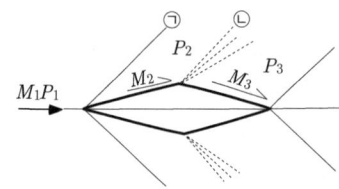

① ㉠은 충격파이며 $M_1 > M_2, P_1 < P_2$ 이다.
② ㉡은 충격파이며 $M_2 < M_3, P_2 > P_3$ 이다.
③ ㉠은 팽창파이며 $M_1 < M_2, P_1 > P_2$ 이다.
④ ㉡은 팽창파이며 $M_2 > M_3, P_2 < P_3$ 이다.

해설 초음속에서 통로가 좁아지는 곳에서 충격파, 넓어지는 곳에서 팽창파가 발생하며, 통로가 좁아지면 속도는 감소하고 압력은 증가한다.(아음속과 반대)

08 항공기가 선회경사각 30°로 정상선회할 때 작용하는 원심력이 3000kgf 이라면 비행기의 무게는 약 몇 kgf 인가?

① 6150
② 6000
③ 5800
④ 5196

해설 $tan\theta = \dfrac{C.F}{W}$ ∴ $W = \dfrac{C.F}{tan\theta} = \dfrac{3000}{tan30}$

09 수직강하와 함께 비행기의 자전(auto rotation) 운동을 이루는 현상은?

① 스핀(spin) 현상
② 디프실속(deep stall) 현상
③ 날개드롭(wing drop) 현상
④ 가로방향 불안정(dutch roll) 현상

해설 비행기의 스핀(spin)이란 자동회전과 수직강하가 조합된 비행으로 수직스핀과 수평스핀이 있으며, 자전현상과 가장 관련이 깊다.

10 항공기 총 중량 24000kgf의 75%가 주(제동)바퀴에 작용한다면 마찰계수가 0.7일 때 주바퀴의 최소제동력은 몇 kgf 이어야 하는가?

① 5250
② 6300
③ 12600
④ 25200

해설 $F = \mu W = 0.7 \times (24000 \times 0.75)$

11 비행기의 세로안정을 향상시키는 방법이 아닌 것은?

① 꼬리날개효율을 높인다.
② 꼬리날개부피를 최대한 줄인다.
③ 무게중심의 위치를 공기역학적 중심 앞으로 위치시킨다.
④ 무게중심과 공기역학적 중심과의 수직거리를 양(+)의 값으로 한다.

해설 꼬리날개부피(수평꼬리날개면적×무게중심에서 수평꼬리날개의 압력중심까지의 거리, $S_t \times l$)의 값이 클수록 세로안정성이 좋다.

12 제트 비행기의 속도에 따른 추력변화 그래프 분석을 통해 알 수 있는 최대항속거리에 대한 조건으로 옳은 것은?

① 속도에 대한 필요추력의 비가 최대인 값
② 속도에 대한 필요추력의 비가 최소인 값
③ 속도에 대한 이용추력의 비가 최대인 값
④ 속도에 대한 이용추력의 비가 최소인 값

해설
• 프로펠러기의 최장거리 비행조건 : $\left(\dfrac{P_r}{V}\right)_{min}$
• 제트기의 최장거리 비행조건 : $\left(\dfrac{T}{V}\right)_{min}$

13 회전익장치가 하나뿐인 헬리콥터는 질량이 큰 동체가 하나의 점에 매달려 있는 것과 같아 한 번 흔들리면 전후·좌우로 자연스럽게 진동운동을 하게 되는데 이런 현상을 무엇이라 하는가?

① 지면효과(ground effect)
② 시계추작동(pendulum action)

③ 코리오리스 효과(coriolis effect)
④ 편류(drift or translating tendency)

> **해설** 시계추작동 현상은 과도하게 조종할수록 커진다. 따라서, 조종조작은 가급적 부드럽게 수행하여야 한다.

14 지구를 둘러싸고 있는 대기를 지표에서 고도가 높아지는 방향으로 순서대로 나열한 것은?

① 성층권, 대류권, 중간권, 열권, 외기권
② 대류권, 중간권, 열권, 성층권, 외기권
③ 성층권, 열권, 중간권, 대류권, 외기권
④ 대류권, 성층권, 중간권, 열권, 외기권

> **해설** 대기권은 대류권 – 성층권 – 중간권 – 열권(전리층) – 극외권(외기권)으로 구성된다.

15 일반적인 프로펠러의 깃뿌리에서 깃끝으로 위치변화에 따른 깃각의 변화를 옳게 설명한 것은?

① 커진다.
② 작아진다.
③ 일정하다.
④ 종류에 따라 다르다.

> **해설** 프로펠러의 피치를 일정하게 하기 위하여, 깃끝으로 갈수록 반지름이 증가하는 만큼 각도를 감소시켜 상쇄하도록 한다.
> $G.P = 2\pi R \times tan\beta$

16 직경 20cm인 원형배관이 직경 10cm인 원형배관과 연결되어 있다. 직경 20cm인 원형배관을 지난 공기가 직경 10cm인 원형배관을 지나게 되면 유속의 변화는 어떻게 되는가?

① 2배로 증가한다.
② 1/2로 감소한다.
③ 4배로 증가한다.
④ 1/4로 감소한다.

> **해설** $A_1 V_1 = A_2 V_2$이므로
> $\frac{\pi}{4} \times 20^2 \times V_1 = \frac{\pi}{4} \times 10^2 \times V_2, V_2 = \frac{20^2}{10^2} \times V_1$

17 수평꼬리날개에 의한 모멘트의 크기를 가장 옳게 설명한 것은? (단, 양(+), 음(-)의 부호는 고려하지 않는다.)

① 수평꼬리날개의 면적이 클수록, 수평꼬리날개 주위의 동압이 작을수록 커진다.
② 수평꼬리날개의 면적이 클수록, 수평꼬리날개 주위의 동압이 클수록 커진다.
③ 수평꼬리날개의 면적이 작을수록, 수평꼬리날개 주위의 동압이 클수록 커진다.
④ 수평꼬리날개의 면적이 작을수록, 수평꼬리날개 주위의 동압이 작을수록 커진다.

> **해설** $M_{ca\,tail} = -l \times C_{Lt} \times S_t \times q_t$

18 항공기엔진이 정지한 상태에서 수직강하하고 있을 때 도달할 수 있는 최대속도인 종극속도 상태의 경우는?

① 항공기 양력과 항력이 같은 경우
② 항공기 양력의 수평분력과 항력의 수직분력이 같은 경우
③ 항공기 총중량과 항공기에 발생되는 항력이 같아지는 경우
④ 항공기 총중량과 항공기에 발생되는 양력이 같은 경우

> **해설**
> • L = W : 수평 비행
> • D = W : 급강하 비행

19 헬리콥터에서 양력 불균형이 일어나지 않도록 하는 주 회전날개 깃의 플래핑 작용의 결과로 나타나는 현상으로 옳은 것은?

① 후퇴하는 깃에는 최대상향 변위가 기수 전방에서 나타난다.
② 후퇴하는 깃에는 최대상향 변위가 기수 후방에서 나타난다.
③ 전진하는 깃에는 최대상향 변위가 기수 후방에서 나타난다.

④ 전진하는 깃에는 최대상향 변위가 기수 전방에서 나타난다.

20 다음 중 양(+)의 가로안정성(lateral stability)에 기여하는 요소로 거리가 먼 것은?

① 저익(low wing)
② 상반각(dihedral angle)
③ 후퇴각(sweep back angle)
④ 수직꼬리날개(vertical tail)

> 해설 저익 항공기는 가로 안정성이 낮지만 기동성 면에서 우수하다.

제2과목 항공기관

21 가스터빈엔진의 압축기 블레이드 오염(dirty or contamination)으로 발생되는 현상이 아닌 것은?

① 연료소모율 증가
② 엔진 서지(surge)
③ 엔진 회전속도 증가
④ 배기가스 온도 증가

> 해설 압축기 서지(serge) : 압축기의 국부적인 현상인 stall 현상이 압축기 전체로 확대되어 발생하는 현상

22 왕복엔진의 크랭크 핀(crank pin)의 속이 비어 있는 이유가 아닌 것은?

① 윤활유의 통로 역할을 한다.
② 열팽창에 의한 파손을 방지한다.
③ 크랭크축의 전체 무게를 줄여준다.
④ 탄소 침전물 등 이물질을 모으는 슬러지 실(sludge chamber) 역할을 한다.

23 제트엔진에서 착륙거리를 줄이기 위하여 사용하는 장치는?

① 베인   ② 방향타
③ 노즐   ④ 역추력 장치

24 압축비가 8인 경우 오토사이클(auto cycle)의 열효율은 약 몇 % 인가?

① 48.9   ② 56.5
③ 78.2   ④ 94.5

> 해설 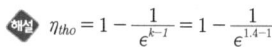 $\eta_{tho} = 1 - \dfrac{1}{\epsilon^{k-1}} = 1 - \dfrac{1}{\epsilon^{1.4-1}}$

25 터보제트엔진의 추진효율이 1일 때는?

① 비행속도가 음속을 돌파할 때
② 비행속도와 배기가스 속도가 같을 때
③ 비행속도가 배기가스 속도보다 빠를 때
④ 비행속도가 배기가스 속도보다 늦을 때

> 해설 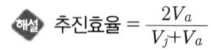 추진효율 $= \dfrac{2V_a}{V_j + V_a}$

26 열역학에서 가역과정에 대한 설명으로 옳은 것은?

① 마찰과 같은 요인이 있어도 상관없다.
② 주위의 작은 변화에 의해서는 반대과정을 만들 수 없다.
③ 계와 주위가 항상 불균형 상태여야 한다.
④ 과정이 일어난 후에도 처음과 같은 에너지량을 갖는다.

27 항공기 연료 '옥탄가 90'에 대한 설명으로 옳은 것은?

① 노말헵탄 10%에 세탄 90%의 혼합물과 같은 정도를 나타내는 가솔린이다.
② 연소 후에 발생하는 옥탄가스의 비율이 90% 정도를 차지하는 가솔린이다.

③ 연소 후에 발생하는 세탄가스의 비율이 10% 정도를 차지하는 가솔린이다.
④ 이소옥탄 90%에 노멀헵탄 10%의 혼합물과 같은 정도를 나타내는 가솔린이다.

해설 $O.N = \dfrac{이소옥탄}{이소옥탄+노멀헵탄}$

28 윤활계통 중 오일탱크의 오일을 베어링까지 공급해 주는 것은?

① 드레인계통(drain system)
② 가압계통(pressure system)
③ 브래더계통(breather system)
④ 스캐빈지계통(scavenge system)

해설 브래더계통 : 비행 중에 고도 변화에 대응해서 기관 오일계통의 적절한 오일 흐름량과 완전한 배유(스케빈지) 펌프 기능을 유지하기 위하여 섬프 내의 압력을 대기압에 대해 항상 일정한 차압으로 유지하는 작용을 한다.

29 비행속도가 V, 회전속도가 n(rpm)인 프로펠러의 1회전 소요시간이 $60/n$초 일 때 유효피치를 나타내는 식은?

① $\dfrac{60V}{n}$ ② $\dfrac{60n}{V}$
③ $\dfrac{nV}{60}$ ④ $\dfrac{V}{60}$

해설 $EP = 2\pi r \times tan\theta = \dfrac{V}{\frac{n}{60}} = \dfrac{60V}{n}$

30 FADEC(full authority digital electronic control)에서 조절하는 것이 아닌 것은?

① 오일 압력
② 엔진 연료 유량
③ 압축기 가변 스테이터 각도
④ 실속 방지용 압축기 블리드 밸브

해설 FADEC : 다수의 입력 신호(기관 상태량 외에 비행 상태량을 포함)를 전산 처리하고 출력은 기관 연료 유량 만이 아니라 압축기 가변 스테이터 각도, 실속 방지용 압축기 블리드 밸브, ACCS 등의 기관 특성을 종합적으로 일괄 조절하는 장치

31 왕복엔진의 고압 마그네토(magneto)에 대한 설명으로 틀린 것은?

① 콘덴서는 브레이커 포인트와 병렬로 연결되어 있다.
② 전기누설 가능성이 많은 고공용 항공기에 적합하다.
③ 1차회로는 브레이커 포인트가 붙어있을 때에만 폐회로를 형성한다.
④ 마그네토의 자기회로는 회전영구자석, 폴 슈(pole shoe) 및 철심으로 구성되어 있다.

해설 저압 마그네토는 점화플러그 갯수 만큼의 변압기 코일이 필요하여 무게가 증가하는 단점이 있다.

32 왕복엔진의 부자식 기화기에서 부자실(float chamber)의 연료 유면이 높아졌을 때 기화기에서 공급하는 혼합비는 어떻게 변하는가?

① 농후해진다.
② 희박해진다.
③ 변하지 않는다.
④ 출력이 증가하면 희박해진다.

해설 부자실(float chamber)의 유면이 너무 높으면 혼합기가 농후해지고, 너무 낮으면 혼합기가 희박해지므로, 부자 니들 시트 아래에 와셔를 사용하여 유면을 조정한다.

33 가스터빈엔진의 공압시동기(pneumatic)에 공급되는 고압공기 동력원이 아닌 것은?

① 지상동력장치(ground power unit)
② 보조동력장치(auxiliary power unit)
③ 다른 엔진의 배기가스(exhaust gas)
④ 다른 엔진의 블리드 공기(bleed air)

34 왕복엔진에서 엔진오일의 기능이 아닌 것은?

① 재생작용   ② 기밀작용
③ 윤활작용   ④ 냉각작용

35 다음 중 고공에서 극초음속으로 비행할 경우 성능이 가장 좋은 엔진은?

① 터보팬엔진
② 램제트엔진
③ 펄스제트엔진
④ 터보제트엔진

> **해설** 비행속도가 증가하여 마하 3을 넘으면 램 가열에 의한 입구 공기 온도의 상승이 원인이 되어 터보계 엔진의 작동이 불능으로 되므로(연소가 없어도 터빈입구 온도가 한계에 달한다.), 램압을 이용하는 것만으로도 충분한 압축압력이 얻어지는 램제트 엔진이 용이하다.

36 속도 1080km/h로 비행하는 항공기에 장착된 터보제트엔진이 중량유량 294kgf/s로 공기를 흡입하여 400m/s로 배기 분사시킬 때 진추력은 몇 N 인가?

① 1000
② 3000
③ 29400
④ 108000

> **해설** $F_n = \dfrac{W_a}{g}(V_j - V_a) = \dfrac{294}{9.8}(400 - \dfrac{1080}{3.6}) = 3000 kgf$
> ∴ $Fn = 3000 \times 9.8 = 29400 N$

37 정속프로펠러의 블레이드 각이 증가하면 나타나는 현상은?

① 회전수가 감소한다.
② 엔진출력이 감소한다.
③ 진동과 소음이 심해진다.
④ 실속 속도가 감소하고 소음이 증가한다.

> **해설** 깃각(blade angle)는 프로펠러 회전면과 프로펠러 시위선이 이루는 각을 말한다.

38 겨울철 왕복엔진 작동(reciprocating engine operation in winter)전 점검사항이 아닌 것은?

① 연료 가열(fuel heating)
② 섬프 드레인(sump drain)
③ 엔진 예열(engine preheat)
④ 결빙 방지제 첨가(anti-icing fluid additive)

39 항공용 왕복엔진의 효율과 마력에 대한 설명으로 틀린 것은?

① 지시마력은 지압선도로부터 구할 수 있다.
② 연료소비율(SFC)은 1마력당 1시간 동안의 연료소비량이다.
③ 기계효율은 지시마력과 이론마력의 비이다.
④ 축마력은 실제 크랭크축으로부터 측정한다.

> **해설** 기계효율 $\eta_m = \dfrac{bHP(제동마력)}{iHP(지시마력)}$

40 지시마력을 나타내는 식 $iHP = \dfrac{P_{mi}LANK}{75 \times 2 \times 60}$에서 N이 의미하는 것은?(단, P_{mi}: 지시평균 유효압력, L: 행정길이, A: 실린더 단면적, K: 실린더 수이다.)

① 축마력
② 기계효율
③ 제동평균 유효압력
④ 엔진의 분당 회전수

제3과목 항공기체

41 다음 AA(Aluminum Association) 규격의 알루미늄합금 중 마그네슘 성분이 없거나 가장 적게 함유된 것은?

① 2024
② 3003
③ 5052
④ 7075

42 다음 중 날개에 발생한 비틀림 하중을 감당하기에 가장 효과적인 것은?

① 스파
② 스킨
③ 리브
④ 토션박스

43 항공기 기체의 비틀림 강도를 높이기 위한 방법으로 틀린 것은?

① 기체의 길이를 증가시킨다.
② 기체 표피의 두께를 증가시킨다.
③ 표피소재의 전단계수를 증가시킨다.
④ 기체의 극단면 2차 모멘트를 증가시킨다.

해설 $T = 2\tau At$
(T : 비틀림력, τ : 전단응력, A : 단면적, t : 두께)

44 금속판재를 굽힘가공할 때 응력에 의해 영향을 받지 않는 부위를 무엇이라 하는가?

① 굽힘선(bend line)
② 몰드선(mold line)
③ 중립선(neutral line)
④ 세트백 선(setback line)

45 항공기가 비행 중 오른쪽으로 옆놀이 현상이 발생하였다면 지상 정비작업으로 옳은 것은?

① 왼쪽 보조날개 고정탭을 올린다.
② 방향타의 탭을 왼쪽으로 굽힌다.
③ 오른쪽 보조날개 고정탭을 올린다.
④ 방향타의 탭을 오른쪽으로 굽힌다.

해설 고정 탭(Fixed Tab) : 지상 조절 Tab(정비사가 지상에서 비행 자세의 오차를 수정하는 지상 조절 탭)

46 높이가 H이고 폭이 B인 그림과 같은 직사각형의 무게중심을 원점으로 하는 X축에 대한 관성 모멘트는?

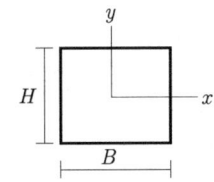

① $\dfrac{BH^3}{36}$ ② $\dfrac{BH^3}{24}$

③ $\dfrac{BH^3}{12}$ ④ $\dfrac{BH^3}{4}$

해설 단면에 따른 관성모멘트

단면 형상	A	I	k^2	Z
	bh	$\dfrac{bh^3}{12}$	$\dfrac{h^2}{12}$	$\dfrac{bh^2}{6}$
⊙	$\dfrac{\pi d^2}{4}$	$\dfrac{\pi d^4}{64}$	$\dfrac{h^2}{16}$	$\dfrac{bh^3}{32}$
◎	$\dfrac{\pi}{4}(d_2^2-d_1^2)$	$\dfrac{\pi}{64}(d_2^4-d_1^4)$	$\dfrac{\pi}{32}(d_2^2-d_1^2)$	$\dfrac{\pi}{32}\dfrac{d_2^4-d_1^4}{d_2}$

47 경항공기에 사용되는 일반적인 고무완충식 착륙장치(landing gear)의 완충효율은 약 몇 %인가?

① 30   ② 50
③ 75   ④ 100

해설 완충장치
- 고무 완충장치 : 고무의 탄성 이용, 완충효율 50%
- 평판 스프링식 완충장치 : 스프링의 탄성이용, 완충효율 50%
- 공기 압축식 완충장치 : 공기의 압축성 이용, 완충효율 47%
- 올레오(Oleo)식 완충장치(공기유압식) : 공기의 압축성과 작동유의 비압축성이 오리피스를 통하여 이동함으로써 충격을 흡수, 완충효율 80%

48 2개의 알루미늄 판재를 리벳팅하기 위해 구멍을 뚫으려 할 때 판재가 움직이려 한다면 사용해야 하는 것은?

① 클레코   ② 리머
③ 버킹바   ④ 뉴메틱 해머

해설 접합시 금속판을 고정시키는데 사용하는 공구 : 시트 파스너(sheet fastener), 클레코(cleco), C 클램프, 락킹 플라이어

49 다음 중 부식의 종류에 해당되지 않는 것은?

① 응력 부식   ② 표면 부식
③ 입자간 부식   ④ 자장 부식

50 알루미나(alumina) 섬유의 특징으로 틀린 것은?

① 은백색으로 도체이다.
② 금속과 수지와의 친화력이 좋다.
③ 표면처리를 하지 않아도 FRP나 FRM으로 할 수 있다.
④ 내열성이 뛰어나 공기 중에서 1300℃로 가열해도 취성을 갖지 않는다.

> **해설** 알루미나 섬유는 무색투명하며, 약 1,300c로 가열하여도 특성이 유지되는 우수한 내열성을 가지고 있으며 표면처리를 하지 않아도 FRP나 FRM으로 사용할 수 있다. 금속과 수지와의 친화력이 좋다.

51 샌드위치 구조의 특징에 대한 설명이 아닌 것은?

① 습기와 열에 강하다.
② 기존의 보강재보다 중량당 강도가 크다.
③ 같은 강성을 갖는 다른 구조보다 무게가 가볍다.
④ 조종면(control surface)이나 뒷전(trailing edge) 등에 사용된다.

> **해설** 샌드위치 구조는 구조골격의 설치가 곤란한 곳에 상하 외피 사이에 벌집 구조를 접착재로 고정하여 면적당 무게가 적고 강도가 큰 구조이다.

52 볼트그립 길이와 볼트가 장착되는 재료의 두께에 관한 설명으로 옳은 것은?

① 볼트가 장착될 재료의 두께는 볼트그립 길이의 2배여야 한다.
② 볼트그립 길이는 가장 얇은 판 두께의 3배가 되어야 한다.
③ 볼트가 장착될 재료의 두께는 볼트그립 길이에 볼트 직경의 길이를 합한 것과 같아야 한다.
④ 볼트그립 길이는 볼트가 장착되는 재료의 두께와 같거나 약간 길어야 한다.

53 항공기에 일반적으로 사용하는 리벳 중 순수 알루미늄(99.45%)으로 구성된 리벳은?

① 1100
② 2017-T
③ 5056
④ 2117-T

54 케이블 턴버클 안전결선방법에 대한 설명으로 옳은 것은?

① 배럴의 검사구멍에 핀을 꽂아 핀이 들어가지 않으면 양호한 것이다.
② 단선식 결선법은 턴버클 엔드에 최소 10회 감아 마무리한다.
③ 복선식 결선법은 케이블 직경이 1/8in 이상인 경우에 주로 사용한다.
④ 턴버클 엔드의 나사산이 배럴 밖으로 10개 이상 나오지 않도록 한다.

> **해설** 턴버클의 안전고정 작업
> • 단선식 결선법(Single wrap method) : 케이블 직경이 1/8″ 이하에 사용하며 턴버클 엔드에 5~6회(최소 4회) 감아 마무리한다.
> • 복선식 결선법(Double wrap method) : 케이블 직경이 1/8″ 이상인 경우에 사용한다.
> • 고정클립 : 배럴과 단자에 홈이 있을 때 사용 가능하다.

55 조종 케이블이 작동 중에 최소의 마찰력으로 케이블과 접촉하여 직선운동을 하게 하며, 케이블을 작은 각도 이내의 범위에서 방향을 유도하는 것은?

① 풀리(pulley)
② 페어리드(fair lead)
③ 벨 크랭크(bell crank)
④ 케이블드럼(cable drum)

> **해설** 페어 리드(fair lead)는 조종 케이블의 작동 중 최소의 마찰력으로 케이블과 접촉하여 직선운동을 하며 케이블을 3° 이내에서 방향을 유도한다.

56 그림과 같은 수송기의 V-n 선도에서 A와 D의 연결선은 무엇을 나타내는가?

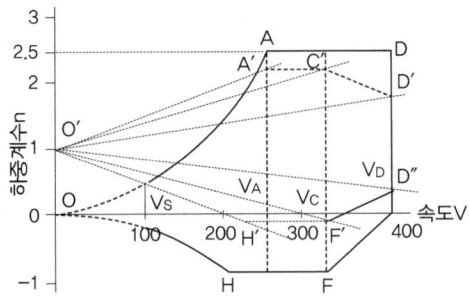

① 돌풍 하중배수
② 양력계수
③ 설계 순항속도
④ 설계제한 하중배수

57 항공기 나셀에 대한 설명으로 틀린 것은?

① 나셀의 구조는 세미모노코크구조 형식으로 세로부재와 수직부재로 구성되어 있다.
② 항공기 엔진을 동체에 장착하는 경우에도 나셀의 설치는 필요하다.
③ 나셀은 외피, 카울링, 구조부재, 방화벽, 엔진마운트로 구성되며 유선형이다.
④ 나셀은 안으로 통과하여 나가는 공기의 양을 조절하여 엔진의 냉각을 조절한다.

해설 나셀(nacelle)은 기체에 장착된 기관을 둘러싸는 부분을 말한다.

58 다음 중 한쪽에서만 작업이 가능하도록 고안된 리벳이 아닌 것은?

① 리브 너트(rivnut)
② 체리 리벳(cherry rivet)
③ 폭발 리벳(explosive rivet)
④ 솔리드 섕크 리벳(solid shank rivet)

해설 solid shank rivet은 항공기 제작에 가장 많이 사용하는 Rivet으로 양쪽에서 작업을 해야 하므로 두 사람이 필요하다.

59 엔진이 2대인 항공기의 엔진을 1750kg의 모델에서 1850kg의 모델로 교환하였으며, 엔진은 기준선에서 후방 40cm에 위치하였다. 엔진을 교환하기 전의 항공기 무게평형(weight and balance) 기록에는 항공기 무게 15000kg, 무게중심은 기준선 후방 35cm에 위치하였다면, 새로운 엔진으로 교환 후 무게 중심위치는?

① 기준선 전방 약 32cm
② 기준선 전방 약 20cm
③ 기준선 후방 약 35cm
④ 기준선 후방 약 45cm

해설 무게중심(C.G)은 항공기 전체 무게에 대한 바퀴에 작용하는 전체 모멘트의 비를 나타내므로 기존 무게중심과 동일하다.

60 그림과 같이 길이 2m인 외팔보에 2개의 집중하중 400kg, 200kg이 작용할 때 고정단에 생기는 최대굽힘모멘트의 크기는 약 몇 kg-m인가?

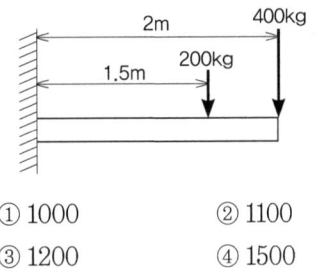

① 1000
② 1100
③ 1200
④ 1500

해설 $M_b = (400 \times 2) + (200 \times 1.5) = 1100$kg-m

제4과목 항공장비

61 항공기에서 레인 리펠런트(rain repellent)를 사용하기 가장 적합한 때는?

① 많은 눈이 내릴 때
② 블리드 공기를 사용할 수 없을 때
③ 폭우가 내려 시야를 확보할 수 없을 때
④ 윈드실드(windshield)가 결빙되어 있을 때

  해설 레인 리펠런트(Rain Repellent)는 표면 장력이 작은 화학 액체(Freon)를 윈드 실드에 분사하여 빗방울이 구형 형상 인 채로 대기 중으로 떨어져 나가도록 한 장치이다.

62 저주파 증폭기에서 수신기 전체의 성능을 판단할 때 활용되는 특성이 아닌 것은?

① 감도(sensitivity)
② 검출도(detection)
③ 충실도(fidelity)
④ 선택도(selectivity)

  해설 무선수신기 성능지표 판단 기준
  감도(Sensitivity), 선택도(Selectivity), 충실도(Fidelity), 안정도(Stability)

63 다음 중 3상 교류를 사용하는 항공용 계기는?

① 데신(desyn)
② 오토신(autosyn)
③ 전기용량식 연료량계
④ 전자식 타코메타(tachometer)

  해설 오토신(Autosyn)
  벤딕스사에서 제작된 동기기 이름으로서 교류로 작동하는 원격지시계기의 한 종류이며, 도선의 길이에 의한 전기저항값은 계기의 측정값 지시에 영향을 주지 않으며 회전자는 각각 같은 모양과 치수의 교류전자석으로 되어 있다.

64 항공기 VHF 통신장치에 관한 설명으로 틀린 것은?

① 근거리 통신에 이용된다.
② VHF통신 채널 간격은 30kHz이다.
③ 수신기에는 잡음을 없애는 스위치회로를 사용하기도 한다.
④ 국제적으로 규정된 초단파 통신주파수 대역은 108~136MHz이다.

  해설 VHF항공통신 주파수는 25kHz의 간격을 두고 통신 채널이 부여된다.

65 다음 중 일반적인 계기의 구성부가 아닌 것은?

① 수감부
② 지시부
③ 확대부
④ 압력부

  해설 항공기 계기의 구조는 수감부와 확대부, 그리고 지시부의 세부분으로 구성되어 있으며 그 종류와 목적에 따라 한 케이스 내에 배치되거나 분리되어 원격으로 연결된다.

66 다음 중 전위차 및 기전력의 단위는?

① 볼트(V)
② 오옴(Ω)
③ 패러드(F)
④ 암페어(A)

  해설 전압 또는 전위차는 한 점에서 다른 점으로 단위 (+)전하를 옮기는 데 필요한 일과 같으며, 단위는 V(볼트) 또는 J/C이다.

67 자동조종항법장치에서 위치정보를 받아 자동적으로 항공기를 조종하여 목적지까지 비행시키는 기능은?

① 유도 기능
② 조종 기능
③ 안정화 기능
④ 방향탐지 기능

  해설 자동조종장치의 기능은 외부 입력에 대해 항공기를 안정화시키는 역할을 하는 안정증대(Stability Augmentation) 기능과 자동으로 목적지로 유도하거나 진입, 착륙하는 유도(Guidance) 기능, 자세나 고도를 유지하거나 바꾸는 조종(Control) 기능 등을 들 수 있다.

68 유압계통에서 열팽창이 적은 작동유를 필요로 하는 1차적인 이유는?

① 고 고도에서 증발감소를 위해서
② 화재를 최대한 방지하기 위해서
③ 고온일 때 과대압력 방지를 위해서
④ 작동유의 순환불능을 해소하기 위해서

69 고도계 오차의 종류가 아닌 것은?

① 눈금오차　② 밀도오차
③ 온도오차　④ 기계적오차

> **해설** 고도계 오차
> • 눈금오차 : 일정한 온도에서 진동을 가하여 얻어 낸 기계적오차는 계기 특유의 오차이다. 일반적으로 고도계의 오차는 눈금오차를 말하는 것이다.
> • 온도오차 : 계기의 온도분포가 표준 대기와 다르기 때문에 생기는 오차이다.
> • 탄성오차 : 히스테리시스, 편위, 잔류효과 등과 같이 일정한 온도에서 재료의 특성 때문에 생기는 탄성체의 고유의 오차이다.
> • 기계적인 오차 : 계기 각 부분의 마찰, 기구의 불평형, 가속도와 진동 등에 의하여 바늘이 일정하게 지시하지 못하여 생기는 오차이다. 이들은 압력 변화에 관계가 없으며 수정이 가능하다.

70 항공기의 조명계통(light system)에 대한 설명으로 옳은 것은?

① 객실(cabin)의 조명은 일반적으로 형광등(flood light)에 의해 직접 조명된다.
② 충돌방지등(anti-collision light)은 비행 중에만 점멸(flashing)된다.
③ 패슨 시트 벨트(fasten seat belt) 사인라이트(sign light)는 항공기의 비행자세에 따라 자동으로 조종(on/off/control)된다
④ 조종실의 인테그랄 인스트루먼트 라이트(integral instrument light)는 포텐시오미터(potentiometer)에 의해 디밍컨트롤(dimming-control)할 수 있다.

71 계기의 지시속도가 일정할 대기압이 낮아지면 진대기속도의 변화는?

① 감소한다.
② 증가한다.
③ 변화가 없다.
④ 변화는 일정하지 않다.

> **해설** IAS에 피토-정압관 장착위치 및 계기 자체의 오차를 수정한 것을 교정대기속도(CAS), CAS에 공기의 압축성을 고려한 속도를 등가대기속도(EAS), EAS에 고도변화에 따른 공기 밀도를 수정한 것을 진대기속도(TAS)라 부른다.

72 다음 중 항공기에 사용되는 화재 탐지기가 아닌 것은?

① 저항 루프(loop)형 탐지기
② 바이메탈(bimetal)형 탐지기
③ 열전대(thermocouple)형 탐지기
④ 코일을 이용한 자기(magnetic)형 탐지기

> **해설** 화재탐지계통에는 여러 가지 형태가 있으나 일반적으로 널리 사용하는 것은 Thermal switch(열 스위치), Fenwal spot 감지기, Thermocouple 감지계통과 Continuous-loop 감지계통이 있다.

73 유압계통에 있는 축압기(accumulator)의 설치 위치로 가장 적합한 곳은?

① 공급라인(supply line)
② 귀환라인(return line)
③ 작업라인(working line)
④ 압력라인(pressure line)

> **해설** 축압기는 맥동 압력이나 충격 압력을 흡수하여 유압 장치를 보호하거나 유압펌프의 작동없이 유압장치에 순간적인 유압을 공급하기 위해 압력을 저장하는 장치로 압력라닝에 설치된다.

74 축전지에서 용량의 표시기호는?

① Ah　② Bh
③ Vh　④ Fh

> **해설** '일정 방전 전류(A)×방전종지전압까지의 연속방전시간(h)'으로 나타내며, 암페어시(Ah)라고 표기한다.

75 지자기의 3요소가 아닌 것은?

① 복각(dip)
② 편차(variation)
③ 자차(deviation)
④ 수평분력(horizontal componet)

> **해설** 지자기의 3요소
> • 편차 : 지축과 지구자기축의 불일치로 지구자오선과 자기 자오선 사이에 생기는 오차각
> • 복각 : 자력선과 수평선과 이루는 사이각
> • 수평분력 : 자력선의 수평방향의 분력

76 기상레이더(weather radar)에 대한 설명으로 틀린 것은?

① 반사파의 강함은 강우 또는 구름 속의 물방울 밀도에 반비례한다.
② 청천 난기류역은 기상레이다에서 감지하지 못한다.
③ 영상은 반사파의 강약을 밝음 또는 색으로 구별한다.
④ 전파의 직진성, 등속성으로부터 물체의 방향과 거리를 알 수 있다.

> **해설** 기상레이더(weather radar)는 구름이나 비에 대해 반사되기 쉬운 주파수대(X-밴드)인 9,375MHz를 이용하며 Antenna에서 발사된 Pulse가 전파상의 물체(비나 구름)와 충돌하면 비나 구름 중의 수분의 밀도 또는 습도에 따라 radar 전파의 반사 현상이 달라지는 특성을 활용한다.

77 5A/50mV인 분류기저항 양단에 걸리는 전압이 0.04V일 경우 이 회로의 전원버스에 흐르는 전류는 몇 A 인가?

① 1
② 2
③ 3
④ 4

> **해설** $R = \dfrac{V}{I} = \dfrac{0.05}{5} = 0.01$, $I = \dfrac{V}{R} = \dfrac{0.04}{0.01} = 4$

78 다음 중 직류전동기가 아닌 것은?

① 유도전동기
② 복권전동기
③ 분권전동기
④ 직권전동기

> **해설** 직류전동기의 종류
> • 타여자 전동기
> • 자여자 전동기 : 직권, 분권, 복권(가동, 차동)

79 다음 중 회로보호 장치로 볼 수 없는 것은?

① 퓨즈
② 계전기
③ 회로차단기
④ 열보호장치

> **해설** 계전기(relay) : 전기회로를 개폐하는 장치이다.

80 미국 연방 항공국(FAA)의 규정에 명시된 항공기의 최대 객실고도는 약 몇 ft 인가?

① 6000
② 7000
③ 8000
④ 9000

> **해설** 객실 안의 기압에 해당되는 고도를 객실고도라 하며, 실제로 비행하는 고도를 비행고도라 하는데 미연방항공국의 규정에 의하면 고고도를 비행하는 항공기는 객실 내의 압력을 8000ft에 해당하는 기압으로 유지하도록 하고 있다.

2018년 제4회 기출문제 정답

01	02	03	04	05	06	07	08	09	10
④	①	④	①	③	①	①	④	①	③
11	12	13	14	15	16	17	18	19	20
②	②	②	④	③	③	②	③	④	①
21	22	23	24	25	26	27	28	29	30
③	④	②	②	②	④	②	②	①	①
31	32	33	34	35	36	37	38	39	40
②	①	③	①	②	③	①	①	③	④
41	42	43	44	45	46	47	48	49	50
②	④	①	③	②	④	②	①	④	①
51	52	53	54	55	56	57	58	59	60
①	④	③	③	②	④	②	④	③	②
61	62	63	64	65	66	67	68	69	70
③	②	④	②	③	②	①	①	②	④
71	72	73	74	75	76	77	78	79	80
③	④	④	①	③	①	④	①	②	③

최근기출문제
2019년 제1회 시행

제1과목: 항공역학

01 항공기의 세로 안정성(static longitudinal stability)을 좋게 하기 위한 방법으로 틀린 것은?

① 꼬리날개 면적을 크게 한다.
② 꼬리날개의 효율을 작게 한다.
③ 날개를 무게 중심보다 높은 위치에 둔다.
④ 무게 중심을 공기역학적 중심보다 전방에 위치시킨다.

> **해설** 수평꼬리날개 효율계수 $\eta_H = \dfrac{q_t}{q}$

02 수평스핀과 수직스핀의 낙하속도와 회전각속도 크기를 옳게 나타낸 것은?

① 낙하속도 : 수평스핀 > 수직스핀,
  회전각속도 : 수평스핀 > 수직스핀
② 낙하속도 : 수평스핀 < 수직스핀,
  회전각속도 : 수평스핀 < 수직스핀
③ 낙하속도 : 수평스핀 > 수직스핀,
  회전각속도 : 수평스핀 < 수직스핀
④ 낙하속도 : 수평스핀 < 수직스핀,
  회전각속도 : 수평스핀 > 수직스핀

03 항공기 이륙거리를 짧게 하기 위한 방법으로 옳은 것은?

① 정풍(head wind)을 받으면서 이륙한다.
② 항공기 무게를 증가시켜 양력을 높인다.
③ 이륙 시 플랩이 항력증가의 요인이 되므로 플랩을 사용하지 않는다.
④ 엔진의 가속력을 가능한 최소가 되도록 하여 효율을 높인다.

> **해설** 플랩은 이륙시, 착륙시(더 많이 내림) 모두 사용한다.

04 비행자세 각속도가 조종간 변위를 일정하게 유지할 수 있는 정상 상태 트림비행(steady trimmed flights)에 해당하지 않는 비행상태는?

① 루프 기동비행(loop maneuver)
② 하강각을 갖는 비정렬 선회비행(uncoordinated helical descent turn)
③ 상승각을 갖는 정렬 선회비행(coordinated helical climb turn)
④ 상승각 및 사이드 슬립각을 갖는 직선비행

> **해설** loop 기동

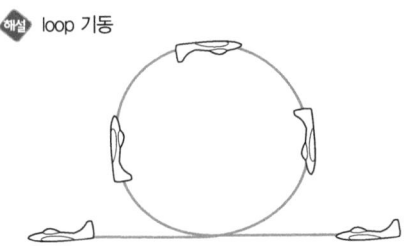

05 비행기 날개위에 생기는 난류의 발생 조건으로 가장 적합한 것은?

① 성층권을 비행할 때
② 레이놀즈수가 0 일 때
③ 레이놀즈수가 아주 클 때
④ 비행기 속도가 아주 느릴 때

06 헬리콥터 속도-고도선도(velocity-height diagram)와 관련된 설명으로 틀린 것은?

① 양력불균형이 심화되는 높은 고도에서의 전진비행 시 비행가능영역이 제한된다.
② 엔진 고장 시 안전한 착륙을 보장하기 위한 비행가능 영역을 표시한 것이다.

③ 속도-고도선도는 항공기 중량, 비행고도 및 대기온도 등에 따라 달라진다.
④ 속도-고도선도는 인증을 받은 후 비행교범의 성능차트로 명시되어야 한다.

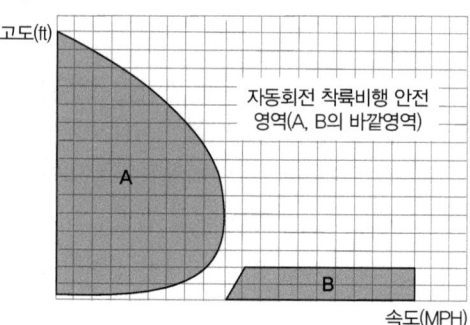

해설 헬리콥터 속도-고도선도

07 국제표준대기의 특성값으로 옳게 짝지어진 것은?

① 압력 = 29.92 mmHg
② 밀도 = 1.013 kg/m³
③ 온도 = 288.15 K
④ 음속 = 340.429 ft/s

08 프로펠러 항공기의 경우 항속거리를 최대로 하기 위한 조건으로 옳은 것은?

① 양항비가 최소인 상태로 비행한다.
② 양항비가 최대인 상태로 비행한다.
③ $\dfrac{C_L}{\sqrt{C_D}}$ 가 최대인 상태로 비행한다.
④ $\dfrac{\sqrt{C_L}}{C_D}$ 가 최대인 상태로 비행한다.

해설 프로펠러기 및 제트기의 최대항속거리 및 최대항속시간

구분	프로펠러기	제트기
항속거리를 최대로 하는 조건	$(\dfrac{C_L}{C_D})_{max}$	$(\dfrac{C_L^{\frac{1}{2}}}{C_D})_{max}$
항속시간을 최대로 하는 조건	$(\dfrac{C_L^{\frac{3}{2}}}{C_D})_{max}$	$(\dfrac{C_L}{C_D})_{max}$

09 에어포일 코드 'NACA 0009'를 통해 알 수 있는 것은?

① 대칭단면의 날개이다.
② 초음속 날개 단면이다.
③ 다이아몬드형 날개 단면이다.
④ 단면에 캠버가 있는 날개이다.

10 항공기의 승강키(elevator) 조작은 어떤 축에 대한 운동을 하는가?

① 가로축(lateral axis)
② 수직축(vertical axis)
③ 방향축(directional axis)
④ 세로축(longitudinal axis)

11 날개의 가로세로비가 8, 시위의 길이가 0.5m 인 직사각형 날개를 장착한 무게 200kgf의 항공기가 해발고도로 등속수평비행하고 있다. 최대 양력계수가 1.4일 때 비행 가능한 최소 속도는 몇 m/s인가? (단, 밀도는 1.225kg_m/m³이다.)

① 5.40   ② 16.90
③ 23.90 ④ 33.81

해설
$V_S = \sqrt{\dfrac{2W}{\rho S C_{Lmax}}} = \sqrt{\dfrac{2\times200}{0.125\times2\times1.4}}$
$AR = \dfrac{b}{c},\ b = AR\times c = 8\times0.5$
$S = b\times c = 4\times0.5 = 2$
$\rho = 1.225\ \text{kg}_m/\text{m}^3 = 0.125\ \text{kgf}\cdot\text{s}^2/\text{m}^4$

12 대류권에서 고도가 상승함에 따라 공기의 밀도, 온도, 압력의 변화로 옳은 것은?

① 밀도, 압력, 온도 모두 증가한다.
② 밀도, 압력, 온도 모두 감소한다.
③ 밀도, 온도는 감소하고 압력은 증가한다.
④ 밀도는 증가하고 압력, 온도는 감소한다.

13 회전원통 주위의 공기를 비회전운동을 시켜서 순환을 생기게 했다. 원통중심에서 1 m 되는 점에서의 속도가 10 m/s 였을 때 볼텍스(vortex)의 세기는 약 몇 m²/s 인가?

① 62.83
② 94.25
③ 125.66
④ 157.08

해설 $\Gamma = 2\pi rV = 2\pi \times 1 \times 10$

14 다음 중 프로펠러 효율을 높이는 방법으로 가장 옳은 것은?

① 저속과 고속에서 모두 큰 깃각을 사용한다.
② 저속과 고속에서 모두 작은 깃각을 사용한다.
③ 저속에서는 작은 깃각을 사용하고, 고속에서는 큰 깃각을 사용한다.
④ 저속에서는 큰 깃각을 사용하고, 고속에서는 작은 깃각을 사용한다.

해설 이착륙 시 - 저피치, 순항 시 - 고피치

15 다음 중 비행기의 안정성과 조종성에 관한 설명으로 가장 옳은 것은?

① 안정성과 조종성은 정비례한다.
② 정적 안정성이 증가하면 조종성도 증가된다.
③ 비행기의 안정성을 최대로 키워야 조종성이 최대가 된다.
④ 조종성과 안정성을 동시에 만족시킬 수 없다.

16 유체의 점성을 고려한 마찰력에 대한 설명으로 옳은 것은?

① 마찰력은 유체의 속도에 반비례한다.
② 마찰력은 온도변화에 따라 그 값이 변한다.
③ 유체의 마찰력은 이상유체에서만 고려된다.
④ 마찰력은 유체의 종류에 관계없이 일정하다.

해설 $F = \mu \dfrac{SV}{h}$

17 프로펠러에 유입되는 합성속도의 방향이 프로펠러의 회전면과 이루는 각은?

① 받음각
② 유도각
③ 유입각
④ 깃각

해설 프로펠러에 유입되는 합성속도(V_r)

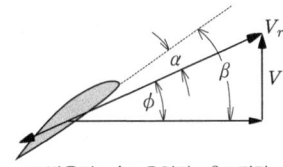

α : 받음각, ϕ : 유입각, β : 깃각

18 항공기에 쳐든각(dihedral angle)을 주는 주된 목적은?

① 익단 실속을 방지할 수 있다.
② 임계 마하수를 높일 수 있다.
③ 가로 안정성을 높일 수 있다.
④ 피칭 모멘트를 증가시킬 수 있다.

19 항공기가 선회속도 20 m/s, 선회각 45° 상태에서 선회비행을 하는 경우 선회반경은 몇 m 인가?

① 20.4
② 40.8
③ 57.7
④ 80.5

해설 $R = \dfrac{V^2}{g \cdot tan\theta} = \dfrac{20^2}{9.8 \times tan45}$

20 다음과 같은 [조건]에서 헬리콥터의 원판하중은 약 몇 kgf/m² 인가?

• 헬리콥터의 총중량 : 800 kgf
• 엔진 출력 : 160 HP
• 회전날개의 반지름 : 2.8 m
• 회전날개 깃의 수 : 2개

① 25.5
② 28.5
③ 30.5
④ 32.5

해설 $WL = \dfrac{W}{\pi R^2} = \dfrac{800}{\pi \times 2.8^2}$

제2과목 항공기관

21 가스터빈엔진에서 사용되는 윤활유 펌프에 대한 설명으로 틀린 것은?

① 배유펌프가 압력펌프보다 용량이 더 작다.
② 윤활유 펌프엔 베인형, 지로터형, 기어형이 사용된다.
③ 베인형 펌프는 다른 형식에 비해 무게가 가볍고 두께가 얇아 기계적 강도가 약하다.
④ 기어형 펌프는 기어 이와 펌프 내부 케이스 사이의 공간에 오일을 담아 회전시키는 원리로 작동한다.

> 해설 배유되는 윤활유에는 기포나 수분이 포함되어 체적이 증가되므로 배유펌프는 압력펌프보다 용량이 커야 한다.

22 터보제트엔진과 비교한 터보팬엔진의 특징이 아닌 것은?

① 연료소비가 작다.
② 소음이 작다.
③ 엔진정비가 쉽다.
④ 배기속도가 작다.

23 왕복엔진의 압축비가 너무 클 때 일어나는 현상이 아닌 것은?

① 후화
② 조기점화
③ 디토네이션
④ 과열현상과 출력의 감소

> 해설 after fire는 혼합비가 과농후(over rich)일 때 발생한다.

24 왕복엔진의 피스톤 형식이 아닌 것은?

① 오목형(recessed type)
② 요철형(irregularly type)
③ 볼록형(dome or convex type)
④ 모서리 잘린 원뿔형(truncated cone type)

25 열역학적 성질(property)을 세기 성질(intensive property)과 크기 성질(extensive property)로 분류할 경우 크기성질에 해당되는 것은?

① 체적
② 온도
③ 밀도
④ 압력

> 해설
> • 강성 성질(세기 성질) : 온도, 압력, 밀도, 비체적 등 물질의 양에 관계없는 성질
> • 종량 성질(크기 성질) : 체적, 질량 등 물질의 양에 비례하는 성질

26 왕복엔진의 마그네토 브레이커 포인트(breaker point)가 고착되었다면 발생하는 현상은?

① 마그네토의 작동이 불가능하다.
② 엔진 시동 시 역화가 발생한다.
③ 고속 회전 점화 시 과열현상이 발생한다.
④ 스위치를 Off 해도 엔진이 정지하지 않는다.

> 해설 브레이커 포인트가 열리는 순간 2차 코일에 높은 전압이 유도되어 점화가 이루어진다.

27 왕복엔진에서 과도한 오일소모와 점화플러그의 파울링(fouling) 원인은?

① 더러워진 오일필터(oil filter) 때문
② 피스톤링(piston ring)의 마모 때문
③ 오일이 소기펌프(scavenger pump)로 되돌아가기 때문
④ 캠 허브 베어링(cam hub bearing)의 과도한 간격 때문

> 해설 파울링 : 점화플러그에 원하지 않는 물질이 축적되어 오염됨으로써 점화플러그가 제 기능을 하지 못하는 상태

28 점화플러그를 구성하는 주요부분이 아닌 것은?

① 전극　　② 금속 쉘(shell)
③ 보상 캠　④ 세라믹 절연체

해설 보상 캠 : 성형 엔진에서 실린더별 점화시기 차이를 보상해 주기 위해 사용하는 캠

29 오토사이클의 열효율에 대한 설명으로 틀린 것은?

① 압축비가 증가하면 열효율도 증가한다.
② 동작유체의 비열비가 증가하면 열효율도 증가한다.
③ 압축비가 1 이라면 열효율은 무한대가 된다.
④ 동작유체의 비열비가 1 이라면 열효율은 0 이 된다.

해설 $\eta_{tho} = 1 - \dfrac{1}{e^{k-1}}$

30 가스터빈엔진에서 연소실 입구압력은 절대압력 80 inHg, 연소실 출구압력은 절대압력 77 inHg 이라면 연소실 압력손실계수는 얼마인가?

① 0.0375　② 0.1375
③ 0.2375　④ 0.3375

해설 $\dfrac{\text{전압 손실}}{\text{입구 전압}} = \dfrac{80-77}{80}$

31 정속 프로펠러를 장착한 항공기가 순항 시 프로펠러 회전수를 2300 rpm에 맞추고 출력을 1.2배 높이면 프로펠러 회전계가 지시하는 값은?

① 1800 rpm　② 2300 rpm
③ 2700 rpm　④ 4600 rpm

32 가스터빈엔진 연료의 구비 조건이 아닌 것은?

① 인화점이 높아야 한다.
② 연료의 빙점이 높아야 한다.
③ 연료의 증기압이 낮아야 한다.
④ 대량생산이 가능하고 가격이 저렴해야 한다.

33 항공기엔진에 사용하는 연료의 저발열량(LHV)에 대한 설명으로 옳은 것은?

① 연료 중 탄소만의 발열량을 말한다.
② 연소 효율이 가장 나쁠 때의 발열량이다.
③ 연소가스 중 물(H_2O)이 액상일 때 측정한 발열량이다.
④ 연소가스 중 물(H_2O)이 증기인 상태일 때 측정한 발열량이다.

34 회전하는 프로펠러 깃(blade)의 선단(tip)이 앞으로 휘게(bend)될 때의 원인과 힘은?

① 토크에 의한 굽힘(torque bending)
② 추력에 의한 굽힘(thrust bending)
③ 공력에 의한 비틀림(aerodynamic twisting)
④ 원심력에 의한 비틀림(centrifugal twisting)

35 가스터빈엔진에서 후기연소기(after burner)에 대한 설명으로 틀린 것은?

① 후기연소기는 연료소모가 증가된다.
② 후기연소기의 화염 유지기는 튜브형 그리드와 스포크형이 있다.
③ 후기연소기를 장착하면 후기 연소 모드에서 약 50% 정도 추력 증가를 얻을 수 있다.
④ 후기연소기는 약 5% 의 비교적 적은 비연소 배기가스와 연료가 섞여 점화된다.

해설 연소실에서 연소에 참여하는 공기는 20~30% 정도이다.

36 왕복엔진의 작동여부에 따른 흡입 매니폴드(intake manifold)의 압력계가 나타내는 압력으로 옳은 것은?

① 엔진정지 또는 작동 시 항상 대기압보다 높은 값을 나타낸다.
② 엔진정지 또는 작동 시 항상 대기압보다 낮은 값을 나타낸다.
③ 엔진정지 시 대기압보다 낮은 값을, 엔진작동 시 대기압보다 높은 값을 나타낸다.
④ 엔진정지 시 대기압과 같은 값을, 엔진작동 시 대기압보다 낮은 값을 나타낸다.

해설 MAP는 드로틀 밸브의 제한에 의해 대기압보다 낮아지지만, 과급기(supercharger)가 있는 경우 대기압보다 높아질 수 있다.

37 제트엔진 부분에서 압력이 가장 높은 부위는?

① 터빈 출구
② 터빈 입구
③ 압축기 입구
④ 압축기 출구

38 가스터빈엔진의 공기식 시동기를 작동시키는 공기 공급 장치가 아닌 것은?

① APU
② GPU
③ D.C power supply
④ 시동이 완료된 다른 엔진의 압축공기

39 가스터빈엔진에서 저압압축기의 압축비는 2 : 1, 고압압축기의 압축비는 10 : 1 일 때의 엔진 전체의 압력비는 얼마인가?

① 5 : 1
② 8 : 1
③ 12 : 1
④ 20 : 1

해설 전체 압력비는 각 압력비의 곱으로 표시된다.

40 압축비가 일정할 때 열효율이 가장 좋은 순서대로 나열된 것은?

① 정적사이클 > 정압사이클 > 합성사이클
② 정압사이클 > 합성사이클 > 정적사이클
③ 정적사이클 > 합성사이클 > 정압사이클
④ 정압사이클 > 정적사이클 > 합성사이클

제3과목 항공기체

41 항공기 조종장치의 구성품에 대한 설명으로 틀린 것은?

① 풀리는 케이블의 방향을 바꿀 때 사용되며, 풀리의 베어링은 윤활이 필요 없다.
② 턴버클은 케이블의 장력조절에 사용되며, 턴버클 배럴은 한쪽은 왼나사, 다른 쪽은 오른나사로 되어 있다.
③ 압력 시일(seal)은 케이블이 압력 벌크헤드를 통과하지 않는 곳에 사용되며, 케이블의 움직임을 방해한다면 기밀은 하지 않는다.
④ 페어리드는 케이블이 벌크헤드의 구멍이나 다른 금속이 지나는 곳에 사용되며, 페놀수지 또는 부드러운 금속 재료를 사용한다.

42 항공기 기체의 구조를 1차 구조와 2차 구조로 분류할 때 그 기준에 대한 설명으로 옳은 것은?

① 강도비의 크기에 따라 분류한다.
② 허용하중의 크기에 따라 구분한다.
③ 항공기 길이와의 상대적인 비교에 따라 구분한다.
④ 구조역학적 역할의 정도에 따라 구분한다.

43 그림과 같은 일반적인 항공기의 V-n 선도에서 최대 속도는?

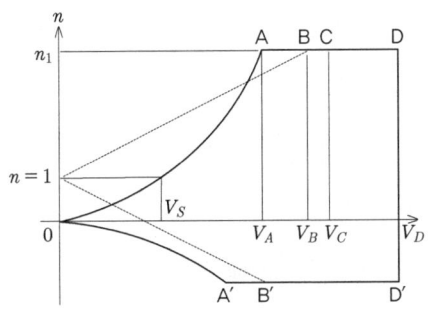

① 실속속도 ② 설계급강하속도
③ 설계운용속도 ④ 설계돌풍운용속도

44 조종케이블이나 푸시풀 로드(push-pull rod)를 대체하여 전기·전자적인 신호 및 데이터로 항공기 조종을 가능하게 하는 플라이 바이 와이어(fly-by-wire) 기능과 관련된 장치가 아닌 것은?

① 전기 모터
② 유압 작동기
③ 쿼드런트(quadrant)
④ 플라이트 컴퓨터(flight computer)

45 양극산화처리 방법이 아닌 것은?

① 질산법 ② 황산법
③ 수산법 ④ 크롬산법

해설 양극 산화 처리
금속 표면에 내식성이 있는 산화 피막을 형성시키는 방법으로 황산, 수산, 크롬산 등의 전해액에 담그면 금속 표면이 수산화물, 또는 산화물이 형성되어 부식에 대한 저항성을 증가시킨다. 알루미늄 합금은 페인트칠을 하기 좋은 표면으로 된다.

46 비행기의 무게가 2500kg이고 중심위치는 기준선 후방 0.5m 에 있다. 기준선 후방 4m에 위치한 15kg 짜리 좌석을 2개 떼어내고 기준선 후방 4.5m 에 17kg 짜리 항법장비를 장착하였으며, 이에 따른 구조변경으로 기준선 후방 3m 에 12.5kg의 무게증가 요인이 추가 발생하였다면 이 비행기의 새로운 무게중심위치는?

① 기준선 전방 약 0.30 m
② 기준선 전방 약 0.40 m
③ 기준선 후방 약 0.50 m
④ 기준선 후방 약 0.60 m

해설 새로운 $c.g = \dfrac{\text{본래 모멘트} + \text{변형된 모멘트}}{\text{본래의 무게} + \text{변형된 무게}}$

$c.g = \dfrac{\text{본래 모멘트}}{\text{본래의 무게}}$

본래 모멘트 = $c.g \times$ 본래의 무게 $= 0.5 \times 2500 = 1250$

새로운 $c.g = \dfrac{1250 - (4 \times 15 \times 2) + (4.5 \times 17) + (3 \times 12.5)}{2500 - (15 \times 2) + 17 + 12.5}$

47 체결 전에 열처리가 요구는 리벳은?

① A : 1100 ② DD : 2024
③ KE : 7050 ④ M : MONEL

48 두랄루민을 시작으로 개량된 고강도 알루미늄 합금으로 내식성보다도 강도를 중시하여 만들어진 것은?

① 1100 ② 2014
③ 3003 ④ 5056

해설 고강도 알루미늄 합금
- Al 2014 : A-14S, 인공 시효에 의해 내부응력에 대한 저항력 증가. 큰 응력이 요구되는 부분의 단조품, 앵글, 채널, 압축형 재료, 핀 및 고강도의 장착대나 과급기 임펠러 등에 사용
- Al 2017(두랄루민) : A-17S, 대표적인 가공용 알루미늄 합금
- Al 2024(초두랄루민) : A-24S, 구리 4.4%, 마그네슘 1.5%를 첨가한 합금으로, 파괴에 대한 저항성이 우수하고 피로 강도도 양호하여, 인장하중이 크게 작용하는 대형 항공기의 날개 밑면의 외피나 여압 동체의 외피 등에 사용
- Al 5052-O, H : A-52S, 바닷물이나 알칼리성에 강하고, 용접이 용이하며 판재, 봉재, 관재, 벌집형 재료 및 내부 재료 등에 사용
- Al 7075 : A-75S, 아연 5.6%, 마그네슘 2.5%를 첨가한 합금으로 2024보다 강도가 높고 내식성이 우수하여 극초두랄루민(ESD : Extra Super Duralumin)이라고도 하며, 항공기의 주날개 외피와 날개보, 기체 구조 부분 등 큰 강도가 요구되는 구조부 및 압출 재료로 사용

49 두께가 0.055 in 인 재료를 90° 굴곡에 굴곡반경 0.135 in 가 되도록 굴곡할 때 생기는 세트백(set back)은 몇 inch 인가?

① 0.167
② 0.176
③ 0.190
④ 0.195

해설 세트백 $(S.B) = k(R+T)$
여기서, k는 굽힘 각도에 따른 상수(직각으로 구부렸을 때 $k = 1$), R은 굽힘 반지름, T는 판재 두께이다.
∴ $S.B = 1 \times (0.135 + 0.055)$

50 접개들이 착륙장치를 비상으로 내리는(down) 3가지 방법이 아닌 것은?

① 핸드펌프로 유압을 만들어 내린다.
② 축압기에 저장된 공기압을 이용하여 내린다.
③ 핸들을 이용하여 기어의 업락(up-lock)을 풀었을 때 자중에 의하여 내린다.
④ 기어핸들 밑에 있는 비상 스위치를 눌러서 기어를 내린다.

51 항공기의 부품 연결이나 장착 시 볼트, 너트 등의 토크 값을 맞추어 조여 주는 이유가 아닌 것은?

① 항공기에는 심한 진동이 있기 때문이다.
② 상승, 하강에 따른 심한 온도 차이를 견뎌야 하기 때문이다.
③ 조임 토크 값이 부족하면 볼트, 너트에 이질 금속 간의 부식을 초래하기 때문이다.
④ 조임 토크 값이 너무 크면 나사를 손상시키거나 볼트가 절단되기 때문이다.

52 프로펠러항공기처럼 토크(torque)가 크지 않은 제트엔진항공기에서 2개 또는 3개의 콘볼트(cone bolt)나 트러니언 마운트(trunnion mount)에 의해 엔진을 고정하는 장착 방법은?

① 링마운트 방법(ring mount method)
② 포트마운트 방법(pod mount method)
③ 배드마운트 방법(bed mount method)
④ 피팅마운트 방법(fitting mount method)

53 원형 단면 봉이 비틀림에 의하여 단면에 발생하는 비틀림각을 옳게 나타낸 것은? (단, L : 봉의 길이, G : 전단탄성계수, R : 반지름, J : 극관성 모멘트, T : 비틀림 모멘트이다.)

① $\dfrac{TL}{GJ}$
② $\dfrac{GJ}{TL}$
③ $\dfrac{TR}{J}$
④ $\dfrac{GR}{TJ}$

해설 비틀림각 $\theta = \dfrac{TL}{GJ}$ [rad]

54 리벳의 배치와 관련된 용어의 설명으로 옳은 것은?

① 연거리는 열과 열 사이의 거리를 의미한다.
② 리벳의 피치는 같은 열에 있는 리벳의 중심 간 거리를 말한다.
③ 리벳의 횡단피치는 판재의 모서리와 이웃하는 리벳의 중심까지의 거리를 말한다.
④ 리벳의 열은 판재의 인장력을 받는 방향에 대하여 같은 방향으로 배열된 리벳들을 말한다.

55 알루미늄 합금이 열처리 후에 시간이 지남에 따라 경도가 증가하는 특성을 무엇이라고 하는가?

① 시효 경화
② 가공 경화
③ 변형 경화
④ 열처리 강화

56 블라인드 리벳(blind rivet)의 종류가 아닌 것은?

① 체리 리벳   ② 리브 너트
③ 폭발 리벳   ④ 유니버설 리벳

57 그림과 같이 집중하중을 받는 보의 전단력 선도는?

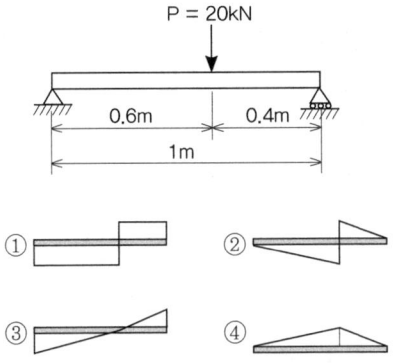

> **해설** 집중하중이 작용하는 단순보의 SFD, BMD

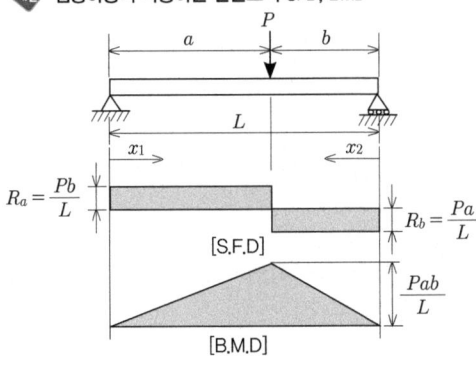

58 항공기의 손상된 구조를 수리할 때 반드시 지켜야 할 기본 원칙으로 틀린 것은?

① 중량을 최소로 유지해야 한다.
② 원래의 강도를 유지하도록 한다.
③ 부식에 대한 보호 작업을 하도록 한다.
④ 수리부위 알림을 위한 윤곽변경을 한다.

59 샌드위치구조에 대한 설명으로 옳은 것은?

① 보온효과가 있어 습기에 강하다.
② 초기 단계 결함의 발견이 용이하다.
③ 강도비는 우수하나 피로하중에는 약하다.
④ 코어의 종류에는 허니컴형, 파형, 거품형 등이 있다.

60 길이 1 m, 지름 10 cm 인 원형단면의 알루미늄 합금 재질의 봉이 10 N 의 축하중을 받아 전체 길이가 50 μm 늘어났다면 이 때 인장변형률을 나타내기 위한 단위는?

① $\mu m/m$ ② N/m^2
③ N/m^3 ④ MPa

> **해설**
> · 인장변형률 : 단위 길이당 신장량
> · 변형률(Strain) = $\frac{\delta}{L}$ · δ : 변형된 길이
> · L : 원래 길이

제4과목 항공장비

61 24 V, 1/3 HP 인 전동기가 효율 75% 로 작동하고 있다면, 이 때 전류는 약 몇 A 인가?

① 7.8   ② 13.8
③ 22.8   ④ 30.0

> **해설** 1HP = 746W 이며, 1/3 HP = 248.7W이므로
> 효율 = $\frac{출력}{입력}$ = $\frac{248.7}{746}$ × 0.75

62 방빙계통(anti-icing system)에 대한 설명으로 옳은 것은?

① 날개 앞전의 방빙은 공기역학적 특성을 유지하기 위해 사용된다.
② 날개의 방빙장치는 공기역학적 특성보다는 엔진이나 기체구조의 손상방지를 위해 필요하다.
③ 날개 앞전의 곡률 반경이 큰 곳은 램효과(ram effect)에 의해 결빙되기 쉽다.
④ 지상에서 날개의 방빙을 위해 가열공기(hot air)를 이용하는 날개의 방빙장치를 사용한다.

63 종합전자계기에서 항공기의 착륙 결심고도가 표시되는 곳은?

① Navigation display
② Control display unit
③ Primary flight display
④ Flight control computer

64 감도 20 mA 이고 내부 저항은 10Ω 이며 200 A 까지 측정할 수 있는 전류계를 만들 때 분류기(shunt)는 약 몇 Ω으로 해야 하는가?

① 1
② 0.1
③ 0.01
④ 0.001

해설 션트저항 = $\dfrac{감도 \times 내부저항}{측정한계전류 - 감도}$
= $\dfrac{0.02 \times 10}{200 - 0.02}$

65 조종사가 산소마스크를 착용하고 통신하려고 할 때 작동시켜야 하는 장치는?

① Public Address
② Flight Interphone
③ Tape Reproducer
④ Service Interphone

66 서모커플(thermo couple)에 사용되는 금속 중 구리와 짝을 이루는 금속은?

① 백금(platinum)
② 티타늄(titanium)
③ 콘스탄탄(constantan)
④ 스테인리스강(stainless steel)

67 유압계통에서 압력이 낮게 작용되면 중요한 기기에만 작동 유압을 공급하는 밸브는?

① 선택밸브(selector valve)
② 릴리프밸브(relief valve)
③ 유압퓨즈(hydraulic fuse)
④ 우선순위밸브(priority valve)

해설 우선순위밸브(Priority valve)는 계통압력이 정상보다 낮을 때, 덜 중요한 계통보다 중요한 계통에 우선권을 주는 밸브이다. 만약 우선권 제어 밸브의 설정 압력이 2,200psi 라면 계통압력이 2,200psi 이하로 떨어지면 밸브는 닫히고 중요계통으로 압력이 적용된다.

68 항공기에 사용되는 전기계기가 습도 등에 영향을 받지 않도록 내부 충전에 사용되는 가스는?

① 산소가스
② 메탄가스
③ 수소가스
④ 질소가스

69 프레온 냉각장치의 작동 중 점검창에 거품이 보인다면 취해야 할 조치로 옳은 것은?

① 프레온을 보충한다.
② 장치에 물을 공급한다.
③ 장치의 흡입구를 청소한다.
④ 계통의 배관에 이물질을 제거한다.

70 알칼리 축전지(Ni-Cd)의 전해액 점검사항으로 옳은 것은?

① 온도와 점도를 정기적으로 점검하여 일정 수준 이상 유지해야 한다.
② 비중은 측정할 필요가 없지만 액량은 측정하고 정확히 보존하여야 한다.
③ 일정한 온도와 염도를 유지해야 한다.
④ 비중과 색을 정기적으로 점검해야 한다.

해설 니켈-카드뮴은 양극은 수산화2니켈, 음극은 금속카드뮴 이고 수산화칼륨(KOH)을 전해액으로 쓰인다.
• 부하특성이 좋아 큰 전류 방전 시에도 전압 안정성이 좋다.
• 저온 특성이 좋다. -60°C 충방전 가능
• 진동이 심한 장소에서도 사용 가능

71 항공기엔진과 발전기 사이에 설치하여 엔진의 회전수와 관계없이 발전기를 일정하게 회전하게 하는 장치는?

① 교류발전기　② 인버터
③ 정속구동장치　④ 직류발전기

72 자동비행조종장치에서 오토파일롯(auto pilot)을 연동(engage)하기 전에 필요한 조건이 아닌 것은?

① 이륙 후 연동한다.
② 충분한 조정(trim)을 취한 뒤 연동한다.
③ 항공기의 기수가 진북(true north)을 향한 후에 연동한다.
④ 항공기 자세(roll, pitch)가 있는 한계 내에서 연동한다.

73 항공계기 중 각 변위의 빠르기(각속도)를 측정 또는 검출하는 계기는?

① 선회계　② 인공 수평의
③ 승강계　④ 자이로 콤파스

74 작동유의 압력에너지를 기계적인 힘으로 변환시켜 직선운동 시키는 것은?

① 유압 밸브(hydraulic valve)
② 지로터 펌프(gerotor pump)
③ 작동 실린더(actuating cylinder)
④ 압력 조절기(pressure regulator)

75 키르히호프의 제1법칙을 설명한 것으로 옳은 것은?

① 전기회로 내의 모든 전압강하의 합은 공급된 전압의 합과 같다.
② 전기회로에 들어가는 전류의 합과 그 회로로부터 나오는 전류의 합은 같다.
③ 직렬회로에서 전류의 값은 부하에 의해 결정된다.
④ 전기회로 내에서 전압강하는 가해진 전압과 같다.

76 다음 중 VHF 계통의 구성품이 아닌 것은?

① 조정 패널　② 안테나
③ 송·수신기　④ 안테나 커플러

> **해설** VHF통신 구성
> • VHF 조정 패널
> • VHF 송수신기
> • VHF 안테나

77 안테나의 특성에 대한 설명으로 틀린 것은?

① 안테나 이득은 방향성으로 인해 파생되는 상대적 이득을 의미한다.
② 무지향성 안테나를 기준으로 하는 경우 안테나 이득을 dBi로 표현한다.
③ 지향성 안테나를 기준으로 안테나 이득을 계산할 때 dBd를 사용한다.
④ 안테나의 전압 정재파비는 정재파의 최소전압을 정재파의 최대전압으로 나눈 값이다.

78 정상 운전 되고 있는 발전기(generator)의 계자 코일(field coil)이 단선될 경우 전압의 상태는?

① 변함없다.
② 약간 저하한다.
③ 약하게 발생한다.
④ 전혀 발생치 않는다.

> **해설** 발전기의 유도전압 $[V] = k \times \phi \times n$
> k(상수) : 계자의 자극 수(p), 전기자 코일의 길이(z)
> ϕ : 각 극의 유효 자속[Wb 또는 Vs]
> n : 전기자 회전속도[1/s]
>
> ※ 분권과 직권인 경우 전압이 발생하지 않으나 복권일 경우 계자코일이 단선되면 발전기의 전압이 약하게 발생한다.

79 전기저항식 온도계에 사용되는 온도 수감용 저항재료의 특성이 아닌 것은?

① 저항값이 오랫동안 안정해야 한다.
② 온도 외의 조건에 대하여 영향을 받지 않아야 한다.
③ 온도에 따른 전기저항의 변화가 비례관계에 있어야 한다.
④ 온도에 대한 저항값의 변화가 작아야 한다.

80 다음 중 무선원조 항법장치가 아닌 것은?

① Inertial navigation system
② Automatic direction finder
③ Air traffic control system
④ Distance measuring equipment system

2019년 제1회 기출문제 정답

01	02	03	04	05	06	07	08	09	10
②	④	①	①	③	①	③	②	①	①
11	12	13	14	15	16	17	18	19	20
④	②	①	③	④	②	③	③	②	④
21	22	23	24	25	26	27	28	29	30
①	③	①	②	①	①	②	③	③	①
31	32	33	34	35	36	37	38	39	40
②	②	④	②	④	④	④	③	④	③
41	42	43	44	45	46	47	48	49	50
③	④	②	③	①	③	②	②	③	④
51	52	53	54	55	56	57	58	59	60
③	②	①	②	①	④	①	④	④	①
61	62	63	64	65	66	67	68	69	70
②	①	③	④	②	③	④	④	①	②
71	72	73	74	75	76	77	78	79	80
③	③	①	③	②	④	④	③	④	①

최근기출문제
2019년 제2회 시행

제1과목 항공역학

01 항공기의 스핀에 대한 설명으로 틀린 것은?

① 수직스핀은 수평스핀보다 회전 각속도가 크다.
② 스핀 중에는 일반적으로 옆미끄럼(side slip)이 발생한다.
③ 강하속도 및 옆놀이 각속도가 일정하게 유지되면서 강하하는 상태를 정상스핀이라 한다.
④ 스핀상태를 탈출하기 위하여 방향키를 스핀과 반대 방향으로 밀고, 동시에 승강키를 앞으로 밀어내야 한다.

해설 수평 스핀의 낙하속도는 수직 스핀보다 작지만 회전 각속도는 상당히 크다.

02 양력(lift)의 발생 원리를 직접적으로 설명할 수 있는 원리는?

① 관성의 법칙
② 베르누이의 정리
③ 파스칼의 정리
④ 에너지보존 법칙

03 헬리콥터가 비행기처럼 고속으로 비행할 수 없는 이유로 틀린 것은?

① 후퇴하는 깃의 날개 끝 실속 때문에
② 후퇴하는 깃 뿌리의 역풍범위 때문에
③ 전진하는 깃 끝의 마하수의 영향 때문에
④ 전진하는 깃 끝의 항력이 감소하기 때문에

04 밀도가 0.1 kg·s²/m⁴ 인 대기를 120m/s의 속도로 비행할 때 동압은 몇 kg/m² 인가?

① 520
② 720
③ 1020
④ 1220

해설 $q = \frac{1}{2}\rho V^2 = \frac{1}{2} \times 0.1 \times 120^2$

05 날개 뿌리 시위 길이가 60cm이고 날개 끝 시위 길이가 40cm인 사다리꼴 날개의 한 쪽 날개 길이가 150cm 일 때 양쪽 날개 전체의 가로세로비는?

① 4
② 5
③ 6
④ 10

해설 $AR = \dfrac{b}{C_m} = \dfrac{300}{50}$

06 관의 단면이 10 cm² 인 곳에서 10 m/s 로 흐르는 비압축성유체는 관의 단면이 25 cm² 인 곳에서는 몇 m/s의 흐름 속도를 가지는가?

① 3
② 4
③ 5
④ 8

해설 $A_1V_1 = A_2V_2,\ V_2 = \dfrac{A_1}{A_2}V_1 = \dfrac{10}{25}\times 10$

07 평형상태에 있는 비행기가 교란을 받았을 때 처음의 상태로 돌아가려는 힘이 자체적으로 발생하게 되는데, 이와 같은 정적안정상태에서 작용하는 힘을 무엇이라 하는가?

① 가속력
② 기전력
③ 감쇠력
④ 복원력

08 고도가 높아질수록 온도가 높아지며, 오존층이 존재하는 대기의 층은?

① 열권   ② 성층권
③ 대류권 ④ 중간권

09 프로펠러의 기하학적 피치비(geometric pitch ratio)를 옳게 정의한 것은?

① $\dfrac{\text{프로펠러 지름}}{\text{기하학적 피치}}$ ② $\dfrac{\text{기하학적 피치}}{\text{유효피치}}$

③ $\dfrac{\text{기하학적 피치}}{\text{프로펠러 지름}}$ ④ $\dfrac{\text{유효피치}}{\text{기하학적 피치}}$

해설 프로펠러 피치비는 직경에 대한 피치의 비이다.

10 양의 세로안정성을 갖는 일반형 비행기의 순항 중 트림 조건으로 옳은 것은? (단, 화살표는 힘의 방향, ●는 무게중심을 나타낸다.)

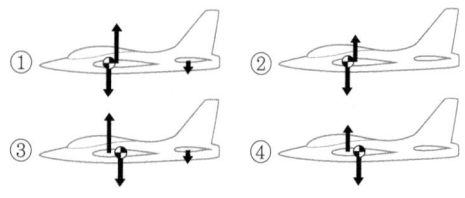

해설 무게중심은 공기력중심보다 앞에, 아래 위치할수록 안정적이며, trim(평형) 상태에서는 모든 힘과 모멘트의 합이 "0"이 되어야 한다.

11 공력평형장치 중 프리즈 밸런스(frise balance)가 주로 사용되는 조종면은?

① 방향키(rudder)   ② 승강키(elevator)
③ 도움날개(aileron) ④ 도살핀(dorsal fin)

해설 도살핀은 방향안정성 증가 장치이다.

12 활공비행에서 활공각(θ)을 나타내는 식으로 옳은 것은? (단, C_L: 양력계수, C_D: 항력계수이다.)

① $sin\theta = \dfrac{C_L}{C_D}$ ② $sin\theta = \dfrac{C_D}{C_L}$

③ $cos\theta = \dfrac{C_D}{C_L}$ ④ $tan\theta = \dfrac{C_D}{C_L}$

해설 $tan\theta = \dfrac{1}{\text{양항비}}$

13 항공기의 이륙거리를 옳게 나타낸 것은?
(단, S_G: 지상활주거리(ground run distance),
   S_R: 회전거리(rotation distance),
   S_T: 전이거리(transition distance),
   S_C: 상승거리(climb distance)이다.)

① SG
② SG + ST + SC
③ SG + SR + ST
④ SG + SR + ST + SC

해설 항공기의 이륙거리

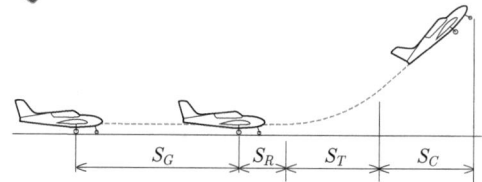

14 프로펠러 비행기의 이용마력과 필요마력을 비교할 때 필요마력이 최소가 되는 비행속도는?

① 비행기의 최고속도
② 최저상승률일 때의 속도
③ 최대항속거리를 위한 속도
④ 최대항속시간을 위한 속도

해설 필요마력 곡선에서, 원점에서 곡선에 접선을 그었을 때 접점의 속도가 최대항속거리를 위한 속도이다.

15 헬리콥터가 지상 가까이에 있을 때, 회전날개를 지난 흐름이 지면에 부딪혀 헬리콥터와 지면 사이에 존재하는 공기를 압축시켜 추력이 증가되는 현상을 무엇이라 하는가?

① 지면효과   ② 페더링효과
③ 실속효과   ④ 플래핑효과

16 무게가 7000 kgf 인 제트항공기가 양항비 3.5로 등속수평비행할 때 추력은 몇 kgf 인가?

① 1450　　② 2000
③ 2450　　④ 3000

해설) $T = W \dfrac{C_D}{C_L} = W \times \dfrac{1}{양항비} = 7000 \times \dfrac{1}{3.5}$

17 프로펠러 항공기의 최대항속거리 비행 조건으로 옳은 것은? (단, C_{DP} : 유해항력계수, C_{DI} : 유도항력계수이다.)

① $C_{DP} = C_{DI}$　　② $3C_{DP} = C_{DI}$
③ $C_{DP} = 3C_{DI}$　　④ $C_{DP} = 2C_{DI}$

해설) 프로펠러기와 제트기의 최대항속거리 및 최대항속시간

구분	프로펠러기	제트기
최대항속거리	$C_{DP}=C_{DI}$	$C_{DP}=3C_{DI}$
최대항속시간	$3C_{DP}=C_{DI}$	$C_{DP}=C_{DI}$

18 비행기의 동적 세로안정으로서 속도변화에 무관한 진동이며 진동주기는 0.5~5초가 되는 진동은 무엇인가?

① 장주기 운동　　② 승강키 자유운동
③ 단주기 운동　　④ 도움날개 자유운동

해설) 장주기 운동의 진동주기는 20~60초이다.

19 선회각 ϕ로 정상선회비행하는 비행기의 하중배수를 나타낸 식은? (단, W는 항공기의 무게이다.)

① $W\cos\phi$　　② $\dfrac{W}{\cos\phi}$
③ $\dfrac{1}{\cos\phi}$　　④ $\cos\phi$

20 다음 중 가로세로비가 큰 날개라 할 때 갑자기 실속할 가능성이 가장 적은 날개골은?

① 캠버가 큰 날개골
② 두께가 얇은 날개골
③ 레이놀즈수가 작은 날개골
④ 앞전 반지름이 작은 날개골

제2과목　항공기관

21 그림과 같은 브레이튼 사이클선도의 각 단계와 가스터빈엔진의 작동 부위를 옳게 짝지은 것은?

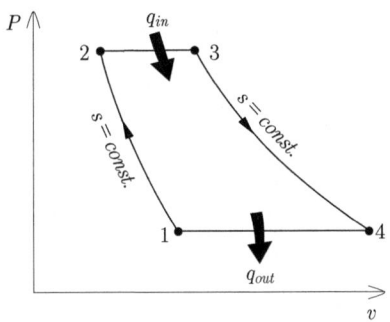

① 1→2 : 디퓨저
② 2→3 : 연소기
③ 3→4 : 배기구
④ 4→1 : 압축기

해설) 1→2 : 단열압축, 2→3 : 정압수열
3→4 : 단열팽창, 4→1 : 정압방열

22 가스터빈엔진에서 배기노즐(exhaust nozzle)의 가장 중요한 기능은?

① 배기가스의 속도와 압력을 증가시킨다.
② 배기가스의 속도와 압력을 감소시킨다.
③ 배기가스의 속도를 증가시키고 압력을 감소시킨다.
④ 배기가스의 속도를 감소시키고 압력을 증가시킨다.

23 완전기체의 상태변화와 관계식을 짝지은 것으로 틀린 것은? (단, P : 압력, V : 체적, T : 온도, r : 비열비이다.)

① 등온변화 : $P_1V_1 = P_2V_2$

② 등압변화 : $\dfrac{T_1}{V_2} = \dfrac{T_2}{V_1}$

③ 등적변화 : $\dfrac{P_1}{T_1} = \dfrac{P_2}{T_2}$

④ 단열변화 : $\dfrac{T_2}{T_1} = \left(\dfrac{P_2}{V_2}\right)^{\frac{r-1}{r}}$

해설 이상기체의 상태방정식 $Pv = RT$

24 왕복엔진의 윤활계통에서 엔진오일의 기능이 아닌 것은?

① 밀폐작용
② 윤활작용
③ 보온작용
④ 청결작용

25 가스터빈엔진 점화기의 중심전극과 원주전극 사이의 간극에서 공기가 이온화되면 점화에 어떠한 영향을 주는가?

① 아무 변화가 없다.
② 불꽃방전이 잘 이루어진다.
③ 불꽃방전이 이루어지지 않는다.
④ 플러그가 손상된 것이므로 교환해 주어야 한다.

26 터보제트엔진에서 비행속도 100 ft/s, 진추력 10000 lbf 일 때 추력마력은 몇 HP 인가?

① 1818
② 2828
③ 8181
④ 8282

해설 $F_nV = 100 \times 10000 ft \cdot lbf/sec$
(HP로 환산하려면 $1HP = 550 ft \cdot lbf/sec$)

27 가스터빈엔진에서 주로 사용하는 윤활계통의 형식은?

① dry sump, jet and spray
② dry sump, dip and splash
③ wet sump, spray and splash
④ wet sump, dip and pressure

28 프로펠러의 회전면과 시위선이 이루는 각을 무엇이라 하는가?

① 깃각
② 붙임각
③ 회전각
④ 깃뿌리각

29 가스터빈엔진의 축류압축기에서 발생하는 실속(stall) 현상 방지를 위해 사용하는 장치가 아닌 것은?

① 블리드 밸브(bleed valve)
② 다축식 구조(multi spool design)
③ 연료-오일 냉각기(fuel-oil cooler)
④ 가변 스테이터 베인(variable stator vane)

30 가스터빈엔진의 압축기에서 축류식과 비교한 원심식의 특징이 아닌 것은?

① 경량이다.
② 구조가 간단하다.
③ 제작비가 저렴하다.
④ 단(스테이지)당 압축비가 작다.

31 9기통 성형엔진에서 회전영구자석이 6극형이라면, 회전영구자석의 회전속도는 크랭크축 회전속도의 몇 배가 되는가?

① 3
② 1.5
③ 3/4
④ 2/3

해설 $\dfrac{\text{실린더 수}}{2 \times \text{극수}} = \dfrac{9}{12}$

32 왕복엔진의 실린더 배열에 따른 종류가 아닌 것은?

① 성형 엔진
② 대향형 엔진
③ V형 엔진
④ 액냉식 엔진

33 피스톤이 하사점에 있을 때 차압 시험기를 이용한 압축점검(compression check)을 하면 안되는 이유는?

① 폭발의 위험성이 있기 때문에
② 최소한 1개의 밸브가 열려있기 때문에
③ 과한 압력으로 게이지가 손상되기 때문에
④ 실린더 체적이 최대가 되어 부정확하기 때문에

> 해설 피스톤이 압축 상사점에 있을 때 모든 밸브가 닫혀 있다.

34 왕복엔진의 연료계통에서 증기폐색(vapor lock)에 대한 설명으로 옳은 것은?

① 연료 펌프의 고착을 말한다.
② 기화기(carburetor)에서의 연료 증발을 말한다.
③ 연료흐름도관에서 증기 기포가 형성되어 흐름을 방해하는 것을 말한다.
④ 연료계통에 수증기가 형성되는 것을 말한다.

35 흡입밸브와 배기밸브의 팁 간극이 모두 너무 클 경우 발생하는 현상은?

① 점화시기가 느려진다.
② 오일소모량이 감소한다.
③ 실린더의 온도가 낮아진다.
④ 실린더의 체적효율이 감소한다.

> 해설 밸브가 늦게 열리고 일찍 닫힌다. 즉 열려있는 기간이 짧다.

36 가스터빈엔진의 연료 중 항공 가솔린의 증기압과 비슷한 값을 가지고 있으며 등유와 증기압이 낮은 가솔린의 합성연료이고, 군용으로 주로 많이 쓰이는 연료는?

① JP-4
② JP-6
③ 제트 A형
④ AV-GAS

37 왕복엔진의 크랭크축에 다이나믹 댐퍼(dynamic damper)를 사용하는 주된 목적은?

① 커넥팅로드의 왕복운동을 방지하기 위하여
② 크랭크축의 비틀림 진동을 감쇠하기 위하여
③ 크랭크축의 자이로 작용(gyroscopic action)을 방지하기 위하여
④ 항공기가 교란되었을 때 원위치로 복원시키기 위하여

> 해설 counter weight : 크랭크 축의 정적 평형 유지

38 왕복엔진에서 로우텐션(low tension) 점화장치를 사용하는 경우의 장점은?

① 구조가 간단하여 엔진의 중량을 줄일 수 있다.
② 부스터 코일(booster coil)이 하나이므로 정비가 용이하다.
③ 점화플러그에 유기되는 전압이 낮아 정비 시 위험성이 적다.
④ 높은 고도 비행 시 하이텐션(high tension) 점화장치에서 발생되는 플래시오버(flash over)를 방지할 수 있다.

> 해설 저압점화(low tension)계통 : 고전압을 유도하는 변압기 코일이 점화플러그마다 별도로 설치

39 프로펠러 날개의 루트 및 허브를 덮는 유선형의 커버로, 공기흐름을 매끄럽게 하여 엔진효율 및 냉각효과를 돕는 것은?

① 램(ram)
② 커프스(cuffs)

③ 가버너(governor)　④ 스피너(spinner)

> **해설** 커프스 : 프로펠러 뿌리 부분을 에어포일 형태로 만들어 엔진으로의 공기 유입을 증가시켜 냉각효율을 높이고, 추력 증가에도 도움을 준다.

40 흡입공기를 사용하지 않는 제트엔진은?

① 로켓　② 램제트
③ 펄스제트　④ 터보팬엔진

제3과목　항공기체

41 항공기 기체 구조의 리깅(rigging) 작업을 할 때 구조의 얼라인먼트(alignment) 점검 사항이 아닌 것은?

① 날개 상반각
② 수직 안정판 상반각
③ 수평 안정판 장착각
④ 착륙 장치의 얼라인먼트

42 그림과 같이 판재를 굽히기 위해서 Flat A의 길이는 약 몇 인치가 되어야 하는가?

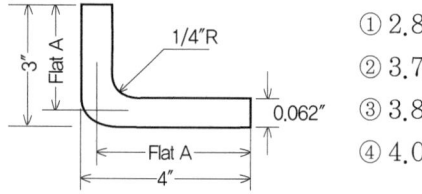

① 2.8
② 3.7
③ 3.8
④ 4.0

> **해설** 세트백($S.B$) = $k(R+T)$ = $1 \times (0.25+0.062)$ = $0.312''$
> Flat A의 길이 = $4 - 0.312$

43 두 판재를 결합하는 리벳작업 시 리벳직경의 크기는?

① 두 판재를 합한 두께의 3배 이상이어야 한다.
② 얇은 판재 두께의 3배 이상이어야 한다.
③ 두꺼운 판재 두께의 3배 이상이어야 한다.
④ 두 판재를 합한 두께의 1/2 이상이어야 한다.

44 너트의 부품번호 "AN 310 D-5 R"에서 문자 "D"가 의미하는 것은?

① 너트의 안전결선용 구멍
② 너트의 종류인 캐슬 너트
③ 사용 볼트의 직경을 표시
④ 너트의 재료인 알루미늄 합금 2017T

45 항공기 무게를 계산하는 데 기초가 되는 자기 무게(empty weight)에 포함되는 무게는?

① 고정 밸러스트
② 승객과 화물
③ 사용 가능 연료
④ 배출 가능 윤활유

46 탄소강에 첨가되는 원소 중 연신율을 감소시키지 않고 인장강도와 경도를 증가시키는 것은?

① 탄소　② 규소
③ 인　④ 망간

> **해설** 망간(Mn)의 영향
> • 연신율 감소 없이 인장 강도 및 경도 증가
> • 보통강 – 0.2~0.8%의 망간 함유
> • 황과 화합–황화망간(MnS), 산화망간(MnO)–황 성분의 감소
> • 황 성분이 1% 이상 함유되면 가공 곤란

47 연료탱크에 있는 벤트계통(vent system)의 주역할로 옳은 것은?

① 연료탱크 내의 증기를 배출하여 발화를 방지한다.
② 비행자세의 변화에 따른 연료탱크 내의 연료유동을 방지한다.
③ 연료탱크의 최하부에 위치하여 수분이나 잔류 연료를 제거한다.
④ 연료탱크 내·외의 차압에 의한 탱크구조

를 보호한다.

> **해설** 벤트계통의 주역할
> - 벤트 계통은 내외의 압력차가 생기지 않도록 한다.
> - 탱크 팽창이나 찌그러짐을 방지 및 구조 부분에 불필요한 응력의 발생 방지
> - 연료 펌프의 기능과 엔진으로의 연료 공급을 돕는다.

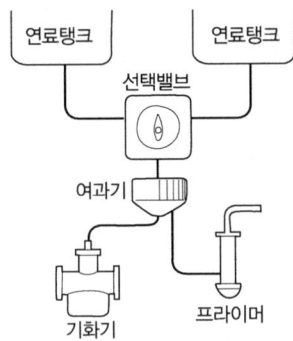

48 육각 볼트머리의 삼각형 속에 'x'가 새겨져 있다면 이것은 어떤 볼트인가?

① 표준 볼트 ② 정밀공차 볼트
③ 내식성 볼트 ④ 내부렌칭 볼트

> **해설**

49 복합소재의 결함탐지방법으로 적합하지 않은 것은?

① 와전류검사 ② X-Ray 검사
③ 초음파검사 ④ 탭 테스트(tap test)

50 다음과 같은 단면에서 축에 관한 단면 상승 모멘트($I_{xy} = \int_A xy dA$)는 약 몇 cm⁴ 인가?

① 56
② 152
③ 225
④ 990

> **해설** $I_{xy} = \dfrac{b^2 h^2}{4} = \dfrac{6^2 \times 5^2}{4}$

51 SAE 1035가 의미하는 금속재료는?

① 탄소강 ② 마그네슘강
③ 니켈강 ④ 몰리브덴강

52 항공기엔진을 날개에 장착하기 위한 구조물로만 나열한 것은?

① 마운트, 나셀, 파일론
② 블래더, 나셀, 파일론
③ 인테그널, 블래더, 파일론
④ 캔틸레버, 인테그널, 나셀

53 페일 세이프 구조 중 다경로 구조(redundant structure)에 대한 설명으로 옳은 것은?

① 단단한 보강재를 대어 해당량 이상의 하중을 이 보강재가 분담하는 구조이다.
② 여러 개의 부재로 되어 있고 각각의 부재는 하중을 고르게 분담하도록 되어 있는 구조이다.
③ 하나의 큰 부재를 사용하는 대신 2개 이상의 작은 부재를 결합하여 1개의 부재와 같은 또는 그 이상의 강도를 지닌 구조이다.
④ 규정된 하중은 모두 좌측 부재에서 담당하고 우측 부재는 예비 부재로 좌측 부재가 파괴된 후 그 부재를 대신하여 전체하중을 담당하는 구조이다.

54 용접 작업에 사용되는 산소·아세틸렌 토치 팁(tip)의 재질로 가장 적절한 것은?

① 납 및 납합금
② 구리 및 구리합금
③ 마그네슘 및 마그네슘합금
④ 알루미늄 및 알루미늄합금

55 주날개(main wing)의 주요 구조로 옳은 것은?

① 스파(spar), 리브(rib), 론저론(longeron), 표피(skin)
② 스파(spar), 리브(rib), 스트링거(stringer), 표피(skin)
③ 스파(spar), 리브(rib), 벌크헤드(bulkhead), 표피(skin)
④ 스파(spar), 리브(rib), 스트링거(stringer), 론저론(longeron)

해설 주날개의 주요 구조

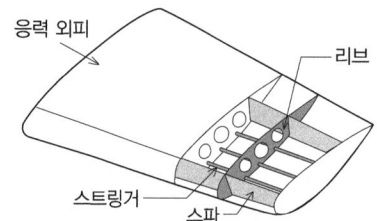

56 다음 중 크기와 방향이 변화하는 인장력과 압축력이 상호 연속적으로 반복되는 하중은?

① 교번하중   ② 정하중
③ 반복하중   ④ 충격하중

해설 교번하중 : 반복 하중 중 크기 뿐만 아니라 방향도 변하는 하중

57 일정한 응력(힘)을 받는 재료가 일정한 온도에서 시간이 경과함에 따라 변형률이 증가하는 현상을 무엇이라고 하는가?

① 크리프(creep)
② 항복(yield)
③ 파괴(fracture)
④ 피로굽힘(fatigue bending)

58 설계제한하중배수가 2.5인 비행기의 실속속도가 120km/h 일 때 이 비행기의 설계운용속도는 약 몇 km/h 인가?

① 150   ② 240
③ 190   ④ 300

해설 $V_A = \sqrt{n} \times V_s = \sqrt{2.5} \times 120$
V_A : 설계운용속도, n : 설계제한하중배수, V_s : 실속속도

59 착륙장치(landing gear)가 내려올 때 속도를 감소시키는 밸브는?

① 셔틀밸브
② 시퀀스밸브
③ 릴리프밸브
④ 오리피스 체크밸브

60 항공기 부식을 예방하기 위한 표면처리 방법이 아닌 것은?

① 마스킹 처리(masking)
② 알로다인 처리(alodining)
③ 양극산화 처리(anodizing)
④ 화학적 피막처리(chemical conversion coating)

제4과목 항공장비

61 다음 중 계기착륙장치의 구성품이 아닌 것은?

① 마커비컨   ② 관성항법장치
③ 로컬라이저 ④ 글라이더슬로프

62 제빙부츠장치(de-icer boots system)에 대한 설명으로 옳은 것은?

① 날개 뒷전이나 안정판(stabilizer)에 장착된다.
② 조종사의 시계 확보를 위해 사용된다.
③ 코일에 전원을 공급할 때 발생하는 진동을 이용하여 제빙하는 장치이다.
④ 고압의 공기를 주기적으로 수축, 팽창시켜 제빙하는 장치이다.

해설) 압축공기를 이용하는 제빙장치(Boots)는 팽창 가능한 고무관으로 구성되어 고압 공기에 의한 팽창 또는 수축이 되풀이에 의해 De-Ice된 후 공기 흐름에 의해 제거된다.

63 다음 중 외기온도계가 활용되지 않는 것은?

① 외기 온도 측정
② 엔진 출력 설정
③ 배기가스 온도 측정
④ 진대기 속도의 파악

64 12000rpm으로 회전하고 있는 교류 발전기로 400Hz의 교류를 발전하려면 몇 극(pole)으로 하여야 하는가?

① 4극 ② 8극
③ 12극 ④ 24극

해설) 주파수 $f = \frac{p}{2} \times \frac{동기속도}{60} [Hz]$
$400 = \frac{p}{2} \times \frac{12000}{60}$

65 황산납 축전지(lead acid battery)의 과충전상태를 의심할 수 있는 증상이 아닌 것은?

① 전해액이 축전지 밖으로 흘러나오는 경우
② 축전지에 흰색 침전물이 너무 많이 묻어 있는 경우
③ 축전지 셀 케이스가 부풀어 오른 경우
④ 축전지 윗면 캡 주위에 약간의 탄산칼륨이 있는 경우

해설) 과충전으로 산소 가스가 과다 발생하면 양극판이 전부 과산화납이 된 이후에도 산소의 침투로 인해 높은 온도와 강한 산화작용으로 양극판의 작용물질은 부풀어 오르면서 결합력이 약해져 탈락되기 쉽고 심하면 격자까지 균열되어 부스러진다.

66 통신장치에서 신호 입력이 없을 때 잡음을 제거하기 위한 회로는?

① AGC회로

② 스퀠치회로
③ 프리엠파시스회로
④ 디엠파시스회로

해설) 잡음 억제 회로(squelch circuit)
주파수 변조 수신기에서 입력이 없을 때 생기는 커다란 잡음을 소거하기 위해 사용되는 회로

67 인공위성을 이용하여 3차원의 위치(위도, 경도, 고도), 항법에 필요한 항공기 속도 경보를 제공하는 것은?

① Inertial Navigation System
② Global Positioning System
③ Omega Navigation System
④ Tactical Air Navigation System

해설) 위성항법시스템
- 위성에 의한 전세계 측위 시스템인 GPS를 이용하여 자신의 위치를 측정하는 방법
- 항공기의 경우 자동차와 달리 3차원의 위치 정보가 필요하므로 4개 이상의 GPS 위성을 이용하여 자신의 위치 및 고도를 인식한다.

68 객실압력 조절에 직접적으로 영향을 주는 것은?

① 공압계통의 압력
② 슈퍼차저의 압축비
③ 터보컴프레서 속도
④ 아웃플로밸브의 개폐 속도

해설) 항공기 객실 내부압력을 조절하는 장치로, 고도가 증가하면 외부 기압이 낮아지므로 아웃플로밸브를 닫아 기내 밖으로 배출되지 못하게 하고 지상에 가까울수록 밸브를 열어 일정하게 유지시킨다.

69 10mH의 인덕턴스에 60Hz, 100V의 전압을 가하면 약 몇 암페어(A)의 전류가 흐르는가?

① 15 ② 20
③ 25 ④ 26

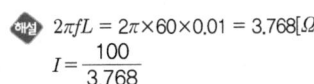
$2\pi f L = 2\pi \times 60 \times 0.01 = 3.768 [\Omega]$
$I = \frac{100}{3.768}$

70 항공기에서 거리측정장치(DME)의 기능에 대한 설명으로 옳은 것은?

① 질문펄스에서 응답펄스에 대한 펄스 간 지체시간을 구하여 방위를 측정할 수 있다.
② 질문펄스에서 응답펄스에 대한 펄스 간 지체시간을 구하여 거리를 측정할 수 있다.
③ 응답펄스에서 질문펄스에 대한 시간차를 구하여 방위를 측정할 수 있다.
④ 응답펄스에서 선택된 주파수만을 계산하여 거리를 측정할 수 있다.

해설 DME
- 항공기에 탑재된 질문기(Interrogator)가 송신한 질문펄스에 대하여 지상의 DME 응답기(Transponder)로부터의 응답펄스가 도착하는 전파 지연시간을 사용하여 해당 DME국과의 거리를 측정한다.
- 지상국 DME는 UHF(960~1,215MHz)의 무지향성 안테나를 사용한다. 보통 VOR 또는 ILS와 함께 설치된다.

71 실린더에 흡입되는 공기와 연료 혼합기의 압력을 측정하는 왕복엔진계기는?

① 흡기 압력계
② EPR 계기
③ 흡입 압력계
④ 오일 압력계

해설
- 흡기 압력계 : 왕복기관의 경우 실린더로 공급되는 공기, 연료 혼합기의 압력을 측정하는 계기
- 흡입 압력계 : 공기구동식 자이로 계기식의 경우 진공펌프 또는 벤튜리관의 흡입압을 측정하는 계기

72 다음 중 자기 컴파스에서 발생하는 정적오차의 종류가 아닌 것은?

① 북선오차
② 반원차
③ 사분원차
④ 불이차

해설 정적오차의 종류
- 정적오차 : 편차, 자차(반원차, 불이차, 사분원차)
- 동적오차 : 경차, 가속도 오차, 북선오차, 경사오차, 와동오차, 횡요오차 등

73 교류에서 전압, 전류의 크기는 일반적으로 어느 값을 의미하는가?

① 최대값
② 순시값
③ 실효값
④ 평균값

해설 가정용 220V는 교류의 실효값을 의미한다.

74 화재탐지장치에 대한 설명으로 틀린 것은?

① 열전쌍(thermocouple)은 주변의 온도가 서서히 상승할 때 열전대의 열팽창으로 인해 전압을 발생시킨다.
② 광전기셀(photo-electric cell)은 공기 중의 연기로 빛을 굴절시켜 광전기셀에서 전류를 발생시킨다.
③ 써미스터(thermistor)는 저온에서는 저항이 높아지고, 온도가 상승하면 저항이 낮아지는 도체로 회로를 구성한다.
④ 열스위치(thermal switch)식은 2개의 합금의 열팽창에 의해 전압을 발생시킨다.

해설 열전쌍은 온도를 측정하는 센서로, 2개의 서로 다른 전도성 금속이 연결되어 구성되며 기준점과 접점에서 온도차의 발생으로 전압이 발생시킨다.

75 증기순환 냉각계통의 구성품 중 계통의 모든 습기를 제거해주는 장치는?

① 증발기
② 응축기
③ 리시버 건조기
④ 압축기

76 4대의 교류발전기가 병렬운전을 하고 있을 경우 1대의 발전기가 고장나면 해당 발전기 계통의 전원은 어디에서 공급받는가?

① 전력이 공급되지 않는다.
② 배터리에서 전원을 공급 받는다.
③ 비상시에 사용되는 버스에서 전원을 공급 받는다.
④ 병렬운전하는 버스에서 전원을 공급 받는다.

77 조종실이나 객실에 설치되며 전기나 기름화재에 사용해서는 안되는 소화기는?

① 물 소화기
② 포말 소화기
③ 분말 소화기
④ 이산화탄소 소화기

해설 화재의 종류 및 화재별 소화기

구분	화재	적용 소화기
A급	일반 가연물 (종이, 목재 등)	수성, 포말, ABC분말 등
B급	유류화재 (가솔린, 알코올 등)	포말, BC분말, ABC분말, 강화액, CO_2, 할로겐화합물
C급	전기화재	BC분말, ABC분말, 강화액, CO_2, 할로겐화합물
D급	금속화재 (마그네슘)	

78 유압계통에서 압력조절기와 비슷한 역할을 하며 계통의 고장으로 인해 이상 압력이 발생되면 작동하는 장치는?

① 체크밸브
② 리저버
③ 릴리프밸브
④ 축압기

79 셀콜시스템(SELCAL system)에 대한 설명으로 틀린 것은?

① HF, VHF 시스템으로 송·수신된다.
② 양자 간 호출을 위한 화상시스템이다.
③ 일반적으로 코드는 4개의 코드로 만들어져 있다.
④ 지상에서 항공기를 호출하기 위한 장치이다.

해설 SELCAL system
- 지상에서 항공기 호출을 하는 System으로 각 항공기마다 고유의 Code를 가지고 있다.
- SELCAL Code는 Alphabet A~S 사이에서 I, N, O를 제외한 16개의 문자 중 4개의 문자로 구성된다.
- 해당 지역의 Ground Station에서 항공기를 Call 할 때 사용이 되며 HF, VHF 두 가지 통신 방법에 의해 수행된다.

80 항공계기에 표시되어 잇는 적색방사선(red radiation)은 무엇을 의미하는가?

① 플랩 조작 속도 범위
② 계속운전범위(순항범위)
③ 최소, 최대운전 또는 운용한계
④ 연료와 공기 혼합기의 Auto-lean 시의 계속운전범위

해설
① 흰색 호선
② 녹색 호선
④ 푸른색 호선

2019년 제2회 기출문제 정답

01	02	03	04	05	06	07	08	09	10
①	②	④	②	③	②	④	②	③	①
11	12	13	14	15	16	17	18	19	20
③	④	④	④	①	②	②	③	③	①
21	22	23	24	25	26	27	28	29	30
②	②	②	③	②	①	①	①	③	④
31	32	33	34	35	36	37	38	39	40
③	④	②	②	④	②	②	④	④	①
41	42	43	44	45	46	47	48	49	50
②	②	④	①	②	④	②	①	②	③
51	52	53	54	55	56	57	58	59	60
①	②	①	②	①	④	③	②	④	③
61	62	63	64	65	66	67	68	69	70
②	③	①	④	②	②	④	②	④	②
71	72	73	74	75	76	77	78	79	80
①	①	③	①	③	④	①	③	②	③

최근기출문제
2019년 제4회 시행

제1과목 | 항공역학

01 프로펠러를 장착한 비행기에서 프로펠러 깃의 날개 단면에 대해 유입되는 합성속도의 크기를 옳게 표현한 식은? (단, V : 비행속도, r : 프로펠러 반지름, n : 프로펠러 회전수(rps)이다.)

① $\sqrt{V^2-(\pi nr)^2}$
② $\sqrt{V^2+(2\pi nr)^2}$
③ $\sqrt{V^2+(\pi nr)^2}$
④ $\sqrt{V^2-(2\pi nr)^2}$

해설 합성속도는 비행기속도와 프로펠러의 회전 선속도($2\pi nr$)를 합한 속도이다.

02 고정 날개 항공기의 자전운동(auto rotation)과 연관된 특수 비행성능은?

① 선회 운동
② 스핀(spin) 운동
③ 키돌이(loop) 운동
④ 온 파일런(on pylon) 운동

해설 스핀 = 다이빙(수직강하) + 자전운동

03 일반적인 헬리콥터 비행 중 주 회전날개에 의한 필요마력의 요인으로 보기 어려운 것은?

① 유도속도에 의한 유도항력
② 공기의 점성에 의한 마찰력
③ 공기의 박리에 의한 압력항력
④ 경사충격파 발생에 따른 조파항력

해설 조파항력은 초음속비행 시에 발생되는 항력이다.

04 가로안정(lateral stability) 에 대해서 영향을 미치는 것으로 가장 거리가 먼 것은?

① 수평꼬리날개
② 주날개의 상반각
③ 수직꼬리날개
④ 주날개의 뒤젖힘각

해설 수평꼬리날개는 세로안정과 관계가 있다.

05 헬리콥터는 제자리비행 시 균형을 맞추기 위해서 주 회전날개 회전면이 회전방향에 따라 동체의 좌측이나 우측으로 기울게 되는데 이는 어떤 성분의 역학적 평형을 맞추기 위해서인가? (단, x, y, z 는 기체축(동체축) 정의를 따른다.)

① x축 모멘트의 평형
② x축 힘의 평형
③ y축 모멘트의 평형
④ y축 힘의 평형

해설 헬리콥터의 방향축

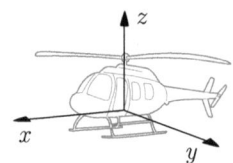

06 항공기의 방향 안정성이 주된 목적인 것은?

① 수직 안정판
② 주익의 상반각
③ 수평 안정판
④ 주익의 붙임각

해설 방향 안정성은 요잉에 대한 안정성으로 수직 꼬리날개(수직 안정판)가 기수를 바람 방향으로 향하도록 한다.

07 비행기의 조종면을 작동하는데 필요한 조종력을 옳게 설명한 것은?

① 중력가속도에 반비례한다.
② 힌지 모멘트에 반비례한다.
③ 비행속도의 제곱에 비례한다.
④ 조종면 폭의 제곱에 비례한다.

해설 $F = K \cdot H_e = K \cdot C_h \frac{1}{2}\rho V^2 Sc = K \cdot C_h \frac{1}{2}\rho V^2 bc^2$
조종력 : F, 기계적 이득 : K, 힌지 모멘트 : H_e

08 프로펠러 회전 깃단 마하수(rotational tip Mach number)를 옳게 나타낸 식은? (단, n : 프로펠러 회전수(rpm), D : 프로펠러 지름(m), a : 음속(m/s)이다.)

① $\dfrac{\pi n}{60 \times a}$ ② $\dfrac{\pi n}{30 \times a}$

③ $\dfrac{\pi n D}{30 \times a}$ ④ $\dfrac{\pi n D}{60 \times a}$

해설 $M = \dfrac{V}{a}$
$V = rw = r \times 2\pi n = \pi n D$
$= \dfrac{\pi n D}{60}$ (n을 rps로 환산할 경우)

09 베르누이의 정리에 대한 식과 설명으로 틀린 것은? (단, P_t : 전압, P : 정압, q : 동압, V : 속도, ρ : 밀도이다.)

① $q = \dfrac{1}{2}\rho V^2$
② $P = P_t + q$
③ 정압은 항상 존재한다.
④ 이상유체 정상흐름에서 전압은 일정하다.

10 양력계수가 0.25인 날개면적 20m²의 항공기가 720km/h의 속도로 비행할 때 발생하는 양력은 몇 N 인가?

① 6150 ② 10000
③ 123000 ④ 246000

해설 $L = \dfrac{1}{2}C_L \rho V^2 S = \dfrac{1}{2} \times 0.25 \times 0.125 \times (\dfrac{720}{3.6})^2 \times 20$

11 NACA 2412 에어포일의 양력에 관한 설명으로 옳은 것은?

① 받음각이 영도(0°)일 때 양의 양력계수를 갖는다.
② 받음각이 영도(0°)보다 작으면 양의 양력계수를 가질 수 없다.
③ 최대 양력계수의 크기는 레이놀즈수에 무관하다.
④ 실속이 일어난 직후에 양력이 최대가 된다.

12 비행기의 무게가 2000 kgf이고 선회 경사각이 30°, 150 km/h의 속도로 정상 선회하고 있을 때 선회 반지름은 약 몇 m 인가?

① 214
② 256
③ 307
④ 359

해설 $R = \dfrac{V^2}{g\tan\theta} = \dfrac{(\dfrac{150}{3.6})^2}{9.8 \times \tan 30}$

13 폭이 3m, 길이가 6m 인 평판이 20 m/s 흐름 속에 있고, 층류 경계층이 평판의 전 길이에 따라 존재한다고 가정할 때, 앞에서부터 3m 인 곳의 경계층 두께는 약 몇 m 인가? (단, 층류에서의 두께 = $\dfrac{5.2x}{\sqrt{Re}}$, 동점성계수 = 0.1×10^{-4}m²/s 이다.)

① 0.52
② 0.63
③ 0.0052
④ 0.0063

해설 $Re = \dfrac{VL}{\nu} = \dfrac{20 \times 3}{0.1 \times 10^{-4}} = 6 \times 10^6$
∴ 층류에서의 두께 = $\dfrac{5.2 \times 3}{\sqrt{6 \times 10^6}}$

14 그림과 같은 프로펠러 항공기의 이륙과정에서 이륙거리는?

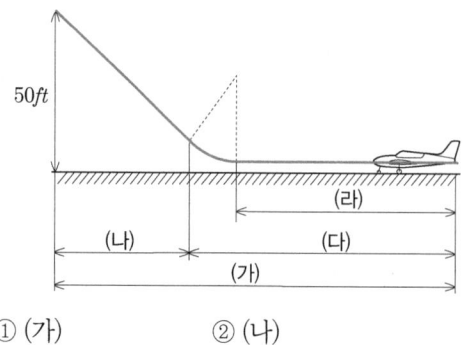

① (가) ② (나)
③ (다) ④ (라)

🔍 (가) : 이륙거리, (나) : 상승거리, (라) : 지상활주거리

15 활공기에서 활공거리를 증가시키기 위한 방법으로 옳은 것은?

① 압력항력을 크게 한다.
② 형상항력을 최대로 한다.
③ 날개의 가로세로비를 크게 한다.
④ 표면 박리현상 방지를 위하여 표면을 적절히 거칠게 한다.

🔍 멀리 활공하려면 양항비가 커야 하며, 양항비를 크게 하기 위해서는 표면을 매끄럽게 하고 모양을 유선형으로 하여 형상 항력을 작게 해야 한다. 또 날개의 길이를 길게 함으로써 가로세로비를 크게 하여 유도항력을 작게 해야 한다.

16 대기권의 구조를 낮은 고도에서부터 순서대로 나열한 것은?

① 대류권 → 성층권 → 열권 → 중간권
② 대류권 → 중간권 → 성층권 → 열권
③ 대류권 → 성층권 → 중간권 → 열권
④ 대류권 → 중간권 → 열권 → 성층권

17 프로펠러 비행기가 최대항속거리를 비행하기 위한 조건은?

① 양항비 최소, 연료소비율 최소
② 양항비 최소, 연료소비율 최대
③ 양항비 최대, 연료소비율 최대
④ 양항비 최대, 연료소비율 최소

🔍 항속거리를 최대로 하려면 양항비가 최대가 되는 받음각으로 연료소비를 최소화한다.

18 스팬(span)의 길이가 39 ft, 시위(chord)의 길이가 6 ft 인 직사각형 날개에서 양력계수가 0.8일 때 유도받음각은 약 몇 도(°) 인가?

① 1.5 ② 2.2
③ 3.0 ④ 3.9

🔍 $\alpha_i = \dfrac{C_L}{\pi AR}[rad], \ AR = \dfrac{39}{6}$

$\alpha_i = \dfrac{0.8 \times 6}{\pi \times 39} = 0.039[rad]$

$= 2.2° \ (1[rad] = \dfrac{180}{\pi}[°])$

19 표준 대기의 기온, 압력, 밀도, 음속을 옳게 나열한 것은?

① 15℃, 750mmHg, 1.5 kg/m³, 330 m/s
② 15℃, 760mmHg, 1.2 kg/m³, 340 m/s
③ 18℃, 750mmHg, 1.5 kg/m³, 340 m/s
④ 18℃, 760mmHg, 1.2 kg/m³, 330 m/s

20 비행기가 음속에 가까운 속도로 비행 시 속도를 증가시킬수록 기수가 내려가려는 현상은?

① 피치 업(pitch up)
② 턱 언더(tuck under)
③ 디프 실속(deep stall)
④ 역 빗놀이(adverse yaw)

🔍 • 디프 실속 : 실속상태에서 빠져나오지 못하는 상태
• 역 빗놀이 : 양쪽 날개의 항력이 달라지면 불균형으로 인한 빗놀이 현상이 생기며 이때의 빗놀이는 선회하는 방향과는 반대방향이 된다.

제2과목 항공기관

21 정적비열 0.2 kcal/(kg·K) 인 이상기체 5 kg 이 일정 압력하에서 50 kcal 의 열을 받아 온도가 0℃ 에서 20℃ 까지 증가하였을 때 외부에 한 일은 몇 kcal 인가?

① 4
② 20
③ 30
④ 70

> 해설 내부 에너지 증가에 필요한 열량
> $Q = mCv(T_2 - T_1) = 5 \times 0.2(293-273) = 20 kcal$
> ∴ 외부에 한 일 = 총 열량에서 내부에너지 증가량을 뺀 값

22 프로펠러의 특정 부분을 나타내는 명칭이 아닌 것은?

① 허브(hub)
② 네크(neck)
③ 로터(rotor)
④ 블레이드(blade)

23 비행 중이나 지상에서 엔진이 작동하는 동안 조종사가 유압 또는 전기적으로 피치를 변경시킬 수 있는 프로펠러 형식은?

① 정속 프로펠러(contant-speed propeller)
② 고정피치 프로펠러(fixed pitch propeller)
③ 조정피치 프로펠러(adjustable pitch propeller)
④ 가변피치 프로펠러(controllable pitch propeller)

> 해설 조정피치 프로펠러 : 지상에서 엔진이 작동되지 않을 때 피치 조절

24 가스터빈엔진에서 실속의 원인으로 볼 수 없는 것은?

① 압축기의 심한 손상 또는 오염
② 번개나 뇌우로 인한 엔진 흡입구 공기 온도의 급격한 증가
③ 가변 스테이터 베인(variable stator vane)의 각도 불일치
④ 연료조정장치와 연결되는 압축기 출구 압력(CDP) 튜브의 절단

25 왕복엔진에서 시동을 위해 마그네토(magneto)에 고전압을 증가시키는데 사용되는 장치는?

① 스로틀(throttle)
② 기화기(carburetor)
③ 과급기(supercharger)
④ 임펄스 커플링(impulse coupling)

> 해설 왕복엔진 시동 시 점화보조장치에는 임펄스 커플링, 부스터 코일, 인덕션 바이브레이터가 있다.
> 임펄스 커플링은 대향형 기관의 점화보조장치로 시동 시 마그네토의 로터를 순간적으로 고회전시켜 magneto coming in speed를 충족시킨다.

26 가스터빈엔진에서 배기노즐의 주목적은?

① 난류를 얻기 위하여
② 배기 가스의 속도를 증가시키기 위하여
③ 배기 가스의 압력을 증가시키기 위하여
④ 최대 추력을 얻을 때 소음을 증가시키기 위하여

27 윤활유 시스템에서 고온 탱크형(hot tank system)에 대한 설명으로 옳은 것은?

① 고온의 소기오일(scavenge oil)이 냉각되어서 직접 탱크로 들어가는 방식
② 고온의 소기오일(scavenge oil)이 냉각되지 않고 직접 탱크로 들어가는 방식
③ 오일 냉각기가 소기계통에 있어 오일이 연료 가열기에 의해 가열되는 방식
④ 오일 냉각기가 소기계통에 있어 오일탱크의 오일이 가열기에 의해 가열되는 방식

> 해설
> • 고온탱크 : 냉각기가 압력펌프와 기관사이에 위치하기 때문에 탱크로 들어오는 것은 높은 온도의 윤활유이다.
> • 저온탱크 : 냉각기가 배유펌프와 윤활유 탱크 사이에 위치시켜 냉각된 윤활유가 탱크에 들어온다.

28 왕복엔진의 기계효율을 옳게 나타낸 식은?

① $\dfrac{\text{제동마력}}{\text{지시마력}} \times 100\%$

② $\dfrac{\text{이용마력}}{\text{제동마력}} \times 100\%$

③ $\dfrac{\text{지시마력}}{\text{제동마력}} \times 100\%$

④ $\dfrac{\text{지시마력}}{\text{이용마력}} \times 100\%$

29 축류형 터빈에서 터빈의 반동도를 구하는 식은?

① $\dfrac{\text{단당 팽창}}{\text{터빈깃의 팽창}} \times 100$

② $\dfrac{\text{스테이터깃의 팽창}}{\text{단당 팽창}} \times 100$

③ $\dfrac{\text{회전자깃에 의한 팽창}}{\text{단당 팽창}} \times 100$

④ $\dfrac{\text{회전자깃에 의한 팽창}}{\text{터빈깃의 팽창}} \times 100$

🔹 **압축기의 반동도**

반동도 $= \dfrac{\text{회전자깃에 의한 압력 상승}}{\text{단당 압력 상승}} \times 100\%$

30 소형 저속 항공기에 주로 사용되는 엔진은?

① 로켓   ② 터보팬엔진
③ 왕복엔진   ④ 터보제트엔진

31 [다음]과 같은 특성을 가진 엔진은?

- 비행속도가 빠를수록 추진효율이 좋다.
- 초음속 비행이 가능하다.
- 배기소음이 심하다.

① 터보팬 엔진
② 터보프롭엔진
③ 터보제트엔진
④ 터보샤프트엔진

32 압축기 입구에서 공기의 압력과 온도가 각각 1기압, 15℃ 이고, 출구에서 압력과 온도가 각각 7기압 300℃ 일 때, 압축기의 단열효율은 얼마인가? (단, 공기의 비열비는 1.4 이다.)

① 70   ② 75
③ 80   ④ 85

🔹 $\eta_c = \dfrac{\text{이상적인 압축일}}{\text{실제 압축일}} = \dfrac{T_{2i}-T_1}{T_2-T_1}$

단열압축일 때, $\dfrac{T_{2i}}{T_1} = \left(\dfrac{P_2}{P_1}\right)^{\frac{k-1}{k}}$

$T_{2i} = T_1 \times \left(\dfrac{P_2}{P_1}\right)^{\frac{k-1}{k}} = (273+15) \times 7^{\frac{1.4-1}{1.4}} = 502 \text{ K}$

$\eta_c = \dfrac{502-288}{573-288}$

33 가스터빈엔진 연료조절장치(FCU)의 수감요소(sensing factor)가 아닌 것은?

① 엔진회전수(RPM)
② 압축기 입구 온도(CIT)
③ 추력레버위치(power lever angle)
④ 혼합기조정위치(mixture control position)

🔹 RPM, CIT, CDP, PLA

34 왕복엔진 실린더에 있는 밸브 가이드(valve guide)의 마모로 발생할 수 있는 문제점은?

① 높은 오일 소모량
② 낮은 오일 압력
③ 낮은 오일 소모량
④ 높은 오일 압력

35 외부 과급기(external supercharger)를 장착한 왕복엔진의 흡기계통 내에서 압력이 가장 낮은 곳은?

① 과급기 입구   ② 흡입 다기관
③ 기화기 입구   ④ 스로틀밸브 앞

🔹 과급기는 흡입공기나 혼합가스를 압축시켜 출력을 증가시키는 장치이다.

36 항공기 엔진에서 소기펌프(scavenge pump)의 용량을 압력펌프(pressure pump)보다 크게 하는 이유는?

① 소기펌프의 진동이 더욱 심하기 때문
② 소기되는 윤활유는 체적이 증가하기 때문
③ 압력펌프보다 소기펌프의 압력이 높기 때문
④ 윤활유가 저온이 되어 밀도가 증가하기 때문

37 실린더 내경이 6 in 이고 행정(stroke)이 6 in 인 단기통 엔진의 배기량은 약 몇 in³ 인가?

① 28
② 169
③ 339
④ 678

해설 배기량 = $A \times L = \dfrac{\pi \times 6^2}{4} \times 6$

38 브레이튼 사이클(brayton cycle)의 열역학적인 변화에 대한 설명으로 옳은 것은?

① 2개의 정압과정과 2개의 단열과정으로 구성된다.
② 2개의 정적과정과 2개의 단열과정으로 구성된다.
③ 2개의 단열과정과 2개의 등온과정으로 구성된다.
④ 2개의 등온과정과 2개의 정적과정으로 구성된다.

해설 오토 사이클 : 2개의 단열과정과 2개의 정적과정

39 왕복엔진과 비교하여 가스터빈엔진의 점화장치로 고전압, 고에너지 점화장치를 사용하는 주된 이유는?

① 열손실을 줄이기 위해
② 사용연료의 기화성이 낮아 높은 에너지 공급을 위해
③ 엔진의 부피가 커 높은 열공급을 위해
④ 점화기 특정 규격에 맞추어 장착하기 위해

40 부자식 기화기를 사용하는 왕복엔진에서 연료는 어느 곳을 통과할 때 분무되는가?

① 기화기 입구
② 연료펌프 출구
③ 부자실(float chamber)
④ 기화기 벤튜리(carburetor venturi)

해설 부자식 기화기의 연료노즐 출구는 벤츄리 목부분에 위치하고, 압력분사식 기화기의 연료노즐은 벤츄리를 지난 후에 위치한다.

제3과목 항공기체

41 다음 중 인공시효 경화처리로 강도를 높일 수 있는 알루미늄 합금은?

① 1100
② 2024
③ 3003
④ 5052

42 세미모노코크 구조형식의 날개에서 날개의 단면 모양을 형성하는 부재로 옳은 것은?

① 스파(spar), 표피(skin)
② 스트링거(stringer), 리브(rib)
③ 스트링거(stringer), 스파(spar)
④ 스트링거(stringer), 표피(skin)

43 항공기 판재 굽힘작업 시 최소 굽힘반지름을 정하는 주된 목적은?

① 굽힘작업 시 발생하는 열을 최소화하기 위해
② 굽힘작업 시 낭비되는 재료를 최소화하기 위해
③ 판재의 굽힘작업으로 발생되는 내부 체적을 최대로 하기 위해
④ 굽힘 반지름이 너무 작아 응력 변형이 생겨 판재가 약화되는 현상을 막기 위해

44 다음 중 조종 케이블의 장력을 측정하는 기구는?

① 턴버클(turn buckle)
② 프로트랙터(protractor)
③ 케이블 리깅(cable rigging)
④ 케이블 텐션미터(cable tension meter)

> 해설
> • 케이블 리깅은 테스터를 통해 매뉴얼에 따른 최적의 장력을 조절(유지)하는 작업을 말하며 케이블 텐션미터로 장력을 측정하고, 턴버클을 이용하여 장력을 조절한다.
> • 프로트랙터 : 프로펠러 각도 측정

45 항공기 외부 세척방법에 해당하지 않는 것은?

① 습식세척　　② 연마
③ 건식세척　　④ 블라스팅

> 해설
> 항공기 외부 세척 방법
> • 습식 세척 : 오일, 구리스 또는 탄소부착물 그리고 부식과 산화피막을 제외한 대부분의 오물을 제거
> • 건식 세척 : 특별히 액체의 사용이 필요하지 않거나 먼지 오염물의 작은 축적을 제거하기 위해 사용
> • 연마 : 수동연마와 기계연마

46 기체구조의 형식 중 응력외피구조(stress skin structure)에 대한 설명으로 옳은 것은?

① 2개의 외판 사이에 벌집형, 거품형, 파(wave)형 등의 심을 넣고 고착시켜 샌드위치 모양으로 만든 구조이다.
② 하나의 구조요소가 파괴되더라도 나머지 구조가 그 기능을 담당해 주는 구조이다.
③ 목재 또는 강판으로 트러스(삼각형 구조)를 구성하고 그 위에 천 또는 얇은 금속판의 외피를 씌운 구조이다.
④ 외피가 항공기의 형태를 이루면서 항공기에 작용하는 하중의 일부를 외피가 담당하는 구조이다.

47 [다음]과 같은 특징을 갖는 것은?

- 크롬 몰리브덴강
- 0.30%의 탄소를 함유함
- 용접성을 향상시킨 강

① AA 1100　　② SAE 4130
③ AA 5052　　④ SAE 4340

> 해설
> 크롬-몰리브덴강(AISI 4130~4140)
> • 용접성 및 열처리성 향상
> • 열처리에 의해 인장강도를 84.4~112.6kg/mm²로 높인 강
> ※ AISI : American Iron Steel Institute(미국 철강 협회)
> ※ AISI 4340,(43 : 니켈-크롬-몰리브덴강, 40 : 탄소 0.4% 함유)

48 안티스키드장치(anti-skid system)의 역할이 아닌 것은?

① 유압식 브레이크에서 작동유 누출을 방지하기 위한 것이다.
② 브레이크의 제동을 원활하게 하기 위한 것이다.
③ 항공기가 착륙 활주 중 활주속도에 비해 과도한 제동을 방지한다.
④ 항공기가 미끄러지지 않게 균형을 유지시켜준다.

> 해설
> 착륙 직후 빠른 속도에서 제동 시 바퀴에 제동이 걸려서 바퀴가 회전하지 않고 지면과 마찰을 일으키며 미끄러지는데 이때 타이어는 열이 과도하게 상승하여 타이어가 팽창하거나 부분적으로 닳아서 타이어가 파열될 수 있으므로 이를 방지하고 제동효과를 높임

49 케이블 조종계통(cable control system)에서 7×19의 케이블을 옳게 설명한 것은?

① 19개의 와이어로 7번을 감아 케이블을 만든 것이다.
② 7개의 와이어로 19번을 감아 케이블을 만든 것이다.
③ 19개의 와이어로 1개의 다발을 만들고, 그 다발 7개로 1개의 케이블을 만든 것이다.

④ 7개의 와이어로 1개의 다발을 만들고, 이 다발 19개로 1개의 케이블을 만든 것이다.

50 지상 계류 중인 항공기가 돌풍을 만나 조종면이 덜컹거리거나 그것에 의해 파손되지 않게 설비된 장치는?

① 스토퍼 ② 토크튜브
③ 가스트 라크 ④ 장력 조절기

> 해설 **가스트 라크(gust lock)**
> 항공기를 지상에 계류 시 바람에 의해서 조종면이 정지장치에 부딪히는 것을 방지하기 위한 지상 잠금장치

51 항공기의 무게중심이 기준선에서 90in 에 있고, MAC의 앞전이 기준선에서 82in인 곳에 위치한다면 MAC가 32in인 경우 중심은 몇 %MAC 인가?

① 15 ② 20
③ 25 ④ 30

52 스크류의 식별기호 AN507 C 428 R 8 에서 C가 의미하는 것은?

① 직경 ② 재질
③ 길이 ④ 홈을 가진 머리

> 해설 **스크류의 식별기호**
> • AN : 규격
> • 507 : 머리 종류(접시머리 스크류)
> • C : 재질 (내식강)
> • 428 : 스크류의 지름이 4/16″, 나사산의 수가 1″당 28개
> • R : 필립스 스크류(십자 파임이 약간 무디게)
> • 8 : 스크류의 길이가 8/16″

53 벤트 플로트 밸브, 화염차단장치, 서지탱크, 스케벤지펌프 등의 구성품이 포함된 계통은?

① 조종계통 ② 착륙장치계통
③ 연료계통 ④ 브레이크계통

> 해설 연료계통의 구성 : 저장탱크(storage tank), 펌프(pump), 여과장치(filter), 밸브(valve), 연료관(fuel line), 계량장치(metering device), 감시장치(monitoring device) 등으로 구성

54 두께가 0.01in인 판의 전단흐름이 30lb/in일 때 전단응력은 몇 lb/in²인가?

① 3000 ② 300
③ 30 ④ 0.3

> 해설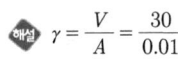
> $\gamma = \dfrac{V}{A} = \dfrac{30}{0.01}$
> V : 전단력, A : 전단응력

55 알루미늄의 표면에 인공적으로 얇은 산화피막을 형성하는 방법은?

① 주석 도금처리 ② 파커라이징
③ 카드뮴 도금처리 ④ 아노다이징

> 해설 파커라이징 : 철강 표면에 인산염의 피막을 형성시켜 녹스는 것을 방지

56 항공기의 무게중심 위치를 맞추기 위하여 항공기에 설치하는 모래주머니, 납봉, 납판 등을 무엇이라 하는가?

① 밸러스트(ballast)
② 유상하중(pay load)
③ 테어무게(tare weight)
④ 자기무게(empty weight)

> 해설 • 유상하중 : 승객, 화물 및 수화물 등의 무게
> • 테어무게 : 항공기 무게 측정 시 사용하는 장비의 무게

57 한쪽의 길이를 짧게 하기 위해 주름지게 하는 판금가공 방법은?

① 범핑 ② 크림핑
③ 수축가공 ④ 신장가공

> 해설 **판재의 가공**
> • 크림핑(crimping) 가공 : 길이를 짧게 하기 위해 판재를 주름잡는 가공
> • 범핑(bumping) 가공 : 가운데가 움푹 들어간 구형 면을 가공
> • 신장 가공(shrinking) : 재료의 한쪽 길이를 늘여서 길게 하여 재료를 구부리는 가공
> • 수축 가공(stretching) : 재료의 한쪽 길이를 압축시켜 짧게 하여 재료를 구부리는 가공

58 리벳작업에 대한 설명으로 틀린 것은?

① 리벳의 피치는 같은 열에 이웃하는 리벳 중심 간의 거리로 최소한 리벳 직경의 5배 이상은 되어야 한다.
② 열간간격(횡단피치)은 최소한 리벳직경의 2.5배 이상은 되어야 한다.
③ 리벳과 리벳구멍의 간격은 0.002~0.004in가 적당하다.
④ 판재의 모서리와 최 외곽열의 중심까지의 거리는 리벳 직경의 2~4배가 적당하다.

59 그림과 같은 단면에서 y축에 관한 단면의 1차 모멘트는 몇 cm³인가? (단, 점선은 단면의 중심선을 나타낸 것이다.)

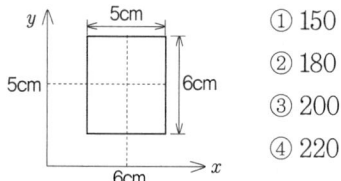

① 150
② 180
③ 200
④ 220

해설 y축에 대한 1차 관성 모멘트
$Q_y = \bar{x}A$ (y축에 대한 단면적 중심까지의 거리 × 단면적)
$= A \times 5 = 5 \times 6 \times 5$

60 그림과 같은 V-n 선도에서 항공기의 순항성능이 가장 효율적으로 얻어지도록 설계된 속도를 나타내는 지점은?

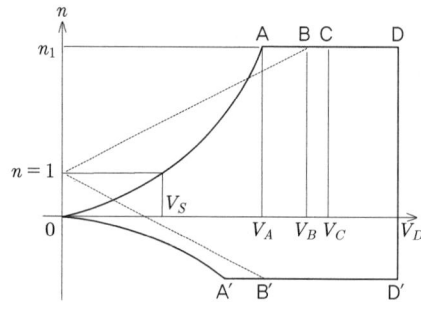

① V_A
② V_B
③ V_C
④ V_D

제4과목 항공장비

61 HF(high frequency) system에 대한 설명으로 옳은 것은?

① 항공기 대 항공기, 항공기 대 지상 간에 가시거리 음성통화를 위해 사용한다.
② 작동 주파수 범위는 118MHz~137MHz이며, 채널별 간격은 8.33kHz이다.
③ 송신기는 발진부, 고주파 증폭부, 변조기 및 안테나로 이루어진다.
④ HF는 파장이 짧기 때문에 안테나의 길이가 짧아야 한다.

해설 HF 전파 통신
- 파장이 길기 때문에 요구되는 안테나의 길이가 무척 길게 되지만 항공기 구조와 고속성 때문에 큰 안테나를 장착하지 못하고 작은 안테나가 사용
- 주파수의 적정한 Matching이 이루어지도록 자동으로 작동하는 Antenna Coupler 부착
- 주파수 범위는 2~29.999Mhz로 AM과 USB(SSB의 일종) 통신을 사용하며 각 Channel Space는 1khz를 사용
- VHF와 마찬가지로 RCP에서 Crew와 HF System간의 Interface를 수행해 준다.

62 항공기용 회전식 인버터(rotary inverter)가 부하 변동이 있어도 발전기의 출력 전압을 일정하게 하기 위한 방법은?

① 직류전원의 전압을 변화시킨다.
② 교류발전기의 전압을 변화시킨다.
③ 직류전동기의 분권 계자 전류를 제어한다.
④ 교류발전기의 회전 계자 전류를 제어한다.

63 화재탐지기에 요구되는 기능과 성능에 대한 설명으로 틀린 것은?

① 무게가 가볍고 설치가 용이할 것
② 화재가 시작, 진행 및 종료 시 계속 작동할 것
③ 화재 발생장소를 정확하고 신속하게 표시할 것
④ 화재가 지시하지 않을 때 최소전류가 소비될 것

64 항공기 동체 상·하면 장착되어 있는 충돌방지등(anti-collision light)의 색깔은?

① 녹색 ② 청색
③ 적색 ④ 흰색

해설 충돌 방지등(Anti-collision Light, Beacon Light)
- 동체 상하면 및 수직꼬리날개 설치
- 분당 40~100회 적색등 점멸
- 항법등과 같이 부가적으로 사용하여 항공기의 위치를 알려 충돌 방지

65 지자기의 3요소 중 편각에 대한 설명으로 옳은 것은?

① 플럭스 밸브(flux valve)가 편각을 감지한다.
② 지자력의 지구수평에 대한 분력을 의미한다.
③ 지자기 자력선의 방향과 수평선간의 각을 말하며 양극으로 갈수록 90°에 가까워진다.
④ 지축과 지자기축이 서로 일치하지 않음으로서 발생되는 진방위와 자방위의 차이이다.

66 그림과 같은 델타(Δ)결선에서 $R_{ab}=5\Omega$, $R_{bc}=4\Omega$, $R_{ca}=3\Omega$일 때 등가인 Y결선 각 변의 저항은 약 몇 Ω인가?

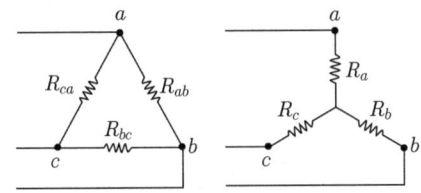

① $R_a=1.00$ $R_b=1.25$ $R_c=1.67$
② $R_a=1.00$ $R_b=1.65$ $R_c=1.25$
③ $R_a=1.25$ $R_b=1.00$ $R_c=1.67$
④ $R_a=1.25$ $R_b=1.67$ $R_c=1.00$

해설 Δ결선 → Y결선 변환

$R_a = \dfrac{R_{ca} \times R_{ab}}{R_{ab}+R_{bc}+R_{ca}} = \dfrac{3 \times 5}{5+4+3}$

$R_b = \dfrac{R_{ca} \times R_{bc}}{R_{ab}+R_{bc}+R_{ca}} = \dfrac{4 \times 5}{5+4+3}$

$R_c = \dfrac{R_{ab} \times R_{ab}}{R_{ab}+R_{bc}+R_{ca}} = \dfrac{3 \times 4}{5+4+3}$

67 고주파 안테나에서 30MHz의 주파수에 파장(λ)은 몇 m인가?

① 25 ② 20
③ 15 ④ 10

해설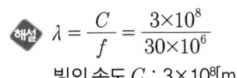

$\lambda = \dfrac{C}{f} = \dfrac{3 \times 10^8}{30 \times 10^6}$

빛의 속도 $C : 3 \times 10^8$[m/s]

68 싱크로 전자기기에 대한 설명으로 틀린 것은?

① 회전축의 위치를 측정 또는 제어하기 위해 사용되는 특수한 회전기이다.
② 각도검출 및 지시용으로는 2개의 싱크로 전자기기를 1조로 사용한다.
③ 구조는 고정자측에 1차권선, 회전자측에 2차권선을 갖는 회전변압기이고, 2차측에는 정현파 교류가 발생하도록 되어있다.
④ 항공기에서는 콤파스계기에 VOR국이나 ADF국 방위를 지시하는 지시계기로서 사용되고 있다.

69 지상접근경보장치(G.P.W.S)의 입력 소스가 아닌 것은?

① 전파고도계
② BELOW G/S LOGHT
③ 플랩 오버라이드 스위치
④ 랜딩기어 및 플랩위치 스위치

해설 EGPWS 구성
- Air Data Inertial Reference Unit - 속도(CAS / TAS / GS / VS) / 고도(Barometric 및 inertial altitude) / 위치(위도, 경도) / track Angle / 자세 / 가속도 / heading 등을 EGPWC에 제공
- Radio altimeters(RA) - GPWS modes 1~7 및 TCF(TERRAIN CLEARANCE FLOOR) 작동에 사용
- Global Position System - 위치(위도, 경도) / Ground speed / True track / Altitude / Vertical velocity
- Flight Management Computer System - 위치(위도, 경도) / track 제공
- Mode Control Panel - Selected course(for mode 5) 제공
- Stall Management Yaw Damper(SMYD) - Angle of attack(AOA) / Flap position / Minimum operating speed
- Display electronic unit(DEU) - Range / Terrain select / Radio minimums / Baro minimums 제공

70 유압계통에서 축압기(accumulator)의 사용목적은?

① 계통의 유압 누설 시 차단
② 계통의 과도한 압력 상승 방지
③ 계통의 결함 발생 시 유압 차단
④ 계통의 서지(surge)완화 및 유압저장

71 14000ft 미만에서 비행할 경우 사용하고, 활주로에서 고도계가 활주로 표고를 지시하도록 하는 방식의 고도계 보정 방법은?

① QNH 보정   ② QNE 보정
③ QFE 보정   ④ QFG 보정

> 해설
> ① QNH 보정 : 현지기압(QFE)에 해수면 높이에서의 표준대기값으로 변환
> ② QNE 보정 : 해당 지역의 기압치와는 무관하며 무조건 표준기압치인 29.92inHg(1013.2Pa)를 고도계에 설정한 고도계 수정치
> ③ QFE 보정 : 실제 공항표고에서의 기압치

72 다음 중 시동특성이 가장 좋은 직류전동기는?

① 션트전동기   ② 직권전동기
③ 직·병렬전동기   ④ 분권전동기

> 해설 직류전동기
> • 직권전동기 : 계자코일과 전기자코일이 직렬로 권선
> - 장점 : 시동 회전력이 크다.
> - 단점 : 회전속도의 변화가 크다.
> - 시동전동기(Startor), 랜딩기어, 플랩장치 등에 사용
> • 분권전동기 : 계자코일과 전기자코일을 병렬로 권선
> - 장점 : 회전속도가 일정하다.
> - 단점 : 회전력이 낮다.
> - 항공기에는 회전형 인버터에 사용되고 선풍기, 헤어드라이기 등 가정용 모터로 주로 사용

73 관성항법장치(INS)계통에서 얼라인먼트(alignment)는 무엇을 하는 것인가?

① 플랫폼(platform) 방향을 진북을 향하게 하고, 지구에 대해 수평이 되게 하는 것
② 조종사가 항공기 위치 정보를 입력하는 것
③ 플랫폼(platform)에 놓여진 3축의 가속도계가 검출한 가속도를 적분하여 위치나 속도를 계산하는 것
④ INS가 계산한 위치(위도)와 제어표시장치를 통해 입력한 항공기의 실제 위치를 일치시켜 주는 것

> 해설 안정 플랫폼(Stable Platform)
> • 3개의 가속도계가 서로 직각으로 Platform에 고정
> • 하나의 가속도계는 진북, 두 번째는 동서 세 번째는 Platform에 수직 장착됨
> • North 가속도계는 수평적이고 안정적으로 장착되어 항상 항공기의 Heading에 상관없이 진북을 지시
> • 이것은 Platform과 가속도계가 항공기의 Pitch / Roll운동에 상관없이 지구면에 수평을 유지함

74 유압계통에서 유량제어 또는 방향제어밸브에 속하지 않는 것은?

① 오리피스 (orifice)
② 체크밸브 (check valve)
③ 릴리프밸브 (relief valve)
④ 선택밸브 (selector valve)

75 다음 중 전압을 높이거나 낮추는데 사용되는 것은?

① 변압기   ② 트랜스미터
③ 인버터   ④ 전압 상승기

> 해설 변압기 : 상호 유도를 이용하여 교류의 전압을 변화시키는 장치

76 객실 내의 공기를 일정한 기압이 되도록 동체의 옆이나 끝부분 또는 날개의 필릿(fillet)을 통하여 공기를 외부로 배출시켜주는 밸브는?

① 덤프밸브(dump valve)
② 아웃플로 밸브(out-flow valve)
③ 압력 릴리프 밸브(cabin pressure relief valve)
④ 부압 릴리프 밸브(negative pressure relief valve)

77 다음 중 방빙장치가 되어 있지 않은 곳은?

① 착륙장치 휠 웰
② 주날개 리딩에지
③ 꼬리날개 리딩에지
④ 엔진의 전방 카울링

> **해설** 항공기에 방빙 계통이 설치된 부분은 다음과 같다.
> • Wing Anti-icing
> • Flight Compartment Window Anti-icing
> • Pitot Static Probes, TAT probes Anti-icing
> • Water and Toilet Drains Anti-icing

78 조종실내의 온도와 열전대식(thermo-couple) 온도계에 대한 설명으로 옳은 것은?

① 조종실내의 온도계는 열전대식(thermo-couple) 온도계가 사용되지 않는다.
② 조종실내의 온도계로 사용되는 열전대식(thermo-couple)온도계는 최고 100°C 까지 측정이 가능하다.
③ 조종실내의 온도가 높아지면 열전대식(thermo-couple)온도계의 지시값은 낮게 지시된다.
④ 조종실내의 온도가 높아지면 열전대식(thermo-couple)온도계의 지시값은 높게 지시된다.

> **해설** 열전쌍은 측정온도 범위가 넓기 때문에 조종실 온도계로 부적합하다.

79 축전지의 충전방법과 방법에 해당하는 [다음]의 설명이 옳게 짝지어진 것은?

> A. 충전 시간이 길면 과충전의 염려가 있다.
> B. 충전이 진행됨에 따라 가스발생이 거의 없어지며 충전 능률도 우수해 진다.
> C. 충전 완료시간을 미리 예측할 수 있다.
> D. 초기 과도한 전류로 극판 손상의 위험이 있다.

① 정전류 충전 – A,B 정전압 충전 – C,D
② 정전류 충전 – A,C 정전압 충전 – B,D
③ 정전류 충전 – B,C 정전압 충전 – A,D
④ 정전류 충전 – C,D 정전압 충전 – A,B

80 다음 중 피토압에 영향을 받지 않는 계기는?

① 속도계
② 고도계
③ 승강계
④ 선회경사계

2019년 제4회 기출문제 정답

01	02	03	04	05	06	07	08	09	10
②	②	④	①	④	①	③	④	②	③
11	12	13	14	15	16	17	18	19	20
①	③	④	①	③	③	④	②	②	②
21	22	23	24	25	26	27	28	29	30
③	③	④	④	④	②	②	①	③	③
31	32	33	34	35	36	37	38	39	40
③	②	④	①	①	②	②	①	②	④
41	42	43	44	45	46	47	48	49	50
②	②	④	②	④	②	③	①	③	①
51	52	53	54	55	56	57	58	59	60
③	②	④	①	④	④	②	①	①	③
61	62	63	64	65	66	67	68	69	70
③	③	②	③	④	④	④	③	②	④
71	72	73	74	75	76	77	78	79	80
①	②	①	③	①	②	①	④	②	④

최근기출문제
2020년 제 1·2회 통합 시행

제1과목 | 항공역학

01 다음 중 프로펠러의 효율(η)을 표현한 식으로 틀린 것은? (단, T: 추력, D: 지름, V: 비행속도, J: 진행률, n: 회전수, P: 동력, C_P: 동력계수, C_T: 추력계수이다.)

① $\eta = 1$
② $\eta = \dfrac{C_T}{C_P} J$
③ $\eta = \dfrac{TV}{P}$
④ $\eta = \dfrac{C_T}{C_P} \dfrac{V}{nD}$

해설 프로펠러 효율 $(\eta_p) = \dfrac{\text{실제 사용한 마력}}{\text{엔진에서 받은 마력}}$
$= \dfrac{P}{TV} = \dfrac{C_T \rho n^2 D^4 \times V}{C_P \rho n^3 D^5}$

02 평형상태로부터 벗어난 뒤에 다시 평형상태로 되돌아가려는 초기의 경향을 표현한 것은?

① 정적 중립
② 양(+)의 정적안정
③ 정적 불안정
④ 음(−)의 정적안정

해설 음의 안정 : 불안정

03 비행기가 등속도 수평비행을 하고 있다면 이 비행기에 작용하는 하중배수는?

① 0
② 0.5
③ 1
④ 1.8

04 다음 중 비행기의 정적여유에 대한 정의로 옳은 것은? (단, 거리는 비행기의 동체중심선을 따라 nose 에서부터 측정한 거리이다.)

① 정적여유 = 중립점까지의 거리 − 무게중심까지의 거리
② 정적여유 = 공력중심까지의 거리 − 중립점까지의 거리
③ 정적여유 = 무게중심까지의 거리 − 공력중심까지의 거리
④ 정적여유 = 무게중심까지의 거리 − 중립점까지의 거리

해설 정적 여유(static margin) : 무게중심에서 중립점까지의 길이를 시위길이로 나눈 값

05 헬리콥터에서 회전날개의 깃(blade)이 회전하면 회전면을 밑변으로 하는 원추의 모양을 만들게 되는데 이 때 회전면과 원추 모서리가 이루는 각은?

① 피치각(pitch angle)
② 코닝각(coning angle)
③ 받음각(angle of attack)
④ 플래핑각(flapping angle)

06 라이트형제는 인류 최초로 유인동력비행을 성공 하던 날 최고기록으로 59초 동안 이륙 지점에서 260m 지점까지 비행하였다. 당시 측정된 43km/h 의 정풍을 고려한다면 대기속도는 약 몇 km/h 인가?

① 27
② 43
③ 59
④ 80

해설 대지속도(ground speed) : V
- 정풍일 때 : 대기속도 − 풍속
- 배풍일 때 : 대기속도 + 풍속
∴ 정풍일 때 대기속도 = 대지속도 + 풍속
$S = V \times t \quad \therefore V = \dfrac{S}{t} = \dfrac{260}{59} = 4.4 \text{ m/s} = 15.84 \text{ km/h}$

07 [다음]과 같은 현상의 원인이 아닌 것은?

[다음]
비행기가 하강 비행을 하는 동안 조종간을 당겨 기수를 올리려 할 때, 받음각과 각속도가 특정값을 넘게 되면 예상한 정도 이상으로 기수가 올라가고, 이를 회복할 수 없는 현상

① 쳐든각 효과의 감소
② 뒤젖힘 날개의 비틀림
③ 뒤젖힘 날개의 날개끝 실속
④ 날개의 풍압중심이 앞으로 이동

해설 Pitch Up(고속기 세로불안정의 한 종류) 원인

08 헬리콥터의 전진비행 또는 원하는 방향으로의 비행을 위해 회전면을 기울여 주는 조종장치는?

① 사이클릭 조종레버   ② 페달
③ 콜렉티브 조종레버   ④ 피치 암

09 비행기 무게 1500 kgf, 날개면적이 30 m² 인 비행기가 등속도 수평비행하고 있을 때 실속속도는 약 몇 km/h 인가? (단, 최대양력계수 1.2, 밀도 0.125 kgf · s²/m⁴ 이다.)

① 87   ② 90
③ 93   ④ 101

해설 $V_S = \sqrt{\dfrac{2W}{\rho S C_{Lmax}}} = \sqrt{\dfrac{2 \times 1500}{0.125 \times 30 \times 1.2}}$ [m/s]
→ km/h로 단위 변환 필요

10 비행기 속도가 2배로 증가했을 때 조종력은 어떻게 변화하는가?

① $\dfrac{1}{2}$로 감소한다.   ② $\dfrac{1}{4}$로 감소한다.
③ 2배로 증가한다.   ④ 4배로 증가한다.

해설 조종력은 속도의 제곱에 비례한다.
$F = K \times H_e = K \times C_h \dfrac{1}{2} V^2 S \times c$

11 항공기의 정적안정성이 작아지면 조종성 및 평형을 유지하는 것은 어떻게 변화하는가?

① 조종성은 감소되며, 평형유지도 어렵다.
② 조종성은 감소되며, 평형유지는 쉬워진다.
③ 조종성은 증가되며, 평형유지도 쉬워진다.
④ 조종성은 증가하나, 평형유지는 어려워진다.

12 날개의 시위(chord)가 2m 이고 공기의 유속이 360 km/h 일 때 레이놀즈수는 얼마인가?
(단, 공기의 동점성계수는 0.1 cm²/s 이고, 기준속도는 유속, 기준길이는 날개시위길이이다.)

① 2.0×10^7 ② 3.0×10^7
③ 4.0×10^7 ④ 7.2×10^7

해설 $Re = \dfrac{VC}{\nu} = \dfrac{(\dfrac{360}{3.6} \times 100)(2 \times 100)}{\dfrac{1}{10}}$

13 헬리콥터 날개의 지면효과에 대한 설명으로 옳은 것은?

① 헬리콥터 날개의 기류가 지면의 영향을 받아 회전면 아래의 항력이 증가되어 헬리콥터의 무게가 증가되는 현상
② 헬리콥터 날개의 기류가 지면의 영향을 받아 회전면 아래의 항력이 증가되어 헬리콥터의 무게가 증가되는 현상
③ 헬리콥터 날개의 후류가 지면에 영향을 주어 회전면 아래의 항력이 증가되고 양력이 감소되는 현상
④ 헬리콥터 날개의 후류가 지면에 영향을 주어 회전면 아래의 압력이 증가되어 양력의 증가를 일으키는 현상

해설 헬리콥터의 지면효과는 회전날개의 반지름 정도의 높이에 있는 경우에 5~10%, 반지름의 1/2 정도에서는 약 20%의 추력 증가 효과가 있다.

14 활공비행의 한 종류인 급강하 비행 시(활공각 90°) 비행기에 작용하는 힘을 나타낸 식으로 옳은 것은? (단, L = 양력, D = 항력, W = 항공기 무게이다.)

① L = D
② D = 0
③ D = W
④ D + W = 0

해설 급강하 시 속도(terminal velocity)
$$V_t = \sqrt{\frac{2W}{\rho S C_d}}$$

15 대기의 층과 각각의 층에 대한 설명이 틀린 것은?

① 대류권-고도가 증가하면 온도가 감소한다.
② 성층권-오존층이 존재한다.
③ 중간권-고도가 증가하면 온도가 감소한다.
④ 열권-고도는 약 50 km이며, 온도는 일정하다.

16 전중량이 4500 kgf 인 비행기가 400 km/h 의 속도, 선회반지름 300 m 로 원운동을 하고 있다면, 이 비행기에 발생하는 원심력은 약 몇 kgf 인가?

① 170
② 18,900
③ 185,000
④ 245,000

해설 $C.F = \frac{WV^2}{gR} = \frac{4,500 \times (\frac{400}{3.6})^2}{9.8 \times 300}$

17 해면고도로부터의 실제 길이 차원에서 측정된 고도를 의미하는 것은?

① 압력 고도
② 기하학적 고도
③ 밀도 고도
④ 지구포텐셜 고도

해설 기하학적 고도(geopotential altitude) : 임의고도에서의 위치에너지가 중력가속도가 변화하지 않는다고 가정했을 때의 위치에너지와 같아지는 고도

18 NACA 23012에서 날개골의 최대 두께는 얼마인가?

① 시위의 12%
② 시위의 15%
③ 시위의 20%
④ 시위의 30%

해설
2 : 최대 캠버의 크기가 시위선의 2%
3 : 최대 캠버의 위치가 앞전으로부터 15%
0 : 평균캠버선 뒤쪽 반이 직선
12 : 최대 두께가 시위선의 12%

19 일반적인 베르누이 방정식 $P_t = P + \frac{1}{2}\rho V^2$을 적용할 수 있는 가정으로 틀린 것은?

① 정상류
② 압축성
③ 비점성
④ 동일 유선상

해설 베르누이 방정식 적용을 위한 가정
• 비점성 : 마찰이 없다.
• 비압축성 : 밀도가 일정하다.
• 정상류 : 시간에 대한 변화가 없다.
• 동일 유선상 : 유체입자는 유선을 따라 움직인다.

20 유도항력계수에 대한 설명으로 옳은 것은?

① 양항비에 비례한다.
② 가로세로비에 비례한다.
③ 속도의 제곱에 비례한다.
④ 양력계수의 제곱에 비례한다.

해설 $C_{di} = \frac{C_L^2}{\pi e AR}$

제2과목 항공기관

21 일반적인 가스터빈엔진에서 연료조정장치(fuel control unit)가 받는 주요 입력자료가 아닌 것은?

① 파워레버 위치　② 엔진오일 압력
③ 압축기 출구압력　④ 압축기 입구온도

> 해설 FCU 수감요소
> • PLA : power lever angle
> • CDP : compressor discharge pressure
> • CIT : compressor inlet temperature

22 왕복엔진의 점화시기를 점검하기 위하여 타이밍라이트(timing light)를 사용할 때, 마그네토 스위치는 어디에 위치시켜야 하는가?

① OFF　② LEFT
③ RIGHT　④ BOTH

23 체적 10 cm³의 완전기체가 압력 760 mmHg 상태에서 체적 20 cm³로 단열팽창하면 압력은 약 몇 mmHg로 변하는가?

① 217　② 288
③ 302　④ 364

> 해설 이상기체의 단열변화 : $Pv^k = Const$
> $P_1 v_1^k = P_2 v_2^k$
> $\therefore P_2 = (\frac{v_1}{v_2})^k \times P_1 = (\frac{10}{20})^{1.4} \times 760$

24 터보제트엔진의 추진효율에 대한 설명으로 옳은 것은?

① 추진효율은 배기가스속도가 클수록 커진다.
② 엔진의 내부를 통과한 1차 공기에 의하여 발생되는 추력과 2차 공기에 의하여 발생되는 추력의 합 이다.
③ 엔진에 공급된 열에너지와 기계적 에너지로 바꿔 진 양의 비이다.
④ 공기가 엔진을 통과하면 얻는 운동에너지에 의한 동력과 추진 동력의 비이다.

> 해설 추진효율 $\eta_p = \frac{2V_a}{V_j + V_a}$

25 왕복엔진의 분류 방법으로 옳은 것은?

① 연소실의 위치, 냉각방식에 의하여
② 냉각방식 및 실린더 배열에 의하여
③ 실린더 배열과 압축기의 위치에 의하여
④ 크랭크축의 위치와 프로펠러 깃의 수량에 의하여

> 해설 • 냉각방식에 따른 구분 : 액냉식, 공랭식
> • 실린더 배열방법에 따른 구분 : 대향형, 성형

26 프로펠러 깃각(blade angle)은 에어포일의 시위선(chord line)과 무엇의 사이각으로 정의되는가?

① 회전면
② 상대풍
③ 프로펠러 추력 라인
④ 피치변화시 깃 회전 축

> 해설 • 프로펠러 받음각 : 상대풍과 시위선 사이의 각
> • 프로펠러 유입각 : 상대풍과 회전면 사이의 각

27 왕복엔진 마그네토에 사용되는 콘덴서의 용량이 너무 작으면 발생하는 현상은?

① 점화플러그가 탄다.
② 브레이커 접점이 탄다.
③ 엔진시동이 빨리 걸린다.
④ 2차 권선에 고 전류가 생긴다.

> 해설 콘덴서는 브레이커 포인트에 발생할 수 있는 아크를 방지하므로 콘덴서의 용량이 너무 작으면 아크에 의해 접점이 탈 수 있다.

28 항공기 제트엔진에서 축류식 압축기의 실속을 줄이기 위해 사용되는 부품이 아닌 것은?

① 블로우 밸브 ② 가변 안내베인
③ 가변 정익베인 ④ 다축식 압축기

해설 압축기 실속 방지 방법
- Multi-spool
- VSV : variable stator vane
- VIGV : variable inlet guide vane
- Bleed valve

29 다음 중 가스터빈엔진 점화계통의 구성품이 아닌 것은?

① 익사이터(exciter)
② 이그나이터(igniter)
③ 점화 전선(ignition lead)
④ 임펄스 커플링(impulse coupling)

해설 왕복엔진 시동 시 점화보조장비
임펄스 커플링, 인덕션 바이브레이터, 부스터 코일

30 왕복엔진 기화기의 혼합기 조절장치(mixture control system)에 대한 설명으로 틀린 것은?

① 고도에 따라 변하는 압력을 감지하여 점화 시기를 조절한다.
② 고고도에서 기압, 밀도, 온도가 감소하는 것을 보상하기 위해 사용된다.
③ 고고도에서 혼합기가 농후해지는 것을 방지한다.
④ 실린더가 과열되지 않는 출력 범위 내에서 희박한 혼합기를 사용하게 함으로써 연료를 절약한다.

31 가스터빈엔진의 윤활계통에 대한 설명으로 틀린 것은?

① 가스터빈 윤활계통은 주로 건식 섬프형이다.
② 건식 섬프형은 탱크가 엔진 외부에 장착된다.
③ 가스터빈엔진은 왕복엔진에 비해 윤활유 소모량이 많아서 윤활유 탱크의 용량이 크다.
④ 주 윤활부분은 압축기와 터빈축의 베어링부, 액세서리 구동기어의 베어링부이다.

32 수평 대향형 왕복엔진의 특징이 아닌 것은?

① 항공용에는 대부분 공랭식이 사용된다.
② 실린더가 크랭크 케이스 양쪽에 배열되어 있다.
③ 도립식엔진이라 하며 직렬형엔진보다 전면 면적이 크다.
④ 실린더가 대칭으로 배열되어 진동이 적게 발생한다.

해설 도립식 엔진 : inverted engine

33 열역학의 법칙 중 에너지 보존법칙은?

① 열역학 제 0 법칙
② 열역학 제 1 법칙
③ 열역학 제 2 법칙
④ 열역학 제 3 법칙

해설 열역학 제2법칙 : 에너지의 방향성 (엔트로피 증가의 법칙)

34 정속 프로펠러(constant speed propeller)는 프로펠러 회전속도를 정속으로 유지하기 위해 프로펠러 피치를 자동으로 조정해 주도록 되어 있는데 이러한 기능은 어떤 장치에 의해 조정되는가?

① 3-way 밸브
② 조속기(governor)
③ 프로펠러 실린더(propeller cylinder)
④ 프로펠러 허브 어셈블리(propeller hub assembly)

해설 3-way valve는 2단 가변피치 프로펠러의 깃각을 수동식으로 바꿀 수 있는 밸브이다.

35 항공기 가스터빈엔진의 역추력장치에 대한 설명으로 틀린 것은?

① 비상착륙 또는 이륙포기 시에 제동능력을 향상시킨다.
② 항공기 착지 후 지상 아이들 속도에서 역추력 모드를 선택한다.
③ 역추력장치의 구동방법은 안전상 주로 전기가 사용되고 있다.
④ 캐스케이드 리버서(cascade reverser)와 클램셸 리버서(clamshell reverser) 등이 있다.

> **해설** 역추력 장치 구동 방법
> 유압식, 공기압식, 기계식

36 실린더 내의 유입 혼합기 양을 증가시키며 실린더의 냉각을 촉진시키기 위한 밸브 작동은?

① 흡입 밸브 래그 ② 배기 밸브 래그
③ 흡입 밸브 리드 ④ 배기 밸브 리드

> **해설**
> • valve lead : 밸브가 상사점이나 하사점 전에서 열리거나 닫히는 것
> • valve lag : 밸브가 상사점이나 하사점 후에서 열리거나 닫히는 것

37 건식 윤활유 계통내의 배유펌프 용량이 압력펌프 용량보다 큰 이유는?

① 윤활유를 엔진을 통하여 순환시켜 예열이 신속히 이루어지도록 하기 위해서
② 엔진이 마모되고 갭(gap)이 발생하면 윤활유 요구량이 커지기 때문
③ 윤활유에 거품이 생기고 열로 인해 팽창되어 배유되는 윤활유의 부피가 증가하기 때문
④ 엔진부품에 윤활이 적절하게 될 수 있도록 윤활유의 최대 압력을 제한하고 조절하기 위해서

38 오토사이클 왕복엔진의 압축비가 8일 때, 이론적인 열효율은 얼마인가? (단, 가스의 비열비는 1.4이다.)

① 0.54
② 0.56
③ 0.58
④ 0.62

> **해설** 오토사이클 이론열효율 $\eta_{tho} = 1 - (\frac{1}{\epsilon})^{k-1} = 1 - (\frac{1}{8})^{1.4-1}$

39 다음 중 항공기 왕복엔진의 흡입계통에서 유입되는 공기량의 누설이 연료-공기비(fuel-air ratio)에 가장 큰 영향을 미치는 경우는?

① 저속 상태일 때
② 고출력 상태일 때
③ 이륙출력 상태일 때
④ 연속사용 최대출력 상태일 때

40 항공기 터보제트엔진을 시동하기 전에 점검해야 할 사항이 아닌 것은?

① 추력 측정
② 엔진의 흡입구
③ 엔진의 배기구
④ 연결부분 결합상태

제3과목 | 항공기체

41 그림과 같이 집중하중 P가 작용하는 단순 지지 보에서 지점 B에서의 반력 R_2는?

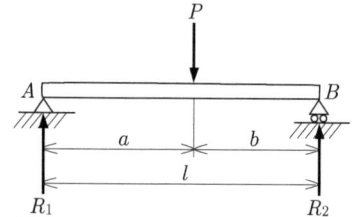

① P
② $\dfrac{1}{2}P$
③ $\dfrac{a}{a+b}P$
④ $\dfrac{b}{a+b}P$

해설
- $\Sigma F_y = 0$; $P = R_1 + R_2$
- $\Sigma M_B = 0$; $Pb = R_1 \times l$

$R_2 = P - R_1 = P - \dfrac{Pb}{l} = \dfrac{P(l-b)}{l} = \dfrac{a}{a+b}P$

42 판금성형 작업 시 릴리프 홀(relief hole)의 지름 치수는 몇 인치 이상의 범위에서 굽힘 반지름의 치수로 하는가?

① $\dfrac{1}{32}$ ② $\dfrac{1}{16}$ ③ $\dfrac{1}{8}$ ④ $\dfrac{1}{4}$

43 그림과 같은 구조물에서 A단에서 작용하는 힘 200 N이 300 N으로 증가하면 케이블 AB에 발생하는 장력은 약 몇 N 이 증가하는가?

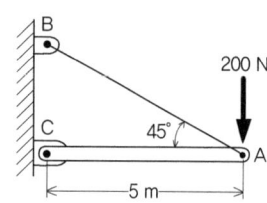

① 141 ② 212 ③ 242 ④ 282

$Fab = \dfrac{F_1 - F_2}{sin\theta} = \dfrac{300 - 200}{sin45} = 141$

44 리벳작업 시 리벳 성형머리(bucktail)의 일반적인 높이를 리벳 지름(D)으로 옳게 나타낸 것은?

① 0.5D ② 1D
③ 1.5D ④ 2D

45 가로 5 cm, 세로 6 cm인 직사각형단면의 중심이 그림과 같은 위치에 있을 때 x, y 축에 관한 단면의 상승모멘트 $I_{xy} = \int_A xy dA$ 는 몇 cm⁴ 인가?

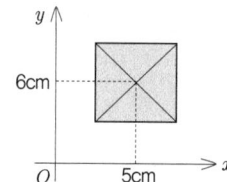

① 750 ② 800 ③ 850 ④ 900

해설 $I_{xy} = \int_A xy dA = Axy$
$= (5 \times 6) \times (5 \times 6) = 900$

46 항공기 조종계통은 대기온도 변화에 따라 케이블의 장력이 변하는데 이것을 방지하기 위하여 온도 변화에 관계없이 자동적으로 항상 일정한 케이블의 장력을 유지하는 역할을 하는 것은?

① 턴버클(turn buckle)
② 푸시 풀 로드(push pull rod)
③ 케이블 장력 측정기(cable tension meter)
④ 케이블 장력 조절기(cable tension regulator)

47 민간 항공기에서 주로 사용하는 인테그랄 연료탱크(Integral fuel tank)의 가장 큰 장점은?

① 연료의 누설이 없다.
② 화재의 위험이 없다.
③ 연료의 공급이 쉽다.
④ 무게를 감소시킬 수 있다.

48 그림과 같은 응력변형률 선도에서 접선계수(tangent modulus)는? (단, S_1T는 점 S_1에서의 접선이다.)

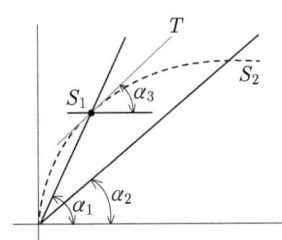

① $tan\, α_1$ ② $tan\, α_2$
③ $tan\, α_3$ ④ $tan\, (\dfrac{α_1}{α_2})$

해설 임의의 점 S_1에서의 기울기($tan α_3$)를 접선계수라고 한다.

49 비소모성 텅스텐 전극과 모재 사이에서 발생하는 아크열을 이용하여 비피복 용접봉을 용해시켜 용접하며 용접부위를 보호하기 위해 불활성 가스를 사용하는 용접 방법은?

① TIG용접   ② 가스용접
③ MIG용접   ④ 플라즈마용접

50 케이블 단자 연결방법 중 케이블 원래의 강도를 90% 보장하는 것은?

① 스웨이징 단자방법(swaging terminal method)
② 니코프레스 처리방법(nicopress process)
③ 5단 엮기 이음방법(5 tuck woven splice)
④ 랩솔더 이음방법(wrap solder cable splice)

51 딤플링(dimpling) 작업 시 주의사항이 아닌 것은?

① 반대방향으로 다시 딤플링을 하지 않는다.
② 판을 2개 이상 겹쳐서 딤플링 하지 않는다.
③ 스쿼드 판 위에서 미끄러지지 않게 스쿼드를 확실히 잡고 수평으로 유지한다.
④ 7000 시리즈의 알루미늄합금은 홀 딤플링을 적용하지 않으면 균열을 일으킨다.

52 항공기 동체에서 모노코크 구조와 비교하여 세미모노코크 구조의 차이점에 대한 설명으로 옳은 것은?

① 리브를 추가하였다.
② 벌크헤드를 제거하였다.
③ 외피를 금속으로 보강하였다.
④ 프레임과 세로대, 스트링어를 보강하였다.

53 항공기용 볼트의 부품 번호가 'AN 6 DD H 7A'에서 숫자 '6'이 의미하는 것은?

① 볼트의 길이가 $\dfrac{6}{16}$ in 이다.
② 볼트의 직경이 $\dfrac{6}{16}$ in 이다.
③ 볼트의 길이가 $\dfrac{6}{8}$ in 이다.
④ 볼트의 직경이 $\dfrac{6}{32}$ in 이다.

54 그림과 같은 항공기에서 무게중심의 위치는 기준선으로부터 약 몇 m 인가? (단, 뒷바퀴는 총 2개이며, 개당 1000 kgf 이다.)

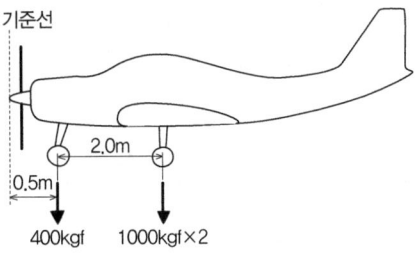

① 0.72   ② 1.50   ③ 2.17   ④ 3.52

해설 C.G = $\dfrac{\text{총 모멘트}}{\text{총 무게}}$
= $\dfrac{(0.5 \times 400) + (2.5 \times 1000 \times 2)}{400 + (1000 \times 2)}$ = 2.17

55 금속표면에 접하는 물, 산, 알칼리 등의 매개체에 의해 금속이 화학적으로 침해되는 현상은?

① 침식   ② 부식   ③ 찰식   ④ 마모

56 페일세이프구조(fail safe structure) 방식으로만 나열한 것은?

① 리던던트구조, 더블구조, 백업구조, 로드 드롭핑구 조
② 모노코크구조, 더블구조, 백업구조, 로드 드롭핑구 조
③ 리던던트구조, 모노코크구조, 백업구조, 로드드롭 핑구조
④ 리던던트구조, 더블구조, 백업구조, 모노코크구조

57 알크래드(alclad)에 대한 설명으로 옳은 것은?

① 알루미늄 판의 표면을 변형경화 처리한 것이다.
② 알루미늄 판의 표면에 순수 알루미늄을 입힌 것이다.
③ 알루미늄 판의 표면을 아연 크로메이트 처리한 것이다.
④ 알루미늄 판의 표면을 풀림 처리한 것이다.

58 브레이크 페달(brake pedal)에 스폰지(sponge) 현상이 나타났을 때 조치 방법은?

① 공기를 보충한다.
② 계통을 블리딩(bleeding)한다.
③ 페달(pedal)을 반복해서 밟는다.
④ 작동유(MIL-H-5606)를 보충한다.

59 고정익 항공기가 비행 중 날개 뿌리에서 가장 크게 발생하는 응력은?

① 굽힘응력　　② 전단응력
③ 인장응력　　④ 비틀림응력

60 상품명이 케블라(Kevlar)라고 하며 가볍고 인장강도가 크며 유연성이 큰 섬유는?

① 아라미드섬유　　② 보론섬유
③ 알루미나섬유　　④ 유리섬유

> **해설** 아라미드 섬유
> 다른 강화 섬유에 비해 압축강도나 열적 특성은 상대적으로 낮지만 높은 인장강도와 유연성이 있고 비중이 작아 높은 응력과 진동을 받는 항공기의 부품에 이상적이다.

제4과목 항공장비

61 최대값이 141.4 V_B인 정현파 교류의 실효값은 약 몇 V인가?

① 90　　② 100
③ 200　　④ 300

> **해설** 실효값 = $\dfrac{최대값}{\sqrt{2}} = \dfrac{141.4}{1.414} = 100$

62 다음 중 항공기의 엔진계기만으로 짝지어진 것은?

① 회전속도계, 절도고도계, 승강계
② 기상레이더, 승강계, 대기온도계
③ 회전속도계, 연료유량계, 자긴나침반
④ 연료유량계, 연료압력계, 윤활유압력계

63 다음 중 화재탐지장치에서 감지센서로 사용되지 않는 것은?

① 바이메탈(bimetal)
② 아네로이드(aneroid)
③ 공용염(eutectic salt)
④ 열전대(thermocouple)

> **해설** 아네로이드는 진공을 이용한 기압계에 사용한다.

64 착륙장치의 경보회로에서 그림과 같이 바퀴가 완전히 올라가지도 내려가지도 않은 상태에서 스크롤 레버를 감소로 작동시키면 일어나는 현상은?

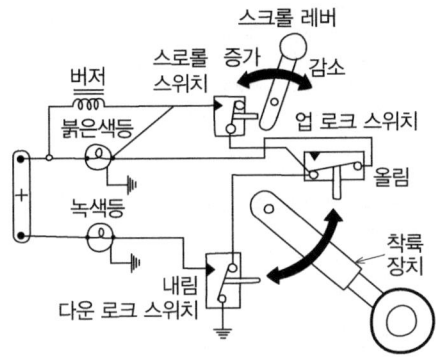

① 버저만 작동된다.
② 녹색등만 작동된다.
③ 버저와 붉은색등이 작동된다.
④ 녹색등과 붉은색등 모두 작동된다.

 • Green Gear Light : Landing Gear가 완전히 펼쳐지고 Down Lock 고정, 모든 경고등 OFF
• Red Gear Light : 작동 중이나 Lever의 위치와 Gear의 위치가 일치하지 않았을 경우 또는 Up Lock이나 Down Lock이 완전히 고정되지 않았을 경우(Unsafe condition), Master Warning Red Light가 동시 ON

65 항공기의 위치와 방빙(anti-icing) 또는 제빙(de-icing) 방식의 연결이 틀린 것은?

① 조종날개 – 열공압식, 열전기식
② 프로펠러 – 열전기식, 화학식
③ 기화기(carburetor) – 열전기식, 화학식
④ 윈드실드(windshield), 윈도우(window) – 열전기식, 열공압식

기화기 – 열공압식(가열공기), 화학식(알코올)

66 SELCAL 시스템의 구성 장치가 아닌 것은?

① 해독장치
② 음성 제어 패널
③ 안테나 커플러
④ 통신 송·수신기

SELCAL 시스템(선택호출 장치, selective calling system)은 HF·VHF 무선통신을 이용하여 지상에서 항공기를 호출하는 장치이다. 조종사가 관제사의 음성을 놓치는 것을 방지하기 위해 항공기에서는 알람이 울리게 하며, 이후 이를 확인한 조종사가 체크하여 관제사와 음성으로 통신하게 된다.

67 3상 교류발전기와 관련된 장치에 대한 설명으로 틀린 것은?

① 교류발전기에서 역전류 차단기를 통해 전류가 역류하는 것을 방지한다.
② 엔진의 회전수에 관계없이 일정한 출력 주파수를 얻기 위해 정속구동장치가 이용된다.
③ 교류발전기에서 별도의 직류발전기를 설치하지 않고 변압기 정류기 장치(TR unit)에 의해 직류를 공급한다.
④ 3상 교류발전기는 자계권선에 공급되는 직류전류를 조절함으로서 전압조절이 이루어진다.

교류발전기에서는 다이오드가 역류 방지 역할을 한다.

68 시동 토크가 커서 항공기 엔진의 시동장치에 가장 많이 사용되는 전동기는?

① 분권 전동기
② 직권 전동기
③ 복권 전동기
④ 분할 전동기

직권 전동기는 부하변동이 심하나 기동토크가 큰 부하에 적합하다.

69 항공기를 운항하기 위해 필요한 음성통신은 주로 어떤 장치를 이용하는가?

① GPS 통신장치
② ADF 수신기
③ VOR 통신장치
④ VHF 통신장치

70 자동착륙시스템과 관련하여 활주로까지 가시거리(RVR)가 최소 550m 이상일 때 착륙할 수 있는 국제민간항공기구의 활주로 시정등급은?

① CAT Ⅰ ② CAT Ⅱ
③ CAY ⅢA ④ CAT ⅢB

해설 계기접근절차 분류 (항공안전법 시행규칙 제177조)

종류	결심고도(DH)	시정 또는 활주로가시범위
CAT Ⅰ	60m 이상 75m 미만	시정거리 800m 또는 RVR 550m 이상
CAT Ⅱ	30m 이상 60m 미만	RVR 300m 이상 550m 미만
CAT Ⅲ-A	30m(100ft) 미만 또는 적용 안함	175m 이상 300m 미만
CAT Ⅲ-B	15m(50ft) 미만 또는 적용 안함	50m 이상 175m 미만
CAT Ⅲ-C	적용 안함	적용 안함

71 다음 중 자이로(gyro)의 강직성 또는 보전성에 대한 설명으로 옳은 것은?

① 외력을 가하지 않는 한 일정한 자세를 유지하려는 성질이다.
② 외력을 가하면 그 힘의 방향으로 자세가 변하려는 성질이다.
③ 외력을 가하면 그 힘과 직각방향을 자세가 변하려는 성질이다.
④ 외력을 가하면 그 힘과 반대방향으로 자세가 변하려는 성질이다.

72 전파고도계(radio altimeter)에 대한 설명으로 틀린 것은?

① 전파고도계는 지형과 항공기의 수직거리를 나타낸 다.
② 항공기 착륙에 이용하는 전파고도계의 측정범위는 0~2500 ft 정도이다.
③ 절대고도계라고도 하며 높은 고도용의 FM형과 낮은 고도용의 펄스형이 있다.
④ 항공기에서 지표를 향해 전파를 발사하여 그 반사파가 되돌아올 때까지의 시간을 측정하여 고도를 표시한다.

해설 전파 고도계
- 항공기에서 지표를 향해 전파를 발사하여 그 반사파가 되돌아올 때까지의 시간을 측정하여 절대 고도를 지시
- 다른 명칭 : Radio altimeter(RA), Low Range Radio Altimeter, Radar altimeter
- 종류 : 펄스식, FM식
- 측정범위 : 0~2,500ft

73 매니폴드(manifold) 압력계에 대한 설명으로 옳은 것은?

① EPR 계기라 한다.
② 절대압력으로 측정한다.
③ 상대압력으로 측정한다.
④ 제트엔진에 주로 사용한다.

해설 기압 고도계, 승강계, 매니폴드 압력계 등은 절대 압력 값을 측정하여 지시한다. 절대 압력값은 아네로이드(aneroid)라는 수감부로 측정이 가능하다.

74 화재탐지기가 갖추어야 할 사항으로 틀린 것은?

① 화재가 계속되는 동안에 계속 지시해야 한다.
② 조종실에서 화재탐지장치의 기능 시험이 가능해야 한다.
③ 과도한 진동과 온도변화에 견뎌야 한다.
④ 화재탐지는 모든 구역이 하나의 계통으로 되어야 한다.

75 유압계통에서 사용되는 체크밸브의 역할은?

① 역류방지 ② 기포방지
③ 압력조절 ④ 유압차단

해설
- 기포방지 : 오일탱크 내 배플
- 압력조절 : 압력조절기(체크밸브+바이패스밸브)
- 유압차단 : 컷오프 밸브

76 압력제어밸브 중 릴리프밸브의 역할로 옳은 것은?

① 불규칙한 배출압력을 규정 범위로 조절한다.
② 계통의 압력보다 낮은 압력이 필요할 때 사용된다.
③ 항공기 비행자세에 의한 흔들림과 온도상승으로 인하여 발생된 공기를 제거한다.
④ 계통 안의 압력으로 인하여 계통 안의 관이나 부품이 파손되는 것을 방지한다.

77 지자기 자력선의 방향과 지구 수평선이 이루는 각을 말하며, 적도 부근에서는 거의 0도이고 양극으로 갈수록 90도에 가까워지는 것을 무엇이라 하는가?

① 복각 ② 수평분력
③ 편각 ④ 수직분력

- 편각 : 수평면 내에서 지구 자기의 방향이 진북 방향과 이루는 각도
- 복각 : 수평면과 자장의 방향과 이루는 각
- 수평분력 : 수평면 내에서 자장의 세기
- 연직분력 : 지구자기장의 연직 방향성분

78 다음 중 항공기에서 이론상 가장 먼저 측정하게 되는 것은?

① CAS ② IAS
③ EAS ④ TAS

- IAS(indicated airspeed, 계기 대기속도) : 조종석 속도계기에 나타난 지시값을 의미하며, 비표준 상태나 오차를 교정하기 전의 값
- CAS(calibrated airspeed, IAS 보정 대기속도) : IAS 계기 위치와 장착 에러를 보정한 대기속도를 의미
- EAS(Equivalent airspeed, 등가 대기속도) : CAS에 압축성 공기의 영향을 고려한 속도이다. 구조물 하중, 엔진, 성능 등을 계산시 사용
- TAS(true airspeed, 진대기속도) : EAS에 고도에 따른 공기 밀도를 고려한 속도

79 FAA에서 정한 여압장치를 갖춘 항공기의 제작 순항고도에서의 객실고도는 약 몇 ft 인가?

① 0 ② 3000
③ 8000 ④ 20000

80 다음 중 니켈-카드뮴 축전지에 대한 설명으로 틀린 것은?

① 전해액은 질산계의 산성액이다.
② 한 개 셀(cell)의 기전력은 무부하 상태에서 약 1.2~1.25V 정도이다.
③ 진동이 심한 장소에 사용 가능하고, 부식성 가스를 거의 방출하지 않는다.
④ 고부하 특성이 좋고 큰 전류 방전 시 안정된 전압을 유지한다.

니켈-카드뮴 축전지
- 양극 : 수산화니켈
- 음극 : 카드뮴
- 전해액 : 수산화칼륨용액

2020년 제1·2회 통합 기출문제 정답

01	02	03	04	05	06	07	08	09	10
③	②	③	①	③	①	①	③	③	④
11	12	13	14	15	16	17	18	19	20
④	①	④	③	④	②	②	①	②	④
21	22	23	24	25	26	27	28	29	30
②	④	②	④	②	①	②	①	④	①
31	32	33	34	35	36	37	38	39	40
③	③	②	②	③	③	②	①	①	①
41	42	43	44	45	46	47	48	49	50
③	③	①	①	④	④	④	③	①	①
51	52	53	54	55	56	57	58	59	60
③	④	④	③	④	④	②	④	②	①
61	62	63	64	65	66	67	68	69	70
②	②	②	③	③	①	②	④	①	①
71	72	73	74	75	76	77	78	79	80
①	③	②	④	①	④	①	②	③	①

최근기출문제
2020년 제3회 시행

제1과목   항공역학

01 이륙시 활주거리를 감소시킬 수 있는 방법으로 옳은 것은?

① 플랩을 활용하여 최대양력계수를 증가시킨다.
② 양항비를 높여 항력을 증가시킨다.
③ 최소 추력을 내어 가속력을 줄인다.
④ 양항비를 높여 실속속도를 증가시킨다.

02 항공기 날개의 압력중심(center of pressure)에 대한 설명으로 옳은 것은?

① 날개 주변 유체의 박리점과 일치한다.
② 받음각이 변하더라도 피칭모멘트의 값이 변하지 않는 점이다.
③ 날개에 있어서 양력과 항력의 합성력이 실제로 작용하는 작용점이다.
④ 양력이 급격히 떨어지는 지점의 받음각을 말한다.

> **해설** ② : AC(aerodynamic center, 공기력중심)

03 키놀이 모멘트(pitching moment)에 대한 설명으로 옳은 것은?

① 프로펠러 깃의 각도 변경에 관련된 모멘트이다.
② 비행기의 수직축(상하축; vertical axis)에 관한 모멘트이다.
③ 비행기의 세로축(전후축; longitudinal axis)에 관한 모멘트이다.
④ 비행기의 가로축(가로축; lateral axis)에 관한 모멘트이다.

> **해설** ② : 빗놀이 모멘트(yawing moment)
> ③ : 옆놀이 모멘트(rolling moment)

04 헬리콥터 회전날개의 코닝각에 대한 설명으로 틀린 것은?

① 양력이 증가하면 코닝각이 증가한다.
② 무게가 증가하면 코닝각은 증가한다.
③ 회전날개의 회전속도가 증가하면 코닝각은 증가한다.
④ 헬리콥터의 전진속도가 증가하면 코닝각은 증가한다.

05 수평비행의 실속속도가 71km/h인 항공기가 선회경사각 60°로 정상선회비행 할 경우 실속속도는 약 몇 km/h 인가?

① 80   ② 90   ③ 100   ④ 110

> **해설** $V_{St} = V_S \dfrac{1}{\sqrt{cos\theta}} = 71 \times \dfrac{1}{\sqrt{cos60}}$

06 엔진고장 등으로 프로펠러의 페더링을 하기 위한 프로펠러의 깃각 상태는?

① 0°가 되게 한다.
② 45°가 되게 한다.
③ 90°가 되게 한다.
④ 프로펠러에 따라 지정된 고유값을 유지한다.

> **해설** 프로펠러 페더링은 엔진 고장으로 인한 엔진 정지 시 프로펠러의 윈드밀링으로 인한 공기의 저항을 감소시키고, 엔진 고장 부분의 확대를 방지하기 위하여 깃각을 90도 가까이 변경시켜 회전을 방지하는 것이다.

07 지름이 20cm와 30cm로 연결된 관에서 지름 20cm 관에서의 속도가 2.4m/s일 때 30cm 관에서의 속도는 약 몇 m/s인가?

① 0.19　② 1.07
③ 1.74　④ 1.98

해설 $A_1V_1 = A_2V_2$ ∴ $V_2 = \frac{A_1}{A_2}V_1 = \frac{20^2}{30^2} \times 2.4$

08 양항비가 10인 항공기가 고도 2000m에서 활공비행 시 도달하는 활공거리는 몇 m인가?

① 10000　② 15000
③ 20000　④ 40000

해설 $\tan\theta = \frac{C_L}{C_D} = \frac{H}{X} = \frac{1}{양항비}$, $X = H \times 양항비$

09 프로펠러 비행기가 최대 항속거리를 비행하기 위한 조건으로 옳은 것은? (단, C_L은 양력계수, C_D는 항력계수이다.)

① $\frac{C_L}{C_D}$가 최소일 때　② $\frac{C_L}{C_D}$가 최대일 때
③ $\frac{C_L^{\frac{3}{2}}}{C_D}$가 최대일 때　④ $\frac{C_L^{\frac{3}{2}}}{C_D}$가 최소일 때

해설

구분	프로펠러기	제트기
항속거리를 최대로 하는 조건	$(\frac{C_L}{C_D})_{max}$	$(\frac{C_L^{\frac{1}{2}}}{C_D})_{max}$
항속시간을 최대로 하는 조건	$(\frac{C_L^{\frac{3}{2}}}{C_D})_{max}$	$(\frac{C_L}{C_D})_{max}$

10 항공기 날개의 유도항력계수를 나타낸 식으로 옳은 것은? (단, AR : 날개의 가로세로비, C_L : 양력계수, e : 스팬(span) 효율계수이다.)

① $\frac{C_L^2}{\pi eAR}$　② $\frac{C_L^3}{\pi eAR}$
③ $\frac{C_L}{\pi eAR}$　④ $\sqrt{\frac{C_L}{2\pi eAR}}$

해설 $C_{di} = \frac{C_L^2}{\pi eAR}$

11 정상수평비행하는 항공기의 필요마력에 대한 설명으로 옳은 것은?

① 속도가 작을수록 필요마력은 크다.
② 항력이 작을수록 필요마력은 작다.
③ 날개하중이 작을수록 필요마력은 커진다.
④ 고도가 높을수록 밀도가 증가하여 필요마력은 커진다.

해설 $P_r = DV$

12 그림과 같은 프로펠러 항공기의 비행속도에 따른 필요마력과 이용마력의 분포에 대한 설명으로 옳은 것은?

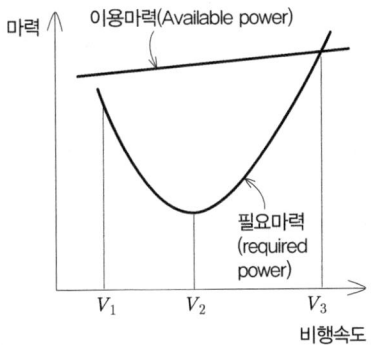

① 비행속도 V_1에서 주어진 연료로 최대의 비행거리를 비행할 수 있다.
② 비행속도 V_1 근처에서 필요마력이 감소하는 것은 유해항력의 증가에 기인한다.
③ 일반적으로 비행속도 V_2에서 최대 양항비를 갖도록 항공기 형상을 설계한다.
④ 비행속도가 V_2에서 V_3 방향으로 증가함에 따라 프로펠러 토크에 의한 롤 모멘트(roll moment)가 증가한다.

해설
- V_1 : 실속속도
- V_2 : 최대항속시간을 가지는 속도
- V_3 : 수평최대속도

13 등속상승비행에 대한 상승률을 나타내는 식이 아닌 것은? (단, V : 비행속도, γ : 상승각, W : 항공기 무게, T : 추력, D : 항력, P_a : 이용동력, P_r : 필요동력이다.)

① $\dfrac{P_a - P_r}{W}$ ② $\dfrac{\text{이용동력}}{W}$

③ $\dfrac{(T-D)V}{W}$ ④ $\dfrac{V}{W}\sin\gamma$

14 다음 중 항공기의 가로안정에 영향을 미치지 않는 것은?

① 동체 ② 쳐든각 효과
③ 도어(door) ④ 수직 꼬리날개

15 날개면적이 150 m², 스팬(span)이 25 m인 비행기의 가로세로비(aspect ratio)는 약 얼마인가?

① 3.0 ② 4.17 ③ 5.1 ④ 7.1

해설 $AR = \dfrac{b}{c} = \dfrac{b^2}{S} = \dfrac{25^2}{150}$

16 음속을 구하는 식으로 옳은 것은? (단, K : 비열비, R : 공기의 기체상수, g : 중력가속도, T : 공기의 온도이다.)

① $\sqrt{KgRT}$ ② $\sqrt{\dfrac{gRT}{K}}$

③ $\sqrt{\dfrac{RT}{gK}}$ ④ $\sqrt{\dfrac{gRT}{K}}$

17 헬리콥터의 주회전 날개에 플래핑 힌지를 장착함으로써 얻을 수 있는 장점이 아닌 것은?

① 돌풍에 의한 영향을 제거할 수 있다.
② 지면효과를 발생시켜 양력을 증가시킬 수 있다.
③ 회전축을 기울이지 않고 회전면을 기울일 수 있다.
④ 주회전날개 깃 뿌리(root)에 걸린 굽힘 모멘트를 줄일 수 있다.

18 항공기의 성능 등을 평가하기 위하여 표준대기를 국제적으로 통일하여 정한 기관의 명칭은?

① ICAO ② ISO
③ EASA ④ FAA

해설
• ICAO : International Civil Aviation Organization
• ISO : International Organization for Standardization
• EASA : European union Aviation Safety Agency
• FAA : Federal Aviation Association

19 비행기가 고속으로 비행할 때 날개 위에서 충격실속이 발생하는 시기는?

① 아음속에서 생긴다.
② 극초음속에서 생긴다.
③ 임계 마하수에 도달한 후에 생긴다.
④ 임계 마하수에 도달하기 전에 생긴다.

해설 충격실속이란 충격파가 발생하는 경우의 결과가 날개에서의 실속 발생 결과(양력 감소, 항력 증가)와 같은 것을 말한다.

20 날개 드롭(wing drop) 현상에 대한 설명으로 옳은 것은?

① 비행기의 어떤 한 축에 대한 변화가 생겼을 때 다른 축에서도 변화를 일으키는 현상
② 음속비행 시 날개에 발생하는 충격실속에 의해 기수가 오히려 급격히 내려가는 현상
③ 하강비행 시 기수를 올리려 할 때, 받음각과 각속도가 특정값을 넘게 되면 예상한 정도 이상으로 기수가 올라가는 현상
④ 비행기의 속도가 증가하여 천음속 영역에 도달하게 되면 한쪽 날개가 충격실속을 일으켜서 갑자기양력을 상실하고 급격한 옆놀이(rolling)를 일으키는 현상

해설 ① roll coupling
② tuck under
③ pitch up

제2과목 항공기관

21 왕복엔진의 흡기밸브와 배기밸브를 작동시키는 관련 부품으로 볼 수 없는 것은?

① 캠(cam)
② 푸시 로드(push rod)
③ 로커 암(rocker arm)
④ 실린더 헤드(cylinder head)

22 복식 연료노즐에 대한 설명으로 틀린 것은?

① 1차 연료는 넓은 각도로 분사된다.
② 공기를 공급하여 미세하게 분사되도록 한다.
③ 2차 연료는 고속회전 시 1차 연료보다 멀리 분사된다.
④ 1차 연료는 노즐의 가장자리 구멍으로 분사되고, 2차 연료는 중심에 있는 작은 구멍을 통해 분사된다.

해설
- 1차 연료 : 중심의 작은 구멍으로 분사
- 2차 연료 : 노즐의 가장자리 구멍으로 일정속도 이상에서 분사

23 터빈엔진에서 과열시동(hot start)을 방지하기 위하여 확인해야 하는 계기는?

① 토크 미터
② EGT 지시계
③ 출력 지시계
④ RPM 지시계

해설 가스터빈엔진의 비정상 시동
hot start, hung start, no start

24 다음 중 주된 추진력을 발생하는 기체가 다른 것은?

① 램제트엔진
② 터보팬엔진
③ 터보프롭엔진
④ 터보제트엔진

해설 터보프롭 엔진은 배기가스에 의한 추력과 프로펠러에 의한 추력이 모두 작용된다.

25 왕복엔진을 낮은 기온에서 시동하기 위해 오일 희석(oil dilution)장치에서 사용하는 것은?

① Alcohol
② Propane
③ Gasoline
④ Kerosene

해설 저온에서 오일의 점도가 크므로 필요 시 연료(가솔린)를 이용하여 희석시킨다.

26 왕복엔진에 사용되는 고휘발성 연료가 너무 쉽게 증발하여 연료배관 내에서 기포가 형성되어 초래할 수 있는 현상은?

① 베이퍼 락(vapor lock)
② 임팩트 아이스(impact ice)
③ 하이드로릭 락(hydraulic lock)
④ 이베포레이션 아이스(evaporation ice)

해설
② 임팩트 아이스 : 차가운 습기가 공기흡입구, 기화기, 필터 등 내부에 얼음을 생성한다.
③ 하이드로릭 락 : 오일이 실린더 내에 과유입되거나 배출되지 않고 고여 있을 때 비압축성 오일로 인해 피스톤 행정을 방해하여 커넥팅로드나 크랭크축 등의 파손 또는 휨의 영향을 줄 수 있다.
④ 이베포레이션 아이스 : 기화기 내에 연료가 증발하면서 스로틀 밸브 등에 얼음을 생성한다.

27 고열의 엔진 배기구 부분에 표시(marking)를 할 때 납이나 탄소 성분이 있는 필기구를 사용하면 안되는 주된 이유는?

① 고열에 의해 열응력이 집중되어 균열을 발생시킨다.
② 고압에 의해 비틀림 응력이 집중되어 균열을 발생시킨다.
③ 고압에 의해 전단응력이 집중되어 균열을 발생시킨다.
④ 고열에 의해 전단응력이 집중되어 균열을 발생시킨다.

해설 납 또는 탄소성분이 고열에 의해 배기구 재질에 흡수되어 열응력에 영향을 주는 선팽창계수가 변하게 될 수 있다.

28 가스터빈엔진에서 압축기 입구온도가 200K, 압력이 1.0kgf/cm² 이고, 압축기 출구압력이 10kgf/cm² 일 때 압축기 출구온도는 약 몇 K 인가?

① 184.14   ② 285.14
③ 386.14   ④ 487.14

해설 가스터빈 엔진의 압축과정은 단열과정이므로,
$T_1 P_1^{\frac{1-k}{k}} = T_2 P_2^{\frac{1-k}{k}}$
$T_2 = T_1 (\frac{P_1}{P_2})^{\frac{1-k}{k}} = 200 \times (\frac{1}{10})^{\frac{1-1.4}{1.4}}$

29 가스터빈엔진의 공기흡입 덕트(duct)에서 발생하는 램 회복점에 대한 설명으로 옳은 것은?

① 흡입구 내부의 압력이 대기압과 같아질 때의 항공기 속도
② 마찰압력 손실이 최소가 되는 항공기의 속도
③ 마찰압력 손실이 최대가 되는 항공기의 속도
④ 램 압력상승이 최대가 되는 항공기의 속도

해설 램 회복점(ram recovery point)
압축기 입구에서의 정압 상승이 덕트 안에서 마찰로 인한 압력 강하와 같아지는 항공기 속도, 압력 회복점이 낮을수록 좋은 덕트이다.

30 밀폐계(closed system)에서 열역학 제1법칙을 옳게 설명한 것은?

① 엔트로피는 절대로 줄어들지 않는다.
② 열과 에너지, 일은 상호 변환 가능하며 보존된다.
③ 열효율이 100%인 동력장치는 불가능하다.
④ 2개의 열원사이에서 동력 사이클을 구성할 수 있다.

해설
• 열역학 제1법칙: 에너지 보존의 법칙
• 열역학 제2법칙: 열의 방향성, 엔트로피 증가의 법칙

31 항공기용 엔진 중 터빈식 회전엔진이 아닌 것은?

① 램제트엔진   ② 터보프롭엔진
③ 터보제트엔진 ④ 터보샤프트엔진

해설 램제트엔진은 터빈식의 압축기나 터빈이 없는 형식이다.

32 이상기체의 등온과정에 대한 설명으로 옳은 것은?

① 단열과정과 같다.
② 일의 출입이 없다.
③ 엔트로피가 일정하다.
④ 내부에너지가 일정하다.

해설 단열과정일 때 등엔트로피(엔트로피 일정), 내부에너지는 물체 내부에 축적된 열에너지로 등온과정일 때 일정하다.

33 속도 720km/h로 비행하는 항공기에 장착된 터보제트엔진이 300kgf/s로 공기를 흡입하여 400m/s의 속도로 배기시킨다면 이 때 진추력은 몇 kgf인가? (단, 중력가속도는 10m/sec²로 한다.)

① 3000   ② 6000
③ 9000   ④ 18000

해설 $F_n = \frac{W_a}{g}(V_j - V_a) = \frac{300}{10}(400 - \frac{720}{3.6})$

34 가스터빈엔진의 흡입구에 형성된 얼음이 압축기 실속을 일으키는 이유는?

① 공기압력을 증가시키기 때문에
② 공기 전압력을 일정하게 하기 때문에
③ 형성된 얼음이 압축기로 흡입되어 로터를 파손시키기 때문에
④ 흡입 안내 깃으로 공기의 흐름이 원활하지 못하기때문에

35 프로펠러 페더링(feathering)에 대한 설명으로 옳은 것은?

① 프로펠러 페더링은 엔진축과 연결된 기어를 분리하는 방식이다.
② 비행 중 엔진정지 시 프로펠러 회전도 같이 멈추게 하여 엔진의 2차 손상을 방지한다.
③ 프로펠러 페더링을 하게 되면 항력이 증가하여 항공기 속도를 줄일 수 있다.
④ 프로펠러 페더링을 하게 되면 바람에 의해 프로펠러가 공회전하는 윈드밀링(wind milling)이 발생하게 된다.

> **해설** 프로펠러 페더링은 엔진 고장으로 인한 엔진 정지 시 프로펠러의 윈드밀링으로 인한 공기의 저항을 감소시키고, 엔진 고장 부분의 확대를 방지하기 위하여 깃각을 90도 가까이 변경시켜 회전을 방지하는 것이다.

36 왕복엔진의 연료-공기 혼합비(fuel-air ratio)에 영향을 주는 공기밀도변화에 대한 설명으로 틀린 것은?

① 고도가 증가하면 공기밀도가 감소한다.
② 연료가 증가하면 공기밀도는 증가한다.
③ 온도가 증가하면 공기밀도는 감소한다.
④ 대기 압력이 증가하면 공기밀도는 증가한다.

> **해설** 동일 체적 내의 공기 속에 연료분자가 많아진만큼 공기의 밀도는 감속한다.

37 프로펠러에서 기하학적 피치(geometric pitch)에 대한 설명으로 옳은 것은?

① 프로펠러를 1바퀴 회전시켜 실제로 전진한 거리이다.
② 프로펠러를 2바퀴 회전시켜 실제로 전진한 거리이다.
③ 프로펠러를 1바퀴 회전시켜 전진할 수 있는 이론적인 거리이다.
④ 프로펠러를 2바퀴 회전시켜 전진할 수 있는 이론적인 거리이다.

> **해설** ① : 유효 피치(effective pitch)
> ③ : 기하학적 피치(geometric pitch)

38 왕복엔진의 마그네토에서 브레이커포인트 간격이 커지면 발생되는 현상은?

① 점화가 늦어진다.
② 전압이 증가한다.
③ 점화가 빨라진다.
④ 점화불꽃이 강해진다.

> **해설** 왕복엔진의 점화는 마그네토의 브레이커 포인트가 떨어지는 순간의 고전압 발생으로 이루어지며, 간격이 넓은 경우 그 순간이 더 빨리 발생한다.

39 전기식 시동기(electrical starter)에서 클러치(clutch)의 작동 토크 값을 설정하는 장치는?

① Clutch Plate
② Clutch Housing Slip
③ Rachet Adjust Regulator
④ Slip Torque Adjustment Unit

40 왕복엔진의 악세서리(accessory)부품이 아닌 것은?

① 시동기(starter)
② 하네스(harness)
③ 기화기(carburetor)
④ 블리드 밸브(bleed valve)

> **해설** 블리드 밸브는 가스터빈 압축기 출구 쪽에 위치하며 압축기 실속을 방지하기 위하여 과도하게 축적되는 공기를 빼주는 역할을 한다.

제3과목 항공기체

41 대형 항공기에서 주로 사용하는 3중 슬롯 플랩을 구성하는 플랩이 아닌 것은?

① 상방플랩   ② 전방플랩
③ 중앙플랩   ④ 후방플랩

42 항공기엔진 장착 방식에 대한 설명으로 옳은 것은?

① 가스터빈엔진은 구조적인 이유로 동체 내부에 장착이 불가능하다.
② 동체에 엔진을 장착하려면 파일론(pylon)을 설치하여야 한다.
③ 날개에 엔진을 장착하면 날개의 공기역학적 성능을 저하시킨다.
④ 왕복엔진 장착부분에 설치된 나셀의 카울링은 진동감소와 화재 시 탈출구로 사용된다.

해설) 날개에 엔진을 장착하는 경우 날개의 공기 역학적 성능을 저하시키나, 날개보에 파일론(pylon)을 설치하는 경우 부수적 구조물이 필요하지 않아 항공기의 무게를 감소시킬 수 있다.

43 복합재료(composite material)를 수리할 때 접착용 수지를 효과적으로 접착시키기(curing) 위하여 열을 가하는 장비가 아닌 것은?

① 오븐(oven)
② 가열건(heat gun)
③ 가열램프(heat lamp)
④ 진공백(vacuum bag)

44 연료계통이 갖추어야 하는 조건으로 틀린 것은?

① 번개에 의한 연료발화가 발생하지 않도록 해야 한다.
② 각각의 엔진과 보조동력장치에 공급되는 연료에서 오염물질을 제거할 수 있어야 한다.
③ 계통에 저장된 연료를 안전하게 제거하거나 격리할 수 있어야 한다.
④ 고장발생 감지가 유용하도록 한 계통 구성품의 고장이 다른 연료계통의 고장으로 연결되어야 한다.

45 티타늄합금에 대한 설명으로 옳은 것은?

① 열전도 계수가 크다.
② 불순물이 들어가면 가공 수 자연경화를 일으켜 강도를 좋게 한다.
③ 티타늄은 고온에서 산소, 질소, 수소 등과 친화력이 매우 크고, 또한 이러한 가스를 흡수하면 강도가 매우 약해진다.
④ 합금원소로써 Cu가 포함되어 있어 취성을 감소시키는 역할을 한다.

해설) ① 열전도(팽창) 계수가 낮다.
② 불순물(산소, 질소, 수소)이 들어가면 강도가 낮아진다.

46 다음 중 가스용접에 해당되는 것은?

① 산소-수소용접   ② MIG 용접
③ CO_2 용접   ④ TIG 용접

해설) ②~④는 아크용접에 해당한다.

47 단줄 유니버설 헤드 리벳(universal head rivet) 작업을 할 때 최소 끝거리 및 리벳의 최소 간격(pitch)의 기준으로 옳은 것은?

① 최소 끝거리는 리벳 직경의 2배 이상, 최소 간격은 리벳 직경의 3배
② 최소 끝거리는 리벳 직경의 2배 이상, 최소 간격은 리벳 길이의 3배
③ 최소 끝거리는 리벳 직경의 3배 이상, 최소 간격은 리벳 길이의 4배
④ 최소 끝거리는 리벳 직경의 3배 이상, 최소 간격은 리벳 직경의 4배

48 다음 특징을 갖는 배열 방식의 착륙장치는?

- 주 착륙장치와 앞 착륙장치로 이루어져 있다.
- 빠른 착륙속도에서 제동 시 전복의 위험이 적다.
- 착륙 및 지상이동 시 조종사의 시계가 좋다.
- 착륙 활주 중 그라운드 루핑의 위험이 없다.

① 탠덤식 착륙장치
② 후륜식 착륙장치
③ 전륜식 착륙장치
④ 충격흡수식 착륙장치

해설 전륜식 착륙장치의 특징
- 보다 빠른 착륙속도(landing speed)에서 제동 시 전복의 위험 없이 큰 제동력을 사용할 수 있다.
- 착륙 및 지상 이동 시 조종사의 시계가 좋다.
- 항공기의 무게 중심이 주 착륙장치의 앞에 있기 때문에 착륙 활주 중 그라운드 루핑(ground looping, 지면에서 동체가 중심을 잃고 도는 현상)의 위험이 없다.

49 조종간이나 방향키 페달의 움직임을 전기적인 신호로 변환하고 컴퓨터에 입력 후 전기, 유압식 작동기를 통해 조종계통을 작동하는 조종방식은?

① Cable control system
② Automatic pilot system
③ Fly-By-Wire control system
④ Push Pull Rod control system

50 그림과 같이 하중(W)이 작용하는 보를 무엇이라 하는가?

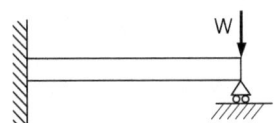

① 외팔보
② 돌출보
③ 고정보
④ 고정 지지보

해설 그림은 반력 수가 4개인 고정지지보에 해당한다.

51 비행기가 양력을 발생함이 없이 급강하할 때 날개는 비틀림 등의 하중을 받게 되며 이러한 하중에 항공기가 구조적으로 견딜 수 있는 설계상의 최대속도는?

① 설계순항속도
② 설계급강하속도
③ 설계운용속도
④ 설계돌풍운용속도

해설
- 설계운용속도(V_a) : 조종스틱을 당겨 최대양력계수가 되었을때 n = n₁(설계제한하중배수)이 되는 속도
- 설계돌풍운용속도(V_b) : 비행 중 수직상승돌풍을 받았을때 n = n₁이 되는 속도
- 설계순항속도(V_c) : 비행성능과 연료소모 등을 고려하여 결정되는 가장 경제적인 속도
- 설계급강하속도(V_d) : 비틀림이 최소가 되는 자세를 취해도 날개가 비틀림에 저항하지 못하는 최소속도

52 실속속도가 90mph인 항공기를 120mph로 수평 비행 중 조종간을 급히 당겨 최대 양력계수가 작용하는 상태라면 주날개에 작용하는 하중배수는 약 얼마인가?

① 1.5
② 1.78
③ 2.3
④ 2.57

해설 $n = \dfrac{V^2}{V_S^2} = \dfrac{120^2}{90^2} = 1.78$

53 항공기 외피용으로 적합하며, 플러시 헤드 리벳(flush head rivet)이라 부르는 것은?

① 납작머리리벳(flat head rivet)
② 유니버셜리벳(unversal rivet)
③ 둥근머리리벳(round head rivet)
④ 접시머리리벳(counter sunk head rivet)

해설 접시머리(flush)는 리벳머리가 돌출되지 않은 'descend'의 의미로 플러시 헤드 리벳이라고도 한다.
※ 외피용 리벳에는 접시머리, 브레지어, 유니버설 타입을 사용하며, 내피용으로는 둥근머리, 납작머리를 사용한다.

54 연료를 제외하고 화물, 승객 등이 적재된 항공기의 무게를 의미하는 것은?

① 최대 무게(maximum weight)
② 영 연료 무게(zero fuel weight)
③ 기본 자기 무게(basic empty weight)
④ 운항 빈 무게(operating empty weight)

해설 무게의 구분
- 최대 무게 : 승무원, 승객, 화물, 연료, 윤활유 등을 포함한 항공기에 인가된 최대 무게
- 유효하중 : 최대 무게 – 기본 자기 무게
- 기본 자기 무게 : 승무원, 승객, 연료, 화물, 배출가능한 윤활유 등을 포함하지 않은 무게
- 운항 빈 무게 : 기본 자기 무게 + 승무원, 장비
- 테어 무게 : 항공기 무게 측정 시 사용하는 잭, 블록, 촉과 같은 부수품목의 무게

55 이질 금속간의 접촉부식에서 알루미늄 합금의 경우 A그룹과 B그룹으로 구분하였을 때 그룹이 다른 것은?

① 2014   ② 2017
③ 2024   ④ 5052

해설 알루미늄 합금의 경우 금속 상호간의 부식 정도에 따라 A, B군으로 구분하며 서로 이질금속으로 취급되어 Galvanic Corrosion이 발생됨
- A군 : 1100, 3003, 5052, 6061
- B군 : 2014, 2017, 2024, 7075

56 너트의 부품 번호가 AN310D-5 일 때 310은 무엇을 나타내는가?

① 너트 계열   ② 너트 지름
③ 너트 길이   ④ 재질 번호

해설
- AN 310 : 너트계열 (캐슬너트)
- D : 재질 (2017 알루미늄 합금, 두랄루민)
- 5 : 사용볼트의 지름 (5/16인치)

57 복합재료에서 모재(matrix)와 결합되는 강화재(reinforcing material)로 사용되지 않는 것은?

① 유리   ② 탄소
③ 에폭시   ④ 보론

58 손상된 판재를 리벳에 의한 수리작업 시 리벳수를 결정하는 식으로 옳은 것은? (단, L : 판재의 손상된 길이, D : 리벳지름, t : 손상된 판의 두께, s : 안전계수, σ_{max} : 판재의 최대인장응력, τ_{max} : 판재의 최대전단응력이다.)

① $s \times \dfrac{8tL\sigma_{max}}{\pi D^2 \tau_{max}}$ ② $s \times \dfrac{4tL\sigma_{max}}{\pi D^2 \tau_{max}}$

③ $s \times \dfrac{\pi D^2 \tau_{max}}{4tL\sigma_{max}}$ ④ $s \times \dfrac{\pi D^2 \tau_{max}}{8tL\sigma_{max}}$

해설 $N = 1.15 \times \dfrac{tL\sigma_{max}}{(\dfrac{\pi D^2}{4})\tau_{max}}$

59 페일세이프(fail safe) 구조형식이 아닌 것은?

① 이중(double) 구조
② 대치(back-up) 구조
③ 다경로(redundant) 구조
④ 샌드위치(sandwich) 구조

60 그림과 같은 평면응력상태에 있는 한 요소가 $\sigma_x = 100MPa$, $\sigma_y = 20MPa$, $\tau_{xy} = 60MPa$의 응력을 받고 있을 때, 최대전단응력은 약 몇 MPa인가?

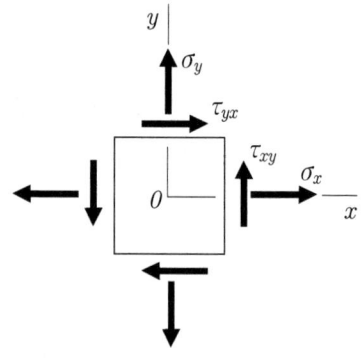

① 67.11   ② 72.11   ③ 77.11   ④ 87.11

해설 모어원(Mohr Circle)

$C(센터응력) = 20 + \dfrac{100-20}{2} = 60$

$\tau_{max}(최대전단응력) = \sqrt{(\sigma_x - C)^2 + \tau_{xy}}$
$= \sqrt{(600-60)^2 + 60^2} = 72.11$

제4과목 항공장비

61 장거리 통신에 유리하나 잡음(noise)이나 페이딩(fading)이 많으며 태양 흑점의 활동으로 인한 전리층 산란으로 통신 불능이 가끔 발생되는 항공기 통신장치는?

① HF 통신장치 ② MF 통신장치
③ LF 통신장치 ④ VHF 통신장치

> **해설** 단파무선통신(High Frequency Communication)
> 항공기와 지상, 항공기와 타 항공기 상호 간 HF 전파를 이용하여 장거리 통화에 이용된다. HF 전파는 전리층의 반사로 원거리까지 전달되는 성질이 있으나 잡음이나 페이딩(fading)이 많으며, 또한 흑점의 활동 영향으로 전리층이 산란되어 통신 불능이 가끔 발생하는 단점이 있다.

62 항공기에 사용되는 전선의 굵기를 결정할 때 고려해야 할 사항이 아닌 것은?

① 도선 내 흐르는 전류의 크기
② 도선의 저항에 따른 전압강하
③ 도선에 발생하는 줄(Joule) 열
④ 도선과 연결된 축전지의 전해액 종류

> **해설** 전선의 굵기에 따라 저항, 전류의 크기 및 전압강하가 결정되며, 줄열은 $0.24I^2Rt$ 에 의해 전류와 저항에 영향을 받는다.

63 항공기 계기 중 압력 수감부를 이용한 것이 아닌 것은?

① 고도계   ② 방향지시계
③ 승강계   ④ 대기속도계

> **해설** 압력 수감부
> • 압력을 기계적 변위로 변환하여 위한 압력 측정부로 부르동관, 벨로즈, 아네로이드, 다이어프램 등을 이용한다.
> • 종류 : 고도계, 속도계, 승강계, 매니폴드 압력계, 유압계, 연료 압력계, EPR계 등
> ※ 방향지시계는 자이로스코프의 강직성을 이용한다.

64 니켈-카드뮴 축전지의 충·방전 시 설명으로 옳은 것은?

① 충·방전 시 전해액(KOH)의 비중은 변화하지 않는다.
② 방전 시 물이 발생되어 전해액의 비중이 줄어든다.
③ 충전 시 전해액의 수면높이가 낮아진다.
④ 방전 시 전해액의 수면높이가 높아진다.

> **해설** 니켈-카드뮴(또는 니켈-수소)의 특징은 극판과 전해액이 상호반응을 하지 않으므로 전해액(KOH, 수산화칼륨)의 비중이 일정하고 온도에 영향이 거의 없다.

65 터보팬 항공기의 방빙(anti-icing)장치에 관한 설명으로 틀린 것은?

① 윈드실드는 내부 금속 피막에 전기를 통하여 방빙한다.
② 피토관의 방빙은 내부의 전기 가열기를 사용한다.
③ 날개 앞전의 방빙은 엔진 압축기의 고온 공기를 사용한다.
④ 엔진의 공기흡입장치의 방빙은 화학적 방빙계통을 사용한다.

> **해설** 엔진 흡입구는 압축기의 고온 공기를 이용하여 방빙한다.

66 다음 중 화재 진압 시 사용되는 소화제가 아닌 것은?

① 물   ② 이산화탄소
③ 할론   ④ 암모니아

> **해설** 소화제(Extinguishing Agent)
> • 할로겐계의 프레온 가스 소화제($CBrF_3$)
> • 이산화탄소(CO_2)
> • 분말 소화제(Dry chemical)
> • 질소(N_2)
> • 4-염화탄소(CCl_4)
> • 물

67 항공계기에 요구되는 조건으로 옳은 것은?

① 기체의 유효 탑재량을 크게 하기 위해 경량이어야한다.
② 계기의 소형화를 위하여 화면은 작게 하고 본체는 장착이 쉽도록 크게 해야 한다.
③ 주위의 기압과 연동이 되도록 승강계, 고도계, 속도계의 수감부와 케이스는 노출이 되도록 해야 한다.
④ 항공기에서 발생하는 진동을 알 수 있도록 계기판에는 방진장치를 설치해서는 안된다.

68 비행 중 비로부터 시계를 확보하기 위한 제우(rain protection) 시스템이 아닌 것은?

① Air curtain system
② Rain repellent system
③ Windshield wiper system
④ Windshield washer system

> **해설** 제우 시스템
> • 공기압 제거(Air curtain)
> • 화학적 제거(Rain repellent)
> • 윈드실드 와이퍼(Windshield wiper)
> • 윈드실드 표면 밀폐 코팅(Windshield Surface Seal Coating)

69 그림과 같은 회로에서 5Ω 저항에 흐르는 전류 값은 몇 A 인가?

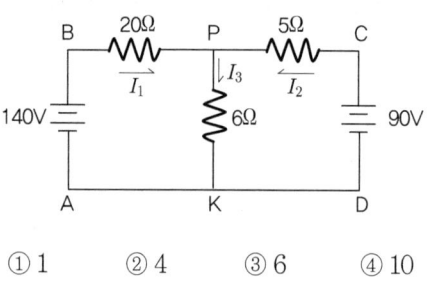

① 1 ② 4 ③ 6 ④ 10

> **해설**
> • P점에서 키르히호프의 2법칙에 의해 $I_3 = I_1 + I_2$ ─ ①
> 중첩의 원리에 의해 회로를 분리할 때
> • B-P-K-A 회로에서 $140 = 20I_1 + 6I_3$ ─ ②
> • P-C-D-K 회로에서 $90 = 5I_2 + 6I_3$ ─ ③
> ②, ③에 ①을 대입하면 : $140 = 20I_1 + 6(I_1 + I_2)$
> $90 = 5I_2 + 6(I_1 + I_2)$

$140 = 26I_1 + 6I_2$ → $840 = 156I_1 + 36I_2$
$90 = 6I_1 + 11I_2$ − $2340 = 156I_1 + 286I_2$
─────────────
$-1500 = -250I_2$

$\therefore I_2 = \dfrac{1500}{250} = 6A$

70 자기컴퍼스의 조명을 위한 배선 시 지시오차를 줄이기 위한 방법으로 옳은 것은?

① 음(−)극선을 가능한 자기컴퍼스 가까이에 접지시킨다.
② 양(+)극선과 음(−)극선은 가능한 충분한 간격을 두고 음(−)극선에는 실드선을 사용한다.
③ 모든 전선은 실드선을 사용하여 오차의 원인을 제거한다.
④ 양(+)극선과 음(−)극선을 꼬아서 합치고 접지점을 자기컴퍼스에서 충분히 멀리 뗀다.

> **해설** 와이어를 꼬면 와이어의 자기장 루프 영역이 줄고 결과로 통신 시스템의 잡음이 감소한다. 전자기 간섭(EMI: Electromagnetic Interference)이 감소되어 자기 계기의 안정된 지시를 한다.
> 자기컴퍼스의 조명 배선에서 발생하는 자기장 영향을 줄이기 위해 접지점은 가능한 자기 계기와 떨어진 곳에 설치한다.

71 계기착륙장치(instrument landing system)의 구성 장치가 아닌 것은?

① 로컬라이저(localizer)
② 마커 비컨(marker beacon)
③ 기상 레이다(weather radar)
④ 글라이드 슬로프(glide slope)

> **해설** 계기착륙장치
> • 로컬라이저 − 활주로 중심 정렬
> • 마커 비컨 − 활주로 이탈범위를 소리와 색상으로 표시
> • 글라이드 슬로프 − 착륙각과 착륙위치를 결정

72 항공기가 산악 또는 지면과 충돌하는 것을 방지하는 장치는?

① Air traffic control system
② Inertial navigation system
③ Distance measuring equipment
④ Ground proximity warning system

73 객실여압장치를 가진 항공기 여압계통 설계시 고려해야 하는 최소 객실고도는?

① 2400ft ② 8000ft
③ 10000ft ④ 해면고도

74 CVR(Cockpit Voice Recorder)에 대한 설명으로 옳은 것은?

① HF 또는 VHF를 이용하여 통화를 한다.
② 항공기 사고원인 규명을 위해 사용되는 녹음장치이다.
③ 지상에 있는 정비사에게 경고하기 위한 장비이다.
④ 지상에서 항공기를 호출하기 위한 장치이다.

> **해설** CVR(Cockpit Voice Recorder)
> 항공기 추락 시 혹은 기타 중대사고 시 원인 규명을 위하여 조종실 승무원의 통신 내용 및 대화 내용, 그리고 조종실 내 제반 Warning 등을 녹음하는 장비이다.

75 자동조종장치(autopilot)의 구성요소에 해당하지 않는 것은?

① 출력부(output elements)
② 전이부(transit elements)
③ 수감부(sensing elements)
④ 명령부(command elements)

> **해설** 자동조종장치 구성(Autopilot Components)
> 스위치와 보조장치와 수감부(Sensing Element), 컴퓨터부(Computing Element), 출력부(Output Element), 명령부(Command Element)로 구성되고 Feedback 또는 Follow-up이 추가되기도 한다.

76 유압계통에서 기기의 실(seal)이 손상 또는 유압관의 파열로 작동유가 완전히 새어나가는 것을 방지하기 위해 설치한 안전장치는?

① 유압 퓨즈(hydraulic fuse)
② 오리피스 밸브(orifice valve)
③ 분리 밸브(disconnect valve)
④ 흐름조절기(flow regulator)

77 항공기 유압계통에서 축압기(accumulator)의 사용 목적으로 옳은 것은?

① 유압유 내 공기 저장
② 작동유의 누출을 차단
③ 계통 내 작동유의 방향 조정
④ 비상 시 계통 내 작동유 공급

> **해설** 축압기의 역할
> - 서지(surge)현상 방지
> - 충격압력 흡수
> - 맥동 흡수
> - 2차 또는 3차 유압회로 구동
> - 비상 시 계통 내 작동유 공급(에너지 보조 역할)

78 직류발전기에서 발생하는 전기자 반작용을 없애기 위한 것은?

① 보극(interpole)
② 직렬권선(series-winding)
③ 병렬권선(shunt-winding)
④ 회전자권선(armature coil)

> **해설** 전기자 반작용
> - 전기자에서 발생된 전류에 의한 회전자속에 의해 계자의 자속에 영향을 미치는 현상이다.
> - 방지 : 보상권선 설치, 보극 설치, 브러시 위치를 전기자 중성점인 회전방향으로 이동

79 발전기 출력 제어회로에서 제너다이오드(zener diode)의 사용 목적은?

① 정전류제어
② 역류방지
③ 정전압제어
④ 자기장제어

> **해설** 제너 다이오드(Zener diode, 정전압 다이오드)
> 일반적인 다이오드와 유사한 PN 접합 구조이나 다른 점은 매우 낮고 일정한 항복전압 특성을 갖고 있어, 역방향으로 어느 일정값 이상의 항복 전압이 가해졌을 때 전류가 흐른다.

80 항공기 계기에서 플랩의 작동 범위를 표시하는 것은?

① 녹색호선(green arc)
② 백색호선(white arc)
③ 황색호선(yellow arc)
④ 적색방사선(red radiation)

해설 계기의 색 표시
- 노란색 호선 : 안전운용 범위에서 초과금지까지의 경계 및 경고범위를 나타냄
- 흰색 호선 : 대기 속도계에서 플랩조작에 따른 항공기의 속도범위를 나타내는 것으로서 속도계만 사용된다. 최대 착륙 무게에 대한 실속 속도로부터 플랩을 내리더라도 구조 강도상에 무리가 없는 플랩 내림 최대 속도까지를 나타냄
- 붉은색 방사선 : 최대 및 최소 운용 한계를 나타내며, 붉은색 방사선이 표시된 범위 내에서는 절대로 운용을 금지해야 함
- 녹색 호선 : 안전 운용 범위, 계속운전범위를 나타내는 것으로서 운용범위를 의미한다.
- 푸른색 호선 : 기화기를 장비한 왕복기관에서 관련되는 기관계기에 표시하는 것으로서, 연료와 공기 혼합비가 오토린일때 상용 안전 운용 범위
- 흰색 방사선 : 색 표지를 계기 앞면의 유리판에 표시하였을 경우에 흰색 방사선은 유리가 미끄러졌는지 확인하기 위하여 유리판과 계기에 케이스에 걸쳐 표시

2020년 제3회 기출문제 정답

01	02	03	04	05	06	07	08	09	10
①	③	④	④	③	③	②	③	②	①
11	12	13	14	15	16	17	18	19	20
②	④	④	③	②	①	②	①	③	④
21	22	23	24	25	26	27	28	29	30
④	④	②	③	③	①	①	③	①	②
31	32	33	34	35	36	37	38	39	40
①	④	②	④	②	②	③	③	④	④
41	42	43	44	45	46	47	48	49	50
①	③	④	④	③	①	①	③	③	④
51	52	53	54	55	56	57	58	59	60
②	②	④	②	④	①	③	②	④	②
61	62	63	64	65	66	67	68	69	70
①	④	②	①	④	②	①	④	③	④
71	72	73	74	75	76	77	78	79	80
③	④	②	②	②	①	④	①	③	②

항공산업기사 필기

2026년 01월 05일 인쇄
2026년 01월 20일 발행

지은이	항공기술교육아카데미
펴낸이	이강복

저자협의
인지생략

펴낸곳	(주)도서출판 책과상상
주 소	경기도 고양시 일산동구 장항로 203-191
대표전화	02-3272-1703
구입문의	02-3272-1704
출판등록	제2020-000205호
홈페이지	www.sangsangbooks.co.kr

Copyright©항공기술교육아카데미, 2026. Printed in Seoul, Korea

- 잘못된 책은 구입한 서점에서 교환해 드립니다.
- 이 책에 실린 모든 내용, 디자인, 이미지, 편집구성의 저작권은 (주)책과상상과 저자에게 있습니다. 허락없이 복제하거나 다른 매체에 옮겨 실을 수 없습니다.

책값은 뒤표지에 있습니다.

ISBN 979-11-6967-293-1